A. H. Dietzel

Emaillierung

Wissenschaftliche Grundlagen
und Grundzüge der Technologie

Mit 95 Abbildungen und 29 Tabellen

Springer-Verlag
Berlin Heidelberg New York 1981

Dr.-Ing. habil. Dr.-Ing. E. h. Adolf H. Dietzel

Emeritiertes Wissenschaftliches Mitglied
der Max-Planck-Gesellschaft

ehemaliger Direktor des Max-Planck-Instituts
für Silikatforschung

Honorarprofessor an der Universität Würzburg

CIP-Kurztitelaufnahme der Deutschen Bibliothek

Dietzel, Adolf:
Emaillierung: wissenschaftl. Grundlagen u. Grundzüge d. Technologie /
A. Dietzel. — Berlin, Heidelberg, New York: Springer, 1981.

ISBN 978-3-642-50979-7   ISBN 978-3-642-50978-0 (eBook)
DOI 10.1007/978-3-642-50978-0

2060/3020-543210

Vorwort

Der Begriff „Emaillierung" hat verschiedene Bedeutungen: Man versteht darunter sowohl das Herstellungsverfahren, also „das Emaillieren", als auch das Fertigerzeugnis; in der Sprache der Praxis meint man damit auch die Werksabteilung, in der emailliert wird. Das vorliegende Buch behandelt vor allem die wissenschaftlichen Grundlagen des Emaillierens und die Emailtechnologie. Damit hält es sich an ältere Vorbilder, nämlich „Die Emailfabrikation" von L. Stuckert (Verlag J. Springer, Berlin, 2. Aufl. 1941), „Email" von A. Petzold (VEB Verlag Technik, Berlin 1955) und „Porcelain Enamels" von A. I. Andrews (1961), obwohl hier in den Titeln nur von Email gesprochen wird und nicht auch von der Metallunterlage, die zu einer Emaillierung gehört. Alle diese Bücher sind längst vergriffen und veraltet. Daneben erschienen zwischen 1953 und 1973 noch fünf weitere Bücher, die sich aber nur mit der Emailtechnologie befassen unter Verzicht auf die Erörterung der wissenschaftlichen Grundlagen und z. T. auch auf Literaturhinweise.

Die Emailtechnologie hat sich in neuerer Zeit geradezu stürmisch weiterentwickelt, unterstützt durch eine systematische wissenschaftliche Forschung auf den Email- und Nachbargebieten, so daß es dringend geboten erscheint, die wissenschaftlichen Erkenntnisse auf dem Gebiet des Emails und des Emaillierens sowie die Technologie nach dem neusten Stand zu behandeln. Das Schrifttum wurde bis Ende 1979 erfaßt. Dabei wurden an einigen Stellen gewisse, im emailtechnischen Schrifttum eingebürgerte Vorstellungen richtiggestellt (z. B. bei der Geschichte der Emaillierung oder der Ursache der Oberflächenladung von Emailteilchen), und es wird eine Reihe von Denkanstößen vermittelt (etwa bezügl. der Festigkeit von Glas und Emails, der Mahlvorgänge u. a.).

Das Buch gliedert sich in folgende Kapitel: 1. Einleitung mit Begriffsbestimmungen und Geschichte, 2. Wissenschaftliche Grundlagen, 3. und 4. Grundzüge der derzeitigen Technologie, 5. Emailtechnische Untersuchungen, 6. Anhang. Die Kapitel 2 bis 5 sind jeweils in drei Hauptabschnitte unterteilt: Metallische Unterlage, Email und Verbindung von Email mit Metall. Die Untersuchungsverfahren werden wegen ihrer großen Zahl nicht im einzelnen beschrieben, sondern nur angesprochen, und zwar nicht nur die genormten oder allgemein eingeführten, sondern auch etwas ausgefallene, die in besonderen Fällen nützlich sein können. Den Schluß bilden Tabellen zur Berechnung verschiedener Eigenschaftswerte.

Das Buch soll vor allem dem Emailfachmann eine Hilfe sein, die tieferen Zusammenhänge zu verstehen und von den Nachbargebieten zu lernen; aber auch die Metallurgen werden sich damit auf die besonderen Gegebenheiten beim Emaillieren besser einstellen können. Ferner können Chemiker, Physikochemiker und Physiker der verschiedensten Fachrichtungen manche Anregung daraus bekommen. Da das Buch in leicht verständlicher Form abgefaßt ist, werden auch der Nachwuchs an Hoch- und Fachschulen und Fachleute auf ganz anderen Gebieten Nutzen daraus ziehen können, nicht nur auf dem Nachbargebiet Glas, sondern auch z. B. der Chemiker in der chemischen Großindustrie, der emaillierte Kessel u. dgl. verwendet, der Ingenieur, der „emailgerecht" konstruieren muß, der Architekt, der Außenfassaden mit witterungsbeständigen emaillierten Platten verkleidet, der Ofenbauer und Feuerungstechniker, der nicht nur Emaillieröfen baut, sondern den Feuerungsraum von Industrieöfen mit hitzebeständigen Emails auskleiden kann, und viele andere.

Emaillierte Teile finden immer breitere Anwendung, besonders da, wo es auf Hitzebeständigkeit, chemische und mechanische Widerstandsfähigkeit, vor allem Härte ankommt, wo Lacke oder Teile aus Kunststoffen versagen. Um emaillierte Teile sinnvoll einsetzen zu können, ist es aber notwendig, ihre Eigenschaften zu kennen und zu verstehen.

Das Buch entstand nach Besichtigung einer größeren Zahl maßgebender Emaillierwerke und der Thyssen AG, denen ich für ihr großzügiges Entgegenkommen zu besonderem Dank verpflichtet bin. Ferner danke ich einer fast ebenso großen Zahl von Kollegen und Fachleuten für wertvolle Diskussionen über Einzelfragen, den hilfreichen Damen und Herren der Universitätsbibliothek Würzburg, am Institut für Werkstoffwissenschaften III der Universität Erlangen, an in- und ausländischen Museen sowie im Fachnormenausschuß Materialprüfung im Deutschen Normenausschuß, ferner dem Institut für Silicatforschung der Fraunhofer-Gesellschaft, Würzburg, dem Verein Deutscher Emailfachleute für seine besondere Förderung und Frau Erika Schmidtke, Würzburg, für die redaktionelle Mitarbeit.

Ostheim v. d. Rhön, im Frühjahr 1981   A. Dietzel

Inhaltsverzeichnis

1 Einleitung

1.1 Begriffe

Eine *Emaillierung* ist ein fest haftender, anorganisch-glasiger Überzug auf einem Metall, bzw. das Verfahren zu dessen Herstellung.

Die anorganischen Gläser, die Glasuren und Emails sind artverwandt. Nach dem üblichen Sprachgebrauch ist Glas ein selbständiger Werkstoff, Glasur ein glasiger Überzug auf einem keramischen Körper, Email ein solcher auf einem Metall. Ihre Zusammensetzungen können in weiten Grenzen geändert und dem jeweiligen Verwendungszweck angepaßt werden.

Der damalige Reichsausschuß für Lieferbedingungen hat 1941 die *Begriffs-bestimmung von Email* nach Dietzel [118] als Vorschrift RAL 529 A übernommen. Die neue Vorschrift des Ausschusses für Lieferbedingungen und Gütesicherung beim Deutschen Normenausschuß, gültig ab 1. 8. 1960, mit dem Titel „Bezeichnungsvorschriften für Email und emaillierte Erzeugnisse RAL 529 A2" berücksichtigt gegenüber der ersten Fassung auch die Gepflogenheit der Glasindustrie, den weißen Trübglasstreifen in Büretten u. dgl. als „Email" zu bezeichnen. Die derzeitige Fassung lautet:

„Email ist eine durch Schmelzen oder Fritten entstandene, vorzugsweise glasig erstarrte Masse mit anorganischer, in der Hauptsache oxidischer Zusammensetzung, die in einer oder mehreren Schichten, teils mit Zuschlägen, auf Werkstücke aus Metall oder Glas aufgeschmolzen werden soll oder aufgeschmolzen worden ist."

Demnach ist Email ein anorganischer Stoff und damit beispielsweise gegen Lacke abgegrenzt. Die Einschränkung, daß die Masse „vorzugsweise" glasig erstarrt, wurde mit Rücksicht auf die getrübten Emails vorgesehen, bei denen kristalline Teilchen in die glasige Grundmasse eingebettet sind. Daß die Zusammensetzung nur „in der Hauptsache" oxidisch ist, besagt, daß z. B. auch Fluoride, Sulfide usw. als Emailbestandteile vorkommen können. Als Zuschläge zur Emailschmelze oder Fritte kommen Ton, Quarz, Trübungsmittel, Farbkörper usw. in Frage. Die Bestimmung einer Schmelze oder Fritte, „auf ein Metall oder Glas aufgeschmolzen" zu werden, kennzeichnet sie erst als Email — im Gegensatz zur Glasur.

„Email" heißt im Amerikanischen „porcelain enamel", im Englischen „vitreous enamel", im Französischen „émail vitrifié", im Italienischen „smalto porcellanato" und im Russischen „emal". Das Wort „enamel" in USA und Großbritannien entspricht unserem Begriff „Überzug", in Frankreich versteht man unter „émail" auch Glasur.

Der Ausschuß C-22 der American Society for Testing Materials (ASTM) hat folgende Definition vorgesehen: „Ein im wesentlichen glasiger Überzug, der durch Einbrennen bei einer Temperatur über 800 °F (425 °C) mit Metall verbunden ist." Der Australian Standard Nr. K. 96 (1956) der Standards Association of Australia definiert als „vitreous enamel" ein Glas, das bei entsprechendem Auftrag und Schmelzen zum Haften auf ein Metall oder ein anderes Email gebracht werden kann oder gebracht worden ist [637].

1.2 Namen und geschichtliche Entwicklung

Aus dem althochdeutschen Wort smelzan soll nach Diez [158] über das lateinische smaltum (Rosenberg [580]) schließlich das französische Wort émail entstanden sein, das wir heute im Deutschen in der Schreibweise „das Email, die Emails, emaillieren" gebrauchen.

Nicht feststellen läßt sich, wer anfing, wo und wann zu emaillieren. Doch dienten zunächst die duktilen Metalle, wie Gold, Silber, Kupfer und deren Legierungen als Unterlage, das Email hatte nur einen künstlerischen Zweck, vor allem zur Verzierung sakraler Gegenstände.

Die Geschichte der Emaillierkunst ist in einer Reihe von Veröffentlichungen behandelt. Sie läßt sich wie folgt zusammenfassen.

Die Wiege dieses Kunstzweiges scheint nach Burger [63] in Griechenland, nach Rosenberg [580] genauer in Mykene, um 1600 bis 1300 v. Chr. gelegen zu haben. Nach Higgins [288] dürften die ersten blauen Emails auf Gold in Mykene um 1425 v. Chr. hergestellt worden sein, was sich größenordnungsmäßig mit diesen Angaben deckt. Außer Gold wurden auch „electrum", eine Legierung aus Gold und 20% Silber, gelegentlich auch Reinsilber, und im römisch-keltischen Raum dann auch Bronze emailliert.

Das Emaillieren kam dann um 1300 v. Chr. offenbar zum Erliegen.

In einem wesentlich früheren Buch [581] hatte Rosenberg die Ansicht vertreten, die ältesten überlieferten Kunstwerke mit Zellenschmelz seien zum einen der Chnum, die Darstellung einer altägyptischen Gottheit mit Widderkopf, die auf einer emaillierten Lotosblüte thront; zum anderen zweifarbig emaillierte Lotosanhänger an einem vielteiligen goldenen Brustschmuck, der zwar in Enkomi auf Zypern gefunden wurde, wahrscheinlich aber in Ägypten zur Zeit der 18. bis 19. Dynastie (um 1400 bis 1300 v. Chr.) hergestellt und nach Zypern importiert worden sein soll. Er ist im Britischen Museum in London aufbewahrt. Diese Ansicht Rosenbergs ging in das emailtechnische Schrifttum ein und wurde in verschiedenen Versionen zitiert.

In Wirklichkeit handelt es sich hierbei, wie auch bei allen anderen ägyptischen Kostbarkeiten aus dieser Epoche, nicht um Emailarbeiten, sondern um zurechtgeformte, geschliffene und paßgenau in Zellen eingesetzte, mit Harz und Kalksteinmehl eingekittete farbige Gläser. Lucas [428], der solch alte Stücke selbst untersuchte und z. T. analysierte, betont auf S. 221 seines Buches: "Glass inlay is often called enamel, paste or pâte de verre; it is certainly not enamel... whereas

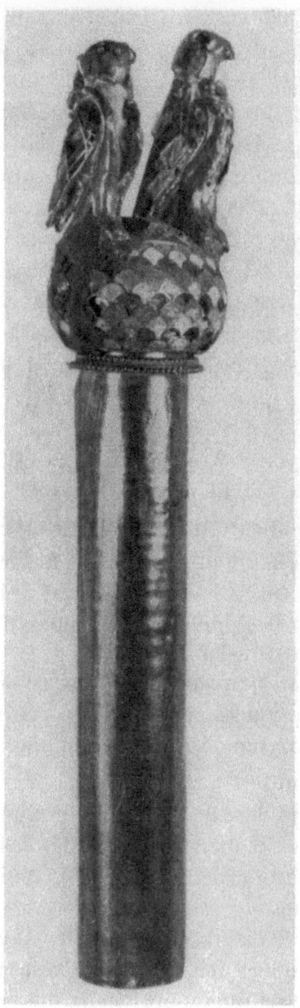

Bild 1.1. Goldenes Zepter mit dreifarbig emaillierter Kugel. Fundort bei Episkopi, Zypern. 11. Jh. v. Chr. Aufnahme: Cyprus Museum, Dept. of Antiquities, Nicosia

ancient Egyptian material was always cut, or moulded, and cemented into position. ...the material used should always be called what it is, namely, glass".

Eine unabhängige Bestätigung dafür ist eine persönliche Mitteilung von Frau Dr. Veronica Tatton-Brown, The British Museum, London, Dept. of Greek and Roman Antiquities: "The material in the cloisons was examined by our Research Laboratory in 1972 and was found not to be enamel". Auch Higgins bemerkt hinsichtlich der zwar in Zypern gefundenen, aber vermutlich aus Ägypten importierten Stücke: "The ornaments from Cyprus are decorated with similar material and not, as Rosenberg believed, with enamel".

Das Emaillieren von Gold begann in Ägypten erst etwa 1000 Jahre später. So konzentriert sich die Suche nach dem Ursprung des Emaillierens wieder auf den ägäischen Raum.

1*

Eines der ältesten und schönsten, wirklich emaillierten Stücke ist ein Zepter (Bild 1.1), das bei Episkopi (dem alten Curium) auf Zypern gefunden wurde und nach McFadden [440] einer der kostbarsten Schätze des Cyprus Museums in Nicosia ist. Es ist von mehreren Autoren beschrieben, eingehend 1932 in drei Einzelbeiträgen von Buxton, Casson und Myres [65] und danach von McFadden. Nach Buxton ist das Zepter 17 cm hoch, die halbrunden Zellen an der Kugel sind abwechselnd weiß, lila und grün emailliert; dagegen sind die Nackenpartien der Falken mit in Gold eingelegten Halbedelsteinen verziert. Buxton beschreibt es mit den Worten: "The whole is a very fine piece of craftmanship and indicates very considerable skill both in working the gold and in the technique of enameling", und Casson sagt an anderer Stelle [69]: "As a work of art it is unique. Nothing resembling it is known in the archaic Greek world. The work is delicate and fine and the enamel amazingly preserved". Das Zepter wird von den drei Autoren etwa in das siebte Jh. v. Chr. datiert. Für viel älter, nämlich aus der Zeit 1190 bis 1150 v. Chr., halten es andere Archäologen, die allerdings von McFadden mit etwas Zurückhaltung zitiert werden.

Dankenswerterweise machte Frau Dr. V. Tatton-Brown unter Hinweis auf das einschlägige Schrifttum, besonders auf Higgins, darauf aufmerksam, daß das Zepter auf Grund neuerer Ausgrabungen jetzt tatsächlich auf das 11. Jh. v. Chr. datiert wird, ebenso wie sechs goldene Fingerringe mit runden Emaileinlagen, die in Kuklia/Zypern gefunden wurden.

Merkwürdigerweise finden sich aus der Zeit zwischen 1100 und 800 v. Chr. keine Spuren von Emailarbeiten. Sie kamen erst wieder auf im 7. Jh. v. Chr., und zwar erstmals auch als Filigranarbeit (Rosetten in einem Diadem, das in Ziwiye/ Aserbeidschan gefunden wurde).

Nach Higgins wurden also bereits im Altertum vier Arten des Emaillierens ausgeübt: Aufschmelzen in Vertiefungen des Metalls, Zellenschmelz zwischen Metallstegen, Ausfüllen von Filigranarbeiten und Überziehen des Metalls durch Eintauchen in das flüssige Email.

In diesem Auf und Ab erreichte die Emaillierkunst im Abendland eine neue Blütezeit im ersten Jahrhundert der römischen Kaiserzeit. Frühe deutsche Emailarbeiten stammen aus Gräberfunden am Rhein aus der Zeit der flavischen Kaiser (69 bis 96 n. Chr.).

Zunächst wurde das Email als sog. Grubenschmelz aufgebrannt, später als Zellenschmelz, der im 5. bis 10. Jh. in der byzantinischen Kunst und im 10. bis 11. Jh. im mitteleuropäischen Raum Bedeutung erlangte. Der Tiefschnittschmelz wurde im 14. und 15. Jh. zu höchster Vollendung entwickelt.

Im 16. und 17. Jh. erscheint in Frankreich (Limoges) das sog. „émail paint" (Familien Penicoud und Limousin). Auf eine Unterlage aus Kupfer oder Bronze wurde ein dunkler Emailfluß aufgebrannt, auf den die Figuren mit weißem Email aufgesetzt und eingebrannt wurden.

Im 18. Jh. verfiel in Europa die Kunst des Emaillierens auf edlem Metall fast völlig.

Im 19. Jh. begann man mit dem Emaillieren von Eisen. Die nur im Kleinen betriebene Emaillierkunst früherer Jahrhunderte wurde im Zeitalter der Kohle und des Stahls zur Emailindustrie. Erst im 20. Jh. lebte auch die Kunstemaillierung wieder auf.

Die Geschichte der europäischen Emailindustrie, deren Aufstieg sich hauptsächlich in Deutschland, Schweden und England vollzog, hat Vogel [678] eingehend erforscht. 1761 machte J. H. G. v. Justi im 2. Band seiner „Gesammelten Chimischen Schriften" mit Hinweis auf die Schädlichkeit kupferner Geschirre den Vorschlag, eisernen Gefäßen einen glasigen Überzug zu geben. Damit wurde Email als Mittel zum Schutz von Metall gegen Korrosion und als hygienisch einwandfreier Überzug erkannt. Etwa gleichzeitig hat sich das Biezingersche Emaillierwerk in Königsbronn in Württemberg mit der schwierigen Herstellung säurefester Emails auf Gußeisenbehältern zur Destillation von Salpetersäure, zum „Scheidewasserbrennen", befaßt; solche „Töpfe" waren 1764 im Handel. 1782 beschrieb der schwedische Eisenhüttenmann Rinman Versuche zur Herstellung von Emailüberzügen auf Stahlblech und fand als geeignetes Email das geschmolzene Gemisch von Kristallglas, Mennige, Pottasche, Salpeter, Borax, Zinnasche und „Kobaltkalk" (Kobaltoxid). 1785 wurden im Werk Lauchhammer gußeiserne Gefäße, Kasserollen und Kochtöpfe mit einem grauen Email überzogen.

Anfang des 19. Jhs. verbesserte eine Reihe von Hütten das Herstellungsverfahren. Während bisher das Deckemail ausschließlich aufgepudert wurde, ging man nun auch zum nassen Auftrag über. Die Emails um 1865 enthielten beträchtliche Mengen Abfallglas; zur Trübung wurde Knochenasche und Zinnoxid verwendet; Flußmittel waren Salpeter, Soda und Pottasche. Beide Auftragsarten führten zusammen mit einer verbesserten Feuerungstechnik und besseren Stahlqualitäten zu einem ungeahnten Aufschwung der Emailindustrie. Die Entwicklung blei- und anderer giftfreier Versätze und chemisch hochbeständiger Emails verschaffte diesem Werkstoff Eingang in Haushalt und Industrie.

In den letzten Jahrzehnten machte die Technik des Emaillierens stürmische Fortschritte, eingeleitet durch die Schaffung von Weißemails hoher Deckkraft. Die dadurch möglich gewordenen geringen Schichtdicken ergeben vorzügliche thermische und mechanische Eigenschaften der fertigen Emaillierung.

Es folgte die Direkt-Weißemaillierung auf Stahlblech ohne Grundemails, was eine weitere Verringerung der Schichtdicke ermöglichte. Systematische Entwicklungsarbeiten brachten eine Senkung der Einbrenntemperatur von früher 900 °C auf im Mittel 820 °C bei verbesserten chemischen Eigenschaften der Emails. Für chemisch wenig beanspruchte Gegenstände stehen Tieftemperaturemails für Stahl und Aluminium zur Verfügung.

In neuerer Zeit vollzieht sich ein Wandel vor allem in der Auftragstechnik: Man findet heute neben dem Handspritzen das vollautomatisch gesteuerte einfache sowie das elektrostatische Spritzverfahren, die elektrophoretische Abscheidung der Emailteilchen aus dem Schlicker und als Letztes den elektrostatischen Pulverauftrag. Parallel dazu verläuft die Automatisierung und Rationatilisierung des gesamten Emaillierverfahrens. Die Weiterentwicklung der Emailliertechnik ist immer noch in vollem Gange. Die bis jetzt erzielten großen Erfolge waren nur zu erreichen durch eine Reihe von Voraussetzungen:

— Zunehmende wissenschaftliche und technologische Durchdringung des Werkstoffs Email und seiner Verarbeitung;
— ständige genaue Betriebs- und Güteüberwachung durch neue Prüfverfahren;
— parallel laufende Entwicklungen auf dem Metallgebiet, vor allem auf dem Stahlblechsektor;

— Zusammenarbeit zwischen Emailfachleuten und Metallurgen, Ofenbauern,
  Feuerungstechnikern, Werkzeugmaschinenbauern, Verbrauchern, (z. B. chemische Großindustrie), Hygienikern, Umweltschützern und anderen;
— ingenieurmäßige Ausbildung von Emailfachleuten.

Emaillierungen haben durch ihre hervorstechenden Eigenschaften der Härte,
Korrosions- und Hitzebeständigkeit, Ungiftigkeit sowie gegenüber früher ganz
erheblich verbesserten mechanischen Eigenschaften völlig neue Anwendungsgebiete erschlossen, so daß auch in Zukunft die Emaillierung eine maßgebliche
volkswirtschaftliche Rolle spielen wird.

2 Wissenschaftliche Grundlagen

Eine Emaillierung besteht aus zwei Werkstoffen mit völlig verschiedenen Eigenschaften, einem mehr oder weniger duktilen Metall und dem spröden Email. Die Unterschiede sind bedingt durch unterschiedliche chemische Bindungsarten im atomaren Bereich: Bei der metallischen Bindung sind die negativen Bindungselektronen frei beweglich —,,Elektronengas'' — und nicht an bestimmte positiv geladene Metallatome gebunden; daher z. B. die gute elektrische Leitfähigkeit und Undurchsichtigkeit, bedingt durch die leichte Wechselwirkung dieser Elektronen mit der elektromagnetischen Schwingung des Lichtes. Die Elektronendichte zwischen den Metallionen ist nirgends Null.

Dagegen herrscht in einem Email z. T. Ionenbindung, z. T. eine gemischte Ionen- und Atombindung vor. Bei der Ionenbindung bewirken die Coulombschen Anziehungskräfte zwischen positiv geladenen Kationen (Metallionen) und negativ geladenen Anionen (bei Email meist O^{2-}) den Zusammenhalt. Das elektrische Feld um ein Kation ist rundum gleichmäßig, ,,ungerichtet''. Die Elektronendichte ist zwischen Kation und Anion an einer Stelle Null. Die Atombindung kann man in den hier interessierenden Fällen (z. B. CO_2, H_2O) als einen Grenzfall der Ionenbindung auffassen: Wenn das ,,Kation'' eine hohe Feldstärke besitzt, deformiert es die Elektronenhülle des ,,Anions'' derart, daß ein Teil der Außenelektronen beide Kerne umkreist, die Elektronendichte zwischen den beiden Kernen ist nirgends Null. Die Atombindung ist ,,gerichtet''. Der Grad einer gemischten Ionen- und Atombindung hängt demnach mit der Stärke der Deformation der Elektronenhülle des ,,Anions'' zusammen. Da hier die Elektronen einem bestimmten Atomkern fest zugehören, hat Glas oder Email eine niedrige elektrische Leitfähigkeit; sie können auch nicht auf die elektromagnetischen Schwingungen des Lichts reagieren: Glas oder Email ist farblos und durchsichtig, es sei denn, es enthält Elemente, die in verschiedenen Wertigkeiten vorkommen können, bzw. Teilchen, die das Licht reflektieren, abbeugen, streuen (Trübung).

Es gilt nun, diese beiden verschiedenartigen Werkstoffe so aufeinander abzustimmen und miteinander so fest zu verbinden, daß ein gebrauchstüchtiger Verbundwerkstoff entsteht. Dabei hat das Email die Aufgabe, das Metall vor Korrosion zu schützen, meist auch seine Oberfläche härter zu machen, und die im Gebrauch bald unansehnlich wirkende Metalloberfläche zu verschönern, zu verzieren.

Im folgenden werden zunächst die beiden Einzelwerkstoffe Metall und Email besprochen und dann die bei deren Vereinigung zur Emaillierung entstehenden Probleme.

2.1 Die Metalle und ihr Verhalten

2.1.1 Eisen und seine Systeme

2.1.1.1 Fe

Reines Eisen schmilzt bei 1535 °C und besitzt mehrere Umwandlungspunkte. Emailtechnisch interessieren davon nur die folgenden (γ: Hochtemperaturform, α: Tiefform; r bezieht sich auf die Abkühlung, c auf das Erhitzen):

A_{r3}, $\gamma \to \alpha$, 898 °C; A_{c3}, $\alpha \to \gamma$, 909 °C

A_{r2} und A_{c2}, α unmagnetisch $\rightleftharpoons$ α magnetisch, 768 °C (Curie-Punkt). α — Fe wird Ferrit genannt.

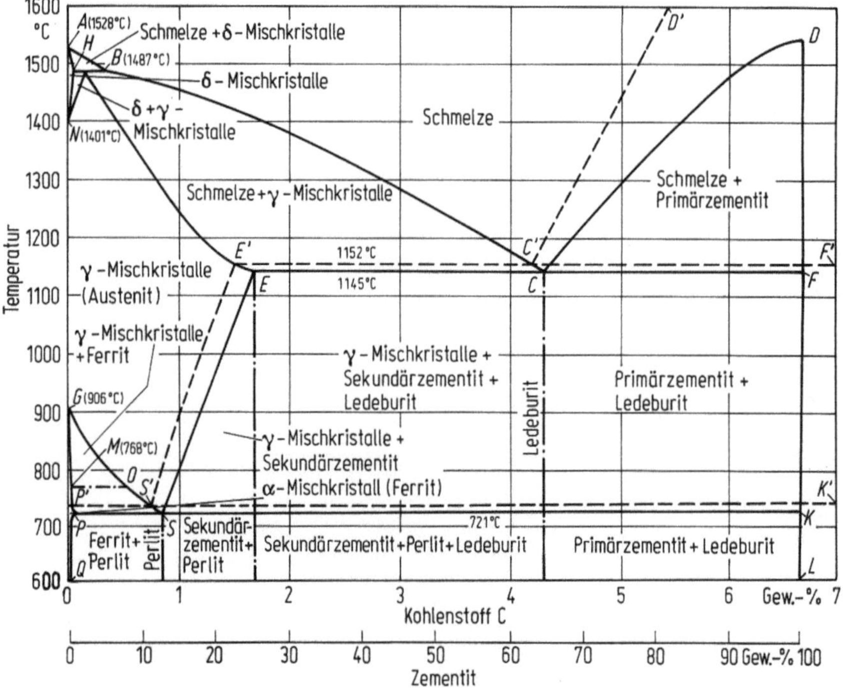

Bild 2.1. Eisen—Kohlenstoff-Diagramm. Ausgezogene Linien: metastabiles System; gestrichelte Linien: stabiles System Eisen—Graphit

2.1.1.2 System Fe—C

Im System Fe—C gibt es die Verbindung Fe_3C, das Eisencarbid (Zementit), das oberhalb etwa 850 °C stabil ist (Bild 2.1), darunter zerfällt es sehr langsam in Fe und C. Bei technologischen Vorgängen hat man daher immer mit metastabilem Fe_3C zu rechnen; das metastabile System ist also besonders wichtig.

Das metastabile System Fe—Fe₃C

Emailtechnisch interessiert nur das Gebiet bis etwa 0,1% C (Bild 2.2a und b). Oberhalb der Linie *GS* sind γ-Eisen-Kohlenstoff-Mischkristalle (kurz γ-Mischkristalle oder Austenit genannt) beständig, im Bereich *GPQ* α-Mischkristalle, im Bereich *GPS* α- + γ-Mischkristalle, und unterhalb von *PS* α-Mischkristalle + Zementit Fe₃C.

Wird Eisen mit einem C-Gehalt von beispielsweise 0,1% von höheren Temperaturen, 1300 oder 1400 °C, also bereits im festen Zustand, abgekühlt, so scheidet der hier beständige γ-Mischristall, beginnend von 880 °C (Auftreffen auf die Linie *GS*) einen C-armen α-Mischkristall — ebenfalls Ferrit genannt — ab, während er selbst C-reicher wird, unter Verschiebung seiner Zusammensetzung längs der

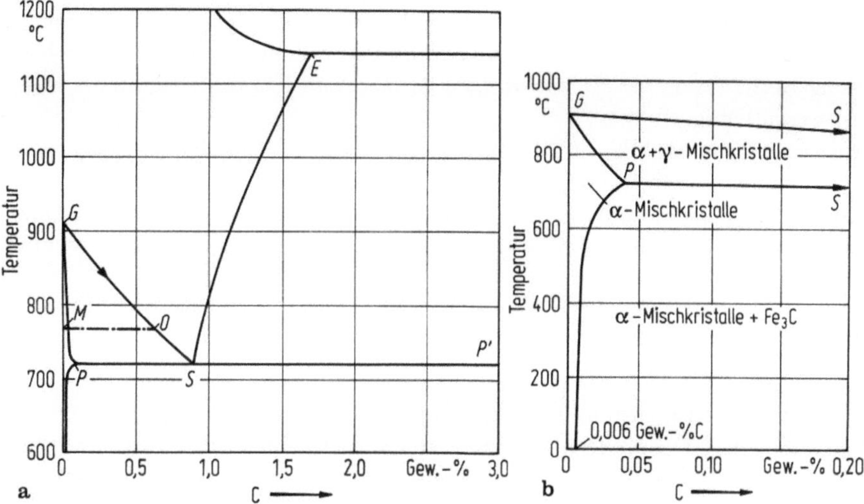

Bild 2.2 Ausschnitt aus Bild 2.1. **a** bis 3% C mit Perlitpunkt *S* bei 0,86% C, **b** Ausschnitt aus **a** zur Verdeutlichung des Ferrit-Ausscheidungsfeldes

Linie *GS*. Die Temperatur von 880 °C ist hier also der A_{r3}-Punkt. (Je 0,1% C erniedrigt die A_{r3}-Temperatur des reinen Eisens von 898 °C um rd. 20 K.) Dieser Vorgang spielt sich so lange ab, bis praktisch bei 710 °C (= Ar₁), unter Gleichgewichtsbedingungen bei 721 °C, der γ-Mischkristall 0,86% C erreicht hat und sich in ein eutektoides Gemisch von α-Mischkristall mit 0,04% C und Fe₃C umwandelt. Die beiden Kristallarten lagern sich meist in lamellaren dünnen Schichten in regelmäßigem Wechsel ab, weshalb man diesem Eutektoid einen eigenen Namen gab, Perlit. Bei 710 °C sind also nebeneinander vorhanden: restlicher γ-Mischkristall, Perlit und α-Mischkristall (Ferrit). Eisen mit < 0,9% C nennt man untereutektoid (mit Perlitgefüge), Eisen mit > 0,9% C übereutektoid. Durch Legierungszusätze wird diese Grenze verschoben.

Bei 768 °C ist das α-Eisen magnetisch geworden — Linie *MO* in Bild 2.2a.

Während der C-Gehalt des α-Mischkristalls in dem angenommenen Beispiel längs der Linie *GP* auf 0,04% anstieg, fällt er mit weiter sinkender Temperatur (unter 710 °C); das bedeutet, daß in einem Stahl mit 0,1% C außer α-Mischkristallen (Ferrit) + Perlit nun auch noch Fe_3C (Zementit) auftritt. Dieser Tertiärzementit sammelt sich gewöhnlich an den Korngrenzen (Korngrenzenzementit). Durch rasches Abschrecken, von etwa 700 °C ab, kann er auch in Lösung gehalten, und dieser Zustand unterkühlt werden. Beim Lagern oder bei geringer Erwärmung scheidet er sich dann aber doch aus, was zu Härtesteigerung führt. Diese Vorgänge sind für das Emaillieren von Stahlblech von grundsätzlicher Bedeutung.

Sekundärzementit tritt nur oberhalb 0,86% C auf (Bild 2.1); solche Stähle sind nicht emaillierbar (Blasen im Email durch C-Verbrennung).

Das stabile System Fe—C

Es ist besonders wichtig zur Disskussion der Verhältnisse bei Gußeisen. Hier tritt im Eutektikum C' (Bild 2.1, gestrichelte Linien) neben den γ-Mischkristallen nicht Fe_3C, sondern Graphit auf. Im reinen System Fe—C ist dies im allgemeinen selbst durch langes Tempern kaum zu erreichen, sehr leicht dagegen durch Legierungszusätze wie etwa Si. Im übrigen ist das Aussehen des Diagramms Fe—C nicht wesentlich geändert.

Kohlenstoff im Stahlblech gibt Anlaß zu mancherlei Emailfehlern. Besonders bei der dünnen Direktweißemaillierung (Abschn. 4.2) ist man deshalb dazu übergegangen, Stahlbleche mit möglichst niedrigem C-Gehalt zu verwenden. Durch eine Oxidation des C in der Stahlschmelze allein gelingt dies allerdings nicht (s. Abschn. 2.1.1.3).

2.1.1.3 System Fe—C—O

Die Gleichgewichte bzw. Reaktionen zwischen diesen drei Stoffen und dem sich bildenden CO sind für Stahlblech und Gußeisen besonders wichtig. In der Stahlschmelze bleiben C und O in gewisser Menge nebeneinander gelöst, und zwar beträgt bei etwa 1 bar CO das Produkt von % C $\times$ % O bei 1550 °C $= 0,002$. Da die Löslichkeit von O bei dieser Temperatur 0,23% beträgt, bedeutet das, daß es nicht möglich ist, mit Sauerstoff den Stahl unter 0,009% C zu entkohlen. Zur Herstellung von kohlenstoffarmen Blechen muß der Stahl besonders entkohlt werden, entweder durch Vacuumbehandlung der Schmelze zur Entfernung des im Gleichgewicht vorhandenen CO, oder durch Glühen des losen Bunds in einer Schutzgasatmosphäre von feuchtem $N_2 + H_2$ (Open-Coil-Verfahren, s. Abschn. 4.2.1); hier ist bei den relativ niedrigen Temperaturen die Diffusion des C an die Oberfläche geschwindigkeitsbestimmend. Nach Grabke u. M. [243] verläuft die Entkohlung von α-Eisen in mehreren Schritten, von denen die Reaktion

$$C + H_2O \rightleftharpoons CO + H_2 \tag{2.1}$$

die schnellste ist.

Gußeisen hat ohnehin rd. 3,5% C, das mit dem Sauerstoff der oxidierenden Brennatmosphäre bzw. mit dem unter dem Emailauftrag sich bildenden Zunder reagiert. Die sich während des Emailbrandes abspielenden Reaktionen haben Upadhyaya u. M. [671] eingehend untersucht und festgestellt, daß sich die Reaktionen zwischen dem Festkörper Kohlenstoff des Gußeisens und dem Festkörper Zunder sowie anwesendem Wasserdampf in sauerstofffreier Atmosphäre nur so lange abspielen, als das Email noch nicht glattgeflossen ist. Nach dem Glattfließen hört die Festkörperreaktion rasch auf, und es entstehen keine Blasen mehr. Ist jedoch während des Emailbrandes noch Sauerstoff anwesend, geht die CO-Bildung unter Blasenbildung weiter: Die Reaktion zwischen C und Zunder erfolgt über die Gasphase (s. Abschn. 4.5.3.1).

2.1.1.4 System Fe—C—Si

Ein Si-Gehalt bewirkt, daß gar kein oder wenig Zementit auftritt, das Eutektikum zwischen Fe und C nach niedrigeren C-Gehalten hin verschoben, und der Stabilitätsbereich der γ-Mischkristalle eingeengt wird.

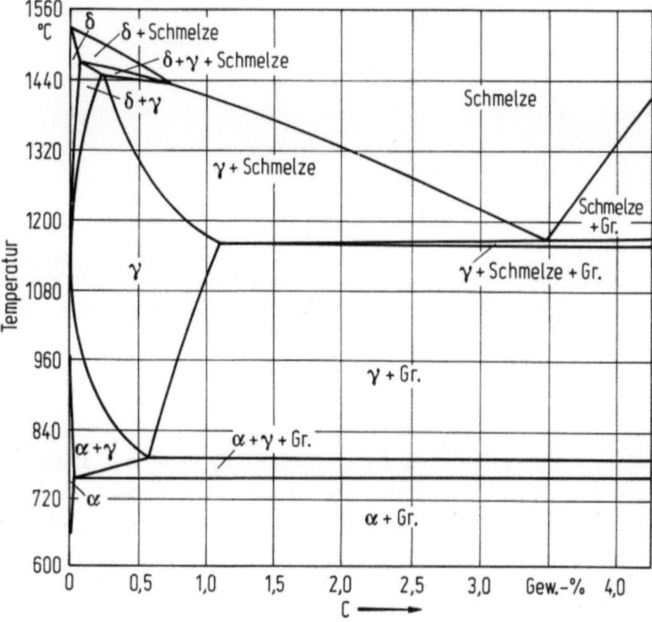

Bild 2.3. System Fe—C mit 2,4% Si. Gr: Graphit

Bild 2.3 zeigt das System Fe—C mit 2,4% Si, das für Gußeisen von Bedeutung ist. Das Eutektikum liegt hier bei 3,5% C und rd. 1160°C. Bei langsamer Abkühlung der eutektischen Zusammensetzung bilden sich γ-Mischkristalle und Graphit, wobei die γ-Mischkristalle (längs der Linie $E'S'$, Bild 2.1) allmählich C-ärmer werden, also Graphit abscheiden. Bei 790°C beginnt die Zersetzung von γ- in C-arme α-Mischkristalle unter weiterer Abscheidung von Graphit. Unterhalb 750°C ist nur noch α-Mischkristall (Ferrit) und Graphit vorhanden. Mit zunehmender Menge und Korngröße des Graphits sinkt der E-Modul.

Bei der üblichen Abkühlung beim Gießen reicht die Zeit für vollständige Auskristallisation des Graphits nach dem stabilen System trotz des Si-Gehalts nicht ganz aus. Dann spielen sich die weiteren Vorgänge nach dem metastabilen System ab. Da hier die Feldergrenze ES bei höheren C-Gehalten liegt als im stabilen System,

liegt die einer bestimmten Temperatur entsprechende Zusammensetzung jetzt
im γ-Mischkristallgebiet, sie steuert bei weiterem Abkühlen dem Perlitpunkt S
zu, wo die γ-Mischkristalle sich — je nach Abkühlungsgeschwindigkeit und Si-
Gehalt — mehr oder weniger vollständig zu Ferrit + Zementit in Form des
Perlits zersetzen. Bei raschem Abkühlen oder niedrigem Si-Gehalt kommt es
schon vorher — längs der Linie $E'S'$ — zum Ausscheiden von Zementit, d. h.
zu „weißem" Erstarren, was beim Emaillierguß vermieden werden muß.

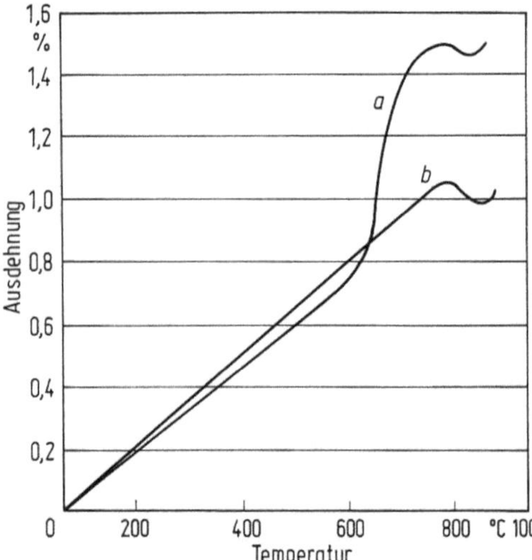

Bild 2.4. *a* Ausdehnungskurve von perlitischem Gußeisen; es „wächst" bei 650 bis 700 °C durch den Perlitzerfall. *b* Ausdehnung nach dem Glühen (Emaillieren)

Beim nachträglichen Tempern (Emaillieren) zerfällt auch noch der Perlit in
Ferrit und Graphit. Dabei nimmt das Volumen zu; das Gußeisen „wächst"
(Bild 2.4). Das Silicium befindet sich in jedem Fall im Gitter der γ- bzw. α-Misch-
kristalle. Diese bestehen also chemisch aus Fe + Si + C.

Um auf einfache Weise überschlagen zu können, wie weit die gewählte Zusammensetzung vom Eutektikum entfernt ist, hat man den sog. Sättigungsgrad
S_c eingeführt. Er berechnet sich nach

$$S_c = \frac{\%\,C}{4{,}23 - \dfrac{\%\,Si}{3{,}2}}\cdot \tag{2.2}$$

Im Eutektikum ist $S_c = 1{,}0$. Bei Werten $< 1{,}0$ erfolgt beim Erstarren der Schmelze
eine Kristallisation von reinen γ-Mischkristallen, was für die Festigkeit günstig
ist. Bei Emaillierguß liegt S_c bei 1,05.

2.1.1.5 System Fe—C—Si—P

Ähnlich wie C gibt P mit Fe eine Verbindung Fe_3P. Die Löslichkeit im reinen
Fe beträgt bei Raumtemperatur 1,2% P (α-Mischkristalle). Mit C zusammen
bildet sich ein ternäres Eutektikum mit 2,4% C und 6,9% P, das bei 953 °C er-

starrt (Steadit). Die beteiligten Phasen sind: Fe_3C, Fe_3P und γ-Mischkristalle $(Fe + C + P)$. Bei vorhandenem Si wird auch hier die Carbidbildung zurückgedrängt, das γ-Gebiet wird eingeengt. In üblichem Emailliergußeisen mit etwa 3,5% C, 2,5% Si und 0,5% P bildet sich — wie oben betrachtet — Graphit und Perlit bzw. Ferrit, aber auch noch Steadit (bei 950 °C).

2.1.1.6 Wirkung von Mangan, Zirkonium und Schwefel

Mangan hat im wesentlichen den Zweck, vorhandenen Schwefel zu binden. Im Anschliff ist es durch seine taubengraue Färbung gut vom rötlich-gelben Eisensulfid zu unterscheiden. In größeren Mengen wirkt Mn durch Carbidstabilisierung härtend. Mn vergrößert das γ-Gebiet und erhöht durch die Keimbildung der MnS-Teilchen die Graphitbildung. Überschüssiges Mn erniedrigt die Temperatur des Durchsackens von Stahlblechen.

Zum Binden von Schwefel kann auch Zirkonium dienen, das darüber hinaus Gießbarkeit und Formenfüllvermögen verbessert sowie Perlitbildung und Graphitausscheidung fördert. Das Zirkonsulfid bildet orangegelb-graue Lamellen. Zirkoncarbid bildet blaugraue kubische Kristalle. Auch Ti vermag S zusammen mit C als $Ti_4C_2S_2$ zu binden [467]. Zr als Desoxidationsmittel s. Abschn. 2.1.1.8.

Schwefel wirkt versprödend, mehr als 0,3% erzeugen den Rotbruch bei der Warmverformung bei 800 bis 1000 °C, wo das FeS—Fe-Eutektikum schon flüssig ist. Das FeS umfaßt die Metallkristallite netzartig, wodurch der Zusmmenhalt schlecht ist. Eine FeS-Bildung muß also in jedem Fall unterbunden werden.

Den Sättigungsgrad S_c von Eisen mit den bis jetzt genannten Begleitelementen kann man berechnen:

$$S_c = \frac{\% \, C}{4{,}23 - 0{,}312 \, Si - 0{,}33 \, P + 0{,}18 \, (Mn - 1{,}76 \, S)}. \tag{2.3}$$

2.1.1.7 Wirkung von Kupfer

Bei Cu-Gehalten $< 0{,}2\%$, wie sie heute üblich sind, bildet sich ein bei Emailliertemperaturen und darunter stabiler Fe—Cu-Mischkristall. Er hat bei Raumtemperatur eine geringere Wasserstofflöslichkeit als reiner Ferrit; dadurch kommt es zu verzögerter Ausscheidung des bei höheren Temperaturen gelösten Wasserstoffs und möglicherweise zur Fischschuppenbildung in Emails (s. Abschn. 2.1.1.10). Beim Beizen eines geglühten Cu-haltigen Blechs reichert sich das Cu als edleres Metall an der Stahloberfläche unter dem Zunder an, verlangsamt so den Beizprozeß und behindert das Haften. Mit der störenden Wirkung von etwas erhöhten Cu-Gehalten beschäftigte sich eingehend Wegner [705].

2.1.1.8 Wirkung von Aluminium, Silicium, Titan und Vanadium

Beim Abkühlen des flüssigen Stahls reagiert der gelöste Sauerstoff und Kohlenstoff unter Entwicklung von CO mehr und mehr, wobei gleichzeitig größere Mengen an Wasserstoff und etwas Stickstoff mit ausgespült werden. Durch den plötzlichen Austritt dieser Gase bei rascher Abkühlung beim Gießen gerät die Schmelze ins Wallen, der Guß erfolgt *unberuhigt*. Die Gase entweichen nicht vollständig, der

Rest bildet Bläschen und Poren im Gußblock. Durch den Gehalt an H_2 und CO sind die Wände der Gasblasen blank und verschweißen leicht beim Walzen. Beim Kokillenguß erstarrt an der Wand reines Eisen („Speckschicht"), während sich die Verunreinigungen — vor allem (Fe, Mn)O — in der Blockachse anreichern (Primärseigerung). Durch das Aufsteigen der Verunreinigungen entsteht eine Sekundärseigerung im verlorenen Kopf. Beim Walzen von unberuhigt vergossenem Stahl erhält man deshalb ein Blech mit einer dünnen, reinen Randzone und einem Kern mit vielen feinen Störstellen, die für das Emaillieren günstig sind (s. Abschn. 2.1.1.10 und 4.1.1).

Will man aus Gründen einer besseren Festigkeit oder Tiefziehbarkeit Störstellen weitgehend entfernen, so wird durch Zusatz von *Desoxidationsmitteln* — Al oder Si u. a. — die Oxidation des Kohlenstoffs unterbunden. Das gebildete Al_2O_3 bzw. die daraus entstandenen Spinelle und SiO_2 bzw. Silicate steigen auf, wenn die Zugabe in der Kokille erfolgte und gehen in die Schlacke. Der Stahl ist *beruhigt* vergossen. Oberhalb 0,015% Al besteht ein linearer Zusammenhang zwischen dem Sauerstoffgehalt des Stahls und dem Al_2O_3-Gehalt (daneben bildet sich auch AlN). Ein solches Blech hat eine dünnere „Speckschicht", ist im Kern reiner, aber emailtechnisch mit besonderer Vorsicht anzuwenden (s. Abschn. 2.1.1.10). Auf den Unterschied zwischen kokillen- und pfannenberuhigtem Stahl wird in Abschn. 4.1.1 eingegangen.

Ein Al-Zuschlag verbessert durch Nitridbildung die Tiefziehbarkeit und verhindert das Altern (Abschn. 2.1.6). Si und Al begünstigen die Graphitausscheidung, beide engen das γ-Gebiet ein.

Titan steht in seiner Wirkung als Desoxidationsmittel zwischen Si und Al. Der C-Gehalt wird bei einem Verhältnis Ti zu C wie 4:1 durch Ti restlos zu sehr stabilem, unlöslichem TiC gebunden. Ebenso energisch wie Kohlenstoff werden auch Stickstoff, Sauerstoff und Schwefel durch Titan gebunden. Bei gleichzeitiger Anwesenheit von Kohlen- und Stickstoff bilden sich Titancarbid-Titannitrid-Mischkristalle, die als rosa bis gelbe und braune Einschlüsse kenntlich sind. Nitridfreies Titancarbid ist im Anschliff grau. Zusammen mit Schwefel bildet sich $Ti_4C_2S_2$ [467]. Mit Sauerstoff bildet sich in sauerstoffreichen, d. h. unberuhigt vergossenen Stählen Ti_3O_5 während in beruhigt vergossenen Stählen Ti_2O_3 auftritt. Beide Oxide bewirken eine gleichmäßige, feine Verteilung von oxidischen Schlackeneinschlüssen. Schon zu Beginn der Direktemaillierung (s. Abschn. 4.2.1) wurde titan-beruhigter Emaillierstahl, „Ti-Namel" mit 0,1 bis 0,7% Ti, hergestellt; er hat den Vorzug, keine Blasen durch C-Verbrennung und keine Fischschuppen im Email zu erzeugen (Abschn. 2.1.1.10). Die Stahlqualität läßt sich weiter verbessern durch Kombination von Vacuumbehandlung einer Schmelze, die etwas Ti enthält. Ein solcher Stahl ist völlig frei von störenden Begleitelementen (C, N) und daher sehr weich, also gut verformbar.

Vanadium (0,04%) bildet ähnlich wie Ti Nitride, ist aber ein nur schwaches Desoxidationsmittel. Es erhöht die Festigkeit entkohlten Stahls und verhindert die Neigung zur Grobkornbildung (s. Abschn. 2.1.5).

Auch *Zirkonium* wirkt desoxidierend. Die Gleichgewichtskonstanten K für die Desoxidation fallen von Ti mit $K = 7,4 \cdot 10^{18}$ als wirksamstem Mittel über Al mit $K = 4 \cdot 10^{13}$ zu Zr mit $K = 1,9 \cdot 10^{10}$ [321].

2.1.1.9 Wirkung von Stickstoff und Kohlenoxid

Stickstoff ist merklich nur im γ-Eisen löslich, im α-Eisen nur bis 0,1% bei 590 °C, bei Gußeisen 0,0002 bis 0,012%. Er vergrößert das γ-Gebiet im Fe—C-Diagramm und setzt die Kaltverformbarkeit von Stahl herab. Als Nitrid gebunden wirkt er beim Guß in feinverteilter Form impfend für die regellose Ausscheidung der Primärteilchen. Bei Abwesenheit von Nitridbildnern wirkt er carbidstabilisierend und macht Stahl alterungsanfällig (Abschn. 2.1.6). In dieser Hinsicht verhalten sich C und N ähnlich; zur Bekämpfung der Reckalterung muß der N-Gehalt unter 0,005% gesenkt werden. Höhere Si-Gehalte setzen die Löslichkeit stark herab, ebenso gelöster Sauerstoff — nicht aber Oxide.

CO und CO_2 können beide nur unter Carbidbildung $(4\,Fe + CO = Fe_3C + FeO)$ von der Eisenschmelze aufgenommen werden; beim Abkühlen können sie durch leicht reduzierbare Oxide wieder ausgeschieden werden.

2.1.1.10 Fe—H₂O; Verhalten von Wasserstoff

Bei der Herstellung von Stahlblech und bei seiner Emaillierung spielt die folgende, umkerhbare Reaktion eine wichtige Rolle:

$$Fe + H_2O \rightleftharpoons FeO + 2H \quad \text{(bzw. } H_2). \tag{2.4}$$

Die Richtung des Reaktionsverlaufs hängt von Temperatur und Konzentration der Partner ab. Beim Schutzgasglühen, bei dem man Eisenoxide zu Metall reduzieren will, muß H_2 gegenüber H_2O im Überschuß vorhanden sein; die Reaktion verläuft von rechts nach links. Beim Emailbrand dagegen bildet sich aus dem fast stets vorhandenen Wasserdampf der gefürchtete Wasserstoff und FeO. Während das entstehende und in das Email in Lösung gehende FeO im allgemeinen keine Störungen verursacht, kann sich eine größere Menge Wasserstoff verheerend auswirken, es entstehen mannigfache Fehler in der Emaillierung, die man unter dem Sammelbegriff „Wasserstoffehler" zusammenfaßt. Deshalb ist das reine *System Fe—H* näher zu betrachten.

Man sagt meist, Wasserstoff ist im Eisen „atomar" gelöst. Was man darunter zu verstehen hat, wird weiter unten besprochen. Seine Löslichkeit in der Schmelze nimmt mit sinkender Temperatur stark ab (Bild 2.5).

Beim Erstarren entweicht ein großer Teil plötzlich („Wasserstoffunruhe"). Mit fallender Temperatur sinkt im festen Eisen die Löslichkeit weiter, es entweicht immer noch Wasserstoff. Durch die A_3-Umwandlung nimmt die H-Löslichkeit noch einmal sprunghaft ab. Bei Raumtemperatur beträgt sie nur noch rd. 1/1000 von derjenigen bei 900 °C, was emailtechnisch sehr wichtig ist. Bei höheren Temperaturen — etwa beim Emailbrand — aufgenommener Wasserstoff ist also bei Raumtemperatur im Zustand starker Übersättigung, wenn er keine Gelegenheit hatte, bei der Abkühlung zu entweichen.

Zunächst interessiert die Frage, wie Wasserstoff in das Eisen gelangen kann. Da er nur als H-„Atom", nicht aber als H_2-Molekül aufgenommen wird und im Eisenkristallgiter wandern kann, fördern solche Reaktionen die Wasserstoffaufnahme, die — und sei es nur intermediär — H abspalten. So entsteht beim Säurebeizen oder bei der Elektrolyse von angesäuertem Wasser kathodisch nas-

zierender Wasserstoff H, der vom Eisen aufgenommen wird [25]; ein Überschuß
kombiniert sich zu H_2 und bildet Bläschen. Die H-Bildung und -Aufnahme wird
erhöht durch Anwesenheit von Hydridbildnern (Si, P, As, S, ferner Ti, Zr, V, Nb)
im Eisen selbst oder im umgebenden Medium, z. B. bei der Elektrolyse einer sauren
Lösung mit etwa 0,05% As_2O_5. Oberhalb etwa 300 °C spaltet auch reines Fe
das H_2-Molekül und nimmt H auf. Bei α-Eisen spielen dabei außer der Temperatur und den Begleitstoffen auch die Oberflächenbeschaffenheit eine Rolle, aber

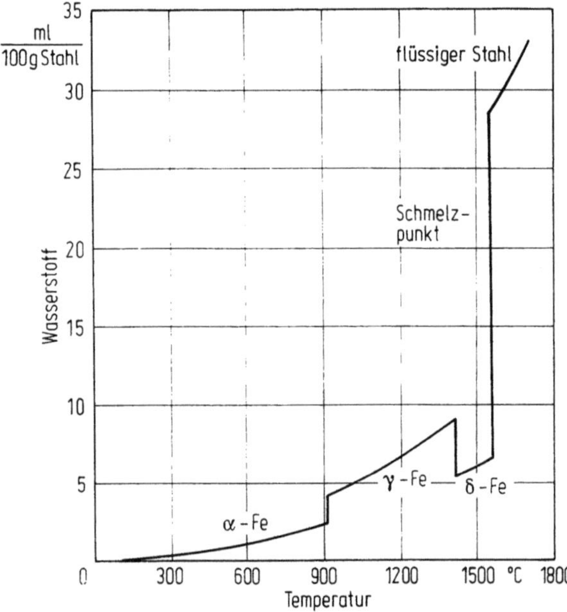

Bild 2.5. Löslichkeit von Wasserstoff in reinem Eisen bei 1 bar. Nach [76]

fast nicht beim γ-Eisen. Um den Oberflächeneffekt auszuschließen, haben Schenck
u. M. [598] beide Seiten des Blechs mit Palladium überzogen. Auf diese Weise
fanden sie einen linearen Zusammenhang zwischen $\log D$ und $1/T$ (D: Diffusionskonstante).

Die emailtechnisch weitaus wichtigste Reaktion ist jedoch diejenige zwischen
Fe und H_2O bei Einbrenntemperaturen unter primärer Bildung von FeO und 2 H.
Das H_2O kann dabei frei oder als OH^- im Email gelöst sein.

Es sei besonders darauf hingewiesen, daß man also zu unterscheiden hat zwischen
der Wasserstoffdurchlässigkeit, die maßgeblich auch den ersten Schritt $H_2 \rightarrow 2\,H$
und den letzten $2\,H \rightarrow H_2$ beinhaltet, und der reinen Diffusion des H im Eisen.

Beim Eintritt in das Eisengitter nimmt der Wasserstoff bei Raumtemperatur
vorzugsweise Tetraederplätze im kubisch-raumzentrierten α-Eisengitter ein.
Im ideal reinen, ungestörten Eisengitter wandert er leicht über Zwischengitterplätze; seine Diffusionskonstante D_H ist sehr groß und beträgt im α-Eisen nach
Riecke [571] als beste Näherung

$$D_H = 4{,}15 \cdot 10^{-4} \exp\,(-4{,}2\ \text{kJ/RTmol}) \text{ in cm}^2/\text{s}. \tag{2.5}$$

Dieser Wert ist deshalb nur eine Näherung, weil es sehr schwer ist, das ideal reine Eisen herzustellen.

Interessant ist ein Vergleich der Diffusionskonstante von H mit denen von beispielsweise C oder N für einige Temperaturen in Reineisen nach anderen Autoren (s. Tab. 2.1).

Tabelle 2.1. Diffusionskonstanten in cm^2/s

Temperatur °C	Lit.	H	C	N
20	[230]	$1,5 \cdot 10^{-5}$	$2,0 \cdot 10^{-17}$	$8,8 \cdot 10^{-17}$
200	[171]	$0,55 \cdot 10^{-4}$		
700	[230]	$4,9 \cdot 10^{-4}$	$6,1 \cdot 10^{-7}$	$4,4 \cdot 10^{-7}$
774	[171]	$2,75 \cdot 10^{-4}$		

Hier sei folgendes eingeschaltet. Das Verhalten des Wasserstoffs im Eisen ist verschiedenartig. Die leichtere Löslichkeit in Anwesenheit von Hydridbildnern legt die Annahme von *Hydrid-Wasserstoff H⁻* nahe. Da H⁻ viel größer als C oder N ist, kann der Hydridwasserstoff aber nur sehr langsam wandern. Die oben genannten Hydridbildner spalten zwar H_2 zu 2 H, halten aber den Wasserstoff als H⁻ fest. So dient z. B. Ferrotitan als ausgesprochener Wasserstoffspeicher. Reines Eisen bildet dagegen keine Hydride.

Das *H-Atom* ist nur wenig kleiner als C; atomares H kann also ebenfalls nicht einen so enorm hohen Diffusionskoeffizienten haben. Man wird den Werten in Tab. 2.1 am ehesten gerecht, wenn man eine Fe—H-Legierung annimmt, m. a. W. dem Wasserstoff im Eisen metallische Eigenschaften zuordnet. Das bedeutet, daß im Eisen nicht das H-Atom mit einem an den H⁺-Kern gebundenen Elektron vorliegt, sondern ein winziges Proton, während sein Elektron dem „Elektronengas" im Eisen zugehört. Somit können Proton und Elektron außergewöhnlich leicht wandern. Die positive Ladung des Protons wird also durch irgendwelche Leitungselektronen abgeschirmt, aber nicht wie im Atom durch „sein" Elektron.

Bei der Wanderung von Wasserstoff durch das Eisen kommt es wegen der Störung der Elektronenverteilung in der Umgebung eines Protons zu Wechselwirkungen mit verschiedenen Gitterfehlstellen im Eisen, worauf Riecke [571] zusammenfassend eingeht. Es sind dies Versetzungen, Korngrenzen, Hohlräume, Fremdatome, Ausscheidungen u. dgl.; dadurch wird sowohl die Löslichkeit als auch die Diffusion des Wasserstoffs beeinflußt. Versetzungen (s. Abschn. 2.1.5) sind von weitreichenden Druck- und Zugspannungen umgeben und können je nach Versetzungsdichte die Konzentration des „atomaren" Wasserstoffs um den Faktor 10^2 bis 10^3 erhöhen. Die stärkste Wechselwirkung findet mit inneren Oberflächen (Risse, Poren, Phasengrenzflächen) statt. Damit ist eine Rekombination zu molekularem H_2 verbunden, das nur sehr langsam wandern kann. Handelt es sich um kleine Einschlüsse (unter etwa 10 µm nach [200]), so wirken sie in diesem Sinne als „Wasserstofffallen". Sind sie größer, wie etwa grobe Schlackeneinschlüsse u. dgl., so kann es zu Beizblasen oder beim Einbrennen zu Aufkocherscheinungen kommen.

Die niedrige Löslichkeit von Wasserstoff bei Raumtemperatur einerseits und das große Diffusionsvermögen andererseits bedingen, daß der echt gelöste, nach der Abkühlung im Überschuß vorhandene Wasserstoff aus dem Eisen entweichen will. Dies tut er auch: Stellt man z. B. ein durch Beizen mit Wasserstoff beladenes Blech in Wasser, so bilden sich an der Blechoberfläche Bläschen; in warmem Wasser perlt der Wasserstoff geradezu aus dem Blech. Dabei rekombiniert das „atomare" H zu H_2.

Ein anschauliches Bild von diesen Vorgängen und den dabei u. U. entstehenden Kräften vermittelt ein Versuch von Bardenheuer u. M. [25, 26]: Eine mit Manometer versehene Stahlbombe wurde von außen in einer Schwefelsäurelösung katho-

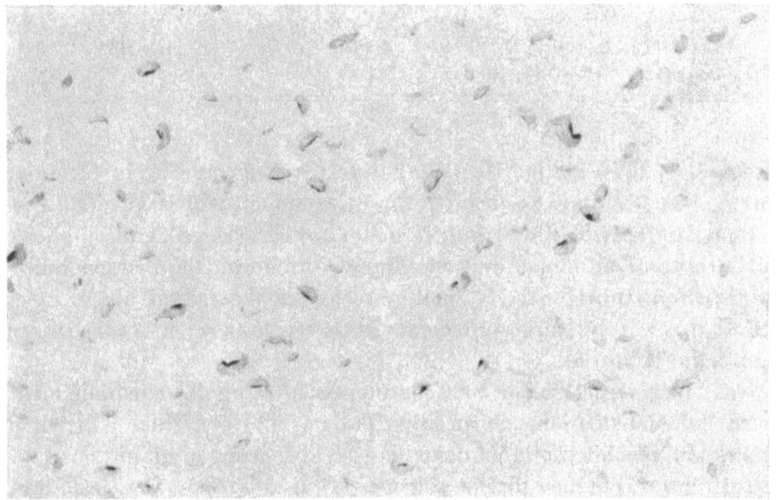

Bild 2.6. Fischschuppen in Weißemail. Aufnahme: Max-Planck-Institut für Eisenforschung

disch mit Wasserstoff beaufschlagt; dieser wanderte als H durch die Wand und entlud sich auf der Innenseite als H_2. Der Druck stieg bei Raumtemperatur innerhalb kurzer Zeit auf etwa 300 bar, so daß der Versuch abgebrochen werden mußte. Auch der umgekehrte Versuch wurde durchgeführt: Zwei unten geschlossene, außen emaillierte Stahlblechzylinder wurden innen nur mit verdünnter Schwefelsäure versehen, bzw. zusätzlich noch elektrolytisch mit Wasserstoff beaufschlagt. In beiden Fällen platzte das Email an zahlreichen Stellen in einer charakteristischen Form ab, die wegen ihres Aussehens „Fischschuppen", „Nagelrisse" u. dgl. genannt werden (Bild 2.6) und in der Emailindustrie einen gefürchteten Fehler darstellen. Bereits 1925 hatte Sasse als erster die gleiche Beobachtung gemacht und den Wasserstoff als Ursache erkannt.

Dadurch, daß die Emailschicht parallel zur Oberfläche unter Druckspannung und senkrecht dazu unter Zugspannung steht, kommt durch den Gasdruck die flache Form der Fischschuppen zustande (Bild 2.7). Der sichtbare Bruch muß nicht immer bis zur Blechoberfläche gehen; oft werden die Fischschuppen nur im Deckemail sichtbar. In Wirklichkeit geht der Bruch aber stets bis zum Blech. Es besteht auch ein direkter Zusammenhang zwischen dem Winkel, den die

Fischschuppen mit der Blechoberfläche bilden, und dem Ausdehnungskoeffizienten des Emails, d. h. mit seiner Druckspannung: Mit steigendem AK des Grundemails, also bei abnehmender Druckspannung im Email, wird der Bruchverlauf gegen die Oberfläche steiler, nämlich von weniger als 4° bei üblichen Grundemails ($\alpha = 8{,}8 \times 10^{-6}$/K), bis 34° bei hohem AK. Dies ist bereits der Übergang zu den Haar-rissen. Bei Winkeln über etwa 10 bis 15° erzeugen die Risse ein Glitzern, von dem die Bezeichnung „Kriställchen" stammt. Wird der AK noch größer, so entstehen schließlich senkrecht stehende Haarrisse.

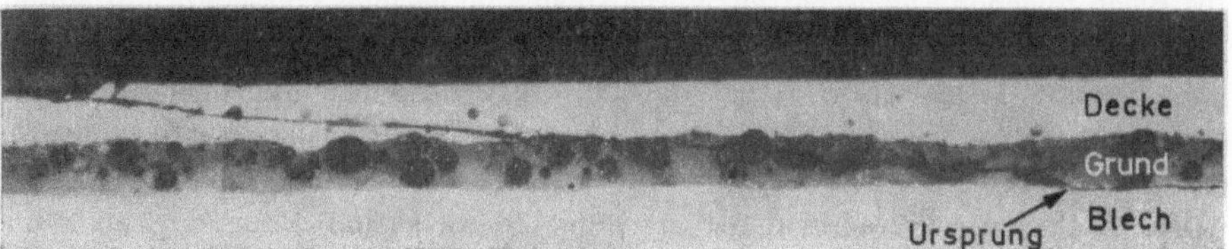

Bild 2.7. Querschnitt durch eine Fischschuppe

Der Wasserstoff macht sich aber schon während der Abkühlung des emaillierten Stücks bemerkbar: Er reduziert im Email nicht nur höhere Oxidationsstufen (Fe^{3+}), sondern entsprechend dem obigen Gleichgewicht auch einen Teil des FeO. Das hat zweierlei zur Folge: Einmal wird der Wasserstoff dabei zu Wasser, das als OH^--Gruppen im Email eingebaut wird (s. Abschn. 2.2.5.11). Diese bilden einen H_2O-Vorrat, der beim Wiedererhitzen erneut reagieren und z. B. ein Wieder-aufkochen (reboiling) hervorrufen kann. Dieses Hin- und Herwandern des Wasser-stoffs haben Chu u. M. [76—78] anschaulich beschrieben. Zum anderen beein-trächtigt er dadurch die Haftung, daß ein Teil der verbindenden dünnen Eisen-oxidschicht reduziert wird. Unter jeder Fischschuppe ist die Haftung schlecht, z. T. erkennt man das silberhelle Metall [155]. Das Email wird an solchen Stellen nur durch die Aufrauhung des Blechs festgehalten, kann also durch den Wasser-stoffdruck leichter abgesprengt werden.

Angesichts der großen praktischen Bedeutung dieser Zusammenhänge unter-suchte man die verschiedenen Einflußfaktoren. Beim Anlegen einer Zugspannung im elastischen Bereich (dieser entspricht dem Zustand nach dem Emaillieren) steigt nach [352] die Wasserstoffdiffusion proportional der Spannung; dieser Vorgang ist reversibel. Schumann u. M. [621] beobachteten bei geringer Verformung zunächst eine Zunahme der Wasserstoffdurchläsigkeit bei kathodischer Begasung um 10 bis 15% und erst bei einem Verformungsgrad $> 30\%$ eine Abnahme auf nahezu Null bei 60% [522]. Ein Anlassen solcher Proben auf über 450 °C erhöhte die Durchlässigkeit. Parallel zur Wasserstoffdurchlässigkeit verhält sich die Fischschuppenbildung [189]. Die Erklärung ist folgende: Bei geringer Verformung wird das Eisengitter senkrecht zum Walzdruck gedehnt, was eine Erhöhung der Durchlässigkeit ergibt. Im Eisen vorhandener Wasserstoff kann also nach dem Abkühlen leicht entweichen und erzeugt Fischschuppen. Mit steigender Verfor-mung entstehen aber mehr und mehr innere Baufehler (Mosaikblockgrenzen, Versetzungen, Gleitlinien, Mikrorisse). Auch Risse und Hohlstellen durch Car-bidzertrümmerung wirken in diesem Sinne [248]. Hier kann der im Blech vor-

handene „atomare" Wasserstoff sich zu H_2 rekombinieren („Wasserstoffallen")
und hat dann keine Möglichkeit mehr, zu entweichen. Man nimmt an, daß der
Wasserstoff an diesen Stellen auch chemisorbiert wird. Die Fischschuppenbildung
nimmt ab, obwohl das Blech nun mehr Wasserstoff enthalten kann als im nicht
verformten Zustand [314, 315]. So ist verständlich, daß ein Erzeugen von inneren
Hohlräumen durch kathodische Begasung und anschließendes Tauchen in kochendes Wasser nach Healy u. M. [267] ebenfalls Fischschuppen-mindernd wirkt.

Ähnlich wie das Kaltwalzen wirkt auch eine Sandstrahlbehandlung.

Im Gegensatz zum kaltverformten Blech hat warmgewalztes oder normalisier-
tes Blech folgende Eigenschaften: Verhältnismäßig geringe Wasserstoffaufnahme,
sie erfolgt aber mit großer Geschwindigkeit; leichte Durchlässigkeit, daher
auch leichte Abgabe beim Erkalten und größere Fischschuppengefahr. Fisch-
schuppenanfällige Bleche haben also eine hohe Diffusionskonstante und/oder
geringe Wasserstofflöslichkeit [289].

Der Einfluß der Blechdicke ist folgender: Beim kathodischen Begasen eines
Blechs ist die Zeit t_0 bis zum rückwärtigen Erscheinen von Wasserstoff:

$$t_0 = d^2/6D \qquad\qquad\qquad (2.6)$$

mit d: Blechdicke und D: Diffusionskonstante [11, 289].

In Abschn. 2.1.5 wird gezeigt, welchen Einfluß das Walzen und nachträgliche
Erwärmen des Stahls auf die Korngröße hat. Da der Wasserstoff durch das Eisengitter wandert und Korngrenzen ein Hindernis darstellen, ist die H-Diffusion
bei Blechen mit Grobkorn (größere Fischschuppengefahr) leichter als bei feinem
Korn; t_0 ist also beim gleichen Blech je nach Korngröße verschieden.

Einseitig emaillierte, dünne Bleche neigen unter sonst gleichen Bedingungen
weniger zur Fischschuppenbildung als zweiseitig emaillierte und dicke, weil hier
der Wasserstoff nicht so leicht entweichen kann bzw. sich im dicken Blech beim
Brennen mehr Wasserstoff atomar speichert. Mit steigender Emaildicke dagegen
nimmt die Fischschuppenzahl bei elektrolytischer H_2-Abscheidung ab [155, 527],
was sich aus dem erhöhten Widerstand der Emailschicht erklären läßt.

Einfluß von Begleitelementen

Den Einfluß des C-Gehalts auf die Fischschuppenanfälligkeit untersuchte Horstmann [311]. Die günstigsten Verhältnisse — am wenigsten Fehler, höchste Haft-
und Schlagfestigkeit, mittlere Blasengröße — sollen dann erzielt werden, wenn die
Einbrenntemperatur des Grundemails auf der Gleichgewichtslinie liegt, die das
γ-Zustandsfeld vom $\alpha + \gamma$-Feld im Zustandsdiagramm Fe—C trennt. Brenntemperatur und C-Gehalt sind also gekoppelt. Allerdings bezieht sich diese Untersuchung auf Bleche mit C-Gehalten von 0,05 bis 0,26%. Entkohlte Bleche müßten
danach um 900 °C emailliert werden, was aber nicht der Fall ist. Auch müßten
bei einer Brenntemperatur von 850° zwischen 0,05 und 0,12% C die meisten,
oberhalb 0,18% C weniger Fischschuppen entstehen, was aber nach Petzold u.
M. [529] nicht zutrifft; ihre Zahl steigt mit steigendem C-Gehalt, d. h. im γ-Fe-
Gebiet macht sich die erhöhte Wasserstofflöslichkeit beim Einbrennen und leichte
Abgabe beim Abkühlen bemerkbar.

Ein großer Unterschied besteht darin, in welcher Form der Kohlenstoff im Stahl vorliegt. Als Graphit hat der Kohlenstoff keinen Einfluß auf das Diffusionsvermögen von Wasserstoff [112], wohl aber als Perlit oder Zementit; hier sammelt er sich als H_2 an, und es kann oberhalb 200°C zu Methanbildung kommen. Die Wasserstoffaufnahme beim Beizen wird durch Korngrenzenzementit somit auch erhöht [25].

Durch Carbidstabilisierung wirkt der Wasserstoff im Eisen versprödend.

Den Einfluß von Si auf die Wasserstoffdurchlässigkeit und Fischschuppenbildung untersuchten Erdmann-Jesnitzer u. M. [190]. Die Durchlässigkeit nimmt mit steigendem Si-Gehalt trotz größerer Löslichkeit [191, 469] ab und wird bei 2,5 bis 3% Si praktisch Null. (Dies ist der Grund, weshalb es bei der Gußeisenemaillierung keine Fischschuppen gibt [328]). Die Fischschuppenbildung durchläuft aber bei 0,1 bis 0,2% Si ein Maximum. Die Autoren erklären dies mit der

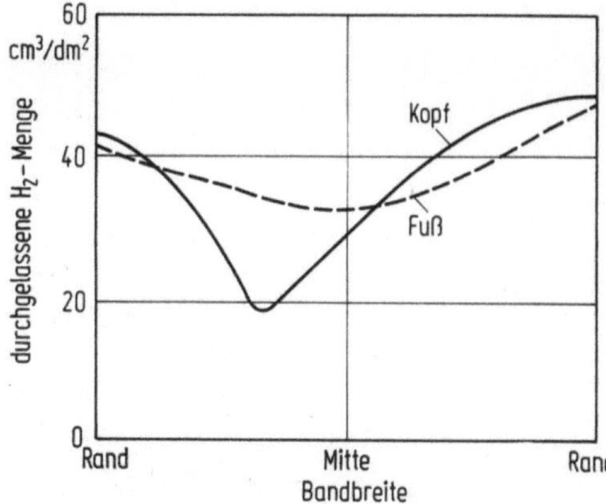

Bild 2.8. Wasserstoffdurchlässigkeit über die Bandbreite. Nach [407]

Überlagerung zweier Effekte: Die H-Aufnahme nimmt zwar auch bei niedrigen Si-Gehalten ab, es wird aber noch genügend H aufgenommen; bei niederen Temperaturen ($<$ 200°C) ist die H-Abgabe aber bereits merklich verzögert, so daß Fischschuppen verstärkt entstehen. Bei höheren Si-Gehalten wird schon die Aufnahme stark gedrosselt, und die Fischschuppenanfälligkeit sinkt. In einer weiteren Arbeit [528] erklären die Autoren die Wirkung kleiner Si-Gehalte wie die der Desoxidationsmittel; wie in Abschn. 4.1.3.3 ausgeführt wird, neigen beruhigte Stähle wegen ihres Mangels an Störstellen eher zur Fischschuppenbildung als unberuhigte. Das gleiche Verhalten wie bei Si (Maximum der Fischschuppenbildung bei kleinen Zusätzen), fanden die Autoren in einer späteren Arbeit [529] bei Al, ebenfalls einem Desoxidationsmittel.

Alle metallischen Legierungselemente vermindern die Diffusionskonstante des Wasserstoffs im Stahl. Den größten Einfluß hat nach König u. M. [374] das Nickel.

Die Seigerung der Begleitelemente quer zur Walzrichtung hat ebenfalls einen deutlichen Einfluß auf die Wasserstoffdurchlässigkeit (Bild 2.8), s. Lagasse u. M. [407] nach Grimm [248].

Leider geben eine chemische Analyse und Gefügeuntersuchung, wenn ihre Ergebnisse nicht gerade aus dem Rahmen fallen, keine zuverlässige Auskunft über die Fischschuppenanfälligkeit eines Stahlblechs. Es hat sich eingebürgert, dafür unter Standardbedingungen ein Blech elektrolytisch mit Wasserstoff zu beaufschlagen und die (schon oben erwähnte) Zeit t_0 zu messen, bei der die ersten Wasserstoffblasen auf der Rückseite erscheinen. Je größer t_0, um so weniger neigt ein Blech zur Fischschuppenbildung.

Albrecht u. M. [11] fanden einen Zusammenhang zwischen dem Sauerstoffgehalt des Stahls und t_0 (Bild 2.9): in einem beruhigten Stahl ist der Sauerstoff weitgehend an Al, Si oder dgl. gebunden; t_0 ist niedrig. Im unberuhigten Stahl ist mehr

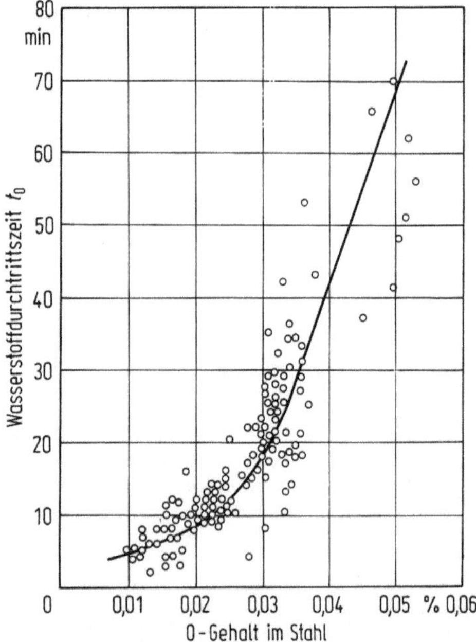

Bild 2.9. Zusammenhang zwischen Sauerstoffgehalt des Stahls und der Wasserstoffdurchtrittszeit t_0. Nach [11]

Sauerstoff vorhanden; je mehr, um so größer ist t_0. Das dispergierte FeO wirkt hemmend auf die Diffusion, evtl. auch als „Falle" im Sinne einer Rekombination zu H_2.

Die einfache Regel für den Zusammenhang zwischen Fischschuppenanfälligkeit und t_0 scheint für bestimmte mit Ti mikrolegierte Stähle nicht immer zuzutreffen: Sie haben einen sehr niedrigen t_0-Wert und sind trotzdem völlig fischschuppenbeständig [289]. In diesen Stählen ist alles O, C, N, S an Ti gebunden, so daß im übrigen sehr reiner Ferrit vorliegt. Dr. L. Meyer, Thyssen AG., hält es für wahrscheinlich, daß unter diesen Umständen der Wasserstoff bei der Abkühlung eines emaillierten Bleches so schnell herausdiffundiert, daß der durch die weitere Abkühlung unterhalb der Erstarrungstemperatur des Emails noch freiwerdende Wasserstoff zur Fischschuppenbildung nicht mehr ausreicht; m. a. W.: Nur ein mittlerer Bereich von t_0 zeigt eine Fischschuppenanfälligkeit an, ein sehr kleiner Wert ebenso wie ein großer spricht für Fischschuppenbeständigkeit — eine Hypothese, die noch experimentell nachzuprüfen wäre.

Als Maß für die durch ein Blech pro Zeit- und Flächeneinheit durchgehende Wasserstoffmenge N kann die Neigung der Geraden N gegen die Zeit t dienen [422]. Für verschiedene Blechsorten ergeben sich nach [289] im Mittel z. B. folgende Diffusionskonstanten D:

Entkohltes Blech	$0{,}75 \cdot 10^{-6}$ cm²/s,
unberuhigtes Blech	$1 \cdot 10^{-6}$ cm²/s,
beruhigtes Blech	$8 \cdot 10^{-6}$ cm²/s.

Sie sind um eine Größenordnung kleiner als die in Tabelle 2.1 angegebenen, an Reineisen direkt gemessenen Werte: Offensichtlich wirken die Begleitelemente in den technischen Stahlsorten und die verschiedene Herstellungsart hemmend.

Zusammenfassend ergibt sich, daß es für das Emaillieren am günstigsten ist, möglichst wenig Wasserdampf mit dem glühenden Stahlblech in Berührung zu bringen, und — wenn schon — den in den Stahl gelangten Wasserstoff entweder durch langsames Abkühlen herausdiffundieren zu lassen [76] oder aber als H_2 in kleinsten Hohlräumen festzuhalten. So kann ein Stahlblech mit z. B. 0,02 oder 0,05% C emailtechnisch u. U. günstiger sein als ein sehr reines mit 0,002% C, wenn jenes nur stark kaltgewalzt wurde.

2.1.2 Aluminium und seine Legierungen

Reines Al schmilzt bei 660 °C. Es ist hervorragend kalt verformbar, für Tiefziehzwecke wird man eine Mittelhärte dem weichen Blech vorziehen. Der lineare thermische Ausdehnungskoeffizient α von Al ist mit $24 \cdot 10^{-6}$/K gegenüber dem Wert von $12 \cdot 10^{-6}$/K für α-Fe überaus hoch. Praktisch spielt er jedoch keine Rolle, weil sich das relativ weiche Al durch das Email plastisch verformen läßt (s. Abschn. 2.3.6.2).

In Gegenwart von Sauerstoff überzieht sich Al mit einer dichten Oxidhaut, die es vor tiefgreifender Oxidation schützt, während Magnesium, das bei 650 °C schmilzt, sich leicht entzündet und unter großer Hitzeentwicklung verbrennt.

Ähnlich dem Fe vermag Al Wasserstoff atomar in größeren Mengen zu lösen. Es ist das einzige Gas, das in geschmolzenem und auch erstarrtem Al löslich ist. Beim Erstarren von Al fällt die Löslichkeit sprunghaft auf $^1/_{19}$ des für die Schmelze geltenden Wertes [376], wodurch es zu Wasserstoffunruhe und Blasenbildung kommt. In Bild 2.10 sind der Diffusionskoeffizient D zwischen 470 und 590 °C und der Löslichkeitskoeffizient nach [172] aufgetragen. Legierungszusätze von Cu und Si setzen die Kaltlöslichkeit für Wasserstoff herab, viel stärker wirken aber Zusätze, die wie Be die Oxidhaut verdichten. Durch Mg und Mn wird die Oxidhaut gelockert und damit die Kaltlöslichkeit erhöht.

Emailtechnisch interessant sind außer Reinaluminium bestimmte Legierungen mit Mn, Mg und Si sowie eine Gußlegierung mit 11 bis 13% Si. Mn erhöht bis 2,5% den Schmelzpunkt von Al nur wenig, Mg_2Si praktisch nicht, Mg senkt ihn um rd. 5 K/% Mg (Zustandsdiagramme s. z. B. bei [620]).

Al—Mg-Liegierungen sind emailtechnisch nicht ohne weiteres verwendbar, weil sich das Mg an der Oberfläche anreichert, dadurch die Korrosionsfestigkeit der Emaillierung herabsetzt und Abplatzungen verursacht.

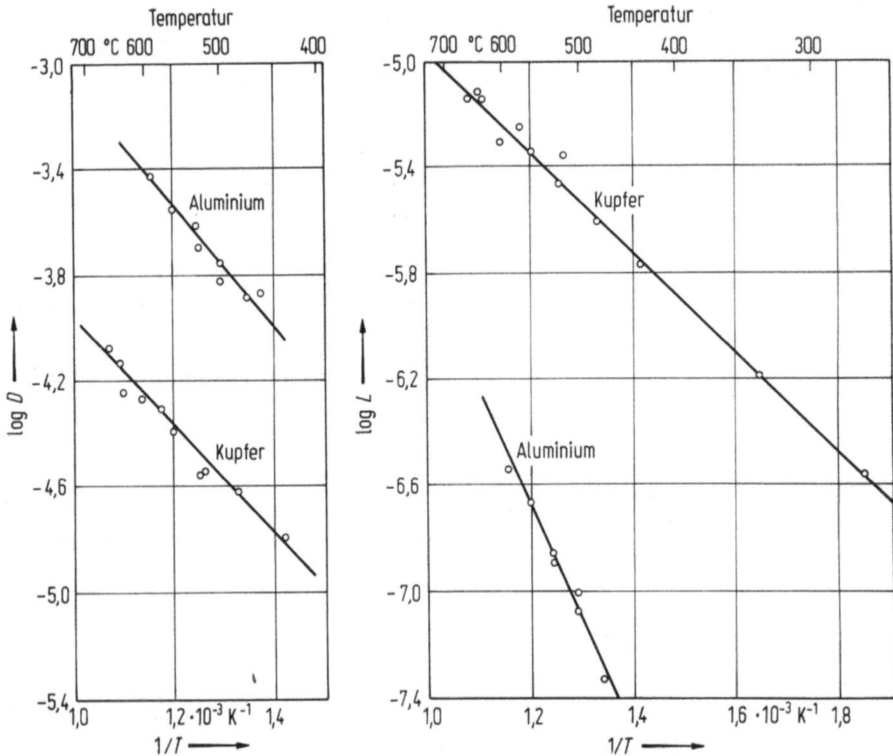

Bild 2.10. Diffusionskoeffizient in cm²/s und Löslichkeitskoeffizient in Mol H_2/(Grammatom Al · bar$^{-1/2}$) für Wasserstoff in Aluminium. Nach [172]

Wallace u. M. [687] berichten über ein plattiertes Aluminiumblech, das korrosionsfest ist und gute Haftung bei geringem Aufwand an Vorbehandlung ergibt. Der Kern besteht aus einer Al—Mg—Si-Legierung; die Plattierung mit einer Speziallegierung hat den Zweck, das Abdiffundieren des Mg zu verhindern.

Mit 0 bis 5,7% Cu bildet Al den ω-Mischkristall, bei mehr Cu entsteht die Verbindung Al_2Cu, das Eutektikum liegt bei 33% Cu und 548 °C. Mit fallender Temperatur nimmt die Löslichkeit von Cu im ω-Mischkristall ab, bei 200 °C ist praktisch kein Cu mehr löslich. Dies führt zu den Aushärtungserscheinungen, die dem Duraluminium seine führende Rolle einbrachten; es enthält neben Cu noch geringe Mengen Si, Mn und Mg.

2.1.3 Kupfer, Silber, Gold und ihre Legierungen

Kupfer schmilzt bei 1083 °C, Silber bei 960,5 °C und Gold bei 1064 °C. Alle erleiden keine Umwandlung im festen Zustand. Die linearen Ausdehnungskoeffizienten zwischen 0 und 100 °C sind: Cu 16,2, Ag 19,7, Au 14,4, alle $\times 10^{-6}$/K.

Gold bildet mit Silber eine lückenlose Mischkristallreihe, ebenso mit Kupfer, hier aber mit einem Temperaturminimum bei etwa 880 °C und einem Massengehalt von 20% Cu.

Im System Ag—Cu gibt es nur beschränkte Mischkristallbildung in der Nähe
der reinen Komponenten. Das restliche System ist einfach eutektisch; das Eutektikum liegt bei 71,5% Ag und schmilzt bei 779 °C.

Im System Cu—Al ergeben Legierungszusätze von 5 bis 10% Al, d. h. im Bereich
des α-Mischkristalls, die Aluminiumbronzen von messingartigem Aussehen, die
chemisch sehr resistent und gut emaillierbar sind.

Legierungen von Cu mit 13 bis 15% Zn bezeichnet man als *Tombak*. Emailliertombak enthält ungefähr 10% Zn. Bei höheren Zn-Gehalten macht sich die Verdampfung von Zn bzw. ZnO bemerkbar, es gibt Blasen im Email. Deshalb eignet
sich das Zn-reichere Messing nicht zum Emaillieren.

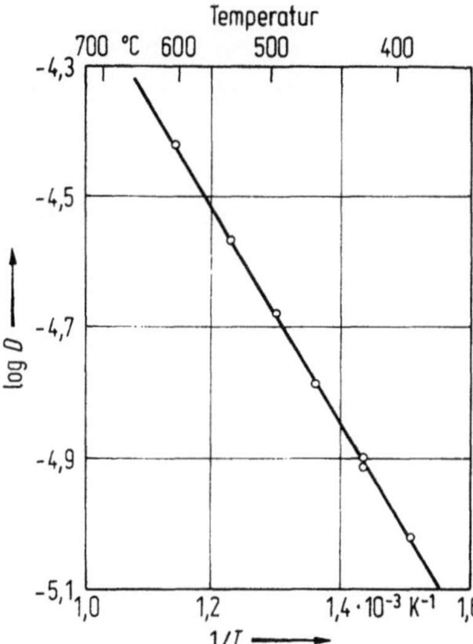

Bild 2.11. Diffusions- und Löslichkeitskoeffizienten (wie in Bild 2.10) für Silber. Nach [172]

In geschmolzenem Zustand nimmt Kupfer, ebenso wie Silber, begierig Sauerstoff auf, der beim Erstarren z. T. unter „Spratzen" abgegeben wird. Die Kupfer-
schmelze wird mit Be, Si und besonders mit P desoxidiert. Höhere Sauerstoff-
konzentrationen führen zur Bildung von Oxiden.

Wasserstoff wird auch von Cu aufgenommen, mehr als von Ag und Pt, aber
weniger als von Fe, Ni und Al [171, 172]. Ein Teil wird atomar im Gitter gelöst,
ein Teil in den Korngrenzen. Entlang diesen findet im wesentlichen die Diffusion
ins Innere des Metalls statt — im Gegensatz zu Fe. Die Löslichkeit steigt mit
steigender Temperatur und beträgt bei 800 °C rd. 0,6 cm³ H_2/100 g Cu. Diffusions-
und Löslichkeitskoeffizienten sind nach [172] in Bild 2.10 aufgetragen.

Wasserstoff versprödet das Kupfer. Die größere Gefahr liegt aber darin, daß
sich, wenn während der Weiterbearbeitung Sauerstoff eindiffundiert, Wasser
bildet, das in Kupfer praktisch unlöslich ist [55, 240].

Die Diffusionskonstante D von Wasserstoff in Silber ist kleiner als in α-Eisen
[171]. Temperaturabhängigkeit s. Bild 2.11.

2.1.4 Oxidation der Metalloberfläche

Die Reaktion von Metallen mit Gasen wird im allgemeinen von der Diffusion der Metallatome bzw. -ionen, seltener der Gasatome, durch die Reaktionsschicht bestimmt. Die Diffusion verläuft über Gitterbaufehler; beim Cu_2O beispielsweise sind es Kationenleerstellen, im Fe_2O_3 Sauerstoffleerstellen; auch ZnO enthält mehr Zn, als seiner stöchiometrischen Zusammensetzung entspricht. Die überschüssigen Zn-Ionen sitzen auf Zwischengitterplätzen; der Ladungsausgleich erfolgt in beiden letztgenannten Fällen durch quasi-freie Elektronen. Es sei besonders auf das Buch von Hauffe [262] und [263] hingewiesen.

Je nach Zunderreaktion gelten verschiedenartige Zeitgesetze; einen zusammenfassenden Überblick gibt auch Evans [197].

Zu Beginn der Zunderreaktion, wenn die Reaktionsschicht noch sehr dünn ist, gilt ein logarithmisches Anlaufgesetz (z. B. [390]). Evans führt das zurück auf ein Vorherrschen des Elektronentransports gegenüber dem Materietransport und gibt dem Gesetz die Form:

$$\Delta m = k_1 \log (k_2 t + C) \tag{2.7}$$

Δm ist die Massenzunahme der Reaktionsschicht, t die Zeit, k_1, k_2 und C Konstanten (k_1 enthält den Diffusionskoeffizienten).

Wenn dagegen Grenzflächenreaktionen Gas/Metall die Geschwindigkeit bestimmen, etwa durch Risse, Poren und Schichtungen in der Zunderschicht, oder wenn die heterogenen Grenzflächenreaktionen sehr träge verlaufen, dann gilt ein lineares Zeitgesetz der Form:

$$\Delta m = k_1 t + C. \tag{2.8}$$

Wenn die Reaktionsschicht dicht ist, unmittelbar auf der Metalloberfläche aufsitzt, und die heterogenen Austauschreaktionen zwischen der Reaktionsschicht und dem Metall oder dem angreifenden Gas im Vergleich zur Diffusion der Ionen in der Schicht selbst schnell verlaufen, gilt ein parabolisches Zeitgesetz der Form:

$$\Delta m^2 = k_1 t + C. \tag{2.9}$$

Die Geschwindigkeit der Reaktion wird auch hier durch die langsamste Teilreaktion bestimmt.

Die Fehlstellenabhängigkeit macht den Reaktionsablauf zwar kompliziert, im allgemeinen kann man ihn aber mit der Theorie von Wagner [684] sowie Hauffe [262] beschreiben.

Bei Legierungen wird bevorzugt die unedlere Komponente oxidiert, wobei die edlere Metallkomponente nichtoxidiert in der Zunderschicht nach der Metallseite hin zunehmend angereichert erscheint. Bildet das unedlere Legierungsmetall eine dichte Oxidschicht, in der das edlere Metall nicht löslich ist, so wird die Verzunderung des legierten Metalls gegenüber der des reinen Metalls gehemmt — z. B. Cu im Stahlblech.

Bei der Oxidation von Eisen bildet sich am Metall Wüstit ($Fe_{(1-x)}O$ mit x = 0,05 bis 0,13), der oberhalb 562 °C die beständige Phase ist. Bild 2.12 zeigt die Abhängigkeit O/Fe von der Temperatur für das Wüstitfeld [236]. Mit wachsendem

Abstand vom Metall steigt das Verhältnis O/Fe im Wüstit [202]; schließlich entsteht eine dünne Fe_3O_4- und ganz außen eine Fe_2O_3-Schicht. Diese Reihenfolge ist an warmgewalzten Bändern und Blechen meistens bestätigt. Dahl u. M. [98] untersuchten die Abhängigkeit der Zunderschichtdicke und deren Aufbau von der Abkühlgeschwindigkeit des Blechs und der Walztemperatur. Der Gesamtanteil von „FeO" im Zunder liegt oberhalb 570 °C je nach den Oxidationsbedingungen zwischen 60 und 100%. Über die Wüstitzusammensetzung in Abhängigkeit vom

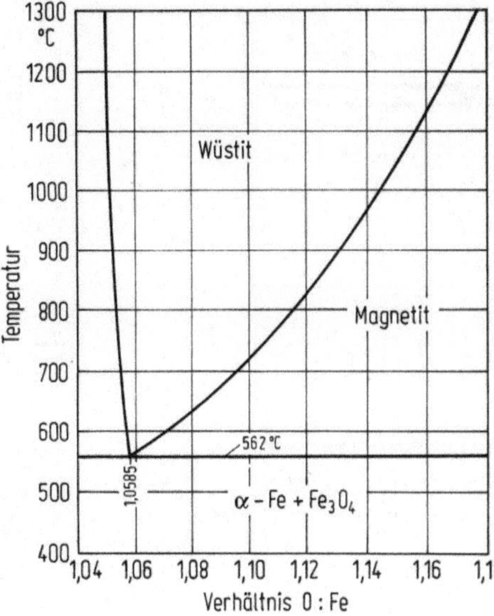

Bild 2.12. Verhältnis O/Fe in Abhängigkeit von der Temperatur mit Wüstitfeld. Nach [236]

O_2-Partialdruck, s. [179]. Die Oxidation von Eisen verläuft bei 1000 °C und Sauerstoffpartialdrucken $\leq$ Zersetzungsdruck des FeO von 1 bar nach einem linearen Zeitgesetz [538]. Das bedeutet, daß die Phasengrenzreaktionen geschwindigkeitsbestimmend sind. Analoges gilt für die Verzunderung von Fe in CO_2—CO-Gasgemischen. Sind die Sauerstoffpartialdrücke größer als 1 bar, dann gilt das parabolische Zeitgesetz, weil jetzt die Diffusion in der Zunderschicht zeitbestimmend ist [555], wobei im FeO fast ausschließlich das Fe, in den höheren Oxiden bevorzugt der Sauerstoff diffundiert. In wachsenden Zunderschichten herrscht an den Phasengrenzen Eisen/Wüstit und Wüstit/Magnetit Gleichgewicht. Eine Störung des Gleichgewichts an der Phasengrenze Eisen/Wüstit kann durch die Bildung von Spalten zwischen Zunder und Metall eintreten. Wird Stahlblech durch Abstrahlen aufgerauht, so oxidiert es langsamer als glattes, nicht wegen eingebrachter Verunreinigungen oder Spannungen, sondern weil sich in der Zunderschicht Hohlräume bilden, die die Eisenionendiffusion hemmen [196].

Die Verzunderung steigt mit der Zeit linear an, mit der Temperatur stückweise linear [600] (Knicke beim Wüstitpunkt, Curiepunkt von Magnetit und Eisen, ferner bei 616 °C und α-γ-Umwandlung des Eisens).

Wird der Zunder schnell abgekühlt, dann bleibt der Wüstit bis Raumtemperatur bestehen, bei langsamer Abkühlung zerfällt er unterhalb 570 °C. Dieser Zerfall wurde in Gegenwart von Eisen eingehend untersucht, z. B. [208]. Je nach Tem-

peratur und Fe/O-Verhältnis kann sich zunächst Fe_3O_4 bilden unter Verminderung
der Fe-Leerstellenzahl im Rest-Wüstit, oder es bildet sich $Fe + Fe_3O_4$ bei konstanter Rest-Wüstitzusammensetzung, oder es scheidet sich zunächst Fe aus
unter Erhöhung der Fe-Leerstellen im nichtzerfallenen Wüstit. Bei 400 °C geht
der Zerfall am schnellsten. Nach Sachs u. M. [586] kann sich zwischen Blech und
Wüstit eine dünne Magnetitschicht bilden; hier haftet der Zunder besser.

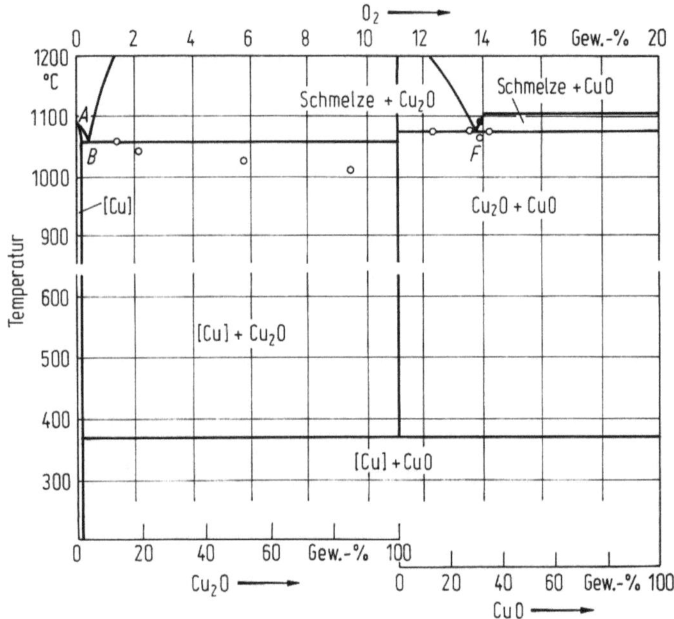

Bild 2.13. Zustandsdiagramm Cu—CuO. Ausschnitt bis 1 100 °C. Nach [679]

Zusammenhänge zwischen der Menge bzw. Splittergröße des beim Strecken von
Stahlstäben abplatzenden Zunders und der Oxidationstemperatur, dem C-Gehalt
usw., s. [587].

Für die hitzebeständigen Gehänge im Emaillierofen u. dgl. kann von Bedeutung
sein, daß K_2SO_4-Ablagerungen bei gleichzeitiger Anwesenheit von $SO_2 + O_2$ in
der Atmosphäre die Oxidation stark erhöhen — Eutektikum zwischen K_2SO_4
und K—Fe-Sulfat bei 627 °C [554]. Cr- und Si-Gehalte verbessern, Mo-, W- und
V-Gehalte verringern die Oxidationsbeständigkeit. Über 800 °C ist das Doppel-
sulfat nicht beständig; es findet keine erhöhte Oxidation statt.

Die *Oxide der NE-Metalle* werden um so stabiler, je unedler diese sind (Au → Ag
→ Cu → Al). Während Gold- und Silberoxid an Luft schon über rd. 300°C
nicht mehr beständig sind, bildet Kupfer zwei Oxide: Cu_2O (rot) und CuO (schwarz-
braun). Bild 2.13 zeigt das Zustandsdiagramm Cu—CuO [679]. Bei Emailliertemperaturen ist in Kontakt mit Cu nur Cu_2O stabil; unter etwa 370°C zerfällt
Cu_2O in N_2-Atmosphäre langsam in Cu + CuO.

Für das Haften besonders wichtig ist, daß der Sauerstoff im Cu — im Gegensatz
zu Eisen — leicht diffundieren kann. Damit könnte die Beobachtung von King [362]

erklärt werden, daß emailliertes Cu stärker oxidiert wird als Fe: Fe baut eine
Oxidschicht auf, löst aber keinen Sauerstoff, während beim Cu der Sauerstoff
auch in das Gitter wandert.

2.1.5 Verformung

In den Eisenkristallen sind die Fe-Atome im Idealfall nach allen drei Richtungen
des Raumes streng regelmäßig angeordnet. Wie viele andere Metalle kristallisiert
Eisen im kubischen System, wobei das α-Eisen außer den acht Eisenatomen in
den Würfelecken noch ein Atom im Zentrum des Würfels hat (raumzentriert), das
γ-Eisen jeweils in der Mitte jeder Würfelfläche (flächenzentriert). Aus der Gitter-
energie läßt sich die theoretische Zugfestigkeit des Eisens berechnen; sie ist etwa
100mal so groß wie die tatsächlich gemessene (28000 gegenüber 350 N/mm²).
Dieser große Unterschied rührt daher, daß es praktisch überhaupt keine Ideal-
kristalle gibt; alle haben zahlreiche Baufehler der verschiedensten Art. Typisch
für Metalle sind die Versetzungen, wie in Bild 2.14 dargestellt. Beim Anlegen einer

Bild 2.14. Schematische Darstellung der plastischen Verformung durch Wanderung einer
Versetzung im Metallgitter

mechanischen Spannung wandern diese Versetzungen entlang bevorzugter Gleitlinien. Es müssen also nicht alle Atome auf einmal aus ihrer Ruhelage gebracht
bzw. voneinander getrennt werden, sondern nur ein Bruchteil. Da dieser Vorgang
an zahlreichen Stellen eintritt, entsteht entlang der Gleitlinien oder -ebenen ein
plastisches Fließen, lange bevor ein Bruch eintritt.

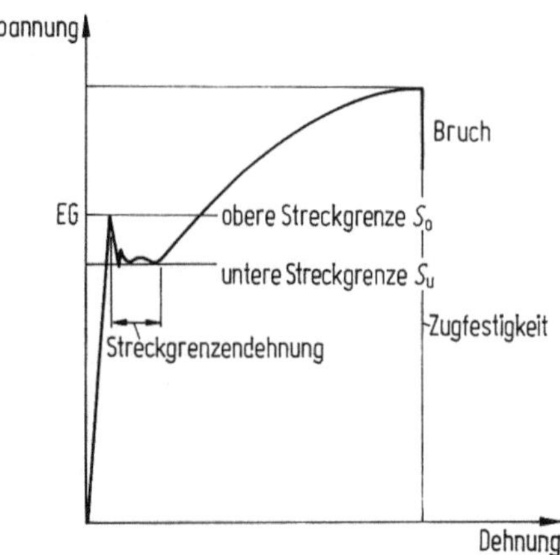

Bild 2.15. Spannungs-Verformungs-Kurven. EG: Elastizitätsgrenze, S_o obere, S_u untere Streckgrenze

Technisch reines Eisen enthält kleine Mengen von Nebenbestandteilen. Elemente, die etwa die Größe eines Fe-Atoms haben, können anstelle von Fe in das
Gitter aufgenommen werden und bilden Mischkristalle. Kleine, insbesondere
nichtmetallische Atome, wie C, P, N, H, werden in Zwischengitterplätze eingebaut. Sie können hier den Lauf einer Versetzung blockieren und damit härtend
und versprödend wirken.

Praktisch beobachtet man bei langsam zunehmender Zugspannung bei einem
Eisenstab oder -streifen also folgendes: Bei geringer Belastung ist die Dehnung
zunächst elastisch, d. h. sie geht nach Entlastung völlig zurück. Nach Überschreiten der Elastizitätsgrenze EG beginnt das Metall zu fließen. Von der Fließgrenze an steigt die Verformung mit der angelegten Spannung plötzlich immer
stärker an, die Probe kann sich sogar bei gleichbleibender Spannung weiter verformen, ja, die Spannung kann dabei sogar etwas absinken (Bild 2.15), um dann
nach weiterer Verformung wieder anzusteigen, bis es schließlich zum Bruch kommt.
Nach Reiff u. M. [560] hängt das Aussehen der Spannungs-Dehnungs-Kurve bei
unlegiertem Stahl mit der Korngröße des Ferrits und der Temperatur zusammen:
Bei sehr tiefen Temperaturen und Korndurchmessern von 33 bis 50 µm kann der
Bruch vor Erreichen der oberen Streckgrenze eintreten; gröbere Ferritkörner sind
nicht so empfindlich.

Kaltverformung bewirkt bei den meisten Metallen eine Erhöhung von Streckgrenze und Zugfestigkeit (Kalthärtung). Die Streckgrenze steigt stärker als die
Zugfestigkeit, so daß sie bei höheren Bearbeitungsgraden mit der Zugfestigkeit
zusammenfällt.

Wenn man eine Glühung einschaltet, kann man den Ausgangszustand des
Kristallaufbaus wieder herstellen und eine Kaltverformung fortsetzen. Die Tem-

peratur dafür liegt bei den meisten Metallen um 0,35 bis 0,40 · T_s (T_s: Schmelztemperatur in K), bei Eisen also 350 bis 450 °C. Dabei findet eine Rekristallisation
statt, bei der sich zunächst die Spannungen in den verformten Kristallen vermindern, dann Keime neuer Körner entstehen, die unter Aufzehrung der alten
wachsen. Die Größe der neuen Körner ist um so größer, je höher die Temperatur
und je geringer der Verformungsgrad sind.

Bild 2.16 zeigt den Zusammenhang zwischen diesen drei Größen: Bei gegebenem
C-Gehalt des Stahls (hier 0,006%) sind die Körner besonders bei Emailliertempe-

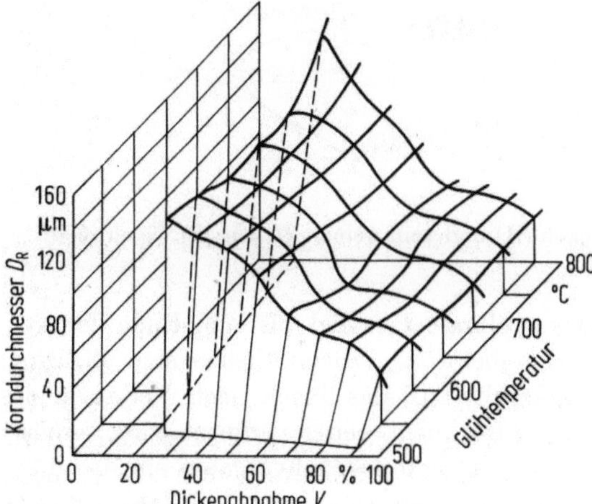

Bild 2.16. Zusammenhang
zwischen Korngröße, Temperatur
und Verformungsgrad beim
Rekristallisieren eines Stahls
mit 0,006% C

raturen um so größer, je geringer der Verformungsgrad ist. Grobkorn versprödet
aber den Stahl und läßt auch den Wasserstoff leichter diffundieren als ein fein-
körniges Gefüge, da er durch das Kristallgitter wandert und nicht in den Korngrenzen. Hinzu kommt, daß Grobkornbildung auch vom C-Gehalt des Stahls abhängt: Je höher er ist, um so kleiner sind die Ferritkörner bei passender Re-
kristallisationstemperatur. Bei C-armen Stählen läßt sich oberhalb einer kritischen
Kaltverformung nur schwer Grobkornbildung vermeiden. Wenn diese Stahlbleche
Verunreinigungen (MnS) in feiner Verteilung in Oberflächennähe enthalten, während im Innern nur wenige größere Teilchen vorkommen, so ist das Kornwachstum zwar in den äußeren Schichten behindert, bei geringer Verformung aber nicht
durch die wenigen Störstellen im Innern. Hier beginnt nach [688] die Grobkornbildung, und diese Kristalle wachsen in die kleinen Oberflächenkristalle hinein.
Um diese schon durch den Walzprozeß im Stahlwerk bedingten Störungen auszuschalten, werden die Stahlbleche je nach C-Gehalt nach dem Walzen entweder
rekristallisiert oder normalisiert, d. h. über den A_3-Punkt erhitzt: Dabei wandelt
sich der Ferrit in γ-Mischkristalle um, die beim Abkühlen neue α-Kristalle (Ferrit)
bilden. Kaltgewalzte Bandbleche werden im Walzwerk rekristallisierend geglüht,
warmgewalzte Grobbleche meist normalisierend.

Bei der Verformung von Blechen gibt es für die Beanspruchung zwei Idealfälle:
reines Tief- und reines Streckziehen, s. Bild 2.17 *A* und *B*. Beim Strecken hält der
Niederhalter die Ronde am Ziehring fest, die Ronde wird hauptsächlich durch die

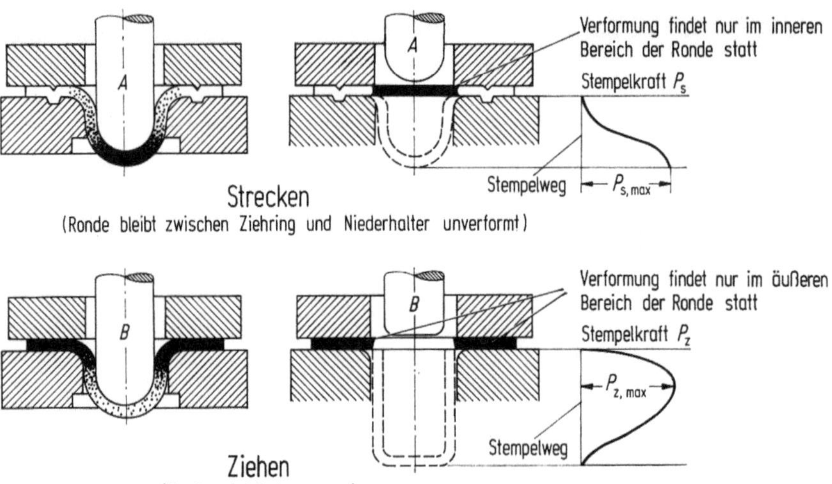

Bild 2.17. Vorgänge beim reinen Strecken (A) und beim reinen Ziehen (B). Nach [205]

Stempelunterseite verformt. Die Stempelkraft P_s steigt bis zum Ende der Verformung, d. h. Reißen am Napfboden bei $P_\mathrm{s,max}$. Beim Ziehen sind Ziehring, Niederhalter und Schmierung so gewählt, daß das Blech nach Verlassen des Spaltes zwischen Ziehring und Niederhalter nicht weiter verformt wird, sondern nachfließt. Die Stempelkraft durchläuft während des Ziehvorgangs ein Maximum $P_\mathrm{z,max}$. Praktisch laufen beide Vorgänge nebeneinander ab. Doch läßt sich eine Ronde nur dann mit Erfolg tiefziehen, wenn $P_\mathrm{z,max} > P_\mathrm{s,max}$; andernfalls reißt das gezogene Teil. Zusammenhänge zwischen Anisotropie von Feinblech und Tiefziehbarkeit bespricht Feldmann [205].

Zur Darstellung versieht man die Blechoberfläche mit einem kreisförmigen Meßraster und mißt die Verzerrungen nach der Verformung in den zwei Hauptrichtungen aus. In Bild 2.18 sind die logarithmischen Formänderungen ε_1 (Längsachse der Ellipse) und ε_2 (Querachse) aufgetragen. Der Einfachheit halber kann

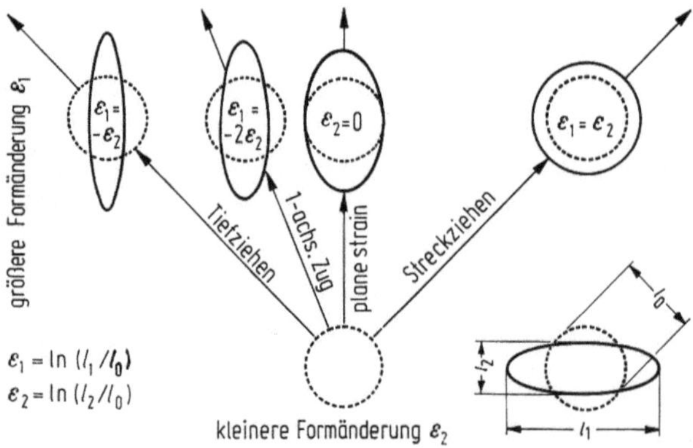

Bild 2.18. Logarithmische Formänderungen eines kreisförmigen Musters bei verschiedener Verformung. Nach [479]

man auch die Formänderungen e in Prozenten angeben nach

$$e_\mathrm{i} = \left(\frac{l_\mathrm{i}}{l_0} - 1\right) 100\% \tag{2.10}$$

wobei l_0 der Durchmesser des ursprünglichen Kreises ist.

Die Ziehbarkeit nimmt mit steigender Ziehgeschwindigkeit — bis 27 m/min — und steigender Zähigkeit des Ziehmittels zu. Im Flanschbereich entstehen dabei radiale Zug- und tangentiale Druckspannungen. Das Nachfließen wird erleichtert durch Schmiermittel (Ziehfette, Öle usw.). Bei Graphit spielen Ziehgeschwindigkeit und Stempelform keine Rolle [94].

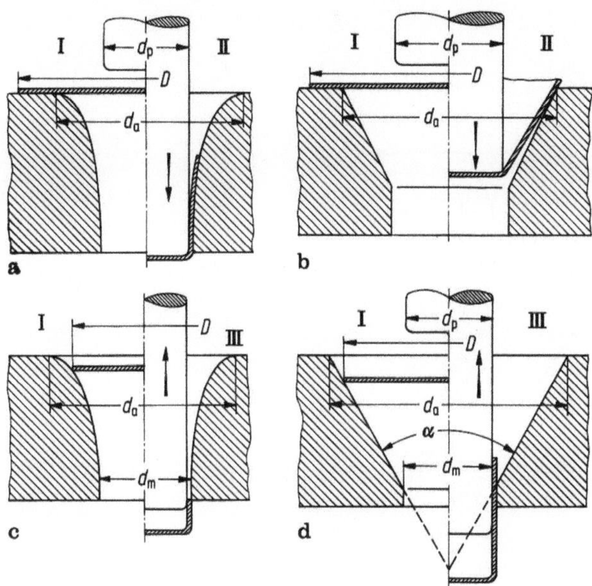

Bild 2.19a—d. Ziehen ohne Niederhalter mit verschiedener Form der Ziehringdüse. Nach [496]

Die Zusammenhänge beim Tiefziehen runder Scheiben ohne Niederhalter behandelt Oehler [496]. Günstige Ziehverhältnisse ergibt das Durchziehen der Blechscheibe durch eine Ziehringdüse, die die Form einer Schleppkurve (Bild 2.19a) oder einer kegeligen Einzugsöffnung (Bild 2.19b) mit etwa 36° Einzugwinkel hat. Der Anfangsdurchmesser d_a der Öffnungen soll möglichst so groß wie der Rondendurchmesser D sein. Der kegelförmige Einlauf gibt leichter Falten und verbraucht 1,4fach mehr Kraft als der runde. Ist β das Tiefziehverhältnis D/d_p mit $d_\mathrm{p} =$ Stempeldurchmesser, und ist s_0 die Blechdicke, so gilt für
gut umformbare Bleche

$$\beta = 3,4 - 0,024 d_\mathrm{p}/s_0$$

oder

$$d_\mathrm{p}/s_0 = 142 - 41,6\beta; \tag{2.11}$$

3 Dietzel, Emaillierung

mäßig umformbare Bleche:

$$\beta = 3{,}4 - 0{,}06 d_\mathrm{p}/s_0$$

oder

$$d_\mathrm{p}/d_\mathrm{s} = 56{,}7 - 16{,}7\beta. \tag{2.12}$$

Die erreichbare Ziehtiefe h beträgt etwa

$$h = (D^2 - d_p^2)/4d_\mathrm{p}. \tag{2.13}$$

In Bild 2.20 sind die Grenzfälle für die Abhängigkeit des Tiefziehverhältnisses $\beta = D/d_\mathrm{p}$ von Stempeldurchmesser und Blechdicke d_p/s_0 dargestellt mit der Angabe, welche Fehler beim Überschreiten dieser Grenzen auftreten.

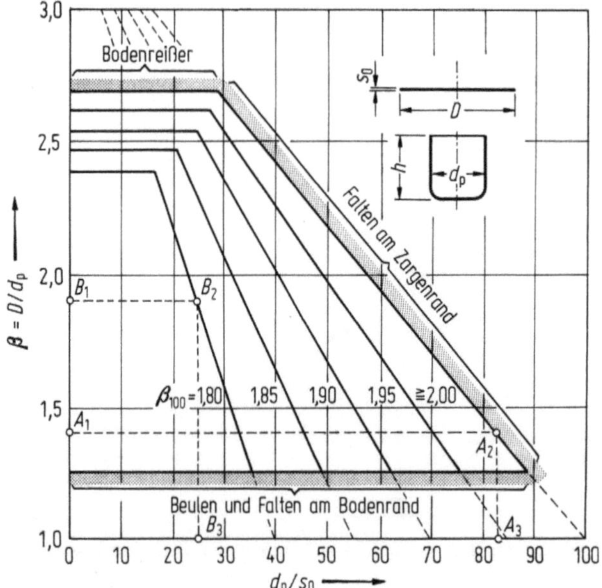

Bild 2.20. Grenzfälle für die Abhängigkeit des Tiefziehverhältnisses $\beta = $ Rondendurchmesser d_p/Blechdicke s_0

Damit der Werkstoff gut fließen kann, müssen Streckgrenze und Zugfestigkeit niedrig sein. Zur Bewertung von Feinblechen sind — worauf Müschenborn u. M. [479] besonders eingehen — noch zwei Größen von Bedeutung: die senkrechte Anisotropie (r-Wert), d. h. beim Recken eines Blechstreifens das Verhältnis der logarithmischen Breiten- zur logarithmischen Dickenformänderung. Da r vom Winkel der Walzrichtung abhängt, bildet man das Mittel aus den r-Werten in Walzrichtung, zweimal unter 45° und unter 90°. r kennzeichnet die Eignung zum Tiefziehen: je höher r, um so weniger nimmt die Dicke beim Tiefziehen ab.

Ferner ist der Verfestigungsexponent n von Bedeutung, der ein Maß für die Streckziehfähigkeit ist. Er wird aus Zugfließkurven ermittelt: Trägt man die Formänderungsfestigkeit gegen Längenformänderung in doppellogarithmischem

Tabelle 2.2. Anisotropiewert r und Verfestigungsexponent n von Stahlblechen
Nach [479]

Stahlsorte	Herstellungsart	r	n	Emaillierbarkeit
St 13	unberuhigt	1,1	0,19	konventionell
St 14	mit Al kokillen- beruhigt	1,5	0,21	konventionell
hochfestes mikrolegiertes Kaltband	Al-beruhigt $C = 0,1\%$ Nb- oder Ti-mikrolegiert	1,0	0,20 bis 0,14	konventionell
C-arme Normalstähle ($< 0,005\%$ C)	unberuhigt, open coil entkohlt	1,6	0,22	konventionell und direkt
Ti-mikrolegierter Sondertiefziehstahl	Al-beruhigt Ti-mikrolegiert vakuumentkohlt	2,0	0,24	konventionell und direkt

Maßstab auf, so ist $n = \tan \alpha$, also gleich der Steigung der Kurve. Ein höherer
n-Wert bedeutet stärkere Werkstoffverfestigung und damit gleichmäßigere Form-
änderungsverteilung. Tabelle 2.2 gibt einige Anhaltswerte.

Über das Tiefziehen von Kupferblechen s. Zielasko [740].

2.1.6 Alterung von Stahl

Beim Lagern von C-armem Stahl tritt eine Härtesteigerung und Versprödung ein.
Diesen Vorgang nennt man Alterung. Sie ist bedingt durch nachträgliche Agglo-
meration von auf Zwischengitterplätzen sitzenden C- und N-Atomen. Dieser Vorgang behindert die Wanderung von Versetzungen und wirkt dadurch versprödend.
Die Alterung wird beschleunigt durch Kaltverformung oder durch Erwärmen auf
etwa 250 °C, wobei sich feinste, bis zu nadelförmigen Teilchen von Tertiärzementit
und parallel dazu angeordneten Eisennitridlamellen (Fe_8N) bilden können. Oberhalb 250 °C scheidet sich Fe_4N aus [539].

2.1.7 Vorbehandlung der Metalloberfläche

2.1.7.1 Entfetten

Bei der Reinigung muß vor allem das Ziehfett entfernt werden. Dies geschieht
entweder durch Glühen, durch Ablösen mit organischen Lösungsmitteln, durch
Verseifung mit NaOH oder auf kolloidchemischem Weg (s. Abschn. 4.1.1.3).
Hier seien nur die Vorgänge bei der Kaltentfettung mit Netzmittel und Emulgator
betrachtet. Was sich dabei abspielt, kann man beobachten, wenn man auf ein
blankes, mit Aceton gereinigtes Eisenblech einen Tropfen Öl und einen Tropfen
Wasser nebeneinander setzt und beide mit einem Glasstäbchen in Berührung
bringt: Das Öl wandert langsam voran und versucht, den Wassertropfen einzuhüllen. Die Ursache ist die niedere Oberflächenspannung des Öls gegenüber der

hohen des Wassers. Nimmt man statt Wasser eine wäßrige Seifenlösung mit
niedriger Oberflächenspannung, besser noch Wasser mit Waschmittel- oder
Schaumbadzusatz, so umhüllt dieses den Öltropfen. Rührt man etwas, ist das Öl
als Tröpfchen emulgiert. Die hier wirkenden Netzmittel bestehen im einfachsten
Fall, der Seife, aus langen organischen Kettenmolekülen mit 16 oder 18 C, die an
einem Ende Gruppen der Kohlenwasserstoffe $CH_3—CH_2—CH_2—$ . . ., am anderen
Ende eine salzartige Gruppe . . . $—CH_2—C{\overset{\textstyle O}{\underset{\textstyle O}{\diagup\diagdown}}}$ Na besitzen. Öle und Fette sind
Ester des Glycerins

$$\begin{array}{l} CH_2OH \\ | \\ CHOH \\ | \\ CH_2OH \end{array}$$

mit ungesättigten Fettsäuren, im einfachsten Fall der Ölsäure $CH_3 \cdot (CH_2)_7 \cdot CH$
$=CH \cdot (CH_2)_7 \cdot COOH$. Bei der Veresterung treten die drei OH-Gruppen des
Glyzerins mit je einem H der —COOH-Gruppe zusammen, unter Abspaltung von
Wasser. Im allgemeinen sind die OH-Gruppen nicht mit ein und derselben Fett-
säure verestert, sondern mit verschiedenartigen, ein- und mehrfach ungesättigten,
teilweise mit aromatischen Gruppen substituierten Fettsäuren; so ergibt sich eine
ungeheure Vielfalt. Entscheidend ist, daß diese organischen Substanzen keine mit
Wasser reaktionsfähigen oder in Wasser dissoziierbaren Gruppen enthalten, sie
sind hydrophob, wasserabstoßend. Wohl aber lösen sie sich in den einfachen
Kohlenwasserstoffen wie Hexan $CH_3 \cdot (CH_2)_4 \cdot CH_3$, Heptan, Oktan, deren Gemisch,
Benzin, als Fettlösungsmittel bekannt ist. So vermag sich ein Seifenmolekül mit
seinem Kohlenwasserstoffteil in Ölen oder Fetten zu „lösen" — und umgekehrt —
während das andere Ende mit der —COONa-Gruppe in Wasser dissoziieren kann,
hydrophil ist. Die Seifenmoleküle bilden also eine Brücke zwischen Fetten und
Wasser. Damit sich die „angelösten" Fett- oder Öltröpfchen nicht vereinigen,
werden der Netzmittellösung besondere Emulgatoren beigegeben, die die Oberfläche der Tröpfchen gleichsinnig aufladen, so daß sie sich abstoßen und fein-
verteilt in Schwebe bleiben.

Noch vielfältiger als die Fette und Öle sind die synthetischen Netzmittel aufzubauen, deren Wirkung ein Vielfaches der hier gewählten Modellsubstanz „Seife"
ist. Diese grenzflächenaktiven Verbindungen, Tenside genannt, erniedrigen die
Grenzflächenspannung Öl-Wasser von 20 auf 0,1 mN/m und sind am wirksamsten,
wenn das Bad einen pH-Wert von 8 bis 10 besitzt.

2.1.7.2 Beizen

Das Beizen von Stahlblechen hat einen doppelten Zweck: Es muß noch vorhandenen Glühzunder und möglicherweise gebildeten Rost entfernen, und es muß die
Oberfläche aufrauhen. Ein Glühzunder besteht normalerweise aus drei Schichten:
Wüstit FeO, Magnetit Fe_3O_4 und Hämatit Fe_2O_3. Wegen der unterschiedlichen
Wärmeausdehnung zwischen Eisen und Oxidschichten kommt es zur Rißbildung;
die Beizsäure dringt an solchen Stellen bis zum Wüstit und Metall. Wüstit ist das
am leichtesten lösliche Oxid; das Lokalelement mit Fe unterstützt seine Auf-

lösung. Theoretisch sollte so lange kein Wasserstoff entstehen, als noch Oxid in Kontakt mit dem Eisen ist, sich also eine Reaktion nach dem Schema $FeO + 2HCl = FeCl_2 + H_2O$ abspielen kann. Doch reagiert die durch die Risse im Zunder bis zur Metalloberfläche eingedrungene Säure auch mit dem Eisen unter Bildung von Wasserstoff, der die Zunderschicht stückweise abblättern läßt.

Die durch den Säureangriff hervorgerufene Aufrauhung fördert nach den Beobachtungen zahlreicher Autoren die Haftung des Emails. Dieser Umstand ist für die Direkt-Weißemaillierung von entscheidender Bedeutung (s. Abschn. 4.2.1.1). Bei der konventionellen Stahlblechemaillierung sorgen die Haftoxide auch ohne besonders starke Aufrauhung der Blechoberfläche für eine gute Haftung. Um in diesem Fall (Abschn. 4.1.1.3) möglichst nur Zunder, Rost u. dgl., aber so wenig wie möglich metallisches Eisen in Lösung zu bringen, setzt man der Beize Inhibitoren zu (,,Sparbeize"). Es sind dies organische, in der Regel schwefelhaltige Verbindungen wie z. B. Thioharnstoff und seine Derivate. Dabei wirkt der Schwefel wegen seiner Affinität zum Eisen und der leichten Deformierbarkeit seiner Elektronenhülle als Brücke und sorgt für eine gute Adsorption. Nach Karagounis u. M. [348] nimmt mit steigender Belegungsdichte die Eisenlöslichkeit in 5%iger Salzsäure stark ab und erreicht bei etwa monomolekularer Schicht einen Grenzwert. Die Schutzwirkung ist besonders groß, wenn die molekularen Zwischenräume in der Schicht kleiner sind als das H_3O^+-Ion, diesem also den Zutritt zum Eisen verwehren. Lüttringhaus u. M. [430] fanden in den Trithionen sehr gute Inhibitoren. Sie besitzen das Grundringsystem (a)

$$
\begin{array}{cc}
R-C = C-R & R-C = C-R \\
\mid\quad\quad\mid & \mid\quad\quad\mid \\
S \diagdown \quad \diagup S & S \diagdown \quad \diagup S \\
S = C & S^+ = C \diagdown S^- \\
\text{(a)} & \text{(b)}
\end{array}
$$

und können zwitterionische Formen wie (b) bilden. (R = organisches Radikal wie CH_3- u. dgl.). Auffallend ist, daß der $S^+ - S^-$-Abstand mit $2{,}87 \cdot 10^{-10}$ m etwa gleich dem Fe—Fe-Abstand im Ferrit ist, und damit diese Verbindungen über 2 S mit dem Eisen verbunden sind. Die Trithione sind nur in heißen Säuren merklich löslich und wirksam. Außer den Schwefelverbindungen eignen sich auch Amine, z. B. Harnstoff $CO(NH_2)_2$, allerdings weniger als wie Thioharnstoff $CS(NH_2)_2$ oder gar Dimethylthioharnstoff.

Über die Wirkungsweise der verschiedenen Säuren und Zusätze s. Abschn. 4.1.1.3.

Der beim Beizen entstehende Wasserstoff ist für die Emaillierung nicht gefährlich, weil er schon bei Raumtemperatur, erst recht im erwärmten Neutralisationsbad nach beiden Seiten aus dem Blech entweichen kann. Gefährlich wird er nur, wenn das Blech Einschlüsse enthält; dann entstehen Beizblasen.

Bei der Direkt-Weißemaillierung, ohne Grundemail, muß man dagegen stark beizen, z. T., um die Oberfläche stark aufzurauhen; nach Lang [411] ist die Hauptwirkung der ,,Tiefbeize" aber, eine bei verschiedenen Blechsorten unterschiedlich stark ausgeprägte ,,Störschicht" zu entfernen und das eigentliche Grundmaterial freizulegen. Die Störschicht enthält das beizhemmende Cu (s. Abschn. 2.1.1.7), ferner etwas C, O, P, Ti, Nb und Cr, uzw. C und O gleichmäßig, Cu, P und Cr ungleichmäßig über die Oberfläche verteilt [57]. Cu geht zwar zunächst in Lösung, wird aber durch das unedlere Fe wieder abgeschieden und hemmt. Die Beizverzögerung kann durch eine kurze Vorbeize unter Zusatz von $NaNO_3$ zur Schwefelsäure behoben werden [237]. Über diese Vorgänge s. auch Abschn. 4.2.1.1.

An das Beizen und Spülen schließt sich ein warmes Neutralisations- und ein Rostschutzbad an (verdünnte Soda- bzw. Natriumnitritlösung). Eisensalze, die u. U. hartnäckig an der Blechoberfläche haften blieben, können durch eine wäßrige Lösung von NaCN, Polyhydrocarbolsäure und ähnliche Verbindungen, die leichtlösliche Eisenkomplexe bilden, restlos entfernt werden.

Durch das Beizen wird manchmal in das Blech eingewalztes Schmiermittel u. dgl. erst freigelegt; das Kaltwalzen geschieht bekanntlich unter sehr hohen Drücken. Bei empfindlichen Emaillierverfahren (Direkt-Weißemaillierung s. Abschn. 4.2.1.1) empfiehlt es sich daher, nach dem Beizen noch ein Entfettungsbad und Spülen einzuschalten.

Gußeisen wird nicht gebeizt, sondern durch Abstrahlen gereinigt.

Über die Vorbehandlung von Aluminium s. Abschn. 4.6.1.2, über diejenige von Cu, Ag, Au Abschn. 4.8.1.

2.2 Das Email

2.2.1 Aufbau eines Emails

Ein Email kann man — vom Frittegrund für Gußeisen abgesehen — als ein leicht schmelzbares (anorganisches) Glas auffassen. Den üblichen Gläsern gegenüber muß ein Email aber leichter schmelzbar sein, weil es mit einer metallischen Unterlage verbunden wird, die beim Aufbrennprozeß nicht zu stark oxidieren, sich nicht verziehen und, im Falle des Aluminiums, nicht schmelzen darf. Diese Anforderung an das Email ist nicht mit wenigen Bestandteilen zu erreichen wie bei den üblichen Gläsern. Würde man etwa den Anteil an Alkali erhöhen, so würde vor allem die chemische Widerstandsfähigkeit erheblich herabgesetzt, neben anderen unerwünschten Folgen. Um den notwendigen Kompromiß zu erreichen, müssen mehr und sorgfältig aufeinander abgestimmte Komponenten in den Versatz eingeführt werden, z. B. BaO, SrO, ZnO, TiO_2, ZrO_2, Fluoride, auch das teure Li_2O. Dies ist seit vielen Jahrzehnten empirisch herausgefunden, dann durch systematische Untersuchungen bestätigt und näher ergründet worden. Die Vielfalt der Komponenten erschwert im allgemeinen eine wissenschaftliche Behandlnug; meist ist man gezwungen, auf die von Fall zu Fall wichtigen, einfacheren Systeme zurückzugreifen. Dank der Strukturforschung hat man in neuerer Zeit erkannt, worauf es bei der Auswahl der zahlreichen Komponenten ankommt (s. später).

Besonders bei Stahlblech- und Gußeisenemails unterscheidet man meist zwischen Grund- und Deckemail. Das erstere hat hauptsächlich die Aufgabe, eine gute Haftung des Emailüberzugs herbeizuführen und als Puffer gegen mancherlei Fehler zu wirken, die durch die Reaktion mit der metallischen Unterlage entstehen können. Das Deckemail bestimmt die äußeren Eigenschaften der fertigen Emaillierung: Mechanische, chemische und thermische Widerstandsfähigkeit und ein gefälliges Aussehen. Seit einiger Zeit hat man in bestimmten Fällen das Grundemail durch eine entsprechende Metallvorbehandlung ersetzt (s. Abschn. 4.2.1.1 und 4.2.1.2).

Die zahlreichen dafür notwendigen Stoffe, meist Oxide, lassen sich in verschiedener Weise in Gruppen zusammenfassen. Es erscheint zweckmäßig, sie entgegen dem bisher Üblichen danach einzuordnen, wie sie sich strukturell, d. h. hinsichtlich des atomaren Aufbaus des Emails, und damit in seinen praktisch wichtigen Eigenschaften auswirken. Als solche kann man ansehen: Die chemische Widerstandsfähigkeit, die Zähigkeit (Schmelzverhalten), den Ausdehnungskoeffizienten und die Oberflächenspannung (im Zusammenhang mit Benetzungsfragen). Auf die Struktur wird ausführlich in Abschn. 2.2.4 und 2.2.5 eingegangen. Will man drei Gruppen bilden, so gibt es nur für eine einen treffenden Ausdruck: Flußmittel. Für das Gegenteil fehlt das richtige Wort. Diese Stoffe seien als Resistenzmittel I bezeichnet, weil sie ein Email nicht nur zähflüssig, sondern auch chemisch, thermisch und mechanisch widerstandsfähig machen. Doch dazwischen gibt es eine gerade für Emails wichtige Gruppe, die in gemäßigtem Sinne ebenfalls als Resistenzmittel wirkt, ohne das Email aber ausgesprochen zähflüssig zu machen. Sie sei als Resistenzmittel II bezeichnet (wobei es Übergänge nach beiden Seiten gibt). So kommt man zu folgender schematischer Übersicht (Tab. 2.3):

Tabelle 2.3. Einteilung der Emailbestandteile

	Resistenzmittel I	Resistenzmittel II	Flußmittel
	SiO_2, ZrO_2, Al_2O_3	BeO, MgO, CaO, SrO, BaO, TiO_2, ZnO	B_2O_3, P_2O_5, PbO, K_2O, Na_2O, CaF_2, NaF, Li_2O, LiF
die chem. Widerstandfähigkeit wird	erhöht	erhöht	erniedrigt
die Zähigkeit	erhöht	↔	erniedrigt
der Ausdehnungskoeffizient	erniedrigt	etwas erniedrigt	erhöht
die Oberflächenspannung	erhöht	↔	erniedrigt

Ein Pfeil deutet an, daß die obengenannten Stoffe in der angegebenen Reihenfolge i. allg. nach links bzw. rechts tendieren. Diese Einteilung ist nicht identisch mit der üblichen formalen Einteilung in Netzwerkbildner (network former), die Zwischenoxide (intermediates) und Netzwerkwandler (network modifiers); typisches Beispiel: B_2O_3, s. Abschn. 2.2.4.4.

2.2.2 Vorgänge beim Einschmelzen der Rohstoffe

Im Sinne obiger Vereinfachung seien zunächst nur die Vorgänge zwischen SiO_2 und Carbonaten betrachtet. Auf die Rohstoffe insgesamt wird in Abschn. 3.2.1 eingegangen.

Bei Betrachtung der Reaktionen, die sich beim Einschmelzen abspielen, hat man zu unterscheiden zwischen Festkörperreaktionen und Reaktionen unter Beteiligung von Schmelze. Die ersteren verlaufen wegen der erschwerten Diffusion in Festkörpern relativ langsam. Der Reaktionsumsatz (bei konstanter Temperatur proportional der Wurzel aus der Zeit) ist in diesem Fall bei Reaktionszeiten von einigen Minuten — vor der Entstehung von Schmelze — vernachlässigbar gering.

Bemerkenswert ist, daß die Reaktionen manchmal einen „Umweg" machen. Beispielsweise ergibt die Reaktion $1\,CaO + 1\,SiO_2$ zunächst das höher schmelzende und deshalb gitterenergetisch bevorzugte $2\,CaO \cdot SiO_2$, und dieses reagiert mit dem überschüssigen SiO_2 unter Bildung von $CaSiO_3$. Oder, wenn sich ein Kalkkörnchen in einer Natron-Kalk-Glasschmelze auflöst, so verläuft die Zusammensetzung der Kalkschlieren nicht geradlinig in Richtung CaO, sondern macht einen Umweg über die Verbindung $Na_2O \cdot 2\,CaO \cdot 3\,SiO_2$ mit breitem Ausscheidungsfeld.

Im Gegensatz dazu verlaufen die Umsetzungen unter Mitwirkung von Schmelzphase viel rascher, nicht nur weil die Diffusion in der anfangs sehr dünnflüssigen Schmelze um Größenordnungen schneller ist als im Festkörper, sondern auch weil durch Grenzflächenspannungen hervorgerufene Konvektionen hinzukommen. Besonders eingehende Untersuchungen über die Einschmelzvorgänge an Glasgemengen stammen aus der Turnerschen Schule, (z. B. [313]) und später von Kröger u. M. [382].

Wichtig ist also, bei welcher Temperatur die ersten Schmelzen im Rohstoffgemisch auftreten. Bei Emailgemengen schmilzt als erster der Borax schon unter $100\,°C$ unter Aufblähen in seinem eigenen Kristallwasser; zwar wird dadurch noch keine nennenswerte Reaktion eingeleitet, aber die anderen Rohstoffkörner werden benetzt, und so eine spätere Reaktion gefördert. Es folgen $NaNO_3$ ($311\,°C$), KNO_3 ($336\,°C$), $Na_2B_4O_7$ ($741\,°C$), Soda ($852\,°C$) usw. Hinzu kommen die Eutektika z. B. $Na_2CO_3/NaNO_3$ oder $NaF/NaNO_3$ ($304\,°C$), $NaF/Na_2B_4O_7$ ($680\,°C$), Na_2CO_3/NaF ($690\,°C$), $Na_2CO_3/BaCO_3$ ($686\,°C$), Na_2CO_3/K_2CO_3 ($712\,°C$), usf. Wie man sieht, gibt es je nach Rohstoffgemisch genügend Möglichkeiten, die Schmelze frühzeitig einzuleiten. Diesem Umstand kommt besondere Bedeutung zu: In den Partialschmelzen lösen sich die restlichen Rohstoffe bzw. reagieren mit ihnen.

Die praktische Auswirkung solcher Benetzungsvorgänge, d. h. der Grenzflächenaktivität, die für die Homogenisierung ungleich wirksamer sind als die Diffusion, hat schon frühzeitig und eindringlich Jebsen-Marwedel [323—326] an zahlreichen Beispielen und zuletzt in einem Film mit Buss [327] aufgezeigt. Über die quantitative Behandlung dieser grenzflächenenergetischen Vorgänge s. Brückner [52].

Nach der Benetzung finden bei erhöhter Temperatur die ersten chemischen Reaktionen statt. Es ist auffällig, daß sich nach Löffler [425] das Alkali um ein Quarzkorn zunächst stark anreichert; diese Schmelze mit niedriger Oberflächenspannung spreitet in die normale Schmelze hinein. Dies kann im Sinne des oben erwähnten Reaktions-„Umwegs" über eine „stabilere Zusammensetzung" gedeutet werden. (Der Schmelzpunkt des alkali*reicheren* $Na_2O \cdot SiO_2$ ($1089\,°C$) ist merklich höher als der von $Na_2O \cdot 2\,SiO_2$ ($874\,°C$)!)

Doch darf man den Schmelzprozeß nicht nur vom Standpunkt eines frühzeitigen Schmelzbeginns aus betrachten, man muß auch das Ende bedenken. Wenn man z. B. anstelle eines Feldspats seine Komponenten als Pottasche, Quarz und Tonerde einführen würde, so begänne dieses Gemisch zwar bei tieferen Temperaturen einzuschmelzen, die freie Tonerde brauchte aber lange bis zur vollständigen Auflösung. Sie wird von der umgebenden Schmelze schlecht benetzt, und Al_2O_3 als „amphoteres" Oxid reagiert ohnedies schlecht mit anderen Oxiden (s. später). Feldspat demgegenüber schmilzt schneller rückstandsfrei ein, weil seine Bestandteile im Kristallgitter bereits in atomaren Bereichen „gemischt" sind.

Durch die Korngrößen der Rohstoffe, die zufälligen Nachbarschaften der Körner und die Partialschmelzen ist bedingt, daß das Rohstoffgemisch nicht zu einem homogenen Körper sintert und schmilzt, sondern daß sich kleine Bezirke (nach Jebsen-Marwedel [323] „Zellen") unterschiedlicher Zusammensetzung bilden, die sich wegen der auftretenden Grenzflächenspannungen und ihrer verschiedenen Zähigkeiten verhältnismäßig lange halten, wie an Glasgemengen gezeigt wurde. Deshalb ist ein Gemenge mit rasch in der Schmelze löslichen Rohstoffen für die Homogenität nicht so günstig wie ein gleichmäßiger einschmelzendes.

Von besonderer Bedeutung für die Kinetik des Einschmelzens sind alle reaktionsbeschleunigenden Faktoren: Temperatur, Feinheit der Rohstoffe, gute Durchmischung, innige Berührung der Teilchen, Fluoride u. a. (s. Abschn. 3.2.3.4) Kristalle mit Gitterbaufehlern reagieren schneller als solche mit ungestörtem Gitter; deshalb können sich z. B. zwei Quarzsande völlig gleicher chemischer Zusammensetzung und Korngröße verschieden verhalten. Auch Wasserdampf beschleunigt den Schmelzprozeß, ist aber in anderer Hinsicht unerwünscht (s. Abschn. 2.1.1.10).

Für die Einschmelzgeschwindigkeit ist auch die Wärmeleitfähigkeit des Gemenges wichtig: Bei Verwendung von feinstem Quarzmehl geht der Schmelzprozeß wegen der wärmeisolierenden Wirkung trotz der großen Reaktionsoberfläche langsamer vonstatten als bei üblicher Korngröße.

Für den Endzustand einer homogenen Schmelze ist es theoretisch gleichgültig, von welchen Rohstoffen man ausgeht, die Eigenschaften sind nur durch die chemische Zusammensetzung und Temperatur bestimmt. Eine Emailschmelze wird aber in der Regel nicht ganz zu Ende geführt; deshalb ist es hier nicht gleichgültig, von welchen Rohstoffen und Korngrößen man ausgeht, und welche Temperaturbehandlung die schmelzenden und reagierenden Rohstoffe durchmachen.

Für die Einschmelz- (und Aufbrenn-) Vorgänge ist auch das Verhalten der Gase und ihrer Verbindungen wichtig. Man hat zu unterscheiden zwischen Gasen, die dabei entbunden werden (CO_2, NO_2, H_2O) und solchen, die aus den Ofengasen aufgenommen werden (SO_2 bzw. SO_3, N_2, H_2O). Die Gasentbindung ist nie vollständig, es bleiben Reste gebunden zurück und zwar um so mehr, je basischer die Schmelze, je niedriger die Einschmelztemperatur und je größer der Partialdruck des betreffenden Gases über der Schmelze ist. H_2O ist als OH^--Gruppe gelöst, CO_2 als planares $(CO_3)^{2-}$. Azarow u. M. [21] fanden beim Evakuieren von Emailschmelzen 63 bis 103 ml Gas/100 g Email. Wenn später ein blasiges Email entsteht, sind jedoch nicht diese Gase im Email schuld, sondern in der Regel Reaktionen mit der metallischen Unterlage oder H_2O aus dem Ton.

Für die Einschmelzreaktionen ist eine Gasentwicklung nützlich, weil sie die Durchmischung und Homogenisierung fördert.

Mit der Berechnung und Bestimmung des Wärmebedarfs beim Glasschmelzen haben sich Kröger u. M. [383, 385, 386] in mehreren Arbeiten befaßt. Die meisten Gläser, bei denen das Alkali als Carbonat eingeführt wurde, benötigen 460 bis

550 kJ/kg Glas, Bleigläser dagegen nur 380 kJ/kg. Da Zuschläge von Borax, Al_2O_3, ZnO, Dolomit zu Gläsern den Wärmebedarf erniedrigen, ist damit zu rechnen, daß der Wärmebedarf zum Erschmelzen von Emails auch um 380 bis 420 kJ/kg liegen wird.

2.2.3 Schmelzen und Kristallisieren

Über die Ursache der Glasbildung gibt es mehrere Theorien, von denen hier diejenige von Weyl [719] wiedergegeben sei.

Wenn eine Schmelze nur langsam Keime bilden kann, läßt sie sich leicht unterkühlen und erstarrt glasig. Bei der Keimbildung muß eine innere Grenzfläche geschaffen, also eine Energieschwelle überwunden werden, weil bei diesem Vorgang die nächste Umgebung der Kationen kurzzeitig gestört wird. Bei Erniedrigung der Koordinationszahl KZ 6 auf beispielsweise 5 (s. Abschn. 2.2.4) ist weniger Energie notwendig als bei der Erniedrigung KZ = 4 auf 3, d. h. Strukturelemente mit 6er koordinierten Kationen bilden leichter Keime und kristallisieren rascher als solche mit 4er oder 3er Koordination. Die notwendige Energie wird durch die Wärmeschwingungsenergie geliefert. Substanzen mit hohem Schmelzpunkt verfügen über genügend Energie, können also leicht Keime bilden; sie sind schwer glasig zu erhalten. Verbindungen mit relativ niedrigem Schmelzpunkt und einem Kation niedriger Koordinationszahl erstarren dagegen leicht glasig (typisches Beispiel: B_2O_3).

Beim Erhitzen nimmt die Zahl der Fehlstellen in den leicht kristallisierenden Substanzen rasch zu, es entsteht eine dünnflüssige Schmelze. Bei den anderen dagegen nimmt die Fehlstellenzahl nur langsam zu, so können die Kristalle leicht überhitzt — ebenso wie die Schmelze leicht unterkühlt — werden und ergeben eine zähe Schmelze mit größeren, zusammenhängenden Bezirken. Beispiele: Quarz, Feldspäte; s. dazu besonders Abschn. 2.2.4.3.

Kühlt man eine Glasschmelze ab, so durchläuft sie unterhalb der Liquidustemperatur T_L das Gebiet der unterkühlten Schmelze und erstarrt schließlich meist ohne sichtbare Kristallisation zum Festkörper Glas. Die unterkühlte Schmelze und das Glas befinden sich damit in keinem thermodynamisch stabilen, sondern in einem metastabilen Zustand. Wenn man nämlich die unterkühlte Schmelze in einem Temperaturbereich, der bei Gläsern und auch Emails im allgemeinen zwischen 600 und 900 °C liegt, einige Zeit hält, so beginnen sich sichtbare Kristalle auszuscheiden (Entglasung, Trübung). Das Glas geht bei genügend langem Warten ganz in den bei tieferen Temperaturen stabilen, kristallinen Zustand über.

Dieser Vorgang wird nach den Untersuchungen von Tammann [653] durch zwei Größen bestimmt: Keimbildungsvermögen KV und Kristallisationsgeschwindigkeit KG. KV gibt an, wieviel Kristallkeime sich in der Volum- und Zeiteinheit bilden, während KG als Volumen der in der Zeiteinheit gebildeten Kristalle, bei länglichen Kristallen meist als die größte Längenzunahme pro Zeiteinheit ausgedrückt wird (μm/min oder μm/h).

Die beiden Größen KV und KG sind temperaturabhängig, wie dies Bild 2.21 schematisch zeigt. Keime und kleine Kriställchen schmelzen bzw. lösen sich bei tieferer Temperatur als größere, deshalb gehen die Kurven von KV und KG nicht bei gleicher Temperatur auf Null. Dies liegt daran, daß, je kleiner ein Kristall, um so größer die Zahl exponierter Ecken und Kanten pro Volumeinheit ist. Ist ein Kristallkeim aber einmal stabil, d. h. hat er eine Mindestgröße erreicht, kann er weiterwachsen. So liegt auch das Maximum von KV stets unter demjenigen von KG; das bedeutet, daß man bei tiefen Temperaturen (hohen Zähigkeiten) die Ausscheidung von vergleichsweise vielen kleinen Kristallen zu erwarten hat (Trübung), bei höheren Temperaturen dagegen diejenige von wenigen größeren Kristallen; die Oberfläche wird matt und rauh. Hierauf wird bei der Besperechung der

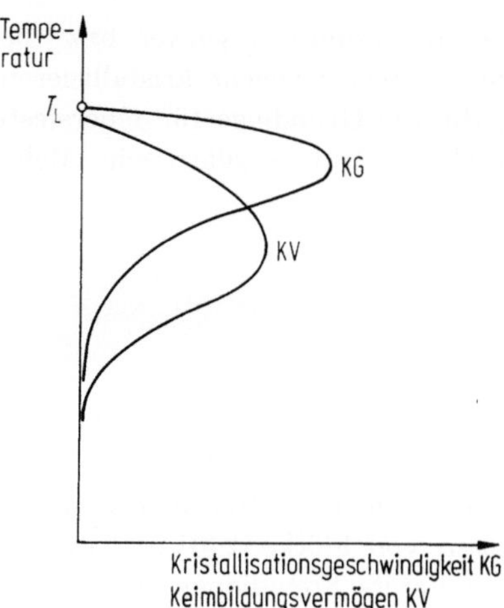

Bild 2.21. Kristallisationsgeschwindigkeit KG und Keimbildungsvermögen KV in Abhängigkeit von der Temperatur

Emailtrübung noch zurückzukommen sein. Als Beispiel sei hier nur erwähnt, daß in einem Titanemail die Kristallisation nach Yee u. M. [734] oberhalb 640 °C beginnt, KV bei etwa 750 °C, KG bei etwa 1050 °C ein Maximum besitzen, bei 1100 °C ist alles in Lösung.

Die Keimbildung wird in der Regel durch Inhomogenitäten der Schmelze, besonders an Phasengrenzflächen, erheblich erleichtert, besonders wenn KV an sich klein ist. Mitunter setzt man der Schmelze Impfstoffe zu, um die Keimbildung zu fördern (heterogene Keimbildung), sei es um eine Trübung zu erleichtern, oder um ein Email feinkristallin zu machen.

2.2.3.1 Gleichgewichtslehre

Wichtig ist die Liquidustemperatur T_L (Bild 2.21), unter der eine Kristallisation überhaupt erst möglich ist bzw. oberhalb der die bei tieferen Temperaturen gebildeten Kristalle sich auflösen.

Wissenschaftlich und technisch interessiert, wie sich T_L mit der Zusammensetzung der Schmelze ändert, welche Kristallarten — evtl. mit Umwandlung — sich ausscheiden, wo in einem Mehrstoffsystem die Bereiche mit möglichst tiefliegenden Ausscheidungstemperaturen liegen u. dgl. mehr. Darüber geben die Zustands- oder Gleichgewichtsdiagramme Auskunft. Sie geben an, welche Phasen (Kristallarten, Schmelze, Dampf) bei verschiedenen Temperaturen und gegebenem äußeren Druck nebeneinander existieren können. Zustands- oder Gleichgewichtsdiagramme liegen von zahlreichen Ein-, Zwei-, Drei- und z. T. auch Vierstoffsystemen vor. Doch läßt sich damit ein Email mit seinen vielen Komponenten nur in grober Vereinfachung diskutieren, was beschränkte Aussagekraft hat.

Die Behandlung von Mehrstoffsystemen im vorliegenden Rahmen hat aber auch aus einem anderen Grund nur beschränktes Interesse. Im Gegensatz zu einer Glasschmelze oder Glasur ist die Zeit beim Emaillieren i. allg. zu kurz, als daß sich Gleichgewichtszustände einstellen könnten. Aber nur darauf beziehen sich diese Diagramme.

Interessant und wichtig sind hier Systeme, die besonders schwer bzw. bei niedriger Temperatur kristallisieren, ferner solche, die sehr leicht kristallisieren, und schließlich Systeme mit SiO_2 und Al_2O_3, die die Grundlage für feuersfeste Massen bilden. Nur solche seien kurz besprochen. Andere silicatische Mehrstoffsysteme s. bei Levin u. M. [418].

2.2.3.2 Wichtige Ein- und Mehrstoffsysteme

SiO_2

Nach Fenner (1913) gibt es sieben kristalline Modifikationen: α- und β-Quarz, α-, β- und γ-Tridymit, α- und β-Cristobalit; Schmelze oberhalb 1710 °C. (Im Gegensatz zur Metallkunde bedeutet in der Silicatkunde die α-Modifikation immer die Hochtemperaturform.) Nach Untersuchungen von Flörke [210] ist Tridymit eine eindimensional fehlgeordnete Kristallart, die stets Fremdionen enthält und deshalb nicht als reine SiO_2-Modifikation anzusprechen ist.

Aus der Kieselglasschmelze, die sich leicht unterkühlen läßt, entsteht nur Cristobalit, bei Kieselsäureausscheidungen in Gläsern und Emails in der Regel ebenfalls Cristobalit, erst bei langem Tempern oder in Gegenwart von Mineralisatoren Tridymit bzw. bei tiefen Temperaturen Quarz.

Die Umwandlung $\beta \rightarrow \alpha$ Quarz bei 870 °C ist mit einem thermischen Effekt und mit einer Volumenzunahme von 1%, diejenigen von α-Quarz in α-Cristobalit bei etwa 1050 °C mit einer solchen von 15%, der Übergang $\beta \rightleftharpoons \alpha$-Cristobalit bei 180 bis 270 °C (je nach Fehlordnungsgrad) mit einer von 3% verbunden. Diese Umwandlungen sind besonders wichtig für Feuerfestmaterial, das freie Kieselsäure enthält, ferner für den Frittegrund. Rasch und reversibel verlaufen $\alpha \rightleftharpoons \beta$-Quarz, $\alpha \rightleftharpoons \beta \rightleftharpoons \gamma$-Tridymit, $\alpha \rightleftharpoons \beta$-Cristobalit, die anderen nur träge.

$AlPO_4$

Es hat Bedeutung für Phosphatemails. Über Aluminiumorthophosphatgläser s. [166]. Im kristallisierten Zustand ähnelt es weitgehend dem SiO_2 ($= SiSiO_4$), man kennt die gleichen Modifikationen, die Umwandlungstemperaturen liegen nur wenig tiefer, der Schmelzpunkt überrschenderweise höher, rd. 2000 °C. Es läßt sich nicht glasig erhalten [143].

B_2O_3

Die Kristalle, die sehr schwer zu erhalten sind, schmelzen bei etwa 400 °C.

Al_2O_3

Stabile Phase ist α-Al_2O_3 (Korund). Schmelzpunkt 2040 °C. γ-Al_2O_3 tritt bei der Entwässerung von Hydraten auf (intermediär z. B. auch von Ton). Beim raschen Abkühlen der Al_2O_3-Schmelze (z. B. beim Flammspritzen) entstehen metastabile kristalline Modifikationen, sie gehen beim Tempern in die α-Form über. Al_2O_3 ist nicht glasig bekannt.

ZrO_2

Es ist in drei Modifikationen bekannt: monoklin, tetragonal und kubisch. Die Umwandlung monoklin $\rightarrow$ tetragonal bei 1200 °C ist mit einer Schwindung von etwa 10% verbunden; die umgekehrte, nicht unterkühlbare Umwandlung hat eine Hysterese, erfolgt bei 1000 bis 900 °C unter entsprechendem Wachsen. Die tetragonale Modifikation läßt sich durch Einbau von CaO oder MgO stabilisieren, und damit die Umwandlung unterdrücken. Umwandlung tetragonal $\rightleftharpoons$ kubisch bei 2300 °C.

TiO_2

Es kommt in drei Modifikationen vor: Rutil, Anatas und Brookit. Emailtechnisch interessieren nur die beiden ersten, von denen aber nur der Rutil thermodynamisch stabil ist. Bei Reduktion entstehen zunächst braune Zwischenphasen TiO_{2-x}, dann blaues Ti_2O_3.

Zweistoffsysteme

Von den Zweistoffsystemen ist hier wegen der Feuerfeststoffe (Stampfmassen, Schamottesteine, Corhartsteine) nur das System Al_2O_3—SiO_2 von Bedeutung. Es hat bei 6% Al_2O_3 ein Eutektikum (1587$\pm$10 °C), dessen Temperatur schon durch kleine Zusätze stark erniedrigt wird (s. Dreistoffsysteme). Die einzige bei hohen Temperaturen stabile Kristallart ist der Mullit (3 Al_2O_3 · 2 SiO_2), der bei 1828 $\pm$ 10 °C inkongruent schmilzt und bis zu einem Massengehalt von 74% Al_2O_3 Mischkristalle bildet. Daneben gibt es matastabile Zustände mit einem überhitzten Mullit, der bei etwa 1880 °C schmilzt [6].

Dreistoffsysteme

K_2O—Al_2O_3—SiO_2

Das ternäre Eutektikum (mit rd. 70% SiO_2, 20% Al_2O_3, 10% Alkali) zwischen Tridymit, Mullit und Feldspat schmilzt bei 985 °C. Die Masse an Glasphase in üblichen Schamottesteinen mit z. B. 25% Al_2O_3 und 2% K_2O beträgt bei 1450 °C 56% [201]. Ähnliches gilt für das Na-System.

Li_2O—Al_2O_3—SiO_2

Von den drei ternären Verbindungen Li_2O · Al_2O_3 · $nSiO_2$ mit n = 8, 4 bzw. 2 sind nur diejenigen mit 4 SiO_2 (Spodumen) und 2 SiO_2 (Eukryptit) von praktischer Bedeutung. Sie kommen in mehreren Modifikationen vor, unter denen die Hochspodumene und besonders die Hocheukryptite wichtig sind. Sie bilden in weitem Bereich (2 bis etwa 6 SiO_2) Mischkristalle und haben die merkwürdige

Eigenschaft, sich beim Erwärmen in der c-Achse stark zusammenzuziehen
(AK $= -17{,}6 \cdot 10^{-6}/\mathrm{K}$), in der a-Achse dagegen auszudehnen ($+8{,}7 \cdot 10^{-6}/\mathrm{K}$). Bei
Kristallisation aus der Schmelze ergibt das bei unregelmäßiger Anordnung der
Kristalle eine Masse mit insgesamt niedrigem, ja negativem Ausdehnungskoeffizienten. Die zwischenkristallinen Spannungen machen sich nur bei relativ großen
Kristallen bemerkbar; bei hoher Keimzahl und winzigen Kriställchen (Zusatz
von Impfstoffen, s. oben!) sind sie völlig unschädlich, weshalb solche Massen
besonders temperaturwechselbeständig sind (Glaskeramik). Abwandlungen der
Zusammensetzung durch Zusatz von B_2O_3 und MgO sowie von TiO_2 als Keim-
bildner ergeben Massen mit sehr günstgen mechanischen Eigenschaften und trotzdem niedrigem AK [28].

Auch zur Emaillierung werden z. T. Schmelzen verwendet, aus denen sich
solche Kristalle ausscheiden. Die zunächst glasig erstarrende Schmelze hat die
den Bestandteilen entsprechende normale Wärmeausdehnung, die erst bei tieferen
Temperaturen dem Grad der Kristallausscheidungen entsprechend kleiner wird.

$CaO - Al_2O_3 - SiO_2$

Dieses System ist deshalb erwähnenswert, weil Emails mit viel Al_2O_3 und CaO,
dagegen wenig SiO_2 entwickelt wurden, die besonders laugenbeständig sind.
Die Erweichungstemperatur kann durch Zusätze (B_2O_3, Fluoride) gesenkt werden.

$Na_2O - FeO - SiO_2$

In diesem System vermuten Lacy u. M. [405] eine Verbindung $Na_2O_2 \cdot FeO \cdot
2SiO_2$.

$Na_2O - B_2O_3 - SiO_2$

Dieses wichtige System mit sehr niedrigen Schmelztemperaturen zeigt ausschnitts-
weise Bild 2.22.

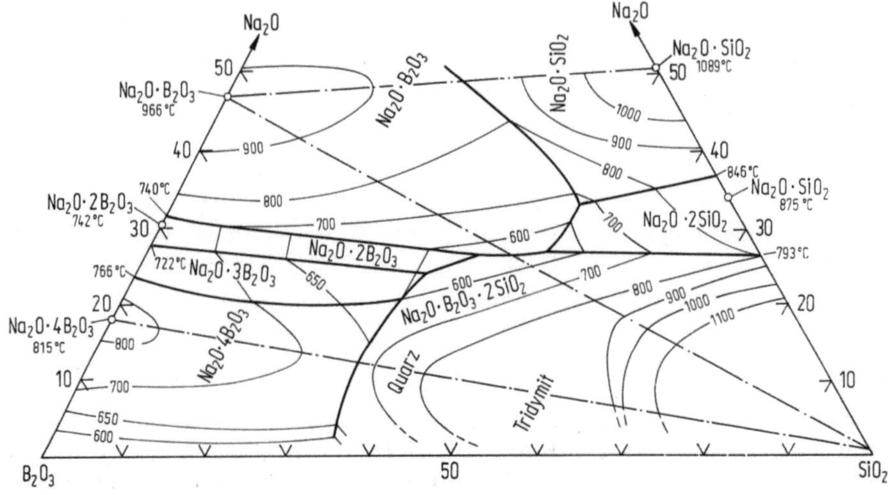

Bild 2.22. System $Na_2O - B_2O_3 - SiO_2$ (Massengehalt in %)

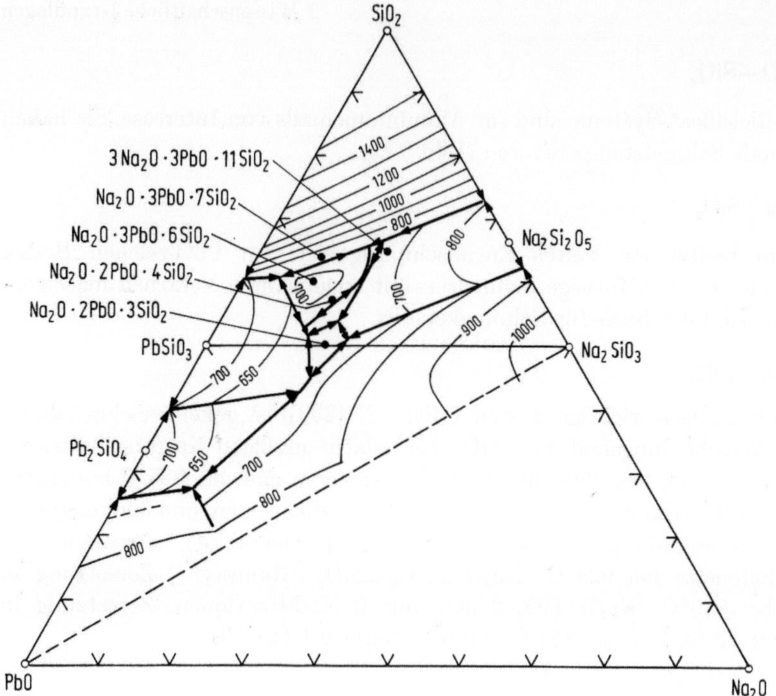

Bild 2.23. System $Na_2O - PbO - SiO_2$ (Stoffmengengehalt in %)

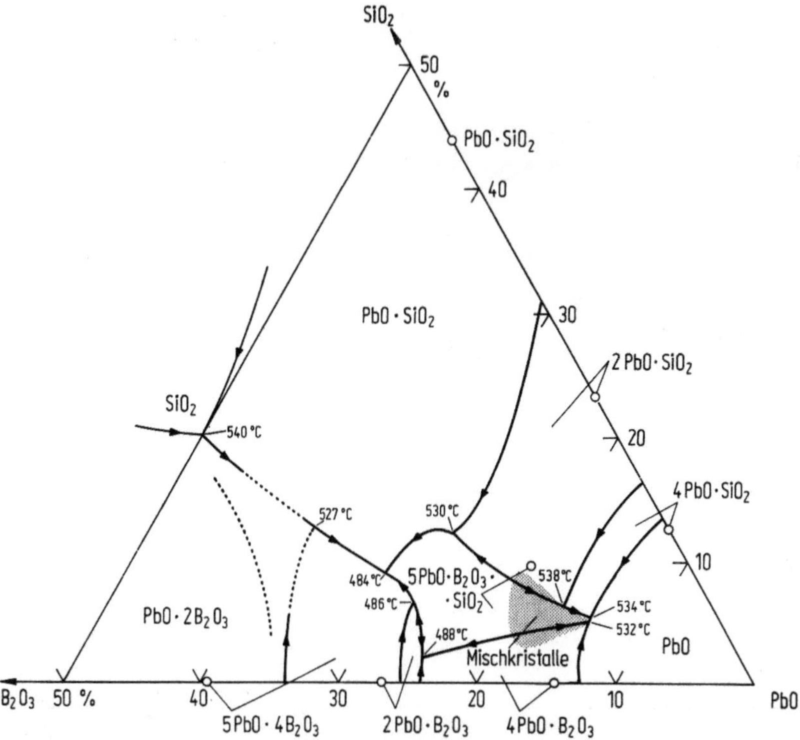

Bild 2.24. System $PbO - B_2O_3 - SiO_2$ (Massengehalt in %)

$Na_2O-PbO-SiO_2$

Die Alkali-Bleisilicat-Systeme sind für Aluminiumemails von Interesse. Sie haben niedrigliegende Schmelztemperaturen (Bild 2.23).

$PbO-B_2O_3-SiO_2$

Das System besitzt ein weites Entmischungsgebiet. Im PbO-reichen Bezirk (Bild 2.24) gibt es leichtflüssige Schmelzen mit angenehmen Verarbeitungseigenschaften. Sie sind die Basis für Schmuckemails.

$Na_2O-TiO_2-SiO_2$

Dieses emailtechnisch wichtige System (Bild 2.25 [239]) ist gekennzeichnet durch ein weites Ausscheidungsfeld von TiO_2 bei relativ mäßigen Natrongehalten — was zur Trübwirkung des TiO_2 nötig ist. Es existieren eine bei 965 °C kongruent schmelzende Verbindung $Na_2O \cdot TiO_2 \cdot SiO_2$ mit 3 Modifikationen, und 3 inkongruent schmelzende Verbindungen: $Na_2O \cdot TiO_2 \cdot 4\,SiO_2$ (Narsarsukit), Zersetzung in SiO_2 und Schmelze bei 929 °C; $Na_2O \cdot 2TiO_2 \cdot 2SiO_2$ (Ramsayit), Zersetzung in $TiO_2 + S$ bei 919 °C; $Na_2O \cdot TiO_2 \cdot 2\,SiO_2$ mit 2 Modifikationen, Zersetzung in $Na_2O \cdot 2\,TiO_2 \cdot 2SiO_2 + S$ bei 851 °C, dann in $Na_2O \cdot 6\,TiO_2 + S$.

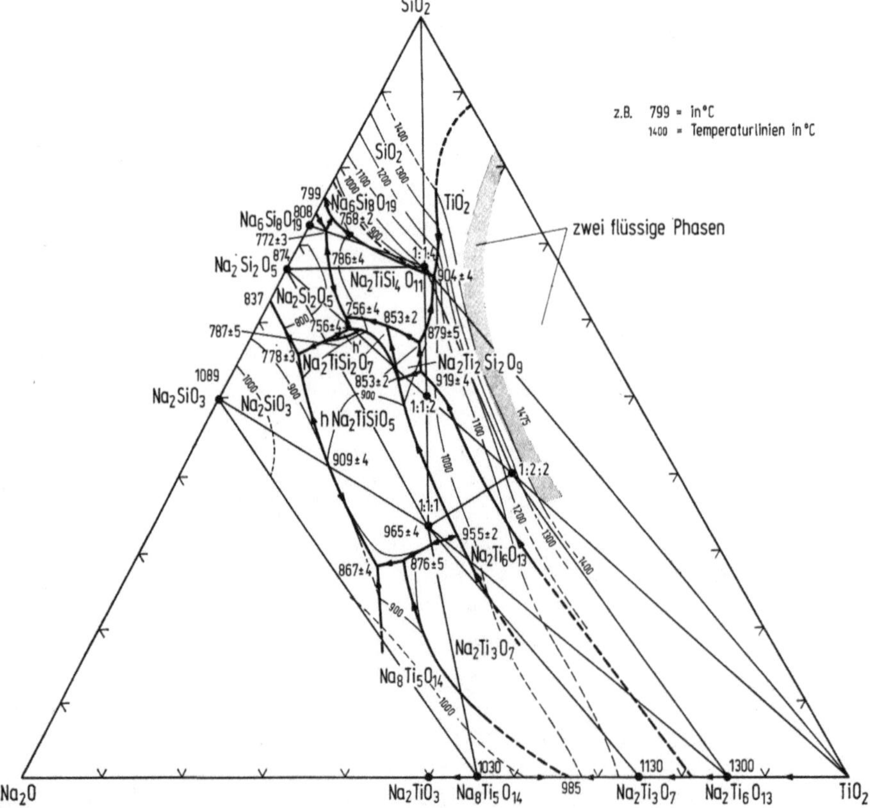

Bild 2.25. System $Na_2O-TiO_2-SiO_2$ (Stoffmengengehalt in %)

$Li_2O - TiO_2 - SiO_2$

Nach [357] existiert eine Verbindung $Li_2O \cdot TiO_2 \cdot SiO_2$, die beim Schmelzen (1270 °C) zwei nicht mischbare Schmelzen ergibt.

$PbO - SiO_2 - P_2O_5$

Es ist gekennzeichnet durch ein weites Entmischungsgebiet. Die ternäre Verbindung $5 PbO \cdot SiO_2 \cdot P_2O_5$ schmilzt bei 1016 °C [513]. Sie hat Apatitstruktur [730] und bildet Mischkristalle mit der Verbindung $5 PbO \cdot 3 P_2O_5$ mit inkongruentem Schmelzpunkt [457]. Diese Kristallarten ebenso wie die im analogen As_2O_5-System bilden die sog. Bleiphosphat- und Arsenattrübungen (s. auch [454, 455]).

Vierstoffsystem

$NaF - Na_2O - SiO_2 - (H_2O)$

Ohne Wasser: $4 NaF + 5 SiO_2 = 2 Na_2Si_2O_5 + SiF_4$. Aus $NaF + Na_2Si_2O_5$ entsteht kein SiF_4. Mit Wasser bildet sich aus $NaF + SiO_2$ neben SiF_4 auch HF, aus $NaF + Na_2Si_2O_5$ nur HF (und Na_2SiO_3). $NaF + Na_2SiO_3$ bildet keine flüchtige Flourverbindung [557]. Diese Reaktionen sind im Zusammenhang mit dem Fischschuppenproblem von Bedeutung (s. Abschn. 2.1.1.10).

2.2.4 Glasstruktur

Eigenschaften und Verhalten eines einheitlichen und homogenen Stoffes hängen vor allem von seinem atomaren Aufbau, seiner Struktur, ab. Email ist zwar in der Regel nicht homogen wie etwa optisches Glas und es ist — vor allem ein Grundemail — nicht immer einheitlich, sondern kann beispielsweise ungelösten Quarz enthalten; in diesem Fall ist auch das Gefüge zu berücksichtigen. Trotzdem ist es möglich, eine Reihe von Eigenschaften der Emails wenigstens qualitativ zu erklären, ja vorauszusagen, etwa die Wirkung eimes bestimmten Oxids auf die Eigenschaften.

Zur Vereinfachung sei wieder auf die Gläser mit wenigen Komponenten und deren Struktur zurückgegriffen.

Über die Struktur des Glases bzw. der Gläser gibt es noch keine allgemein gültige und widerspruchsfreie Theorie. Die verschiedenen Ergebnisse und Erklärungen, aber auch die Lücken in unserem derzeitigen Wissen sind in dem Buch von H. Scholze „Glas, Natur, Struktur und Eigenschaften" [611] eingehend behandelt und sollen hier nicht wiederholt werden. Im folgenden wird versucht, die komplizierte Materie vereinfacht darzustellen und die Grundeigenschaften der Emails aus der Struktur auf der Basis weniger Ansätze als Leitfäden abzuleiten.

Der entscheidende Schritt zur Aufklärung der Glasstruktur war die Überlegung von Zachariasen [736], daß die zwischenatomaren Kräfte in einfachen Gläsern und in den entsprechenden Kristallen gleicher Zusammensetzung wegen der direkten Vergleichbarkeit vor allem der mechanischen Eigenschaften gleich sein müssen, und damit auch die Struktureinheiten (Bausteine), nur ist deren Verknüpfung im Glas unregelmäßig, im Kristall dagegen streng geordnet. Somit ließen sich die Grundregeln der Kristallchemie auf Gläser übertragen, im besonderen die zahlreichen Strukturuntersuchungen an kristallisierten Silicaten aus den 20er und 30er Jahren.

Wegen der grundlegenden Bedeutung der Kristallchemie für die Deutung der Glasstruktur sei zunächst auf das hier Wesentliche aus der Kristallstruktur-Lehre eingegangen.

2.2.4.1 Grundzüge der Kristallchemie

In einem CaO-Kristall z. B. ist jedes Ca^{2+} von sechs O^{2-} in gleichem Abstand umgeben, jedes O^{2-} von sechs Ca^{2+} (Bild 2.26). Man spricht deshalb von einer $[CaO_6]$- bzw. $[OCa_6]$-Gruppe oder -Koordination. Es gibt also keine CaO-,,Moleküle", weil man nicht angeben kann, welches Ca mit welchem O ein CaO bildet; ebensowenig kann man von SiO_2-, Na_2O- oder sonstigen ,,Molekülen" in einer Glasstruktur oder einem entsprechenden Kristall sprechen, sie sind nur eine Rechengröße.

Bild 2.26. Aufbau z. B. eines CaO-Kristalls. Jedes Ca^{2+} (helle Kugeln) ist von $6\,O^{2-}$ umgeben, jedes O^{2-} von $6\,Ca^{2+}$

Welche Baugruppe oder Koordination sich bildet, und wie die verschiedenen Koordinationen in einer Glasstruktur verknüpft sind, wird im wesentlichen durch vier Einflüsse bestimmt, die einander z. T. bedingen: 1. Ionenradius, 2. Wertigkeit oder Ladung, 3. Polarsationsfragen und 4. Bindungsart.

Zu 1: Die Ionenradien steigen in jeder Gruppe des Periodischen Systems von oben nach unten und werden kleiner von links nach rechts, also mit steigender Wertigkeit.

Jedes Kation ist bestrebt, sich entsprechend seiner Größe mit so vielen Anionen zu umgeben, als in nächster Nähe räumlich Platz haben (Koordinationsbestreben [121]). Dadurch ist das elektrische Feld des Kations nach außen abgeschirmt (Screening-Theorie [716]). Primär ist also das Zustandekommen einer bestimmten Koordination eine Frage der Geometrie, und die Koordinationszahl (**KZ:** Zahl nächster Nachbarn) eines Kations ist zunächst gegeben durch das Radienverhältnis von Anion zu Kation (r_A/r_K). Für O^{2-} mit $r_A = 1{,}32 \cdot 10^{-10}$ m ergibt sich

$$
\begin{array}{lll}
KZ = 2 \ (\text{Hantel}) & \text{bei } r_K & < 0{,}2 \cdot 10^{-10} \text{ m} \\
KZ = 3 \ (\text{Dreieck}) & & 0{,}2 \text{ bis } 0{,}3 \cdot 10^{-10} \text{ m} \\
KZ = 4 \ (\text{Tetraeder}) & & 0{,}3 \text{ bis } 0{,}545 \cdot 10^{-10} \text{ m} \\
KZ = 6 \ (\text{Oktaeder}) & & 0{,}545 \text{ bis } 0{,}98 \cdot 10^{-10} \text{ m} \\
KZ = 8 \ (\text{Würfel}) & & > 0{,}98 \cdot 10^{-10} \text{ m.}
\end{array}
$$

In Tab. 2.4 sind die wichtigsten Ionenradien angegeben.

In SiO_2 benötigt Si^{4+} zur Koordination oder Abschirmung also vier O^{2-}; die tetraedrische $[SiO_4]$-Gruppe ist nicht elektrisch neutral, sondern negativ geladen, muß daher andere Si^{4+}-Ionen binden. So entsteht ein zusammenhängendes Strukturgebilde, das räumliche $[SiO_4]$-Tetraeder-Netzwerk:

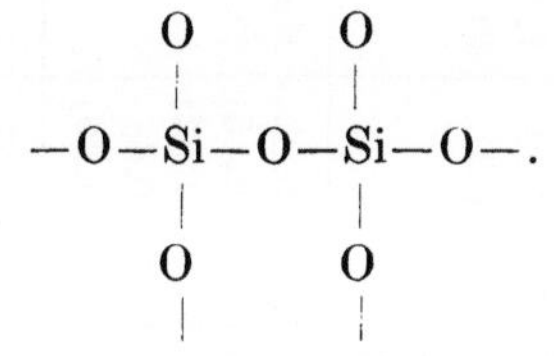

$$
\begin{array}{ccccc}
O & & O & & \\
| & & | & & \\
-O-&Si&-O-&Si&-O-. \\
| & & | & & \\
O & & O & &
\end{array}
$$

Im SiF_4 vergleichsweise ist das Si^{4+} von vier F^- umgeben; F^- ist etwa so groß wie O^{2-}. Die $[SiF_4]$-Gruppe ist aber elektrisch neutral, hat also kein Bestreben, andere Partner zu binden, es ist ein Gas. Im AlF_3 werden zur Koordination (Abschirmung) des gegenüber Si^{4+} etwas größeren Al^{3+} sechs F^- benötigt; $[AlF_6]$ ist also dreifach negativ geladen und über F^- an Nachbarionen gebunden. AlF_3 ist deshalb — im Gegensatz zu SiF_4 — fest.

Die chemische Bindung zwischen Kation R und Anion X, gewöhnlich als Strich symbolisiert (auch innerhalb einer Koordination), bedingt keineswegs einen konstanten Abstand zwischen R und X; er wird vielmehr durch das umgebende Feld mitbestimmt. Dies äußert sich besonders deutlich bei Kationen, deren KZ in der Nähe der Grenze zweier möglicher liegt (z. B. bei Al^{3+}, B^{3+}, Mg^{2+}). Man kann die Verhältnisse dadurch verständlicher machen, daß man die Striche durch Spiralfedern ersetzt, wobei eine starke Bindungsfestigkeit einer kräftigen Feder entspricht, eine schwache einer schwachen Feder. Im Falle des Al_2O_3 entstehen also $[AlO_6]$-Koordinationen, weil um jede Gruppe starke Al^{3+} wirksam sind. Sind jedoch schwache Kationen anwesend, wie etwa in den Alkalialuminaten, Feldspäten usw., so verringert sich der Al—O-Abstand, es haben nur noch $4\,O^{2-}$ um ein Al^{3+} Platz, es entsteht eine $[AlO_4]$-Gruppe. Die beiden folgenden Schemata mögen das verdeutlichen:

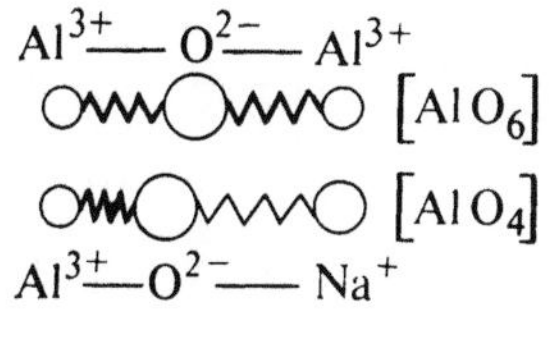

$$
\begin{array}{l}
Al^{3+}\!-\!O^{2-}\!-\!Al^{3+} \quad [AlO_6] \\
\hfill [AlO_4] \\
Al^{3+}\!-\!O^{2-}\!-\!Na^{+}
\end{array}
$$

Tabelle 2.4. Ionenradien r in 10^{-10} m, häufigste Koordinationszahlen (*römische Ziffern*), daneben relative Feldstärken z/a^2, für edelgasunähnliche Kationen in Klammern. Nach [126].

0.	1.	2.	3.	4.	5.	6.	7.	8. Gruppe
He 1,22	Li^+ 0,78 VI **0,23**	Be^{2+} 0,34 IV **1,1***	B^{3+} 0,25 III **1,65** IV **1,45**	C^{4+} 0,18 III **2,40**	N^{5+} 0,14 III **3,16**	O^{2-} 1,32	F^- 1,33	
Ne 1,60	Na^+ 0,98 VI **0,19** VIII **0,17**	Mg^{2+} 0,78 IV **0,51** VI **0,45**	Al^{3+} 0,57 IV **0,97** VI **0,84**	Si^{4+} 0,39 IV **1,57**	P^{5+} 0,34 IV **2,08**	S^{6+} 0,31 III **2,85** IV **2,18** S^{2-} 1,74	Cl^{7+} 0,26 III **3,6** Cl^- 1,81	
Ar 1,92	K^+ 1,33 VIII **0,13**	Ca^{2+} 1,06 VI **0,35** VIII **0,33**	Sc^{3+} 0,83 VI **0,65**	Ti^{4+} 0,64 VI **(1,25)** Ti^{3+} 0,69 VI **(0,89)**	V^{5+} 0,59 IV **(1,85)** V^{3+} 0,65 VI **(0,93)**	Cr^{6+} 0,52 III **(2,6)** IV **(2,4)** Cr^{3+} 0,64 VI **(0,95)**	Mn^{7+} 0,46 IV **(2,5)** Mn^{4+} 0,52 IV **(1,60)** Mn^{3+} 0,70 VI **(0,88)** Mn^{2+} 0,91 VI **(0,48)**	Fe^{3+} 0,67 IV **(1,02)** VI **(0,91)** Fe^{2+} 0,83 VI **(0,52)** | Co^{2+} 0,82 IV **(0,59)** VI **(0,53)** | Ni^{2+} 0,78 VI **(0,55)**
	Cu^+ 0,96 VI **(0,23)** Cu^{2+} 0,8 VI **(0,55)**	Zn^{2+} 0,83 IV **(0,59)**	Ga^{3+} 0,62 IV **(1,08)**	Ge^{4+} 0,44 IV **(1,75)**	As^{5+} 0,46 IV **(2,15)** As^{3+} 0,69 III **(1,09)** IV **(1,00)**	Se^{6+} 0,41 IV **2,12** Se^{2-} 1,91	Br^{7+} 0,37 III **3,0** Br^- 1,96	
Kr 2,04	Rb^+ 1,49 VIII **0,12**	Sr^{2+} 1,27 VIII **0,27**	Y^{3+} 1,06 VIII **0,49**	Zr^{4+} 0,87 VIII **0,78**	Nb^{5+} 0,69 VI **1,48**	Mo^{6+} 0,62 IV **(2,15)** VI **(1,92)** Mo^{4+} 0,68 VI **(1,20)**	Ma^{7+} 0,59 IV **(2,58)**	**Ru** **Rh** **Pd**
	Ag^+ 1,13 VI **(0,20)**	Cd^{2+} 1,03 VI **(0,44)**	In^{3+} 0,92 VI **(0,72)**	Sn^{4+} 0,74 VI **(1,13)** Sn^{2+} 1,10 VI **(0,41)**	Sb^{5+} 0,63 IV **(1,76)** Sb^{3+} 0,90 VI **(0,73)**	Te^{6+} 0,56 IV **1,94** Te^{4+} 0,89 **(0,98)** Te^{2-} 2,21	J^{7+} 0,50 III **2,6** J^- 2,20	

Tabelle 2.4. (Fortsetzung)

0.	1.	2.	3.	4.	5.	6.	7.	8. Gruppe		
Xe 2,18	Cs^+ 1,65 VIII **0,10**	Ba^{2+} 1,43 VIII **0,24**	La^{3+} 1,22 VIII **0,44**	Hf^{4+} 0,82 VI **0,88**	Ta^{5+} 0,74 VI **(1,42)**	W^{6+} 0,68 IV **(2,00)** VI **(1,80)**	Re^{7+} 0,62 IV **(2,5)**	Os	Ir	Pt
	Au^+ 1,37 VIII **(0,16)**	Hg^{2+} 1,12 VIII **(0,38)** Hg^+ 1,50 VIII **(0,14)**	Tl^{3+} 1,05 VI **(0,43)** Tl^+ 1,49 VIII **(0,14)**	Pb^{4+} 0,84 VI **(1,03)** Pb^{2+} 1,32 VI **(0,34)**	Bi^{5+} 0,74 VI **(1,42)** Bi^{3+} 1,08 VI **(0,62)**	Po^{2-} 2,43				
Rn		Ra^{2+} 1,50 VIII **0,23**	Ac^{3+} 1,27 VIII **0,42**	Th^{4+} 1,10 VIII **0,64**	Pa^{5+} 0,99 VI **0,94**	U^{6+} 0,90 VI **(1,47)** U^{4+} 1,05 VIII **(0,80)**				

Ce^{3+} 1,18 VIII **0,45** Ce^{4+} 1,02 VIII **0,83**	Pr^{3+} 1,16 VIII **0,46**	Nd^{3+} 1,15 VIII **0,46**	.... Eu^{3+} 1,13 VIII **0,47**	.... Cp^{3+} 0,99 VIII **0,53**

* Der obige (übliche) Ionenradius von Be^{2+} ist zu groß, die daraus berechnete Feldstärke zu klein. Der eingesetzte Wert von 1,1 entspricht dem tatsächlichen Verhalten.

Man hat dabei zu bedenken, daß bei den Ionenverbindungen die Wirkung der Spiralfedern (ebenso wie die der R—X-Bindungsstriche) nicht gerichtet ist, sondern daß das elektrische Feld (wie ein magnetisches) um jedes Ion herum ziemlich gleichmäßig ist. Das Gleiche wie bei Al^{3+} gilt für B^{3+}, Mg^{2+} u. a. Zum Valenzausgleich bei Koordinationswechsel dienen die schwachen Kationen (s. Abschn. 2.2.4.2 beim Einbau von Al_2O_3 in die Glasstruktur).

Zu 2: Die Wertigkeit der Kationen bestimmt die Stärke des Zusammenhalts einer Koordination.

Zu 3: Grundsätzlich sind alle Ionen durch ein äußeres elektrisches Feld mehr oder weniger polarisierbar, d. h. ihre Elektronenhüllen sind deformierbar, und jedes Ion kann seine Nachbarionen polarisieren. Man hat also zu unterscheiden zwischen Polarisierbarkeit und Polarisationsvermögen.

Die kleinen und mittelgroßen Kationen der Hauptreihenelemente des Periodischen Systems sind wenig polarisierbar, d. h. sie verhalten sich vergleichsweise wie starre Holzkugeln, die großen dagegen (K^+, Ba^{2+}) eher wie Gummibälle; ihre große Elektronenhülle ist durch das Feld der umgebenden Anionen deformierbar (polarisierbar). Das gleiche gilt für die Ionen der Nebenreihenelemente mit ihrer nicht aufgefüllten Elektronenschale, insbesondere bei abnormer Wertigkeit (z. B. Pb^{2+}).

Vor allem aber werden die durch die zusätzlichen Elektronen aufgeblähten Anionen durch die Kationen polarisiert usw. um so stärker, je höher ihre Ladung (F^- wenig, O^{2-} deutlich, N^{3-} stark) bzw. je größer ihr Ionenradius ist ($O^{2-} < S^{2-} < Se^{2-} < Te^{2-}$).

Das Polarisationsvermögen der Kationen steigt mit deren Ladung (Wertigkeit) und abnehmendem Ionenradius; es ist bei den Nebenreihenelementen merklich größer als bei den vergleichbaren Hauptreihenelementen. Dadurch wird der Abstand Kation—Anion verkleinert, und so kann sich auch die KZ ändern. Beispielsweise sind Mg^{2+} und Zn^{2+} gleich groß und haben die gleiche Wertigkeit; trotzdem hat Mg^{2+} in MgO die KZ $= 6$, Zn^{2+} in ZnO dagegen KZ $= 4$.

Sind in einem System Ionen von Haupt- und Nebenreihenelementen sowie verschiedene Anionen gleichzeitig vorhanden, so ist der Energiegewinn am größten, wenn Hauptreihenelemente sich mit wenig polarisierbaren Anionen umgeben (NaF, CaF_2), Nebenreihenelemente dagegen mit leicht polarisierbaren (ZnS, FeS, Cd(S, Se) usw.).

Zu 4: Gerade die Polarisationserscheinungen beeinflußen maßgeblich die Bindungsart. Man spricht auch heute noch der Einfachheit halber von Si^{4+}- und O^{2-}-Ionen im SiO_2, was aber streng genommen nicht richtig ist. Insbesondere die Hauptglasbildner — aber auch ein Teil der anderen Oxide — haben gemischte Bindungen (s. Anfang Kap. 2). So ist die Si—O-Bindung in SiO_2 nur zu rd. 50% ionogen (heteropolar) und zu 50% kovalent (homöopolar oder Atombindung), bei B—O in B_2O_3 sind es rd. 45% Ionenbindung und bei P—O in P_2O_5 nur rd. 30% [516]. Doch seien zunächst diese Unterschiede in der Bindungsart übergangen und die Möglichkeiten der Strukturdeutung auf Ionenbasis ausgeschöpft.

Um das Verhalten von Oxiden und Oxidsystemen diskutieren zu können, bedient sich Dietzel [121, 126] einer einfachen Rechengröße. Er geht dabei von den Coulombschen Anziehungskräften zwischen Kation und Anion $= (ez_K)\,(ez_A)/a^2$ aus, wobei e die Elementarladung, z_K die Wertigkeit des Kations, z_A die des Anions und a der Ionenabstand, d. h. die Summe der Ionenradien von Kation und Anion in 10^{-10}m sind. Verschiedene Koordinationszahlen (z. B. bei Al^{3+}) werden dabei durch die Änderung von a berücksichtigt. Da in oxidischen Systemen z_A immer den Wert 2 besitzt, kann man für Vergleichzwecke den Faktor ez_A weglassen. ez_K/a^2 hat die Dimension einer (magnetischen) Feldstärke. Zur weiteren Vereinfachung kann man auch noch das zweite e entbehren. Die z/a^2-Werte als relatives Maß der Kationenfeldstärken sind für die wichtigsten Kationen in Tab. 2.4 eingetragen, wobei das starke Polarisationsvermögen der Nebenreihenelemente durch einen Aufschlag von 20% berücksichtigt wurde.

Mit dieser Rechengröße ergeben sich folgende Regeln:

a) Zwei Oxide geben nur dann eine Verbindung, wenn der Unterschied der (relativen) Feldstärken ihrer Kationen $\Delta z/a^2$ größer als etwa 0,3 ist. Liegt er in der Nähe dieser Grenze, so entsteht eine inkongruent schmelzende Verbindung. Beispiel: SiO_2-TiO_2: keine Verbindung; SiO_2-ZrO_2: inkongruent schmelzende Verbindung; SiO_2-ZnO: kongruent schmelzende Verbindung.

Zwei Kationen mit ähnlicher Feldstärke ($\Delta z/a^2 < 0,3$) haben etwa das gleiche Bestreben, eine ihnen entsprechende, wohlgeordnete Koordination aufzubauen. Es kommt also zu einer Konkurrenz der Kationen um die Sauerstoffionen, wenn ihre Ordnungsprinzipien (KZ) verschieden sind, was im allgemeinen der Fall ist. So entsteht kein homogenes System, sondern es bilden sich Entmischungen und Ausscheidungen. Dies gilt im Prinzip auch für Mehrstoffsysteme und ist deshalb für die Trübung von Emails durch SnO_2, TiO_2, ZrO_2 usw. wichtig. Ist die KZ gleich, entstehen Mischkristalle z. B. $CaO-MgO$, und selbst bei etwas verschiedener Wertigkeit gibt es keine „Konkurrenz", z. B. bei $[SiO_4]$ und $[AlO_4]$, wenn für einen Ladungsausgleich gesorgt ist, etwa durch Na^+.

b) Die Zahl möglicher Verbindungen steigt mit dem Unterschied der Kationenfeldstärken (System TiO_2-SiO_2 keine Verb., ZrO_2-SiO_2 1 Verb., $MgO-SiO_2$ 2 Verb., Li_2O-SiO_2 3 Verb., K_2O-SiO_2 4 Verb.).

c) In Silicatsystemen mit drei und mehr Oxiden gibt es einen zweiten Schwellenwert für die Feldstärken der Fremdkationen. Erst wenn $\Delta z/a^2 > 0,06$, sind ternäre Verbindungen möglich.

d) Bei langsamer Abkühlung von silicatischen Schmelzen scheidet sich das stärkste der anwesenden Fremdkationen als Oxid oder als Silicat aus: Ist seine Feldstärke $< 1,57$ (Si^{4+}), aber $> 1,0$, in der Regel als freies Oxid (TiO_2, SnO_2) liegt sie zwischen 1,0 und 0,8, so kann es sich als freies Oxid oder als Verbindung ausscheiden, je nach Zusammensetzung der Schmelze (ZrO_2, $ZrO_2 \cdot SiO_2$, $CaO \cdot ZrO_2$). Die schwächeren Kationen scheiden sich nur als kristallisierte Silicate aus ($2ZnO \cdot SiO_2$, $CaO \cdot SiO_2$ usw.). Die Oxide der starken Kationen eignen sich als Trübungsmittel, s. Abschn. 2.2.5.9; schon die mittelstarken kommen dafür nicht mehr in Betracht, man würde zu hohe Konzentrationen benötigen, und die Ausscheidungen würden zu grobkristallin.

Kationen mit einer Feldstärke über derjenigen von Si^{4+} (starke Säurebildner) scheiden sich als Verbindungen mit Basen aus ($Na_2O \cdot SO_3$, $2CaO \cdot P_2O_5$).

e) Sind in einem Mehrstoffsystem so viel Oxide schwacher Kationen (z. B. Alkalien) vorhanden, daß deren Sauerstoffionen für eine gute Koordinationsmöglichkeit zweier starker Kationen ausreichen, so entfällt die „Konkurrenz" um die vorhandenen O^{2-}, es kommt zu keiner Entmischung bzw. Trübung sondern zu einer Verbindungsbildung wie beispielsweise $Na_2O \cdot TiO_2 \cdot SiO_2$.

f) Silicatschmelzen neigen dann wenig zu einer sichtbaren Entmischung und kristallisieren langsam, wenn Kationen mit abgestuften Feldstärken in vergleichbarer Konzentration vorhanden sind, z. B. neben SiO_2 MgO—CaO—Na_2O oder K_2O. Für Emailtrübungen benötigt man neben SiO_2 ein Oxid mit ähnlich großer Feldstärke (TiO_2), dazu Oxide mit Kationen möglichst hoher Feldstärke (ZnO, B_2O_3), dagegen möglichst wenig schwache Kationen (Alkalien).

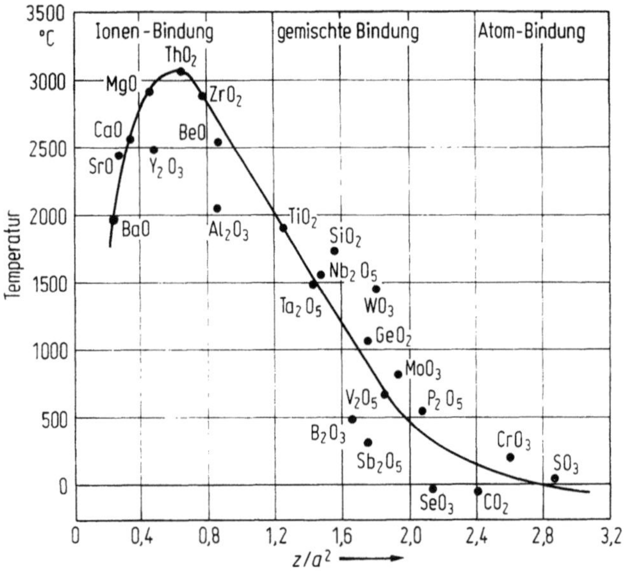

Bild 2.27. Schmelzpunke der Oxide in Abhängigkeit von der Kationenfeldstärke z/a^2

Es gibt noch eine Reihe weiterer Zusammenhänge, etwa mit der Größe der Ausscheidungsfelder im Zustandsdiagramm, die hier übergangen werden sollen.

Aufschlußreich ist jedoch noch der Zusammenhang zwischen den Schmelzpunkten einfacher Oxide und dem z/a^2-Wert ihrer Kationen (Bild 2.27). Der Schmelzpunkt steigt von den Alkalien zu den Erdalkalien, was durch den zunehmenden Zusammenhalt der Koordinationen erklärlich ist. Doch dann erreicht die Kurve ein Maximum, und die Schmelzpunkte fallen ziemlich steil ab. Hier kommt zum Ausdruck, daß für den Schmelzvorgang nicht nur die Bindungsfestigkeit innerhalb der Baugruppen [RO_m] maßgeblich ist, sondern auch diejenige zwischen den Baugruppen, ausgedrückt durch die KZ des O^{2-}, [OR_n]. Anhand der 4er-Gruppe des Periodischen Systems läßt sich das gut verfolgen. Das sehr kleine „C^{4+}-Ion" polarisiert den Sauerstoff so stark, d. h. zieht seine Elktronenwolke so sehr an sich, daß gemeinsame Elektronenpaare die beiden Kerne umkreisen, und zwei O genügen, das Feld des C nach außen abzuschirmen. Ergebnis: 85% Atombindung, KZ für $O^{2-} = 1$, d. h. das CO_2 betätigt nach außen hin keine Bindungskräfte, es ist ein Gas. (Es wurde eingangs schon darauf hingewiesen, daß mit steigender

Kationenfeldstärke der Anteil an Atombindung in der gemischten Bindung zunimmt). Die Verhältnisse beim SiO_2 sind oben besprochen: Der Zusammenhalt der $[SiO_4]$-Gruppen erfolgt über die Tetraederecken; KZ für $O^{2-} = 2$. Schmelzpunkt von $SiO_2 = 1710\,°C$. In TiO_2 liegen $[TiO_6]$-Koordinationen in Oktaederform vor, die durch Kanten vernetzt sind; KZ von $O^{2-} = 3$. Schmelzpunkt $1850\,°C$. ThO_2 bildet $[ThO_8]$-Gruppen mit KZ von $O^{2-} = 4$. Schmelzpunkt $3050\,°C$. Bei gleicher Wertigkeit des Kations nimmt also der Zusammenhalt des Kristallgitters trotz Zunahme des Kationenradius, d. h. Schwächung der R—O-Bindung, zu, wenn die Verknüpfung der Baugruppen untereinander verstärkt wird. Diese Betrachtungen werden später auch für die Erklärung des Zähigkeitsverhaltens in Schmelzen wichtig sein.

Die Feldstärkentheorie gilt nicht nur für einfache Oxide, sondern auch für Salze, wie Chloride usw., von denen hier besonders die Oxosalze interessieren. So dissoziiert im Dolomit das $MgCO_3$ vor dem $CaCO_3$ wegen der größeren Feldstärke des Mg^{2+}, das die $[CO_3]$-Gruppe so stark aufweitet, daß sie zu CO_2 und O^{2-} dissoziiert. Carbonate von Ionen mit hoher Feldstärke (P^{5+}, Si^{4+}, Ti^{4+} u. dgl.) sind nicht stabil, andererseits sind solche von Ionen niedriger Feldstärke (Alkalien) durch Erhitzen nicht zu zersetzen. Hier ist die $[CO_3]$-Gruppe stabil. Das gleiche gilt für Nitrate; sie zersetzen sich beim Einschmelzen von Glasgemenge in der Reihenfolge $Ba(NO_3)_2—NaNO_3—KNO_3$.

Doch auch kompliziertere Systeme lassen sich so leicht verstehen. Daß z. T. Tone beim Erhitzen Wasser abspalten, liegt nicht daran, daß das „Kristallwasser" eben flüchtig ist. Es ist ja, genau wie im NaOH als OH^--Gruppe eingebaut. Betrachtet man aber die vorhandenen, um die Sauerstoffe konkurrierenden Kationen Si^{4+}, Al^{3+} (in 6er Koordination!) und H^+ und deren Feldstärken, so ist leicht einzusehen, daß das hinsichtlich seiner Feldstärke dem Si^{4+} am nächsten stehende Ion, nämlich H^+, beim Erhitzen als erstes aus dem Verband ausscheiden muß. Auch für die OH^--Gruppe gilt das für Carbonate Gesagte: $Si(OH)_4$ zerfällt sehr rasch in ein Gel von $SiO_2 + H_2O$, die Hydroxide werden um so stabiler, je niedriger die Feldstärke des Kations ist. Aus NaOH läßt sich das Wasser durch Erhitzen nicht austreiben.

2.2.4.2 Von der Kristall- zur Glas- und Emailstruktur

Wie oben besprochen, stellte Zachariasen [736] die These auf, daß einfache Gläser aus den gleichen Baugruppen (Koordinationen) aufgebaut sind wie vergleichbare kristallisierte Verbindungen, daß aber deren räumliche Anordnung und Verknüpfung zu einem Netzwerk nicht periodisch, wie im Kristall, sondern unregelmäßig ist. Damit haben Gläser zwar eine ähnliche Nahordnung (innerhalb der Baugruppen) wie Kristalle, aber keine Fernordnung, siehe am Beispiel SiO_2 Bild 2.28a und b.

Zachariasen stellte einfache Regeln auf für die Fähigkeit eines Oxids A_mO_n, Glas zu bilden: Die KZ muß klein sein, „wahrscheinlich kleiner als 6", ein Sauerstoffatom ist an nicht mehr als zwei A gebunden, die Koordinationen haben nur gemeinsame Ecken, nicht gemeinsame Kanten oder Flächen, und mindestens drei Ecken in jeder Koordination sind mit anderen gemeinsam. Alle bekannten glasbildenden Oxide gehorchen diesen Regeln.

Für ternäre Gläser der Zusammenstzung A_mB_nO fordert Zachariasen, daß ein hoher Prozentsatz von B-Ionen in Tetraeder- oder Dreieckkonfiguration vorliegen, soll, d. h. n soll um 0,4 betragen. A soll gegenüber B groß sein und geringe Wertigkeit besitzen, also etwa K^+, Na^+, Ca^{2+}, Ba^{2+}, Pb^{2+} usw. So bilden die $[BO_x]$-Gruppen das Netzwerk, die A sind in den Zwischenräumen untergebracht. Warren u. M. [695—697] sowie Bair [22] und danach andere Autoren bestätigten diese Vorstellungen von Zachariasen durch eine Reihe von Röntgenstruktur-Untersuchungen an Gläsern.

Diese Zachariasen-Warrensche Netzwerkstheorie galt viele Jahre unangefochten, doch in den letzten Jahrzehnten mehrten sich kritische Stimmen, frei-

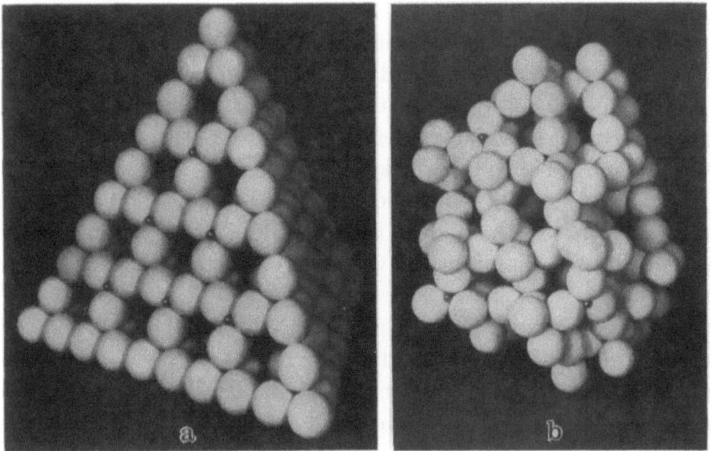

Bild 2.28. SiO_2-Strukturen: $[SiO_4]$-Tetraeder **a** geordnet im Cristobalit-Kristall, **b** ungeordnet im Kieselglas. Stahlkugeln = Si, Ping-Pong-Bälle = O

lich nicht alle zu Recht, wenn nämlich die Interpreten die Netzwerktheorie weiter auslegten als die Autoren selbst. So wurde geltend gemacht, daß sich beispielsweise Gläser mit einem Massengehalt von 90% (Stoffmengengehalt von 70%) PbO, Rest SiO_2 herstellen lassen, wobei man nicht mehr von einem $[SiO_4]$-Netzwerk sprechen kann. Zur Erklärung kann man annehmen, daß sich ein Teil des Pb^{2+} ebenfalls in der 4er-Koordination am Netzwerk beteiligt. Dies ist nicht von der Hand zu weisen, da die Pb—O-Abstände schon in reinem PbO sehr unterschiedlich sind, und Pb^{2+} in Kristallen in 2er, 3er, 4er, 6er und sogar 12er Koordination vorkommen kann (s. Krebs [380], ferner Abschn. 2.2.4.3). Auch den Einwand, daß es Telluridgläser mit $[TeO_6]$-Gruppen gibt, entkräftet Krebs; außerdem sei auf die vorsichtige Formulierung von Zachariasen (s. oben) hingewiesen, daß die KZ des Netzwerkbildners „wahrscheinlich" kleiner als 6 sein soll.

Bleiben wir also zunächst noch auf dem Boden dieser Netzwerktheorie, mit deren Hilfe sich eine Reihe von Glaseigenschaften zwanglos erklären läßt.

2.2.4.3 Struktur von Kieselglas und Silicatgläsern

Zunächst seien Schmelzvorgang und Zustand einer Schmelze betrachtet. Wie Zarczycki [739] durch Strukturuntersuchungen feststellte, ist selbst ein einfaches Alkalihalogenid oberhalb seines Schmelzpunkts nicht restlos in seine Ionen zerfallen; er fand immer noch praktisch die gleichen Kation-Anion-Abstände, obwohl mit dem Schmelzen eine plötzliche Volumenzunahme verbunden ist. Die Koordinationen sind aber unvollständig geworden, z. B. etwa 4 statt 6 wie im Kristall. Dadurch entsteht eine Struktur aus lose zusammenhängenden Gruppierungen und im Mittel etwa 20% Hohlräumen (Bild 2.29). Da es sehr viel schwieriger ist, die starke Si—O—Si-Bindung zu trennen und eine unvollständige Koordination beizubehalten, wird eine Trennung von Si^{4+} und O^{2-} auch bei Schmelztemperaturen nur da und dort und nur für kurze Zeit stattfinden. Da die Si—O—Si-Eckenverknüpfung der $[SiO_4]$-Tetraeder eine Drehbewegung ermöglicht, nimmt die Unordnung der noch zusammenhängenden strukturellen Gruppen zu.

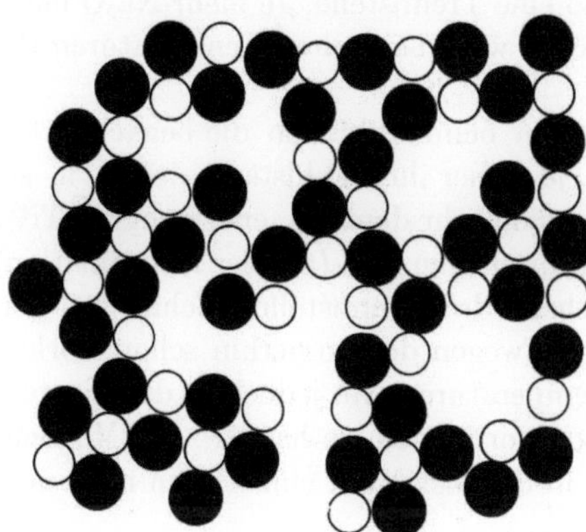

Bild 2.29. Schematische Darstellung der Ionenanordnung in einem geschmolzenen Alkalihalogenid. Nach [739]

Es sei außerdem daran erinnert, daß die Si—O-Bindung gemischt ist; auch aus diesem Grund brechen beim Schmelzpunkt nicht alle Bindungen gleichzeitig auf. Durch die Wärmeschwingungen überwiegt bei SiO_2 in stetem Wechsel bald da, bald dort die eine oder andere Bindungsart (mehr Ionenbindung würde die Gruppierung festigen, mehr Atombindung mit der Tendez zur Molekülbildung den Zusammenhang lockern). Das bedeutet insgesamt, daß auch in der Schmelze große Bezirke von ungeordneten, aber noch fest zusammenhängenden $[SiO_4]$-Gruppen bestehen; die Schmelze ist zäh.

Um zu Gläsern und Emails zu kommen, die bei niederen Temperaturen schmelzbar sind, ist es notwendig, in die Kieselglasstruktur Stoffe einzubauen, die die starke Si—O—Si-Bindung teilweise durch eine schwächere ersetzen und damit das Gefüge lockern. Dies geschieht in bekannter Weise durch die sog. Flußmittel wie Alkalien, Erdalkalien usw.

Endell u. M. [174] haben die Wirkung von Ionenradius und Wertigkeit der Kationen auf die Zähigkeit gedeutet. Na_2O kann in die SiO_2-Struktur nach folgendem Schema eingebaut werden:

Ein Na_2O erzeugt also eine Trennstelle; Stoffe dieser Art nennt man *Netzwerk-wandler*. Aus dem sog. Brückensauerstoff (Si—O—Si) wird ein Nichtbrücken-sauerstoff (Si—O—Na).
CaO wird entsprechend dem Schema

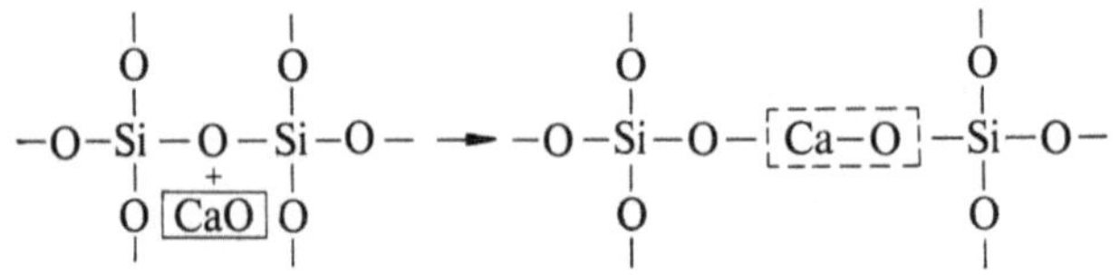

$$
\begin{array}{ccccccc}
| & | & & | & & | \\
O & O & & O & & O \\
| & | & & | & & | \\
-O-Si-O-Si-O- & \longrightarrow & -O-Si-O-[\overline{Ca-O}]-Si-O- \\
| \quad + \quad | & & | & & | \\
O \,[CaO]\, O & & O & & O \\
| & | & & | & & |
\end{array}
$$

eingefügt. Jedes zugefügte O^{2-} erzeugt also eine Trennstelle. Je mehr Na_2O usw., um so mehr Trennstellen, um so beweglicher wird bei hohen Temperaturen die Struktur.

Zugleich binden die eingeführten Kationen beim Abkühlen die benachbarten $[SiO_4]$-Gruppen und zwar um so stärker, je höher ihre Feldstärke ist, d. h. sie machen das Glas „kurz". Dies ist bei Ca^{2+} schon sehr deutlich, erst recht bei Ti^{4+}.

Geht man vom zweiwertigen Ca^{2+} zum dreiwertigen Al^{3+} (mit 6er Koordination) über, so bilden sich durch $1\,Al_2O_3$ entsprechend drei Trennstellen. Schmelzen von $SiO_2 + Al_2O_3$ sind in der Tat „wasserdünn", wegen der immerhin schon starken Al—O-Bindung aber erfordern sie hohe Temperaturen. Ist jedoch in dem System noch ein Oxid mit einem schwachen Kation vorhanden, so hat Al^{3+} die Möglich-keit, eine 4er Koordination zu bilden und in das Netzwerk einzutreten nach dem Schema

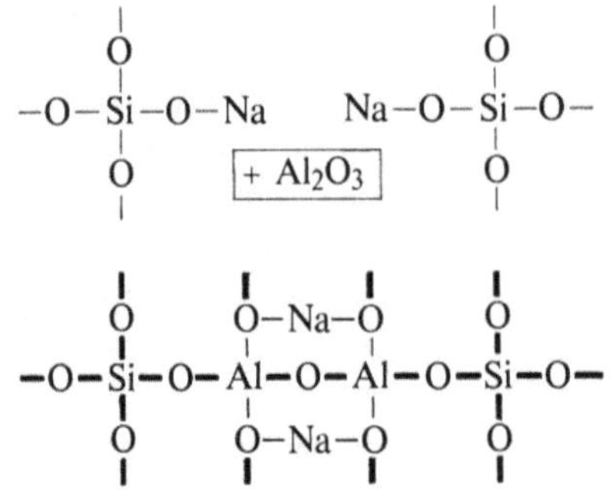

$$
\begin{array}{ccccc}
| & & & | \\
O & & & O \\
| & & & | \\
-O-Si-O-Na & & Na-O-Si-O- \\
| & & & | \\
O & [+ Al_2O_3] & & O \\
| & & & |
\end{array}
$$

$$
\begin{array}{ccccccc}
| & & | & | & & | \\
O & & O-Na-O & & O \\
| & & | & | & & | \\
-O-Si-O-Al-O-Al-O-Si-O- \\
| & & | & | & & | \\
O & & O-Na-O & & O \\
| & & | & | & & |
\end{array}
$$

Die dicken Striche entsprechen formal einer Valenz, die dünnen $^1/_2$ Valenz. In Wirklichkeit wird ein Ausgleich derart stattfinden, daß jede Al—O-Bindung $^3/_4$ Valenzen entspricht, und die Na^+ sich mit den umgebenden O koordinieren. Durch Al_2O_3 wird also eine vorhandene Trennstelle geschlossen und damit die Zähigkeit in einem Alkali-Silicatglas erhöht. Ähnlich kann sich auch MgO ver-halten.

Bei Fe_2O_3 mit dem gegenüber Al^{3+} größeren Fe^{3+} (s. Tab. 2.4) besteht ein Gleich-gewicht zwischen $[FeO_4]$- und $[FeO_6]$-Anordnungen, das sich mit steigendem Fe_2O_3-Gehalt zu Gunsten der $[FeO_6]$-Gruppen verschiebt. Der Alkaligehalt hat hier kaum Einfluß [66].

Die Fremdkationen (Na^+, Ca^{2+} usw.) sind nach Warren in den Hohlräumen des

Netzwerks statistisch im (aufgespalteten) Netzwerk verteilt; damit ist nicht gesagt, daß sie „gleichmäßig" verteilt sind. Die Statistik erlaubt auch örtliche Anhäufungen (Schwarmbildung, Bild 2.30), wie sie Dietzel [126] erwartet und Oberlies [492] u. a. dann elektronenmikroskopisch bzw. durch Lichtstreuung, Bedampfen mit HF u. dgl. sichtbar gemacht haben. Auch an einem dynamischen Modell zeigten sich diese Erscheinungen [140]. Danach mehrten sich Arbeiten, die diese Schwarmbildung bestätigten (Mikroheterogenität). Die Schwarmbildung verstärkt sich mit sinkender Temperatur und kann als Übergangszustand zur Phasen-

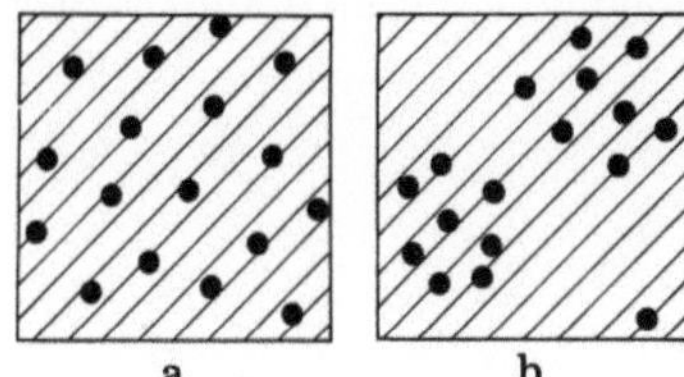

Bild 2.30. Schwache Ionen im Silicatgerüst: keine gleichmäßige Verteilung wie in **a**, sondern Schwarmbildung nach **b**. Nach [126]

trennung und zur Keimbildung angesehen werden (Vogel u. M. [680, 681]). Diese Phasentrennung ist bei Anwesenheit zweier starker Kationen besonders auffällig, z. B. im System $Na_2O-B_2O_3-SiO_2$ oder $Na_2O-TiO_2-SiO_2$ (Abschn. 2.2.3.2).

Bei Emails mit SiO_2-Gehalten von etwa 50% und darunter ist der Vernetzungsgrad des SiO_2 nach obigem nur noch gering; hier halten die Fremdkationen die kleinen Aggregate (kurze Ketten) von $[SiO_4]$-Tetraedern zusammen. Damit solche Schmelzen aber nicht rasch kristallisieren, ist es notwendig, viele hinsichtlich Größe und Ladung verschiedenartige Kationen einzuführen, etwa $Na^+ + K^+ + Ca^{2+} + Ba^{2+}$ u. dgl., so daß also bei keinem dieser Silicate (oder Borate, Phosphate) die Konzentration einer bestimmten Verbindung zu einer raschen Ausscheidung ausreicht. Solche Gläser haben Trap u. M. [667] eingehend studiert und ihnen den Namen „Invertgläser" gegeben. Der Übergang von den „normalen" Gläsern zu diesen Invertgläsern erfolgt bei Zusammensetzungen, bei denen im Mittel zwei Trennstellen-Stauerstoffionen vorliegen, während die beiden anderen mehr oder weniger kurze $-O-Si-O-Si-O-$Ketten bilden.

Aus obigem ersieht man, daß zwar die Apparateemails mit etwa 60% SiO_2 noch zu den „normalen" Gläsern mit $[SiO_4]$-Netzwerk gehören, die üblichen, leichtschmelzenden Emails für Flachware, Küchengeschirr usw. aber zu der Gruppe der Invertgläser. Sie wurden empirisch so zusammengesetzt, wie es die Theorie der Invertgläser nun fordert.

Strukturelle Änderungen bei der Abkühlung. Transformationstemperatur

Bei Abkühlung einer Glasschmelze verringern sich die Ionenabstände, vor allem aber wird die Zahl der durch die Wärmeschwingungen aufgerissenen Koordinationen, auch der $[SiO_4]$-Tetraeder, immer kleiner, die bei sehr hohen Temperaturen vorhandenen Netzwerkbruchstücke werden größer, die Struktur „vernetzt sich" mehr und mehr. Damit steigen Zähigkeit und Dichte stark an. Dieser

Vorgang kann nicht bis zur vollständigen Vernetzung gehen, weil die Aggregate
schon vorher so groß und unbeweglich geworden sind, daß eine weitere Vernetzung
nur langsam vor sich geht und schließlich unendlich lange Zeit erfordern würde.
Die Schmelze erstarrt zum Festkörper Glas. Bei Raumtemperatur sind also immer
noch Unterbrechungen in der Struktur vorhanden.

Es kommt entscheidend auf die *Geschwindigkeit* an, mit der die Schmelze abgekühlt wird: Bei langsamer Abkühlung erreicht die Struktur einen höheren Vernetzungsgrad, der „eingefroren" wird, als bei rascher Abkühlung. Ein langsam abgekühltes Glas hat eine höhere Dichte — z. B. auch höhere chemische Widerstandsfähigkeit — als ein abgeschrecktes Glas. Diese Vorgänge kann man anhand der

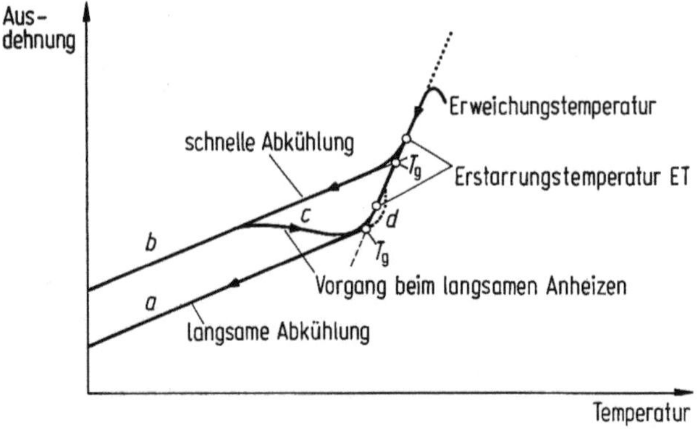

Bild 2.31. Temperaturabhängigkeit des Volumens oder der Längenausdehnung

Änderung des Volumens mit der Temperatur verfolgen (Bild 2.31). Der Knick
bei T_g zeigt den Einfrierbereich an. Die „Transorfomationstemperatur" T_g ist der
Schnittpunkt der geradlinig verlängerten Äste der Volumen- (oder Ausdehnungs-)
Kurve.

Das steile Kurvenstück in Bild 2.32 entspricht unterhalb der Liquidustemperatur T_L einem thermodynamischen Ungleichgewicht, aber einem strukturellen
Gleichgewicht. Dieses wird bei Schmelztemperaturen in etwa 10^{-10} s erreicht; die
Zeiten nehmen mit Annäherung an T_g zu, erreichen etwa 50 K oberhalb T_g Werte
von einigen Sekunden bis Minuten und um T_g von Minuten bis Stunden.

Wenn beim Abkühlen die Zeit zum Erreichen dieses strukturellen Gleichgewichts-
zustands nicht mehr ausreicht, biegt die Volumenkurve vom nahezu geraden Verlauf ab und wird flacher; von nun an entfällt die Kontraktion durch die Vernetzung
vollständig.

Für das Emaillieren ist der Beginn des Einfrierbereichs von großer Bedeutung,
die Temperatur also, von der an beim Abkühlen die Ausdehnungskurve von der
Geraden *abzuweichen beginnt*; denn wenn die Struktur sich trotz der zwischenatomaren Kräfte schon nicht mehr weiter ordnen kann, so wird sie auch äußeren
Einflüssen, etwa der Kontraktion des Stahlblechs, nicht mehr nachkommen
können, es entstehen Spannungen. Diese Erstarrungstemperatur ET liegt nach
Merker (s. Dietzel [130]) etwa 10 K über T_g.

Der Einfluß der Abkühlgeschwindigkeit auf ET ist beachtlich, s. Kurven *a* und *b* in Bild 2.31. Merker (s. Dietzel [130]) hat gefunden, daß ET bei üblicher Abkühlung eines Meßstäbchens im Dilatometer 7 K höher ist als bei Abkühlung im Muffelofen (etwa 1 K/min) und 45 K höher bei Abkühlung an freier Luft (etwa 100 K/min).

Die Vorgänge um den Einfrierbereich sind verwickelt. Bei einem Na—Ca-Silicatglas beispielsweise friert zuerst das SiO_2-Netzwerk ein, während die Ca^{2+}- und erst recht die Na^+-Ionen noch beweglich sind, diese frieren erst bei tieferen Temperaturen ein. Bei der Analyse der Zähigkeitskurven sieht man daher, daß der Einfriervorgang mehrstufig ist. In diesem Gebiet vollzieht sich der Übergang vom reinen Fließen zum rein elastischen Verhalten. Man spricht deshalb von Visko- oder Anelastizität [209].

Was man bei weiterem Abkühlen bis Raumtemperatur z. B. bei der üblichen Ausdehnungsmessung beobachtet, ist fast ausschließlich nur noch die momentan verlaufende und reversible Abstandsänderung der Ionen. Daneben gibt es eine sehr langsam verlaufende, ebenfalls reversible Ausdehnungsänderung: Ein Strukturbild bei Raumtemperatur ist nämlich nicht einfach eine Verkleinerung des Bildes bei der Einfriertemperatur, weil die Abstandsänderungen etwa zwischen dem schwachen Na^+ und O^{2-} größer sind als bei $Ca^{2+}—O^{2-}$, während man den Si—O-Abstand fast konstant setzen kann. Dadurch entstehen strukturelle Spannungen [632], die kleine Umlagerungen bedingen. Diese Vorgänge sind bei Anwesenheit zweier Alkalien besonders deutlich und wurden von Dekker [104] zur Erklärung des Verschwindens feiner Risse im Email herangezogen.

Die bisherigen Betrachtungen gelten für eine chemisch homogene Struktur. Es bilden sich aber, wie schon erwähnt, Bezirke aus, die an Netzwerkbildnern bzw. -wandlern angereichert sind (Schwarmbildung). Auch zwischen diesen Bezirken kommt es zu Spannungen. Über deren Auswirkung auf die Festigkeit s. Abschn. 2.2.5.5.

Mechanisch erzeugte oder Kühl-Spannungen werden bei Raumtemperatur noch langsamer abgebaut als strukturell bedingte (Abschätzung bei [543]).

Vorgänge beim Erhitzen

Wurde ein Glas langsam abgekühlt und wird es langsam aufgeheizt, so ist die Ausdehnungskurve praktisch reversibel (Kurve *a* in Bild 2.31). Dabei nimmt infolge zunehmender Wärmeschwingungen die elastische Beanspruchung der Bindungskräfte zu, bis ihre Elastizitätsgrenze erreicht ist. Dies drückt sich zunächst in einer stetigen Zunahme des Ausdehnungskoeffizienten aus. Bei T_g brechen zuerst die Bindungen der schwachen Kationen auf, bei weiterem Erhitzen die der mittelstarken und schließlich die der starken, also in umgekehrter Reihenfolge wie beim Einfriervorgang. Wenn die schwachen Kationen beweglich werden, wandern sie auf Zwischengitterplätzen und hinterlassen dabei Leerstellen. Mit weiter steigender Temperatur nimmt die Leerstellenkonzentration zu, und damit der AK zusätzlich; auch andere Eigenschaften, wie Diffusionsgeschwindigkeit, elektrische Leitfähigkeit usw. nehmen stärker zu.

Coenen [89] leitete folgende Beziehung zwischen dem kubischen AK, T_g (in K) und der Poissonschen Konstanten μ (Querkontraktion/Längendehnung) als Maß der elastischen Eigenschaften ab:

$$3\alpha T_g = \frac{2}{30} \cdot \frac{2}{3} \cdot \frac{\mu}{(1-2\mu)} \tag{2.14}$$

und fand sie für eine große Zahl von Gläsern und glasig erstarrenden Kunststoffen bestätigt (Bild 2.32).

Der „Sprung" des AK bei T_g ist mit der Leerstellenkonzentration x_L verknüpft durch:

$$\Delta 3\alpha T_g = -\frac{x_L \ln x_L}{1 + x_L}. \tag{2.15}$$

Nach verschiedenen Autoren soll diese dimensionslose Größe $\Delta 3\alpha T_g$ eine Konstante mit dem Wert von etwa 0,116 sein, und entsprechend x_L bei $T_g = 3,6\%$ betragen (Näheres s. bei Coenen). Man beachte diesen niedrigen Wert im Vergleich zu dem von geschmolzenen Salzen (20%, s. oben).

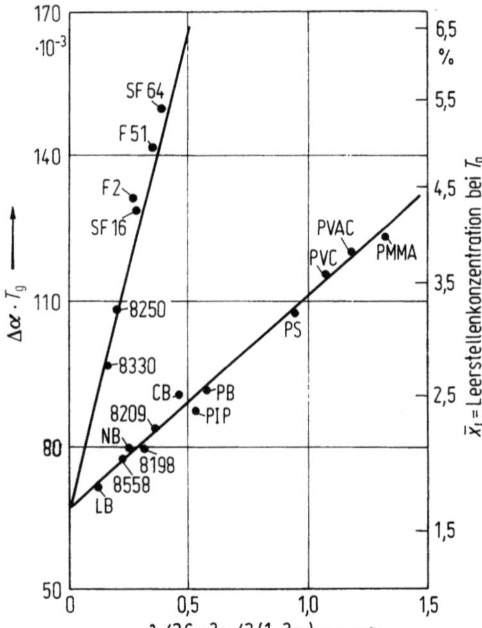

Bild 2.32. Produkt $\Delta\alpha \cdot T_g$ und die Leerstellenkonzentration bei T_g als Funktion der elastischen Konstanten $\lambda/3G$. Nach [89]. α ist hier als kubischer AK zu verstehen.

Die weiteren Überlegungen von Coenen führten zur Berechnung der Vergrößerung des elastischen Potentials bei T_g; dabei hat in der abgeleiteten Gleichung eine Konstante für Netzwerkstrukturen einen bestimmten, einheitlichen Wert, nämlich 3, für Kettenstrukturen dagegen einen anderen, nämlich 2/3; dies gilt streng für alle untersuchten anorganischen Gläser wie auch für organische Polymere. Bemerkenswert ist, daß die Konstante für PbO-reiche Gläser den Wert 3 besitzt. Dies ist geradezu ein Beleg für die oben (Abschn. 2.2.4.2) besprochene Rolle des Pb^{2+} als Netzwerkbildner.

Über Beziehungen zwischen Viskosität und elastischen Eigenschaften s. [392].

Die bis jetzt betrachteten Vorgänge gelten für langsames Erwärmen. Wird ein Glas aber schnell aufgeheizt, so wird die Struktur überhitzt, d. h. T_g „überfahren" (Kurven $a—d$ in Bild 2.31). Schon eine Aufheizgeschwindigkeit von 2,5 K/min genügt, damit der bei ET größere AK des Emails gegenüber dem Stahl noch etwas Druckspannung erzeugt, d. h. das Email ist unmittelbar über ET noch nicht ideal viskos, sondern zeigt noch elastisches Verhalten [101]. Beim Abkühlen entstehen naturgemäß sofort Zugspannungen.

Wurde ein Glas schnell abgekühlt (und dies ist bei Emails z. T. der Fall) und wird dann langsam aufgeheizt — etwa bei der Ausdehnungsmessung —, so versucht es, noch unterhalb T_g das nachzuholen, was es beim raschen Abkühlen versäumt hat: Es schrumpft, um seine Struktur dem strukturellen Gleichgewichtszustand möglichst zu nähern (Kurve $b—c$ in Bild 2.31). Dies ist emailtechnisch besonders wichtig. Die Entstehung von Rissen an majolikaemaillierten Öfen beim Anwärmen [153], oder am Boden von — wie früher üblich — dick emaillierten Kochtöpfen nach langem Gebrauch, ist auf diese Weise zu erklären.

2.2.4.4 Struktur von P_2O_5- und B_2O_3-Gläsern

Auch P_2O_5 bildet [PO_4]-Gruppen. Um die verflüssigende Wirkung (trotz der 4er Koordination) verständlich zu machen, kann man die Verhältnisse schematisch so darstellen:

$$-O-\overset{\overset{\displaystyle O}{\|}}{\underset{\underset{\displaystyle |}{|}}{P}}-O-$$

Eine [PO_4]-Gruppe ist wegen der 5-Wertigkeit von P^{5+} maximal nur nach drei Richtungen vernetzt und ähnelt darin der Anordnung

$$-O-\overset{\overset{\displaystyle O-Na}{|}}{\underset{\underset{\displaystyle |}{|}}{Si}}-O-$$

Diese Deutung erklärt aber nur einen Teil.

Es sei daran erinnert, daß die P—O-Bindung stärker homöopolar ist als die Si—O-Bindung und damit eher zur Molekülbildung neigt: Der innere Zusammenhalt einer solchen Koordination ist zwar sehr groß, aber nach außen hin ist er schwach. Dies drückt sich schon in einem niedrigen Schmelzpunkt und hohen Dampfdruck dieses Oxids aus. Dagegen kann eine solche Koordination beispielsweise durch Ca^{2+} in Ca-Phosphatgläsern sogar bei höheren Temperaturen zusammengehalten werden, während Ca^{2+} in SiO_2-Gläsern verflüssigend wirkt (Trennstellen, s. oben).

Die Struktur von B_2O_3 und Boratgläsern ist komplizierter, weil B^{3+} wegen seines kritischen Ionenradius in zwei Koordinationen vorkommen kann, als [BO_3]- und als [BO_4]-Gruppe, je nach dem umgebenden Feld: Ist dieses stark, so wird die [BO_3]-Gruppe zu einer [BO_4]-Gruppe aufgeweitet. Im reinen B_2O_3 ist dies aber aus Valenzgründen nicht möglich, die $[BO_3]$-Gruppe muß in einem Zwangszustand [126] bestehen bleiben, wenn man nicht annehmen will, daß die KZ des O^{2-} größer als 2 ist, was unwahrscheinlich ist. Die Aufweitung tritt aber ein, wenn man Oxide mit einem schwachen Kation, z. B. Na_2O zugibt. Nach der Reaktion $Na_2O + B_2O_3 = 2NaBO_2$ bildet sich für je ein Na^+ eine $[BO_4]$-Gruppe nach dem Schema

$$
\begin{array}{c}
| \\
O \\
| \\
-O-B-O- \\
| \quad | \\
O-Na \\
|
\end{array}
$$

wobei wieder ein dicker Strich formal einer ganzen Valenz, ein dünner einer halben Valenz entspricht. In Wirklichkeit verteilen sich auch hier die Valenzen bzw. elektrischen Felder gleichmäßig auf alle B—O-Bindungen, und die Na^+ halten sich in den Hohlräumen der Struktur auf, wobei sie sich mit benachbarten O^{2-} koordinieren. Nach Krogh-Moe [388] und später einer Reihe anderer Autoren geht dieser Koordinationswechsel des B^{3+} von 3 nach 4 bis über 30% Na_2O weiter.

Die Verknüpfung einer Baugruppe von 3 nach 4 Richtungen im Raum bringt eine Verfestigung der Struktur und damit eine ungewöhnliche Änderung der Eigenschaften mit sich: Der Wärmeausdehnungskoeffizient sinkt, die Dichte und Mikrohärte steigen u. dgl. Dieser Vorgang der Strukturverfestigung geht aber nicht bis zu hohen Alkaligehalten weiter. Ähnlich wie in den Silicatsystemen beginnen die $[BO_4]$-Gruppen zusammen mit Na_2O usw. Trennstellen nach dem

Schema —B—ONa zu bilden, was eine Lockerung der Struktur ergibt. Die Gegen-

läufigkeit dieser beiden Vorgänge bedingt ein Maximum bzw. Minimum in den Eigenschaften. Diese sog. *Borsäureanomalie* liegt bei etwa 15% Na_2O. Mit weiter steigendem Na_2O-Gehalt wird das mittlere positive Feld um die Bor-Koordinationen schwächer, und damit nimmt die Tendenz zur Bildung von $[BO_4]$-Gruppen ab. Im Na_3BO_3 finden sich schließlich nur noch $[BO_3]$-Gruppen.

Auf weitere Struktureinzelheiten, wie die Bildung von $[B_3O_6]$-Ringen [388], die untereinander über einfache $[BO_3]$-Gruppen verknüpft sind, sei nicht näher eingegangen.

Bei Temperaturen über etwa $800\,^{\circ}C$ herrscht von Anfang an die Trennstellenbildung durch eingeführtes Na_2O u. dgl. vor; daraus erklärt sich die niedere Zähigkeit von Borat-Schmelzen und das Verschwinden der Borsäureanomalie.

Bedeutung des Polarisationszustandes der Ionen

Bisher wurde die Glasstruktur im wesentlichen aus der Sicht der Bindungskräfte zwischen den Ionen betrachtet, was in vielen Fällen einleuchtende Erklärungen erlaubt. Nicht berücksichtigt wurden bis jetzt die zu Beginn von Abschn. 2.2.4.1 unter Punkt 3 angesprochenen Polarisationseigenschaften. Mit ihrer Hilfe lassen sich beispielsweise mechanische Eigenschaften, Poissonsche Konstante, Doppelbrechung, Mischbarkeit von Boraten und Silicaten u. a. erklären, was hier übergangen, weiter unten aber z. T. besprochen wird.

2.2.4.5 Fremdanionen

Ersetzt man das zweiwertige Sauerstoffanion durch das einwertige Fluor, so schwächt man damit die Festigkeit der Struktur. Man könnte nach dieser einfachen Betrachtung erwarten, daß in einem fluorhaltigen Silicatglas-Gemenge beim Erhitzen alles Fluor als SiF_4 flüchtig ist. Dies ist aber nicht der Fall; ein Teil verdampft auch als NaF, doch ein großer Teil bleibt im Glas zurück, und es kann z. B. zu NaF-Ausscheidungen kommen. Weyl u. M. [720] erklären das damit, daß beim Eintritt des ersten F^- in eine $[SiO_4]$-Gruppe die drei übrigen O^{2-} zu einer ausreichenden Abschirmung des Feldes fester an Si^{4+} gebunden werden, und das Eindringen eines zweiten F^- in die $[SiO_3F]$-Gruppe erst recht erschwert wird. Es ist für F^- leichter, in eine $[NaO_6]$-Gruppe einzudringen und schließlich $[NaF_6]$-Koordinationen zu bilden, so daß man soviel F^- einführen kann, daß es zu NaF-Ausscheidungen kommen kann. Ähnliches gilt für Ca^{2+}. Aber schon bei Al^{3+} reicht die Konzentration an $[AlF_6]$ nicht für eine Trübung aus, obwohl das stärkere Al^{3+}-Kation bevorzugt ausgeschieden werden sollte. Bei SiO_2 erfolgt die Bildung von SiF_4 nur durch laufende Verschiebung des Gleichgewichts infolge der Flüchtigkeit des SiF_4 (im Gegensatz zu AlF_3).

S^{2-} ist zwar zweiwertig, jedoch wesentlich größer als O^{2-} (erst recht Se^{2-} und Te^{2-}). Da in die Bindungsfestigkeit die Ionenabstände im Quadrat eingehen, ist auch bei Sulfiden die Bindungsfestigkeit geringer als bei Oxiden; beide wirken verflüssigend. Das oxidische Netzwerk ist in jedem Fall das stabilere, deshalb können Fluoride oder Sulfide nur in beschränkter Menge einer oxidischen Schmelze einverleibt werden. Das gleiche gilt für OH^- und $(SO_4)^{2-}$. Den Einbau von OH^--Gruppen in Gläser hat vor allem Scholze [606] eingehend untersucht. Er fand, daß es in drei Bindungszuständen vorkommen kann, als „freies" OH^- in den Hohlräumen des Netzwerks, oder in zwei verschieden starken Wasserstoffbrückenbindungen zu benachbarten Trennstellen-O^{2-}: $Si-OH\cdots O-Si$.

$$Na$$

Auch Stickstoff kann sich in Gläsern unter reduzierenden Bedingungen beschränkt lösen, und zwar in Abwesenheit von Wasser bzw. OH^- als Nitrid, wobei N an 3 Si gebunden ist, oder in Gegenwart von etwas OH^- als $=NH$ bzw. $-NH_2$ (Mulfinger u. M. [480, 481]).

2.2.5 Struktur und Eigenschaften

Obwohl unsere Kenntnisse über die Glasstruktur noch lückenhaft sind, soll doch an einigen (vereinfachten) Beispielen gezeigt werden, daß die derzeitigen Strukturvorstellungen den Gang der Eigenschaften qualitativ verstehen lassen. Die Reihenfolge entspricht etwa der praktischen Bedeutung dieser Eigenschaften.

2.2.5.1 Zähigkeit

Angesichts der komplizierten Bindungsverhältnisse (Schwarmbildung u. dgl.) in den Gläsern wundert es nicht, daß der Verlauf der Zähigkeit η mit der Temperatur sich nicht wie bei einfachen Flüssigkeiten durch die Beziehung

$$\eta = k \exp (A/RT) \tag{2.16}$$

wiedergeben läßt. (A: Aktivierungsenergie für den Fließvorgang, R: Gaskonstante, k: Konstante.) Am besten bewährt hat sich die empirische Vogel-Fulcher-Tammann-Formel

$$\log \eta = A + B/(T - T_0), \tag{2.17}$$

wobei A, B und T_0 drei Konstante sind, die aus drei Fixpunkten leicht bestimmbar sind [136, 137]. Es sind dies bei η in dPa s: Transformationstemperatur mit $\log \eta = 13{,}0$ (257 °C), Littleton-Punkt mit $\log \eta = 7{,}6$ (362 °C) und Einsinktemperatur mit $\log \eta = 4{,}22$ (520 °C). Die Temperaturen für entwässerte geschmolzene Borsäure sind für Eichzwecke in Klammern angegeben. Daraus kann man den Verlauf der Zähigkeit über den ganzen Temperaturbereich berechnen. Berechnung der Zähigkeit aus der Zusammensetzung s. Tab. 6.2 im Anhang.

Interessant ist, daß bei allen Glassystemen schon kleine Zugaben von Alkali die Zähigkeit der Netzwerkbildner sehr stark erniedrigen (außer bei B_2O_3; s. oben „Borsäureanomalie"). Das bedeutet, daß beim Fließvorgang — ebenso wie beim Ritzen, Zerreißen, Benetzen usw. — nicht nur die einzelne Kation-Anion-Bindung bzw. Trennstelle eine Rolle spielt, sondern es zu einem Zusammenwirken einer größeren Zahl von Ionen kommt [443]. Das System ist bestrebt, die durch den äußeren Eingriff entstandenen unvollkommenen Koordinationen vor allem der starken Kationen durch Umgruppierungen „in die Tiefe" zu ergänzen bzw. ihr positives Feld abzuschirmen. Dabei wird die leichte Polarisierbarkeit von Sauerstoff und schwachen großen Kationen ausgenutzt, wenngleich deren Koordination verzerrt wird, was aber nicht viel Energie kostet. So erklärt sich auch die Tatsache, daß beispielsweise bei gemischten Na—K-Silicatgläsern die Zähigkeit ein Minimum durchläuft: Durch die gleichzeitige Anwesenheit von Na^+ und K^+ ist die Umgebung einer $[SiO_4]$-Gruppe ohnedies schon unsymmetrisch; diese Asymmetrie kann durch entsprechende Umlagerung oder Verzerrung der Baugruppen die von außen erzwungene Asymmetrie (durch Zug- oder Scherkräfte usw.) wenigstens teilweise kompensieren. Je mehr Komponenten man in das System bringt, je asymmetrischer solche in die Tiefe gehenden Bereiche — „Fließeinheiten" — sind, um so leichter erfolgt der Fließvorgang. Dies ist für das vielkomponentige Email bedeutsam. Daß Emails mit großen Ionen der Nebenreihenelemente (Pb^{2+}, Cd^{2+} usw.) leicht schmelzen, beruht eben auch auf der leichten Polarisierbarkeit dieser Ionen.

Um die Wirkung eines bestimmten Oxids auf die Zähigkeit eines Glases zu erklären, ist dreierlei zu bedenken:

a) Mit steigender Ladung oder Feldstärke des Kations polarisiert es zunehmend die an Si^{4+} einseitig gebundenen O^{2-}, erleichtert bei höheren Temperaturen die Netzwerkaufspaltung und erniedrigt die Zähigkeit (Beispiel Ti^{4+}).

b) Mit steigender Größe des Kations steigt bei gleicher Ladung die eigene Polarisierbarkeit, zudem nimmt die Bindungsfestigkeit innerhalb der Koordination ab, was Erniedrigung der Zähigkeit bedeutet, aber

c) die Zahl der nächsten O^{2-}-Nachbarn steigt mit der Kationengröße (und damit die KZ des Sauerstoffs), dies bedeutet größere Stabilität der Struktur und erhöhte Zähigkeit (s. Abschn. 2.2.4.1 Schmelzpunkte).

Beim Ersatz von SiO_2 durch GeO_2 oder TiO_2 überwiegt Einfluß a), bei ZrO_2 oder ThO_2 Einfluß c).

Auch durch Fremdanionen wie F^- oder OH^- wird die Zähigkeit erniedrigt; schon ein Massengehalt von 0,1% H_2O erniedrigt den Littleton-Punkt und die Transformationstemperatur um 60 K [453].

Die Zähigkeit erreicht im Einfrierbereich bei allen Gläsern übereinstimmend einen Wert von rd. 10^{13} dPa s, langsame Abkühlung vorausgesetzt.

Die Zähigkeit eines Glases steigt im Bereich über etwa 10^9 dPa s bei Zug- oder Torsionsbeanspruchung bei konstanter Temperatur mit der Zeit bis zu einem Endwert an, was offensichtlich mit der Ausrichtung von Strukturbezirken zusammenhängt [499, 699].

2.2.5.2 Dichte und Wärmeausdehnung

Kieselglas hat wegen der sperrigen Anordnung der $[SiO_4]$-Tetraeder (Eckenverknüpfung) eine niedrige Dichte (2,2 g/cm^3). Bei Einführung von Fremdoxiden — Alkalien, Erdalkalien usw. — steigt sie merklich an, weil die meisten von ihnen schwerer als SiO_2 sind, vor allem aber, weil die Fremdkationen die Hohlräume des Netzwerks besetzen. Handelt es sich um große Kationen wie z. B. K^+, Ba^{2+}, so weiten sie das Netzwerk zusätzlich auf, weil die Hohlräume für sie zu klein sind. Kleine Kationen verschwinden restlos in den Hohlräumen (Li^+, H^+); zudem ziehen sie das Netzwerk zusammen, was die Dichte zusätzlich erhöht. Struktur und Dichte von Boratgläsern s. [88].

Ein abgeschrecktes Glas hat eine kleinere Dichte (gelockertere Struktur wegen der höheren Einfriertemperatur) als das gleiche, langsam gekühlte.

Die Änderung der Dichte beim Erhitzen geht aus der Wärmeausdehnung hervor. Daß sich Dichte und Ausdehnungskoeffizient nur sehr bedingt additiv mit Hilfe von Faktoren aus der Zusammensetzung berechnen lassen, dürfte zumal nach der Erörterung der Borsäureanomalie und der Invertgläser einleuchten. Doch lassen die Ausdehnungsfaktoren (s. Tab. 6.2 im Anhang) bei gewöhnlichen Gläsern im allg. einen klaren Zusammenhang mit den Feldstärken der betreffenden Kationen erkennen, bei hohen Fremdoxidgehalten aber treten erhebliche Abweichungen auf. In solchen Gläsern kann ein Ersatz von SiO_2 durch CaO den AK sogar erniedrigen [119]. Die strukturelle Erklärung dafür ist im Prinzip die gleiche wie sie für Invertgläser gegeben wurde [667]: hier halten die Fremdkationen die Struktur zusammen. Über den Zusammenhang zwischen AK, T_g und Leerstellen in der Struktur wurde schon in Abschn. 2.2.4.3 gesprochen.

2.2.5.3 Chemische Widerstandsfähigkeit

Jede Emailoberfläche, besonders eine frisch gebildete — z. B. beim Mahlen — adsorbiert Wasser. Der Adsorption folgt sofort eine chemische Reaktion. Zunächst sei aber das chemische Verhalten einfacher Oxide gegenüber Wasser an Hand der Feldstärken ihrer Kationen besprochen.

Kommt ein Oxid MeO mit Wasser in Berührung, kann nach $Me=O + H_2O =$ $Me\!\!<^{OH}_{OH}$ ein basisches Hydroxid oder aber eine Säure entstehen, je nach Stärke der Bindungsfestigkeit von $Me-O$- gegenüber $-O-H$, m. a. W.: je nach der Feldstärke von Me^{x+} gegenüber H^+. Ist Me^+ ein schwaches Kation, so ist O^{2-} stärker an H^+ als an Me^+ gebunden; es entsteht z. B. $Na-OH$. Ist O^{2-} aber stärker an

Me^{x-} als an H^+ gebunden, wie z. B. in $\begin{bmatrix} O & & O \\ & S & \\ O & & O \end{bmatrix}\!\!\begin{matrix} -H \\ \\ -H \end{matrix}$ oder $\begin{bmatrix} O & & O \\ & P & \\ O & & O \end{bmatrix}\!\!\begin{matrix} -H \\ -H \\ -H \end{matrix}$, so entsteht eine

Säure. Ist die $Me-O$-Bindung etwa so stark wie die $O-H$-Bindung, entstehen die „amphoteren" Hydroxide ($Al(OH)_3$, $Zr(OH)_4$ usw.). Sie bilden in Wasser etwa ebenso viele OH^-- wie H^+-Ionen; deren Konzentrationen sind durch das Ionenprodukt des Wassers ($C_{H^-} \cdot C_{OH^-} = 10^{-14}$ mol/l) miteinander verknüpft. Folglich können solche Hydroxide nur schwach dissoziiert sein, sind meist in Wasser schwer löslich und geben beim Stehen oder Erwärmen leicht Wasser ab. Es ergibt sich für wäßrige Lösungen das Schema:

Kationenfeldstärke z/a^2 (steigende Polarisation der umgebenden O^{2-})

———→

I	II	III
starke Basen	schwache Basen	amphotere Hydroxide

Cs^+, Rb^+, K^+, Na^+, Li^+, Ba^{2+}, Sr^{2+}, Ca^{2+}, Mg^{2+}, Al^{3+}, Zr^{4+}, Be^{2+}, H^+, Ti^{4+},

———————————————————→
        IV

schwache   starke

    Säuren

Si^{4+}, B^{3+}, P^{5+}, S^{6+}.

Es sei hier eingeflochten, daß die gleiche Reihenfolge für die Basizität bzw. Azidität der Oxide in Glasschmelzen gilt. Nach [640] ist B_2O_3 etwa doppelt so stark wie SiO_2, d. h. um eine Boratschmelze gleicher Basizität herzustellen wie eine Silicatschmelze, braucht man doppelt soviel Alkali. P_2O_5 ist etwa 4mal so stark wie SiO_2.

Beim chemischen Angriff ist in der Regel *Wasser* mit im Spiel; zudem ist Wasser der im Emaillierwerk mengenmäßig am weitesten verbreitete Hilfsstoff. Dieses einfach erscheinende Molekül H_2O sei deshalb im Rahmen der Strukturfragen an dieser Stelle näher betrachtet.

Entsprechend der obigen Oxidreihe im Sinne steigender Feldstärken ihrer Kationen wurde H_2O formal als Wasserstoffoxid aufgefaßt und dem H^+ eine für ein einwertiges Kation sehr hohe Feldstärke zugeordnet, wie dies seinem Verhalten auch entspricht. Es besteht nur aus einem Proton ohne Elektronenhülle, so daß sein „Ionenradius" extrem klein ist. Die hohe Feldstärke bedingt nicht nur eine starke Deformation der Elektronenhülle des O^{2-}, sondern es dringt sogar in diese ein; H und O haben gemeinsame Elektronenpaare, m. a. W., es kommt zu einem hohen Anteil an Atombindung. Hätte H_2O eine reine Ionenbindung, wäre es wegen der gegenseitigen Abstoßung der H^+ als gestrecktes $H-O-H$ gebaut. Durch den hohen Anteil an Atombindung ist die Anordnung aber gewinkelt $H^O\backslash H$ (105°); bei reiner Atombindung müßte er 90° am O sein. Durch diesen Bau des H_2O ist bedingt, daß der Schwerpunkt der positiven und negativen Ladungen nicht zusammenfällt; H_2O ist ein *Dipol*. Dadurch hat es die Eigenschaft, sich an Kationen anzulagern und Hydrathüllen zu bilden; auch lagert es sich selbst zu 8er, 6er usw. Ringen zusammen, die mit steigender Temperatur instabiler werden. Dies hat zur Folge, daß Wasser bei Raumtemperatur eine merklich größere Zähigkeit (0,0105 dPa s) besitzt als viele andere, sogar größere Moleküle, die kein solches „Assoziationsvermögen" besitzen z. B. Pentan (0,00225 dPa s), Benzol (0,0067 dPa s) u. a.

Diese Zusammenhänge sind zu beachten, wenn von Adsorption von Wassermolekülen, Hydrathüllen usw. die Rede ist.

Beim *chemischen Angriff* auf ein Silicatglas bzw. Email hat man vier Fälle zu unterscheiden: Den Angriff von flüssigen Säuren, Wasser, Laugen, und die Verwitterung. Komplexbildende organische Substanzen seien vorerst außer acht gelassen.

Beim *Säureangriff* findet ein Ionenaustausch statt zwischen dem H^+ der Säure und dem am leichtesten im Netzwerk diffundierenden Kation, in der Regel Na^+. Es entsteht also aus $>Si-ONa$ zunächst $>SiOH$. Außerdem wandern mit dem Proton noch Wassermoleküle in die ausgelaugte Schicht ein [607, 612]. Benachbarte $>Si-OH$ $HO-Si<$ -Gruppen können schließlich H_2O abgeben unter Bildung von $>Si-O-Si<$. Somit entsteht eine wasserhaltige, an Alkali verarmte Kieselgelschicht. Da bei diesen Vorgängen die Diffusion eine maßgebliche Rolle spielt, nimmt die Menge an Ausgelaugtem mit $\sqrt{Zeit}$ zu. Der geschwindigkeitsbestimmende Schritt ist dabei nach [610] nicht die Wanderung des Kations, sondern die Beweglichkeit des H^+. Offensichtlich spielt die stärkere $H-O$-Bindung die entscheidende Rolle.

Die Stärke des Angriffs einer Säure geht in der Regel mit ihrer Dissoziationskonstanten konform.

Das andere Extrem ist der *Laugenangriff*. Alkalische Lösungen spalten das $[SiO_4]$-Netzwerk auf nach $>Si-O-Si< + NaOH \rightarrow >Si-ONa + HO-Si<$. Damit geht das Glas insgesamt in Lösung. Zur früher üblichen Entemaillierung fehlerhafter Stücke benutzte man deshalb heiße Natronlauge. Die gelöste Menge steigt linear mit der Zeit.

Zwischen diesen beiden Extremen Säure- bzw. Laugenangriff steht der reine *Wasserangriff*. Er beginnt wie der Säureangriff mit einem Ionenaustausch $Alkali^+$ $-H^+$. Durch die Bindung des H^+ verbleibt ein entsprechender Überschuß an OH^-, der sich bei der vergleichsweise großen Menge Wasser zunächst nicht bemerkbar macht. So kommt es, daß auch für den Wasserangriff das Gesetz

$$x = c \sqrt{t} \tag{2.18}$$

erfüllt ist (x: Ausgelaugtes in mg/cm^2, t: Zeit, c: Konstante), wenn die Zusammensetzung der Glasoberfläche mit derjenigen des Glasinneren übereinstimmt; wenn nicht, muß c aus zwei Wertepaaren nach

$$c = (x_2 - x_1)/\left(\sqrt{t_2} - \sqrt{t_1}\right) \tag{2.19}$$

ermittelt werden. Wird der Wasserangriff stärker, besonders bei erhöhten Temperaturen, so macht sich das örtlich in höherer Konzentration gebildete OH⁻ durch einen Laugenangriff und Zerstörung der gesamten Glasstruktur bemerkbar.

Das $\sqrt{t}$-Gesetz für den Säure- und Wasserangriff ist der Idealfall; es kann Abweichungen geben, wenn beispielsweise verschiedene, gleichzeitig wandernde Ionenarten ($Na^+ + K^+$) sich gegenseitig beeinflussen, oder wenn sich bei dicker werdender Gelschicht die Konzentrationen an H^+ bzw. den ausgetauschten Basen in der Reaktionszone ändern, oder wenn das auslaugende Wasser alkalisch wird. Es wurden deshalb auch andere Beziehungen gefunden. So soll für säurefeste Emails und den Langzeit-Angriff nach [601] gelten:

$$a = \frac{x}{2{,}3 \log (1 + ct)} \tag{2.20}$$

wobei x = mg Ausgelaugtes/cm², t die Zeit, a und c zwei Konstanten sind, die aus Wertepaaren für zwei verschiedene Zeiten aus der Auslaugekurve ermittelt werden. Ist a kleiner als 0,4 mg/cm², so soll das Email gegen die gewählte Säure „beständig", im Fall von 20%igem HCl „hochsäurebeständig" sein.

Nach [188] verläuft bei Bleiglasuren der Angriff durch verdünnte Essigsäure über einen Ionenaustausch linear mit der Zeit, die Diffusion des Bleis durch die „Barriere" der zersetzten Schicht nach einem logarithmischen Zeitgesetz:

$$\log \text{Pb-Abgabe} = m \log t + b, \tag{2.21}$$

wobei m Werte zwischen $1/3$ bis $1/2$ hat. Zudem soll man nach einer Formel (s. Tab. 6.3 im Anhang) berechnen können, ob eine Bleiabgabe unbedenklich oder noch „annehmbar" ist oder nicht [186].

Aus der Sicht der Chemiker erscheint die folgende Beobachtung zunächst merkwürdig. Ersetzt man in einem einfachen Na_2O-SiO_2-Glas einen Teil des schwer löslichen SiO_2 z. B. durch das leichter lösliche CaO, wird die Auslaugbarkeit nicht etwa erhöht, sondern im Gegenteil: das Glas wird resistenter. Hierbei ist zu bedenken, daß jedes eingeführte CaO zwar eine neue Trennstelle im $[SiO_4]$-Netzwerk erzeugt, das Ca^{2+} im Netzwerkhohlraum wegen seiner zweifachen Ladung aber ziemlich fest gebunden ist und dadurch die Wanderung des Na^+ an die Oberfläche und umgekehrt die Einwanderung von H^+ erschwert, blockiert; die Wanderung erfolgt ja über die Hohlräume der Struktur.

Interessant ist, daß nach Untersuchungen von Geilmann [227] antike Gläser in feuchtem Boden äußerlich einigermaßen gut erhalten aussehen, im wesentlichen aber nur noch aus (wasserhaltiger) Kieselsäure, Tonerde, Titan- und Eisenoxidhydraten bestehen, sowie aus Mangan, das als MnO_2 festgehalten wurde, während die basischen Bestandteile in den Jahrhunderten alle ausgelaugt wurden. Diese Beobachtungen zeigen wiederum, wie fest die mehrwertigen bzw. starken Kationen im Kieselgel an die $\mathord{>}Si-O$-Gruppen oder ähnliche Struktureinheiten gebunden werden. Das erklärt auch die Beobachtung, daß sich unter tropfenden Wasser-

hähnen im Laufe der Zeit rostbraune Flecken im Email durch die im Leitungswasser enthaltenen Eisenionen bilden; sie sind nur mechanisch mitsamt der Gelschicht oder durch entsprechenden chemischen Eingriff zu entfernen. Dabei
können sich an das Fe^{3+} sogar noch Fettsäuren orientiert anlagern und nach

$$\begin{array}{c} \diagdown \\ -Si-O \\ \diagup \qquad \diagdown \\ \qquad FeOOC_n H_{2n-1} \\ \diagup \\ -Si-O \\ \diagup \end{array}$$

eine wasserabstoßende Schicht bilden.

Der Angriff durch kondensierendes Wasser, das als Tropfen z. T. eindampft,
ist sehr stark, weil hierbei die zunächst schwach alkalische Lösung konzentriert
wird, also ein starker Laugenangriff entsteht. Deshalb ist bei der Prüfung der
Angriff durch die Flüssigkeit und im „Dampfraum" verschieden und wird besonders berücksichtigt.

Nach all dem ist es also vergebliche Mühe, eine allgemein gültige Formel für den
Wasserangriff in Abhängigkeit von Temperatur und Zeit aufstellen zu wollen.
Dies gelingt höchstens für einen eng begrenzten Bereich von Zusammensetzungen
und für definierte Versuchsbedingungen.

Was bisher über Gläser gesagt wurde, gilt analog für Emails mit SiO_2-Gehalten
von wenigstens 50%, im besonderen für Apparateemails. Doch gibt es auch eine
große Gruppe von Emails mit mittlerem und niedrigem SiO_2-Gehalt, die zu den
„Invertgläsern" (s. Abschn. 2.2.4.2) zu zählen sind. Hier ist damit zu rechnen, daß
sich beim Wasser- und schwach alkalischen Angriff eine Schutzschicht von Erd-
alkali-, Aluminium-Hydroxiden, Zirkonoxidhydraten u. dgl. bildet. Diese sind in
einem mittleren pH-Bereich stabil, jedoch entsprechend ihren amphoteren
Charakter in Säuren und starken Laugen löslich. Die Auslaugbarkeit hat also bei
mittleren pH-Werten ein Minimum [617]. So erklärt sich offenbar auch die günstige
Wirkung von höheren Gehalten an nicht-edelgasähnlichen Kationen im Email
(Mn^{2+}, Cu^{2+}, Fe^{2+}, Zn^{2+}) [145].

Bei allen Auslaugungsversuchen hat man besonders darauf zu achten, daß das
angewandte Lösungsmittel seinen pH-Wert während des Versuchs nicht ändert,
beim Wasserangriff, daß das Wasser durch das gelöste Alkali nicht alkalisch wird.
Oel [501] hat deshalb während des Auslaugevorgangs den pH-Wert durch laufende
HCl-Zugabe (Kontrolle mit Glaselektrode) konstant gehalten. Außerdem ist zu
beachten, daß kleine Salzzusätze (von Be, Zn, Sr, Sb, Ba, Al, Pb, Fe, Cu, Zr usw.)
die Auslaugbarkeit zum Teil merklich vermindern, zum Teil auch erhöhen [722].
Die Pb- und Zn-Abgabe wird schon durch $< 1\%$ Cu oder $< 0,1\%$ Cr erhöht [61].
Da Emails solche Elemente enthalten können, die bei der Auslaugung mit in
Lösung gehen, ist bei den Versuchen dafür zu sorgen, daß möglichst oft frische
Auslaugeflüssigkeit bei ausreichender Rührgeschwindigkeit an die Probe heran-
kommt.

Die *Verwitterung* in feuchter Atmosphäre beginnt mit der Adsorption von H_2O
an der Oberfläche und unterscheidet sich von der Auslaugung dadurch, daß die
neu entstehenden Zersetzungsprodukte nicht durch ein flüssiges Medium weggeführt werden, sondern am Ort ihrer Entstehung verbleiben. Dieser Angriff ist

für Gläser besonders gefährlich. Trocknet die wasserhaltige Zersetzungsschicht ein (insbesondere bei Erwärmung, wie bei emaillierten Öfen), so kommt es zu weißen Belägen, „Ausblühungen", selbst zu Schuppenbildung [707]. In dieser Hinsicht unterscheiden sich „normale" Gläser und Apparateemails grundlegend von den „Invertgläsern" bzw. von den kieselsäurearmen (Majolika-) Emails: Ein normales Glas ist zwar gegen den Säure- und Wasserangriff wesentlich beständiger als etwa ein Majolikaemail, aber erheblich schlechter bei der Verwitterung [502]. Im letzteren Fall übernehmen die basischen Bestandteile des Emails die Rolle einer Schutzschicht. Wird diese jedoch durch wenn auch nur kurzes Abspülen mit Wasser entfernt, ist der Angriff sofort stärker. Die reine Verwitterungsneigung kann man also nicht durch Titrieren der freigelegten Basen bestimmen, sondern besser aus der Zeit bis zur Entstehung eines weißen Belages, der sich bildet, wenn man einen schwachen mit Wasserdampf gesättigten Luftstrom über die 5 K wärmeren Proben leitet und dadurch Kondensatbildung und Abschwemmen der Zersetzungsprodukte vermeidet.

Wenn man eine Titan-Weißemailfritte im Anlieferungszustand als Gries auslaugt und im *getemperten* Zustand, so hat man unterschiedliche Werte zu erwarten. Das gelöste Ti^{4+} erhöht die Widerstandsfähigkeit, das ausgeschiedene TiO_2 nicht, so daß aus diesem Grund die chemische Widerstandsfähigkeit des getrübten Emails niedriger ist.

Daß bei starken *Inhomogenitäten*, wie sie z. B. durch Mischen eines leicht- und eines schwer schmelzbaren Emails oder bei Zusatz von viel Stellsalzen entstehen, der eine Bestandteil leichter herausgelöst wird als der andere, und dadurch eine rauhe Oberfläche entsteht, versteht sich von selbst.

Erklärt werden soll noch der starke Angriff von *Fluß-* und *Phosphorsäure* auf Silicatgläser. Oben wurde ausgeführt, daß sich Hauptreihenelemente bei Anwesenheit mehrerer Anionen mit demjenigen koordinieren, das die niedrigste Polarisierbarkeit besitzt. Dies ist bei Silicatgläsern das F^--Ion. So bilden sich NaF, CaF_2 und bei dem Überschuß von HF auch SiF_4, das wegen der gegenüber $Si{-}O$-schwächeren $Si{-}F$-Bindung und damit des größeren Abstandes $Si{-}F$ auch eine 6er Koordination und damit H_2SiF_6 bzw. dessen Salze bilden kann. Ähnlich kann man die Wirkung von Phosphorsäure erklären. Durch das sehr starke Feld des P^{5+} sind die O^{2-} im $[PO_4]$ stärker polarisiert und damit weniger polarisierbar als diejenigen im $[SiO_4]$. So vermag also P_2O_5 mit SiO_2 zu reagieren. Treffen jedoch Verbindungen mit zwei wenig polarisierbaren Anionen zusammen, erfolgt keine Auflösung. Dies ist der Fall bei P_2O_5 zusammen mit HF. F^- kann zwar in Phosphate unter Bildung von Apatitstrukturen eingebaut werden, aber diese sind nicht löslich, sondern im Gegenteil sehr widerstandsfähig (Zahnschmelz). Man kann im SiO_2 die O^{2-} auch künstlich noch stärker polarisieren, indem man es unter extrem hohe Drücke setzt. Die sperrige $[SiO_4]$-Vernetzung geht dann in die dichter gepackte $[SiO_6]$-Anordnung über. In dieser Form kommt SiO_2 in der Natur als seltenes Mineral Stichovit vor; es wird von HF nicht angegriffen.

Die Widerstandsfähigkeit von Phosphaten gegenüber HF versuchte Merker[450] zur Herstellung HF-beständiger Emails auszunutzen, was im Prinzip gelang, doch boten solche Emails Schwierigkeiten hinsichtlich Benetzung und Ausdehnung auf Stahlblech. Vielleicht lassen sich andere Metalle mit solchen Emails besser überziehen.

Die Reaktionsfähigkeit von SiO_2 mit P_2O_5 läßt sich auch auf andere Weise erklären: In der obigen Kationenreihe hat ein nennenswert weiter rechts stehendes Kation gegenüber einem schwächeren, links stehenden einen sauren Charakter, das schwächere ist basischer und kann auch Salze bilden, z. B. Ca-Aluminat, -Zirkonat usw. So ist auch Si^{4+} basischer als P^{5+} und kann — chemisch gesprochen — Silicylphosphate bilden. Daß es nicht auch die entsprechenden Si-Sulfate gibt, daran ist wohl die nun zu große Abstoßung der hoch geladenen Kerne schuld.

Es gibt schließlich eine Reihe organischer, aromatischer Substanzen mit orthoständigen OH^--Gruppen, vor allem Polyhydroxyverbindungen, die mit SiO_2 bzw. $\geq$SiOH-Gruppen oder — wie Äthylendiamintetraessigsäure (ÄDTA) und Brenzkatechin — auch mit Al, Ca, Mg *leicht lösliche Komplexverbindungen* bilden (Chelate) [193]. Im Zusammenhang damit steht die Silikosebildung. Auch die Stoffwechselprodukte von allgegenwärtigen Mikroorganismen wirken ähnlich, da sie unter geeigneten äußeren Bedingungen silicatische Gläser und Kristalle bis zum Blindwerden zersetzen können (s. Oberlies u. M. [491, 493]).

Durch Komplexbildner, wie sie auch in Waschmitteln vorkommen, selbst durch Zitronensäure werden Schwermetalle leicht aus Email herausgelöst, weshalb Zn—Ti-Emails hiergegen besonders empfindlich sind [403]. Beim Geschirrspülen greifen die alkalischen Laugen bei erhöhten Temperaturen naturgemäß stärker an als etwa die Klarspülmittel.

Um bei gegebener Glaszusammensetzung die Auslaugbarkeit merklich zu erniedrigen, kann man die gleiche Behandlung vornehmen wie man dies zur Steigerung der Festigkeit tut: Man führt einen oberflächlichen *Ionenaustausch* von Na^+ oder K^+ durch Li^+ herbei durch Eintauchen in geschmolzenes Li_2SO_4 oder durch Elektrolyse.

2.2.5.4 Oberflächenspannung, Benetzung

Die Oberflächenspannung — korrekter: Grenzflächenenergie zwischen Schmelze und ihrem Dampf — kommt dadurch zustande, daß die auf ein Ion oder Strukturelement wirkenden Kräfte an der Oberfläche nicht wie im Inneren allseitig angreifen; es findet eine Anziehung nach innen statt, um so mehr, je stärker die Bindungskräfte sind. Besonders interessant und praktisch äußerst wichtig ist das Verhalten von B_2O_3; es kann in der Schmelze eben gebaute $[BO_3]$-Gruppen bilden, die parallel zur Oberfläche liegend fast keinen Beitrag zur Oberflächenspannung geben [120, 122]. Das Koordinations- bzw. Abschirmungsbestreben der übrigen Kationen führt dazu, daß an einer Bruchfläche stark asymmetrische Koordinationen entstehen, wo Gase, Wasser oder Fremdanionen aus Lösungen angelagert werden.

Für den Beitrag der einzelnen Oxide zur Oberflächenspannung lassen sich Faktoren angeben, mit deren Hilfe man diese Größe additiv mit ausreichender Genauigkeit für eine Schmelze berechnen kann; s. [17, 120, 432] und Tab. 6.2 im Anhang. Geht man davon aus, daß an der Oberfläche nicht z. B. ein Na_2O, sondern die Koordinationen von $2\,Na^+$ wirksam sind, und bezieht man diese Faktoren auf die Oxide der einzelnen Kationen (z. B. $Na_2O/2$), so erhält man „reduzierte" Faktoren F_y. Trägt man diese gegen r/z (Ionenradius/Wertigkeit) auf, so erhält man einen interessanten Zusammenhang (Bild 2.33 [122]): Die Oberflächenspannung wird mit zunehmendem r/z, also zunehmender Kationenstärke — von den Alkalien beginnend — erhöht, bis die Kationen große anionische Komplexe bilden; von da an fallen die Faktoren steil ab, weil sich das entsprechende Anion an der Oberfläche anreichert (SO_4^{2-}, VO_3^-, CrO_4^{2-}, MoO_4^{2-}). Zudem sind diese Anionen nur beschränkt löslich und ergeben eine dünne Haut (z. B. von Sulfat) niederer Oberflächenspannung [456].

Ähnliches gilt aber auch für die schwachen Kationen (Alkalien): ihre Faktoren sind niedriger (Na, K, Rb in Bild 2.33), als man es nach dem Verlauf der Kurve erwarten sollte (Na′, K′, Rb′). Auch sie reichern sich an der Oberfläche an. Für die Deutung der mechanischen Festigkeit spielt dies eine wichtige Rolle (s. Abschn. 2.2.5.5).

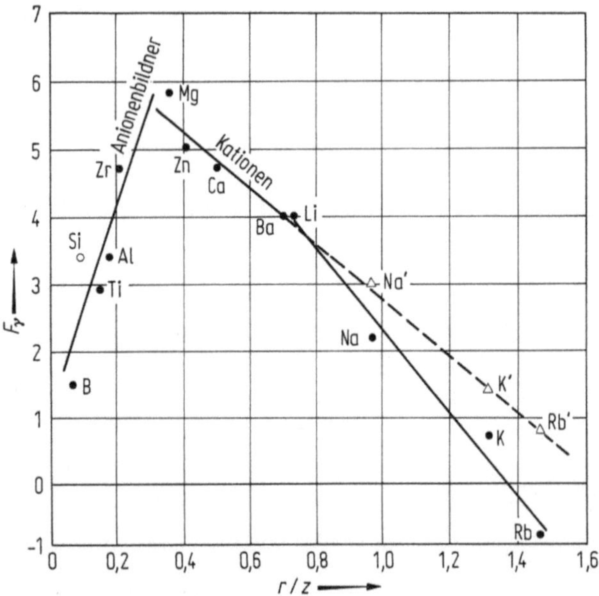

Bild 2.33. Reduzierte Wirkungsfaktoren F_γ der einzelnen Kationen auf die Oberflächenspannung in Abhängigkeit von r/z (Ionenradius/Wertigkeit). Nach [121]

Leicht polarisierbare Nebenreihenelemente (Pb^{2+}, Cd^{2+} usw.) geben keinen so großen Beitrag zur Oberflächenspannung wie wenig polarisierbare Hauptreihenelemente gleicher Ladung und Größe, weil sie ihre Elektronenverteilung dem äußeren elektrischen Feld anpassen können.

Auch die umgebende Atmosphäre hat Einfluß auf die Größe der Oberflächenspannung. Polare Gase (H_2O) vermögen die freien Kräfte der Schmelz- oder Glasoberfläche nach außen teilweise abzusättigen und erniedrigen so die Oberflächenspannung.

2.2.5.5 Mechanische Festigkeiten, Bruchdehnung

Es gibt verschiedene Arten von Beanspruchungen der Struktur eines Festkörpers und damit verschiedenartige Festigkeiten, wie Druck-, Zug-, Scher-, Biege-, Torsions-, Schleif-, Abschreckfestigkeit usw.

Druckfestigkeit

Setzt man ein Glas unter allseitig gleichmäßigen Druck, wird es selbst bei höchsten Drücken nicht zerstört; es wird elastisch komprimiert, allenfalls ändern sich bei einigen Kationen die KZ (s. oben Stichowit), und es machen sich kleine Fließerscheinungen und eine geringe bleibende Verdichtung bemerkbar. In Nähe der Liquidustemperatur komprimierte (Phosphat-) Gläser haben eine höhere Transformationstemperatur T_g [543]. Wirkt der Druck aber nur in einer oder zwei Richtungen, so entstehen senkrecht dazu Zugspannungen, und diese verursachen schließlich den Bruch. Die technische Druckfestigkeit liegt bei 700 bis 1300 MN/m².

Zugfestigkeit

Setzt man einen Glasstab unter Zug, so verlängert er sich zunächst reversibel, wobei sein Querschnitt etwas abnimmt. Der Elastizitätsmodul $E = lP/(\Delta lq)$, wobei l die Stablänge, Δl die Längenzunahme, P die Zugkraft und q der Stabquerschnitt sind. Der Quotient Querkontraktion/Dehnung, also $\Delta d\, l/(d\, \Delta l)$ ist die Poissonsche Zahl μ (d Stabdurchmesser, Δd seine Verkürzung). Bei Gläsern und Emails liegt μ um 0,25, der E-Modul um $6 \cdot 10^4$ MN/m². Wird die Elastizitätsgrenze bei Gläsern oder Emails überschritten, so erfolgt bei niederen Temperaturen (Raumtemperatur) kein Fließen wie bei Metallen, sondern sofort der Bruch; damit ist die Zugfestigkeit erreicht.

Bruchdehnungen wurden für einige Emailtypen gemessen ([461] und Tab. 2.5), bzw. aus Zerreißfestigkeit/E-Modul berechnet [259]. Es fällt auf, daß in allen Fällen die Bruchdehnung durch Borsäure erhöht wird. Dies mag daran liegen, daß bei üblichen Zusammensetzungen $[BO_3]$- neben $[BO_4]$-Gruppen vorhanden sind, sich das Bor also einer Einwirkung von außen leicht anpassen kann, und/oder daß sich die Bor-Sauerstoff-Ringe leicht verformen lassen.

Tabelle 2.5. Bruchdehnung an Emailfäden in (%). Nach [461].

Zirkonemail mit viel Fluoriden	0,12
Antimonemail mit viel Fluoriden	0,18
Transparentemail borfrei	0,21
Titanemail borfrei	0,13
Transparentemail borhaltig	0,31
Titanemail borhaltig	0,30

Die Dehnung steigt i. allg. linear mit der Spannung an (Hookesches Gesetz). Bei anhaltender Spannung besteht jedoch keine strenge Linearität mehr [209], weil sich auch bei Raumtemperatur sehr langsam noch kleine strukturelle Änderungen abspielen (s. Abschn. 2.2.4.2).

Die Zugfestigkeit σ_z läßt sich theoretisch nach Griffith [246] aus

$$\sigma_z = \sqrt{4E\gamma/\pi l} \tag{2.22}$$

oder nach Smekal [631] aus

$$\sigma_z = \sqrt{E\gamma/a} \tag{2.23}$$

berechnen, wobei E der Elastizitätsmodul, γ die Oberflächen- oder Trennungs-
energie, und l bzw. a eine Rißlänge bzw. die Reichweite der Bindungskräfte
(2 bis $3 \cdot 10^{-10}$ m) ist. Die theoretische Zugfestigkeit liegt mit $E \approx 7 \cdot 10^4$ MN/m²
und $\gamma = 300$ mN/m demnach bei $0,8$ bis $1 \cdot 10^4$ MN/m². Die technische Zugfestigkeit liegt aber wesentlich niedriger (70 bis 90 MN/m²). An frischen, unbe-
rührten Glasfasern wurde etwa die Hälfte des theoretischen Wertes erreicht,
durch Abätzen der Oberfläche mit HF, bei hochbleihaltigen Gläsern mit verdünn-
tem HNO_3, kann man der theoretischen Zugfestigkeit nahe kommen.

Daraus geht hervor, daß eine natürliche Oberfläche Risse, Kerbstellen besitzen
muß. An jedem Kerbgrund befindet sich ein Spannungshof, dessen eigene Zugspannung mit der Entfernung von der Kerbspitze nach außen und in Richtung
der Kerbe nach innen abnimmt. Kommt ein Stab oder eine Platte unter eine
außen angelegte Zugspannung σ_z, entsteht durch den bereits vorhandenen Spannungshof eine wesentlich höhere Zugspannung σ_x, entsprechend

$$\sigma_x = 2\sigma_z \sqrt{c/x}; \tag{2.24}$$

dabei ist $x = a$ die mittlere Reichweite der Bindungskräfte an der Rißspitze
$\approx 3 \cdot 10^{-10}$ m, und c die Rißtiefe. Diese erhöhte Zugspannung am Kerbgrund ist
die Ursache dafür, daß der Bruch bei relativ niedriger Zugspannung bis zum
Bruch weiterläuft. (Über Bruchgeschwindigkeit s. z. B. [355]). Nimmt man
$c = 1$ μm, und $x = a = 2$ bis $3 \cdot 10^{-10}$ m an, so ergibt sich am Kerbgrund σ_x
$\approx 130\,\sigma_z$. Etwa in dieser Größenordnung ($c = 1$ μm) müssen also üblicherweise
die Oberflächenrisse sein, damit die praktisch gemessene Zugfestigkeit mit der
theoretisch zu erwartenden übereinstimmt.

Da die Rißtiefe c für die Zugfestigkeit eines Glases eine wichtige Rolle spielt,
hat man die Größe

$$K_\mathrm{I} = \sigma \sqrt{\pi c} \tag{2.25}$$

eingeführt und als Spannungsintensitätsfaktor bezeichnet. σ ist die außen angelegte Zugspannung. Der maximalen Zugspannung, die zum Bruch führt, entspricht
dabei der kritische Spannungsintensitätsfaktor

$$K_\mathrm{IC} = \sigma_\mathrm{C} \sqrt{\pi c} \tag{2.26}$$

mit σ_C als Zerreißspannung.

Ist von einer Kerbstelle ausgehend ein Bruch im Entstehen, so wird seine Fort-
pflanzungsgeschwindigkeit durch die Beschaffenheit der Kerbspitze maßgeblich
beeinflußt. Beim Anlaufen eines Bruches entsteht zunächst eine glatte Fläche
(,,Spiegel''), bei Erreichen der Höchstgeschwindigkeit rauht die Fläche auf. Die
Endgeschwindigkeit v_max, ist nach Kerkhoff [355]

$$v_\mathrm{max} = 2 \sqrt{\gamma/\varrho c} \tag{2.27}$$

mit $\varrho =$ Dichte. Die Geschwindigkeit wird durch H_2O erhöht, durch CO_2, N_2, Ar
erniedrigt; diese Gase sorgen für eine Desorption des Wassers. Auch HCl, das die
Si—O—Si-Bindung nicht zerstört, erniedrigt die Geschwindigkeit. H_2SO_4 erniedrigt noch mehr, vielleicht durch Abrundung des Kerbgrundes.

Besonders stark ist die Wirkung, wenn einzelne, benachbarte Kerbstellen zusammenwirken. Es kommt also auf die statistische Verteilung der Kerbstellen an. Um bei vergleichenden Zugversuchen der Unsicherheit zu entgehen, in welcher Verteilung welche Art von Kerbstellen vorliegt, gibt man der Probe durch leichtes Anritzen eine grobe Kerbstelle vor, von der der Bruch ausgeht. Shand [626] erzeugte z. B. Eindrücke von 0,05 mm Tiefe mit einer Wolframcarbidspitze und rechnete die gemessenen Bruchfestigkeiten auf 1 s Belastungsdauer um. Die geringste Festigkeit hatte ein Alkali-Bleiglas, die doppelte und höchste ein Alumosilicatglas.

Eine wichtige Rolle bei Zugfestigkeitsmessungen spielt der Einfluß von Zeit und umgebendem Medium. Steht ein Glas längere Zeit unter Zugspannung, sinkt seine Zugfestigkeit („Ermüdung"). Schuld daran ist die Luftfeuchtigkeit, d. h. die Reaktion von H_2O am Kerbgrund und Lockerung der Struktur. Ist das Glas aber durch H_2O so stark korrodiert, daß der Radius der Kerbspitze vergrößert, und die Rißtiefe durch die Hydratschicht verkleinert ist, so wird die Zugfestigkeit sogar erhöht (Alterung).

Daß die Biegefestigkeit von feingeschliffenen Glasstäben mit steigender Temperatur (von $-190\,°C$ an) beträchtlich sinkt, um dann oberhalb $+100$ bis $200\,°C$ anzusteigen, erklärt sich aus der zunächst steigenden Wirkung von Feuchtigkeit, die oberhalb $+100\,°C$ ausgetrieben wird.

Wie Wasser verhalten sich alle polaren Medien: Sie erniedrigen nicht nur die Zugfestigkeit, sondern auch die Schleifhärte, Torsionsfestigkeit usw.

Die Abschreckfestigkeit, d. h. die Widerstandsfähigkeit gegen thermische Spannungen, sollte direkt proportional der Zugfestigkeit sein. Dies ist teilweise der Fall, es gibt aber auch erhebliche Abweichungen [389], die nicht nur durch die Spannungsverteilung erklärt werden können, sondern wohl damit zusammenhängen, daß durch Erhitzen Strukturveränderungen eintreten, und auch durch den Abschreckvorgang neue Kerbstellen erzeugt werden können.

Bei einem fertig aufgebrannten Email hat man mit einem beachtlichen Wert von l in der Griffithschen Gleichung zu rechnen, weil das Email während der Abkühlung einen Temperaturbereich zu durchlaufen hat, in dem es unter Zugspannung war, und in dem die Zugfestigkeit geringer war.

Die Zugfestigkeit wird nach obigem durch E und γ wesentlich mitbestimmt, wofür Cornelissen u. M. [93] Beispiele angeben. Oxide von Kationen, die die Struktur verfestigen, erhöhen die Festigkeit (hohe Ladung und/oder kleiner Ionenradius). So ist es erklärlich, daß Li^+, Be^{2+}, Zr^{4+}, Ti^{4+} u. a. den E-Modul erhöhen [426], Fe^{3+} und erst recht Fe^{2+}, Pb^{2+} und andere leicht polarisierbare Kationen (Nebenreihenelemente) die Zugfestigkeit dagegen erniedrigen [329].

In neuerer Zeit hat man die Festigkeit des technischen Glases — und damit auch seine Temperaturwechselbeständigkeit — dadurch wesentlich erhöht, daß man durch eine Nachbehandlung die äußerste Oberfläche unter starke Druckspannung bringt. Dies geschieht durch Austausch eines Ions, z. B. Na^+, durch ein kleineres (Li^+) in einer Salzschmelze oberhalb der Transformationstemperatur, unterhalb dagegen, z. B. bei $400\,°C$, durch ein größeres (K^+). Im ersteren Fall entstehen die Spannungen erst bei der Abkühlung, im letzteren schon beim Einbau. In welchem Maße durch einen solchen Ionenaustausch die Spannungsverteilung beeinflußt werden kann, hat Sendt [624] gezeigt.

Ein besonderer Fall sind die $Li_2O-Al_2O_3-SiO_2$-Glaskeramiken. Werden die Gläser getempert, entsteht zunächst außen eine kristalline Haut niedriger Ausdehnung. Wird eine Probe in diesem Zustand abgekühlt, kommt die Oberfläche unter sehr hohe Druckspannungen, die eine hohe Zugfestigkeit bedingen. Tempert man weiter, so schrumpft das Probeninnere unter Kristallbildung, die Oberfläche bleibt weiter unter Druckspannung.

Ein Verfahren von Stookey u. M. [646] arbeitet so, daß ebenfalls Na^+ durch Li^+ ersetzt wird, dabei aber in der Oberfläche eine unsichtbare Kristallisation von Li—Al-Silicaten (s. Abschn. 2.2.3.2) mit extrem niedrigem AK, also sehr hohen Druckspannungen erzeugt wird. Hierfür sind jedoch besondere Glaszusammensetzungen nötig.

Gläser, deren Oberfläche auf die eine oder andere Weise stark druckvorgespannt ist, zeigen die oben erwähnte zeitliche Ermüdung nicht. Hierauf wird in Abschn. 2.2.5.8 zurückzukommen sein.

Mit den Griffithschen Kerbstellen, ihrer Auswirkung und Beeinflussung hat man sich sehr eingehend befaßt. Demgegenüber gibt es nur ganz wenige Arbeiten, die zu erklären versuchen, warum es diese Kerbstellen überhaupt gibt. Man sieht deren Ursache in der gelockerten Struktur des Glases oder in seiner Mikroheterogenität. Dies allein läßt aber nicht verstehen, warum die Festigkeit durch Abätzen der Glasoberfläche merklich erhöht wird; denn dabei müßten ebenso viele Schwachstellen neu freigelegt wie beseitigt werden. Eine einleuchtende Erklärung scheint es bis jetzt nicht zu geben.

Alle Beobachtungen, insbesondere an Glasfasern, lassen sich zwanglos erklären, wenn man bedenkt, daß die Glasstruktur nicht homogen ist, sondern daß die jeweils schwächsten Kationen aus Gründen der besseren Koordinationsmöglichkeit sich schwarmweise zusammenrotten und — was das Entscheidende ist und im vorigen Abschnitt besprochen wurde — sich an der Oberfläche anreichern. Da ein solcher Schwarm schwacher Kationen an der Oberfläche einen größeren Ausdehnungskoeffizienten besitzt als die übrige Struktur, muß er unter Zugspannung stehen. Beim Anlegen einer äußeren Zugspannung (wenn nicht schon vorher) entsteht hier also ein feiner Riß. Beim Ausziehen zu dünnen Glasfasern werden diese Schwärme zu ganz feinen, langen Fäden, die wegen ihrer äußerst geringen Dicke nur verschwindend kleine Spannungen hervorrufen können.

Beseitigen lassen sich solche durch die Oberflächenkräfte bedingten Inhomogenitäten durch Abätzen der Oberfläche, wodurch die Zugfestigkeit bis nahe an den theoretischen Wert erhöht wird. Beim Tempern entstehen natürlich auch bei den dünnsten Glasfasern wieder die „geballten" Schwärme an der Oberfläche und damit eine Häufung von gespannten Bezirken, die die Zugfestigkeit erniedrigen. Der Effekt ist also zu deuten über eine oberflächenspezifische Strukturanomalie.

Für ein aufgebranntes Email kann man aus diesen Vorgängen bei der Glasfaserherstellung keinen Nutzen ziehen. Eine Erhöhung der Festigkeit ist nur durch Erzeugung hoher Druckspannungen in der äußersten Schicht nach einem der oben genannten Verfahren möglich.

2.2.5.6 Härte

Ähnlich wie die Festigkeit ist auch die Härte ein komplexer Begriff. Die wichtigsten Arten sind die Eindruck-, Ritz- und Schleifhärte.

Bei der Bestimmung der Härte geht es um die Verschiebung von Materie im spröden Zustand. Zum Verständnis der Zusammenhänge sei besonders auf die Vorstellungen von Weyl [718] zurückgegriffen.

In einem aus Ionen aufgebauten Festkörper wechseln sich im einfachsten Fall (Bild 2.34a) positive und negative Ionen ab. Findet durch eine äußere Einwirkung eine Verschiebung längs einer Ebene statt, müssen sich in einem Augenblick gleich geladene Ionen gegenüberstehen, die sich abstoßen und nicht vollständig koordiniert sind (Bild 2.34b). In diesem Zustand ist also zweierlei von Bedeutung: Einmal

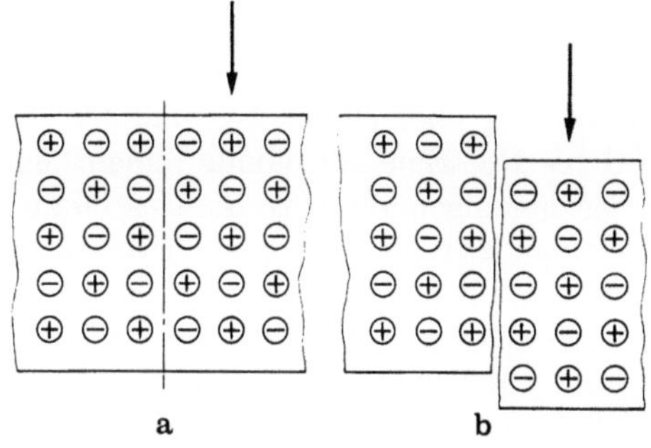

Bild 2.34. Schervorgang.
a Ausgangszustand,
b instabiler Zustand = Bruch

die Abstoßungskräfte, zum anderen die Polarisierbarkeit der Ionen, sowohl der Kationen als auch der Anionen. In Abschn. 2.2.4.1 wurden die Ionen der Hauptreihenelemente mit starren Holzkugeln, die der Nebenreihenelemente mit Gummibällen verglichen. Macht man den in Bild 2.34b dargestellten Versuch mit NaCl, so geht es spröde zu Bruch. Ag^+ hat den gleichen Ionenradius wie Na^+ und die gleiche Ladung; trotzdem ist AgCl vergleichsweise duktil (beide Verbindungen haben auch gleichen Gitterbau). Diese Betrachtungsweise gilt grundsätzlich für alle Verschiebungen, auch im viskosen Zustand, und sogar beim Schmelzprozeß.

Setzt man eine Diamantspitze mit einer Fläche von 1 µm² und nur 10 mN Belastung auf, entspricht dies einer Belastung von 10^{10} N/m². Das entspricht etwa der theoretischen Zerreißfestigkeit.

Nach Untersuchungen von Klemm [369] gibt es bei einer geringen Eindringtiefe von etwa 0,5 µm noch keine Sprünge; in diesen kleinen Bereichen ist das Glas physikalisch homogen. Es ist frei von wirksamen Kerbstellen und wird plastisch verformt, wobei sich rings um den Eindruck ein Wall bildet. Bei größeren Eindringtiefen oder mit breiteren Diamanten dagegen entstehen außerdem Sprünge. Sie können so fein sein, daß man sie nicht sieht (Mindestsprungweite = doppelte Reichweite der Bindungskräfte ≈ 0,003 µm, Sichtbarkeitsgrenze = halbe Lichtwellenlänge ≈ 0,3 µm). Die feinen Sprünge können aber durch Anätzen mit HF sichtbar gemacht werden. Bei der üblichen Eindruckprüfung beansprucht man also primär nicht das Glas als einheitlichen Stoff und damit die chemischen

Bindungen, sondern Fehlstellen an der Oberfläche. Außer Klemm und Smekal haben sich auch Wolfe u. M. [728] aus diesem Grund gegen die Aussagefähigkeit der üblichen Eindruckhärteprüfung ausgesprochen. Ähnliches wie beim Diamanteindruck spielt sich beim Ritzen mit einem Diamanten ab. Trotzdem wurden beide Verfahren wiederholt angewandt, und Ainsworth [5] sowie Petzold u. M. [536] fanden Beziehungen zur Glaszusammensetzung bzw. Glasstruktur und anderen Eigenschaften (Molrefraktion, Erweichungstemperatur, Oberflächenspannung), Everstejn u. M. [199] bei Boratgläsern zur Viskosität bei Raumtemperatur. Diese Diskrepanz ist wegen der verschiedenen Zielsetzung nur scheinbar vorhanden: Die erst genannten Autoren wollen die theoretische Härte des physikalisch homogenen, „idealen" Glases messen, die letzt genannten die praktische Härte des „realen" Glases mit seinen Fehlstellen, die letztlich auch durch die Struktur bedingt sind (s. oben).

Petzold u. M. [536] haben, ausgehend von den Weylschen Vorstellungen, Mikrohärtemessungen vorgenommen an Gläsern der Zusammensetzungen $Na_2O \cdot RO \cdot 5SiO_2$ und $Na_2O \cdot RO \cdot 6SiO_2$ (mit R = Mg, Ca, Sr, Ba, Pb, Zn, Cu, Cd). Wie zu erwarten, fiel die Mikroeindruckhärte von Ca über Sr bis Ba, und für die Nebenreihenelemente von Zn über Cu, Cd bis Pb. Eine Ausnahme bildete Mg. Gläser mit MgO hatten eine Härte ähnlich wie diejenigen mit BaO. Die Unstimmigkeit konnte nicht befriedigend erklärt werden. Offenbar liegt die Diskrepanz daran — worauf schon Ainsworth [5] aufmerksam gemacht hat —, daß Mg^{2+} mindestens teilweise als $[MgO_4]$-Gruppe vorliegt, und zum Ausgleich der zwei fehlenden Ladungen ein Na_2O, d. h. zwei leichter polarisierbare Na^+ und ein ebensolches O^{2-} in unmittelbarer Nähe des $[MgO_4]$ untergebracht werden müssen.

FeO und Fe_2O_3 erniedrigen die Mikrohärte in einem borhaltigen Grundemail, im borfreien nur bis 10%, um sie dann zu erhöhen. Die elastische Rückfederung ist in allen Fällen gegenläufig [534].

Daneben wurde die Mikrohärte noch mit vielen anderen Eigenschaften in Beziehung gebracht, von denen nur eine wegen ihrer verblüffenden Einfachheit besticht: $H \approx 0,07\,E$, wobei E der Elastizitätsmodul ist. Der Zusammenhang soll nach Scholze [611] überraschend gut sein.

Mit steigender Temperatur nimmt die Härte monoton ab [714].

Außer dem Eindruck mit dem Vickers-Diamanten (gleichseitige Pyramide mit einem Spitzenwinkel von 136°) wird vielfach auch ein Diamant nach Knoop verwendet (längliche Pyramide mit 172,5° bzw. 130° an der Spitze). In beiden Fällen werden die Diagonalen der Eindrücke in Abhängigkeit von der Last ausgemessen. Hier gilt keine lineare Beziehung, weil das Glas nach der Entlastung elastisch etwas rückfedert. Anstatt ein Korrekturglied in die Formel einzubeziehen, kamen Kranich u. M. [377] bei Ausmessung des Eindrucks unter Last zu einfachen Beziehungen: Solche Mikrohärten sind unabhängig von den Versuchsbedingungen und damit echte Materialkonstanten. Auch die durch Ionenaustausch in der Oberfläche erzeugten Druckspannungen machen sich dabei nicht bemerkbar, wohl aber der Einfluß von Wasserdampf, der zeitabhängig ist. Die Mikrohärte unter Last spricht offenbar in erster Linie auf den Zustand des Netzwerks der Glasstruktur an.

Bemerkenswert ist, daß die durch Ritzen, Eindrücken, den Schleifprozeß usw. erzeugten Spannungszonen weit in die Tiefe gehen (Brüche u. M. [51]), und hier eine Zugspannungszone bilden, wobei die durch Abätzen zunächst entfernten Ritzspuren wieder sichtbar werden.

Beim Ritzen spielt die „Wasserhaut" eine Rolle. Sie ergibt eine geringe Härte und wirkt als „Schmiermittel". Auch andere polare Flüssigkeiten erniedrigen die Abriebhärte gegenüber unpolaren. Die Schleifhärte ist physikalisch noch schwieriger zu erfassen. Es entstehen zwei Arten von Rissen: Die wirksameren liegen parallel zur Schleifrichtung mit $a/b = 0{,}5$ (a: Tiefe, b: halbe Breite), die weniger wirksamen senkrecht dazu mit $a/b = 1{,}6$. Die größere Festigkeitserniedrigung rührt im ersten Fall von der größeren Elliptizität der Kerbstellen her [446].

Die Schleifhärte wird meist als Massenabrieb A_m ausgedrückt, der naturgemäß stark von den Versuchsbedingungen abhängt. Auch hier läßt sich vereinfachend ein Zusammenhang mit dem E-Modul ableiten, dem die Schleifhärte proportional ist.

Daneben sind noch Verfahren in Gebrauch, bei denen man aus dem Abrieb durch Berieseln oder Aufschleudern von Sand, SiC u. dgl. ein Maß für die Härte erhalten will. Durch den Schlag mit scharfen Ecken oder Kanten ist nicht die Schlagenergie entscheidend, sondern vor allem die Zähigkeit des Prüflings und die Möglichkeit seiner plastischen Verformung an der Aufschlagstelle, dann erst die Härte oder Sprödigkeit, die Brüche auslöst. Die Zähigkeit sollte möglichst groß, die Härte klein sein. Die Kerbstellendichte ist dabei nicht so wichtig [721]. Als Maß für die Sprödigkeit wurde der Quotient H/K_C vorgeschlagen; H ist die Vickershärte als Maß für den Widerstand gegen Deformation, K_C (kritischer Spannungsintensitätsfaktor, s. oben) die Zähigkeit im Sinne von Widerstand gegen Bruch.

Was den Zusammenhang mit der Struktur betrifft, so gilt z. B. auch für die Abriebhärte, daß starke Kationen, die die Struktur festigen, wie Zr^{4+} oder Ti^{4+}, die Härte erhöhen; Fluoride, die die Struktur lockern, erniedrigen sie.

2.2.5.7 Diffusion

In einem Glas sind die einzelnen Elemente nicht starr an einem bei der Abkühlung gegebenen Platz gebunden, sondern können sich etwas bewegen, bei niederen Temperaturen kaum merklich, mit steigender Temperatur nach einer e-Funktion infolge zunehmender Wärmeschwingungen mehr und mehr. Durch die Verwendung von Radioisotopen z. B. ^{22}Na, hat man die Möglichkeit, die Wanderung zu verfolgen und *Selbstdiffusions*koeffizienten zu bestimmen. Aus der Temperaturabhängigkeit läßt sich auch ermitteln, auf welchem Wege die Ionen — in erster Linie die schwach gebundenen — wandern. So fanden Lim u. M. [420], daß Na^+ sowohl in einfachen Na—Ca- als auch in Na—K—Ca-Silicatgläsern bei tiefen Temperaturen bis etwa in den Transformationsbereich zu zweit über Zwischen„gitter"plätze wandern, bei höheren Temperaturen machen sie sich selbständig und wandern einzeln über Leerstellen. Dies kann man sich an Hand der Glasstruktur so vorstellen: Die Na^+ sind nicht einzeln und gleichmäßig im Netzwerk verteilt (s. oben), sondern schwarmweise. Bei noch starrem Netzwerk (tiefe Temperaturen) ist es aus Gründen der besseren Koordination leichter, wenn nicht ein einzelnes, sondern zwei Na^+ wandern. Sie werden sich, wahrscheinlich in der Nähe anderer Na^+-Koordinationen, „einschieben". Oberhalb der Transformationstemperatur wird die Struktur immer beweglicher, durch die Wärmeschwingungen werden Koordinationen gelockert, so daß auch einzelne Na^+ sich unterwegs ausreichend koordinieren und eine Leerstelle finden können.

Frischat [219] hat an einer Reihe von binären und ternären Gläsern mit ^{22}Na und ^{45}Ca Selbstdiffusionskoeffizienten bestimmt. In Bild 2.35 sind die Werte für vier Gläser eingetragen. Glas 1 enthält rd. 35 Gew.-% Na_2O, 65% SiO_2, Glas 6 30% Na_2O, 14% Al_2O_3 und 56% SiO_2, Glas 7 und 8 enthalten bei 16 bzw. 18%

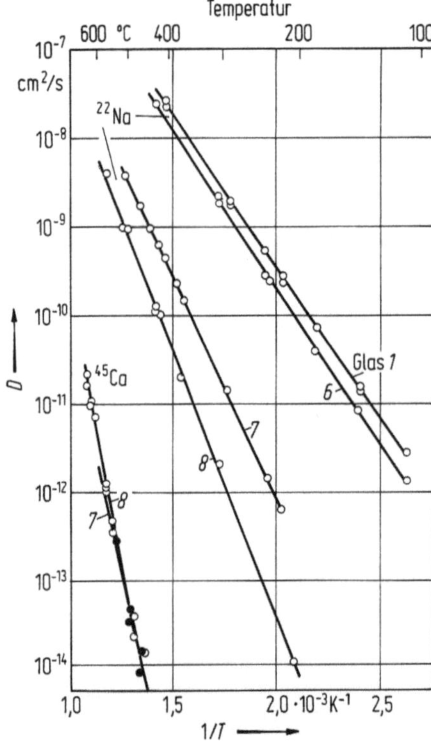

Bild 2.35. Selbstdiffusionskonstanten D für verschiedene Gläser in Abhängigkeit von der reziproken Temperatur. Nach [219]

Na_2O 10 bzw. 32% CaO, Rest SiO_2. Man sieht, daß Al_2O_3 die Selbstdiffusion von Na^+ deutlich erschwert; Al^{3+} wirkt nicht nur vernetzend, sondern bindet auch Na^+ zum Valenzausgleich. Ca^{2+} versteift das Netzwerk, blockiert Hohlräume und erschwert die Na^+-Diffusion (Gläser 7 und 8). Durch die festere Bindung von Ca^{2+} gegenüber Na^+ ist seine Eigendiffusion ganz erheblich geringer. Dieser Ausdruck der Beweglichkeit der Ionen in verschiedener Umgebung spiegelt sich auch bei der Auslaugung wider. Interessant ist auch, daß ein molarer Ersatz von Na^+ durch K^+ die Ca^{2+} Diffusion erheblich herabsetzt; Frischat vermutet, daß dieser Effekt durch eine Verbesserung der Vorordnung bedingt ist. (Es gibt mehr K—Ca- als Na—Ca-Silicate). In jedem Fall erleichtert das K^+ wegen seiner kleineren Feldstärke dem Ca^{2+} eine bessere Koordination und erhöht damit seine Bindungsfestigkeit, außerdem hindert es die Beweglichkeit des Ca^{2+} wegen seiner Größe. Aus den Aktivierungsenergien für Na^+ bzw. Ca^{2+} schließt Frischat ferner, daß ein Ca^{2+} im Gegensatz zu Na^+ nicht unabhängig von den übrigen Ionen wandert, sondern gleichzeitig $2\,Na^+$ dabei mitwirken.

Die Selbstdiffusion ist an sich ungerichtet. Herrscht ein Konzentrationsgefälle vor, wie etwa bei zwei zusammengeschmolzenen Emailschichten verschiedener Zusammensetzung, bei der Auslaugung eines Emails oder Anlegung eines elektrischen Feldes, so wird die Diffusion gerichtet. Dies ist auch der Fall bei Verdampfungserscheinungen, wobei die fehlenden Elemente aus dem Innern nachgeliefert werden.

Die äußerst wichtige Diffusion von Wasser, das als OH^- in der Glasstruktur vorliegt, haben Scholze u. M. [613] an verschiedenen Gläsern bei 1000 bis 1400 °C untersucht. Die Diffusionskonstante D liegt bei einigen 10^{-6} cm²/s, ist also geringer als bei dem leicht beweglichen Na^+. (Man extrapoliere z. B. in Bild 2.35 die Gerade für Glas 7 oder 8 bis 1000 °C oder darüber, entsprechend 0,75 und weniger auf der Abszisse). Für die Wasserdiffusion ergab sich ein klarer Zusmmenhang mit der Zähigkeit η nach

$$-\log D = \log \eta + 5{,}82 - 4\,100/T. \tag{2.28}$$

Man kann also bei bekannter Zähigkeit die Diffusionskonstante für Wasser errechnen (die Temperatur T ist in K einzusetzen).

2.2.5.8 Elektrische Eigenschaften

Elektrische Leitfähigkeit. Im elektrischen Feld können bei niederen Temperaturen die stark gebundenen Kationen (Si^{4+}, B^{3+}, Al^{3+}) und die O^{2-}-Anionen praktisch nicht wandern, wohl aber die schwächer gebundenen Kationen und OH^-. Am leichtesten wandert Na^+; demgegenüber ist Li^+ zwar kleiner, aber stärker gebunden, K^+ zwar schwächer, aber wesentlich größer und dadurch in seiner Wanderung im Netzwerk mehr behindert als Na^+ [175]. Gleichzeitige Anwesenheit zweier Alkalien ergibt einen höheren elektrischen Widerstand als jedes einzelne, d. h. die Kurve für die Mischung durchläuft bei einem Stoffmengengehalt von etwa 50% ein Maximum [257]. Dieser „Mischalkali-Effekt" ist auch bei anderen Eigenschaften, die auf Materialtransport beruhen (z. B. Diffusion), zu beobachten und ist um so deutlicher ausgeprägt, je größer der Unterschied der Alkaliionengrößen ist. Er wird mit einer „Wechselwirkung" zwischen den Alkaliionen erklärt [88]. Doch kann man sich auch eine einfache gegenseitige Behinderung bei der Wanderung vorstellen; denn einerseits findet das größere K^+ bei seiner Wanderung nur den kleineren Platz eines abgewanderten Na^+ vor, andererseits ist das langsamer wandernde K^+ dem kleineren, schneller wandernden Na^+ „im Wege". Über eine weitergehende Deutung s. [415].

Beachtenswert ist, daß sich dieser Mischalkalieffekt nicht bemerkbar macht, wenn man bei einem reinen Na—Glas durch Ionenaustausch $Na^+ \rightleftharpoons K^+$ oberflächlich ein Na—K-Glas herstellt [666]. In dieser Schicht nimmt der elektrische Widerstand mit steigendem Ionenaustausch bzw. steigendem K_2O-Gehalt stetig zu (Bild 2.36), d. h. in diesem Fall wandert nur das Na^+, während sich im normal geschmolzenen Glas beide Ionenarten am Stromtransport beteiligen. Beim Ionenaustausch wird das größere K^+ unterhalb T_g in die gegebenen Koordinationen des Na^+ „eingekeilt" und kann kaum wandern.

Über die Nernst-Einsteinsche-Beziehung

$$\varkappa = Dz^2 e^2 N/(kT) \tag{2.29}$$

sollte die elektrische Leitfähigkeit $\varkappa$ mit dem Selbstdiffusionskoeffizienten D des Ladungsträgers verbunden sein (z: Ladung des Ions, e: Elementarladung, N: Zahl der wanderungsfähigen Ionen, k: Boltzmann-Konstante, T: Temperatur in K). Die Beziehung trifft in der Regel so nicht zu, wohl aber, wenn man zu dem rechts stehenden Ausdruck noch den Korrelationsfaktor f hinzufügt, dessen Wert meist um 0,5 beträgt. Das bedeutet, daß ein Ion nicht selbständig wandert, sondern jeder Schritt mit dem eines anderen gekoppelt ist.

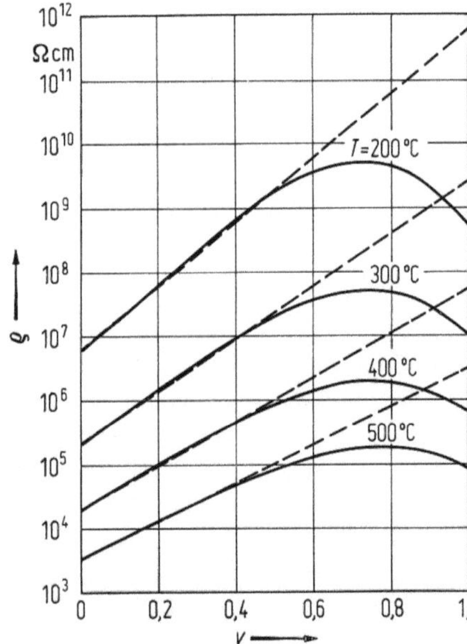

Bild 2.36. Elektrische Widerstandsfähigkeit von Mischalkaligläsern mit $v = K_2O/(Na_2O + K_2O)$ in Molen. Ausgezogene Linien: eingeschmolzene Gläser; gestrichelt: durch Ionenaustausch erhaltene Gläser. Nach [666]

Engel u. M. [177] haben an einem $Na_2O \cdot 3SiO_2$-Glas obige Beziehung (2.29) bei 300 °C mit Gleichstrom unter Ausschaltung aller Ströreinflüsse (Elektrodenpolarisation, Oberflächenleitfähigkeit, Wärmevergangenheit u. dgl.) mit $^{22}Na^+$ nachgeprüft und dabei für f den Wert $0,5 \pm 0,05$ gefunden. Ferner war das Ohmsche Gesetz streng erfüllt, d. h. $\varkappa$ und damit D ist unabhängig vom angelegten elektrischen Feld. Die Umgebung des wandernden Ions wird also nicht beeinflußt.

Bei Anwendung von Gleichstrom macht sich eine Polarisation an den Elektroden störend bemerkbar, bei Wechselstrom sind es der dielektrische Verlust und damit eine Frequenzabhängigkeit. Aus der Abhängigkeit der Impedanz von der Frequenz läßt sich aber die Leitfähigkeit bestimmen [368]. Bei Messungen unter 100 °C kann eine Oberflächenleitfähigkeit mitspielen, die durch die „Wasserhaut" mit ausgelaugtem Alkali den spezifischen Widerstand um einige Zehnerpotenzen erniedrigen kann.

Ähnlich wie die Zähigkeit ändert sich die elektrische Leitfähigkeit mit der Temperatur über einige Zehnerpotenzen, jedoch nicht so stark wie jene. Dies hängt damit zusammen, daß sich am Fließvorgang bei mäßigen Temperaturen Kationen *und* Anionen bzw. Netzwerkstücke beteiligen, an der Leitfähigkeit dagegen nur die schwach gebundenen Kationen. Nur bei hohen Temperaturen — in der Schmelze — wandern auch die Anionen und höher geladene Kationen.

Die klassische Temperaturabhängigkeit der elektrischen Leitfähigkeit führt zu einer Gleichung:

$$\ln \varkappa = A - E_\varkappa/RT, \tag{2.30}$$

wobei A keine Konstante, sondern nach $A = \text{const} \ln 1/T$ temperaturabhängig ist. $E_\varkappa$ ist die Aktivierungsenergie der elektrischen Leitfähigkeit, R die Gaskonstante. Eine einfachere Beziehung, die meist angewandt wird (s. auch DIN 52328), ist die von Rasch und Hinrichsen:

$$\log \varkappa = \text{const.} - B/T. \tag{2.31}$$

Beim Auftragen von $\log \varkappa$ gegen $1/T$ erhält man eine Gerade. Diese hat bei der Transformationstemperatur einen Knick.

Halbleitende Gläser entstehen, wenn Nebengruppenelemente, die in verschiedenen Wertigkeiten auftreten können, vorhanden sind (Fe und Mn in Silicat- und Boratgläsern, V in Phosphatgläsern). Hier tritt neben der Ionenleitfähigkeit der Alkalien auch Elektronenleitfähigkeit bei den Nebenreihenelementen des Periodischen Systems auf (s. dazu Einleitung des 2. Kapitels). Es kommt dabei nicht nur auf die Konzentration dieser Elemente, sondern vor allem auf ihre Wertigkeit, d. h. den Sauerstoffpartialdruck der Schmelze, an.

Soll nur die Oberfläche leitend gemacht werden, kann man z. B. ein Bleiglas oberflächlich reduzieren, oder man führt einen Ionenaustausch, z. B. Na^+ durch Ag^+, durch Behandeln in einer $AgNO_3$-Schmelze und anschließende Reduktion durch.

Um eine niedrige elektrische Leitfähigkeit zu erzielen, verwendet man viel Netzwerkbildner (Al_2O_3, B_2O_3, SiO_2) und andere Oxide mit mehrwertigen Kationen (Ti^{4+}, Ti^{3+}, aber nicht beide zusammen wegen Elektronenleitfähigkeit), außerdem möglichst wenig Alkali und macht von der blockierenden Wirkung großer Kationen höherer Ladung (Ba^{2+}, Pb^{2+}) Gebrauch. In Bleigläsern nimmt nach Schaeffer u. M. [595] die Ionenleitfähigkeit mit steigendem PbO-Gehalt ab, uzw. bei Silicatgläsern schon bei niedrigeren PbO-Gehalten als bei Boratgläsern. Da entsprechend der kovalente Anteil und damit der Pb-Radius zunimmt, sinkt die Leitfähigkeit. Pb-Atome schließlich wandern im elektrischen Feld nicht. Merker [452] beobachtete beim Ersatz von PbO in $2\,PbO \cdot SiO_2$-Gläsern durch Bleihalogenide, daß hier die Anionen die Leitfähigkeit übernehmen. Sie fällt von F^- nach J^-. Wasserhaltige Bleigläser haben eine erhöhte Leitfähigkeit durch die OH^--Ionen, die eine Wasserstoffbrückenbindung zu den O^{2-} der Pb-Koordinationen bilden und damit auch deren Wanderung erleichtern [471].

Dielektrizitätskonstante

Sie steigt unmittelbar mit der Polarisierbarkeit der Ionen, also z. B. bei gleichem Stoffmengengehalt in der Reihenfolge Li—Na—K, sowie mit der Temperatur.

Dielektrischer Verlust

Er wird gemessen als tan δ, wobei δ die Verschiebung des Phasenwinkels in einem Vakuumkondensator ist. In seinem elektrischen Feld können sich Netzwerkwandler bewegen und erzeugen dadurch Leitungsverluste. Mit sinkender Temperatur und steigender Frequenz der angelegten Wechselspannung nehmen die Verluste und damit tan δ ab. Die Ionen können dem Wechselfeld nur in kleinen Bewegungen folgen. Dadurch entstehen Relaxationsverluste. Bei hohen Frequenzen kann eine Resonanz mit den Eigenschwingungen der Ionen eintreten, wodurch Resonanzverluste entstehen. Schließlich können sogar Netzwerkbruchstücke mitschwingen (Deformationsverluste). Näheres bei Stevels [642] und Amrhein [14].

2.2.5.9 Trübung

Optische Grundlagen

Die Trübung eines durchsichtigen Mediums wird dadurch hervorgerufen, daß das einfallende Licht infolge Brechung, Spiegelung oder Beugung an Grenzflächen an einem Medium anderer Lichtbrechung reflektiert oder seitlich abgelenkt wird. Das Verhältnis der Intensität dieser diffusen Streuung zur Intensität des auftreffenden Lichts ist ein Maß für die Trübungsstärke (Remissionsvermögen). Es ist um so größer, je größer der Unterschied der Lichtbrechung von Email und trübenden Teilchen, und je größer deren Zahl ist. Die Teilchen müssen außerdem eine bestimmte Größe haben. Für die erste Bedingung gilt das Fresnelsche Gesetz

$$I_r = I_0(n_2 - n_1)^2/(n_2 + n_1)^2, \tag{2.32}$$

wobei I_r die Intensität des reflektierten Lichts, I_0 die Intensität des einfallenden Lichts, die beiden Klammerausdrücke den Unterschied bzw. die Summe der Lichtbrechung der klaren Grundsubstanz und der mittleren Lichtbrechung der trübenden Teilchen bedeuten. Die Formel gilt für nahezu senkrechten Lichteinfall und für ein Teilchen. Bei einer Vielzahl von trübenden Teilchen wird das von einem Teilchen abgelenkte Licht an mehreren anderen Teilchen weitergestreut. Tabelle 2.6 zeigt einen deutlichen Zusammenhang zwischen den Lichtbrechungswerten und der Stärke der erreichbaren Trübung.

Was die Größe der Teilchen betrifft, ist folgendes zu bedenken: Sind die Teilchen zu groß, ist in der Regel gleichzeitig ihre Anzahl relativ klein und damit die Trübung schwach; außerdem wird die Oberfläche rauh und matt. Sind die Teilchen zu klein, wird das Licht weniger durch Brechung und Spiegelung als durch Beugung gestreut, und die Intensität des gestreuten Lichts ist dann stark wellenlängenabhängig. Sind die Teilchen merklich kleiner als die Lichtwellenlänge, gilt für Teilchen merklich kleiner als die Lichtwellenlänge und für gewöhnliches (unpolarisiertes) Licht die Beziehung von Lord Rayleigh, in der als entscheidender Faktor das Glied $1/\lambda^4$ vorkommt. Das bedeutet, daß das kurzwellige, blaue Licht stärker gestreut wird als das rote. Die Emails erscheinen dann je nach Teilchenzahl opalartig oder blaustichig getrübt (Nebeleffekt).

Bei größeren Teilchen ist die Theorie der Lichtstreuung von Mie (1908) gültig, die aber den Nachteil hat, daß sie nur für geringe Teilchenkonzentrationen gilt. Sie wurde von Eppler [183, 184] trotzdem auf TiO_2-Trübungen angewandt und

Tabelle 2.6. Lichtbrechungswerte von Emails und Trübungsmitteln

Substanz	Mittlere Lichtbrechung	Unterschied gegen Lichtbrechung Email	Erreichbarer Remissionsgrad (Weißgehalt) in %
Email	1,52	—	—
CaF_2	1,43	0,09	60
KF	1,36	0,16 ⎫	
NaF	1,33	0,19 ⎭	75
Gase	1,00	0,52 ⎫	
$ZnO \cdot Al_2O_3$	1,90	0,38	
$ZrO_2 \cdot SiO_2$	1,96	0,44	80—85
Sb_2O_5	2,0	0,48	
SnO_2	2,0	0,48 ⎭	
Komplexe Bleiarsenate	>2,1	>0,6	
CeO_2	2,33	0,81	
ZnS	2,37	0,85	
ZrO_2, komplexe Titanate	2,16	0,88	90—95
TiO_2 Anatas	2,52	1,0	
TiO_2 Rutil	2,75	1,23	

führte zu folgenden Ergebnissen: Die günstigste Teilchengröße liegt bei 0,2 bis 0,4 µm. Die Zahl der streuenden Teilchen ist nicht gleich der Zahl von Einzelindividuen, sondern ein Agglomerat von „nahe beieinanderliegenden" Teilchen wirkt wie ein einziges Streuzentrum; „nah" bedeutet einen Abstand von etwa 0,025 µm. Das wurde an einem statistischen Modell nachgeprüft: Nur etwa 15% der Einzelteilchen kommen zur Wirkung. Anatas trübt besser als Rutil, weil seine Teilchengröße gleichmäßiger ist, und seine Teilchen in der Regel isometrisch sind, im Gegensatz zum Rutil, der lange Nadeln bildet.

Die etwas komplizierten Berechnungen nach Mie wurden von einigen Autoren auf einfache Formeln für den Zusammenhang zwischen günstigster Teilchengröße r von trübenden Teilchen, Lichtwellenlänge λ (beide in Nanometer) und Unterschied der Lichtberechnungen Δn für das trübende Teilchen und die glasige Grundsubstanz (Matrix) zurückgeführt. Es sei diejenige von Weber [701] genannt:

$$2r = \lambda/2,1 \cdot \Delta n. \tag{2.33}$$

Sie gilt, wie die anderen, für kugelige Teilchen, demnach recht gut beispielsweise für den nahezu isometrischen Anatas. Bei Δn etwa = 1 sollte also der Teilchendurchmesser gleich der halben Lichtwellenlänge betragen, d. h. etwa 250 nm. Die Teilchengröße muß demnach z. B. für Titan-Weißemails in der Nähe der Lichtwellenlänge liegen; das Optimum liegt bei 0,5 µm Durchmesser im aufgebrannten Email.

Nach Kubelka u. M. [391] ist die „Helligkeit" (Albedo) oder Remission R der weißen Schicht für den Fall, daß der Untergrund (Grundemail) die Remission

Null hat, gegeben durch die Beziehung

$$\ln \frac{RR_\infty - 1}{\dfrac{R}{R_\infty} - 1} = rx \left(\frac{1}{R_\infty} - R_\infty \right), \tag{2.34}$$

wobei R_∞ Remission der praktisch unendlich dicken Schicht, r Remissionskonstante und x Schichtdicke ist. Aus der Messung von x, R und R_∞ läßt sich r berechnen und damit für ein gegebenes Weißemail R für beliebige Schichtdicken (s. auch DIN 5033). Diese Zusammenhänge und auch die von R_∞ mit der Absorptionskonstanten — für farbige Trübungen — hat Kyri [394] eingehend behandelt. Nachdem Meyer [460] als „Deckfähigkeit" den Reziprokwert desjenigen

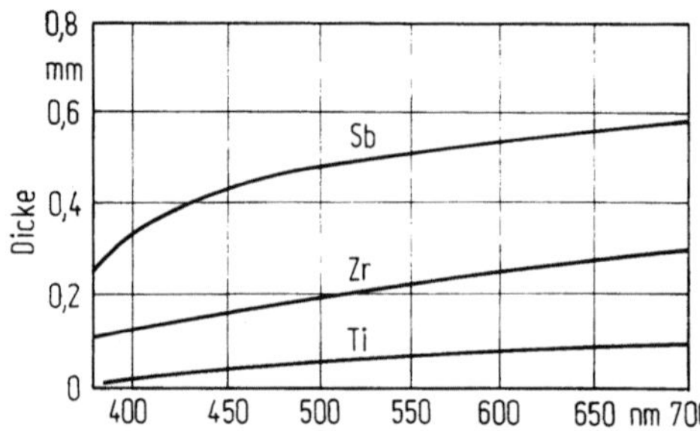

Bild 2.37. Mindestschichtdicken für deckende Titan-, Zirkon- und Antimon-Trübungen für verschiedene Wellenlängen. Nach [702]

Auftragsgewichts am gebrannten Weißemail definiert hat, bei dem 95% von R_∞ erreicht werden, ergibt sich auch ein Zusammenhang zwischen r und Deckfähigkeit. Aus spektralen Remissionsgrößen hat Weber [702] die Mindestemaildicken für TiO_2-, ZrO_2- und Sb_2O_5-Trübungen errechnet (s. Bild 2.37).

Mit steigender Menge an Trübungsmitteln nimmt die Trübung anfangs stark zu und erreicht bald einen Endwert; Dann hat es keinen Zweck mehr, höhere Zusätze anzuwenden. Die Grundzusammensetzung des Emails hat dabei maßgeblichen Einfluß.

Interessant ist die Beobachtung von Rickmann (1939), daß sich die Trübungen von zwei verschiedenen Trübungsmitteln verstärken, „aufstocken". Dies ist besonders dann der Fall, wenn die Lichtberechnungswerte der Trübungsmittel stark verschieden sind, nicht nur gegen das Email, sondern auch unter sich, also teils über dem des Emails, teils darunter liegen (z. B. Fluorid- und Oxidtrübung). Wenn zwei solche Kriställchen aneinandergrenzen, ist der Unterschied der Lichtbrechung noch größer als Kristall gegen Glas.

Strukturelle Grundlagen

Emails oder Gläser kann man mit Oxiden trüben, wenn die Feldstärke der betreffenden Kationen in der Nähe derjenigen von Si^{4+} liegt und diese Kationen nicht anstelle von Si^{4+} in das Netzwerk eintreten (s. Abschn. 2.2.4.2). Deshalb sind TiO_2, ZrO_2, SnO_2, Sb_2O_5 bzw. Sb_2O_4, CeO_2 gute Trübungsmittel. Dagegen ist z. B. ThO_2 nicht brauchbar, weil die Feldstärke von Th^{4+} zu gering ist, und Al_2O_3, weil Al^{3+} wie Si^{4+} eine Viererkoordination bildet.

Eine hohe Feldstärke des Fremdkations allein genügt aber noch nicht. Schmilzt man etwa TiO_2 in ein alkalireiches Silicatglas ein, kann sich sowohl Si^{4+} als auch Ti^{4+} ausreichend gut mit den —durch das Na_2O zusätzlich eingebrachten — reichlich vorhandenen Sauerstoffionen koordinieren. Es entstehen Titanat-Inseln in der Silicatstruktur, die durch $-O-Na-O$-Brücken mit dieser verbunden sind. Es besteht kein Grund zur Ausscheidung von TiO_2. Ist die Schmelze aber alkaliarm, oder wird das O^{2-} des Na_2O z. B. durch Al^{3+}, Zn^{2+}, Mg^{2+} oder B^{3+} zu deren Viererkoordination benötigt, so kommt es zu einer Konkurrenz im Koordinationsbestreben zwischen Si^{4+} und Ti^{4+} und damit zum Ausscheiden von TiO_2 bei mittleren Temperaturen. Man bevorzugt dabei solche Oxide, die die Zähigkeit nicht erhöhen, das sind Borsäure und Zinkoxid. Auch durch Oxide mit noch höherer Wertigkeit des Kations (Nb^{5+}, W^{6+}) läßt sich die TiO_2-Löslichkeit erniedrigen; es entstehen dabei sehr kleine Anataskristalle, so daß ein bläuliches Weiß entsteht (Nebeleffekt), was einer Cremefärbung durch gleichzeitig anwesenden Rutil entgegenwirkt.

Von den genannten Trübungsmitteln geht TiO_2 beim Einschmelzen ganz, von den anderen nur ein Teil in Lösung. TiO_2 scheidet sich beim Aufbrennen der bis dahin klaren Emailkörnchen aus. Dieses Prinzip ist das wirksamste, weil bei der relativ niedrigen Einbrenntemperatur die Keimbildung groß, die Wachstumsgeschwindigkeit aber klein ist (s. Abschn. 2.2.3.1). Voraussetzung ist, daß die Löslichkeit mit sinkender Temperatur rasch abnimmt, was bei den Oxiden mit starken Kationen der Fall ist.

TiO_2 kann sich als Rutil oder als (instabiler) Anatas ausscheiden. Ersterer ist wegen seiner Neigung zur Gelbfärbung — durch Anreduktion oder mit Spuren Cr_2O_3 — unerwünscht. Anatasausscheidung erreicht man durch einige Prozente P_2O_5 im Email; sie erhöhen die Anatasausscheidung doppelt so stark wie die von Rutil. Mögliche Erklärung: Nach Knoll u. M. [371] erhält man aus wäßrigen Ti-Salzlösungen durch Fällen mit NH_3 Anataspräparate, die sich bei unterschiedlichen Temperaturen in Rutil umwandeln. Die Rutilbildung war in der Reihenfolge NO_3^-, CO_3^-, SO_4^{2-}, F^- als Anion erschwert, d. h. mit abnhmender Polarisierbarkeit des Anions. Da auch PO_4^{3-} wenig polarisierbar ist, erscheint seine Wirkung verständlich. Umgekehrt fördert nach Millar [470] Alkali die Gelbfärbung, d. h. die Rutilbildung. Alkali bringt leicht polarisierbaren Sauerstoff in das Email. Dagegen scheint zu sprechen, daß Anatas eher in K_2O-haltigen Emails erscheint als in Na_2O-haltigen, doch sind die diesbezüglichen Literaturangaben in % Massengehalt, nicht in % Stoffmengengehalt.

Anatas entsteht in der Glasmasse, Rutil bevorzugt an der Teilchenoberfläche. Mit der leichteren Keimbildung des Anatas ist auch zu erklären, daß er sich bei steigender TiO_2-Konzentration schon bei tieferen Temperaturen ausscheidet, was bei Rutil nicht der Fall ist. Da beide Kristallisationsvorgänge nach [664] exotherm verlaufen, ist bei Fritten, deren DTA-Maxima möglichst weit voneinander entfernt sind, mit einer bevorzugten Anatasausscheidung zu rechnen. Liegt die DTA-Spitze für Anatas oberhalb der Einbrenntemperatur, so ist die Trübung stabil, liegt sie unterhalb, ist sie instabil [8].

Im Laufe des Einbrennprozesses verringert sich der Anteil an Anatas oder er verschwindet ganz, während die Rutilmenge zunimmt. Es handelt sich nach Eppler [185] nur zum geringen Teil um eine Umwandlung, vielmehr geht der instabile

Anatas in Lösung und aus der Schmelze kristallisiert Rutil. Die Aktivierungsenergie für die Umwandlung beträgt 366 kJ/mol, für die Kristallisation von Anatas 134 kJ/mol und für Rutil 117 kJ/mol.

Für die trübende Wirkung von Antimonoxid und allen Antimonaten soll die Anwesenheit von Kalk und Fluoriden günstig sein, weshalb verschiedentlich eine Verbindung mit der Struktur von Sb_2O_5 und den Bestandteilen Ca, Sb, O und F vermutet wird. Nach [211] scheidet sich aber nur Sb_2O_5 aus. Sb_2O_3 und Sb_2O_4 wurden beim oxidierenden Einschmelzen bzw. Aufbrennen nicht beobachtet.

Neben TiO_2, ZrO_2 und Sb_2O_5 haben andere Trübungsmittel nur geringe Bedeutung. CeO_2 ist teuer, und man braucht verhältnismäßig hohe Konzentrationen (bis zu 16%) zusammen mit Li_2O und Fluoriden, um eine gleichwertige Trübung zu erreichen. SnO_2 scheidet ebenfalls wegen des hohen Preises aus.

Für niedrigere Aufbrenntemperaturen kann man im System $PbO-B_2O_3-SiO_2$ (mit einem Massengehalt von $50-25-25\%$) ohne zusätzliche Trübungsmittel allein durch das Bestreben zur Phasentrennung eine Trübung erzeugen; sie wird durch Zugabe von TiO_2 oder ZrO_2 verstärkt. In Aluminiumemails kann man auch mit $PbO \cdot Sb_2O_5$ bzw. $PbO \cdot 3 Sb_2O_5$ trüben. Ähnlich wirkt MoO_3 in Bleiemails. Arsenoxide trüben in Bleiemails entweder als Verbindungen mit Apatit-Struktur, z. B. $Pb_5(AsO_4)_3F$ bei geringem Alkaligehalt des Emails, oder als Mischkristalle zwischen $NaPbAsO_4$ und Pb_2SiO_4 [454, 455].

Man kann aber nicht nur mit starken Kationen, sondern auch mit Fremdanionen trüben, die — wie in Abschn. 2.2.4.5 gesagt —, nur beschränkte Löslichkeit haben. So gibt das schwer polarisierbare F^- mit Ionen der Hauptreihenelemente Na^+ und Ca^{2+} Trübungen, die aber wegen des geringen Unterschiedes der Lichtbrechungswerte zwischen trübendem Teilchen und Glasmatrix den heutigen Ansprüchen nicht mehr genügen. Das Gleiche gilt für Phosphattrübungen. S^{2-} gibt mit dem Nebenreihenelement Zn^{2+} ein zwar besseres, aber nicht oxidations- und lichtbeständiges Trübungsmittel.

2.2.5.10 Färbung

Email kann auf verschiedene Weise gefärbt werden:

a) durch Metallsalze, meist -oxide, die beim Schmelzen völlig in Lösung gehen und auch beim Abkühlen in Lösung bleiben (Beispiel: CoO). Nur bei ihnen ist das Lambert-Beersche Gesetz im allg. erfüllt: Für eine bestimmte Wellenlänge ist die Extinktion (log 1/Durchlässigkeit) proportional der Schichtdicke und Farbstoffkonzentration;

b) durch Metallsalze, die beim Schmelzen in Lösung gehen, sich aber beim Abkühlen der Schmelze oder beim Aufbrennen als solche oder in anderer Form ausscheiden (Anlauffarben; Beispiel: Au);

c) durch Metallverbindungen, die dem geschmolzenen Email beim Mahlen zugesetzt werden und beim Aufbrennen des Emails möglichst wenig vom Email aufgelöst werden dürfen (Farbkörper);

d) durch Gase oder Dämpfe, die in der Regel ungewollt beispielsweise ein weißes Email verfärben (reduzierende Atmosphäre, verdampfende Schwermetalloxide von Heizspiralen u. dgl.).

Zu a). Unter den Lösungsfarben hat man zu unterscheiden zwischen solchen, bei denen das färbende Kation nur in einer bestimmten Wertigkeit im Email vorkommt (Co^{2+}, Ni^{2+}, Pr^{3+}, Nd^{3+}) und solchen, die verschiedene Wertigkeiten haben können (Fe, Mn, Cr, V, Cu, Ce). Bei allen Farbkationen spielen die umgebenden elektrischen Felder eine mehr oder weniger große Rolle. So kann das Cu^{2+} blau oder grün färben, je nachdem, ob in seiner Umgebung schwache, wenig polarisierende Kationen vorhanden sind (Alkalien) oder viele höher geladene stark polarisierende (B^{3+}, Ti^{4+}, Pb^{2+}). So wird in Analogie zu kristallisierten Cu-Verbindungen beim blaufärbenden Cu^{2+} eine $[CuO_6]$-Koordination mit etwa gleich großen $Cu-O$-Abständen vorliegen; ist diese Koordination aber von starken Feldern umgeben, so werden zwei $Cu-O$-Abstände größer nach dem Schema $O-CuO_4-O$, wobei $[CuO_4]$ als planare Gruppe erhalten bleibt: grün. Eine andere Verzerrung der Koordination ist im kristallinen gelben PbO gegeben; im Glas kann sich Pb^{2+} gleichmäßiger koordinieren und färbt nicht.

Erst recht ändert sich die Farbe bei Koordinationswechsel: $[CoO_6]$ rosa, $[CoO_4]$ blau, $[NiO_6]$ grün bis gelb, $[NiO_4]$ blau. Hier hat jede Koordination ihre eigene, charakteristische Absorptionskurve.

Die niedrigere Koordination bildet sich bevorzugt bei Anwesenheit schwacher Fremdkationen, die höhere mit stärkeren Kationen. Während die $[CoO_4]$-Koordination sehr stabil ist, ist Ni^+ sehr empfindlich: NiO färbt in einem Kaliglas blau, in einem Li-Glas gelb. In Natrongläsern sind beide Koordinationen vorhanden; sie ergeben, da sich ihre Absorptionskurven überlappen, zusammen grau. Auch Fe^{3+} ändert seine Farbe mit der Koordination bzw. Umgebung: In Kaligläsern färbt es schwach gelbgrün, in Na- oder Li-Gläsern sowie kalkhaltigen Schlacken gelb bis tiefbraun. In den Na-Systemen liegt bei niederen Fe_2O_3-Gehalten das Fe^{3+} teils als $[FeO_4]$-Gruppe, teils als $[FeO_6]$ vor, mit steigendem Fe^{3+}-Gehalt bevorzugt als $[FeO_2]$ [66].

Demgegenüber sind die Seltenen Erden weitgehend unempfindlich gegen äußere Felder, weil hier nicht die äußere, sondern eine innere, nicht aufgefüllte Elektronenschale für die Färbung verantwortlich ist. Nd_2O_3 färbt rot-violett, Pr_2O_3 grün.

Ändert sich bei einem gelösten Farbkation die Wertigkeit, so ändert sich, ähnlich wie bei einem Koordinationswechsel, das Absorptionsspektrum grundsätzlich. So färbt Fe^{2+} blau, Fe^{3+} gelb, Cr^{3+} grün, Cr^{6+} als Chromat gelb usf.

Eine Oxidationsgleichung darf man nicht etwa in der Form $2\,FeO + {}^1/_2\,O_2 = Fe_2O_3$ oder abgekürzt $2\,Fe^{2+} + {}^1/_2\,O_2 = 2\,Fe^{3+} + O^{2-}$ schreiben, weil sonst eine Erhöhung der Sauerstoffionenaktivität (Basizität) nach dem Massenwirkungsgesetz eine Reduktion von Fe^{3+} zu Fe^{2+} bewirken müßte, was nicht der Fall ist. Man muß davon ausgehen, daß die höheren Oxidationsstufen ein Komplexanion mit nO^{2-} bilden. Das Reaktionsschema lautet:

$$4\,Fe^{2+} + (4n-2)\,O^{2-} + O_2 = [Fe^{3+}\,O_n^{2-}]^{2n-3}. \tag{2.35}$$

Damit kommt zum Ausdruck: Je höher die Sauerstoffionenaktivität (Basizität der Schmelze) und/oder der Sauerstoffpartialdruck (je mehr oxidiert wird), um so mehr bildet sich die höhere Oxidationsstufe, und umgekehrt: Je saurer eine Schmelze und je niedriger der Sauerstoffpartialdruck (je mehr reduziert wird), um so mehr entsteht die niedrigere Oxidationsstufe. Für das $Cr^{3+} - Cr^{6+}$-Gleichgewicht würde die Gleichung lauten:

$$4\,Cr^{3+} + 10\,O^{2-} + 3\,O_2 = 4[Cr^{6+}\,O_4^{2-}]^{2-}\,. \tag{2.36}$$

Analoges gilt für die Gleichgewichte $Cu^{2+} - Cu^{1+}$ (farblos), $V^{5+} - V^{4+} - V^{3-}$, $Mn^{3+} - Mn^{2+}$, $Ti^{4+} - Ti^{3+}$ usw. Mit steigender Temperatur verschieben sich die Gleichgewichte in Richtung niedriger Wertigkeit.

Die rot-violette Manganfärbung rührt von einem kleinen Anteil an Mn^{3+} her; die Hauptmenge liegt als Mn^{2+} vor und färbt nur sehr schwach gelb. Unter hohem O_2-Druck konnten Möttig u. M. [473] mit 0,1% MnO tiefrote, fast schwarze Gläser erhalten.

Zu b). Werden kleine Mengen von Goldsalzen (hundertstel Prozente) unter stark oxidierenden Bedingungen eingeschmolzen, geht Au zunächst als Ion in Lösung, scheidet sich dann aber bei Verminderung des inneren Sauerstoffpartialdrucks der Schmelze zunächst atomar, dann unter Konglomeratbildung fein verteilt aus, da freie Metalle nur eine äußerst geringe Löslichkeit im Email besitzen. In dieser Form färbt es rubinrot. Der Vorgang spielt sich besonders leicht ab, wenn beispielsweise As_2O_3, PbO und Salpeter miteingeschmolzen werden. Es bilden sich zunächst As_2O_5 bzw. Arsenate, die bei Schmelztemperaturen unter Zersetzung einen hohen Sauerstoffpartialdruck in der Schmelze bilden und das Au^+ in Lösung halten. Mit sinkender Temperatur entzieht das gebildete As^{3+} der Schmelze Sauerstoff unter Rückbildung von As^{5+}, wobei sich Au metallisch ausscheidet. Analog wirkt CeO_2 [97, 123] und wohl auch Pb^{2+} bzw. anteilig Pb^{4+}.

Die Färbung entsteht durch Beugung des Lichts an den Metallteilchen und hängt entscheidend von deren Größe ab.

Zu den Anlauffarben zählen auch Urangelb und besonders Uranrot — Ausscheidung von Bleiuranat [567].

Zu c). Als zur Mühle zugesetzte oxidische Farbkörper kommen solche Kristallarten in Betracht, deren Gitter besonders stabil sind. Es sind dies vor allem Spinelle der Grundformel $MgAl_2O_4$ oder Perowskite $CaTiO_3$, wobei statt Mg^{2+} bzw. Ca^{2+} ebenso wie statt Al^{3+} bzw. Ti^{4+} entsprechend große Farbionen treten. Dadurch entsteht eine große Variationsmöglichkeit.

Hierher gehören auch das schwerlösliche Al_2O_3 und Verbindungen wie $CaSnO_3$, die Cr_2O_3 in ihr Gitter aufnehmen können. Dabei wird die etwas zu große $[CrO_6]$-Koordination komprimiert, und das Cr^{3+} färbt rubinrot. (Über 6 bis 8% erzwingt es eine Gitteraufweitung und färbt grün.) Es hat zwei Maxima im reflektierten Licht, weshalb es bei Tageslicht grauer, bei Kunstlicht rötlicher aussieht.

In Titan-Weißemails ändern die meisten konventionellen Farbkörper ihren Farbton, zersetzen sich oder werden ganz aufgelöst. Zum Anfärben von Bortitan-Weißemails mußten neue „Rutil-Farben" entwickelt werden, bei denen in dem stabilen Rutilgitter einzelne Ti^{4+} durch die Farbzentren Co^{2+}, Ni^{2+} usw. zusammen mit höherwertigen Ionen von Sb, W u. dgl. zum Valenzausgleich in statistischer Verteilung ersetzt werden [404]. Dadurch unterscheiden sie sich von den einfachen Titanfarbkörpern auf der Basis $2MgO \cdot TiO_2$ oder $2ZnO \cdot TiO_2$, wobei Mg bzw. Zn teilweise durch Co oder Ni ersetzt ist. Über andere Mischphasenpigmente, Oxide oder Fluoride der Formel AB_2 mit Rutilstruktur s. [317]. Um die langsame

Diffusion der Farbionen in das Rutilgitter zu umgehen, geht man nicht von Rutil, sondern von reaktionsfähigen Titanverbindungen aus.

Zu d). Durch eine reduzierende Atmosphäre beim Schmelzen oder Aufbrennen kann beispielsweise ein Titanemail je nach Zusammensetzung eine graubraune oder bläuliche Färbung (Ti^{3+}) bekommen. Ist das trübende TiO_2 als Rutil vorhanden, nimmt dieser gierig selbst Spuren von Cr auf [397, 567], und zwar in der sonst sehr instabilen Form des CrO_2, weil dieses das gleiche Gitter wie Rutil hat [141]. Spuren von Chrom färben dann creme bis gelb, mehr Chrom braun bis schwarz. TiO_2 als Anatas mit dem ganz andersartigen Gitter vermag dagegen kein Chrom aufzunehmen und gibt eine rein weiße Trübung. Da rutilfreie Titantrübungen schwer zu erhalten sind, kann man sich mit einem kristallchemischen Trick helfen: Baut man höherwertige nichtfärbende Elemente (Nb, Ta, Mo, W) in kleinen Mengen ($< 0,1\%$) in das Rutilgitter ein, entsteht zum Valenzausgleich etwas blaufärbendes Ti^{3+}, das die Gelbfärbung durch Cr kompensiert [397].

Eine andere Gruppe von Farbkörpern hat als Wirtgitter ZrO_2 oder $ZrSiO_4$ [187], am besten nicht als fertige Verbindung, sondern zum leichteren Einbau der Farbzentren „in statu nascendi", d. h. man läßt es sich zusammen mit diesen erst bilden. Hierher gehören: Zr—V-Blau auf $ZrSiO_4$-Basis mit V^{4+}, wobei kleine Mengen Alkali und Fluoride als Mineralisatoren wirken, Zr—V-Gelb mit 95% ZrO_2, 5% V_2O_5, Zr—Pr-Gelb auf $ZrSiO_4$-Basis mit NaCl und Na_2MoO_4 als Mineralisatoren (mit Zr—V-Blau gemischt, gibt es ein beständiges Grün), Zr—Fe-Pink und Korall auf $ZrSiO_4$-Basis und Fluoriden als Mineralisatoren. Im Gegensatz zu Cr-Pink hat Zr—Fe-Pink nur *ein* Maximum im reflektierten Licht, es hat bei Tages- und Kunstlicht die gleiche Farbe. Empfindlicher, aber im Farbton ähnlich, ist das Sn—V-Gelb und das Sn—Pr-Gelb mit SnO_2 als Wirtgitter.

Unter den nicht-oxidischen Farbkörpern spielt das intensiv gelbe CdS und der Mischkristall Cd(S, Se), der je nach dem Verhältnis S:Se von gelb über orange bis tiefrot gefärbt sein kann, die Hauptrolle, daneben auch FeS (schwarz). Nach den Betrachtungen in Abschn. 2.2.4.5 haben solche Verbindungen mit Fremdanionen eine geringe Löslichkeit. Bedingt durch Gitterfehlstellen kann Cd(S, Se) Lumineszenz zeigen.

Farboptik

Besonders die Notwendigkeit, farbige Emaillierungen auf farbig glasierte Keramik abzustimmen (etwa Badewannen auf die Wandfliesen), aber auch Ersatzlieferungen, machten es erforderlich, die Farben von Emaillierungen genau zu definieren und zu reproduzieren. Mit der Frage hat sich Dekker [107] eingehend befaßt. Zwar gibt es verschiedene Farbsysteme mit Farbkarten, auch die genormten nach DIN 6164, sie haben aber für den praktischen Gebrauch zwei Nachteile: Ein und derselbe Farbeindruck kann durch Remission in ganz verschiedenen Spektralbereichen zustande kommen. Der Eindruck „grün" kann beispielsweise durch ein einigermaßen spektralreines Grün oder durch Gelb + Blau entstehen. Den Unterschied bemerkt man, wenn man beide Farbproben bei verschiedenem Licht betrachtet: Das spektralreine erscheint bei jeder Beleuchtung grün, gegebenenfalls heller oder dunkler. Das gemischte Grün dagegen ist bei Tageslicht blau-, bei Kunstlicht gelbstichig. Solch „metamere" Farben und ihre Problematik hat

Joseph [336] behandelt. Zum anderen ist es an Hand von Farbkarten nicht möglich, feine Differenzierungen zu erfassen. Daher hilft letztlich nur die Bestimmung der spektralen Remissionskurven. Solche Messungen erlauben, Farbunterschiede zu messen, die das Auge nicht mehr wahrnimmt. In Bild 2.38 sind die Remissionskurven von rosa gefärbten Emailproben vier verschiedener Firmen wiedergegeben;

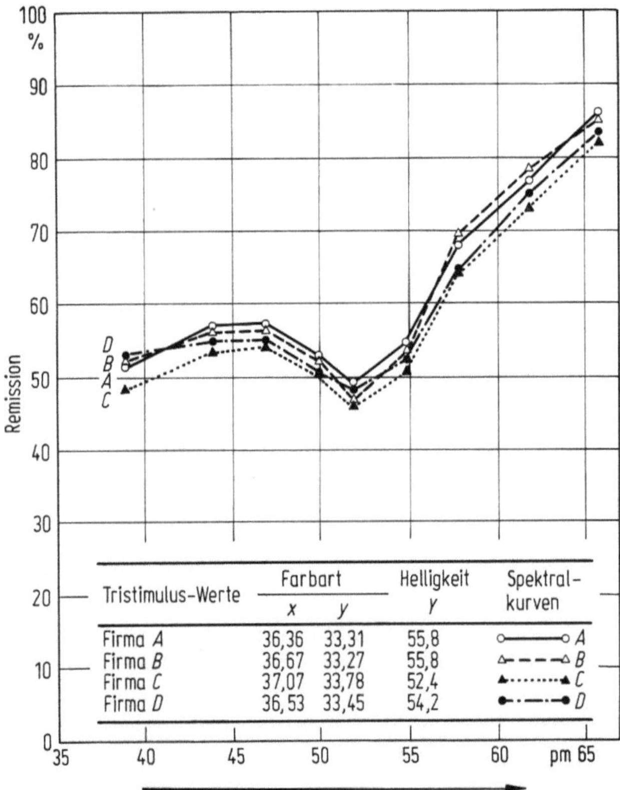

Tristimulus-Werte	Farbart		Helligkeit	Spektral-kurven
	x	y	Y	
Firma A	36,36	33,31	55,8	o———o A
Firma B	36,67	33,27	55,8	△———△ B
Firma C	37,07	33,78	52,4	▲·······▲ C
Firma D	36,53	33,45	54,2	●—·—·● D

Bild 2.38. Remissionskurven für rosa gefärbte Emails. Nach [107]

die Unterschiede sind visuell nicht zu erfassen. Die Grenzen der Unterscheidbarkeit von Farben sind in Bild 2.39 als „Unterscheidbarkeitsellipsen" nach McAdam 10fach vergrößert in das Farbdreieck eingetragen. Die Zahlen am Rande bedeuten die Wellenlängen in Nanometer der farbtongleichen Spektralfarben für eine Körperfarbe, angefangen von 400 nm = Violett, über Blau, Grün (520 nm), Gelb bis Rot mit 700 nm. Auf der Geraden zwischen 400 und 700 nm liegen die im Spektrum nicht vorhandenen Purpur-Mischfarben (Violett und Rot).

Eine Farbe ist nach dem C.I.E.-System (Commission Internationale d'Eclairage) gekennzeichnet durch die drei Normfarbwertanteile x, y und z sowie die Helligkeit Y. $x + y + z$ wurde $= 1$ gesetzt, so daß die Angabe von x, y und Y genügt. Reinstes Weiß hat $x = y = 0{,}33$, $Y = 1{,}0$. Für die rosa gefärbten Emails sind in Bild 2.38 die drei Werte in Prozenten angegeben.

Emailfarben sind Mineralfarben und bleichen deshalb nicht aus. Sollte ein
Farbemail im Laufe der Zeit trotzdem verblassen, so beruht dies auf einer Zerstörung der Matrix, was eine Aufrauhung und Lichtstreuung bewirkt.

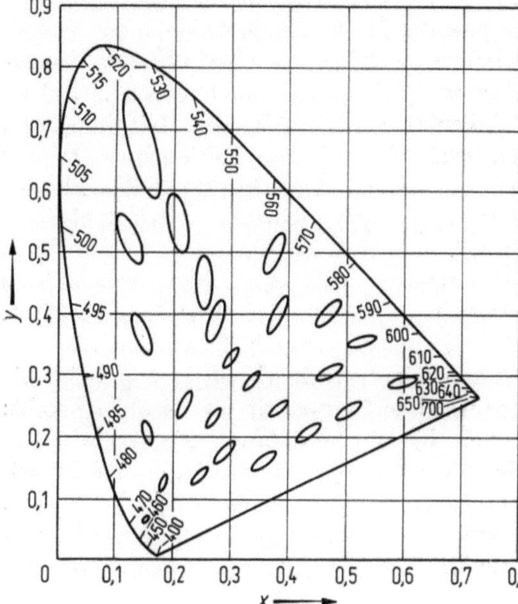

Bild 2.39. Farbunterscheidbarkeitsellipsen
(zehnfach vergrößert),
nach McAdam. Aus [107]

2.2.5.11 Gase in Glas

Alle Gase können in Glasschmelzen physikalisch, manche auch chemisch gelöst
werden. Die *physikalische* Löslichkeit ist gering. Sie beträgt selbst für das kleine
He-Atom nur 2 bis $5 \cdot 10^{-3}$ Ncm³/cm³ Glas bei 1400 °C und 1 bar [482], für Stickstoff 10^{-5} Ncm³/cm³ Glas $= 10^{-6}\%$ Massengehalt, jeweils bei 1 bar Gasdruck [480,
481]. Physikalisch gelöste Gase können deshalb keine Fehler verursachen. Sie sind
dagegen wichtig bei Diffusionsvorgängen.

Die Gase sind in den Hohlräumen der Struktur untergebracht; ihre Löslichkeit
nimmt deshalb mit steigender Besetzung der Hohlräume z. B. durch Alkalien ab,
wobei 1 Li^+ ziemlich genau den Platz von 1 He beansprucht [614].

Eine Reihe von Gasen, vor allem H_2O [216], O_2, $SO_2 + O_2$ bzw. SO_3, und unter
reduzierenden Bedingungen N_2 können auch *chemisch* gelöst sein. Die Löslichkeit
steigt mit Alkaligehalt und Temperatur. Sie ist beachtlich, nämlich 10^3 bis 10^4mal
so groß wie die physikalische. H_2O löst sich als OH^-, $SO_2 + O_2$ als SO_4^{2-}, O_2 in
Form höherer Oxidationsstufen, N_2 unter reduzierenden Bedingungen als N^{3-},
NH^{2-} oder NH_2^- [480, 481]. Für die Sulfatbildung und -zersetzung lautet die
Formulierung:

$$2SO_2 + 2O^{2-} + O_2 \rightleftharpoons 2SO_4^{2-}. \tag{2.37}$$

Sulfat bildet sich um so leichter, je höher die O^{2-}-Ionenaktivität ist, d. h. je
basischer die Schmelze, je höher die Partialdrücke der Gase SO_2 und O_2 sind, und

je niedriger die Temperatur ist. Daß Stickstoff unter reduzierenden Bedingungen in erheblichen Mengen chemisch gelöst werden kann, ist emailtechnisch wichtig. Wurde das Email reduzierend erschmolzen, entsteht beim oxidierenden Aufbrennen freier Stickstoff als Bläschen.

Bei der Löslichkeit von Wasser (als OH^-) in Glas tritt eine Konkurrenz zwischen H^+ und den anderen Kationen im Sinne der Feldstärkentheorie ein (s. Abschn. 2.2.5.3). Die Löslichkeit steigt deshalb mit sinkender Feldstärke der Fremdkationen und mit deren steigender Konzentration, d. h. mit steigender Basizität. Mit steigender Acidität nimmt die Löslichkeit zunächst ab, um in Richtung B_2O_3 und erst recht P_2O_5 anzusteigen [214]. Das Minimum liegt beispielsweise im System $K_2O-B_2O_3$ — entsprechend der höheren Acidität von B_2O_3 gegenüber SiO_2 — bei einem Stoffmengengehalt von etwa 25% K_2O, entsprechend bei 45 bis 50% Na_2O, im Li_2O-System noch höher [215].

Wenn durch Temperatursteigerung, Änderung der Zusammensetzung des Glases oder chemische Reaktionen Gase frei werden, sind sie zunächst physikalisch gelöst. Da diese Löslichkeit gering ist, wird die Schmelze rasch übersättigt. Das Gas kann durch Diffusion entweichen, wenn sein Diffusionskoeffizient groß ist wie beispielsweise bei Wasser [608], oder wenn genügend Zeit zur Verfügung steht; andernfalls steigt der innere Gasdruck, bis die Zerreißfestigkeit der Schmelze erreicht ist, und eine neue innere Oberfläche (Blase) entsteht. Die Zerreißfestigkeit liegt für Flüssigkeiten mit einer Oberflächenspannung um 300 mN/m bei 10^4 bar. Solche O_2-Drücke wurden elektrochemisch tatsächlich gemessen [97]. Das Entstehen einer Blase gleicht also einer Explosion in winzigen, strukturellen Bereichen ($\sim$ 1 nm).

Ebenso wichtig wie die Löslichkeit ist die Diffusion von Gasen durch eine Glasschmelze. Selbst das kleine He wandert nicht nur durch die Hohlräume der Struktur, sondern auch nach Art einer Kugel durch eine Flüssigkeit, d. h. in Kanallücken, die durch das vorübergehende Aufreißen von Bindungen der Struktur entstehen [220]. Die Diffusion ist damit eng mit der Zähigkeit der Schmelze verbunden. Für Gase mit größerem Atom- oder Moleküldurchmesser wird die letztere noch entscheidender. So konnte für Wasserdampf die einfache Beziehung

$$-\log D = \log \eta + 5{,}82 - \frac{4\,100}{T} \qquad\qquad (2.38)$$

mit η Zähigkeit und T Temperatur in K gefunden werden [613]. Die Diffusionskonstante D beträgt für He in einem Alkali-Kalk-Magnesia-Silicatglas rd. 2,9 $\cdot 10^{-5}$ cm²/s bei 936 °C, für Neon rd. 1,7 $\cdot 10^{-6}$ [221] und für N_2 unter 6,5 $\cdot 10^{-8}$ cm²/s [222]. Für ein einfaches Natron-Kalk-Glas liegt D für Wasserdampf bei 1400 °C um 4,7 $\cdot 10^{-6}$ cm²/s.

2.2.6 Trockenes Mahlen

Die fertige Emailschmelze wird durch Einlaufenlassen in Wasser (Auslaugung!) oder besser zwischen gekühlten Walzen abgeschreckt. Die so erhaltene Fritte (Granalien) muß gemahlen werden, entweder trocken für die Puderemaillierung oder naß zur Herstellung eines Schlickers, meist unter Beigabe verschiedener Zusätze.

Beim Trockenmahlen wird das (wenn nötig getrocknete) Gut in der Regel durch Schlag oder schleifende Beanspruchung, also durch Druck- und Scherkräfte zerkleinert. Für die Zertrümmerung eines Emailkörnchens gilt das in Abschn. 2.2.5.5 bezüglich Kerbstellen Gesagte.

Ein Mahlgut ist um so schwerer zu zerkleinern, je kleiner seine Körner geworden sind, weil die größten und wirksamsten Kerbstellen zuerst verbraucht wurden. Praktisch haben Teilchen unter etwa 1 μm keine Kerbstellen mehr, sie sind quasiplastisch und mit üblichen Mitteln nicht weiter zu zerkleinern. Hinzu kommt, daß die an den neuen Teilchenoberflächen entstandenen freien Bindungen sofort wieder eine Aggregation hervorrufen. Dem kann man entgegenwirken, indem man dem Mahlgut kleine Mengen radioaktiver Substanzen zumischt, die die Luft ionisieren und dadurch die freien Bindungen absättigen [272], [683]. Frisch gemahlener Quarz und auch gemahlenes Glas binden Sauerstoff und verhalten sich dann wie ein Oxidationsmittel [717].

Der Wirkungsgrad W einer Mahlanlage $= A_i/A$, wobei A_i die ideale (theoretische) Arbeit zur Erzeugung der erzielten neuen Oberfläche, also bei 1 m² die Oberflächenenergie des Festkörpers (in J/m²) ist, A die gesamte tatsächlich verbrauchte Arbeit. A_i liegt bei Emails in der Größenordnung von 0,3 J/m², W zwischen 0,1 und 1%. Rasch [558] berechnete für einen Idealfall ein W von etwa 4%; der größte Teil der Energie wird durch Verformungen verbraucht bzw. in Wärme umgesetzt.

Bei der Feinzerkleinerung gilt das „Arbeitsgesetz der technischen Feinzerkleinerung": Technischer Arbeitsaufwand/Oberflächenzuwachs = const.; die Konstante hängt nur von Maschinen- und Mahlgutart ab. Beispiel: Feinmahlung von Quarz: Arbeit in J/m² Oberflächenzuwachs bei Kugelmühle 910, Walzenmühle 130, Kugelfallwerk 57. Der Wirkungsgrad ist in der gleichen Reihenfolge 0,06, 0,4 bzw. 1%.

Praktisch kommt es auf die Zerkleinerungs*geschwindigkeit* an, sie wird erkauft auf Kosten des Wirkungsgrades.

Beim normalen Mahlvorgang entsteht kein zufälliges Korngemisch, die Kornverteilung gehorcht einer Gesetzmäßigkeit. Das Mahlgesetz von Rosin-Rammler [582] bzw. Sperling [583] lautet:

$$R = 100 \exp\left(-bx^n\right). \tag{2.39}$$

R ist die Masse Rückstand (in %) auf dem Sieb der Korngröße x (in μm), b und n sind Konstanten (n nahe bei 1). Trägt man $\log\{\log(100/R)\}$ gegen $\log x$ auf, erhält man in der Regel Gerade. n ergibt sich aus der Steigung der Geraden, b kann durch Einsetzen eines Wertpaares R_i und x_i ausgerechnet werden; denn es ist

$$\log(\log 100/R) = \log b + \log(\log e) + n \log x. \tag{2.40}$$

e ist die Basis des natürlichen Logarithmus. Darstellung von Korngrößenverteilungen: Grundlagen DIN E 66142; Potenznetz DIN 66143; logarithmisches Normalverteilungsnetz DIN 66144; RRSB-Netz DIN 66145.

2.2.7 Naßmahlen und Verschlickern

Das Verschlickern hat den Zweck, das Email in eine solche Beschaffenheit überzuführen, daß es sich als leicht fließender „sahniger" Brei in dünner Schicht auf die Metallunterlage auftragen läßt.

2.2.7.1 Physikalische Vorgänge an den Email- und Quarzkörnchen

In Abschn. 2.2.5.5 wurden Beziehungen zur Berechnung der theoretischen Zerreißfestigkeit angegeben, Gl. (2.22), (2.23). Beim Mahlen an Luft hat dabei γ den Wert der Oberflächenspannung. In Kontakt mit einer Flüssigkeit bekommt γ einen anderen Wert (Grenzflächenspannung). Es ist bekannt, daß beispielsweise auch die Ritz- oder Schleifhärte vom angrenzenden Medium abhängen. So verhält sich die Schleiffestigkeit von Quarz in Wasser zu der in Oktanol wie 1:0,55, und die auf abgeschliffene Volumina bezogene Schleifarbeit beträgt 0,58 bzw. 0,32 J/m². Beim Naßmahlen kann so durch Zusatz oberflächenaktiver Stoffe γ und damit σ_z verkleinert, der Mahleffekt also verbessert werden.

Beim Mahlvorgang wird ein Teil der mechanischen Energie in Wärme umgesetzt. Damit die Emailkörnchen nicht in unkontrollierbarer Weise ausgelaugt werden, kühlt man die Mühlen durch Berieseln, vor allem im Sommer.

Aus dem starken Koordinations- oder Abschirmbestreben des Si^{4+} heraus ist es verständlich, daß die Struktur von Kristallen (Quarz, Feldspat) an den neuentstandenen Oberflächen bis zu einer gewissen Tiefe stark gestört ist. Rehbinder u. M. [559] messen dieser „Amorphisierung" der Oberflächenschichten für die Reaktionsfähigkeit wesentliche Bedeutung bei; der DTA-Effekt verschwindet bei feingemahlenem Quarz [212].

2.2.7.2 Chemische Vorgänge beim Mahlen

Aus Gründen, die weiter unten behandelt werden, wird das Email in der Regel in alkalischem Wasser gemahlen. Es gilt also das, was in Abschn. 2.2.5.3 über die alkalische Auslaugung gesagt wurde. Es werden vor allem Alkali und Borsäure ausgelaugt, aber auch das silicatische Grundgerüst der Emailstruktur wird langsam zerstört. So fanden Hurst u. M. [319] vor allem NaF, $NaBO_2$, $Na_2B_4O_7$, Na_2SiO_3, daneben SiO_2 und Al_2O_3-Hydratgele im Mühlenwasser. Diese Auslaugung ist deshalb erheblich stärker als bei Oberflächen aufgebrannter Emails, weil die Reaktionsoberfläche durch das Mahlen stark vergrößert ist, und an jeder Bruchfläche freie Bindungen entstanden sind, die sofort abgesättigt werden. Damit diese Vorgänge einen gewissen Endzustand erreichen, ist einer der Gründe, weshalb man den Schlicker meist zwei bis acht Tage ruhen, „altern" läßt, eventuell unter leichtem Quirlen. Dabei spielen sich nach Kyri [400] noch andere Vorgänge ab. Beim Altern ändert sich auch die Korngrößenverteilung in unerwarteter Weise: Das Maximum verschiebt sich z. B. von 20 nach 30 µm. Das bedeutet, daß aus den größeren Emailteilchen durch die Auslaugung Splitterchen herausgeplatzt sind, wodurch der Anteil an ganz feinen Teilchen ($\sim$ 5 µm) ansteigt, während dieser Vorgang bei etwa 30 µm-Teilchen Halt macht. Als Erklärung wäre denkbar, daß die groben Körnchen bei der Zertrümmerung neue Kerbstellen bekommen, an deren Grund das anwesende oder sich bildende Alkali unter Aufspaltung des Netzwerks zu den feinen Abplatzungen führt. Je kleiner ein Teilchen, um so weniger Kerbstellen hat es, es wird mehr und mehr physikalisch homogen (s. Abschn. 2.2.5.5).

Nach zahlreichen Untersuchungen erhält man aus borhaltigen Emails die besten Schlicker, wenn hier das Na_2O/B_2O_3-Verhältnis um 1 liegt, bei säurebeständigen oder borarmen Emails bei 2 und höher; ist viel Fluorid in Lösung, kann es < 1 sein; es ändert sich mit der Mahldauer bei konstanter Temperatur kaum. Art und Menge des Ausgelaugten hängen naturgemäß auch vom Schmelzgrad des Emails ab, der also auch das Verschlickern beeinflußt. Die Menge an Gelöstem kann zwischen 0,1 und 1% schwanken. Diese — vorzugsweise — Na-Boratlösung wirkt puffernd auf den pH-Wert, der etwa 9 bis 10 betragen sollte.

Wenn die Menge des Gelösten zu hoch wird, sei es, daß das Email besonders fein gemahlen wurde oder zu leicht angreifbar ist, z. B. bei Tieftemperatur- oder Aluminiumemails [251], oder die Mühle zu heiß läuft, kann es beim langsamen Trocknen des Auftrags zum Abscheiden von Boraxkristallen und zu Nadelstichbildung im Email kommen. 2% Borate können dazu ausreichen. Eine gewisse Menge gelöster Salze ist aber wichtig für die Verschlickerung und die Griffestigkeit des getrockneten Emailauftrags [148], sie verringern auch das Rosten der Eisengrundlage.

Mit zunehmender Mahlung kommen die Emailkörnchen in die Nähe kolloider Größenordnung. Dabei beginnen sich Effekte bemerkbar zu machen, die nicht nur beim Verschlickern, sondern beispielsweise auch beim elektrophoretischen Auftragsverfahren wichtig sind. Das Folgende gilt in gleicher Weise auch für andere Kolloide, vor allem Tone, und zwar hier ganz ausgeprägt. Um die Vorgänge verständlich zu machen, ist es zweckmäßig, ähnlich wie bei der Betrachtung der Strukturfragen vom einfachsten, für Email repräsentativen Stoff, dem SiO_2 in Form von Kieselglas, auszugehen.

Wird Kieselglas — oder auch Quarz — zerkleinert, so entstehen an jeder Bruchstelle aus $\gneqq Si{-}O{-}Si\lneqq$ zwangsläufig ebenso viele Radikale von $\gneqq Si{-}$ wie $-O{-}Si\lneqq$. Auf jeder Seite des Bruchs können sich benachbarte Radikale wieder zu $\gneqq Si{-}O{-}Si\lneqq$ vereinigen, wenn die Anordnung und Beweglichkeit es erlauben. Bei Emails mit ihrem niedrigeren SiO_2-Gehalt sind diese Gruppen in der Regel durch Koordinationen anderer Elemente getrennt, so daß der Vorgang der Wiedervereinigung nicht vorherrscht. Da die Suspendierung in Anwesenheit von Wasser erfolgt, werden die freien Bindungen dann sofort abgesättigt unter Bildung von $\gneqq Si{-}OH$ und $H{-}O{-}Si\lneqq$. Bei Anwesenheit von OH^--Ionen, was bei Schlicker durch die Zugabe von etwas Soda, Borax u. dgl. reichlich der Fall ist, bilden sich nach

$$\gneqq Si{-}OH + OH^- = \left(\gneqq Si{-}O{-}\right)^- + H_2O \tag{2.41}$$

an der Oberfläche $\left(\gneqq SiO\right)^-$-Gruppen, die dem Teilchen eine negative Ladung erteilen; sie wird durch die anwesenden Kationen, hier Na^+, ausgeglichen. Diesen Grundvorgang und seine Folgen haben Horn u. M. [309] an Kieselglas, Quarz und verschiedenen Gläsern eingehend untersucht. Ihre Ergebnisse gelten sinngemäß auch für Emails und Tone. Zunächst folgt aus dieser Oberflächenladung, daß die

Teilchen in wäßriger Suspension im elektrischen Feld an die Anode wandern.
Dies ist für den später zu besprechenden elektrophoretischen Emailauftrag grundlegend (s. Abschn. 2.3.1 und 4.2.3.2). Die Elektroneutralität erfordert, daß sich
in der Nähe der Teilchenoberfläche positiv geladene Ionen aufhalten, im Fall eines
mit Soda angesetzten Schlickers Na^+. Es entsteht also eine elektrische Doppelschicht, nach Guy (1910) in Form der negativ geladenen Teilchenoberfläche und
den positiven Gegenionen, die in der Grenzschicht zwar angereichert sind, deren
Konzentration aber in die Lösung hinein langsam abnimmt („diffuse Doppelschicht", Bild 2.40). Zwischen der Oberflächenschicht und der angrenzenden

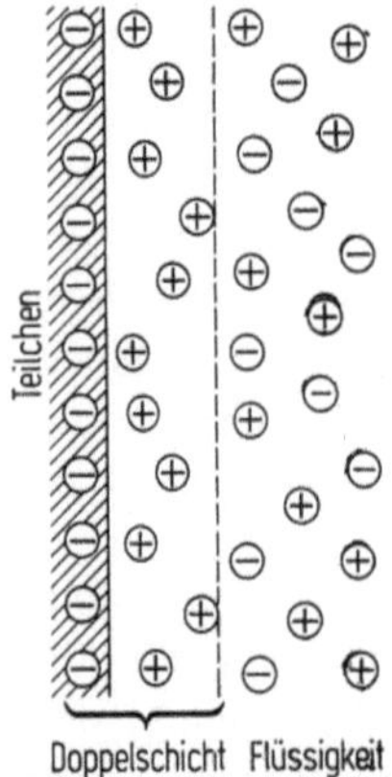

Bild 2.40. Schematische Darstellung der diffusen Doppelschicht an der Oberfläche eines
Ton- oder Emailteilchens

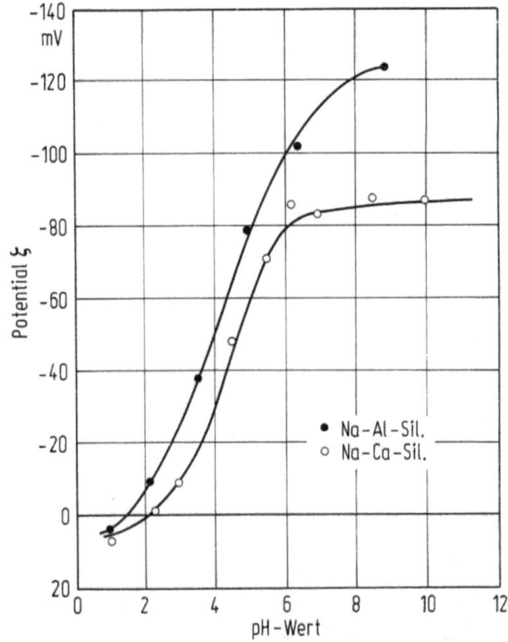

Bild 2.41. Abhängigkeit des Potentials ζ an Glasoberflächen vom pH-Wert der Lösung.
Nach [309]

Lösung besteht eine Potentialdifferenz ζ (Zeta), die ein Maß ist für die Dicke der
fiktiven diffusen Doppelschicht. Das Vorzeichen von ζ ist immer dasjenige der
Teilchenoberflächenladung. Der Wert von ζ hängt von der Elektrolytkonzentration
und -art ab.

Die hier angenommenen Na^+-Gegenionen können durch Waschen mit entsprechenden Elektrolytlösungen durch andere Kationen ausgetauscht werden;
dieses Basenaustauschvermögen ist für Tone besonders wichtig (s. später). Die
Dicke der Doppelschicht ist umgekehrt proportional der Wertigkeit, besser gesagt,
der Feldstärke der Kationen in der Doppelschicht; das bedeutet: Je stärker das
Kation in der wäßrigen Lösung, um so mehr wird die Doppelschicht zusammen-
gedrückt, um so kleiner wird ζ. Diese Zusammenhänge sind an zahlreichen
Kolloiden in vielen Veröffentlichungen seit der Jahrhundertwende untersucht
und bestätigt gefunden worden.

Doch zurück zu der Arbeit von Horn u. M. [309] an Gläsern. Die Autoren verfolgten den Verlauf von ζ in Abhängigkeit von der OH^--Konzentration, d. h. vom pH-Wert der Lösung. Das Potential sinkt mit sinkendem pH von Anfangswerten zwischen -80 V bis -120 V bei pH 10 bis 12 je nach Glasart bis zum isoelektrischen Punkt ($\zeta = 0$) bei pH um 2 und wird dann positiv (Bild 2.41). Das bedeutet und verdient besondere Beachtung, daß selbst im sauren Gebiet (pH 7 bis gegen 2) die Glas- bzw. Emailteilchen nicht die in der Überzahl vorhandenen H^+-Ionen adsorbieren, sondern, zumindest bevorzugt, immer noch die OH^-. Aus der Tatsache, daß der grundsätzliche Verlauf dieser Kurven und besonders die Lage des isoelektrischen Punktes nicht nur für SiO_2-Glas und Quarz, sondern auch für alle, auch von zahlreichen anderen Autoren untersuchten Gläser gilt, schließen die Autoren, daß die $\left(\!\!\!>\!\!SiO-\right)^-$-Gruppe an der Oberfläche der Teilchen für das Verhalten verantwortlich ist. Das gleiche darf man für Emails annehmen.

Im emailtechnischen Schrifttum wird die negative Ladung der Emailteilchen damit erklärt, daß nach der Coehnschen Regel ein Stoff niedrigerer Dielektrizitätskonstante DK sich in Berührung mit einem Stoff höherer DK (Wasser) diesem gegenüber negativ auflädt. Diese Regel gilt aber nur für praktisch ionenfreie, vor allem nichtwässerige Flüssigkeiten. Bei dem vielfach angeführten Gegenversuch mit schwefelsaurer Dioxanlösung dürfte nicht die niedrige DK des Dioxans, sondern der niedrige pH-Wert an der Umladung der Teilchen schuld sein. Auch die Brownsche Bewegung als Ursache von „Reibungselektrizität" scheidet bei Teilchen von 10 μm $\varnothing$ und größer aus. Hierüber s. auch Abschn. 2.3.1.

Erhöht man im System SiO_2-Glas/wäßrige Lösung bei konstantem pH die Konzentration an Na^+ durch Einführung von z. B. NaCl, oder führt man $BaCl_2$ ein, so nimmt der Zahlenwert von ζ in Richtung Null ab, das Vorzeichen bleibt aber immer negativ. Selbst wenn die Gläser ausgelaugt werden, auch im schwach sauren Gebiet, findet keine Umladung statt; dabei erfolgt lediglich ein Austausch der schwachen Kationen im Glas (Na^+) durch H^+. Ganz anders verhält sich nach Horn u. M. das Al^{3+}. Selbst sehr kleine Zugaben von $AlCl_3$ oder $Al(NO_3)_3$ bewirken im pH-Bereich unter 8,5 eine Umladung der Teilchen, d. h. ζ wird positiv. Die Al-Salze hydrolysieren hier in verschiedene $[Al(OH)_m]^{n+}$-Hydroxide, die nun unmittelbar an der Teilchenoberfläche adsorbiert werden und ihr ihre Ladung aufzwingen. Erst oberhalb etwa pH 9 ist ζ negativ, wenn die direkte $Al(OH)_m$-Adsorption unterbleibt. Da bei Emailschlickern ein pH-Wert von 9 bis 10 angestrebt wird, ist mit dieser Umladung also nicht zu rechnen. Doch ist diese Erscheinung offenbar die Erklärung dafür, daß Kaolinteilchen an ihrer Basisfläche zwar negativ geladen sind, an ihren Bruchflächen dagegen positiv, wie Thiessen [657] durch Adsorption von kolloiden, negativ geladenen Goldteilchen an den Rändern von gut ausgewaschenen Kaolinitteilchen zeigen konnte. Das an den Rändern freigelegte Al^{3+} verhält sich bei pH $\sim$ 7 etwa so wie adsorbiertes Al^{3+} bzw. dessen Hydroxide.

Beim Verschlickern wäre nun zu erwarten, daß sich die oberflächlich gleichartig geladenen Teilchen genügend stark abstoßen und damit in der Schwebe bleiben. Dafür ist aber bei den (kolloid-chemisch gesehen) relativ großen Emailkörnchen die oberflächliche Ladungsdichte viel zu klein, im Gegensatz etwa zu kolloidem Kieselgel. Ein vielkomponentiges Email kann man aber nicht bis zu kolloiden Größen zerkleinern, weil es dabei durch Auslaugung zerstört würde.

Will man das Email für sehr dünnen Emailauftrag ohne Gefährdung sehr fein mahlen, so ist dies nach King u. M. [359] nur in Alkohol oder Toluol möglich. Schon das Abschrecken der Emailschmelze geschieht unter Ausschluß von Wasser, und die Fritte wird im Vakuum erhitzt. Zur weiteren Verarbeitung dienen nur organische Substanzen. Selbst sehr dünne Emailschichten können so völlig blasenfrei hergestellt werden.

Auf der anderen Seite weiß man, daß sich resistente Emails, besonders die hochsäurebeständigen, borfreien, die sich schlecht „stellen" lassen, d. h. sich leicht absetzen, durch feinere Mahlung besser in der Schwebe halten lassen. Bei ihnen ist die Bildung von oberflächlichen Gelschichten eben sehr mangelhaft. Man kann sie zusätzlich erzeugen durch Behandlung mit verdünnter Salzsäure, wie verschiedentlich empfohlen.

Zum Verschlickern von Emails ist man also darauf angewiesen, Stoffe mit einer wesentlich größeren spezifischen Oberfläche, d. h. Kolloide als Suspensionsmittel zu Hilfe zu nehmen.

2.2.7.3 Vorgänge beim Verschlickern

Als wichtigste und von jeher gebräuchliche Suspensionsmittel sind Tone und Bentonite zu nennen, doch werden für bestimmte Zwecke auch organische Stoffe, wie Alginate, Kaltleim, Methylcellulosen u. a. verwendet. Wenn man bedenkt, daß in einem üblichen Emailschlicker mit 5% Ton auf 1 Emailkörnchen 10^4 bis 10^5 Tonteilchen kommen, so kann man sich vorstellen, um wieviel stärker allein die oben betrachteten Oberflächenladungen sind, wobei noch andere Effekte hinzukommen.

Tone und Bentonite sind aus Feldspat-Urgestein durch Verwitterung entstanden. Aus den in Lösung gegangenen Ionen entstand, nach den Hochdrucksynthesen von Noll [487, 488] zu schließen, in neutralem Medium Kaolin, in alkalischem Medium Bentonit. Die feinsten Kaolinteilchen wurden fortgeschlämmt und setzten sich mehr oder weniger verunreinigt auf sekundärer Lagerstätte als Ton ab. Der grobkörnigere Kaolin blieb auf primärer Lagerstätte. Tone und Bentonite sind Mineralgemische, deren wesentliche Bestandteile Tonminerale sind. Man unterscheidet zwischen *Zweischichtmineralen:* Kaolinit, Halloysit u. a., und *Dreischichtmineralen:* Montmorillonit, das Tonmineral des Bentonits, Illit (Hydroglimmer) u. a., und Tonmineralen mit Zwischenschichten beispielsweise von $Mg(OH)_2$ (Chlorite) bzw. solche mit Wechselschichten.

Der Unterschied zwischen den beiden Haupttypen besteht darin, daß die Zweischichtminerale aus einer $[SiO_4]$-Tetraederschicht und einer $[AlO_4(OH)_2]$-Oktaederschicht bestehen, die gemeinsame O^{2-} haben (Bild 2.42), während die Dreischichtminerale zu beiden Seiten der $[AlO_4(OH)_2]$-Schicht je eine $[SiO_4]$-Schicht besitzen (Bild 2.43).

Die Außenschichten bilden bei den Zweischichtmineralen auf der einen Seite die O^{2-}-Ionen der Tetraeder, auf der anderen die OH^--Ionen der Oktaeder. Letztere können Wasserstoffbrückenbindungen entweder zu den O^{2-}-Ionen der nächsten Doppelschicht bilden, so daß sich im Kaolinit senkrecht zur Schichtebene laufend Si-Tetraeder- und Al-Oktaederschichten abwechseln. Die plättchenförmigen Kristalle sind deshalb relativ dick. Oder aber Wassermoleküle werden locker ge-

bunden, und erst in einigem Abstand folgt die nächste Doppelschicht. Dies ist im
Halloysit der Fall. Wird der Halloysit erwärmt, entweicht das Zwischenschicht-
wasser irreversibel. Die Summenformel lautet beim Kaolinit $Al_2O_3 \cdot 2\,SiO_2 \cdot 2\,H_2O$,
beim Halloysit $Al_2O_3 \cdot 2\,SiO_2 \cdot 2\,H_2O \cdot nH_2O$.

Bei den Dreischichtmineralen bilden die O^{2-}-Ionen der Tetraeder die beiden
Außenschichten. Benachbarte Dreierschichten werden durch schwache van der
Waals-Kräfte zusammengehalten, ermöglichen also das Eindringen von Wasser
(nH_2O). Der wichtigste Vertreter dieser Gruppe ist der Montmorillonit, das Ton-
mineral des Bentonits. Seine Summenformel lautet $Al_2O_3 \cdot 4\,SiO_2 \cdot H_2O \cdot nH_2O$.

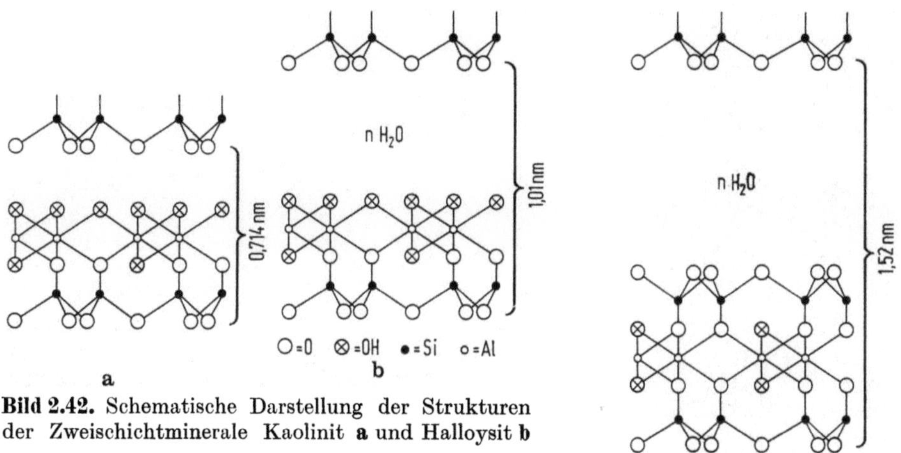

Bild 2.42. Schematische Darstellung der Strukturen
der Zweischichtminerale Kaolinit **a** und Halloysit **b**

Bild 2.43. Schematische Darstellung der Struktur des Dreischichtminerals Montmorillonit

Diese Darstellung ist in beiden Fällen idealisiert. In Wirklichkeit haben die
Tonminerale, besonders die Dreischichtminerale, gestörte Gitter oder Baufehler,
wobei Al^{3+} durch Mg^{2+} und Fe^{2+}, teilweise auch Si^{4+} durch Al^{3+} ersetzt sind. Dies
bedingt eine negative Ladung der Teilchen; der Valenzausgleich erfolgt durch an
der Oberfläche adsorbierte Kationen. In wäßriger Aufschlämmung können diese,
vor allem die schwachen, abdissoziieren und sind — aus Gründen der Erhaltung
der Elektroneutralität auf kleinstem Raum — innerhalb einer schmalen Grenzschicht frei beweglich und können durch „Waschen" des Tons mit entsprechenden
Lösungen gegen andere Kationen ausgetauscht werden. Die Tonmineralteilchen
verhalten sich also wie Riesenanionen. Bei der Elektrophorese wandern sie an die
Anode, was bereits 1809 F. Reuss beobachtet hat.

Ein mit dest. Wasser gewaschener Ton ist ein H^+-Ton, der sich wie eine Säure
verhält und an seiner Oberfläche Wasserdipole in einer Schichtdicke von etwa
0,1 µm orientiert angelagert hat [53]. Wird ein Elektrolyt, z. B. NaOH, zugegeben,
so entsteht ein Na^+-Ton, der dissoziiert. Dabei wird ein Teil der Hydrathülle frei,
die Suspension wird dünnflüssiger.

Da die Kaolinitteilchen relativ dick sind, und nach Brindley u. M. [50] die
negative Ladung wahrscheinlich nur von einer gestörten Oberfläche und damit
wohl in Analogie zu den Ergebnissen von Horn u. M. von wenigen reaktionsfähigen

Gruppen herrührt, ist ihr Kationenaustauschvermögen vergleichsweise gering (0 bis 15 Milliäquivalente/100 g Kaolinit). Reiner Kaolin eignet sich daher schlecht zum Verschlickern. Demgegenüber hat der Halloysit seine Schichten wie eine dünne Papierrolle aufgerollt und dadurch eine größere spez. Oberfläche; sein Kationenaustauschvermögen liegt bei 5 bis 50 mäqu./100 g. Der Montmorillonit ist in schwach alkalischer Aufschlämmung in seine Primärschichtpakete aufgeteilt, hat also eine noch größere spez. Oberfläche. Dies ergibt zusammen mit den obengenannten Substitutionen wesentlich höhere Werte von 60 bis 150 mäqu./100 g. Illite haben je nach dem Grad der Zersetzung des Ausgangsminerals Glimmer Werte von 4 bis 40 mäqu./100 g.

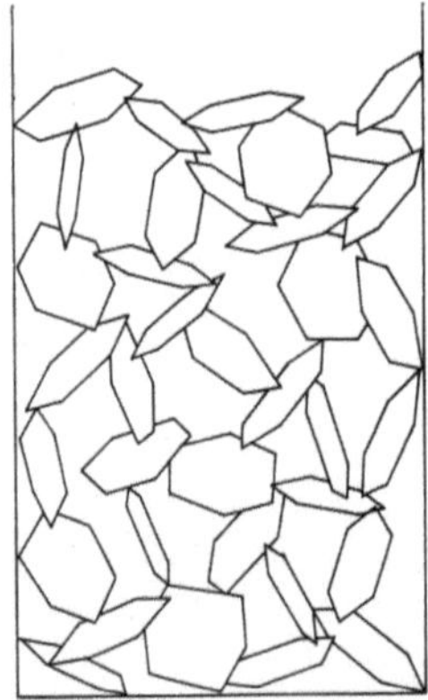

Bild 2.44. Schematische Darstellung des Kartenhausgerüstes in einer thixotrop erstarrten Kaolinitsuspension

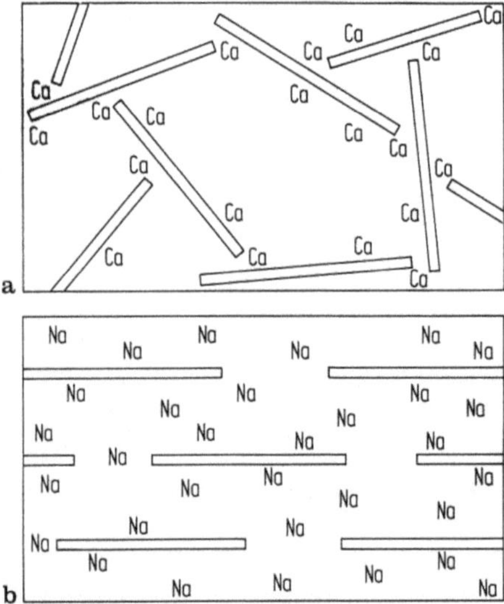

Bild 2.45. Durch das doppelt geladene Ca^+ verknüpfte Tonteilchen (a): plastische Masse. Bei Anwesenheit von Na^+ bewegliche Tonteilchen (b): flüssiger Schlicker

Für das Verhalten der austauschbaren Kationen gegenüber den Tonmineralteilchen sind zwei Eigenschaften von besonderer Bedeutung: Ihre Feldstärke und ihre Hydratationsfähigkeit. In Übereinstimmung mit den oben betrachteten, alten kolloidchemischen Beobachtungen bewirkt ein Kation um so mehr ein Ausflocken, je größer seine Feldstärke und Konzentration sind; starke Kationen — Al^{3+}, H^+, Mg^{2+}, Ca^{2+} — verknüpfen die Teilchen zu Aggregaten, es bildet sich ein Kartenhausgerüst nach Hofmann [178, 302], Fahn u. M. [203], Bild 2.44. Die Doppelschicht ist dünn, ζ klein, der Ton flockt aus. Dagegen begünstigen schwache Kationen eine Dissoziation und Dispergierung (Bild 2.45). Enthält ein Ton von Natur aus starke Kationen, so eignet er sich in diesem Zustand schlecht zum Verschlickern; man muß seine Kationen durch schwache (Na^+) ersetzen. Über den Kationenaustausch gibt die Hofmeister-Reihe (aufgestellt 1888 von A. Hofmeister an organischen Kolloiden) Aufschluß: In der Reihenfolge

$$Li^+,\ K^+,\ Na^+,\ NH_4^+,\ Mg^{2+},\ Ca^{2+},\ Ba^{2+},\ Al^{3+},\ H^+$$

steigt die Adsorbierbarkeit, d. h. die linksstehenden Kationen lassen sich leichter durch die rechtsstehenden austauschen als umgekehrt. Das bedeutet: Erdalkalien, Al^{3+} und H^+ (aus sauren Wässern) werden leicht an der Tonoberfläche adsorbiert, aber ihr Austausch, z. B. durch Na^+, geht langsam vor sich [304]. Dies ist der Hauptgrund, weshalb man den Schlicker mit Na^+-Salzen (Soda, Borax) ansetzt, ihn damit alkalisch macht (pH 9 bis 10), und ihn vor allem altern läßt. Damit werden auch die Härtebildner im Wasser ausgetauscht, wenn man es nicht vorzieht, mit entionisiertem Wasser zu verschlickern, um so den z. T. krassen Schwankungen in der Zusammensetzung von Leitungs- oder Brunnenwasser zu entgehen [398].

Zwischen den beiden Extremen, der koagulierenden, ausflockenden und der dünnflüssigen Tonsuspension gibt es ein Gebiet, in dem sich die Suspension merkwürdig verhält: In Ruhe steift sie an, während sie bei mechanischer Bewegung, etwa beim Rühren oder Schütteln, flüssig wird. Szegvári und Schalek haben dieses Verhalten 1923 an anderen Kolloidsystemen zuerst entdeckt, und Péterfi hat 1927 dafür den Begriff Thixotropie vorgeschlagen (thixis = Berührung, tropein = wechseln, verändern). Das ist es aber, was man von einem „sahnigen" Schlicker verlangt: Er soll im Vorratsbehälter beim Rühren flüssig sein, der Auftrag darf dann aber nicht ablaufen, sondern soll in einer gewissen Schichtdicke stehenbleiben. Ein guter Schlicker muß also etwas thixotrop sein, er befindet sich an der Grenze zur Koagulation.

Es ist leicht, einen Schlicker zu verflüssigen, so daß er „läuft", oder aber ausflockt. Die richtige Einstellung eines Schlickers gleicht einer Gratwanderung. Sie gelingt nur, zumal bei den heutigen Fertigungsverfahren, wenn von vornherein alle Zufälligkeiten, vor allem in den Naturprodukten Ton und Wasser, ausgeschaltet bzw. auf tragbare Schwankungen eingeengt werden. So ist die Verwendung von entionisiertem Wasser fast zur Selbstverständlichkeit geworden; dabei muß der richtige Grad an Thixotropie durch dosierte Zugabe von $Ca(OH)_2$, $MgCO_3$ u. dgl. eingestellt werden. Die schwankende Zusammensetzung der Tone, sowohl hinsichtlich der Menge und Art an Tonmineralen als auch an adsorbierten Kationen, muß durch Betriebskontrollen ausgeglichen werden, wenn man nicht überhaupt auf Ton verzichtet und chemisch definierte Präparate vorzieht.

Oben wurde gesagt, daß das Na_2O/B_2O_3-Verhältnis im Mühlenwasser während der Mahldauer konstant bleibt. Dies ist der Fall beim Vermahlen der Granalien allein. In Gegenwart von Ton wird Na^+ an der Oberfläche der Tonteilchen adsorbiert, so daß mit steigender Mahldauer sich mehr und mehr B_2O_3 im Mühlenwasser findet.

Es bleibt noch die Frage, wie die Emailteilchen, Quarz usw. durch den Ton in Schwebe gehalten werden. Da der Schlicker thixotrop ist, und im Ruhezustand die Tonteilchen ein „Kartenhaus" bilden, ist es für die gleichfalls negativ geladenen, relativ großen Emailkörnchen schwer, durch dieses Gestrüpp hindurch zu Boden zu fallen. Wird der Schlicker umgerührt und damit flüssig, oder gerät er sonst wie in Bewegung, so werden mit den Tonteilchen auch die Emailkörnchen aufgerührt oder fortbewegt. Die Gelegenheit, sich abzusetzen, ist also für Email wie auch evtl. sonstige Mühlenzusätze, wie Quarz, Feldspat u. dgl., gering.

Eine zu starke und störende Thixotropie tritt dann auf, wenn beispielsweise bei zu feiner Mahlung des Emails oder Verwendung eines Tons mit hohem Basenaustauschvermögen (zu viel Bentonit) viele mäßig starke Kationen und damit auch Hydratwasser gebunden werden. In Ruhe ist die Suspension steif, und nur kräftige mechanische Bewegung vermag die Kartenhausstruktur zu zerstören und das Hydratwasser frei zu machen. Das führt dann zu Verstopfungen in den Zuleitungen zu den Spritzständen u. dgl.

Wie schon besprochen, sind für einen Ton auch seine Teilchengrößen wichtig. Die Ansichten über deren Optimum sind allerdings geteilt, wohl u. a. deshalb, weil es maßgeblich darauf ankommt, welche Tonminerale vorhanden sind. Während beispielsweise nach Webb [700] der Anteil < 1 µm $\varnothing$ mehr als 90% betragen soll — das entspricht einem fetten Ton, — bewähren sich nach Scholz [605] mittelfette Tone am besten, weil sie eine kleine Trockenschwindung haben, und der Auftrag nicht reißt. So hat z. B. der klassische Emaillierton von Vallendar nur $55\% < 2$ µm und $32\% < 1$ µm. Aber seine mineralische Zusammensetzung ist nach Saalfeld [585]: rd. 30% Illit (!), 40% Kaolinit, 20% Quarz, 10% Feldspat; das Kaolinitgitter ist deutlich gestört. Dies und der Illitgehalt sorgen für gute Suspension; Quarz und Feldspat verhindern das Reißen des Auftrags beim Trocknen.

Gegenüber den besprochenen Eigenschaften eines Tons tritt die chemische Analyse meist zurück. Zu achten ist vor allem auf färbende Bestandteile, besonders Fe_2O_3, dessen Anteil für Deckemails 1% nicht überschreiten sollte.

Obwohl Ton von jeher das gebräuchlichste Suspensionsmittel ist, hat er eine Reihe von Nachteilen, die man berücksichtigen muß. Vor allem ist es die Abgabe von Wasserdampf bei seiner Zersetzung um $600\,°C$, die zu Fehlern führen kann (s. Abschn. 2.1.1.10, 2.2.8, 4.1.3.3). Ferner vermindert er den Oberflächenglanz.

Vortrocknen von Ton beeinträchtigt das spätere Fließvermögen des Schlickers [531]: Gele werden entwässert, ein Prozeß, der erst langsam während der Alterung rückgängig zu machen ist.

2.2.7.4 Rheologie des Schlickers

Einige phänomenologische Betrachtungen seien vorangestellt. Denkt man sich eine einfache Flüssigkeitsschicht zwischen zwei ebenen Platten, und bewegt man die eine Platte parallel zur anderen mit konstanter Geschwindigkeit, so entsteht in der Flüssigkeit ein Geschwindigkeits- oder Schergefälle, meist mit D bezeichnet. Die Scherkraft, die zur Bewegung der einen Platte gegen die andere notwendig ist, wird mit τ bezeichnet. Im Idealfall, bei sog. Newtonschen Flüssigkeiten, steigt D proportional τ, die graphische Darstellung ergibt eine Gerade, und der Quotient τ/D ist ein Maß für die Zähigkeit. Diese Beziehungen sind erfüllt für Flüssigkeiten mit isolierten Molekülen, wie Benzol, Hexan und viele andere. Wasser mit seinen assoziierten Molekülen gehört streng genommen nicht zu dieser Gruppe, doch macht sich diese Eigentümlichkeit bei den üblicherweise angelegten Scherspannungen nicht bemerkbar, so daß reines Wasser noch als Newtonsche Flüssigkeit angesehen werden kann.

Das obige Gedankenexperiment mit den zwei Platten läßt sich im Rotationsviskosimeter einfach verwirklichen: Zwischen den zwei koaxial angeordneten Zylindern, von denen der eine gedreht wird, befindet sich die Flüssigkeit bzw. der Schlicker. Aus der zur Drehung benötigten Scherkraft, der Drehgeschwindigkeit und den Apparatekonstanten läßt sich die echte oder scheinbare Zähigkeit bestimmen. Bei Schlickern treten dabei verschiedenartige Beziehungen zwischen D und τ auf.

Ein Schlicker verhält sich wie eine sog. Binghamsche Flüssigkeit, wenn er sich nach Anlegen der Scherkraft τ zunächst nur elastisch verformt und erst nach Überschreiten eines gewissen Anlaßwertes wie eine normale Flüssigkeit verhält (Bild 2.46a). Dies ist offenbar dann der Fall, wenn zwischen den Teilchen Bindungen bestehen (die verschiedene Ursachen haben können), die erst gelöst werden müssen.

Ein anderer Schlicker ist thixotrop (Bild 2.46b): Er besitzt ebenfalls einen Anlaßwert, aber nach Überwindung dieser Barriere setzt nicht normales Fließen ein, sondern die im ruhenden Schlicker entstandene Gerüststruktur läßt sich mit zunehmender Scherkraft nur nach und nach abbauen, bis der Schlicker schließlich ganz verflüssigt ist. In Ruhe baut sich das Gerüst allmählich wieder auf.

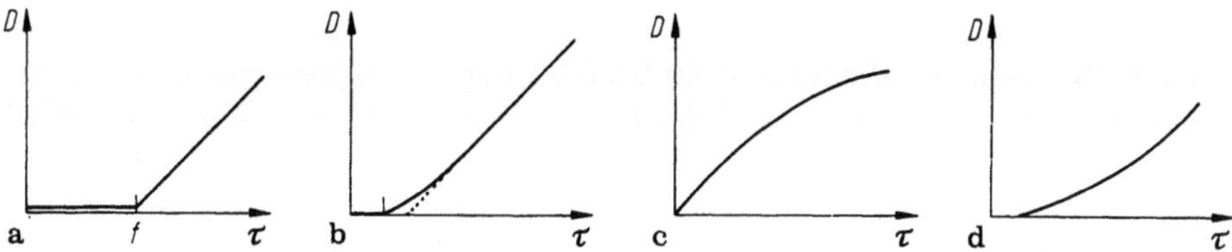

Bild 2.46. Verschiedene Verhalten von Schlickern: **a** Binghamsche Flüssigkeit, **b** thixotroper, **c** rheopexer, **d** strukturviskoser Schlicker. D: Geschwindigkeits- oder Schergefälle, τ: Scherkraft **f**: Anlaßwert

Rührt man die Suspension eines kaolinitischen Tons mit Wasser an, so verhält sich die Suspension rheopex (Bild 2.46c), d. h. beim Rühren nimmt die scheinbare Zähigkeit zu, weil durch das Rühren — erst recht beim Mahlvorgang — die groben Tonteilchen sich zerteilen.

Auch ein strukturviskoser Schlicker (Bild 2.46d) hat einen Anlaßwert, und demnach werden die vorhandenen Strukturgebilde mit steigender Scherkraft mehr und mehr abgebaut, jedoch ist dieser Vorgang im Gegensatz zum thixotropen Schlicker zeitunabhängig, d. h. es stellt sich für jede Scherkraft sofort ein Gleichgewichtszustand ein. Beanspruchung und Entlastung des Systems ist also reversibel. Dies ist z. B. der Fall bei einer Kaolin-Wasser-Suspension, wenn der Kaolin durch die Scherbeanspruchung nicht verändert wird.

Ein für die Elektrophorese vorbereiteter, sehr fein vermahlener, tonarmer Schlikker soll nach [298] der ungewöhnlichen Beziehung gehorchen:

$$D = a\sqrt{\ln \tau},\qquad(2.42)$$

wobei $a < 1$ und frittenabhängig ist.

Es gibt viele Veröffentlichungen über solche Messungen an Schlickern und die dazu benutzten Geräte. Sie haben für die Praxis großen Wert, weil man damit den Einfluß verschiedener Parameter systematisch feststellen und den Schlicker auf bestimmtes Verhalten einstellen kann. Doch damit sind die maßgeblichen Zusammenhänge noch nicht geklärt. Tiefere Erkenntnisse wird man erst gewinnen, wenn man mit definierten Stoffen arbeitet und deren Veränderung beim Mahlprozeß und beim Altern verfolgt. Dazu gehört vor allem eine Angabe über die mineralische Zusammensetzung des Tons, seine Korngrößenverteilung und spez. Oberfläche, Art und Menge der austauschbaren Kationen, beim Email seine Veränderung während des Mahlens und Alterns, damit Änderung der Zusammensetzung des Mühlenwassers, das zusammen mit dem zugesetzten Elektrolyten über die Reaktionen mit dem Ton das rheologische Verhalten des Schlickers beeinflußt. Hier ist noch ein weites Feld der wissenschaftlichen Aufklärung.

Die qualitativen Zusammenhänge sind in Abschn. 2.2.7.3 schon besprochen. Über Bestimmung der Fließkurven s. Abschn. 5.2.5.

2.2.8 Erhitzungsverhalten von Tonen

Beim Erhitzen von Ton, Kaolin oder Bentonit verlieren die Tonminerale beim Aufbrennen praktisch um $600\,^{\circ}C$ ihr Kristallwasser, beim Kaolinit beginnend bei etwa $450\,^{\circ}C$, beim Montmorillonit 40 bis 60 K höher. Die Temperatur hängt vor allem von der Tonmineralart und der Kationenbelegung ab; sie läßt sich einfach thermogravimetrisch oder differentialthermoanalytisch bestimmen. Der Massengehaltverlust beträgt für die reinen Minerale um 13%, die Zersetzung verläuft endotherm. Die Ursache für diesen Zerfall ist, wie in Abschn. 2.2.4.1 besprochen, die Konkurrenz der ähnlich starken Kationen Si^{4+}, Al^{3+} (in 6er Koordination!) und H^+. Das gleiche gilt übrigens für Glimmer und seine Abkömmlinge (das K^+ kann hier nicht wirksam werden, weil die OH^--Gruppen in den Al—Si-Schichtpaketen eingebaut sind).

Nach der Zersetzung bleibt ein labiles Restgitter, der sog. Metakaolin zurück, aus dem z. B. durch HCl-Behandlung leicht das Al_2O_3, und mit NaOH ein Teil des SiO_2 herausgelöst werden kann. Dies ist auch der Grund dafür, daß der Ton relativ leicht von dem schmelzenden Email aufgelöst wird. Beim weiteren Erhitzen beobachtet man bei 925 bis $1000\,^{\circ}C$ einen exothermen Effekt, der die Bildung eines Si—Al-Spinels der Summenformel $2\,Al_2O_3 \cdot 3\,SiO_2$ und/oder $\gamma\text{-}Al_2O_3$ anzeigt. (Unterschiedliche Ergebnisse [72, 520] beruhen möglicherweise auf verschiedenen Kaolin-Ausgangsmaterialien). Oberhalb etwa $1050\,^{\circ}C$ setzt die Bildung von Mullit $3\,Al_2O_3 \cdot 2\,SiO_2$ merklich ein, der vorherrschenden Kristallphase z. B. in Schamottesteinen. Daneben bildet sich Cristobalit, der bei Anwesenheit von auch nur relativ wenig Glasphase in Lösung geht.

Emailtechnisch störend ist die Wasserabgabe beim Erhitzen, was zu Fischschuppen führen kann, daneben manchmal auch die durch die Bläschen hervorgerufene Gastrübung (bei Schwarzemails). Auf der anderen Seite sind feine Bläschen in Grundemails erwünscht, da sie den aus dem Stahlblech austretenden Wasserstoff auffangen. Dabei kommt es auf die richtige Abstimmung der Tonzersetzungstemperatur und Zähigkeit des Emails an. Werden die Blasen zu groß, leidet die Festigkeit, bzw. sie entweichen und hinterlassen womöglich Krater.

2.3 Verbindung von Email mit Metall

2.3.1 Auftragen des Emails

Email kann auf verschiedene Weise auf eine metallische Unterlage aufgetragen werden, entweder naß als Schlicker durch Angießen, Tauchen, Spritzen u. dgl. oder trocken durch Aufpudern. Beim Naßauftrag liegen die Probleme vor allen in der richtigen Einstellung des Schlickers (Abschn. 2.2.7). Um gleichmäßige Emailüberzüge bei Serienfertigung zu erzielen, ist man im Zuge der Automatisierung auch beim Spritzen mehr und mehr von der Handarbeit abgekommen und zu neuen Verfahren übergegangen: Spritzauftrag mit durch Roboter geführten Spritzpistolen, elektrostatischer Spritzauftrag, elektrophoretische Abscheidung und elektrostatischer Pulverauftrag. Den drei letzten und neuesten Verfahren ist gemeinsam, daß die Emailteilchen durch ein elektrisches Feld abgeschieden werden und zwar, da sie ohnehin von Natur aus negativ geladen sind (Abschn. 2.2.7.2), am positiv geladenen Werkstück.

Dem konventionellen und automatischen Spritzverfahren am nächsten steht das *naß-elektrostatische Spritzen*. Vorratsbehälter und Spritzpistole stehen unter einer negativen Gleichspannung von etwa 3000 V gegen Erde. Bei der Zerstäubung wird der Spritzstrahl etwas aufgefächert, nicht nur durch die Konstruktion der Pistole, sondern auch wegen der gegenseitigen Abstoßung der gleichsinnigen Ladung der Tröpfchen. Um den Spritzverlust durch vorbeifliegende Teilchen so gering wie möglich zu halten, wird der Luftdruck in der Pistole weitgehend herabgesetzt. Der Korngröße r kommt entscheidende Bedeutung zu, denn die elektrostatische Anziehungskraft hängt von r^2 ab, die Schwerkraft dagegen von r^3. Das bedeutet, daß z. B. in einem Feld von 3000 V/cm die elektrostatische Anziehung bei einem Teilchen von 10 µm Radius etwa 20mal so groß ist wie die Schwerkraft, bei einem Teilchen von 1 µm Radius aber etwa 200mal. Die Fluggeschwindigkeit der Tröpfchen wird durch die umgebende Luft abgebremst, gleichzeitig aber steigt ihre Anziehung durch das der Pistole gegenüber positiv geladene (geerdete) Werkstück. Diese Anziehungskräfte bewirken, daß Teilchen, die im ungeladenen Zustand vorbeifliegen würden, auf das zu beschichtende Stück hingelenkt, die bereits vorbeigeflogenen und langsam gewordenen sogar auf der Rückseite niedergeschlagen werden und einen gewissen „Umgriff" ergeben. Da die Ladungsdichte an Spitzen und Kanten besonders hoch ist, wird das Email hier bevorzugt abgeschieden.

Der Emailauftrag haftet hier ähnlich wie beim konventionellen Spritzen durch die Kapillarkräfte des Wassers zwischen den Teilchen und dem Blech. Damit die Schlickertröpfchen während ihres Fluges nicht trocknen — das trockene Email würde nicht haften — muß die Spritzkabine einen stets gleichbleibenden Feuchtigkeitsgehalt und konstante Temperatur haben.

Bei der *Pulverelektrostatik* liegen die Arbeitsbedingungen ganz anders. Das Pulver ist trocken und wird durch eine infolge hoher Spitzenentladungen (Koronaentladung) hoch ionisierte Luft relativ langsam aus der Pistole herausgeblasen; es bildet sich geradezu eine Wolke von staubförmig feinen Emailteilchen mit hoher Ladung, die sich auf dem Werkstück ablagert, auch auf dessen Rückseite. Damit aber beim Auftreffen eines Teilchens seine Ladung nicht sofort abgeführt wird, ist es von vornherein mit einer sehr dünnen, quasi monomolekularen Isolierschicht umgeben, die wie bei einem aufgeladenen Kondensator für eine Zeit lang die beiden Ladungen (Teilchen negativ, Werkstück positiv) und damit eine Haftung aufrechterhält.

Bei diesem Verfahren stellt sich eine bestimmte Auftragsdicke von selbst ein: Die negativ geladenen Teilchen werden durch das positiv geladene Werkstück festgehalten. Diese Anziehungskraft nimmt im Quadrat der Entfernung ab. Die Teilchen selbst stoßen sich gegenseitig wegen ihrer gleichsinnigen Ladung ab; deshalb wird in einer bestimmten Entfernung von der Blechoberfläche ein Gleichgewicht zwischen anziehenden und abstoßenden Kräften erreicht, darüber hinaus überwiegen die abstoßenden Kräfte, d. h. es scheiden sich keine Teilchen mehr ab.

Da sich die Teilchen bei diesem Verfahren im Vergleich zum Spritzen relativ langsam im elektrischen Feld bewegen, wirkt sich hier die Schwerkraft entsprechend stärker aus. Daher müssen die Teilchen bei der Pulverelektrostatik besonders fein gemahlen sein.

Bei der *elektrophoretischen* Abscheidung nützt man die Eigenladung der Email- (und Ton-) Teilchen aus; sie wandern zusammen mit ihrer Hydrathülle in der Suspension bei relativ niedrigen Spannungen (etwa 100 V) mit konstanter Geschwindigkeit an die Anode und bilden nach ihrer Entladung ein Kapillarsystem, wobei die Hydrathülle frei und das Kapillarwasser durch Elektroosmose zu einem beträchtlichen Teil entfernt wird. Der elektrophoretische Auftrag ist also im Vergleich zum üblichen Spritzauftrag so wasserarm, daß er angefaßt werden kann.

Um eine möglichst gleichmäßige Beschichtung zu erzielen, setzt man dem Schlicker anorganische und besonders organische Substanzen (Harzsuspensionen) zu, die mit dem Email abgeschieden werden und den elektrischen Widerstand des Auftrags mit wachsender Schichtdicke stark erhöhen. So erfolgt die weitere Abscheidung von Email an den noch zu dünn belegten Stellen von selbst, auch an der Rückseite einer Flachware etwa; es kommt zum sog. Umgriff. Offenbar fördern diese Zusätze auch die Suspendierung der Emailteilchen. Hohlgeschirre lassen sich mit Hilfselektroden beschichten.

Neben der Teilchenabscheidung laufen noch andere Vorgänge einher [298, 694]: Zum Stellen von Emailschlickern benötigt man Elektrolyte, die aber eine Eigenleitfähigkeit bedingen. Ihr Zusatz muß also so gering wie möglich sein. Ferner setzt eine Elektrolyse ein, die anodisch eine Sauerstoffentwicklung durch die Wasserzersetzung, zudem eine Auflösung des Stahlblechs bedingen würde. Dem wirkt man dadurch entgegen, daß man das Stahlblech vor der Beschichtung verzinkt. Es geht also Zink in Lösung, das zusammen mit den vorhandenen oder sich durch die Elektrolyse bildenden OH$^-$ als Zn(OH)$_2$ im Emailauftrag abscheidet und beim späteren Emailbrand aufgelöst wird. Einzelheiten s. besonders Abschn. 4.2.3.2 und 4.2.3.3.

2.3.2 Trocknen des Emailauftrages

Ein naß aufgetragenes Email besteht im wesentlichen aus den oberflächlich etwas ausgelaugten Fritteteilchen, Ton und anderen Zuschlägen, gelösten Salzen wie Borax, Soda u. dgl. und Wasser. Bei konstanten äußeren Bedingungen verlangsamt sich die Trocknung mit der Zeit mehr und mehr, weil die Konzentration der Salzlösung zunimmt, und das Wasser in den feinen Poren zwischen den kolloiden Anteilen (Ton) festgehalten wird.

Die Trocknungsgeschwindigkeit hängt stark davon ab, wie schnell das verdampfte Wasser weggeführt wird, etwa durch Luftumwälzung. Bei örtlich ungleichmäßiger Trocknung wandern die gelösten Salze von Stellen, an denen der Trockenprozeß behindert ist, nach trockeneren Stellen ab. Dies bewirkt, daß die Griffestigkeit des Auftrags hier erheblich nachläßt, und beim Brennen schließt sich z. B. ein Grundemail später als an Stellen mit normalem oder überhöhtem Salzgehalt, so daß hier das Eisen stärker oxidiert wird; die betroffenen Stellen erscheinen schließlich dunkler als der übrige normal getrocknete Auftrag. Diese Erscheinung kann sich auch auf Haftung und Blasenbildung des Grundes auswirken.

Ferner hängt die Trocknungsgeschwindigkeit von der Schnelligkeit ab, mit der Wasser und Wasserdampf aus dem Innern des Auftrags zur Oberfläche wandern. Diese Diffusionsprozesse sind abhängig von der Dicke des Auftrags, der Höhe der Temperatur, und hauptsächlich von der Porenverteilung im Auftrag, d. h. von der Kornfeinheit des Emails und vom Tongehalt. Mit dem Wasser wandern auch die gelösten Salze aus dem Innern an die Oberfläche und scheiden sich hier aus. Bei viel gelösten Elektrolyten und bei hoher Feinmahlung kann es zum Verstopfen der Poren und zum Abplatzen des Auftrags beim Einbringen in den Ofen kommen.

Die Schwindung eines verschieden rasch getrockneten Auftrags ist ungefähr gleich (um 35%), verschieden jedoch ist der Gradient senkrecht zur Oberfläche. Es gibt gefährliche Risse, wenn die Oberfläche wesentlich schneller trocknet als die tieferen Schichten. Wichtig sind Packung und Zusammenhalt der Teilchen, besonders, wenn sie fein sind (Deckemail), sowie Art und Menge der adsorbierten Ionen (ausgelaugte Salze, Stellmittel). B_2O_3-Zugabe zum Schlicker ist ungünstig; sie bewirkt durch Boraxbildung eine Pufferung, gute Dispergierung der Teilchen, aber beim Trocknen eine dichte Packung. $NaNO_2$ ist ein Mittel, die Pufferung zurückzudrängen und die Rißbildung zu unterdrücken.

Strahlung aus dem nahen Infrarotgebiet wird nicht wie die längerwellige Wärmestrahlung an der Oberfläche absorbiert, sondern dringt tiefer ein, trocknet also „von innen heraus". Die Gefahr, daß die Oberfläche verkrustet, ist deshalb geringer.

2.3.3 Brennverlauf eines Emails

Der getrocknete Emailauftrag wird beim Einfahren der Ware in einen Muffelofen verhältnismäßig rasch, beim Umkehrofen langsam auf Temperaturen von 750 bis 850 °C erhitzt. Im Falle eines Grundemailauftrags spielt sich dabei folgendes ab: Sobald die Metallunterlage (Stahlblech, Gußeisen) etwa 250 bis 300 °C erreicht hat, beginnt die Verzunderung; der Luftsauerstoff dringt durch den porösen Emailauftrag, bis das Email erweicht und ihm den weiteren Zutritt versperrt. Diese Temperatur hängt von Zusammensetzung und Korngröße des Emails sowie den anwesenden Stellsalzen ab. Sie liegt für ein übliches, technisches Grundemail z. B. bei einer Korngröße von 0 bis 0,49 mm bei 670 °C (grob), bei 0 bis 0,1 mm (fein) bei 610 °C. Das bedeutet, daß sich beim Aufheizen unter einem groben Emailauftrag mehr Zunder bildet als unter einem feinen. Unter üblichen Bedingungen wurde eine Zunderdicke von etwa 5 µm beobachtet. Auch die Art des Mühlentons ist wichtig: Fette Steinguttone oxidieren das Blech stärker und verstopfen die Poren mehr als magere Kaoline [358]. Der freiwerdende Wasserdampf kann weniger leicht entweichen.

Bei weiterem Erhitzen greifen mehrere Vorgänge ineinander. Mit der Verzunderung der Blechoberfläche geht eine Oxidation des Kohlenstoffs im Blech und der organischen Bestandteile im Ton einher. Die Stellsalze schmelzen bzw. werden zersetzt, das Email erweicht, und auch der Ton zersetzt sich unter Wasserabspaltung, wie oben betrachtet (Abschn. 2.2.8). Der Wasserdampf in unmittelbarer Nähe des glühenden Eisens reagiert nach

$$Fe + H_2O = FeO + 2H \text{ bzw. } H_2 \tag{2.4}$$

und kann Anlaß zu Emailfehlern, wie Fischschuppen geben (Abschn. 2.1.1.10). Zum Teil löst er sich im Email, sofern es nicht schon von der Schmelze her mehr oder weniger viel H_2O (als OH^-) enthält.

Das Brennverhalten verschiedener Tone untersuchten Petzold u. M. [532]. Obwohl nur 1,5% Bentonit gegenüber 10% Kaolinit bzw. Illit zum Schlicker zugegeben wurden, waren Gewichtszunahme des emaillierten Blechs und die Fließlänge des Emails größer als bei Illit oder gar Kaolinit infolge der Wirkung des größeren Wassergehalts und dadurch der stärkeren Verzunderung.

Moore u. M. [476] haben die bei der Blechemaillierung entstehenden Gase massenspektrometrisch analysiert. Zu Beginn des Glattbrennens entweichen hauptsächlich CO und CO_2 [442], während mit steigender Brenndauer immer mehr H_2 frei wird. CO und CO_2 stammen vom Kohlenstoff des Stahls, aus Restcarbonaten bzw. organischer Substanz des Tons, H_2 aus der Reaktion $Fe + H_2O = FeO + H_2$ nach Gl. (2.4).

Das erweichende Email fließt auf der Zunderschicht breit und löst dabei Stellsalze, zersetzten Ton (Metakaolin) und Zunder. Da ein großer Teil der Salze zuerst schmilzt, und diese Schmelzen relativ niedrige Oberflächenspannung und Zähigkeit haben, hüllen sie die Emailkörnchen ein, es bilden sich wabenförmige Zellen. Von den Schlickerbestandteilen löst sich der Ton am langsamsten, er wird schlecht benetzt, erhöht die Oberflächenspannung und Zähigkeit des Emails. Der Zunder dagegen geht leicht in Lösung und erniedrigt die Zähigkeit.

Ein Grundemail enthält aber noch andere Bestandteile, die sein Brennintervall vergrößern, muß es doch einen oder mehrere Deckbrände aushalten. Dazu gibt man zur Mühle Stoffe, die sich während des Brandes langsam auflösen, z. B. Quarz, Feldspat, Zirkonsand, oder man verwendet einen sog. Mischgrund aus einer leicht- und einer schwerschmelzenden Fritte. Salge [588] hat festgestellt, daß sich bei üblicher Einbrennweise ein SiO_2-Gehalt der Emailschmelze von etwa 50% einpendelt, einerlei, ob man von einer leichtschmelzenden Grundfritte (mit z. B. 30% SiO_2) und 40% Quarz auf 100 Granalien ausgeht oder von 50% SiO_2 in den Granalien und 10% Quarz. Ein Zuviel an Quarz usw. wird bei der gegebenen Einbrennzeit und -temperatur eben nicht gelöst. Der ungelöste Quarz verleiht dem Grundemail zudem günstige mechanische und thermische Eigenschaften, indem er entstehende Risse auffängt (s. Abschn. 4.5.2.1).

Mit der Auflösung der Zunderschicht setzen bei Grundemails bereits die Haftreaktionen ein (Abschn. 2.3.5.1), bei Deckemails im gleichen Stadium die Trübung (Abschn. 2.2.5.9), und das Email fließt schließlich glatt. Die Zähigkeit eines Emails bei seiner praktisch gegebenen Aufbrenntemperatur kann in verhältnismäßig weiten Grenzen schwanken. So fand Merker [451] Werte von 900 dPa s für leichtschmelzenden Majolika-Gußeisen-Puder, über 4000 dPa s für Stahlblech-Grund- und Deckemails, bis zu 22000 dPa s für ein Schwarzemail auf Guß.

Das Glattfließen wird im wesentlichen durch zwei Eigenschaften bestimmt, Zähigkeit η und Oberflächenspannung γ. Merker verwendet den Quotienten γ/η als Maß für die Oberflächenglättungstendenz; die Dimension ist cm/s, also die einer Geschwindigkeit. Dieser Quotient ist umgekehrt proportional der Zeit für die Einebnung einer runden Erhöhung, z. B. eines erweichenden Emailkörnchens, wofür Rhodes u. M. [563] eine quantitative Beziehung angeben, in der allerdings ein empirischer Formfaktor vorkommt.

Für das Einbrennverhalten eines Emails spielt auch die umgebende Atmosphäre eine wichtige Rolle. Daß ein zu hoher Wasserdampfgehalt wegen der Fischschuppengefahr schädlich ist, wird in Abschn. 2.1.1.10 und 4.1.3.3 eingehend behandelt. Chaille u. M. [71] beobachteten bei Direkt-Weißemails aber auch Fehler, wenn der Wasserdampf-Volumengehalt unter 3% betrug: Es entstanden auf entkohltem Stahl feine Bläschen, schwarze Punkte, Krater, verminderter Glanz, auf gewöhnlichem Emaillierblech durchweg Fischschuppen. Die Bläschen sollen daher rühren, daß der Ton sein Wasser in trockener Luft bei tieferen Temperaturen abgibt als bei Anwesenheit von Wasserdampf, und die organischen Bestandteile im Ton in trockener Luft dann langsamer verbrennen als bei Gegenwart von H_2O. H_2O erniedrigt die Zähigkeit und Oberflächenspannung, fördert also den Glanz. Deshalb soll etwas Feuchtigkeit in der Brennatmosphäre günstig sein.

2.3.4 Oberflächenspannung, Grenzflächenspannung, Benetzung

Welch große Bedeutung den Oberflächen- und Grenzflächenspannungen bei der Glasherstellung zukommt, hat Jebsen-Marwedel [324, 325] in zahlreichen Veröffentlichungen und an eindrucksvollen Beispielen gezeigt. Quantitative, emailtechnisch bedeutsame Beziehungen leitete Rickmann [568] an Hand physikalischer Überlegungen ab. Sie lassen sich folgendermaßen zusammenfassen:

a) Entsteht auf einer Emailoberfläche eine Vertiefung mit dem Radius r, beispielsweise durch eine geplatzte Blase, so wird die Unebenheit durch die Schwerkraft und Oberflächenspannung eingeebnet. Ist r kleiner als $9\gamma/2g\varrho$ mit γ: Oberflächenspannung eines Emails, g: Erdbeschleunigung und ϱ: Dichte, so überwiegt die Wirkung der Oberflächenspannung, im anderen Fall die der Schwerkraft. Beispiel: für $\gamma = 250$ mN/m und $\varrho = 2{,}5$ würde der Grenzfall bei $r = 0{,}68$ cm liegen.

b) Für Benetzungsfragen (Email auf Metall) ist der Randwinkel ϑ nach der Youngschen Beziehung

$$\gamma_{\text{fest}} - \gamma_{\text{fest/flüssig}} = \gamma_{\text{flüssig}} \cdot \cos \vartheta \tag{2.43}$$

8*

wichtig. Bei $\vartheta = 90°$, also $\cos \vartheta = 0$, spielt die Größe der Oberflächenspannung der Flüssigkeit keine Rolle, maßgebend ist nur die Differenz $\gamma_{\text{fest}} - \gamma_{\text{fest/flüssig}}$. Ist diese positiv, so wird $\vartheta < 90°$, d. h. es tritt unvollständige Benetzung ein, bei $\vartheta = 0$ ist sie vollständig. Ist sie negativ, ist die Benetzung schlecht. Bei $\vartheta = 0$, d. h. $\cos \vartheta = 1$ vereinfacht sich die Youngsche Beziehung zur Antonowschen Regel

$$\gamma_{\text{fest}} - \gamma_{\text{fest/flüssig}} = \gamma_{\text{flüssig}}. \tag{2.44}$$

Hierzu einige Zahlen. Eine Reihe von Autoren hat festgestellt, daß Email auf blankem Eisen, in Vakuum oder in Argon aufgebrannt, nicht oder sehr schlecht benetzt, d. h. ϑ ist $\geqq 90°$ bzw. $\cos \vartheta \to -1$. Somit muß die Grenzflächenspannung Stahlblech/Email noch größer sein als die Oberflächenspannung des Stahlblechs. Wenn man annimmt, daß die festen Metalle ein γ_{fest} in der Größenordnung ihrer Schmelze haben, nämlich weit über 1000 mN/m (nach Kingery [363] flüssiger Stahl 1720 mN/m, Kupfer 1270 mN/m) und Emails meist 250 bis 300 mN/m, kann man sich an Hand der Young'schen Gl. (2.43) ein Bild von der hohen Grenzflächenspannung Stahl/Email machen. Die Verhältnisse ändern sich sofort, wenn man die Kombination Zunderschicht/Email betrachtet. Hier findet vollständige Benetzung statt. Nimmt man für Zunder einen Wert, wie er sich aus dem Faktor zur Berechnung der Oberflächenspannung für gelöste Eisenionen ergibt (Tab. 6.2 im Anhang), nämlich $4,5 \cdot 100\% = 450$ mN/m, so ergibt sich bei $\cos \vartheta = 1$ eine Grenzflächenspannung von schätzungsweise $450 - 250 = 200$ mN/m. Auch wenn die gemachten Annahmen sehr roh sind, sieht man doch den erheblichen Unterschied in den Grenzflächenspannungen zwischen blankem bzw. verzundertem Stahlblech und Email.

c) Es gibt eine Mindestschichtdicke d_{m} für eine Flüssigkeit mit der Oberflächenspannung γ und der Dichte ϱ in Zusammenhang mit ihrem Randwinkel ϑ auf der jeweiligen Unterlage nach der Beziehung

$$d_{\text{m}} = \frac{2\gamma(1 - \cos \vartheta)}{\varrho g} \tag{2.45}$$

(g: Erdbeschleunigung). Wird d_{m} unterschritten, reißt die Flüssigkeitsschicht auf. Daraus ergibt sich Tab. 2.7:

Tabelle 2.7. Randwinkel und zugehörige Mindestschichtdicke eines Emails

Randwinkel ϑ	d_{m} (in mm) für ein Email mit $\gamma = 250$ mN/m und $\varrho = 2{,}5$
45°	2,48
10°	0,56
5°	0,28
2°	0,11
1°	0,06

Das bedeutet, daß bei Dünnschichtemaillierungen der Benetzungswinkel ϑ auf dem Stahlblech auf alle Fälle unter 2° liegen muß. Da aber mit gewissen Ungleichmäßigkeiten in der Emaildicke zu rechnen ist, fordert Rickmann für den Randwinkel von Grundemail gegen Eisenoxid den Wert 0°.

d) Wird auf ein Grund- ein Deckemail aufgebrannt, muß die Oberflächenspannung des Grundemails größer sein als die des Deckemails + Grenzflächenspannung Grund/Decke (im allg. = 0°); andernfalls versucht das Grundemail, die Decke an solchen Stellen, an denen etwa eine Blase hochsteigt, zu durchstoßen und das Deckemail einzuhüllen, es kommt zu Durchschüssen. Dieser Vorgang ist so heftig, daß es zur Wirbelbildung kommt. Siehe hierzu auch Brückner [52]. Für Dekorzwecke macht man von diesen Vorgängen bewußt Gebrauch, indem man z. B. ein Farbemail niedriger Oberflächenspannung unter ein anderes höherer Oberflächenspannung legt [685].

Durch die Arbeit von Rickmann fanden einige alte praktische Regeln ihre Aufklärung. So sollte das Grundemail schwerer schmelzbar sein und bei höherer Temperatur eingebrannt werden als das Deckemail; der Grund sollte beim Deckbrand „in Ruhe bleiben". Eine solche Abstimmung der Schmelzintervalle ist aber nach [530] nicht notwendig. In Wirklichkeit wird dadurch nur das Durchschießen des Grundes durch die Decke abgebremst, wenn die Oberflächenspannungen nicht richtig eingestellt sind.

Trotz der oben beschriebenen, etwas komplizierten Zusammenhänge beurteilt man die Benetzungsfähigkeit eines Emails auf einem anderen oder auf (voroxidiertem) Metall üblicherweise einfach auf Grund der Oberflächenspannung des Emails, was aber streng genommen nicht richtig ist. Kingery [363] sieht für beliebige Systeme die Größe $\gamma_{flüssig} \cdot \cos \vartheta$ als wichtigstes Kriterium an, Weiß [712] benutzt die Adhäsionsarbeit A, d. h. den Energieaufwand zur Trennung von Flüssigkeit und Unterlage nach

$$A = \gamma_{flüssig}(1 + \cos \vartheta). \tag{2.46}$$

Ist überhaupt keine Benetzung vorhanden ($\vartheta = 180°$), ist $A = 0$, bei vollkommener Benetzung ist $A = 2\gamma_{flüssig}$.

Auch die „Spannungslinien" oder „Haarlinien" finden so ihre Erklärung. Bekommt der getrocknete Deckemailauftrag Risse, sei es durch Verbiegen des Stücks, durch Spannungen beim Deckbrand infolge ungleichmäßiger Metalldicke, zu feiner Mahlung, fetten Tons usw., so ziehen sich am Riß die Ränder des Deckemails zurück und das Grundemail quillt hoch. Dies ist dann der Fall, wenn $\gamma_{Decke} > \gamma_{Grund} + \gamma_{Gr/D}$. Man suchte diesen Fehler empirisch dadurch zu bekämpfen, daß man 10%ige K_2CO_3- oder Na-Acetatlösung auf den trockenen Auftrag aufspritzte oder die Erweichungstemperatur des Deckemails durch Erhöhung des Gehalts an K_2O, Na_2O, BaO herabsetzte; all das erniedrigt in Wirklichkeit γ_{Decke}.

Weiterhin wichtig ist die Beobachtung Rickmanns, daß ein emailliertes Stück im Ofen selbst bei einer Einbrennzeit von 30 min noch stark „bläst". Daß trotzdem fehlerfreie Emaillierungen überhaupt möglich sind, und nicht auf jedem Stück viele geplatzte Blasen erscheinen, erklärt er damit, daß beim Abkühlen zuerst die Gasentbindung und das Aufsteigen der Blasen zur Oberfläche aufhört, während die Oberflächenspannungskräfte danach noch ausreichen, die Stellen geplatzter Blasen zu glätten.

Bisher wurden die Kombinationen verzundertes Blech/Grundemail und Grundemail/Deckemail betrachtet. Nun sei noch auf die zwei Schichten im Grundemail selbst eingegangen. Nach den wenigen vorliegenden Messungen erhöht Fe_2O_3 mit seinem Faktor 4,5 und wahrscheinlich auch FeO die Oberflächenspannung. Die eisenoxidhaltige Schicht des Grundemails bleibt also unter der noch eisenoxidfreien liegen, und selbst Gasentbindung bringt sie nicht an die Oberfläche.

Es ist oft schwierig, den Randwinkel ϑ richtig zu messen und damit das Benetzungsvermögen richtig zu beurteilen. Hier spielen auch andere physikalische Eigenschaften mit, wie Zähigkeit des Emails, Rauhigkeit der zu benetzenden Oberfläche und chemische Reaktionen, wie Zunderauflösung im Email. Der Wert eines Randwinkels ist nur dann zweifelsfrei, wenn er sich „von beiden Seiten her", d. h. bei Be- und Entnetzung einstellt [498].

Zum Schluß der vorangegangenen Überlegungen und Berechnungen sei bemerkt, daß sie im streng physikalischen Sinne nur für nichtmischbare Flüssigkeiten gelten. Versuche und praktische Erfahrungen haben aber gezeigt, daß sich Emailschichten wegen ihrer relativ hohen Zähigkeiten so verhalten, als ob sie nicht mischbar wären.

Es ist nun die Frage, welche Stoffe zur Verfügung stehen, um die Oberflächenspannung bzw. die Benetzung zu beeinflussen. Hinsichtlich Benetzung (Randwinkel) liegen noch keine systematischen Untersuchungen vor. Dagegen kann man die Oberflächenspannung von Emails mit ausreichender Genauigkeit additiv aus der Zusammensetzung mit Hilfe von Faktoren nach der Tab. 6.2 im Anhang berechnen.

In Abschn. 2.2.5.4 wurde bereits erwähnt, daß die Oberflächenspannung durch Alkalien, PbO, B_2O_3, ferner Anionen mit geringer Löslichkeit (SO_4^{2-}, VO_3^-, MoO_4^{2-} usw.) erniedrigt wird.

Die lokale Wirkung von Sulfaten macht sich bei der Majolika-Gußemaillierung in Form von „Fischaugen" störend bemerkbar. Enthält die Gußoberfläche da und dort Sulfidanreicherungen, so bekommt das Email hier durch Sulfatbildung und -auflösung eine niedrigere Oberflächenspannung und die Umgebung zieht sich zurück. Vorheriges Ausglühen des Gusses bringt den Fehler zum Verschwinden.

Auch in anderer Hinsicht kann Sulfat stören. Enthält das Grundemail zu viel Sulfide, so scheiden sich an der Oberfläche die durch Oxidation entstandenen, weniger löslichen Sulfate als dünne Haut oder als weiße Flecken aus — „Ausschlagen". Bei kurzem Aufbrennen von Deckemail verschmilzt Decke und Grund nicht. Bei längerem Brand erscheint das Sulfat mit seiner sehr niedrigen Oberflächenspannung auf der Oberfläche des vorher sulfatfreien Deckemails. Der weiße Belag stört besonders bei Schwarzemails. Ähnlich wie Sulfate wirkt auch V_2O_5 (aus Flugasche, Farbkörpern u. dgl.). Es führt zu Grübchenbildung.

Benetzung auf Aluminium

Al und seine Legierungen bzw. deren oxidierte Oberflächen werden schlecht benetzt. Nach Azarov u. M. [20] sollen Phosphatemails am reaktionsfähigsten sein und besser benetzen als z. B. Pb—Ba- oder Li-Emails. Zweckmäßig verwendet man Emails mit solchen Oxiden, die die Oberflächenspannung stark erniedrigen, z. B. V_2O_5.

Die schlechte Benetzbarkeit von Aluminiumoxiden kann man folgendermaßen verstehen. Eine gute Benetzung in den hier zu betrachtenden Systemen ist die Vorstufe zur chemischen Reaktion. In Abschn. 2.2.4.1 wurde gezeigt, daß eine Reaktion oder gar Verbindungsbildung um so leichter stattfindet, je größer der Feldstärkenunterschied der beteiligten Kationen ist, und daß die amphoteren Oxide wie Al_2O_3, ZrO_2 u. dgl. aus diesem Grunde gegenüber SiO_2 reaktionsträge sind, im Gegensatz etwa zu FeO, Cu_2O u. a. Parallel dazu geht die Benetzbarkeit. Da Al_2O_3 mit den Oxiden sehr schwacher Kationen (Alkalien) oder sehr starker (Phosphorsäure) leicht reagiert, benetzen Alkali- und P_2O_5-reiche Emails hier gut im Gegensatz zu den üblichen Emails.

2.3.5 Haftung

Gute Haftung zwischen Email und Metall ist eine grundsätzliche Voraussetzung für die Gebrauchstüchtigkeit der Emaillierung. Um sie zu erreichen, geht man je nach Metall und seiner Oberflächenbeschaffenheit verschieden vor. Nach Dietzel [128] hat man drei verschiedene Haftprinzipien zu unterscheiden. Diese treten nicht nur einzeln auf, sondern können von Fall zu Fall auch nebeneinander wirksam sein. Dies sei ausdrücklich hervorgehoben.

2.3.5.1 Haftung an Stahlblech

Das Haftproblem ist seit den Versuchen Rinmans 1782 (s. Einleitung Kap. 2) praktisch dadurch gelöst, daß man in den Emailversatz Kobaltoxid, später auch Nickeloxid allein oder zusammen mit CoO einschmilzt. Selbst heute, nach zwei Jahrhunderten, gibt es aber noch keine allgemein anerkannte, vollständige Erklärung für die Wirkung dieser beiden klassischen „Haftoxide", obwohl sich unzählige Arbeiten und Veröffentlichungen im internationalen Schrifttum damit befaßt haben, und auch andere Haftoxide entdeckt wurden. Allgemein anerkannt ist, daß eine gute Benetzung des Stahlblechs durch das glattfließende Email eine — fast selbstverständliche — Voraussetzung für das Haften ist. Gute Benetzung findet aber nur auf einer Eisenoxidschicht, nicht auf blankem Eisen statt. Diese Oxidschicht bildet sich normalerweise von selbst während des Aufheizens der Ware, wobei Luftsauerstoff durch den noch porösen Emailauftrag direkt an die Blechoberfläche gelangt. Nur wenn die Brenntemperatur besonders niedrig ist, wie bei Tieftemperaturemails, oder die Zeit bis zum Glattfließen des Emails zu kurz ist, wie bei leichtflüssigen Schwarzemails, ist eine Voroxidation des Blechs u. U. empfehlenswert; denn eine gewisse Menge an Zunder ist für die Haftreaktion erforderlich.

Dietzel u. M. [147] haben die Vorgänge beim Brennen eines haftoxidfreien Grundemails im einzelnen verfolgt. Wird das Email „normal", d. h. bis zum Glattfließen eingebrannt, so haftet es nicht; die anfangs gebildete Zunderschicht ist dann völlig aufgelöst, und das grüne Email sitzt auf dem blanken, sog. Silberblech, das es nicht benetzt und auf dem es nicht haftet (Brennstufe *A*). Wird das Email

aber länger eingebrannt als sonst üblich — etwas überbrannt — so haftet das nun
dunkelgrau erscheinende Email, und gleichzeitig scheiden sich Kristalle, vorzugsweise Magnetit Fe_3O_4, aus (Brennstufe B). In diesem Stadium haftet das Email gut.
Wird es noch länger gebrannt, so verschlackt das Email unter zusätzlicher Bildung
von Hämatit Fe_2O_3. Die Haftung wird schlechter (Brennstufe C). Die Autoren
führten das Haften auf eine ganz dünne Eisenoxidschicht zurück, die auf dem Eisen
bekanntlich sehr gut haftet, und auf der wiederum das Email gut haftet.

Die Konzentration an gelösten Eisenoxiden in der Grenzschicht Email/Stahl-
blech wurde über die Erhöhung der Lichtbrechung mikroskopisch bestimmt
(Bild 2.47). Sie steigt in Brennstufe A (durch Fe^{2+} grüngefärbtes Email) stark an,
fällt dann in Brennstufe B unter Ausscheidung von Magnetit, um danach wieder
anzusteigen. Erst in Stufe B findet also eine Übersättigung an Eisenoxiden statt.

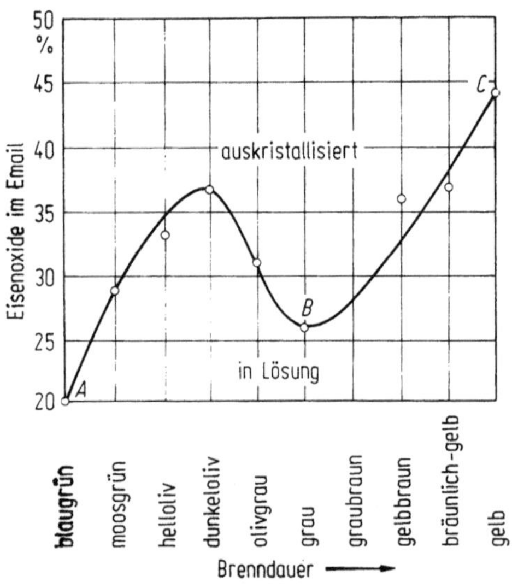

Bild 2.47. Konzentration an gelöstem
FeO in der Grenzschicht Email/Stahl-
blech (Massengehalt auf 100 Email) und
Farbänderungen während des Brandes

Daß sich mit zunehmender Oxidation der Spinell Fe_3O_4 ausscheidet, ist nicht
verwunderlich, weil Spinelle der allgemeinen Formel $RO \cdot M_2O_3$ wegen ihrer Schwer-
löslichkeit vielfach als Farbkörper für Glasuren und Emails verwendet werden [378].
Von besonderer Bedeutung ist aber, daß die Eisenoxidation trotz des Zufließens
der Emailschicht immer weiter fortschreitet (s. w. u.). Freilich halten Dietzel u. M.
es für „ziemlich schwer, ja unmöglich, die Gegenstände so zu brennen, daß sich
das haftoxidfreie Email im Zustand B befindet; meist wird an einzelnen
Stellen noch Brennstufe A (blaugrün) vorhanden sein, an anderen (Kanten) wird
das Email schon über B hinaus, also ‚verbrannt' sein".

Unmittelbar vor dem letzten Weltkrieg, als die Haftoxide nicht mehr zur Verfügung standen, wurden diese alten Versuche wieder aufgenommen. Es zeigte sich
jedoch, daß für die Praxis der Spielraum innerhalb der Brennstufe B zu schmal,
und deshalb eine Haftung auf diesem Weg viel zu unsicher ist, zumal, wenn die
Werkstücke verschiedene Dicken hatten oder die Ofentemperatur etwas schwankte.
Es wurde deshalb versucht, einerseits das Stahlblech definiert vorzuoxidieren,
andererseits verschieden hohe Mengen an Eisenoxiden bis zur Sättigung in das

Email einzuschmelzen. Letzteren Weg beschritt auch Ph. Eyer (DRP 746270), der Emails schützen ließ, „die einen Eisengehalt von über 6%, vorzugsweise über 10% aufweisen". Doch alle diese Versuche blieben ohne praktischen Erfolg.

In einer eingehenden Untersuchung mit genau definierten Bedingungen kamen auch King u. M. [361] zu der Feststellung, daß es ohne Haftoxide eine gute Haftung von Email an Eisen gibt, wenn folgende Bedingungen eingehalten werden: Das Email muß das Metall benetzen, das Email muß an der Grenzschicht zum Metall mit Metalloxid gesättigt sein, und dieses gelöste Metalloxid darf nicht durch das Metall reduziert werden. Sie beobachteten dementsprechend eine sehr gute Haftung, wenn beispielsweise ein mit FeO gesättigtes, bzw. übersättigtes Email auf Eisen eingebrannt wurde. Nach King u. M. beruht sie ganz allgemein — nicht nur bei Fe — auf einer chemischen Metall-Metall-Bindung zwischen den Atomen des Metalls und den Ionen des gleichen Metalls im Email.

Auf ähnlichen Vorstellungen beruht die Hafttheorie von Pask u. M., s. z. B. [306] über die Haftung von B_2O_3 an Pt über eine an PtO_x oder $Pt(OH)_2$ gesättigte Glasschicht oder entsprechend an Gold [669]. Es ist dabei eine grundsätzliche Frage, ob eine „Sättigung ohne feste Oxidphase" bei laufender Nachlieferung von O_2 und während der Abkühlung überhaupt denkbar ist. Bemerkenswert ist doch, daß die Haftung sprunghaft mit der Sättigung bzw. Übersättigung einsetzt. Die gleiche Beobachtung machten Bhat u. M. [36]. Es geht also darum, ob nach King u. M. das FeO-gesättigte Email auf oxidfreiem Eisen sitzt oder nach Dietzel u. M. auf einer dünnen Oxidschicht. Dazu einige Benetzungsmessungen von Cline u. M. [87] und Adams u. M. [3]: Der Benetzungswinkel ϑ von Natriumdisilicatschmelze (1000 °C) auf voroxidiertem Eisen im Vakuum betrug 24°, nach völliger Auflösung der Eisenoxide 55°. Die Schmelze war dann grünlich, was obiger Brennstufe A entspricht. Wurden dem Natriumdisilicat steigende Mengen an Eisenoxid bis zur Sättigung (Stoffmengengehalt 28,5% Fe als Oxid) zugesetzt, so sank ϑ schließlich auf 21 bis 22°. Teilweise schied sich dabei Fayalith $2FeO \cdot SiO_2$ aus, was auch von anderen Autoren beobachtet wurde. Bei Bhat u. M. [36] fiel ϑ bei den etwas anders zusammengesetzten Gläsern auf 15° bzw. 25°. Damit darf als gesichert gelten, daß Glas oder Email, das mit Eisenoxiden gesättigt ist, auf Eisen einen Kontaktwinkel von wenigstens 15° zeigt. Im Gegensatz dazu wurde für Glas auf Magnetit ein ϑ von nur $2° \pm 1°$ gefunden.

Pask u. M. [515] unterscheiden drei Fälle:

a) Glas mit wenig Eisenoxiden auf Eisen, schematisch dargestellt als
$-Fe-Fe|O-Si-O-$, $\vartheta = 55°$, keine Haftung,

b) Glas auf Oxidschicht $-Fe-Fe-O-Fe-O-Si-O-$, $\vartheta = 2°$, gute Haftung,

c) Glas, gesättigt mit Eisenoxiden $-Fe-Fe-O-Si-O-$, ϑ etwa 15°, gute Haftung.

Nun stimmen alle Benetzungswinkel-Messungen darin überein, daß der Übergang von a) nach c) stetig ist, von c) nach b) aber abrupt. Nach der chemischen Formulierung von Pask u. M. würde dagegen der Zustand b) demjenigen von c) ähnlich sein, sich aber von a) grundlegend unterscheiden. Dieses Schema ist deshalb irreführend. Das folgende Schema dürfte den Vorstellungen von Pask und auch King eher entsprechen:

$$
\begin{array}{ll}
-\mathrm{Fe}-\mathrm{Fe}\;
\begin{array}{c}
\mathrm{Na} \\
| \\
\mathrm{O} \\
| \\
\mathrm{Si} \diagdown \diagup \\
| \\
\mathrm{O} \\
|
\end{array}
& \vartheta = 55^{\circ} \\[2em]
-\mathrm{Fe}-\mathrm{Fe}-\mathrm{O}-\mathrm{Fe}-\mathrm{O}-\mathrm{Si}\diagup\diagdown
& \vartheta = 2^{\circ}, \\[2em]
-\mathrm{Fe}-\mathrm{Fe}\;
\begin{array}{c}
\mathrm{O}-\mathrm{Si}\diagup\diagdown \\
| \\
\mathrm{Fe} \\
| \\
\mathrm{O}-\mathrm{Si}\diagup\diagdown
\end{array}
& \vartheta = 15 \text{ bis } 25^{\circ}
\end{array}
$$

Es sei nun daran erinnert, daß nach Rickmann [568] ein Grundemail einen Randwinkel von 0° haben muß (Abschn. 2.3.4). Man muß daher doch wohl eine oxidische Zwischenschicht annehmen; dann erklärt sich auch das sprunghafte Einsetzen der Haftung bei Übersättigung der Schmelze an Eisenoxiden.

In diesem Zuammenhang ist die Arbeit von Warnecke [691] von Interesse, in der die Grenzschicht Stahl/Email nicht nur mit der Mikrosonde, sondern auch mit der Auger-Elektronenspektroskopie untersucht wurde. Durch Anschleifen der Präparate unter sehr spitzem Winkel war es möglich, die Konzentration an Fe bzw. Fe^{2-} bis auf wenige Zehntel Mikrometer von der Eisenoberfläche entfernt zu bestimmen. So wurden bei gut haftenden Überzügen im Abstand von $0{,}5$ µm Fe-Massengehalte von 40 bis 60% entsprechend über 50 bis 77% FeO gefunden. Bei schlechter Haftung lagen die Gehalte merklich niedriger. Es ist höchst unwahrscheinlich, daß sich FeO-Gehalte von über 40% in echter Lösung befinden. Es ist eher anzunehmen, daß hierbei bereits eine Wüstitschicht mit erfaßt wurde (wenn nicht gar metallisches Eisen, was nicht auszuschließen ist).

Zu der Frage, wie man sich eine solche oxidische Zwischenschicht vorzustellen hat, ist folgendes zu sagen. Die Erscheinungen an Grenzflächen stellen — in anderem Sinne — Grenzfälle dar: Jede Oberfläche ist gestört (s. Abschn. 2.2.7.1 „Amorphisierung" von Quarz beim Feinmahlen; Erklärung der Oberflächenspannung in Abschn. 2.3.4; beginnende Phasentrennung oder Keimbildung usw.). Wenn also eine Übersättigung an FeO oder Fe_3O_4 an der Grenze Stahl/Email eintritt, so darf man nicht erwarten, daß eine solche sehr dünne Schicht aus Kristallen mit wohlgeordnetem Gitter besteht; sie ist vielmehr so gestört, daß sie z. B. röntgenamorph erscheint. Das gleiche gilt für die äußerste Eisenoberfläche. So könnte man versucht sein, hier einen mehr oder weniger stetigen Übergang zu sehen. Doch dürfte der Kontaktwinkel ϑ ein Indiz für die Existenz einer Grenzschicht sein, ebenso wie der plötzliche Übergang vom „Silberblech" zum Blech mit der dunklen Ober- oder Grenzfläche.

Da die technische Emaillierung ohne Haftoxide nicht durchführbar ist, wendet sich das Interesse nun deren Wirkungsweise zu. Das Schrifttum darüber ist unübersehbar, es seien deshalb nur wenige Arbeiten aufgeführt. Nach Dietzel [115 bis 117, 125] spielen sich folgende Reaktionen noch während der Auflösung des

Zunders durch das Email ab:

$$Fe_3O_4 \text{ (Zunder)} \rightarrow Fe_2^+ + 2\,Fe^{3+} + 4\,O^{2-} \text{ (im Email gelöst)}$$

$$2\,Fe^{3+} + Fe \rightarrow 3\,Fe^{2+},$$

$$2\,Fe^{2+} + Co^{2+} \rightarrow 2\,Fe^{3+} + Co. \qquad\qquad (2.47)$$

Das gelöste Kobalt wird durch das reichlich vorhandene Fe^{2+} (entsprechend rd. 17% FeO) z. T. ausgefällt. Dies ist äußerlich sichtbar an dem Farbumschlag von kobaltblau in blaugrün. Bild 2.48 zeigt einen Grundemailsplitter im Querschnitt mit der grünen unteren, Fe^{2+}-reichen Schicht, die unzählige (im Dunkelfeld glitzernde) Teilchen von Co enthält, darüber noch kobaltblaues Email.

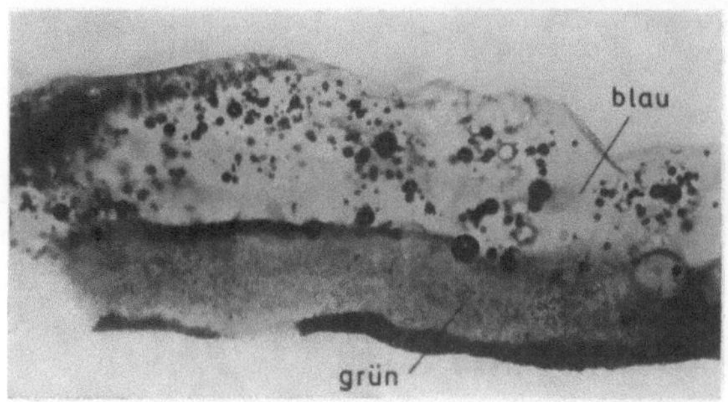

Bild 2.48. Grundemailsplitter im Querschnitt: oben ursprüngliches, blaues, CoO-haltiges Email; darunter durch gelöstes FeO grün gefärbtes Email mit vielen feinen Co-Teilchen, unten die sich ausbildende Haftschicht

Während des weiteren Brandes, noch in Brennstufe A, wird die Zunderschicht schließlich völlig im Email aufgelöst, darunter erscheint aber kein „Silberblech", weil beim Kontakt des noch Co^{2+}-haltigen Emails mit der Stahloberfläche sofort die noch wirksamere Reaktion

$$Fe + Co^{2+} \rightarrow Fe^{2+} + Co \qquad\qquad (2.48)$$

einsetzt. Die Abscheidung von Co auf Fe gibt kurzgeschlossene galvanische Elemente mit Email als Elektrolyt, wobei Fe anodisch in Lösung geht. Es entsteht dabei eine starke Aufrauhung mit Unterhöhlungen. Bild 2.49 zeigt die Rückseite eines Grundemails nach chemischer Auflösung des Eisenbleches und sehr anschaulich die starke Verzahnung, wie sie auch in Bild 2.50 im Querschliff zu sehen ist.

Diese Lokalelemente würden sich rasch erschöpfen, wenn nicht leicht verfügbarer Sauerstoff als Depolarisator vorhanden wäre, was beim normalen Brand in Luft aber der Fall ist, teils durch das in Lösung gegangene Fe_2O_3 vom Zunder, teils wohl aus der Luft durch Konvektion im Email. So wird die Eisenoberfläche stark korrodiert und bleibt trotzdem durch die aufrechterhaltene Übersättigung mit Eisenoxiden bedeckt. Was im haftoxidfreien Email erst in der schmalen Brennstufe B erreicht wird, besorgen die Haftoxide bereits in Stufe A, so daß eine gute Haftung, zusätzlich durch die Unterhöhlungen, entsteht. Zusammenfassende Darstellung des Haftmechanismus bei Dietzel [134].

Man könnte nun meinen, eine Aufrauhung durch Abstrahlen müsse ebenso wirksam sein wie die durch die Haftoxide bewirkte. Dies ist aus zwei Gründen nicht der Fall. Zum einen sorgen die Haftoxide für eine während des Brandes ständig fortschreitende Korrosion. Zum anderen wird nach Untersuchungen von Petzold u. M. [533] im Gegensatz dazu eine durch Quarzsand hervorgerufene Aufrauhung während des Brandes mehr und mehr eingeebnet: In den Vertiefungen

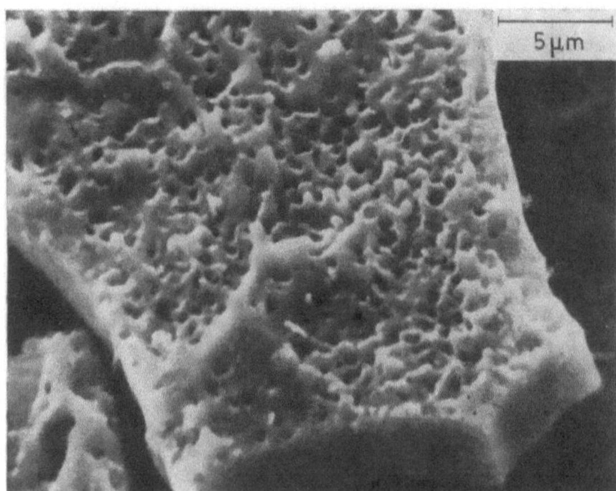

Bild 2.49. Unterseite eines aufgebrannten Grundemails nach chemischem Ablösen des Eisens. (Rasterelektronenmikroskop — Aufnahme Bayer AG., Leverkusen)

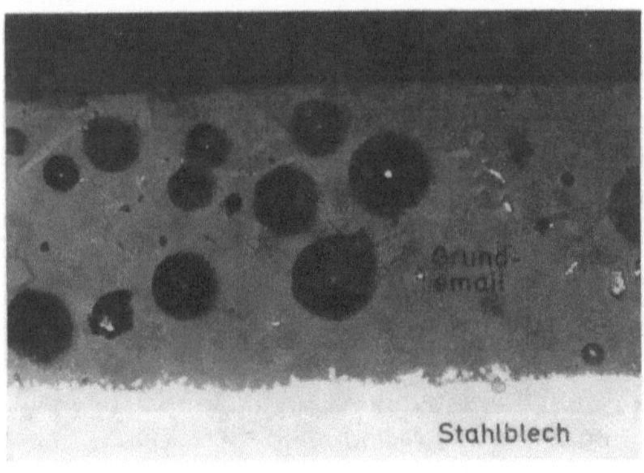

Bild 2.50. Querschnitt durch fertig gebranntes Grundemail mit der Verzahnung in der Eisenoberfläche. (Aufnahme: Bayer AG., Leverkusen)

setzt sich Quarzstaub fest und schützt hier das Eisen vor Oxidation; im wesentlichen werden nur die Erhebungen oxidiert, und diese Zunderstellen sind schnell aufgelöst. Die Verzunderung wird also insgesamt stark erniedrigt. Würde man statt mit Quarzsand mit einem metallischen Strahlmittel aufrauhen, so bestünde die Gefahr von Durchschüssen: Durch die ungehinderte Oxidation der vergrößerten Oberfläche entsteht an den spitzen Erhebungen rasch eine Übersättigung an Eisenoxiden.

Es ist also ein grundsätzlicher Unterschied, ob die Aufrauhung *vor* dem Aufbrennen des Emails geschieht oder durch die Haftoxide *nach* dem Zufließen des Emails.

Was das Sauerstoffangebot anbelangt, gilt noch folgendes: Verzundert das Blech zu stark, etwa bei zu langsamem Aufheizen schwerer Stücke, wird die entstandene dicke Zunderschicht vom Email nicht gelöst, die Reaktion nach Gl. (2.48) kann nicht stattfinden. Abhilfe: Sauerstoffangebot verringern durch zeitweiliges Einleiten von Leuchtgas oder dgl. Ist zu wenig Sauerstoff vorhanden, kann sich die Reaktion nach Gl. (2.48), wie schon gesagt, ebenfalls nicht voll auswirken.

Die Reaktion nach Gl. (2.47) ist besonders störend, wenn ein Oxid verwendet wird, dessen Metall zwar edler als Eisen ist, aber schon durch das gelöste FeO quantitativ in der Emailschicht ausgefällt wird. Dann kommt kein metallischer Kontakt mit dem Eisen zustande, es gibt keine Korrosion und keine Haftung. Dies ist z. B. der Fall, wenn CuO in ein Grundemail eingeschmolzen wird. Nach dem Aufbrennen ist das Email blutrot gefärbt: An der Vorderfront der Fe^{2+}-haltigen Schicht sind Cu_2O und Cu ausgeschieden, das keinen Kontakt mit dem Eisen hat.

Es war von Interesse, zu wissen, welche Fe^{2+}-Konzentrationen nötig sind, um ein im Email gelöstes Oxid teilweise oder ganz zum Metall zu reduzieren und damit seine Wirkung als Haftoxid zu beeinträchtigen oder ganz aufzuheben. Für NiO, CuO und Ag_2O ergaben sich nach Dieztel [125] die in Tab. 2.8 wiedergegebenen

Tabelle 2.8. Konzentration an gelöstem FeO für eine beginnende ($\pm$) bzw. vollständige ($+$) Ausfällung der Metalle Ni, Cu bzw. Ag aus 1%iger Lösung im Email. Nach [125]

	0,5	1	5	10	20	%FeO
NiO	−	−	−	±	+	
CuO	−	±	+	+	+	
Ag_2O	+	+	+	+	+	

Grenzkonzentrationen, ausgedrückt als Massengehalt in % FeO. An Hand dieses Befundes erklärten Petzold u. M. [533] die merkwürdige Beobachtung, daß CuO im Email auf sandgestrahltem Blech eine gegenüber unbehandeltem Blech leidlich gute Haftung ergibt. Die Autoren machen dafür die durch das Sandstrahlen stark verminderte Verzunderung (s. oben) verantwortlich: Zum mindesten an den durch den Quarzstaub geschützten Vertiefungen ist nach dessen Auflösung durch das schmelzende Email die Fe^{2+}-Konzentration für eine Reduktion des Cu^+ oder Cu^{2+} zu niedrig. Hier wird es erst durch den Kontakt mit dem metallischen Eisen reduziert und kann als Haftmetall wirken.

Weiterhin ist verständlich, warum eingeschmolzenes CoO besser wirkt als NiO: Ni ist edler als Co (das Normalpotential Ni/Ni^{2+} beträgt $-0,22$ V gegenüber $-0,29$ V für Co/Co^{2+}). Ni wird also in noch größerer Menge in der Fe^{2+}-Schicht ausgefällt als Co, wie das Dietzel [125] an Versuchsschmelzen unter dem Mikroskop, und Hoffmann [293] mit Hilfe der Mikrosonde erkannt haben.

Zum Charakteristikum eines Haftoxides gehört offenbar auch, daß sein Metall in Fe wenigstens beschränkt löslich ist. In Analogie zu den Begriffen „hydrophil" und „hydrophob" könnte man ein Haftmetall „ferrophil" nennen. Pb und Bi sind in Fe unlöslich, also „ferrophob"; obwohl Pb bzw. Bi mit ihren Normalpotentialen von $-0,12$ bzw. $+0,2$ V gute Haftoxide geben könnten, tun sie es nicht. Die ausgefällten Metalle benetzen das Eisen schlecht, geben also wenige elektrochemische Kontaktstellen. Wohl aber wurden MoO_3 oder Mo-Verbindungen von mehreren Autoren als brauchbare Haftstoffe beschrieben. Die Kombination mit As- oder Sb-Oxiden ist besonders günstig.

Wird ein grundemailliertes Blech z. B. mit NaOH entemailliert, kann es mit einem haftoxidfreien Email überzogen werden: Das Haftmetall blieb ja auf der Blechoberfläche zurück.

Bei der Direkt-Weißemaillierung auf Stahlblech (Abschn. 4.2) ist es natürlich nicht möglich, färbende Haftoxide in das Email einzuschmelzen. Man bringt deshalb ein Haftmetall, vorzugsweise Ni, in einer Blechvorbehandlung unmittelbar mit dem Eisen in Kontakt, entweder durch einen Ionenaustausch Fe gegen das edlere Ni in einem Tauchbad (Nickel-Dip), durch Reduktion des Ni aus einem Nickelbad mit Natriumhypophosphit oder galvanisch. Zwar wird es zunächst mit der Eisenoberfläche oxidiert, geht mit in Lösung, wird aber, da es direkt am Stahlblech sitzt, wieder reduziert und ist somit noch wirksamer, als wenn es erst im Email an die Grenzfläche diffundieren und hier ausgefällt werden müßte. Die durch den Ni-Dip niedergeschlagene Menge (2 bis 4 g/m²) kann deshalb kleiner sein als die üblicherweise in Grundemails eingeschmolzene (1,5%).

Unterschiede zwischen den beiden stromlosen Vernickelungsverfahren haben Warnecke u. M. [692] in einer sehr sorgfältigen Arbeit untersucht. Ein entscheidender Unterschied ergab sich hinsichtlich der Nickelverteilung: Diese ist beim einfachen Ionenaustausch nach einer kurzen Anlaufzeit unabhängig von der Versuchszeit sehr ungleichmäßig. Im Gegensatz dazu ist beim Reduktionsverfahren die Nickelabscheidung viel gleichmäßiger. Man darf dies wohl so interpretieren: Beim Ionenaustausch setzen sich bevorzugte, reaktionsfreudige Spitzen oder Kristallflächen des Ferrits mit den Ni^{2+}-Ionen im Bad um, während die inaktiven Kristallflächen sich kaum beteiligen. Wird das Ni aber durch ein Reduktionsmittel ausgefällt, so spielen diese Unterschiede im Ferrit eine untergeordnete Rolle (vgl. z. B. die Verspiegelung von Glas durch Reduktion des Silbers mit Fehlingscher Lösung). Da die Emailhaftung von der Ausbildung von Lokalelementen Fe/Ni abhängt, ist also eine weitgehende Abdeckung des Eisens ungünstig. Zu fordern ist eine ausreichende Belegung der Stahloberfläche mit Nickel in einigermaßen inhomogener Verteilung. Dies ist nach beiden Verfahren erreichbar, doch müssen die Arbeitsbedingungen beim Reduktionsverfahren genauer eingehalten werden als beim Ionenaustausch.

Nach diesen Erkenntnissen ist es klar, daß eine normale galvanische Ni-Abscheidung fast wirkungslos ist, weil dabei ein nahezu geschlossener Nickelüberzug entsteht; man emailliert gewissermaßen auf Nickel. Bei richtiger Nickelabscheidung ist aber die Eisenkorrosion nach Rickmann [570] sogar wesentlich stärker als bei den für die Einschichtemaillierungen üblichen Intensivbeizen.

Auch bei der Direkt-Weißemaillierung bildet sich in Blechnähe eine FeO-reiche Emailschicht, in der das trübende TiO_2 sich auflöst bzw. sich mit steigender Fe^{2+}-Konzentration als $FeTiO_3$ vorübergehend ausscheidet [165, 299]. Die günstige Wirkung des sog. Beizbastes (Abschn. 4.1.1.3), der sich beim Beizen an der Blechoberfläche bildet und Cu als wirksames Element enthält, erklärte Dietzel [132] mit einer verstärkten elektrolytischen Nickelabscheidung aus dem Nickel-Dip.

Außer der $FeTiO_3$-Schicht bilden sich noch andere Zwischenschichten verschiedener Zusammensetzung, die wegen ihrer geringen Dicke noch nicht eindeutig indentifiziert werden konnten [564]. In Zn-Ti-Emails kann sich auch $2ZnO \cdot TiO_2$ bzw. $ZnO \cdot Al_2O_3 + NaF$ ausscheiden [552]. Ähnlich wie beim konventionellen Grundemaillieren scheiden sich in der dem Metall vorgelagerten Emailschicht Metallteilchen aus, die von Warnecke u. M. [692] und anderen als Fe-Ni-Mischkristalle identifiziert wurden.

Die günstige Wirkung des Ni-Dip auf die Haftung führte zu wiederholten Empfehlungen, ihn zur Sicherheit auch bei der konventionellen Emaillierung von Stahlblech [731] und sogar von Gußeisen [206] anzuwenden. In den genannten Veröffentlichungen wurde die Wirkung zahlreicher Einflußgrößen auf die Nickelabscheidung untersucht. Merkwürdig und noch nicht eindeutig geklärt ist die übereinstimmende Beobachtung, daß sich der Nickelniederschlag während der Behandlung nach wenigen Minuten teilweise auflöst, und erst danach die niedergeschlagene Menge kontinuierlich zunimmt; ferner ist der Ni-Niederschlag auf 2 mm dickem Blech unter sonst gleichen Bedingungen geringer als auf dem gleichen 1 mm dicken Blech. Nach [731] könnte dabei eine Reaktion des fein verteilten und sehr reaktionsfähigen Ni mit dem anfangs aus dem Blech austretenden CO unter intermediärer Bildung von flüchtigem $Ni(CO)_4$ mitspielen oder eine Reaktion mit dem aus dem Stahl austretenden Wasserstoff (Lokalelemente Ni/H?). Gestützt wird die Annahme solcher frühzeitiger Gasreaktionen durch die Tatache, daß solche vernickelten Bleche beim Aufbrennen des Emails keine Bläschen bilden.

Für den Haftvorgang von Interesse ist die praktische Erfahrung, daß CoO, im Email eingeschmolzen, ein besseres Haftoxid ist als NiO, daß sich aber für die Blechvorbehandlung der Ni-, und nicht der Co-Dip, eingeführt hat. Zwar wirkt auch Kobalt, bei Raumtemperatur niedergeschlagen, sehr gut, man muß es aber in alkalischem Medium mit einem Reduktionsmittel auf dem Blech ausfällen (Hoffmann, Diskussionsbemerkung [133]); die Austauschreaktion wie bei Nickel würde zu lange dauern. Das unterschiedliche Verhalten erklärte Dietzel [133]: Bei der Einbrenntemperatur sind die Potentialunterschiede wesentlich größer als bei Raumtemperatur; dann genügt das Potential zwischen Eisen und Kobalt, damit die Reaktion nach Gl. (2.48) in wenigen Minuten mit ausreichender Geschwindigkeit ablaufen kann. Anders liegen die Dinge bei Raumtemperatur: Hier ist die Potentialdifferenz Fe/Co zu klein (0,15 V), um in kurzer Zeit eine ausreichende Co-Abscheidung aus einer Lösung zu bewirken, wohl aber genügt hier das höhere Potential Fe/Ni (0,22 V), für Tieftemperaturemails auch dasjenige von Fe/Sb (Tauchantimonierung [276]).

Für die oben besprochene Notwendigkeit der Bildung einer dünnen oxidischen Zwischenschicht spricht auch eine Reihe von Verfahren, wobei eine solche Schicht mit oder ohne Haftoxide künstlich erzeugt werden soll, beispielsweise durch Phosphatieren; Auftragen und Einbrennen einer besonderen Schicht über einer NiO-Schicht; Beschichtung mit Li- und Ni-salz + Bentonit und $AlPO_4$ u. dgl.

In der an Fe^{2+} gesättigten Schicht in der Grenzzone wurden oftmals Ausscheidungen von Fayalith Fe_2SiO_4, gelegentlich auch von $Na_2O \cdot FeO \cdot SiO_2$ beobachtet, die aber mit dem Haftvorgang unmittelbar nichts zu tun haben.

Kupfer kann nach Sturm [650] auch aus cyanidischem Bad auf dem Blech niedergeschlagen werden. In diesem Fall emailliert man auf einer Kupferschicht

(s. Abschn 2.3.5.4). Gibt man ein Kupfersalz zur Beize, so entsteht ein poröser Kupferniederschlag, der wahrscheinlich ähnlich wirkt wie der Ni-Dip.

Es sei nochmals darauf hingewiesen: Alle Umstände, die den Kontakt eines Haftmetalls mit dem Eisen verhindern oder erschweren, verhindern oder erschweren auch die Haftung. So waren zur Zeit der Anwendung sulfidischer Grundemails (zur Boreinsparung) die Haftoxide völlig unwirksam, weil sie als Sulfide ausgefällt wurden. Dagegen eigneten sich etwa As_2S_3 oder Sb_2S_3, die lösliche, durch Fe reduzierbare Sulfosalzkomplexe bilden. Auch andere Reaktionen, die die Haftmetallionen „abfangen", beeinträchtigen die Haftung; so kann man die haftmindernde Wirkung von TiO_2, Cr_2O_3 u. a. damit erklären, daß diese mit CoO, ähnlich wie mit FeO, Komplexe in der Schmelze bilden, die erst bei höheren Temperaturen dissoziieren. Dafür spricht die Auflösung von TiO_2 in der FeO-reichen Grenzschicht von Direkt-Weißemails, sowie die Neigung zur Bildung von $CoO \cdot Cr_2O_3$. In solchen Fällen hilft nur das Aufbringen eines Haftmetalls direkt auf das Eisen, z. B. durch den Ni-Dip [691].

Daß man das Haften von Glas an Metall auch rein physikalisch erklären kann, versuchte Weirauch [710] mit einer 46 Ni 54 Fe-Legierung. Doch ist der Versuch mit einem so hoch nickelhaltigen Stahl nicht überzeugend.

Bei Tieftemperaturemails (s. Abschn. 4.4.5), die unter 700 °C bis etwa 600 °C herunter aufgebrannt werden, verlaufen alle Reaktionen, die Auflösung der primären Zunderschicht wie auch die Haftreaktionen, merklich langsamer. Märker [434] schlägt deshalb die Anwendung von Mischungen mehrerer getrennter Emails vor, wobei das Haftmittel dem am leichtesten schmelzenden Email zugesetzt wird. Als solches kommen in Frage: Co, Mo, Ni, As, Sb, Cu. Die primäre Zunderschicht soll man nicht zu dick werden lassen und deshalb die Eisenoberfläche durch eine kräftige Phosphorsäurebeize phosphatieren. Vor allem ist eine starke Vernickelung anzustreben, die ebenfalls die Primäroxidation verringert. Einen anderen Weg beschritten Heimsoeth u. M. [276]. Nach einem Vorschlag von Lang und Kyri verwendet man ein lösliches komplexes Antimonsalz für ein Tauchbad analog dem Ni-Dip, in dem man sogar Stähle bis 0,5% C nach vorheriger Reinigung und Beize antimonieren und dann bei Temperaturen um 700 °C, ja sogar 800 °C emaillieren kann. Bei den tiefen Temperaturen stört offenbar die Verdampfung des Sb noch nicht.

2.3.5.2 Haftung an Gußeisen

Bei gußeisernen emaillierten Teilen werden wegen der größeren Wanddicke keine so hohen Ansprüche an die Haftung gestellt wie bei Stahlblechemaillierungen.

Die Gußemaillierung wird so geführt, daß sich die zu Beginn auf der Gußoberfläche entstehenden Eisenoxide im Email nicht ganz auflösen. Beim Frittegrund (Abschn. 4.5.2.1) sorgt dafür die ungewöhnliche Zusammensetzung mit 70 bis 75% Quarz, Rest Borax; im Fall des sehr dünn aufgetragenen Schmelzgrundes verschlackt das Grundemail schnell. In jedem Fall ist eine Zunderzwischenschicht das Bindeglied zwischen Gußeisen und Email. Ein Zusatz von Haftoxiden ist hier also überflüssig. Nur bei unsachgemäßem Brand (Auflösung der Oxidschicht) sind sie zu deren Wiederherstellung hilfreich, und dann kann auch ein Nickel-Tauchbad die Haftung verbessern [206]. Hierzu kommt, daß die Oberfläche von Gußeisen wesentlich rauher ist als die von Stalblech, durch Abstrahlen mit Stahlkies wird sie zusätzlich aufgerauht, so daß ein großer Teil der Haftung durch mechanische Verzahnung bedingt ist [346]. Die Haftung zwischen Gußeisen und Zunder ist gut, ebenso wie diejenige zwischen Zunder und Email. Die Schwachstelle ist bei richtig geführter Emaillierung die Zunderschicht selbst, die bei gewaltsamem Abschlagen des Emails teils am Guß, teils am Email haften bleibt.

Der Zunder soll im wesentlichen aus einer dünnen zusammenhängenden Schicht von Fe_3O_4 bestehen, was durch einen richtigen Brennverlauf erreicht wird. Nicht nur Gußeisenzusammensetzung und Gefüge, sondern auch Vorbehandlung durch Abstrahlen, Stellsalz im Schlicker und Ofenatmosphäre (H_2O !) spielen eine Rolle. Die Haftfestigkeit im System Guß/Zunder/Email (bis zu 15 MN/m² [264]) ist wesentlich geringer als im Fall der Verzahnung mit Unterhöhlungen bei den üblichen Stahlblechemails (50 bis 100 MN/m²).

Hauttmann [265] hat auch den Einfluß der Gußeisenzusammensetzung auf das Haften untersucht. Dieses wird besser mit zunehmendem Si- und P-Gehalt und abnehmendem Mn- und S-Gehalt. Ein Sättigungsgrad über 1,04 bis 1,07 wirkt sich zwar günstig auf die Haftung aus, kann aber „eingefallenen Guß“ und Garschaumgraphit geben.

Nach [345, 346] verzundert Gußeisen allein sowie mit Frittegrund — und wahrscheinlich auch mit dünnem Schmelzgrund — überzogenes nach dem parabolischen Zeitgesetz. Bringt man aber die Zunderschicht durch Aufbrennen eines genügend dicken Schmelzgrunds laufend in Lösung, steigt die Oxidation (Gewichtszunahme) linear mit der Zeit.

2.3.5.3 Haftung auf Aluminium

Im Schrifttum wird der Begriff „Haftung“ in einem doppelten Sinne gebraucht, einmal für die mechanische Festigkeit der Verbindung Metall/Email nach dem Brennen (wie das allgemein üblich ist), zum anderen aber für die Festigkeit der Metall/Email-Verbindung nach einem chemischen Korrosionsvorgang, vergleichbar etwa mit Unterrostung bei einer Stahlblechemaillierung.

Die Haftung von frischaufgebranntem Email ist nach Messungen von Hennicke u. M. [281, 620] bei Al und allen üblichen Al-Legierungen gut (13 bis 23 MN/m²). Aber nur die Mg-freien Legierungen behalten die gute Haftfestigkeit bei, die Mg-haltigen platzen infolge chemischer Reaktionen in der Zwischenschicht nach einiger Zeit ab.

Bei reinem Aluminium spielen sich folgende Vorgänge ab. Beim Aufbrennen des meist bleihaltigen Silicat- oder eines Phosphatemails bei etwa 560 bis 580°C löst sich die vorhandene Böhmitoberflächenschicht (AlOOH) auf, und es bildet sich nach Gugeler u. M. [249, 250] eine praktisch reine Al-Oxidschicht; nur auf dieser haftet das Email dauernd gut. Auch Baker [23] und andere Autoren führen eine gute Haftung auf die Wechselwirkung von Al mit Email zurück.

In Al-Mg-Legierungen diffundiert das Mg während des Emailbrands an die Oberfläche, wird zu MgO oxidiert und bildet, unter Reaktion mit dem Email, eine chemisch leicht angreifbare Zwischenschicht, was zum Abplatzen des Emails im Gebrauch führt [249]. Dies läßt sich hintanhalten, wenn man die Metalloberfläche chromatiert.

Eine andere Erklärung für dieses „schlechte Haften" gaben Hauck u. M. [261]. Es soll sich schon beim Emailauftrag eine $Mg(OH)_2$-Schicht bilden, die durch das schmelzende Email schlecht benetzt wird. Dem widerspricht aber, daß die Haftung nach dem Brand nach [281, 620] gut ist.

Bei Al-Mg-Legierungen wurden auch Ausscheidungen von metallischem Blei aus dem Email in der Grenzschicht beobachtet; da Mg im Al an die Oberfläche diffundiert und unter dem geschmolzenen Email als MgO in Lösung geht, wird hier trotz Brennens an Luft der innere Sauerstoffpartialdruck so stark erniedrigt. daß es zur Reduktion des Pb^{2+} kommt. Daß nicht auch Al das Blei reduziert, rührt offensichtlich von der trennenden, dünnen und dichten Al_2O_3-Schicht her, die sich auf Mg-freiem Al und Al-Legierungen bildet.

Interessante Beobachtungen machten Hauck u. M. [261] an Al-Mn-Legierungen, die üblicherweise gut emaillierbar sind. Es kann auch hier zu einer „schlechten Haftung" kommen, wenn es durch thermische Behandlung der Legierung zu zahlreichen feinen Al_6Mn-Ausscheidungen im Gefüge kommt. Man beobachtet dann nach der alkalischen Entfettung beim Liegenlassen des Blechs an Luft die Bildung eines dunklen MnO_2-haltigen Belags, der die Benetzung und Haftung beeinträchtigt.

2.3.5.4 Haftung an Kupfer und Edelmetallen

Als Beispiel sei die Haftung zwischen Email und Kupfer besprochen [128]. Kupfer hat nicht nur eine gewisse Löslichkeit für Sauerstoff im Gitter, sondern dieser kann dort auch leicht diffundieren — im Unterschied zu Eisen. Beim Einbrennen von Email auf Kupfer wird dieses also nicht nur oberflächlich oxidiert, sondern der Sauerstoff diffundiert auch ins Innere. Bei zu starker Oxidation scheidet sich im Kupfergefüge Cu_2O aus. Schmilzt nun das Email und löst die Oxidschicht auf, sitzt das Email zwar auf dem blanken Kupfer, dieses enthält aber noch Sauerstoff im Gitter, der die Verbindung mit der Struktur des Emails herstellt, nach dem Schema:

$$
\begin{array}{c}
\quad\quad\ \ O \\
\quad\quad\ \ | \qquad\ | \\
NaO-Si-O-Si- \\
\quad\quad\ \ | \qquad\ | \\
\quad\quad\ \ O \quad\ O \\
\quad\quad\ \ | \qquad\ | \\
Cu\ \ Cu\ \ Cu\ Cu\ \ Cu \\
\quad\quad\ \ | \qquad\ | \\
Cu\ \ \ O\ \ Cu\ O\ \ \ Cu \\
\quad\quad\ \ | \qquad\ | \\
Cu\ \ Cu\ \ Cu\ Cu\ \ Cu
\end{array}
$$

Entfernt man den Sauerstoff aus dem emaillierten Kupfer, etwa durch Glühen in Wasserstoff, geht die Haftung des Emails verloren — im Unterschied zur Stahlblechhaftung.

Beim Emaillieren von Kupfer kann es verkommen, daß sich nicht alles Oxid im Email löst; es verbleibt eine dünne rote Cu_2O-Schicht, die die Verbindung zwischen Kupfer und Email herstellt. Diese Cu_2O-Schicht sollte aber nur sehr dünn sein, weil sonst starke Spannungen entstehen durch die unterschiedlichen Ausdehnungskoeffizienten von Kupfer ($\alpha_{Cu} = 17{,}8 \cdot 10^{-6}/K$) und Kupfer(I)-oxid $\alpha_{Cu_2O} = 2{,}5 \cdot 10^{-6}/K$).

All dies gilt auch für eine Reihe anderer Metalle, wie Ag, Au, Pt usw. Daß die Sauerstoffaufnahme und -diffusionsmöglichkeit im Metallgitter entscheidend ist, konnte am System Pt—Rh nachgewiesen werden [139]. Der Benetzungswinkel von Glas ist bei Pt am kleinsten und hat bei rd. 50 Atom-% Rh ein Maximum; Glas haftet an Pt gut, während die genannte Pt-Rh-Legierung als glasabweisend bekannt ist. Analog verläuft die EMK dieser Legierungen als Sauerstoffelektroden und die Sauerstoffüberspannung in wäßriger Lösung. Pask u. M. [306, 669] nehmen bei Au und Pt eine an deren Oxiden gesättigte Glasschicht als Ursache der Haftung an (s. Abschn. 2.3.5.1).

2.3.5.5 Haftung an Sonderstählen

Edelstähle verzundern wegen ihres Gehalts an Cr und Ni langsam, und die gebildete Oxidschicht löst sich in den entsprechenden Hochtemperaturemails nur langsam auf. So ist anzunehmen, daß eine dünne Zunderschicht des am schwersten löslichen Cr_2O_3 oder eines CrFe-Spinells die Haftung bedingt. Versuche von Shimohira [627] bestätigen dies: Wurde ein Email mit rd. 39% SiO_2, 44% BaO, je 4 bis 6% B_2O_3, CaO, ZnO, 2% ZrO_2 bei 1000 °C kurz eingebrannt, so bildete Cr_2O_3 die Haftschicht auf dem zunderfesten Chromstahl. Bei längerem Brand war Cr_2O_3 verschwunden, ebenso die Haftung.

Nach Tashiro u. M. [652] haften auf Nickel-Chrom-Stählen Emails mit MoO_3, aber besonders gut mit V_2O_5 (2 bis 10%) zur Fritte.

Heute gewinnen Hochtemperaturüberzüge — durch Flamm- oder Plasmaspritzen erzeugt — für Sonderzwecke immer mehr an Bedeutung. Nach Meyer u. M. [466] kommt hier die Haftung durch Bildung kristalliner oxidischer Zwischenschichten und durch meachanische Verklammerung nach Aufrauhen der Metalloberfläche zustande. Beispielsweise zeigt eine Spritzschicht von Al_2O_3 auf Eisen folgende Übergänge: $Fe/FeO/Fe_3O_4/FeO \cdot Al_2O_3/Al_2O_3$. Verzahnung allein genügt praktisch nicht. Krauth u. M. [379] fanden, daß es möglich ist, aus 40 bis 70% Al_2O_3, Rest ZrO_2 im Plasmastrahl auch glasige Überzüge auf Stahlblech herzustellen. Durch Zugabe von CaO oder MgO konnte der Ausdehnungsunterschied der (nicht ganz dichten) Überzüge zum Stahl verringert und die Abriebfestigkeit verbessert werden.

2.3.5.6 Haftung Email/Kunststoff

Für manche Zwecke ist es vorteilhaft, eine Emaillierung mit Kunststoff zu verbinden, insbesondere, wenn dieser porig und damit wärmeisolierend ist, beispielsweise für Panels im Bauwesen oder Gehäuse von Kühlschränken. Eine solche Verbindung gelingt nach Simmler [629] dann am besten, wenn man unmittelbar vor der Vereinigung die Emailoberfläche durch Anblasen mit Wasserdampf hydrolysiert, so daß ausreichend viele Silanolgruppen $\geq$Si—OH enstehen, die mit einem Haftvermittler, einem Silicon, reagieren können. Das Silicon muß einerseits Gruppen am Si besitzen, die leicht mit dem H der Silanolgruppe reagieren (z. B. Amino-, Alkoxy- u. dgl.), andererseits $\geq$CH-Gruppen, die mit dem Kunststoff reagieren. Da die fertigen Kunststoffe wenig reaktionsfreudig sind, läßt man sie sich erst nach Aufbringen des Haftvermittlers auf das Email bilden. Am besten eignen sich für Isolierzwecke solche Kunstoffe, die sich beim Zusammenschütten

9*

der Einzelbestandteile unter Abspaltung von CO_2 bilden und dadurch stark aufschäumen. Dies ist z. B. der Fall, wenn sich Isocyanatgruppen $-R-N=C=O$ mit H_2O zu $R-NH_2$ umsetzen. Durch geeignete Wahl des Silicons als Haftvermittler, der möglichst viele reaktionsfähige Gruppen sowohl am Si als auch am C haben sollte, und der Kunststoffbildner läßt sich so eine Vielfalt von Verbindungsmöglichkeiten Email/Kunststoff herstellen.

2.3.6 Ausdehnungsverhalten, Spannungen

Vom Ausdehnungs- bzw. Schrumpfungsverhalten der verschiedenen Schichten, die beim Emaillieren entstehen, hängt es u. a. ab, in welchem Maße Spannungen auftreten und eventuell zur Bildung von Rissen, Abplatzungen oder Verwerfungen führen.

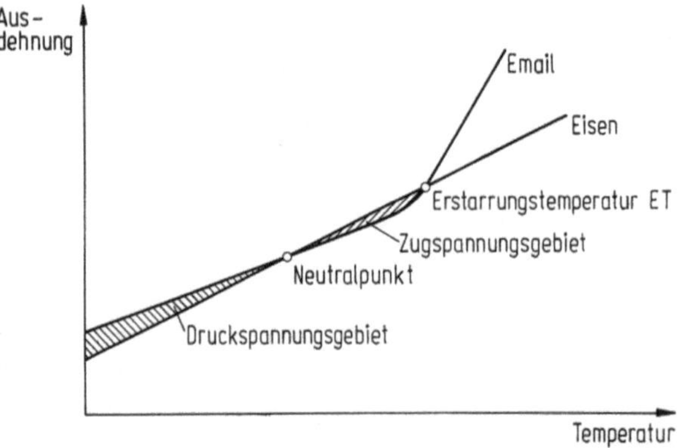

Bild 2.51. Ausdehnungsverlauf von Email und Stahlblech

Solange das Email oder die Emailschichten viskos sind, kann sich die feste Metallunterlage beim Abkühlen beliebig zusammenziehen, ohne daß Spannungen entstehen. Erst wenn das Email erstarrt und ebenfalls zum Festkörper wird, beginnen sich Spannungen auszubilden, sofern Email und Metall einen verschiedenen Verlauf der Ausdehnungskurven haben, was in der Regel der Fall ist. In Bild 2.51 sind typische Kurven für Email und Stahlblech eingezeichnet. Das Email kommt also zunächst unter Zugspannungen und erst bei weiterer Abkühlung unter Druckspannungen. Dabei spielt eine Rolle, wie schnell das Email abgekühlt wird, d. h. bei welcher Temperatur ET es unter sonst gleichen Bedingungen erstarrt (s. Abschn. 2.2.4.3). Damit ändert sich auch die Lage des Neutralpunktes und die schließlich vorhandene Größe der Druckspannungen.

Praktisch arbeitet man stets so, daß nach dem Abkühlen das Email unter einer mäßigen Druckvorspannung steht. Dies ist notwendig, weil die Druckfestigkeit des Emails (800 bis 1000 MN/m²) viel größer als seine Zugfestigkeit ist (70 bis 90 MN/m²). Bei Zugbeanspruchung durch Biegung, Reckung, plötzlichen Temperaturwechsel u. dgl. wird zunächst die Druckvorspannung abgebaut, ehe Zugspannung auftreten kann. Die Druckspannungen dürfen aber nicht zu hoch werden, weil sonst die Gefahr von Abplatzungen besteht.

2.3.6.1 Berechnung der Spannungen

Wegen der großen praktischen Bedeutung wurden die Spannungsverhältnisse in Verbundsystemen von zahlreichen Autoren (s. bei [130]) für Emaillierungen, glasierte keramische Scherben, Überfangglas, Drahteinschmelzungen in Glas und als erstem von Timoschenko [661] an Bimetallstreifen rechnerisch erfaßt. Alle beziehen sich auf Zweischichtsysteme.

Bei der Betrachtung von Spannungszuständen in geschichteten Systemen hat man zu unterscheiden zwischen einer zwangsweise plan gehaltenen und einer frei beweglichen Platte. Der erste Fall ist annähernd überall da gegeben, wo sich die Emaillierung wegen der Formgestaltung nicht durchbiegen kann, beispielsweise an der Seitenwand von Kesseln, Tanks, bei Riffelungen, Bombierungen u. dgl., ferner und vor allem bei beidseitiger gleichartiger Emaillierung. Der zweite Fall ist wegen der Durchbiegung der Emaillierung praktisch unerwünscht. Doch wird oft versucht, aus der Durchbiegung eines gestreckten oder ringförmig gebogenen Streifens für Prüfzwecke eine Übersicht über die Größe der Spannungen zu erlangen oder gar zu errechnen.

Die plan gehaltene Platte

Die Dehnungen — bzw. Stauchungen — und Spannungen in einer ebenen Platte sind parallel zur Oberfläche, also in der Länge und Breite, überall gleich. Zu ihrer Berechnung dienen die folgenden Formeln, wie sie z. B. von [661] oder [445] abgeleitet wurden.

Benutzte Bezeichnungen:

ε Dehnung ($\Delta l/l$),
($-\varepsilon$ Stauchung),
σ Zugspannung,
($-\sigma$ Druckspannung),
α mittlerer linearer Ausdehnungskoeffizient zwischen Raumtemperatur RT und Erstarrungstemperatur ET des Emails,
E Elastizitätsmodul,
d Dicke,
μ Poissonsche Konstante.

Die Indices m und e gelten für Metall bzw. Email.
Es gilt:

$$\varepsilon_m = \frac{(\alpha_m - \alpha_e)\,(\mathrm{ET} - \mathrm{RT})}{1 + \dfrac{1 - \mu_e}{1 - \mu_m} \cdot \dfrac{E_m d_m}{E_e d_e}}$$

$$\varepsilon_e = \frac{(\alpha_e - \alpha_m)\,(\mathrm{ET} - \mathrm{RT})}{1 + \dfrac{1 - \mu_m}{1 - \mu_e} \cdot \dfrac{E_e d_e}{E_m d_m}} \, . \tag{2.49}$$

Für die in Tab. 2.9 angegebenen Werte ergeben sich folgende Verzerrungen

$$\varepsilon_m = +0{,}115 \cdot 10^{-3}\ \mathrm{m/m},$$

$$\varepsilon_e = -2{,}88 \cdot 10^{-3}\ \mathrm{m/m}.$$

Tabelle 2.9. Werte für die Spannungsberechung eines Zweischichtsystems

	Metall	Email
Erstarrungstemperatur ET	—	520 °C
Ausdehnungskoeffizienten α		
zwischen RT und ET	$14 \cdot 10^{-6}/K$	$8 \cdot 10^{-6}/K$
Dicke d in mm	1,0	0,12
E-Modul in MN/m²	$18 \cdot 10^4$	$6 \cdot 10^4$
Querkontraktion μ	0,25	0,25

Erläuterung: Der E-Modul des Emails wurde in der Größenordnung gewählt, wie er an dünnen Fäden oder Stäben der verschiedensten Zusammensetzungen oftmals gemessen wurde, zwischen $4 \cdot 10^4$ und etwas über $7 \cdot 10^4$ MN/m². Matz u. N. [445] fanden an einem 1 mm dicken Apparateemail $5,36 \cdot 10^4$ MN/m² und für μ den Wert 0,20. Doch schwanken die Werte für μ im Schrifttum zwischen 0,19 und 0,28 je nach Zusammensetzung. Die in der Tabelle angenommenen Werte dürften deshalb brauchbare Mittelwerte sein.

Nach

$$\sigma = \frac{\varepsilon E}{1 - \mu} \tag{2.50}$$

ist dann

$$\sigma_m = +27{,}6 \text{ MN/m}^2,$$

$$\sigma_e = -230 \text{ MN/m}^2.$$

Deichelmann [101] hat die folgende Formel zur Berechnung von σ_e abgeleitet:

$$\sigma_e = \frac{(\sigma_e - \sigma_m)\,(\text{ET} - \text{RT})}{1 - \mu} \left(1 - \frac{E_e d_e}{E_m d_m} \cdot \frac{1 - \mu_m}{1 - \mu_e}\right), \tag{2.51}$$

die zum gleichen Ergebnis führt wie Gl. (2.49) und (2.50). Es ist bemerkenswert, daß die so berechneten Spannungen sowohl mit den spannungsoptisch als auch nach dem Stegerverfahren gemessenen Werten gut übereinstimmen.

Jones u. M. [330] haben die Spannungen an beidseitig emaillierten und deshalb geraden Streifen untersucht und berechnet. Es ist dann in den Formeln für ε jeweils $2d_e$ statt d_e zu setzen (s. auch [2.52]).

Oel [500] und Oel u. M. [503] haben das Problem auf Dreischicht-Systeme erweitert. Es gelten z. B. für Stahlblech (1), aufgebranntes Grundemail (2) und Deckemail (3) folgende Beziehungen:

$$\left. \begin{aligned} \varepsilon_1 &= \frac{E_2^* a_{12} + E_3^* a_{12} + E_3^* a_{23}}{E_1^* + E_2^* + E_3^*}, \\[1em] \varepsilon_2 &= \frac{E_3^* a_{23} - E_1^* a_{12}}{E_1^* + E_2^* + E_3^*}, \\[1em] \varepsilon_3 &= -\frac{E_1^* a_{12} + E_2^* a_{23} + E_1^* a_{23}}{E_1^* + E_2^* + E_3^*}. \end{aligned} \right\} \tag{2.52}$$

Dabei bedeutet

$$E^* = Ed/(1 - \mu),$$

$$a_{12} = (\alpha_1 - \alpha_2)(ET_2 - RT) = \frac{l_2 - l_1}{l},$$

$$a_{23} = \alpha_2(ET_2 - RT) - \frac{(E_1^*\alpha_1 + E_2^*\alpha_2)(ET_2 - ET_3)}{E_1^* + E_2^*} - a_3(ET_3 - RT).$$

$$(2.53)$$

Daraus ergeben sich die Spannungen

$$\sigma_1 = \frac{E_1^*}{d_1} \cdot \frac{E_2^* a_{12} + E_3^* a_{12} + E_3^* a_{23}}{E_1^* + E_2^* + E_3^*},$$

$$\sigma_2 = \frac{E_2^*}{d_2} \cdot \frac{E_3^* a_{23} - E_1^* a_{12}}{E_1^* + E_2^* + E_3^*},$$

$$\sigma_3 = -\frac{E_3^*}{d_3} \cdot \frac{E_1^* a_{12} + E_2^* a_{23} + E_1^* a_{23}}{E_1^* + E_2^* + E_3^*}.$$

$$(2.54)$$

Tabelle 2.10. Werte für die Spannungsberechnung eines Dreischichtsystems

	Metall 1	Grundemail 2	Deckemail 3
Erstarrungstemperatur ET	—	540 °C	520 °C
Ausdehnungskoeffizient α zwischen RT und ET_3	$14 \cdot 10^{-6}$/K	$11 \cdot 10^{-6}$/K	$8 \cdot 10^{-6}$/K
Dicke d in mm	1,0	0,10	0,2
E-Modul in MN/m²	$18 \cdot 10^4$	$6 \cdot 10^4$	$6 \cdot 10^4$
$E^* = Ed/(1 - \mu)$	$24 \cdot 10^4$	$0,8 \cdot 10^4$	$1,6 \cdot 10^4$
Querkontraktion μ	0,25	0,25	0,25

Setzt man beispielsweise die in Tab. 2.10 genannten Werte ein, so erhält man:

$$\sigma_1 = +55 \text{ MN/m}^2,$$

$$\sigma_2 = -26,5 \text{ MN/m}^2,$$

$$\sigma_3 = -222 \text{ MN/m}^2.$$

Die ε- und σ-Werte sind bei der eben gehaltenen Platte über den ganzen Querschnitt konstant (Bild 2.52a).

Die frei bewegliche Platte

Der Einfachheit halber sei eine runde, einseitig emaillierte, rückseitig blanke Scheibe betrachtet, die nach Abkühlung eine flache Schale bildet. Die Verhältnisse sind hier wesentlich komplizierter. Während bei der ebenen Platte die Spannungen über den Querschnitt konstant sind, ist dies bei der frei beweglichen Platte nicht der Fall: Die Spannung ändert sich über den Querschnitt z. T. recht erheblich, und zu jeder Schicht gehört eine „neutrale Faser" (Bild 2.52b), die beim Email in der Regel außerhalb liegt. Ist deren Abstand von der Grenze Metall/Email im Metall $= n_\mathrm{m}$, beim Email $= n_\mathrm{e}$, x die laufende Koordinate senkrecht zur Grenze, r der Krümmungsradius der Kombination (s. Bild 2.53), so gilt nach Oel [500] bzw. Oel u. M. [503]:

$$\left.\begin{aligned}
n_\mathrm{m} &= -\frac{1}{6E_\mathrm{m}^*(d_\mathrm{m} + d_\mathrm{e})}\,(E_\mathrm{e}^* d_\mathrm{e}^2 + 4E_\mathrm{m}^* d_\mathrm{m}^2 + 3E_\mathrm{m}^* d_\mathrm{m} d_\mathrm{e}), \\[2mm]
n_\mathrm{e} &= +\frac{1}{6E_\mathrm{e}^*(d_\mathrm{m} + d_\mathrm{e})}\,(E_\mathrm{m}^* d_\mathrm{m}^2 + 4E_\mathrm{e}^* d_\mathrm{e}^2 + 3E_\mathrm{e}^* d_\mathrm{m} d_\mathrm{e}), \\[2mm]
r &= -\frac{1}{6a_\mathrm{me}E_\mathrm{m}^* E_\mathrm{e}^*(d_\mathrm{m} + d_\mathrm{e})}\,(E_\mathrm{m}^{*2} d_\mathrm{m}^2 + E_\mathrm{e}^{*2} d_\mathrm{e}^2 + 4E_\mathrm{m}^* E_\mathrm{e}^* d_\mathrm{m}^2 + 4E_\mathrm{m}^* E_\mathrm{e}^* d_\mathrm{e}^2 \\
&\qquad + 6E_\mathrm{m}^* E_\mathrm{e}^* d_\mathrm{m} d_\mathrm{e}). \\[2mm]
\varepsilon_\mathrm{m} &= \frac{n_\mathrm{m} - x}{r}, \\[2mm]
\varepsilon_\mathrm{e} &= \frac{n_\mathrm{e} - x}{r}.
\end{aligned}\right\} \quad (2.55)$$

a_me entspricht dem a_{12} in Gl. (2.53).

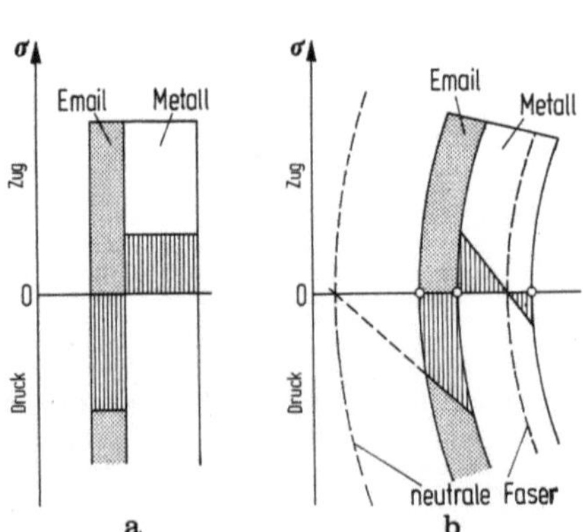

Bild 2.52. Spannungsverlauf in Email und Metall in einer eben gehaltenen Platte (a) bzw. im frei beweglichen Streifen (b)

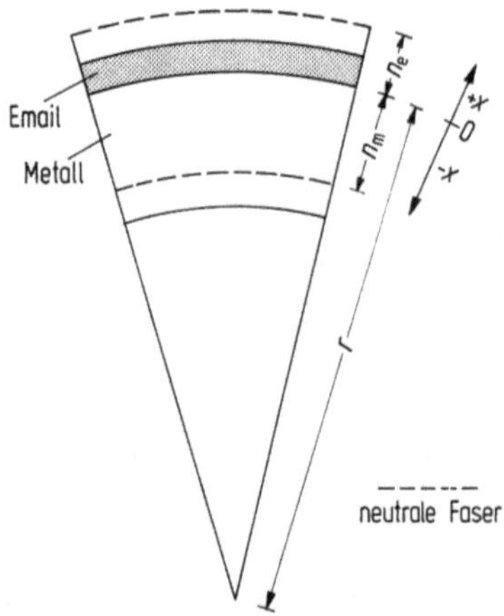

Bild 2.53. Segment aus einer emaillierten Ronde

Wiederum unter Verwendung der Werte aus Tab. 2.9 erhält man für die runde Scheibe

$$\sigma_\mathrm{m} = +82{,}1 \ \mathrm{MN/m^2} \ \text{für } x = 0 \ (\text{Grenzzone}),$$

$$\sigma_\mathrm{m} = -44{,}2 \ \mathrm{MN/m^2} \ \text{für } x = 1 \ \mathrm{mm} \ (\text{Außenfläche}),$$

$$\sigma_\mathrm{e} = -103{,}2 \ \mathrm{MN/m^2} \ \text{für } x = 0,$$

$$\sigma_\mathrm{e} = -91{,}2 \ \mathrm{MN/m^2} \ \text{für } x = 0{,}12 \ \mathrm{mm},$$

$$n_\mathrm{m} = -\,0{,}65 \text{ mm},$$

$$n_\mathrm{e} = +\,2{,}29,$$

$$r \;\;= 1899 \text{ mm}.$$

Aufschlußreich ist ein Vergleich der Spannungen in der eben gehaltenen und der frei beweglichen Zweischichtplatte: Biegt man die Schale zu einer ebenen Platte, so steigen die Druckspannungen im Email im Mittel etwa auf das Doppelte, während die Zugspannung im Metall auf mehr als die Hälfte abgebaut wird, und die Druckspannung ganz verschwindet.

Eine exakte Ableitung zur Berechnung der Spannungen in einem frei beweglichen, einseitig emaillierten Streifen scheint nicht bekannt zu sein. Die Schwierigkeit liegt in der Berücksichtigung der Streifenbreite, die versteifend wirkt. Die bis jetzt veröffentlichten Formeln sind nicht korrekt [130]. An der runden Scheibe bzw. Schale lassen sich Durchbiegung usw. messen, z. B. mit einer in Bild 2.54 skizzierten Anordnung.

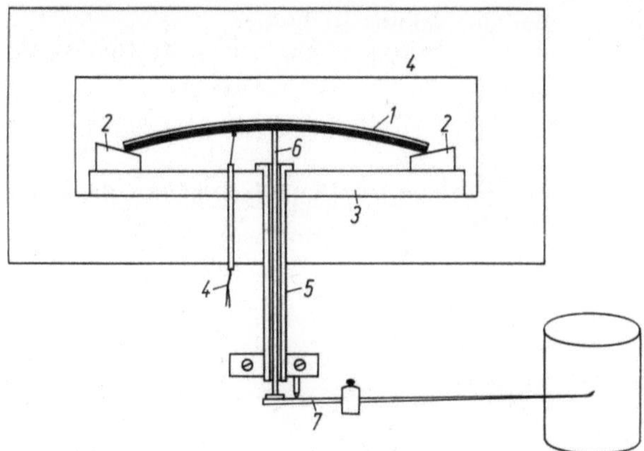

Bild 2.54. Anordnung zur exakten Bestimmung von Spannungen nach Gl. (2.52). *1* frei bewegliche Ronde, *2* Kieselglasstützen, *3* Schamotteplatte, *4* Ofen mit Thermoelement, *5* Kieselglasrohr mit Flansch, *6* Kieselglas-Übertragungsstab, *7* Zeigerübertragung mit Ausgleichsgewicht, elektrischer Weggeber o. dgl.

Die Durchbiegung D eines schmalen Streifens der Länge L ist nach [412] bei gegebenem r näherungsweise

$$D = L^2/8r, \tag{2.56}$$

oder umgekehrt: bei gemessenem D ist

$$r = L^2/8D. \tag{2.57}$$

Im obigen Fall ist bei L z. B. $= 200$ mm: $D = 2{,}63$ mm.

Statt der Durchbiegung D wird oft die Auslenkung δ eines einseitig eingespannten Streifens betrachtet (Bild 2.55). Es gilt:

$$\delta = 4D. \tag{2.58}$$

Im amerikanischen emailtechnischen Schrifttum ist oft nicht auf den ersten Blick erkennbar, was unter „deflection" gemeint ist, worauf besonders hingewiesen sei. Wird ein Ring statt eines geraden Streifens benutzt, so hat man für L den Ringumfang und für δ die Aufweitung oder Schließung des Ringes einzusetzen.

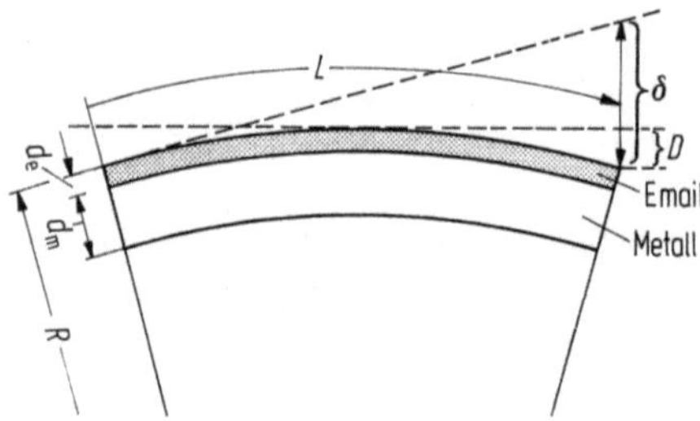

Bild 2.55. Auslenkung δ und Durchbiegung D eines frei beweglichen emaillierten Blechstreifens nach der Abkühlung

All diese Ansätze wurden unter folgenden Voraussetzungen aufgestellt:

1. Die beiden Stoffe sind isotrop und gehorchen dem Hookeschen Gesetz.

2. Die Spannungsänderung über den Querschnitt ist linear.

3. Es findet keine Reaktion (Diffusion) zwischen den beiden Stoffen statt, andernfalls können große Abweichungen von der Theorie entstehen.

4. Im System besteht kein Temperaturgradient, d. h. es wird ausreichend langsam abgekühlt.

5. Die Breite des frei beweglichen Streifens ist klein gegenüber der Streifenlänge. Bei der eben gehaltenen Platte spielt die Breite keine Rolle.

6. Das System ist bei ET spannungsfrei.

Strenggenommen treffen diese Voraussetzungen nur teilweise zu.

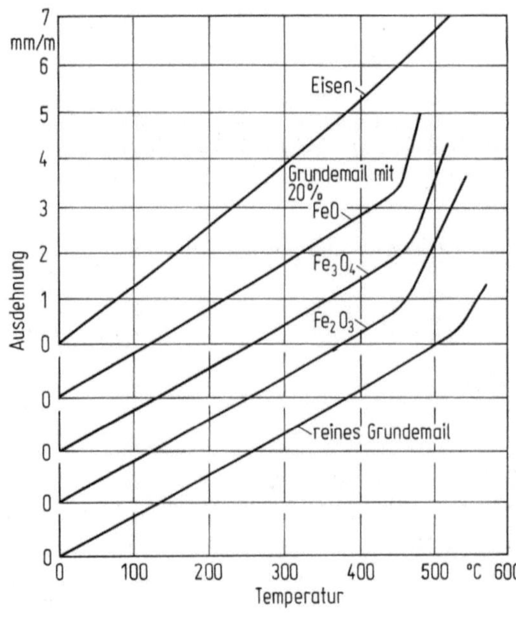

Bild 2.56. Änderung des Ausdehnungsverlaufs eines Grundemails durch gelöste Eisenoxide. %-Angaben auf 100 Email. Nach [146]

Zu Punkt 1. Emails mit Mühlenzusätzen oder gar Mischemails, besonders Grundemails, sind sehr inhomogen und nicht isotrop.

Punkt 4 ist bei großen Behältern, Tanks usw., und auch beim Tunnelofenbrand erfüllt, nicht aber, wenn die gebrannte Ware z. B. aus dem Muffelofen gezogen wird.

Es sei noch ergänzt, wie sich der Ausdehnungsverlauf eines Grundemails durch die Auflösung von Eisenoxiden ändert (Bild 2.56) [146]: Die Steigung, also α, ändert sich bis etwa 450 °C praktisch nicht, jedoch werden T_g und ET stark erniedrigt, was sich entsprechend auf den Spannungszustand auswirkt.

Für das Verhalten von Emaillierungen bei höheren Temperaturen ist noch zu bedenken: Der E-Modul nimmt für Stahlblech bis 500 °C um etwa $^1/_4$ ab, bei Emails bis 400 °C um etwa $^1/_8$, darüber stärker, verglichen mit dem Wert bei Raumtemperatur. μ ändert sich zunächst nur wenig, nimmt oberhalb etwa 400 °C deutlich zu bis zum Grenzfall des viskosen Fließens mit $\mu = 0,5$.

2.3.6.2 Plastische Verformung des Metalls

Interessant ist die Feststellung, daß sowohl nach der Rechnung als auch nach den Versuchen von Jones u. M. [330] sowie Martin u. M. [444] die Spannungen im Stahlblech einer Emaillierung weit unter der Fließgrenze liegen, so daß Email und Stahlblech nur elastisch, nicht aber plastisch verformt werden.

Dagegen haben weiche Metalle, wie Kupfer oder Aluminium, eine niedrige Fließgrenze. Da diese Metalle hohe Ausdehnungskoeffizienten besitzen, können beim Abkühlen die Spannunge bald die Fließgrenze erreichen, so daß bei weiterem Abkühlen die Metalle plastisch verformt werden. Um die Verhältnisse genau durchzurechnen, müßte man die Abhängigkeit der Fließgrenze und des Elastizitätsmoduls von der Temperatur kennen und eine bestimmte Abkühlgeschwindigkeit vorgeben. Überschlägt man nur die Werte bei Raumtemperatur, sieht man bereits, daß bei einer Elastizitätsgrenze von geglühtem Aluminium von etwa 20 MN/m² dieser Wert je nach den Schichtdicken von Al bzw. Email u. U. um ein Mehrfaches durch die Spannungen überschritten würde, wenn die Verformung rein elastisch wäre. Setzt man nämlich die in Tab. 2.11 aufgeführten Werte in die Gl. (2.49) und (2.50) ein, so würden sich die in Tab. 2.12 genannten Werte ergeben. Aluminium wird also durch das Email bei der Abkühlung plastisch verformt.

Beobachtungen in der Praxis zeigen tatsächlich, daß die Spannungen in Aluminium- und Kupferemaillierungen viel geringer sind als beispielsweise in einer Stahlblechemaillierung, kenntlich etwa an der geringeren Durchbiegung von Tafeln oder Streifen. Walton jr. [689] hat ferner beobachtet, daß ein Gebiet von Zugspannungen und ein Neutralpunkt hier praktisch nicht auftreten.

Tabelle 2.11. Eigenschaftswerte für eine Aluminiumemaillierung

α_e	$15 \cdot 10^{-6}/K$	d_{Al}	1 bzw. 0,2 mm
α_{Al}	$23 \cdot 10^{-6}/K$	E_e	$6 \cdot 10^4$ MN/m²
ET−RT	400 °C	E_{Al}	$7 \cdot 10^4$ MN/m²
d_e	0,05 bzw. 0,10 mm	$\mu_e = \mu_{Al}$	0,25

Tabelle 2.12. Errechnete Spannungen in MN/m^2 in Aluminiumemaillierungen ohne Berücksichtigung einer plastischen Verformung

		Bei 1 mm Al	Bei 0,2 mm Al
$d_e = 0{,}05$ mm	σ_{Al}	$+12{,}3$	$+52{,}6$
	σ_e	-246	-210
$d_e = 0{,}10$ mm	σ_{Al}	$+23{,}6$	$+89{,}6$
	σ_e	-236	-179

2.3.6.3 Ausdehnungskoeffizient AK und Temperaturdifferenz ET—RT

In den Formeln zur Berechnung von Spannungen im Email oder Metall kommen immer wieder die Differenz der AK der beiden Stoffe und $ET - RT = \Delta T$ vor. Graphisch wird man dem gerecht, indem man die Ausdehnungskurven parallel zur Ordinate so verschiebt, daß sie sich in ET des Emails schneiden, wie das in Bild 2.51 geschehen ist. Wie man sieht, durchläuft ein Email bei weiterem Abkühlen eine Temperaturzone, in der es unter Zugspannung steht, um dann nach Erreichen des sog. Neutralpunktes unter Druckspannungen zu kommen, wie sie sich aus der Rechnung ergeben. Die Zugspannungszone ist nur bei relativ dicker Emaillierung an einem Knistern des Emails äußerlich erkennbar; die feinen Risse sind nach vollständiger Abkühlung, der vorhandenen Druckspannungen wegen, nicht sichtbar.

Oben wurde das Dreischichtsystem Eisen-Grundemail-Deckemail betrachtet. Das Grundemail besteht jedoch meist selbst aus zwei Schichten, der unteren, eisenoxidhaltigen und der darüberliegenden, ursprünglichen Schicht. Die FeO-haltige Schicht erstarrt als letzte. Somit müssen an deren ET die Ausdehnungskurven von reinem Grundemail und Stahlblech angelegt werden. Danach steht die reine Grundemailschicht gegenüber der mit gelösten Eisenoxiden und insbesondere dem Stahlblech unter Druckspannungen. Nur die eisenoxidhaltige Zone durchläuft einen Neutralpunkt. Da die Dicke dieser Zone sehr von den Brennbedingungen abhängt, gilt dies auch für den Spannungszustand nach dem Brand, da die Dicken der beteiligten Schichten maßgeblich in die Formeln eingehen.

Der Einfluß des beim Abkühlen in der Emaillierung entstehenden Temperaturgradienten sei wenigstens qualitativ kurz behandelt. Beim Brennen im Tunnelofen ist dies praktisch belanglos, nicht aber beim Muffelofen, aus dem das emaillierte Stück herausgefahren wird und an Luft abkühlt. Bei einseitiger Emaillierung liegt das Metall oft noch auf dem heißen Rost, während das Email seine Wärme frei abstrahlt. Bei doppelseitiger Emaillierung und Aufhängen strahlen beide Emailseiten die Wärme ab. In all diesen Fällen herrscht also ein Temperaturgefälle vom Metall zur Emailoberfläche hin. Es ist um so größer, je rascher die Abkühlung — Zugluft! — ist. Das bedeutet, daß das Email im Temperaturabfall dem Metall „vorauseilt", vor allem also im Erstarrungsbereich eine niedrigere Temperatur hat als das Metall. Man darf nun für Email und Metall nicht mehr mit dem gleichen ΔT rechnen, sondern muß für das Metall ein größeres ΔT_1 einsetzen und statt wie bisher mit $(\alpha_1 - \alpha_2)\,\Delta T$ nun mit $(\alpha_1\,\Delta T_1 - \alpha_2\,\Delta T_2)$ rechnen.

Aus den obigen Formeln geht hervor, daß die Spannungen im Email dieser Differenz direkt proportional sind. Eine rasch abgekühlte Emaillierung hat auch aus diesem Grund stärkere Spannungen als eine langsam abgekühlte.

Zur quantitativen Berechnung von Spannungen, die in Platten, Zylindern und Kugeln bei raschem Erhitzen entstehen, siehe Formeln und ausführliche Tabellen bei Adams u. M. [2]. Über zusätzliche Wärmespannung durch plötzliches einseitiges Aufheizen oder Abkühlen s. Matz u. M. [445, S. 173] und Lauchner u. M. [412].

Bei schwerem Kochgeschirr entstehen mitunter nachträglich Ausplatzungen am Topfbodenrand im Winkel von 45°, die durch Spannungen infolge ungleichmäßiger Abkühlung des Topfes hervorgerufen werden. Nach Ergang u. M. [192] kann der Fehler beseitigt werden, wenn man keramische statt eiserne Platten zum Richten verwendet und damit gleichmäßigere Kühlbedingungen schafft.

Noch einige Worte zur *einseitigen Blechemaillierung*. Hier bildet sich auf der Rückseite Zunder. Dietzel u. M. [151] haben die AK der verschiedenen Eisenoxide gemessen; sie sind kleiner als der AK von Eisen und ziemlich gleichbleibend, was besonders stark beim A_3-Punkt (850 °C) zum Werfen führt, s. Bild 5.1.

Für die *Gußeisenemaillierung* gelten die gleichen Überlegungen wie für die Blechemaillierung. Manche der obigen Formeln vereinfachen sich wegen $d_e \ll d_m$. Zu bedenken ist aber: Das Gußeisen erzeugt wegen seiner größeren Dicke bei gleichem Unterschied der AK größere Spannungen im Email, das frische Gußeisen ist perlitisch und wird beim ersten (Grund-) Brand ferritisch, es wächst dabei und erhält einen höheren AK von $\alpha = 13{,}3 \cdot 10^{-6}/K$ (0 bis 500 °C) [99, 144]. Zweckmäßigerweise legt man solchen Versuchen oder Betrachtungen ein Gußeisen zugrunde, das wenigstens einen Brand hinter sich hat. Die beste Anpassung für normale Gußeisenemails liegt dann vor, wenn $\alpha_e \sim 2{,}2 \cdot 10^{-6}/K$ kleiner ist als für Guß ($\Delta\alpha = 1{,}9 \cdot 10^{-6}/K$ gibt Risse, $2{,}8 \cdot 10^{-6}/K$ Abplatzungen) und für säurefeste Emails bei entsprechend langsamer Abkühlung $\sim 1{,}8 \cdot 10^{-6}/K$.

2.3.6.4 Spannungsabbau

Die in einer üblichen Emaillierung vorhandenen Spannungen können durch nachträgliches Tempern oder durch langsames Abkühlen vermindert werden. Diese „Kühlung" tritt nicht nur in der Nähe des Transformationsbereichs ein, sondern ist bis zu 100 °C herunter deutlich bemerkbar.

Dieser Kühleffekt kommt dadurch zustande, daß ein rasch abgekühltes Email eine gelockerte Struktur hat, die sich auch unterhalb T_g kontrahiert (Ende Abschn. 2.2.4.3). Dadurch verringern sich die Druckspannungen im Email, sie können sogar in Zugspannungen übergehen. Die strukturellen Änderungen in einem rasch abgekühlten Email beginnen bei etwa 100 °C nach Wochen oder Monaten merklich zu werden; je höher die Temperatur, um so schneller laufen sie ab. Auf diese Weise konnten Dietzel u. M. [153] die Entstehung von Rissen in Majolikaemails beim Anheizen eines Ofens erklären, und sie wiesen darauf hin, daß auch in einigen anderen Fällen Risse durch die erwähnten strukturellen Änderungen nachträglich entstehen, so beispielsweise am Boden von lange in Gebrauch befindlichen Kochgeschirren, die seinerzeit im Muffelofen emailliert und rasch abgekühlt wurden.

Hinzu kommt ein anderer Effekt. Auch bei Raumtemperatur ist das Email kein völlig starrer Körper, sondern fließt unter der Einwirkung von Zug- und Druckkräften, wenn auch fast unmerklich (viskoelastisches Verhalten), insbesondere, wenn seine Struktur durch rasche Abkühlung gelockert ist. So erklärte Dekker [104] verspätete Abplatzungen oder das Verschwinden von feinen Rissen im Email. Über die Entstehung von Kerbstellen bzw. das „Ausheilen" durch Feuchtigkeit s. Abschn. 2.2.5.5.

2.3.6.5 Spannungen durch äußere Beanspruchung

Deringer [113] hat den Einfluß verschiedener Stähle, die mit dem gleichen Email versehen wurden, auf die Rißbildung bei Zugbeanspruchung untersucht. Dabei war die Dehnung proportional der Zugkraft entsprechend dem Elastizitätsmodul des Stahls. Betrug die Dehnung 0,23%, so traten bei allen Proben unabhängig von der Fließgrenze des Stahls Risse im Email auf. Bei üblichem Emaillierstahl mit einer Fließgrenze von etwa 200 bis 300 MN/m² wird diese bei dem Versuch immer überschritten. Erst bei Stählen mit einer Fließgrenze von etwa 500 MN/m² fällt der Beginn des Fließens mit der Rißbildung zusammen. Im allgemeinen kann also ein emailliertes Blech bis zum Erreichen der Fließgrenze des Stahlblechs gedehnt werden, ohne daß das Email reißt.

Eubanks u. M. [195] führten Messungen und Berechnungen an Proben durch, die im Biegeapparat durchgebogen wurden. Das Email auf der konkaven Seite kommt dabei unter Druck, das auf der konvexen unter Zug, wird also zuerst beschädigt. Die Maximaldehnungen ε_{max} berechnen sich aus

$$\varepsilon_{\text{max}} = \frac{0{,}9375a}{r}, \tag{2.59}$$

wobei a der Abstand der Emailoberfläche von der neutralen Faser, r der Radius der gebogenen Probe ist. ε_{max} liegt um $2 \cdot 10^{-3}$ (Berechnung nach Timoschenko [661].

2.3.6.6 Weitere Einflüsse auf den Spannungszustand

Mühlenzusätze, die zu Inhomogenitäten und damit lokal zu inneren Spannungen im Email führen, erhöhen nach Walton jr. u. M. [690] die Gesamtspannungen, allerdings in unterschiedlichem Maße. Besonders kraß sind die Inhomogenitäten beim Frittegrund auf Gußeisen, dem man eine besonders große „Elastizität" nachsagte und der deshalb gern für Teile verwendet wird, die einem häufigen Temperaturwechsel ausgesetzt werden. In Wirklichkeit beruht die Nachgiebigkeit auf der Anwesenheit unzähliger Mikrorisse um die Quarzkörner. (Es wäre reizvoll, die Rißentstehung — auch bei Belastung — akustisch zu erfassen, wie das Evans u. M. [198] bei Porzellan getan haben). Von diesem Prinzip macht man neuerdings gezielt Gebrauch, um Werkstoffe mit verbesserten mechanischen Eigenschaften herzustellen. So konnte Claussen [81, 82] die Bruchzähigkeit von Sintertonerde durch feine, eingelagerte ZrO_2-Teilchen erhöhen, um die durch ihre Umwandlung bei der Abkühlung Mikrorisse entstehen — ähnlich dem Quarz im Frittegrund.

Die Spannungsverhältnisse kann man weiterhin dadurch beeinflussen, daß man die Emailzusammensetzung so wählt, daß bei einem anschließenden Tempern sich Kristalle mit einem (mittleren) niedrigen Ausdehnungskoeffizienten bilden; das Email kommt dann unter höhere Druckspannungen [365, 423]. Das gleiche bewirkt ein Ionenaustausch.

Da jedes Email auch Blasen enthält, wurde auch deren Einfluß untersucht; größere Gasblasen erzeugen infolge des entstehenden Unterdrucks beim Abkühlen ein Spannungsfeld um sich [442].

2.3.7 Inhomogenität einer Emailschicht

Ein aufgebranntes Email ist aus verschiedenen Gründen inhomogen. Man muß unterscheiden zwischen einer gewollten Inhomogenität und einer unbeabsichtigten, schädlichen. Gewollt ist sie beim Grundemail, um das Brennintervall zu verbreitern. Hier findet man deshalb neben den glasigen Bezirken auch Reste von schwerlöslichen Gemengebestandteilen und Mühlenzusätzen, vor allem Quarz, außerdem mehr oder weniger viel gelöste Eisenoxide und Bläschen.

Ein Deckemail dagegen sollte möglichst homogen sein. Dies läßt sich aber nur annähernd verwirklichen. Unvermeidbar sind beim Naßauftrag die Inhomogenitäten, die durch die Mühlenzusätze, vor allem den Ton, bedingt sind. Blanchard u. M. [41] sprechen von Inselbildung, wobei größere Frittekörner die Inseln und feinkörnige Emailteilchen zusammen mit dem Ton die „Korngrenzen" bilden. Vermeidbar sind aber Inhomogenitäten, die durch unzureichendes Durchschmelzen der Fritte entstehen oder durch Verwendung von zwei relativ grob gemahlenen Fritten verschiedener chemischer Resistenz [449]. Bei einer Auslaugung wird das Email dann schnell rauh.

Ganz kraß machen sich Inhomogenitäten bei der Beanspruchung von Emails unter ungewöhnlichen Bedingungen bemerkbar, wie sie Vargin u. M. [672] beschreiben: 216 °C, 30 bar Sattdampf oder gar Mineralsäuren.

Besonders stören beim Deckemail die Blasen; sie leisten einer chemischen Korrosion dadurch Vorschub, daß sie die effektive Schichtdicke mindern. Außerdem werden bei einer gleichzeitigen mechanischen Abtragung die dünnen Wände zwischen den Blasen leichter zertrümmert als das kompakte Email. So beschrieben Dietzel u. M. [154] einen Fall, bei dem Ausgußbecken nach kurzer Zeit „entemailliert" waren, obwohl das Email eine gute chemische Widerstandsfähigkeit hatte, aber eben sehr blasenreich war. Die Homogenität kann also für die Gebrauchstüchtigkeit einer Emaillierung mit entscheidend sein. Zum Nachweis der Inhomogenitäten in unterschiedlich hergestellten Apparateemaillierungen benutzten Böhmer u. M. [42] den NaOH-Angriff entsprechend DIN 51156, jedoch mit einer Auslaugezeit von jeweils 5 Tagen.

3 Grundzüge der Emailtechnologie. Allgemeiner Teil

In diesem Kapitel werden, soweit möglich, Gemeinsamkeiten im Verfahrensablauf
behandelt; die speziellen Verfahren dagegen im nächsten Kapitel 4. Wie im
wissenschaftlichen Teil soll auch hier jeweils die Reihenfolge: Metall, Email,
Emaillieren, beibehalten werden.

3.1 Metalle

Die emaillierbaren Metalle und ihre Legierungen (Stahl, Gußeisen, Leichtmetalle,
Halbedel- und Edelmetalle) sind in Herstellung, Eigenschaften, Formgebung und
Vorbehandlung zum Emaillieren so verschieden, daß es nicht sinnvoll erscheint,
sie gemeinsam zu behandeln. Es sei deshalb auf die Abschnitte in Kap. 4 verwiesen.

3.2 Emails

Im Gegensatz zu den Metallen gibt es bei den verschiedenen Emails viele Gemein-
samkeiten, die es rechtfertigen, das Grundsätzliche vorweg zu behandeln; auf die
Besonderheiten, die durch die metallische Unterlage und die Anforderung im
Gebrauch einer Emaillierung bedingt sind, wird in Kap. 4 eingegangen.

3.2.1 Emailrohstoffe

Für beinahe alle Emaillierwerke gibt es nur wenige Rohstoffe: Granalien von
weißen oder farbigen Deckemails, z. T. auch von Grundemail, die von den Emailschmelzwerken geliefert werden, ferner Ton, Stellmittel, Nickelsalz, Entfettungsmittel, Beizsäure, Neutralisations- und Rostschutzmittel. Die Emailschmelzwerke
sind modern eingerichtet und überwachen die Herstellung ihrer Fritten genau, so
daß sie den Emaillierwerken Gewähr für gleichbleibende Qualität bieten. Daher
genügt eine nur kurze Übersicht, in der die Rohstoffe — wie in Abschn. 2.2.1 —
nach ihren hervorstechenden Wirkungen auf die Eigenschaften der Emails grup-
piert sind.

Rohstoffe und Fritten können u. U. beim Transport verunreinigt werden.
Deshalb empfiehlt es sich, darauf zu achten, und auch die Rohstoffe über einen
Magnetabscheider laufen zu lassen, um metallisches Eisen zu entfernen.

3.2.1.1 Resistenzmittel I

Kieselsäure

Sie wird in der Regel als Quarzsand oder -mehl eingeführt. Für die Verwendung eines Sandes sind vier Eigenschaften wichtig: Chemische Zusammensetzung (vor allem der Gehalt an färbenden Bestandteilen wie Fe_2O_3, Cr_2O_3), Korngrößenverteilung, Feuchtigkeitsgehalt und, kaum beachtet, Störungen im Kristallbau der einzelnen Sandkörner.

Für weiße Emails und zarte Farben soll der Eisenoxidgehalt 0,2% keinesfalls übersteigen. Die Farbe des Sandes ist kein verläßliches Kriterium.

Bei der Herstellung von Titanemails ist besonders auf Cr_2O_3 zu achten (Probe durch Abtrennen mit Bromoform).

Die Korngröße und ihre Verteilung bedingt im wesentlichen die Geschwindigkeit, mit der der Sand aufgeschlossen wird. Für Grundemails sollen 20 bis 30% Rückstand auf dem Prüfsiebgewebe DIN 4188 — 0,2 nr. St verbleiben, d. h. die Hauptmenge soll 0,1 bis 0,2 mm ⌀ haben. Für Deckemails gilt ein Rückstand 40 bis 60% auf dem Prüfsieb DIN 4188 — 0,1 nr. St, entsprechend 0,05 bis 0,1 mm ⌀.

Feuchter Sand bewirkt Zusammenbacken der Rohstoffe und damit ein schwieriges Durchmischen, ferner erhöhten Fluorabbrand durch Bildung von HF. Andererseits erleichtert ein geringer Feuchtigkeitsgehalt den Schmelzprozeß und verringert die Verstaubung. In jedem Fall wägt man trockenen bzw. getrockneten Sand ab, mischt und feuchtet erst dann das fertige Gemenge gegebenenfalls schwach an — 2 bis 4% Wasser. Schwankungen im Feuchtigkeitsgehalt des Sandes verändern bei konstanter Einwaage die beabsichtigte Emailzusammensetzung um so mehr, je näher die Emailzusammensetzung bei 50% SiO_2 liegt.

Kaoline und Tone

Zum Einschmelzen in die Emailfritte werden Kaoline manchmal, Tone selten als Rohstoffe verwendet. Sie dienen hauptsächlich als Suspensionsmittel.

Feldspäte

Feldspäte bringen Kieselsäure, Tonerde und Alkali bzw. Erdalkali in das Email. Daraus ergibt sich ihre Wirkung. Die naturgegebene Verbindung dieser Oxide im Feldspat ist besonders günstig, um Al_2O_3 und SiO_2 leicht in Lösung zu bringen. Chemisch unterscheidet man *Kalifeldspat* (Orthoklas) $K_2O \cdot Al_2O_3 \cdot 6SiO_2$ mit 16,9% K_2O, 18,4% Al_2O_3, 64,7% SiO_2; *Natronfeldspat* (Albit) $Na_2O \cdot Al_2O_3 \cdot 6SiO_2$ mit 11,8% Na_2O, 19,4% Al_2O_3, 68,8% SiO_2; *Kalkfeldspat* (Anorthit) $CaO \cdot Al_2O_3 \cdot 2SiO_2$ mit 20,1% CaO, 36,7% Al_2O_3, 43,2% SiO_2.

Kornfeinheit: Auf dem Drahtsiebboden DIN 4188 — 0,125 nr. St soll kein Rückstand verbleiben.

Mit Quarz zusammen bildet der Feldspat den Pegmatit. Gelegentlich enthalten die Feldspäte färbende Fremdminerale, die schwarze oder braune Flecken bzw. eine gleichmäßige Färbung im Email geben.

Andere Minerale und Gesteine

Unter diesen wurden vor allem Li-haltige Minerale vorgeschlagen (s. Abschn. 3.2.1.3), ferner Phonolith, Pechstein, Traß, Bimsstein, Trachyt — mit im Mittel 10% Alkali. Die wechselnde Zusammensetzung, der hohe Eisenoxid- und Tonerdegehalt schränken ihre Verwendung ein; dagegen kommt ein norwegischer Nephelinsyenit mit 0,08% Fe_2O_3 in Frage.

Aluminiumoxid und -hydroxid

Diese Rohstoffe verwendet man selten, weil sie sich in der Schmelze schwer aufschließen. Zusatz von Korundpulver zur Mühle erhöht die Verschleißfestigkeit von Emails.

Magnesiumverbindungen

MgO führt man als schwere Magnesia ein. Sind Kalk und Magnesia gemeinsam im Versatz, verwendet man den natürlichen Dolomit. Magnesiumoxid und -carbonat werden den Emails vielfach als Mühlenzusatz zugegeben.

Ceroxid

Für hochfeuerfeste Überzüge kann man Ceroxid anstelle von Berylliumoxid in das Grundemail einführen. CeO_2 war ein beliebtes Trübungsmittel.

Silicium

Durch Zusatz von etwas Si oder Si-Legierungen zu den Schlickern hat man gesprenkelte Emails hergestellt. Beim Vermahlen eines Versatzes mit Si ist Vorsicht geboten, weil Silicium mit dem Alkali des Mühlenwassers unter Wasserstoffentwicklung reagiert.

3.2.1.2 Resistenzmittel II

Kalk

Kohlensaurer Kalk wird als gemahlener Kalkspat, z. B. Jurakalk, in hochwertiger Form als Marmormehl angewendet.

Dolomit

Im Idealfall entspricht der Dolomit der Zusammensetzung $CaCO_3 \cdot MgCO_3$, meist herrscht aber Kalk vor. Dolomit wird fast immer in feingemahlener Form in den Versatz eingeführt. Die Anwendung größerer Mengen verbietet sich, weil Magnesia die Schmelze erschwert und zäh macht.

Bariumverbindungen

BaO wird vorzugsweise als künstliches Carbonat eingeführt, selten als natürliches Mineral Witherit.

Strontiumverbindungen

Strontiumcarbonat wird vielfach in borsäurefreie Emails und in bleifreie Majolika-emails eingeschmolzen. Ein beliebter Rohstoff ist auch Strontiumfluorid.

Zinkoxid

Von den im Handel befindlichen Sorten eignet sich am besten das Zinkweiß. Auch bleihaltiges Zinkoxid ist brauchbar, wenn es kein freies Zink enthält, und der Blei-gehalt nicht stört.

Mit den Zusätzen kann man höher gehen als mit CaO. ZnO ist selbst kein Trübungsmittel, erhöht aber zusammen mit Tonerde oder Borsäure die Trüb-wirkung der oxidischen Trübungsmittel beträchtlich.

Titandioxid, Zirkonoxid

Da beide Oxide hauptsächlich zur Trübung verwendet werden, wird dort näher auf ihre Wirkung eingegangen (Abschn. 3.2.1.6).

Glasmehl

Von alters her und in Zeiten der Rohstoffverknappung war Glasmehl ein brauch-barer Emailrohstoff. Vorteile: Senkung der Rohstoffkosten, kürzere Schmelzzeit, kein Abbrand. Glasbruch wird auch zum Säubern von Mühlen- und Schmelz-trommeln beim Wechseln der Emailsorte empfohlen.

3.2.1.3 Flußmittel

Borverbindungen

Borsäure (geschmolzen B_2O_3, krist. H_3BO_3) wird in der Regel als Borax eingeführt. Nur bei Schmuck- und Majolikaemails findet sie häufig als solche Anwendung. Sie ist merklich flüchtig, besonders mit Wasserdampf. Geschmolzene Borsäure bindet an der Luft energisch Wasser und geht in H_3BO_3 über.

Borax ($Na_2B_4O_7 \cdot 10\,H_2O$) und das wasserfreie Tetraborat ($Na_2B_4O_7$) sind besonders geschätzte Flußmittel, weil sie Natron und Borsäure in den Versatz bringen.

Borax, „Kristallborax", neigt zum Verwittern. Es ist also zweckmäßig, ihn in geschlossenen Behältern aufzubewahren. Das Kristallwasser ist meist erwünscht, weil es die Schmelze beschleunigt (Abschn. 2.2.2). Bei fluorreichen Versätzen dagegen verwendet man das wasserfreie Tetraborat, um den Fluorverlust zu ver-ringern.

Perborate verbinden die Wirkung von Borax mit der eines Oxidationsmittels. Borminerale als Ersatzstoffe: Pandermit, Rasorit, Kolemanit.

Phosphate

Besonders für niedrigschmelzende Emails wird nach verschiedenen Patent-schriften P_2O_5 in Mengen von 20 bis 45% als $Na_3PO_4 + NH_4H_2PO_4$ oder als

10*

$Zn(H_2PO_4)_2$ neben bis zu 20% B_2O_3 eingeführt. Auch die Verbindung von P_2O_5 mit B_2O_3, das Borphosphat BPO_4, ist im Handel, was für Titanemails interessant sein könnte.

Soda

Soda, Na_2CO_3, wird nur wasserfrei verwendet. Sie ist neben Borax der wichtigste Rohstoff zur Einführung von Natron. An feuchter Luft zieht sie langsam Wasser und etwas Kohlensäure an. Wegen der geringeren Verstaubungsneigung empfiehlt sich die Verwendung der grobkörnigen, sog. schweren Soda mit 0,5 mm ∅.

Natriumsulfat und andere schwefelhaltige Rohstoffe

Natriumsulfat und Kohle kommt als Alkaliträger bei Emails im Gegensatz zur Glasindustrie nicht in Betracht. Unzersetztes Natriumsulfat auf der Emailschmelze — die Löslichkeit beträgt nur etwa 2% — führt beim Ausgießen in Wasser zu schweren Explosionen.

Natronwasserglas

Dieses wird gelegentlich als Flußmittel verwendet; es bringt neben Natron auch Kieselsäure in aufgeschlossener Form in den Versatz (ungefähr $1Na_2O:3$ bis $4SiO_2$) und erniedrigt dadurch die Schmelztemperatur und -zeit beträchtlich, was bei borfreien Emails nützlich ist.

Flußmittel V 26

Dieses Flußmittel — im wesentlichen glasiges $Na_2O \cdot TiO_2 \cdot SiO_2$ — war wegen seiner guten Schmelzbarkeit und Benetzungsfähigkeit ursprünglich als Austauschstoff für Borax oder Borsäure gedacht. Zusammensetzung: 27,8% SiO_2; 39,2% TiO_2; 30,3% Na_2O; 2,6% CaO als CaF_2 (3,6 Teile). Erweichungstemperatur um 470°C, Zähigkeit bei 900°C 9,5, bei 1000°C 4,9 dPa s.

Besonders für Titanemails hat V 26 auch später seine Stellung behauptet. Oft ist es der Rohstoff zur Einführung von TiO_2.

Pottasche

Pottasche K_2CO_3 ist bei den gewöhnlichen Emails durch Soda fast völlig verdrängt, sie wird nur bei hochgetrübten Titan- und Zirkonemails sowie bei Blei- und Goldrubinemails angewandt. Pottasche ist stark hygroskopisch und muß daher in gut verschlossenen Behältern gelagert werden.

Lithiumverbindungen

Lithiumcarbonat ist ein weißes, in Wasser schwer lösliches Pulver mit 40,6% Li_2O. Aus Preisgründen führt man Li_2O oft durch Minerale ein. Dafür in Frage kommen Lepidolith mit rd. 4,5%, Petalit mit 4,5% und Spodumen mit 6,4% Li_2O. Allerdings stört die schwankende Zusammensetzung dieser Minerale. Lithiumfluorid vereinigt die verflüssigende Wirkung von Li_2O und Fluoriden.

Bleiverbindungen

Im allgemeinen wird *Mennige* Pb_3O_4 verwendet, weniger Bleiglätte PbO oder Bleiweiß (basisches Carbonat). Gekörnte Bleioxide oder Bleisilicat verstauben weniger leicht. Mennige ist gleichzeitig ein Oxidationsmittel. Um die Bleiverbindungen beim Einschmelzen vor Reduktion zu schützen — sonst Graustich durch metallisches Blei —, setzt man dem Versatz Nitrate zu. Der Giftigkeit wegen wendet man bleihaltige Emails gelegentlich nur für die Schilderfabrikation, hauptsächlich aber für Leichtmetall- und Schmuckemails an.

Ähnlich dem PbO verhält sich Wismutoxid Bi_2O_3.

Fluoride

In fast allen Emails werden Fluorverbindungen verwendet, weil sie vor allem das Email dünnflüssig machen, der Fischschuppenbildung entgegenwirken (s. Abschn. 2.1.1.10 und 4.1.3.3) und, in größeren Mengen, als Trübungsmittel wirken. Der einheitlichen Betrachtung wegen sind die Fluoride bei den Trübungsmitteln besprochen.

3.2.1.4 Oxidationsmittel

Die meisten Emails werden unter Verwendung von Oxidationsmitteln, hauptsächlich Nitraten oder Braunstein, eingeschmolzen, um Mißfärbungen durch Reduktion zu vermeiden bzw. um die Haftvorgänge zu fördern. Braunstein MnO_2 wird vorzugsweise in Grundemails, Salpeter in Grund- und Deckemails eingeführt.

Nitrate

Natriumnitrat (Natronsalpeter) zieht leicht Wasser an, was bei der Lagerung zu beachten ist. Alkalinitrate greifen infolge ihrer relativ hohen Zersetzungstemperaturen auch die schwer schmelzbaren Rohstoffe des Versatzes schnell an, sie bewirken damit ein beschleunigtes Durchschmelzen, und durch Gasentwicklung eine intensive Durchmischung der Schmelze.

Braunstein MnO_2

Die natürlichen Vorkommen enthalten als Hauptverunreinigungen Fe_2O_3 und SiO_2. MnO_2 geht beim Einschmelzen in niedere Oxide über und wirkt dabei als kräftiges Oxidationsmittel. Anwendung in Grund- und Farbemails.

3.2.1.5 Haftstoffe

Kobaltoxide

Kobalt kann die Oxide CoO, Co_3O_4 und Co_2O_3 bilden. Im CoO-Gitter können aber auch nicht-stöchiometrische Zusammensetzungen mit einem Co:O-Verhältnis bis 1:1,5 vorkommen. Beim Einschmelzen in ein Glas oder Email geht in jedem Fall nur CoO bzw. Co^{2+} in Lösung. Bei den Handelsprodukten kommt es also letztlich nur auf den Gehalt an Co an.

Nickelverbindungen

Nickel bildet die Oxide NiO und Ni_2O_3. In Gläsern und Emails liegt nur zweiwertiges Ni vor. Im Handel heißt Ni_2O_3 ,,Nickeloxid schwarz'', NiO ,,Nickeloxid grau-grün''.

Zur Vorbehandlung der Stahlbleche durch Tauchen dient eine Nickelsalzlösung, meist Sulfat (s. Abschn. 4.2.1.2).

Antimon- und Arsenverbindungen (s. Abschn. 3.2.1.6)

Für Tieftemperaturemails hat sich die Tauchbad-Antimonierung bewährt (s. Abschn. 2.3.5.1 und 4.4.5).

Molybdänverbindungen

Molybdänsalze, zweckmäßig wasserunlösliche Ca- oder Ba-Salze, begünstigen als Mühlenzusätze das Haften und werden vielfach zusammen mit Antimonoxid für weiße Emails direkt auf Stahlblech empfohlen. Am besten ist ein Zusatz von 1 bis 2% MoO_3 und 1 bis 4% Sb_2O_3.

Vanadiumoxid

Dieses Oxid wird als Haftmittel für hochhitzebeständige Chrom-Nickel-Stähle und als wesentlicher Bestandteil von Aluminiumemails verwendet.

3.2.1.6 Trübungsmittel

Oxidische Trübungsmittel

Die oxidischen Trübungsmittel werden teils zur Mühle zugesetzt — wie es früher die Regel war — oder mit dem Versatz eingeschmolzen. Im ersteren Fall ist extrem feines Mahlen, naß oder trocken notwendig.

Titandioxid TiO_2

Als Rohstoff zur Herstellung von TiO_2 kommt vor allem Ilmenit $FeO \cdot TiO_2$ in Betracht. Das nach einem Schwefelsäureaufschluß daraus gewonnene Präparat enthält rd. 98% TiO_2 neben kleinen Mengen Erdalkalien, P_2O_5 und SO_3 und besteht meist aus der Anatas-Modifikation der Korngröße 0,3 bis 0,8 μm. Auch natürlicher Rutil wird aufbereitet.

Das im Handel befindliche Titandioxid oder das daraus hergestellte V 26 (s. oben) ist so rein, daß dadurch keine Färbung des Emails verursacht wird. Wenn Verfärbungen auftreten — und Titanemails neigen dazu —, so kommen die färbenden Stoffe von außen (Cr_2O_3) oder TiO_2 wurde anreduziert.

Beim Mischen der Rohstoffe oder bei der Zugabe zur Mühle hat das Titandioxid die unangenehme Eigenschaft, sich an der Wand festzusetzen und zu schmieren.

TiO_2 wird oft auch in Kombination mit anderen Trübungsmitteln benutzt, so mit Fluoriden, Sb- und Zr-Oxiden. Ein unter dem Namen ,,Uverite'' bekanntes

Trübungsmittel hat die Zusammensetzung $7\,CaO \cdot CaF_2 \cdot 6\,TiO_2 \cdot 2\,Sb_2O_5$. Die Teilchengröße beträgt 0,5 bis 3 μm.

Für Grundemails hat Titandioxid wenig Bedeutung, es ist für die Haftung ungünstig.

Zirkon, Zirkonoxid

Das wichtigste natürliche Zirkonmineral ist der Zirkon $ZrSiO_4$, der sich in Mischung mit Monazit- oder Ilmenitsanden insbesondere in Brasilien, Indien und Ceylon findet, und der im gereinigten Zustand den Rohstoff für die Einführung oder Herstellung von ZrO_2 bildet.

Von den drei Modifikationen des ZrO_2 ist im Emaillierbereich nur die monokline beständig. Es gibt eine Unzahl von Verfahren zur Herstellung von ZrO_2-haltigen Präparaten, die für die Emailtrübung empfohlen wurden: Kombination von ZrO_2 mit Al_2O_3 und P_2O_5 oder von Zirkonsilicat mit Aluminiumphosphaten.

Antimonverbindungen

Antimontrioxid kommt als schwach gelbliches Pulver im Handel vor. Bei gelindem Glühen geht es zunächst in Sb_2O_4 über, das auch gelegentlich als Trübungsmittel empfohlen wurde. Die oberste Grenze des Zusatzes bei einigen Gußeisenemails wird zu 8 bis 9% angegeben. Es wird oxidierend eingeschmolzen.

Natriummetaantimonat $NaSbO_3$ wurde vor etwa 80 Jahren von R. Rickmann in der Emailindustrie eingeführt.

Im Gegensatz zu den Antimonoxiden kann $NaSbO_3$ in die Fritten eingeschmolzen oder zur Mühle zugegeben werden. Der Mühlenzusatz beträgt etwa 6 bis 8%. In Gußpuderemails werden 10 bis 12% eingeschmolzen. Dabei erteilt es dem Email eine satte, etwas nach Creme gehende Trübung. Vielfach frittet man auch Metaantimonat neben Sb_2O_3 (50:50) ein.

Zinnoxid SnO_2 wurde schon bei den antiken Gläsern und Emails ausgiebig verwendet, heute kaum mehr, weil es teuer ist und nicht so stark trübt wie etwa TiO_2 oder ZrO_2. Sein Vorteil ist, daß seine Anwendung weitgehend unabhängig vom Versatz ist. Die Farbe des Zinnoxids ist weiß, meist mit einem etwas gelblichen Stich.

Cerdioxid

Die Trübwirkung des ziemlich teuren CeO_2 hat Rickmann 1907 erkannt. Es dient nur als Mühlentrübungsmittel (eingeschmolzen färbt es dunkel). Wegen der Abspaltung von O_2 kommt eine geringe Gastrübung hinzu.

Mit CeO_2 wurden auch Ausscheidungstrübungen erzielt, besonders bei Tieftemperaturemails.

Arsenverbindungen

Arsenik As_2O_3 oder Arsenate. Die Verwendung arsenhaltiger Emails ist ihrer Giftigkeit wegen auf einige Spezialgebiete, z. B. Kunstemails, Schilderpuderemails, Emails für Zifferblätter, Nummernscheiben an Fernsprechapparaten usw., beschränkt.

Phosphate

Sie ergeben nur schwache Trübungen, doch dienen sie zur Herstellung leicht-
schmelzender Emails und fördern die Anatasausscheidung bei Titan-Weißemails.

Vanadinpentoxid

V_2O_5 eignet sich zum Trüben von Emails auf der Grundlage $PbO-B_2O_3-SiO_2$
und gibt ähnliche Ausscheidungen wie As_2O_5 und P_2O_5 (Abschn. 2.2.3.2).

Fluorhaltige Trübungsmittel (Vortrüber)

Calciumfluorid

Es kommt in der Natur als Flußspat (Fluorit) mehr oder minder rein vor. Die
hauptsächlichen Verunreinigungen sind SiO_2, $CaCO_3$, $BaSO_4$, Fe_2O_3, gelegentlich
S, PbS und ZnS, sowie Al_2O_3. Es wirkt nur schwach trübend, wirkt aber als kräftiges Flußmittel und vermindert die Neigung zur Fischschuppenbildung, s. Abschn. 2.1.1.10 und 4.1.3.3. Im allgemeinen geht man mit dem Zusatz auf 5% bis
höchstens 10%.

Natriumaluminiumfluoride

Kryolith Na_3AlF_6 wird im südlichen Grönland bergbaumäßig gewonnen. Synthe-
tischer Kryolith kommt dem natürlichen in seiner Zusammensetzung praktisch
gleich. Kryolith ist ein wichtiges Vortrübungsmittel, das normalerweise eingeschmolzen, aber auch zur Mühle gegeben werden kann. Die Trübwirkung ist wesentlich stärker als bei CaF_2, weil die Ausscheidung von NaF (n = 1,33) gefördert wird.
In den Emails mit Ausscheidungstrübung von TiO_2 und ZrO_2 sowie in entsprechenden Farbemails (CdS) scheint Kryolith auch eine impfende Wirkung zu haben.
  Der kongruente Schmelzpunkt von Na_3AlF_6 liegt bei etwa 920°C.
  Im Zustandsdiagramm AlF_3-NaF findet sich eine bei 741°C inkongruent
schmelzende Verbindung $5NaF\cdot3AlF_3$, die dem Chiolith entspricht. Ferner hat
ein synthetisches Produkt der Zusammensetzung $3NaF\cdot2AlF_3$ eine gewisse
Bedeutung erlangt. Vor Kryolith hat Chiolith bei vergleichbarem Preis den Vorteil
eines höheren Fluorgehalts — etwa 56%.

Natriumsilikofluorid

Na_2SiF_6 ist seit Jahrzehnten in der Emailindustrie als Vortrüber eingeführt. Mit
60,5% F besitzt es den höchsten Fluorgehalt aller gebräuchlichen Vortrüber und
wird vielfach anstelle von Kryolith verwendet. Es ist in Wasser schwer löslich und
ein starkes Gift. Beim Einschmelzen wird es zersetzt. Es erzeugt starke Transparenz
und hohen Glanz und wird daher vielfach für Farbemails verwendet.

Zinksulfid

Es hat sich als Trübungsmittel trotz guter Trübwirkung (n_O = 2,356, n_E = 2,330
für Wurtzit) wegen seiner Lichtempfindlichkeit nicht eingeführt. Dagegen haben
die mit präpariertem Zinksulfid getrübten Emails als Leuchtemails Bedeutung
erlangt.

3.2.1.7 Farbstoffe

Lösungs- und Ausscheidungsfarbstoffe

In Tab. 3.1 sind die emailtechnisch wichtigen Lösungs- und Ausscheidungsfarbstoffe aufgeführt.

Tabelle 3.1. Lösungsfarbstoffe

Farbzentrum	Rohstoffe	Farbe
Co^{2+}	CoO, Co_3O_4, Co_2O_3	Tiefblau
Cr^{3+} [a]	Cr_2O_3	Grün
Cr^{6+} [a]	$K_2Cr_2O_7$	Gelb
Cu^{2+}	CuO	Blau bis Grün
Fe^{2+} [b]	Fe-Verb., reduz.	Blaugrün
Fe^{3+} [b]	Fe-Verb., oxid.	Gelb
Mn^{3+}	MnO_2, oxid.	Violett
Ni^{2+}	NiO, Ni_2O_3	Grau
U^{6+}	UO_3, Na_2UO_4	Gelb bis Gelbgrün
V^{3+} [c]	V_2O_3, reduz.	Grün
V^{5+} [c]	V_2O_5, oxid.	Gelb
Nd^{3+}	Nd_2O_3	Rot bis Violett
Pr^{3+}	Pr_2O_3	Grün
S_x^{2-} (Polysulfide)	Schwefelverb., reduz.	Gelbbraun
Se_x^{2-} (Polyselenide)	Selenverb., reduz.	Tiefbraun
$(FeS_2)^-$	Fe-Verb. + Sulfide, reduz.	Tiefbraun
Ausscheidungsfarbstoffe		
koll. Cu	Cu_2O + Sn, reduz.	Rubinrot
koll. Ag	Ag-Verb. + Sb_2O_3	Gelb
koll. Au	$AuCl_3$ + $As_2O_3(Sb_2O_3)$ + Nitrate	Rubinrot
FeS	Fe-Verb. + Sulfide	Schwarz

[a,b,c] Die Paare von Farbzentren treten in der Regel nebeneinander auf. Ihre relative Menge hängt von der Basizität der Schmelze, der Schmelz- und Brenntemperaturhöhe, reduzierenden bzw. oxidierenden Bedingungen ab (s. Abschn. 2.2.5.10 a).

Bei Emails macht man nur in Sonderfällen von diesen Farbstoffen Gebrauch: Für transparente Emails auf hellem Untergrund etwa auf Gold, Kupfer, Aluminium usw. oder bei den sog. Majolikaemails, ferner zur Tönung von getrübten Emails.

Goldhaltige Bleiemails mit etwas Antimonoxid werden für Schmuckemails sowie für manche Schilderarten verwendet. Die Ausgiebigkeit der Goldfärbung ist groß. 0,3% Au stellt bereits die oberste Grenze dar. Zur Einführung dient Goldchlorid, das in den Emailversatz eingeschmolzen wird. Die tiefrote Farbe entwickelt sich beim Einbrennen.

Schmilzt man mehrere Farbstoffe, die in verschiedenen Spektralbereichen absorbieren, in das Email ein (z. B. 2,3% Kobalt-, 2,7% Mangan-, 2,3% Eisen- und 0,92% Chromoxid oder 2% Kupfer- und 1,5% Eisenoxid), so erhält man ein

Schwarzemail. Meist ist dies für ein tiefes Schwarz nicht ausreichend, weil die Emailschichtdicke für eine fast vollkommene Lichtabsorption zu klein ist. In solchen Fällen der bunten oder tief schwarzen Färbung verwendet man trübende Farbstoffe, die sog. Farbkörper.

Farbkörper

Für die Eignung eines Farbkörpers als Emailfarbe gelten ähnliche Bedingungen wie für die Trübungsmittel: Feine Verteilung (Teilchen etwa 5 µm $\varnothing$), Hitzebeständigkeit und möglichst geringe Löslichkeit im Email. Ihre Lichtbrechung liegt über 2,0.

Die Zusammensetzung der Emails ist für die Entwicklung der Farbe von entscheidender Bedeutung (s. Abschn. 2.2.5.10c); dies gilt besonders für Titanemails. Ferner gilt die Regel, daß ein saurer Farbkörper von einem basischen Email leichter aufgelöst wird als ein basischer. Die Löslichkeit kann man in gewissen Grenzen verringern, beispielsweise durch Zusatz von geglühtem Kaolin. Auch die Benetzung der Farbstoffteilchen durch den Emailfluß (Grenzflächenspannung), die Lichtbrechung und der Glanz des Emails sowie der Ordnungsgrad des Gitters des Farbkörpers wirken sich deutlich aus. (Fehlstellen erhöhen die Löslichkeit).

Die Farbkörper werden durch vorsichtiges Glühen entweder der gut gemischten Oxide oder von Salzen (Sulfate, Oxalate) meist in verdeckten Tiegeln oder Kapseln hergestellt. Unzersetzte Salze müssen anschließend sorgfältig ausgewaschen werden. Höhe und Dauer der Glühbehandlung beeinflussen den Farbton und die Löslichkeit des Farbkörpers oft beachtlich.

Hellere Farben lassen sich nicht durch Verringerung des Farbzusatzes herstellen, da unterhalb eines gewissen Schwellenwerts die Farbe ungenügend deckt. Sie sind nur dadurch zu erzielen, daß man entweder eine hellere Nuance des Farbkörpers zusetzt oder eine dunklere mit Weiß mischt. Bei einer sehr weitgehenden Abmischung mit Weiß spricht man von „Pastelltönen". Entsprechend lassen sich dunklere Tönungen bei voll erreichtem Deckvermögen der Farbe nicht durch vermehrte Zugabe an Farbkörpern erzielen, sondern nur durch Änderung der chemischen Zusammensetzung der Farbkörper, wenn es nicht möglich ist, die Nuance nach Schwarz abzumischen.

Für konventionelle Farbkörper (nicht für Titanemails) gilt folgendes (s. auch Tab. 3.2).

Tabelle 3.2. Übersicht über die Farbkörper

Gelb	Neapelgelb; CdS; $V_2O_5 + ZrO_2$ ($+TiO_2$); $ZrSiO_4 + Pr_2O_3$
Elfenbein	$SnO_2 + V_2O_5$; $SnO_2 + Pr_2O_3$
Braun	$Fe_2O_3 + Cr_2O_3 + ZnO$ oder $Fe_2O_3 +$ etwas $CoO + ZnO$
Rot	$Cd(S, Se)$; Bleichromate
Rotbraun	Fe_2O_3
Rosarot (Pink)	$SnO_2 + CaO + Cr_2O_3$; $SnO_2 + CaO + V_2O_5$;
bis Purpur	$Fe_2O_3 + ZrSiO_4$
Grün	$CoO \cdot Cr_2O_3 + ZnO$; $Fe_2O_3 + CuO$; $V_2O_4 + ZrSiO_4$ (Blau) $+ Pr_2O_3 + ZrSiO_4$ (Gelb)
Giftgrün	$CoO + CdO$
Blaugrün	$CoO + Al_2O_3 + Cr_2O_3$; $CoO + Cr_2O_3 + ZnO$
Blau	$CoO + Al_2O_3 + ZnO$; $V_2O_4 + ZrSiO_4$

Oxidische *Schwarzkörper* werden durch Glühen geeigneter Mischungen von FeO, CoO, NiO, MnO, CuO, Fe_2O_3, Cr_2O_3, MnO_2 erhalten, z. B. von 45 Teilen Cr_2O_3, $24 Fe_2O_3$, $3 MnO_2$, $21 CoO$ und $9 NiO$. Boraxreiche Emails greifen die Schwarzkörper merklich an; Absorption durch gelöste und suspendierte Farboxide ist hier nicht schädlich. Viel ergiebiger ist allerdings die Zugabe von kleinen Mengen FeS.

Neapelgelb. Die wirksamen Bestandteile sind $Pb_2Sb_4O_7$ und $Pb_3(SbO_4)_2$. Daneben können ZnO und Al_2O_3 eingeführt werden. Neapelgelb ist in Säuren etwas löslich, verhältnismäßig teuer und wird in der Emailindustrie wegen seiner Giftigkeit nur noch selten gebraucht. Rötliche Farbtöne — hauptsächlich für Schmuckemails — sind vielfach Mischungen mit Chromrot.

Cadmiumgelb. Es besteht aus CdS, das man auf nassem Weg oder durch Erhitzen von Cadmiumcarbonat mit Schwefel erhält. Je nach Herstellung ist es hell zitronengelb bis dunkel orange. (α- bzw. β-Modifikation, verschiedene Korngröße). CdS ist sehr temperaturbeständig und erteilt dem Email eine feurig sattgelbe, leicht grünliche Farbe. Die mittlere Lichtbrechung ist 2,7. 2% Zusatz zur Mühle genügen.

In Säuren ist CdS verhältnismäßig leicht löslich. Da Cadmium unter das Bleigesetz vom 5. Juli 1887 fällt, ist die Anwendung von CdS zur Innenemaillierung von Kochgeschirren nicht zulässig, dagegen wird es zur Außenemaillierung von Geschirren und für Schilder ausgiebig gebraucht (s. a. Abschn. 4.9).

Cadmiumrot (Feuerrot, Signalrot). Der Farbkörper ist ein Mischkristall von CdS und CdSe. Man erhält es durch Erhitzen von CdO, CdS oder $CdCO_3$ mit S und Se. Sein Farbton ist ein feuriges Zinnober- bis Scharlachrot. Da reines CdSe dunkelbraun färbt, verursacht eine S-Verarmung Mißfärbungen.

Man verwendet Cadmiumrot in Zusätzen von 2 bis 3% zur Mühle in kieselsäurereichen Emails, da diese das Rot feuriger und kräftiger entwickeln. Zu niedrig gebrannte Rotemails sind braunstichig. Zu vermeiden sind Stellmittel, die meist Verfärbungen herbeiführen.

Das Cadmiumrot wird als Signalfarbe für Schilder u. a. verwendet. Durch Mischen von Gelb- und Rotkörpern erhält man Orangefarbkörper. Bezüglich Giftigkeit gilt das bei CdS Gesagte.

Als gelbe und rote Farbkörper sind noch das *Bleiuranat* oder auch Natriumuranat zu erwähnen; ferner die Kombinationen von $PbO + ZrO_2 + V_2O_5$ oder $V_2O_5 + WO_3$, SnO_2 oder ZrO_2.

Chromrot, ein basisches Bleichromat, wird fast nur für bleihaltige Schmuckemails verwendet. Beim Einbrennen darf die bei etwa 800 bis 900 °C liegende Zersetzungstemperatur des Chromrots nicht erreicht werden.

Braun. Es ist unmöglich, durch ein einzelnes Oxid eine Braunfärbung des Emails zu erzielen. Die braunen Farbkörper bestehen aus Mischungen bzw. Mischkristallen, im wesentlichen mit FeO, CoO und ZnO. Vor allem sind es Spinelle, wie Eisenchrom- oder Zinkchromspinell, und deren Mischkristalle. Braunfarbkörper werden meist in Mengen von 4 bis 5% zur Mühle gegeben.

Rotbraun. Der Hauptvertreter ist das Fe_2O_3. Es dient vorzugsweise der Außenemaillierung von billigem Gebrauchsgeschirr und wird in Mengen von 7 bis 12% zur Mühle gegeben.

Fe_2O_3 wird meist durch Glühen von Eisensulfat und anschließendem Waschen gewonnen. Je nach Glühtemperatur erzielt man Farbtöne vom hellen Gelbrot bis zu Braunviolett. Schlechtgewaschene Eisenrotsorten erzeugen blinde Emails; teilweise tritt dieser Fehler erst beim Lagern an feuchter Luft auf (Auswitterung von Sulfaten).

Für Rotbraun verwendet man an Fe_2O_3 gesättigte Emails, um eine Auflösung des Farbkörpers zu vermeiden.

Stellmittel in größerer Menge wirken nachteilig auf die Farbe; am ungefährlichsten sind Wasserglaslösungen. Fluoride stören, weil sie mit dem Eisen farblose Komplexe bilden. Einbrenntemperaturen über etwa 820 °C und zu langes Einbrennen sind wegen der beginnenden Dissoziation des Fe_2O_3 zu vermeiden.

Pink ist ein goldfreier brennbeständiger Rosafarbkörper, den man durch Erhitzen von Zinnoxid, Quarz und Kreide mit etwas Kaliumbichromat und Borax erhalten kann. Je nach Zusammensetzung ändert sich der Farbton von zartem Rosa bis dunklem Rot und Violett. Um intensive Färbungen zu erzeugen, benötigt man 7 bis 10%. Auch das Email selbst ist auf den Farbton von erheblichem Einfluß. So erhält man mit stark borsäurehaltigen Emails bläulich getönte Nuancen — Fliederfarben; ein Kalkgehalt des Emails entwickelt den Farbton besonders lebhaft.

Blaufarbkörper. Aluminium- und Kobaltoxid geben das Thenardsblau. Je nach den Mengenverhältnissen von Kobalt- zu Aluminiumoxid stellt es Gemische zwischen $CoAl_2O_4$ (Spinelltyp) und ungebundenem Aluminiumoxid dar. Die Farbe ist blauviolett und wird mit zunehmendem Kobaltoxidgehalt grünstichig. Das Blau soll brillanter und reiner werden, wenn man ihm $ZnO \cdot Al_2O_3$ zugibt.

Durch Fällen löslicher Kobaltsalze mit Alkali- oder Ammonphosphat erhält man das rosenrote Kobaltphosphat, das durch Erhitzen in das violette wasserfreie Salz, das Kobaltviolett, übergeht. Dieses wird als Zusatz zur Mühle — etwa 3% — für blaue Ränderemails gebraucht.

Neublau. Farbkörper, die neben CoO und Al_2O_3 noch Cr_2O_3 enthalten, färben meist sehr schön blaugrün. Man erhält sie durch Glühen eines Gemisches der Oxide oder Sulfate. Sie haben eine hohe Deckkraft; Zusatz zur Mühle 1 bis 1,5%. Die Farbkörper sind gegen den Angriff des Emails sehr beständig. Die verschiedenen Kobaltfarben lassen sich direkt auf Blech — ohne Grundemails — verarbeiten.

Grünfarbkörper. Ersetzt man Al_2O_3 durch ZnO, so entstehen mehr grüngefärbte Körper. Das Glühen von ZnO und CoO liefert das sog. Rinmans-Grün, ein Mischkristall zwischen ZnO und CoO. Bei Einführung von Chromoxid geht dieses Grün in Blaugrün über.

Basis einer anderen Art von Grünfarbkörpern ist das Chromoxid Cr_2O_3, das schon für sich allein einen wertvollen Farbkörper darstellt. Man gewinnt es durch Erhitzen von Kaliumbichromat mit Reduktionsmitteln; Zusatz zur Mühle 2 bis 5%. Wegen seiner chemischen Indifferenz läßt sich Cr_2O_3 mit einer Reihe anderer Farbkörper mischen.

Einen neuen Farbkörpertyp liefern die Vanadinoxide. Es gelingt, je nach Art und Menge der übrigen Partner, Farbtöne von Gelb über Grün bis Blau herzustellen. Dies hängt mit der Oxidationsstufe des Vanadins zusammen (V^{3+} Grün,

V^{4+} Blau, V^{5+} Gelb), die in dem jeweiligen Wirtgitter stabilisiert wird. So erhält man blaue bis grüne Farbkörper aus ZrO_2, SiO_2 und V_2O_5. Einen gelben Farbkörper erhält man, indem man zu ZrO_2 und V_2O_5 etwas Ga_2O_3 oder besser In_2O_3 bzw. Y_2O_3 zusetzt und glüht.

Beim Dekorieren von Emails kann es leicht vorkommen, daß die Farben beim Brennen „einsinken" und ihre Ränder verwischen. Dem soll dadurch begegnet werden, daß man den Farbkörpern auf Kupfer-Chrom-Basis geringe Mengen von Schwermetallcyaniden wie $Zn(CN)_2$ oder $Cd(CN)_2$ zusetzt.

Aventurin enthält glitzernde Kriställchen von Cr_2O_3. Dazu wird grobkristallines Cr_2O_3 beim oder nach dem Mahlen dem Email zugemischt. Das gleiche Verfahren könnte zu einem Eisenaventurin führen, wenn man das Email wegen der höheren Löslichkeit von Hämatit zuvor mit Fe_2O_3 sättigt.

Dekorfarben

Für Dekore (Firmenzeichen, Abziehbilder u. dgl.) werden so niedrigschmelzende Emails benutzt, daß das Deckemail nicht mehr erweicht. Als Basis dient die Zusammensetzung $PbO \cdot SiO_2$ entsprechend 3 Teilen Mennige und 1 Teil Quarz, was durch Zugabe von Borsäure und Schwermetalloxiden (CdO, Bi_2O_3 usw.) abgewandelt werden kann, um das Email noch leichter schmelzbar zu machen. Außerdem werden Farbkörper der oben besprochenen Art zugemischt, soweit sie sich mit dem Bleiemail vertragen.

3.2.1.8 Hilfsstoffe

Schwebemittel

Zur Herstellung eines Schlickers benötigt man ein Schwebemittel; es gibt zugleich dem getrockneten Emailauftrag eine gewisse Griffestigkeit.

Tone, Kaoline, Bentonite. Für den genannten Zweck wird in der Regel Ton oder Bentonit verwendet; wenn besonders hohe Ansprüche an die Reinheit gestellt werden, auch ein Kaolin, der aber nicht so wirksam ist. Über Verschlickern s. Abschn. 2.2.7.

Ein altbekannter Emaillierton, besonders für Grundemails, ist der Ton von Vallendar. Für die Direkt-Weißemaillierung enthält er zu viel färbende Bestandteile. Man kann Tone bis zu einem gewissen Grad reinigen; einfacher ist es, andere Mittel einzusetzen. Der Reinigungsprozeß besteht vor allem in einer Tonwäsche mit anschließender Siebung, magnetischer Behandlung und Trocknung.

Für Weißemails schädliche Bestandteile im Ton sind Eisenoxid, Schwefelkies, Gips, kleine Mengen von Chromoxid und organische Stoffe. Der unangenehmste Begleiter ist der Schwefelkies, der zu Eisensulfat oxidiert wird, wobei er Rostflecke und beim Brennen „Kupferköpfe" und Blasen erzeugen kann. Der Ton löst sich mindestens teilweise, oft auch ganz im Email auf, wobei die Bläschenbildung, d. h. eine leichte Gastrübung, manchmal erwünscht, manchmal störend ist.

Hohe Tonzusätze bei Grundemails zur Mühle — über 6% — fördern die Fischschuppenbildung (s. Abschn. 2.1.1.10). Deshalb hat man versucht, bei empfindlichen Emails den Ton durch andere Stoffe zu ersetzen.

Ein Zusatz von 1 Teil Bentonit kann eine ähnliche Wirkung auf das Stehvermögen des Schlickers haben wie 5 bis 6 Teile kaolinitischer Ton. Manche Bentonite geben aber wegen ihrer natürlichen Verunreinigungen schwarze Punkte, Blasen und Krater. Absieben der Bentonitaufschlämmung hilft etwas. Bentonite enthalten 55 bis 65% SiO_2, etwa 20% Al_2O_3, 3 bis 5% Fe_2O_3, Rest Erdalkali, Alkali, Glühverlust. Bentonit spielt auch bei der Gußeisenherstellung als Bindemittel für den Formsand eine wichtige Rolle.

Andere Schwebemittel Als Mittel, die suspendierend, verdickend, stabilisierend, wasserhaltend und bindend wirken, werden Alginate verwendet, meist die Natrium- oder Ammoniumverbindungen. Diese sollen günstiger sein als Gummi arabicum, Dextrin oder dgl.; es ist zweckmäßig, ein Konservierungsmittel beizugeben, weil Alginate leicht durch Bakterien zersetzt werden. In dieser Hinsicht ist Tragant besonders gefährlich. Weiterhin wird Kieselgel empfohlen, das aus Wasserglas unter Säurezusatz hergestellt wird, oder Aerosil (3 bis 6%), Natriumaluminat oder ein Gel aus Wasserglas und Natriumaluminat.

Diese Stoffe sind zwar gute Schwebemittel, ergeben aber geringe Griffestigkeit. Dextrin verkrustet und schimmelt; besser sind die modernen Klebemittel wie Kaltleim auf Zellulosebasis (Zusatz 0,3%), besonders die Methylzellulosen (Tylosen). Zur Erhöhung der Trockenfestigkeit (Griffestigkeit) werden auch wasserlösliche Polyuronsäureester der Alginsäure empfohlen.

Über Elektrolyte und dgl. s. unter „Schlicker", Abschn. 2.2.7.

Stellmittel

Sie dienen dazu, einen zu dünnflüssigen, „laufenden" Schlicker anzusteifen, zu „stellen", oder aber, einen zu dickflüssigen zu entstellen; Einzelheiten unter 3.2.3.10: Weiterbehandlung des Schlickers.

Rostschutzmittel

Natriumnitrit $NaNO_2$ dient zur Passivierung der Eisenoberfläche bei einem Naßauftrag und wirkt so als Rostschutzmittel. In Mengen von 0,1 bis 0,3% wird es dem Schlicker oder der Mühle zugegeben, zusammen mit Phosphat genügen schon 0,01 bis 0,05% $NaNO_2$.

Weniger wirksame Mittel sind Soda, Borax, Natriumphosphat oder Na-Molybdat.

Klebemittel

Zum Pudern von Schriften auf kleinen Blechschildern, Zifferblättern und dgl. bei Zimmertemperatur gibt man dem Farbemail oder Schrift-schwarz-Puder Klebemittel bei, vor allem Gummi arabicum oder Akaziengummi.

3.2.2 Lagerung der Rohstoffe

Die heutigen hochentwickelten Emails und die mehr oder weniger vollautomatische Verarbeitung verlangen nicht nur die Konstanthaltung der Zusammensetzungen, sondern auch eine hinsichtlich Standort, Ausstattung und Buchführung zweckmäßige Lagerung sämlicher Rohstoffe. Für den Standort gilt: Die Anlieferung der Rohstoffe muß leicht durchzuführen sein, und der Werdegang des Emails vom Rohstoff über das Abwiegen, Mischen, Schmelzen usw. muß ohne große Transportwege vor sich gehen. Im Lager sind Rohstoffe, die Feuchtigkeit anziehen, wie Pottasche, Soda, Natronsalpeter, und solche, die Wasser abgeben, wie Borax, unter Verschluß zu halten. Bei Großfabrikation empfiehlt sich die Unterbringung der Hauptrohstoffe in Silos. Das Entladen der Waggons und der Transport in die Silos bzw. zum Mischer und zum Ofen läßt sich auf mannigfache Weise lösen: Förderbänder, Förderschnecken, Vibrationsförderer, Elevatoren, pneumatische Förderung. Unter den Silos wird der Rohstoff mit einer fahrbaren automatischen Waage entnommen. In jedem Fall ist auf Fernhaltung von Staub zu achten; ferner weg von der Beize, keine Abgase von den Schmelzöfen!

3.2.3 Herstellung der Emails

3.2.3.1 Abwägen und Mischen der Rohstoffe

Voraussetzung für eine konstante Zusammensetzung von Email ist ein gleichbleibendes Rohstoffgemisch. Die Rohstoffe werden automatisch abgewogen, wobei die verschließbaren Behälter auf Gleisen unmittelbar unter die Rohstoffsilos gefahren werden. Man kann auch die Rohstoffe durch Förderschnecken von den Silos zur zentralen Waage befördern, die nach Erreichen des Sollgewichts die weitere Zufuhr stoppt. Durch solche Anlagen ist fehlerfreies Abwiegen gewährleistet, und es entsteht kein Staub. Auch gibt es vollautomatische Gemengeaufbereitungsanlagen, die nur einen Mann zur Überwachung des Steuerpults erfordern. Gefahren im Mischer und Vorbunker sind: Entmischungstendenz, Hängenbleiben des Gemenges an der Wand.

Stoffe, die nur in kleinen Mengen zugegeben werden, sind auf der Handwaage abzuwiegen. Sie werden i. allg. mit wenig Quarz und Feldspat vorgemischt; dieses Gemenge kann in einem besonderen Silo aufbewahrt und später in einem bestimmten Verhältnis der Hauptmischung zugefügt werden.

Für das Mischen der Rohstoffe gibt es einfache bis vollautomatische Mischmaschinen verschiedener Systeme, die ebenfalls staubfrei arbeiten. Besonders zu achten ist auf den Feuchtigkeitsgehalt der Rohstoffe: Schon wenige Prozent Wasser, etwa im Sand, bedingen ein Klumpen. Näheres s. Abschn. 3.2.1.1.

Bei einfachen Anlagen sind im Gemenge- und Mischraum Staubmasken zu tragen. Trockene Stäube mit Teilchen $> 0{,}5$ bis $1\ \mu m$ scheidet man zunächst in einem Zyklon ab, die feineren Teilchen in Gewebefiltern.

Je nach Ofenart wird das Rohstoffgemisch entweder über den Ofen gefahren und durch Kippen des Behälters oder — staubfreier — durch eine Öffnung im Boden in den Trommelofen entleert bzw. durch Förderschnecken kontinuierlich in den Wannenofen geschoben.

3.2.3.2 Schmelzöfen

Tiegelofen

Nur noch für Schmuckemails, die vor Berührung mit Flammengasen geschützt werden müssen, sind heute Tiegelöfen in Gebrauch. Als Brennstoff dient meist Leuchtgas.

Rotierender Trommelofen

Der rotierende Trommelofen (Bild 3.1) stellt im wesentlichen einen liegenden Kessel dar, an dessen Vorderseite die Ölfeuerung eingebaut ist, und aus dessen Rückseite die Abgase in ein Blechrohr entweichen, wo sie nach einiger Abkühlung einem Reiniger zugeführt werden. An der Abgasöffnung ist seitlich ein optisches Pyromter oder Thermoelement zur Temperaturkontrolle angebracht. In der Mitte des Mantels liegt die Einfüllöffnung für die Mischung, zugleich Ablaßöffnung für das geschmolzene Email. Die Ausfütterung des Ofens besteht meist aus Schamottesteinen ($\sim$ 30 bis 40% Al_2O_3) oder aus kieselsäurereicher Stampfmasse (15 bis 20% Al_2O_3). Beim Einsetzen der Steine ist auf enge Fugen zu achten; der Ofen wird mit eingeleiteten Ofenabgasen vorgeheizt, das Futter mit Abfallemail glasiert und dann mit Rohstoffen beschickt.

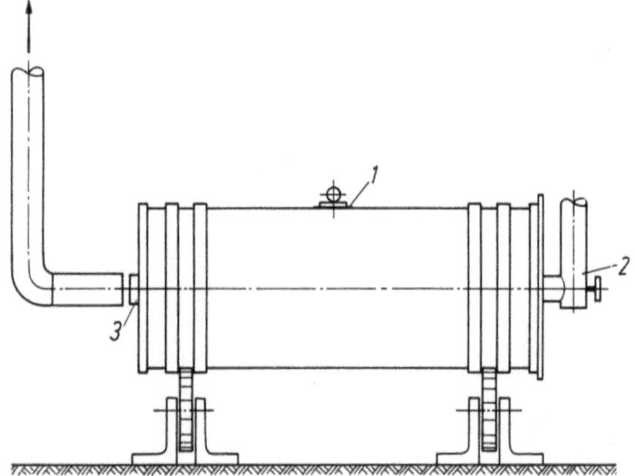

Bild 3.1. Trommelschmelzofen.
1 Einfüll- und Ablaßöffnung,
2 Brenner, *3* Abgasöffnung

Bei den sauren (quarzreichen) Stampfmassen ist zu bedenken, daß der Quarz nicht nur eine Umwandlung $\beta \rightleftharpoons \alpha$ bei 573 °C besitzt, sondern sich unter Volumzunahme langsam Cristobalit bildet, der bei rd. 200 bis 250 °C auch eine Umwandlung besitzt. Wegner [706] machte darauf aufmerksam, daß das Stampffutter deshalb über seinen Querschnitt sehr verschiedene Ausdehnungskoeffizienten hat, so daß es beim unvorsichtigen Abkühlen und Anheizen zu starken Spannungen im Gefüge und zur Abplatzung von Stücken des Futters kommt.

Die Anheizdauer beträgt bei den weniger empfindlichen Schamottesteinen nur 1 bis 2 ¹/₂ h. Eingefüllt wird die Schmelzcharge in den auf etwa 1000 °C erhitzten Ofen bei abgestellter Flamme. Anhaltszahlen sind: Schmelzdauer für 250 kp Gemenge 60 bis 80 min, Ölverbrauch 32 bis 40 kp, Kraftverbrauch 0,6 bis 2,2 kW.

Wie jeder Brennstoff für Emailschmelzöfen muß das Öl schwefelarm sein. Auch bleihaltige Flüsse können in solchen rotierenden Ölöfen gefahrlos erschmolzen werden. Das Optimum der Wirschaftlichkeit liegt bei mittlerer Schmelzgeschwindigkeit. Zur besseren Wärmeausnutzung wurde auch schon ein Rekuperator vorgeschlagen.

Die Lebensdauer eines Ofenfutters beträgt 1200 bis 1400 Chargen zu je 200 kp, bei den etwas niedriger schmelzenden Puderemails etwa 2000 Chargen. Für das

Schmelzen von Grund- und Weißemails verwendet man zweckmäßigerweise gesonderte Öfen, sonst muß man bei jedem Wechsel den Ofen erst „sauber schmelzen".

Nach beendeter Schmelze wird diese aus dem Einfülloch abgelassen.

Wannenofen

Die Wannenöfen werden kontinuierlich betrieben, d. h. an einem Ende wird das Rohstoffgemisch periodisch oder durch Schnecken kontinuierlich in einer Schicht von etwa 20 bis 30 cm eingelegt, es schmilzt durch Beheizung von oben und fließt ans andere Ende, wo es dauernd abläuft. Wegen ihres großen Durchsatzes lohnt sich die Anschaffung selbst kleiner Öfen dieser Art. Während bei Trommelöfen das schmelzende Gemenge dauernd durchmischt wird, besteht bei Wannenöfen die Gefahr, daß die Primär-Teilschmelzen weglaufen, und dadurch ein inhomogenes Email entsteht.

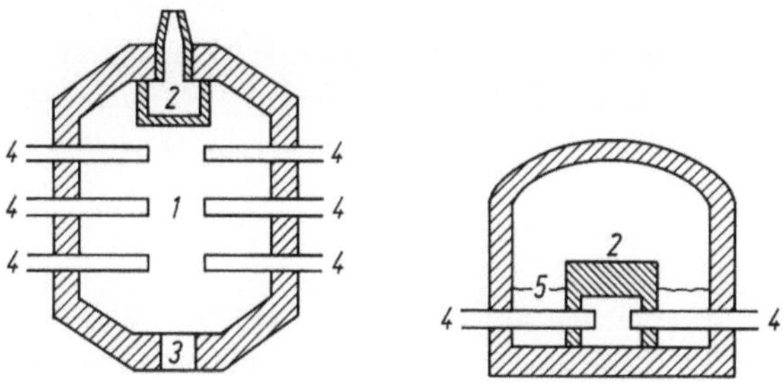

Bild 3.2. Elektrischer Schmelzofen. *1* Schmelzbad, *2* Auslauf und Brücke zum Abhalten ungeschmolzenen Gemenges, *3* Gemengeeingabe, *4* Elektroden, *5* Schmelzspiegel. Nach [338]

Wannenöfen eignen sich besonders zum elektrischen Schmelzen mit Wechsel- oder Drehstrom [255, 338, 447], die Emailschmelze selbst dient als Widerstand (Bild 3.2). Die Atmosphäre ist frei von Flammengasen, also auch von Wasserdampf, Rohstoffe können nicht verstauben, die Temperaturregelung ist einfach. Durch die Umstellung einer Fluoropalglaswanne von Öl- auf elektrische Beheizung sank vergleichsweise der F^--Gehalt im Abgassammelkanal von 54 mg F^- auf $< 0{,}4$ mg F^-/m^3 im Durchschnitt [356].

Der spezifische Widerstand technischer Emails bei 1000 °C liegt bei 10 bis 15 Ωcm, bei 1200 °C bei 5 bis 8 und bei 1400 °C bei 3 bis 5 Ωcm. Die Hauptschwierigkeit liegt bei den Elektroden, ihrer Empfindlichkeit gegen leicht reduzierbare Stoffe, wie Antimonverbindungen und besonders NiO [287] bei hohen Temperaturen und der möglichen Verunreinigung der Emailschmelze durch die Elektroden. Sie bestehen in der Regel aus Molybdän und werden durch den Wannenboden oder die Seitenwände eingeführt.

Über der Emailschmelze liegt der Gemengeteppich zum Schutz gegen Wärmeabstrahlung und Verdampfung, er belegt etwa zwei Drittel der Herdfläche. Die Literatur über das elektrische Glasschmelzen ist sehr umfangreich.

Neuerdings haben Ladr u. M. [406] einen Glasschmelzofen mit Molybdänelektroden beschrieben, der nach einem neuartigen Prinzip arbeitet: Das Glas wird mit

Gleichstrom erhitzt, die Mo-Elektroden bilden den positiven Pol und werden dabei passiviert, also selbst von einer Bleiglasschmelze nicht angegriffen. Den negativen Pol bildet die Schmelzwanne aus schmelzgegossenen Steinen auf der Basis ZrO_2 · Al_2O_3. Bei Emails ist zwar die Beanspruchung der Mo-Elektroden nicht so groß wie bei Glas mit seinen höheren Schmelztemperaturen, aber es ist die Frage, ob die Passivierung dem Angriff von Fluor, das ja zur Anode wandert, standhält.

Die feuerfeste Auskleidung von Wannenöfen besteht meist aus schmelzgegossenen Spezialsteinen, wie Corhart mit 72% Al_2O_3 oder ZAC-Steinen, die auch ZrO_2 enthalten.

3.2.3.3 Erschmelzen der Emails

Die Schmelztemperaturen liegen i. allg. um 1100 bis 1200 °C. Für den Wärmeübergang zwischen Flamme und Glasbad spielen zahlreiche Faktoren eine Rolle. Heizöl ergibt gegenüber Koksofengas eine mehrfach stärkere Strahlung, und auch die Ofenwandabstrahlung ist größer. Liegt die Flamme dicht über dem Bad, so ist der Wärmeübergang wesentlich größer als bei größerer Entfernung. Modellmässig wurde nachgewiesen, daß der Feuerungsraum-Wirkungsgrad am größten ist, wenn die Flamme im ersten Drittel ihres Weges voll ausbrennt. Die Aufenthaltszeit der Flamme im Ofen soll möglichst groß sein, doch dürfen dabei möglichst keine Rückströmungen auftreten. Eine Isolierung der Wanne kann den Wärmeverlust um 5 bis 7,5% vermindern, allerdings steigt gleichzeitig die Abgastemperatur.

Bei der Übertragung von Laborversuchen auf die Praxis sind vor allem Änderungen der Verdampfung und des Oxidationsgrades der Atmosphäre zu berücksichtigen.

3.2.3.4 Schmelzbeschleunigung

Folgende Maßnahmen wirken bei gegebener Emailzusammensetzung auf die Schmelze beschleunigend:

1. Erhöhung der Temperatur. Dies hat seine Grenzen in der Korrosion des Ofenfutters und der Verdampfung einzelner Bestandteile.

2. Richtige Körnung der Rohstoffe. Zu feines Korn ($< 0{,}05$ mm) behindert die Wärmeübertragung, zu grobes Korn ($> 0{,}3$ mm) schmilzt zu langsam. Guten Erfolg hat das Mahlen des fertigen Rohstoffgemisches, was zugleich

3. gute Mischung ergibt.

4. Angefeuchtetes Gemenge schmilzt merklich rascher als trockenes. Auch Wasserdampf wirkt schmelzbeschleunigend, weil er die Zähigkeit und Oberflächenspannung der ersten entstehenden Schmelzen erniedrigt. Doch wird dadurch der Abbrand an Fluoriden und Borsäure erhöht, und das Email neigt später leichter zur Fischschuppenbildung.

5. Schmelzen in kleinen Portionen. Bei der Wannenschmelze legt man wenig ein, bzw. langsam kontinuierlich und in nicht zu großer Schichtdicke — „Gemengeteppich". Verdichtung des Gemenges durch Pressen, Brikettieren, erhöht die Wärmeleitfähigkeit.

3.2.3.5 Abbrand

Der Abbrand besteht z. T. aus dem gewollten Entweichen von CO_2 aus den Carbonaten, H_2O aus den Hydraten, NO_2 aus Nitraten, O_2 aus Oxidationsmitteln. Daneben entweichen aber ungewollt auch Bestandteile des herzustellenden Emails, teils durch Verstaubung, teils durch reine Verdampfung aus der Schmelze. Die Verstaubung ist bei gleichem Ofen um so größer, je feiner die Korngröße der Rohstoffe ist, je trockener und loser die Mischung eingefüllt wird und je kräftiger die Flamme zu Beginn des Schmelzprozesses über das Gut bläst. Vor allem feiner Quarz, Feldspat, Kalk, Dolomit und Zinkoxid neigen zur Verstaubung. Schwaches Anfeuchten und Pressen des Gemenges hilft in dieser Hinsicht.

Verdampfung wird vor allen Dingen bei Fluoriden, Alkalien, Borsäure und Bleioxid beobachtet. Man rechnet bei Trommelöfen mit etwa 7 bis 18% des vorhandenen Na_2O, 10 bis 12% bei B_2O_3 und 15% bei PbO als Verlust. Der Abbrand ist um so größer, je höher die Schmelztemperatur oder lokale Überhitzungen und der Wasserdampfgehalt der Schmelzatmosphäre sind.

Beim Fluorabbrand spielen Fluorträger und Versatz eine wichtige Rolle. Nach Vielhaber [673] fällt der Fluorid-Abbrand in der Reihenfolge: AlF_3, Na_2SiF_6, CaF_2, Na_3AlF_6, NaF. Entgegen früheren Annahmen verdampft das Fluor nicht als SiF_4 oder BF_3, sondern wegen der Anwesenheit von Wasser in den Rohstoffen und in der Flamme in der Hauptsache als HF, ferner als NaF und auch AlF_3. Als Mittelwert des technischen Abbrands an Fluor kann man bei Kryolith — natürlichem wie künstlichem — 10 bis 15% annehmen. Borsäure erhöht den Abbrand beträchtlich, basische Anteile vermindern ihn dagegen.

Für die Verdampfung spielt der Brennstoff eine maßgebliche Rolle. Reduzierende Ofengase erhöhen die Verdampfung von Alkali stark, wobei Reduktion bis zum Metall angenommen wird.

Mit der Emailzusammensetzung durch Abbrand ändern sich auch die Emaileigenschaften: Absinken des AK, Erhöhung der Aufbrenntemperatur, Änderung der Auftragbarkeit des Emailschlickers, Auslaugbarkeit usw.

Besonders die Fluorverdampfung hat früher zu mancherlei Belästigung geführt, nicht nur im Betrieb, sondern auch in der näheren Umgebung. Die heißen Ofenabgase haben zwar das Bestreben, aus dem Kamin hoch aufzusteigen, wodurch bei etwas Wind die Konzentration in der Luft schnell verringert wird. Bei Regen fällt aber das fluoridhaltige Wasser in der Nähe des Betriebs zu Boden. Man ist deshalb dazu übergegangen, die Abgase durch einen Wärmeaustauscher zu leiten und sie dann in einen großen Behälter mit feinem CaO, $Ca(OH)_2$, $CaCO_3$, u. dgl. zu führen, die, als Staub aufgewirbelt, unter Bildung von CaF_2 reagieren, das durch Filtertücher zurückgehalten und als Emailrohstoff verwendet wird. Die so gereinigten Abgase, die höchstens 2,5 mg/m³ Fluoride (als F berechnet) enthalten dürfen, gelangen ins Freie. Die im Wärmeaustauscher erhitzte Luft kann z. B. den Trockenöfen zugeleitet werden. Früher vorgeschlagene nasse Rieselanlagen haben sich offenbar wegen Korrosions- und Wiedergewinnungsproblemen nicht eingeführt.

Im Wannenofen, besonders bei elektrischer Beheizung, ist die Verdampfung erheblich geringer.

3.2.3.6 Zubrand

In die Schmelze gelangen in der Regel Kieselsäure und Tonerde aus dem feuerfesten Material, bei Flammenbeheizung auch Wasserdampf, manchmal Schwefelverbindungen, unter reduzierenden Bedingungen auch Stickstoff. Feuerfestes Material stört meist nicht sehr, wenn es sich auflöst, wohl aber, wenn Körnchen abplatzen. Die genannten Gase verursachen gelegentlich Fehler.

3.2.3.7 Reduktionen

Im allgemeinen soll die Flamme neutral oder besser oxidierend sein, nicht aber reduzierend, außer bei sulfidischen Emails.

Bei reduzierendem Feuer kommt es zu einer Reihe von Störungen, die z. T. erst beim Aufbrennen des Emails sichtbar werden. Antimonemails ergeben reduziertes, metallisches Antimon, das entweder als Körnchen sich zusammenballt oder aber fein verteilt das Email grau macht. Auch Titanemails sind wegen der Reduzierbarkeit des vierwertigen Titans empfindlich, Nickeloxid wird zu metallischem Ni oder — bei Anwesenheit von Schwefel — zu NiS umgesetzt. Stickstoff wird als Nitrid gelöst, beim oxidierenden Aufbrennen aber wieder in Freiheit gesetzt und gibt Bläschen. Ölkoksteilchen, die von den Ölbrennern in das Schmelzgut gelangen, wenn diese nicht regelmäßig sauber gemacht werden, wirken ähnlich.

Abgesehen von Mißfärbungen, die in praktisch allen Emails entstehen, rufen die genannten Reduktionen Blasen, Krater, Durchschüsse u. dgl. beim Aufbrennen hervor. Es ist daher zweckmäßig, einen Teil der Alkalien oder Erdalkalien als Nitrate einzuführen, um beim Schmelzen oxidierende Bedingungen zu schaffen.

3.2.3.8 Beendigung und Ablassen der Schmelze

Es gibt keine allgemeingültige Regel dafür, wann eine Schmelze als beendet anzusehen ist. Bei Trommelöfen hat man früher mit einer Eisenstange eine Schmelzprobe aus dem Ofen gezogen und den Schmelzgrad subjektiv nach den vorhandenen Blasen, Schmelzrelikten und Schlieren abgeschätzt. Heute schmilzt man genau bei erfahrungsgemäß ermittelter Schmelztemperatur und -zeit. Grundemails dürfen nicht „glasig" ausgeschmolzen werden (Abschn. 4.4.2.1), Deckemails sollten es sein. Besonders gute Homogenität verlangen die Emails mit Anlauftrübung. Der Schmelzgrad beeinflußt auch die Verarbeitbarkeit des Emails als Schlicker.

Früher hat man alle technischen Emails aus dem Trommelofen in Wasser abgelassen und dadurch granuliert. Das Granulieren erfolgt unter dauerndem Wasserzufluß in Wannen, Trögen oder gemauerten Gruben, deren Wände verkachelt sind und deren Boden eine eingelegte Platte aus Monelmetall bildet; oder man lenkt den ausfließenden Strahl mit einem Strahl Wasser in eine schräge Rinne, in der das Email, während es abwärtsrutscht, abkühlt und zerbröckelt. So erhält man reine Granalien, die frei von jeder Verunreinigung sind. Dies ist für die Pudergranalien besonders wichtig.

Durch die Berührung der heißen Emailschmelze mit Wasser, das dabei zum Sieden kommt, wird das Email an der Oberfläche und in Rissen der entstehenden Krümel etwas ausgelaugt. Dies ist unerwünscht, wird aber im Interesse der gewonnenen Vorzerkleinerung in Kauf genommen.

Die Granalien sollten grundsätzlich getrocknet werden, um eine weitere Auslaugung zu verhindern; am besten geschieht dies in ausgemauerten oder mit Monelmetall ausgekleideten Trockentrommeln mit filtrierter Warmluft. Beim Trocknen, Transportieren und Aufbewahren dürfen die Granalien nicht verunreinigt werden. Die schlimmsten Feinde sind Eisen- und Holzteilchen sowie Staub.

Bei Wannenschmelzen umgeht man die Nachteile des Granulierens in Wasser, indem man die auslaufende Emailschmelze zwischen gekühlten Walzen abschreckt. Dabei entsteht ein etwa 2 mm dickes Band, das von selbst in Scherben zerplatzt, die sofort zu kleinen Stücken gebrochen und durch einen Vibrator weiterbefördert werden. Auf diese Weise hat man trockene, saubere Granalien, die sich zudem leicht mahlen lassen. So wurde eine Vollautomatisierung der Emailherstellung vom Abwiegen, über das Mischen, Schmelzen, Abschrecken und Mahlen möglich.

Emails für Schmuck und feine künstlerische Arbeiten dürfen nicht in Wasser gegossen werden. Die Schmelze wird auf gekühlte polierte Stahlplatten oder Formen aus zunderfreiem Stahl oder Nickel gegossen.

Herstellung von Frittegrund s. Abschn. 4.5.2.1.

3.2.3.9 Wasser

Für das nun folgende Verschlickern, ebenso wie für das Spülen nach dem Beizen und beim späteren Grundbrand spielt die Wasserqualität eine nicht zu unterschätzende Rolle, worauf hier im Zusammenhang eingegangen sei.

Manche Emaillierwerke decken ihren Wasserbedarf aus dem Ortsnetz, eigenen Brunnen oder Flüssen. Solches Wasser enthält mehr oder weniger viel gelöste Substanzen, deren Gehalt und Zusammensetzung nicht nur von Zeit zu Zeit, sondern sogar innerhalb eines Tages z. T. erheblich schwanken kann, wie Kyri [398] festgestellt hat. Noch am gleichmäßigsten ist die Zusammensetzung des Grundwassers. Die Hauptmenge an Gelöstem sind die Kationen Ca^{2+}, Mg^{2+}, Na^+ und Fe^{3+}, die Anionen HCO_3^-, Cl^-, SO_4^{2-}, die Gase CO_2, O_2, N_2 und Cl_2, sowie manchmal auch organische Verunreinigungen. Durch diese Substanzen können mancherlei Schwierigkeiten entstehen: Vor allem bei der Schlickerherstellung (Abschn. 2.2.7.3 und 3.2.3.10), gelgentlich auch beim Beizen und Spülen, dann besonders beim Aufbrennen des Grundauftrags und manchmal im Deckemail.

Ganz empfindlich stören größere Mengen an Chloriden und Sulfaten; Chloride bilden mit dem Eisen $FeCl_2$ bzw. $FeCl_3$ [703]. Der Siedepunkt von $FeCl_3$ liegt bei 304 °C, es zersetzt sich in $FeCl_2 + Cl_2$. $FeCl_2$ schmilzt bei 677 °C und beginnt darüber zu verdampfen. Die Folge sind große Blasen und nach deren Aufplatzen verzunderte schwarze Stellen („Durchschüsse"). Der Fehler tritt schon bei einem Chloridgehalt von 20 mg/l auf, wie von mehreren Autoren bestätigt wurde. Sulfate erzeugen bei örtlicher Anreicherung, z. B. durch ungleichmäßiges Trocknen, Dellen. Carbonate können Bläschen auch im Deckemail geben. Titan-Weißemails zeigen Verfärbungen durch Eisensalze.

In den meisten Emaillierwerken ist man deshalb dazu übergegangen, das Wasser, zum mindesten zum Verschlickern (Mühlenwasser) und für das Spülen der gebeizten Bleche voll zu entionisieren, indem es zunächst durch einen Kationenaustauscher strömt, anschließend durch einen Anionenaustauscher. Die Kohlensäure kann man durch Durchleiten von Luft entfernen. Solches Wasser entspricht destilliertem Wasser; es erfordert zwar zusätzliche Kosten, die aber durch bessere und konstantere Qualität der Ware mehr als aufgewogen werden. Für die Beize selbst genügt einfach enthärtetes Wasser.

Bei dem hohen Wasserbedarf eines Emaillierwerks ist es notwendig, diesen gereinigten und damit kostbaren „Rohstoff" zu regenerieren. Über eine Kreislaufanlage für das gesamte Betriebswasser haben Schlegel u. M. [599] berichtet.

Über den Einfluß der Härte des Wassers beim Abschrecken und Granulieren der Emailschmelze beim Ablassen scheinen noch keine Erfahrungen vorzuliegen.

3.2.3.10 Mahlen der Emails und Verschlickern

Über die verschiedenen *Mühlentypen* hat Klár [367] eine Zusammenstellung gegeben. Heute ist fast ausschließlich die Trommelmühle in Gebrauch, wenngleich eine Verbesserung der Mahltechnik dringend nötig wäre. Nach Messungen an Bariumferrit als Mahlgut ist die Schwingmühle viel leistungsfähiger als die Trommelmühle. Die von Klár beschriebene Hochleistungs-Kugelmühle, die mit sehr vielen, kleinen Kugeln unter Ausnutzung der Zentrifugalkraft arbeitet, hat sich nicht durchsetzen können. Mit der Zentrifugalkraft arbeitet für Laborzwecke die Bloch-Rossetti-Mühle und die — wenig bekannte — Hyswing-Mühle.

Die günstigste Umdrehungsgeschwindigkeit ist bei der *Naßmahlung* und kleinen Trommelmühlen (1,4 m $\varnothing$) etwa $n = 30$ bis $35/\sqrt{d}$, bei großen (1,7 m $\varnothing$) $24/\sqrt{d}$, wobei n die Umdrehungszahl/min, d der Durchmesser der Mühle (in Meter) bedeutet. n soll 55 bis 60% der kritischen Drehzahl sein, bei der die Kugeln ohne Material an der Wand haften. Das kräftige Geräusch beim Mahlen zeigt, daß die Mühle mit der richtigen Umdrehungszahl läuft. Dieses in größeren Mühlenräumen ohrenbetäubende Geräusch soll nach Boivie [44] durch eine Gummiauskleidung der Mühlen um bis zu 85% vermindert und der Verschleiß verringert werden; doch hat sich dieser schon von Dorst [164] gemachte Vorschlag nur in Sonderfällen durchsetzen können.

Wird die Länge einer Mühle verdoppelt, so wird die Leistung etwa doppelt so groß; wird der Durchmesser verdoppelt, so steigt sie auf etwa das Sechsfache. Das Verhältnis Durchmesser/Breite der Mühle (um 1:0,9) hat keinen merklichen Einfluß auf die Mahlwirkung. Bei Trockenmahlung ist die Drehzahl i. allg. etwas höher.

Die Ausfütterung der Mühlen besteht aus Quarzitsteinen, besser Hartporzellanoder Steatitsteinen. Sie müssen möglichst genaue Form haben, damit nur schmale Fugen verbleiben, die mit Zementmörtel verschmiert werden. Bei richtiger Leitung des Mahlvorgangs wird das Mühlenfutter gleichmäßig abgenutzt. Ein Quarzitfutter hält etwa zwei Jahre, Futter aus Sillimanit vier bis sechs Jahre je nach Dicke der Steine. Über die Lebensdauer des Steatitfutters gehen die Angaben z. T. auseinander: Vereinzelt wurde ein höherer Verschleiß beobachtet, während i. allg. keine Beeinträchtigung im Vergleich zu Porzellanfutter festgestellt wurde.

Als Mahlsteine sind Kugeln aus *Hartporzellan* im Gebrauch, am besten je $1/_3$ mit 7 bis 8 cm, 5 bis 6 cm bzw. 3 bis 4 cm ϕ. Für gewöhnliche Emails können auch Kugelflintsteine verwendet werden.

Das Gewicht der Porzellankugeln soll das Gewicht des Mahlguts bei kleineren Mühlen um mindestens 10%, bei größeren um 20% übersteigen, nach Bayer (Technische Information Nr. 9) sogar das Dreifache betragen. Die Kugeln machen etwa 50 bis 55% des Mühlenraumes aus, die Gesamtfüllung 75% bis höchstens 85%. Die Abnutzung der Steine ist bei ununterbrochenem Betrieb der Mühlen beträchtlich. Man nimmt ungefähr 1% des Gewichts pro Woche an. Es ist daher von Zeit zu Zeit, spätestens am Ende jeden Monats, eine Nachkontrolle des Steingewichts vorzunehmen, wobei der Verlust durch Steine von 6 bis 7 cm Durchmesser auszugleichen ist. Alle zu klein gemahlenen und zerschlagenen Steine sind auszulesen.

Gegenüber Hartporzellan hat sich mehr und mehr *Steatit* (Dichte 2,6) durchgesetzt, schließlich *Sintertonerde* (Dichte 3,4). Wegen des höheren spez. Gewichts der Sintertonerde ist das Kugelgewicht etwa 3,4mal so groß wie das Emailgewicht; Kugeldurchmesser 5 bis 6 cm und 3,5 cm, je zur Hälfte. Sintertonerdezylinder sollen noch wirksamer sein als Kugeln.

Die Vorteile der schweren Kugeln sind: Erheblich kürzere Mahlzeit, sauberes Email, gleichmäßigere Ware, viel weniger Abrieb der Mahlkugeln, die Mühle wird nicht so warm. Nachteilig ist der höhere Preis.

Eine systematische Untersuchung über die Zusammenhänge zwischen den *Mahlkenngrößen* führten Titzmann u. M. [663] durch: Die Mahlleistung steigt und die -zeit sinkt für gleiche Mahlfeinheit mit steigendem Verhältnis Mahlgut: Mahlkörper. Bei einer Füllung zu 80 Vol-% mit Steatitkugeln war das Ergebnis wesentlich besser als bei Porzellankugeln. Noch besser war es mit Korundkugeln und einer Bestückung mit 68 Vol.-% bei einem Verhältnis von Mahlgut zu Mahlkörper = 1:2,4. Diese Angaben sind nicht allgemeingültig, sondern hängen etwas von der Emailart, Tonmenge usw. ab. Das gleiche gilt für den Wassergehalt, für den ein Optimum bei 47% des Fritten-Massengehalts gefunden wurde. Für eine 100-l-Mühle nimmt man 60 kg Porzellankugeln oder 80 kg Steatitkugeln und 20 kg Email.

Während bei der Puderemaillierung die Granalien ohne Zusätze trocken vermahlen werden, erhalten sie für die Naßemaillierung zur Schlickerherstellung noch *Mühlenzusätze*. Im allgemeinen kommen zu 100 Masse-Teilen Granalien 34 bis 40 Teile Wasser, ein Suspensionsmittel, in der Regel 5 bis 6 Teile Ton, und 0,5 Teile Soda oder Borax, ferner bei Grundemails nicht zu feiner Quarz, dessen Anteil je nach Versatz 10 bis 20 Masse-Teile betragen kann, gelegentlich auch Feldspat, und ein Rostschutzmittel ($NaNO_2$). Um die Durchmischung beim Mahlen zu erleichtern, gibt man zunächst etwa die Hälfte der Fritte in die Mühle, dann die Mühlenzusätze und zum Schluß den Rest der Fritte.

Meist wird nicht schon in der Mühle der Wassergehalt so gewählt, daß der erhaltene Schlicker sofort die richtige Konsistenz hat, sondern niedriger (wie oben angegeben). Es entsteht dabei ein relativ dickflüssiger Schlicker, was den Vorteil hat, daß er besser an der Mahlbahn haftet, der Wirkung der Kugeln also noch mehr ausgesetzt ist. Die erforderliche Kraft ist zwar höher als bei Mahlung mit mehr Wasser, doch ist die Mahldauer erheblich kürzer. Außerdem kann der Schlicker durch Verdünnen mit Wasser ohne zusätzliche Stellmittel auf die richtige Konsistenz eingestellt werden. Daß das Wasser, das zum Mahlen verwendet wird, sauber sein muß, wurde schon gesagt.

Eine Vibration der Mühle kann einen erheblichen Einfluß auf die Mahlwirkung haben.

Zur Überwachung der Mühlen ist die Bestimmung der Korngrößenverteilung oder wenigstens der Mahlfeinheit unerläßlich. Diese hat folgende Auswirkung: Grobe Mahlung gibt breites Brennintervall, unebene Oberfläche; feine Mahlung erleichtert das Glattfließen, erhöht den Glanz; übermahlene Emails geben durch Bläschenbildung unruhige Oberfläche, bereiten beim Stellen und Auftragen des Schlickers Schwierigkeiten, und der Auftrag reißt beim Trocknen oder Brennen — Aufrollen, Wabenstruktur. Es gibt also ein Korngrößenoptimum.

Ist die für die jeweilige Emailtype erforderliche Mahlfeinheit erreicht, wird die Mühle abgelassen. Dazu setzt man auf die nach unten gekehrte Einfüllöffnung einen Siebhahn, um die Mahlsteine zurückzuhalten. Der auslaufende Schlicker passiert zweckmäßig ein Vibrationssieb, um größere ungemahlene Teilchen zurückzuhalten, und möglichst auch einen Magnetabscheider.

Weiterbehandlung des Schlickers

Den Schlicker läßt man zunächst einige Tage altern und stellt ihn dann durch Zugabe von Elektrolyten und Wasser auf die richtige „sahnige" Konsistenz ein. Er darf einerseits nicht zu dickflüssig sein, andererseits nicht zu wäßrig dünn und ablaufen. Es soll eine bestimmte Schichtdicke auf der Unterlage (Blech, Grundemail usw.) haften bleiben, der Rest ablaufen, ohne lange nachzutropfen. Folgende Stellmittel verdicken: Ammoncarbonat (bis 1%), Ammoniak, Bariumcarbonat (bis 0,5%), Borax (0,05 bis 0,2%), Borsäure (0,05%), Kaliumcarbonat (0,3%), Natriumcarbonat (0,025 bis 0,1%), Natriumaluminat (bis 0,5%), Natriumnitrit (0,1%), Wasserglaslösung (bis 0,25%). Zum Entstellen dienen Natriumborophosphat (1:1 mit Wasser verdünnt, davon 200 cm³/100 kg Masse), Natriumpyro- und polyphosphat (0,1 bis 0,15%), Zitronensäure (0,03 bis 0,06%). Die Prozentangaben beziehen sich auf 100 kg Schlickermasse. — Günstiger pH-Wert: 9 bis 10.

Beim Stehenlassen eines Emailschlickers über das Wochenende kann man eine Zunahme der Stelleigenschaften und Blasen beobachten, wofür Bakterien verantwortlich sind. Dies läßt sich durch Zugabe von Formaldehyd, Carbolsäure oder Zinkoxid verhindern. Kemp. u. M. [353] untersuchten die Wirkung von Bakterien systematisch. Als wirksamstes und zugleich ungefährlichstes, relativ billiges Gegenmittel fanden sie das Trihydroxymethylnitromethan in Konzentrationen von 0,01 bis 0,1% wobei die höheren Zusätze geringe Farbänderungen und Trübungsverminderung ergaben. Doch waren die Emails blasenfrei.

Bei langem Stehen des Schlickers bei niedriger Temperatur kristallisieren gelöste Salze aus, was beim Einbrennen von Grundemails zu „Kupferköpfen" führen kann: Es entsteht lokal eine dünnflüssige Schmelze, die sich an Eisenoxiden anreichert, verschlackt und Fe_2O_3 (Hämatit) ausscheidet.

Der fertige Schlicker hat eine Dichte, die bei Blechemails 1,55 bis 1,75 g/cm³, besonders 1,60 bis 1,63 betragen soll, bei Titanemails 1,66 bis 1,70, Antimonemails 1,85, bleifreien Gußnaßemails 1,80 bis 1,90, Zirkonemails 1,80 bis 1,85 bei niedrigschmelzenden Emails 1,73 bis 1,75, bei bleihaltigen Emails 2,2 bis 2,4 g/cm³. Je höher die Dichte des Schlickers, um so größer die Auftragsdicke.

Die Fließeigenschaften eines Schlickers werden noch wie folgt beeinflußt: Steigende Temperatur erhöht nur die Beweglichkeit, steigender Wassergehalt erhöht die Beweglichkeit und erniedrigt den Anlaßwert, steigender Tongehalt erhöht nur den Anlaßwert, Altern erniedrigt ihn. Elektrolyte können Beweglichkeit und Anlaßwert in beiden Richtungen verändern, wie oben angegeben.

Um an die Arbeitsstätten zu gelangen, muß der Schlicker zunächst in einen höher stehenden Sammelbehälter gepumpt werden (Diaphragmapumpe mit Gummikugeln als Ventile). Es gibt auch rostfreie Flüssigkeitsregler aus Stahl, die dem Abrieb und der Korrosion des Schlickers widerstehen; damit kann man den Zufluß zu den Spritzständen usw. regeln und den Schlicker im Kreislauf in Bewegung halten. Auch ist es möglich, mit einem kontinuierlich arbeitenden Viskosimeter die Konsistenz des Schlickers konstant zu halten.

Aus Sicherheitsgründen läßt man den Schlicker zum Schluß, z. B. vor dem Sammelbehälter, noch einmal ein Viskosieb und einen Magnetabscheider passieren, denn beim Granulieren in einer Blechwanne, durch die Mühle, Schaufeln usw. kann Eisen in den Schlicker kommen, was zu Fehlern führt.

Die *Trockenmahlung* zur Herstellung des Puders für die Schilderpuderemaillierung (Abschn. 4.1.2.6), Gußeisenemaillierung (Abschn. 4.5.2.4) und die Pulverelektrostatik (Abschn. 4.2.3.3) erfolgt ebenfalls in Trommelmühlen, jedoch in den beiden ersten Fällen ohne Zusätze.

3.3 Emaillierverfahren

Für einen rationellen Arbeitsablauf ist es wichtig, daß der Materialfluß im Emaillierwerk richtig eingestellt ist, d. h. das Transportsystem mit der Verfahrenstechnik optimal gekoppelt ist, also bestimmte Taktzeiten eingehalten werden. In welcher Weise Ketten- oder Drahtseilförderer eingesetzt werden, Hubbalkenförderer die Ware von Bad zu Bad befördern, wo Übergabestellen von einem Förderband zum nächsten, meist verbunden mit einer Zwischenkontrolle, installiert werden usf., dafür läßt sich kein allgemeingültiges Schema aufstellen; das hängt von Art der Fertigung, Produktionsumfang und vielem anderem ab. Im weiteren Text werden von Fall zu Fall Hinweise gegeben.

3.3.1 Auftragen

Emails werden i. allg. naß aufgetragen (s. jedoch Abschn. 4.2.3.3, 4.3., 4.4.4). Die Verfahren sind allerdings sehr verschieden; Umfang des Sortiments, Platzbedarf und vieles andere spielen eine Rolle. Im einfachsten Fall werden die Gegenstände mit einem Schöpflöffel *angegossen* oder mit Auftragszangen in den Schlicker *getaucht* und durch drehende und schleudernde Bewegung von dem Überschuß an Emailmasse befreit. Der herumspritzende Schlicker wird durch einen Schirm aufgefangen und läuft in die Auftragsgefäße zurück. Das gleiche läßt sich an einfach geformten Teilen maschinell durchführen. Dabei ist auf Luftfeuchtigkeit und -temperatur zu achten. Gefährlich sind Emailanhäufungen an Bördelungen, Rillen oder starken Abkantungen, sie geben meist Anlaß zu Rissen. Der Schlicker muß ab und zu gut umgerührt und kontrolliert werden.

Nachträglich von den Schnittstellen der Bleche abgelöste Eisensplitter und vereinzelte Fe_3O_4-Teilchen entfernt man aus der Auftragsschüssel zweckmäßig von Zeit zu Zeit durch kammförmige Magnete. Nach dem Grundauftrag von Töpfen läuft das Email beim Abstellen etwas nach, was eine Emailanhäufung am inneren Rand am Boden gibt. Dadurch wölbt sich der Boden nach dem Brennen nach außen. Wird der Topf gestürzt gebrannt, so fällt der Boden etwas ein, und der erste Fehler wird kompensiert. Einseitig zu emailierende große Gegenstände werden von Hand oder auch mechanisch angegossen.

Gegenüber anderen Auftragsmethoden hat der Tauchauftrag einige Vorteile: niedrige Arbeitskosten, geringsten Verlust an Schlicker, gleichmäßiger Auftrag, nur ein Arbeitsgang für Vorder- und Rückseite.

Der *Fließauftrag* — Fluten — ist dem Tauchverfahren verwandt. Dabei wird der Schlicker in einem Strom über die aufzutragende, möglichst ebene Fläche geleitet. Der Fließauftrag läßt sich auch automatisieren.

Auftragen bei komplizierten Teilen mit Innenemaillierung, wie Boiler usw. s. Abschn. 4.4.2.

Das *Emailspritzverfahren* wurde zunächst mit Druckluft-Spritzpistolen von Hand oder halbautomatisch ausgeführt. Der Luftdruck beträgt 2 bis 3 bar. Die Zerstäuberdüse besitzt je nach geforderter Leistung 0,2 bis 5 mm Durchgangsöffnung. Besonders wichtig sind eine dauerhafte Düse und leichte Reinigungsmöglichkeit. Der Schlicker fließt der Pistole meist zu, bei kleinen Apparaten aus einem darauf angeordneten Vorratsgefäß, bei großen Anlagen aus einem Vorrats- bzw. Druckbehälter, der sich zweckmäßigerweise über dem Spritzraum befindet.

Für das Spritzverfahren wird der Schlicker in seiner Konsistenz dünner gehalten als beim Tauchverfahren und kann feiner gemahlen sein, ohne daß man Gefahr läuft, einen schlierigen Auftrag zu erhalten.

Ist der Abstand zwischen Pistole und Werkstück zu klein, kommt es leicht zu Schuppen- und Narbenbildung, oder der Auftrag bekommt eine wellen- und netzartige Struktur, er sieht aus wie Orangenhaut.

In neuerer Zeit wurde das Spritzen durch Roboter automatisiert. Grundsätzlich ist das bei allen Spritzeinrichtungen möglich, das Ausmaß ist eine Frage der Investierung. Die Ware läuft, am Transportband hängend, am Spritzstand vorbei, wobei die Spritzpistolen, die für Vorder- und Rückseite auch paarweise gegeneinander angeordnet sein können, bei Flachware sich auf- und abbewegen, sich bei gewölbten Stücken auch seitwärts drehen, kurz: Sie ahmen die Bewegungen eines Spritzers nach. Gelegentlich müssen Ecken und Kanten noch von Hand nachgespritzt werden. Blechband kann man gleich vom Bund aus kontinuierlich grund- und deckemaillieren.

Bei diesem einfachen Spritzverfahren gelangen nur 35 bis 45% des Schlickers auf die Ware; von dem vorbeifliegenden Spritzstaub lassen sich bestenfalls 50% zurückgewinnen. Dieses Abfallemail kann für Grau- oder Farbemail oder zum Emaillieren von Rückseiten verwendet werden. Voraussetzung ist, daß die Spritzkabinen sauber gehalten werden; denn Staub kann zu unliebsamen Fehlern führen. Außerdem muß wegen einer möglichen Entmischung von Fritteteilchen und dem viel feineren Ton dessen Verlust evtl. ergänzt werden.

Beim *elektrostatischen Spritzen* werden die feinen Schlickertröpfchen durch ein starkes elektrostatisches Feld — 80 bis 100 kV und mehr —, das zwischen Spritzpistole und Ware liegt, aufgeladen und durch die geerdeten Gegenstände angezogen, so daß selbst im Sprühschatten ein Auftrag erfolgt (Bild 3.3). Dadurch ist der Spritzverlust merklich geringer; die Materialersparnis gegenüber dem Handspritzverfahren beträgt bis zu 50%. Dabei kommt es darauf an, daß der Spritzstrahl mit niedrigem Überdruck ($\sim$ 1 bar) und relativ langer Verweilzeit auf das Werkstück zufliegt, was durch eine Rotation anstelle des geradeaus gerichteten Strahls erleichtert wird [247]. Damit die Teilchen im Spritzstrahl ihre Feuchtigkeit behalten, müssen Temperatur und Feuchtigkeitsgehalt der Luft im Spritzraum konstant gehalten werden. Dazu kann die Zerstäuberluft vorgewärmt

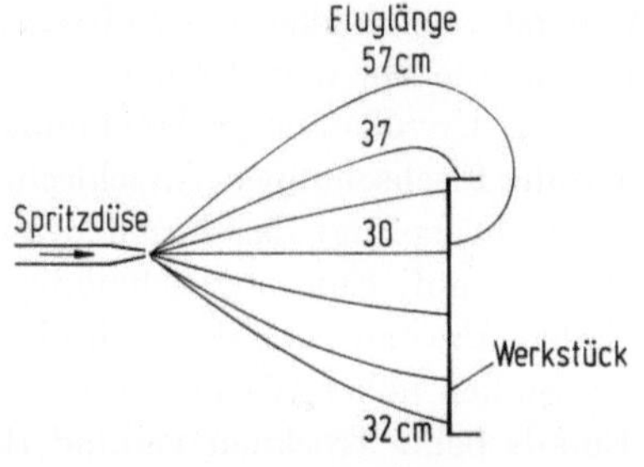

Bild 3.3. Flugbahnen von Emailteilchen beim elektrostatischen Spritzauftrag. (Bayer Information Nr. 3)

bzw. mit Dampf gemischt werden. Das Email muß für dieses Verfahren feiner gemahlen werden als üblich ($\sim$ 45 μm $\varnothing$), und der Schlicker soll eine Dichte von 1,55 bis 1,60 g/cm³ haben. Um eine Verkrustung der Spritzdüse zu verhindern, kann man um die Düse einen Kranz von feinen, spitzen Düsen anordnen, durch die ein Wassernebel erzeugt wird [268].

Grundsätzlich lassen sich alle Emails, die mit Hand gespritzt werden können, auch elektrostatisch spritzen. $NaNO_2$ soll die Zerstäubung fördern. Alle Emails, die fein gemahlen werden können, z. B. TiO_2-Emails, besonders für die Direktemaillierung (s. Abschn. 4.2.3.1), eignen sich besonders gut für dieses Verfahren.

Über ein maschinelles Auftragsverfahren, auch für mehrere Schichten, besonders für die Geschirremaillierung, s. Abschn. 4.1.3.1.

In neuerer Zeit sind zwei Auftragsverfahren besonderer Art hinzugekommen, die hauptsächlich für die Direktemaillierung von Interesse sind und deshalb dort behandelt werden: Der elektrophoretische Naß- und der elektrostatische Pulverauftrag.

Das Flamm- oder Plasmaspritzen von Hochtemperaturemails liefert z. Z. noch keine vollkommen porenfreie Überzüge [379].

3.3.2 Trocknen des Emailauftrags

Das Trocknen erfolgt meist in mit Warmluft beheizten Trockenkammern in Trockengestellen auf Rosten oder Spitzen; die entstehenden Verletzungen werden vor dem Brennen wieder ausgebessert. Die Abgase eines ölbeheizten Brennofens genügen, um die Hälfte seiner Nettoleistung zu trocknen: z. B. 500 kg/h bei 1 000 kg/h Ofenleistung.

Heute wird immer mehr Strahlungstrocknung angewandt, wobei die Wärme durch Strahlungsbrenner, Infrarotlampen oder Heizstäbe erzeugt wird. Diese Methode ermöglicht schnelles, einwandfreies Trocknen der bestrahlten Stellen, da ein Teil der Strahlung in die Schicht eindringt.

Beim Hochfrequenztrocknen setzt die Trocknung von der Metallseite her ein. Leider ist diese elegante Methode teuer und nur für bestimmte Formen geeignet.

Es ist zweckmäßig, Temperatur und Feuchtigkeit während des Trocknens zu kontrollieren: Die frische Trockenluft darf nicht zu trocken sein, sondern soll $> 4\%$ rel. Feuchtigkeit enthalten, damit die Oberfläche nicht verkrustet, und der Auftrag abbröckelt.

Die Trockentemperatur liegt meist zwischen 70 und 90 °C [349], die Trockenzeit bei $^1/_2$ bis 1 h. Grundemailaufträge pflegt man bei höherer Temperatur rasch zu trocknen, um Rostfleckenbildung zu verhüten.

Scharfes Trocknen erhöht die mechanische Widerstandsfähigkeit des Auftrags. Intensive Trocknung ist bei Schildern erforderlich, die vor dem Brennen eine mechanische Bearbeitung durch Ausbürsten erfahren. Unvollständige Trocknung führt beim Einbrennen zu Fehlern, z. B. zu Blasen oder Fischschuppen. An schlecht getrockneten Stellen z. B. im Innern von Kochkesseln, springt das Email beim Einfahren in den Brennofen ab, reißt und rollt sich auf. Eine ungleichmäßige Trocknung, z. B. über Regalleisten, führt zur lokalen Abwanderung der Stellsalze und zu unterschiedlichem Einbrennverhalten. An Stellen hoher Wärmespannung an exponierten Stellen kann ein Reißen des Emails beim Trocknen verhindert werden, wenn man eine etwa 10%ige Lösung eines basischen Salzes (K_2CO_3, Na-acetat) aufsprüht. Ein Zusatz von etwa 1% Aerosil zum Schlicker macht den Auftrag poröser und läßt ihn leichter trocknen.

Nach dem Trocknen soll der Auftrag eine gute Griffestigkeit haben. Sie wird durch die Mühlenzusätze wie Ton — besonders wirksam Bentonit — und die Trocknung beeinflußt.

Die getrocknete Ware wird gestapelt, wenn sie nicht sofort in den Brennofen kommen kann. Sie soll aber nicht zu lange stehen, auf keinen Fall über Sonntag.

3.3.2 Aufbrennen der Emails

Brennöfen. Zum Einbrennen von Emails gibt es eine Reihe von Ofentypen, die man in folgendes Schema bringen kann:

Brenngut von Heizstoff						
räumlich getrennt durch				zeitlich getrennt	nicht getrennt	
feuerfeste Keramik (Schamotte, SiC)		Metallrohre				
period.	kontin.	period.	kontin.	period.	kontin.	period.
Muffelofen	Tunnelofen mit Muffel (Gerade-aus-ofen, Umkehrofen, Drehherd- oder Karussellofen	Strahlrohrbeheizter Kammerofen	Strahlrohrbeheizter Tunnelofen	großer Ofen zur Tankemaillierung	Elektroöfen: Umkehrofen Karussellofen	Muffelofen mit Innenheizung, muffelloser Gas-, elektr. oder Ölbrennofen

Beim althergebrachten *Muffelofen* umspülen die Flammengase eine Muffel, in die das Brenngut eingebracht, gebrannt und herausgeholt wird, um üblicherweise an der Luft abzukühlen.

Geheizt wird, wie auch bei den anderen Ofenarten, mit Generator-, Stadt-, Fern- oder Erdgas (das aber zuvor entschwefelt werden muß), oder Öl, selten — im Gegenstz zu anderen Ofentypen — mit elektrischem Strom. Kostenvergleiche hängen sehr vom Standort ab.

Eine Abtrennung der Flammengase vom Brenngut erschien notwendig, weil oxidierend gebrannt werden muß (s. Abschn. 2.3.5.1), auch weil zuviel Wasserdampf in der Brennatmosphäre stört (s. Abschn. 4.1.3.3), ebenso stören kleine Mengen schwefliger Gase — matte Stellen durch Sulfate —, und der Flugstaub, der schwarze Punkte oder Dellen gibt. Deshalb ist es wichtig, daß die Muffel dicht ist.

Die größere Wärmeleitfähigkeit der Siliciumcarbidmuffel bedeutet erhöhte Leistung, Brennstoffersparnis zwischen 25 und 50% gegenüber der Schamottemuffel.

Die Lebensdauer der Muffel hängt nicht nur von der Betriebstemperatur und dem fortwährenden Temperaturwechsel ab, sondern auch vom Angriff der Gase und Dämpfe, die beim Aufbrennen des Emails entstehen.

Die Leistung eines Muffelofens schwankt je nach Größe, Beheizungsart, Brenntemperatur und Emailliergut zwischen 600 und 5000 kp fertig gebrannter Ware in 24 h. Der Brennstoffverbrauch beträgt dabei 750 bis 950 kp Kohle oder 920 bis 1400 m³ Ferngas. Es berechnet sich ein Kohlenverbrauch von etwa 0,2 bis 1 kp je Kilopond dreimal gebrannter Ware. Der Wirkungsgrad — vom Gut aufgenommene Wärmemenge/Heizwert des verbrauchten Gases bzw. der Kohle — lag bei 8 bis 18% (zum Vergleich: Elektroofen 24%), doch ließ er sich durch bessere Ausnutzung und Kontrollen noch merklich verbessern. Zu den Kontrollen gehört wenigstens ein CO_2-Messer, besser auch einer für CO oder O_2, und ein Temperaturmesser: Pyrometer oder Thermoelement.

Die Beurteilung des Garbrands im Muffelofen erfolgt nach Temperatur und Zeit, aber auch nach dem Augenschein: Änderung der Farbe bzw. Helligkeit beim Grundemail, Oberflächenglanz beim Deckemail, 1 bis 2 min nach Erscheinen des „Spiegels“. Eine Verkürzung der Brennzeit durch erhöhte Brenntemperatur führt zu vielerlei Fehlern: „Verbrennen“ an besonders exponierten Stellen, Entstehung von schwarzen Punkten oder „Kupferköpfen“, Aufkochen usw.

Eine Abwandlung des Muffelofens ist der *Kammerofen*, bei dem die Heizgase in hitzebeständigen Metallrohren an den Ofenseitenwänden strömen. Der Wärmeübergang durch das relativ dünne Strahlrohr ist bedeutend besser als durch die keramische Muffel. Das Prinzip eines Strahlrohr-Heizelements ist in Bild 3.4 wiedergegeben.

Die Rohrtemperatur beträgt etwa 900 °C, der Wirkungsgrad 0,75 bis 0,85. In dem eingebauten Rekuperator werden die Abgase bis 350 °C abgekühlt, und die Luft auf 620 °C vorgewärmt. Die Strahlrohre werden nicht nur für den periodischen Kammerofenbetrieb, sondern auch für den kontinuierlichen Tunnelofen verwendet (s. später). Allerdings sind die hitzebeständigen Strahlrohre teuer.

Die Strahlrohre werden je nach Transportart der Ware waagerecht oder senkrecht eingebaut. Die Lebensdauer der Rohre beträgt bis über vier Jahre. Ein großer Vorteil dieser Beheizungsart liegt darin, daß man einzelne defekte Rohre auswechseln kann, ohne den Betrieb unterbrechen zu müssen.

Vergleiche von Kammeröfen mit verschiedener Beheizungsart s. [182].

Eine andere Art von Brennofen, bei dem die Flammengase ebenfalls nicht mit dem Brenngut in Berührung kommen sollen, ist der Kammerofen, in dem sehr große Lagertanks für Getränkeflüssigkeiten oder die chemische Großindustrie gebrannt werden. Hier wird der Ofen ohne Beschickung auf eine über der eigentlichen Brenntemperatur liegende Hitze aufgeheizt, die Flamme dann abgestellt,

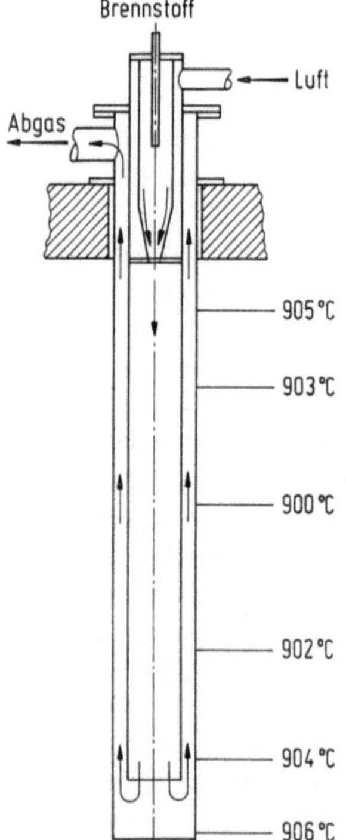

Bild 3.4. Doppelmantelstrahlrohr mit Brenner

das Brenngut eingefahren, die Kammer geschlossen, und mit „fallender Hitze" das Email mit der gespeicherten Wärme eingebrannt. Der anwesende Luftsauerstoff ist schnell verbraucht, der sich aus dem Auftrag entwickelnde Wasserdampf genügt aber, die Haftreaktionen ablaufen zu lassen (s. Abschn. 2.3.5.1).

Beim verhältnismäßig langsamen Abkühlen ist die Gefahr des Entglasens und Mattwerdens größer als bei der üblichen Brennweise, zumal die Emails, die nach diesem Verfahren auf große Tanks eingebrannt werden, hochkieselsäurehaltig sind.

Die Trennung von Feuerraum und Brenngut, wie im alten Muffelofen, war und ist nicht wärmewirtschaftlich. Nach Hermans [282] kann man auf die Muffel ganz verzichten, wenn man mit sauberem und wasserdampfarmem Gas arbeitet. Verwendet werden Brenner mit hoher Austrittsgeschwindigkeit der Verbrennungsgase, >1 m/s. Propan gibt einen Wasserdampfgehalt der Flammen von höchstens

20% (s. Abschn. 2.1.1.10), und die hohe Flammengeschwindigkeit sorgt für die Beseitigung des sonst über der Ware schwelenden wasserdampfreichen Dunstes und für eine unmittelbare Wärmeübertragung. Die Brennstoffersparnis beträgt 10 bis 15%. Eine weitere, noch nicht untersuchte Folge müßte eine verstärkte Alkali-, Borsäure- und Fluorverdampfung aus der Emailoberfläche und damit eine chemische Verbesserung sein.

Die Einführung der halb- und schließlich ganzkontinuierlichen Arbeitsweise entsprang dem Bestreben, die Leistung noch weiter zu steigern. Eine Zwischenlö-

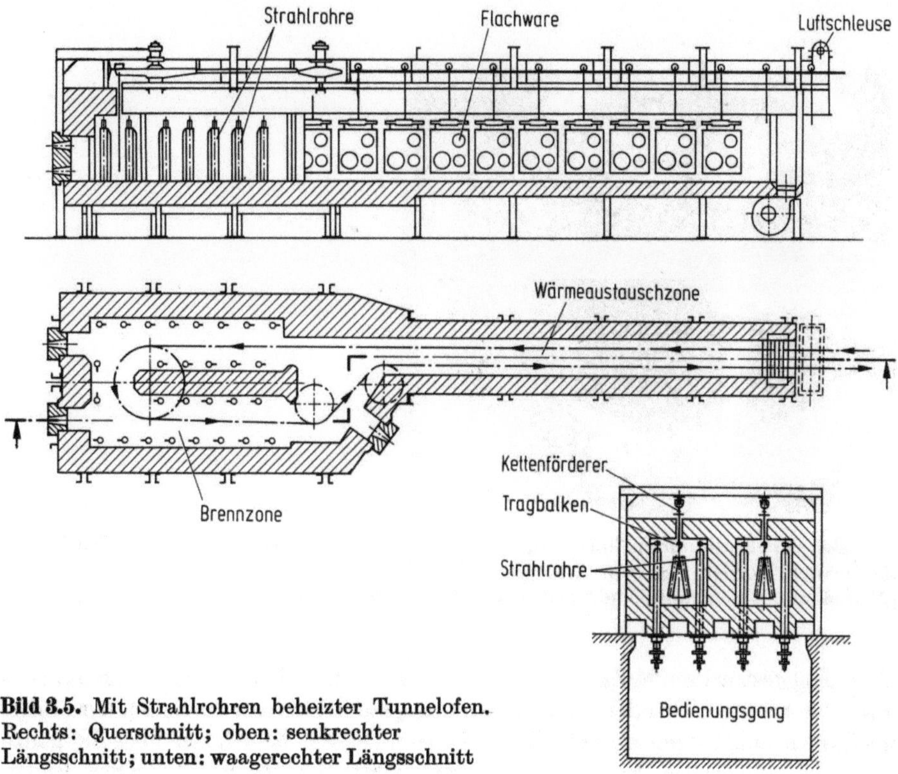

Bild 3.5. Mit Strahlrohren beheizter Tunnelofen. Rechts: Querschnitt; oben: senkrechter Längsschnitt; unten: waagerechter Längsschnitt

sung war der *Drehherdofen*, bei dem die Ware auf einen Rost gesetzt wird, der sich um eine senkrecht stehende Achse langsam bewegt. Der Drehofen hat eine Öffnung zum Einsetzen und Herausnehmen der einzelnen Stücke. Das System hat den Nachteil, daß die Abkühlwärme nicht ohne weiteres nutzbar gemacht werden kann.

Beim kontinuierlich und meist auch vollautomatisch arbeitenden *Tunnelofen* wandert das Brenngut durch eine Trocken- und Vorwärmzone, dann durch die Brenn- und schließlich durch die Kühlzone. Die Gegenstände werden an Hängerosten transportiert, die durch einen Schlitz in der Ofendecke in den Ofen hängen und von einer Transportkette aus hitzebeständigem Stahl getragen werden (Bild 3.5 und 3.6). Den Schlitz kann man durch ein mitlaufendes Blech etwas abdecken.

Es gibt im wesentlichen zwei Bauarten des Tunnelofens: Den Gerade-aus-Durchgangsofen und den Umkehrofen. Beim Durchgangsofen liegt die Heizzone in der Mitte, beim Umkehrofen im Umkehrbogen (Bild 3.5 unten). Der Vorteil des Umkehrofens ist die kurze Bauweise und die Vorwärmung des ankommenden Gutes durch das im Gegenstrom ankommende gebrannte Gut. Allerdings läßt sich das gleiche mit zwei „Fahrbahnen" auch beim Durchgangsofen verwirklichen, evtl. mit verschiedener Kettengeschwindigkeit bei verschiedenen Emails, ja sogar mit Blech und Guß gleichzeitig. Beheizt werden kann mit Gas- oder Ölbrennern, die in den Seiten eingebaut sind. In diesem Fall läuft das Brenngut in

Bild 3.6. Mit Strahlrohren (links und rechts) beheizter Tunnelofen. Schlitz in der Isolierdecke und Vorrichtung zum Anbringen der Gehänge mit der Ware.
(Aufnahme: Dr. Schmitz und Apelt, Industrieofen GmbH., Wuppertal — Langerfeld)

einer langgestreckten Muffel, um es wie im einfachen Muffelofen vor den Flammengasen zu schützen. Die heißen Verbrennungsgase fließen um die Seiten der Muffel nach oben und treten in einem 500×500 mm weiten Kanal, der über die ganze Länge der Vorwärm- bzw. Austauschzone verläuft und an den beiden Enden des Ofens in Abgaskamine mündet.

Die eleganteste Bauart, die sich vor allem in Betrieben mit großen Stückzahlen an Fertigungsgütern etwa der gleichen Art durchgesetzt hat, ist der *elektrisch oder mit Strahlrohren beheizte Umkehrofen.* Seine Vorteile sind unbestritten: Schnelles, gleichmäßiges Brennen bei genau eingehaltener Temperatur, große Ofenleistung bei besserer Wärmeökonomie durch Wegfall der Muffel, reine Ofenatmosphäre, verringerter Ausschuß, geringe Wartungs- und Instandhaltungskosten. Die Verringerung des Ausschusses kommt zu einem nicht zu unterschätzenden Teil daher, daß die Ware, im Gegensatz zum Brennen im Muffelofen, langsam abkühlt, was sich günstig auf den Spannungszustand (s. Abschn. 2.3.6) und die verringerte Fischschuppenanfälligkeit (s. Abschn. 4.1.3.3) auswirkt. Siehe hierzu Bild 3.5.

Werden Grund- und Deckemail, größere und kleinere Artikel bei verschiedenen Temperaturen gebrannt, sind zwei Umkehröfen nötig. Doch lassen sich die Emails

auch so aufeinander abstimmen, daß sie alle, selbst der Dekorbrand, in einem
einzigen Umkehrofen bei konstanter Kettengeschwindigkeit und bei gleicher
Temperatur eingebrannt werden können. Dieses „Durcheinanderbrennen" erfordert die Berücksichtigung der jeweiligen Grenzflächenspannungen (Abschn. 2.3.4),
ohne die diese Brenntechnik früher nicht möglich war. Für Betriebe mit großem
Sortiment ist dies eine wesentliche Erleichterung.

Zur *Temperaturmessung und -regelung* dienen optische Pyrometer oder Thermoelemente, die bei Muffel- und Kammeröfen meist in der Decke eingebaut sind, in
den Tunnelöfen über die Länge verteilt an verschiedenen Stellen an der Seite.
Da die modernen Emails eine genaue Einhaltung des Brennverlaufs verlangen,
sind an die Temperaturmeßgeräte bei größeren Einheiten durchweg Regler
angeschlossen. Bei einem Tunnelofen geben die verschiedenen Thermoelemente
den Temperaturverlauf wieder; doch interessiert wenigstens von Zeit zu Zeit oder
zum „Eineichen" auch die tatsächliche Temperatur des Brennguts, und zwar an
verschiedenen Stellen, besonders oben und unten. Diese ist am Einlauf niedriger,
am Auslauf höher als die Ofentemperatur. Man hat deshalb lange Schleppthermoelemente an der Ware befestigt, die mit durch den Ofen laufen. Dieses Verfahren
ist zwar instrumentell einfach, aber hinderlich. Bozsin [47] hat in einen gut isolierten
Kasten einen batteriebetriebenen Zweifarbenschreiber eingebaut, an den die Thermoelemente angeschlossen sind. Diese „Bozsin-Box" wiegt 45 kp und hängt zwischen
dem Brenngut an der Förderkette. Clemens [85] ging einen anderen Weg, um auf
das Meßergebnis nicht warten zu müssen, bis die Ofenreise zu Ende ist, sondern
um die Temperatur während des Durchgangs laufend verfolgen zu können: In
dem gut isolierten Kasten ist ein kleiner Sender eingebaut, dessen Hochfrequenz
durch die in elektrische Schwingungen aus dem Tonfrequenzbereich umgewandelten Thermospannungen moduliert wird. Auch diese Box läuft mit der Ware
durch den Ofen. Bis zu sechs Anschlüsse sind möglich. Die außerhalb des Ofens
ankommenden Signale können auf verschiedene Weise verwertet werden, auf
einem umschaltbaren Temperaturmeßgerät, einem -schreiber oder Tonbandgerät.

Anlage- und Betriebskosten eines kontinuierlichen Ofens sind bedeutend, so
daß sich der Betrieb erst bei Massenfertigung möglichst gleichartig zu emaillierender Gegenstände lohnt. So sind beispielsweise Umkehröfen erst bei einem stündlichen Durchsatz von 300 bis 400 kp Ware rentabel, sie erreichen ihre größte
Wirtschaftlichkeit über 500 kp Ware.

Nach verschiedenen Angaben kann man mit einem Energiebedarf von 1 kW/h
für 2,5 bis 4 kp Eisen rechnen. Der Wirkungsgrad des elektrischen Tunnelofens
liegt bei etwa 25%, ist also rund dreimal so hoch wie der des gewöhnlichen gasbeheizten Muffelofens und fast doppelt so hoch wie der eines gasbeheizten Tunnelofens.

Über Umkehröfen und Kostenvergleich verschiedener Beheizungsarten s. [181].

Während die bisher beschriebenen Ofentypen ständig unter Feuer stehen, beim
Muffelofen — etwa über das Wochenende — die Temperatur lediglich etwas
abgesenkt wird, stehen neuerdings Öfen mit Doppelmantelstrahlrohr- oder
elektrischer Beheizung in Leichtbauweise zur Verfügung, die in 1,5 bis 2 h von
Raumtemperatur auf 820 °C aufgeheizt und hier konstant gehalten werden können
[505], ja sogar in weniger als 1 h [622]. Es lohnt sich also, bei Betriebsunterbrechun-

gen den Ofen — gleich, ob Muffel-, Kammer- oder Tunnelofen —, ganz abzu-
schalten. Dies ist möglich durch eine Leichtbauweise mit Calciumsilicat-Faser-
platten niedriger Wärmekapazität, aber guter Isolierfähigkeit.

Die Bilder 3.7 und 3.8 zeigen Ansichten eines automatisch geregelten, abschaltbaren Tunnelofens mit Doppelmantelstrahlrohrbeheizung.

Es gibt auch Öfen, die durch bewegliche, elektrisch beheizte Wände der jeweiligen Größe des Brennguts, z. B. liegende Tanks oder stehende Großbehälter,

Bild 3.7. Außenansicht eines abschaltbaren Tunnelofens mit den Regelaggregaten für die
Strahlrohre. (Aufnahme: Dr. Schmitz und Apelt, Industrieofenbau GmbH., Wuppertal—Langerfeld)

Bild 3.8. Unter der Begehungsbühne oben am Tunnelofen (s. Bild 3.7) sind in der Bildmitte
die Magnetventile und Durchflußmesser für die Strahlrohre (rechts), die automatisch
gezündet werden, zu sehen. (Aufnahme: Dr. Schmitz und Apelt, Industrieofenbau GmbH.,
Wuppertal—Langerfeld)

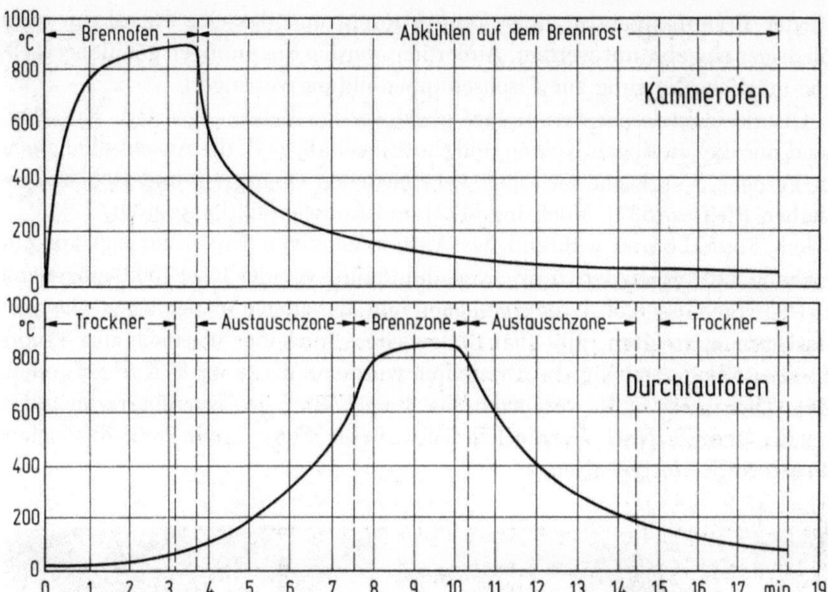

Bild 3.9. Temperaturverlauf des Brenngutes im Muffel- oder Kammerofen (oben) bzw. im Tunnel- (oder Durchlauf-) ofen (unten)

Tabelle 3.3. Relative Fluorverluste beim Emailbrand

	780°C %	800°C %	840°C %
Grundemail mit 1,07% F	3,1	—	16,5
Grundemail mit 1,5% F	8,2	15,1	13,9
ebenso, + 7% Ton	—	—	13,9
+10% Quarz	—	—	20,4
+20% Quarz	—	—	22,5
+30% Quarz	—	—	22,4
Direkt-Weißemail mit 1,9% F	12,1	12,1	16,2
Deckemail mit 2,86% F	10,1	—	15,1

angepaßt werden können [622]. Auch einen Ofen, bei dem die Verbrennung in der porösen Muffelwand stattfindet, kann man abschalten und in 40 bis 45 min wieder auf Arbeitstemperatur bringen. Das Gas ist schwefelfrei, die Abgase werden laufend abgezogen [474].

Wie aus dem Vergleich des Temperaturverlaufs hervorgeht (Bild 3.9), wird die Ware im Muffelofen schneller aufgeheizt als im Tunnelofen; deshalb muß sie im ersten Fall sorgfältig vorgetrocknet werden. Im Tunnelofen ist sie länger im

12*

Bereich der Brenntemperatur, hier kann also ein und dasselbe Email um etwa 20 K niedriger eingebrannt werden. Außerdem werden Spannungen gemildert [413] und eine mögliche Neigung zur Fischschuppenbildung verringert.

Gas, Öl und elektrischer Strom sind gleichwertige Beheizungsarten. Entscheidend sind nur die jeweiligen Kosten und, im Einzelfall, z. B. die Anschlußmöglichkeit an Ferngas. Vergleiche zwischen verschiedenen Ofentypen und Beheizungsarten haben Pfeiffer [537], Moehring [472] und Ludwig [429] angestellt.

Mit dem Fluorabbrand während des Aufbrennens von Email hat sich im Zusammenhang mit Fragen der Umweltverschmutzung van der Rhee [562] eingehend befaßt. Die Ergebnisse von Laborversuchen und Messungen in Betrieben, die gute Übereinstimmung zeigten, gibt Tab. 3.3 wieder. Auch der Verbleib des Fluors wurde festzustellen versucht: Im Brennofen wurden 8 bis 18 mg F/Nm³ gefunden, über dem Ofen meist < 1, vereinzelt bis 3 mg F/Nm³, im Emaillierraum meist < 0,5, max. 3 mg F/Nm³. Vermutlich wird dieses Fluor durch den alkalischen Spritzstaub restlos festgehalten.

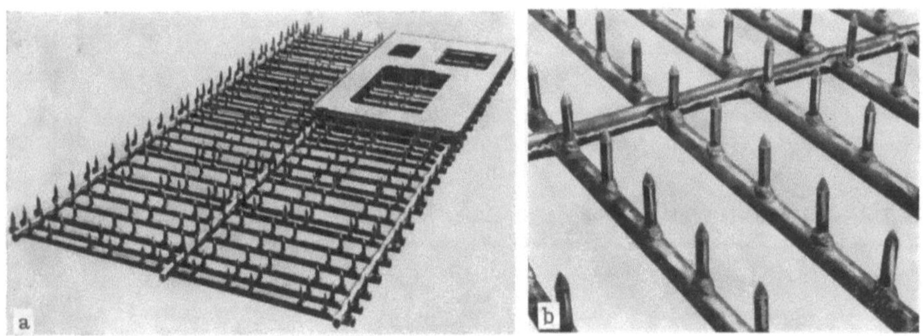

Bild 3.10. Beispiel eines Brennrostes für Flachware. **a** Gesamtansicht, **b** Nahaufnahme. (Klefisch GmbH., Hürth-Efferen)

Brennroste und -gehänge.

Die zu emaillierenden Gegenstände werden, soweit sie im Muffelofen gebrannt werden, außerhalb des Ofens auf einen Rost gesetzt (Bild 3.10) und mit diesem in den Ofen eingefahren. Bei manchen Artikeln kann man den Rost als Dauerrost im Ofen belassen und das Brenngut mit der Gabel auflegen bzw. entfernen. Zum Ein- und Ausfahren des Brennguts mit bzw. ohne Rost bedient man sich heute allgemein des Einsetzwagens (Bild 3.11). Vor allem größere Stücke werden an Haken aufgehängt und der direkten Strahlung ausgesetzt (Bild 3.12).

Die Ausnützung des Rostes ist für die Wirtschaftlichkeit des Brennvorgangs ebenso von Bedeutung wie der Nutzeffekt des Ofens überhaupt. Im günstigsten Fall darf man mit einer Ausnützung von 70% rechnen.

Die Roste der Tunnelöfen sind je nach Art der zu emaillierenden Gegenstände verschieden. Man findet einfache Haken neben hängenden Plan- und Etagenrosten, die an der Förderkette hängen (Bilder 3.13 und 3.14).

Roste und Gehänge sind einer starken Beanspruchung ausgesetzt: Dauernder Temperaturwechsel von Raum- auf Brenntemperatur, Einwirkung von Alkalien,

Bild 3.11. Einsatzwagen für Brennroste oder Tanks u. dgl. (Aufnahme: Klefisch GmbH., Hürth-Efferen)

Bild 3.12. Badewannen, mit Haken am Transportband hängend. (Aufnahme: Eisenmann KG Maschinenbaugesellschaft, Böblingen)

Bild 3.13. Beispiel eines Planrostes. (Aufnahme: Gebr. Thielmann AG, Haiger 2-Sechshelden)

Bild 3.14. Etagenrost. (Aufnahme: Gebr. Thielmann AG, Haiger 2-Sechshelden)

Borsäure, Fluoriden usw., die aus dem Email verdampfen. Dabei sollen sie eine hohe Warmfestigkeit haben, damit sie aus dünnem Material hergestellt werden können und keine zu große Wärmekapazität haben. Weitere wichtige Forderungen sind, daß die verwendeten Stähle sich leicht schweißen lassen, langsam verzundern, und daß der Zunder trotz des fortwährenden Temperaturwechsels haften bleibt und nicht als „Sprühzunder" auf die Ware fällt. Was die schützende Zunderschicht besonders zerstört, ist der Emailspritzstaub; deshalb sollte nie Ware an den Brenngehängen nachgespritzt werden. Ebenso schädlich ist Wasserdampf aus nicht genügend getrockneten Stücken.

Roste und Gehänge bestehen aus hitzebeständigen Stählen. Auf Vor- und Nachteile der verschiedenen Stahlsorten gehen Hesse [286] und Strauch [647, 648] ausführlich ein. Austenitische Cr—Ni-Stähle sind warmfester als ferritische, zeigen aber bei 600 bis 950 °C Versprödung; deshalb sind niedriglegierte Stähle besser, günstig verhalten sich Ni—Cr—Si-haltige Stähle. Ni schützt vor Aufkohlung. Standardstahl ist der 25.20 Werkstoff-Nr. 1.4841 aus 25% Cr, 20% Ni, 2% Si (alte Krupp-Nr. NCT 3), doch zeigt sich außer der Versprödung gelegentlich Staubzunder, was durch eine kleine Änderung der Legierung meist vermieden werden kann (0,12% Mo). Schwierigkeiten ergaben sich damit nur bei der Geschirrindustrie, wahrscheinlich wegen erhöhter Fluorabgabe beim Brennen. Gehänge, die bereits eine „gesunde" Zunderschicht haben, sind wenig betroffen, wohl aber neu eingesetzte.

Die Empfindlichkeit von hitzebeständigen Stählen gegenüber Fluor zeigt sich auch beim Schweißen mit Elektroden, deren Ummantelungen Fluoride enthalten: Zu beiden Seiten der Schweißnaht entsteht eine etwa 10 mm breite Zone leichter Oxidierbarkeit, die sich durch Beizen oder Abschleifen nicht entfernen läßt [286].

Gegen Fluor bewährte sich zunächst die wesentlich teurere Legierung CN 20.80, Werkstoff-Nr. 2.4869; sie befriedigte aber auch nicht, als farbige Kochgeschirre aufkamen, und damit die Verdampfung von zusätzlichem Cd, S und Se. Eine entscheidende Besserung trat ein, als der Fe-Gehalt unter 1% gesenkt, und Seltene Erden bzw. Erdalkalien zugesetzt wurden. Eine generell ideale Lösung ist noch nicht gefunden. Günstig ist eine gewisse Lufterneuerung in der Brennzone. Auch ein Kontakt des Gehänges mit dem Email ist soweit als möglich zu vermeiden, d. h. vorsichtiges Belegen und gelegentliches Abschleifen der Berührungsstellen. Nach [742] zeigen die Werkstoffe Inconel 807, 800 und 601 sowie Nimanic 80 A sehr gutes Verhalten.

Unproblematisch sind die Brenngeräte für Großbehälter, die meist nur innen emailliert werden. Hierfür wird die Legierung CN 20.10 mit 20% Cr, 12% Ni und 2% Si verwendet.

Störend macht sich bei manchen Legierungen das „Kleben" des Emails bemerkbar. Dies ist eine Zeitlang zu vermeiden, ebenso wie Zunderstellen auf der Ware, wenn die Brennwerkzeuge mit einem hochtemperaturbeständigen keramischen Überzug — z. B. 80% MgO + 20% Ton — versehen werden. Dadurch wird gleichzeitig die Lebensdauer auf etwa das Doppelte verlängert. Doch schließlich fällt dieser Überzug samt Zunder ab.

Ofenatmosphäre. Die Brennatmosphäre soll mit Rücksicht auf die Haftreaktionen (Abschn. 2.3.5) oxidierend sein. Lediglich bei schweren Stücken, die während des

Aufheizens zu stark verzundern würden, kann nach kurzer Zeit der Luftzutritt durch Einleiten von Leuchtgas oder dgl. unterbunden werden.

Über die Schädlichkeit und Grenzen von Wasserdampfgehalt im Emaillierofen s. Abschn. 2.1.1.10 und 4.1.3.3.

3.3.4 Dekorieren

Die teuerste Dekoration ist die Handmalerei auf beidseitig grundiertem einseitig weiß emailliertem Stahlblech. Sie ist nur bei der Kunstemaillierung von Bedeutung.

Die für Gebrauchsemails verwendeten Dekorverfahren kann man wie folgt einteilen:

a) Ungleichmäßiger Auftrag. Beispielsweise gewolktes Email: Ein schlecht gestelltes Weißemail auf ein dünnes Grauemail; Marmorierung: Aufspritzen eines andersartigen Emails mit einer Bürste; Tupfen: Aufbringen von Farbsalzlösungen mit einem Schwamm auf den trockenen Deckauftrag.

b) Ausnützung unterschiedlicher Oberflächenspannungen und Zähigkeiten zweier Farbemails; z. B. schießt ein Email mit niederer durch ein darüberliegendes mit höherer Oberflächenspannung. Oder beim Auftrag eines Emails mit hoher Oberflächenspannung sorgt man durch Zusatz von Klebstoff dafür, daß er beim Trocknen reißt: Das Email bekommt beim Brennen ein Craquelé. Oder ein leichtschmelzendes Email mit niederer Oberflächenspannung wird mit Schablonen, Siebdruck o. dgl. auf ein Deckemail aufgebracht: Es gibt eine verlaufende Farbe [577].

c) Anwendung von Schablonen. Man kann ein Farbemail mit der Spritzpistole aufspritzen oder einen Farbauftrag an den freigegebenen Stellen ausbürsten [644]. Hierher gehört auch das Siebdruckverfahren, bei dem der Farbkörper mit einem Öl oder besser einem Thermoplasten zu einer Paste angemacht ist und mit einer Walze durch die Schablone aus einem teilweise abgedeckten Sieb gestrichen wird.

d) Stempeln, mit dem häufig Fabrikmarken angebracht werden.

e) Umdruckverfahren. Hierzu gehören die Abzieh- und Auflegebilder, ferner der Stein-, Stahl- oder Kupferdruck.

Vor dem Dekorieren müssen die Emailflächen gut gereinigt und entfettet sein. Die Brenntemperatur der Dekoremails liegt meist bei 650 bis 750 °C, das Einbrennen erfolgt in einer besonderen Dekormuffel. Das Dekor haftet auf der Unterlage dadurch, daß sich durch gegenseitiges Ineinanderwandern von Dekor und Fond eine Haftschicht bildet, die den Ausgleich der physikalischen Eigenschaften übernimmt.

Bei billiger Dekorware wird das Dekoremail auf das scharf getrocknete, aber noch ungebrannte Deckemail aufgelegt. Zum Schutz des Dekoremails wird nicht selten über dieses noch ein farbloser Fluß aufgelegt und eingebrannt.

f) Aufbringen eines Lüsters durch Aufsprühen von sauren, spiritushaltigen Metallsalzlösungen (meist $FeCl_3$ oder Chloride von Cu, Ni, Mn, Co, Sn) auf die rotglühende Ware.

Eine besondere Technik erfordert das Dekorieren mit Glanzgold, einem Goldresinat mit etwa 18% Au.

Ein vielfach zu beobachtender Fehler sind die sog. Dekorblasen. Sie treten besonders dann auf, wenn die zum Dekorieren bestimmten Stücke längere Zeit lagerten. Wahrscheinlich sind sie, genau wie die Fischschuppen, auf die Einwirkung von Feuchtigkeit zurückzuführen und damit letztlich auf die Entwicklung von Wasserstoff aus dem Stahl. Bei titanweißemaillierter Ware treten wegen der unterschiedlichen Oberflächenspannungen manchmal Durchschüsse des Titanemails auf, die sich durch eine erniedrigte Dekorbrandtemperatur verhindern lassen. Ein Golddekor kann auf zinkfreien Titanemails gut, auf zinkhaltigen dagegen nur schlecht aufgebracht werden.

3.3.5 Ausbessern

Die einfachste Art, kleine Fehler zu beseitigen, ist Überspritzen und nochmals Brennen. Es gibt aber Fehler, die trotzdem wiederkommen, wie Durchschüsse u. dgl. Dann hilft manchmal Abschleifen der betroffenen Stelle bis zum Blech, etwas dicker frisch emaillieren, dann auf die normale Dicke abschleifen und polieren. Zum Schleifen verwende man keine SiC-, sondern Korundscheiben.

Poren an wertvollen, dickwandigen Stücken — Lagertanks, großen Behältern — bessert man mit Plomben aus, s. Abschn. 4.4.1.

3.3.6 Entemaillieren

Fehlerhafte Stücke zu entemaillieren lohnt nur, wenn in der Grundform aufwendige Formgebungs-, Reinigungs- und Beizarbeit steckt. Allein wegen des fast durchweg sehr dünnen Emailauftrags lohnt sich das Entemaillieren nicht. Bei dickeren Blechen, Schildern, Tanks und besonders bei Gußstücken kann das Email mit dem Sandstrahlgebläse entfernt werden.

Chemische Entemaillierverfahren arbeiten mit Laugen. Die Gegenstände werden in eine auf 120 bis 140 °C erhitzte 50%ige NaOH-Lösung getaucht, der manchmal Netzmittel und Na_2SiF_6 zugesetzt werden. Die Regenerierung kann mit Kalkmilch und Bariumhydroxid erfolgen. Das Entemaillieren benötigt einige Stunden, kann aber durch Verwendung von Autoklaven beschleunigt werden. Bei einem Druck bis zu 14 bar kann bei geringerer NaOH-Konzentration die Arbeitstemperatur bis 180 °C gesteigert werden.

Nur einige Minuten dauert die Entemaillierung in geschmolzenem Ätznatron bei etwa 500 °C. Vorsicht, besonders mit Wasser! Bei Verwendung einer molaren Mischung aus NaOH und KOH kann die Arbeitstemperatur unter 300 °C gesenkt werden.

4 Grundzüge der Emailtechnologie. Spezieller Teil

4.1 Konventionelle Stahlblechemaillierung

4.1.1 Stahlblech

Stahl wird i. allg. nach zwei unterschiedlichen Verfahren erzeugt, und zwar nach den Konverterschmelzverfahren mit überwiegendem Einsatz von flüssigem Roheisen und den Herdschmelzverfahren mit hohem Schrotteinsatz.

Das Roheisen wird im Hochofen durch Reduktion eisenreicher Erze, Sinter oder Pellets mit Koks und Öl als Reduktionsmittel und Wärmeträger unter Zusatz von Zuschlagstoffen zur Schlackenbildung wie Kalkstein, Dolomit und Quarzsand erschmolzen. Das bei 1400 bis 1500°C abgestochene Roheisen enthält etwa 3 bis 5% C, max. 3,5% Si, 0,3 bis 6% Mn, 0,08 bis 2,2% P, max. 0,12% S. Roheisensorten mit hohen Si-Gehalten dienen überwiegend als Ausgangsprodukt für die Gußeisenerzeugung (Abschn. 4.5.1). Zur Stahlblecherzeugung wird hauptsächlich Stahlroheisen mit 3,5 bis 4,5% C; 0,4 bis 1,0% Si; 0,4 bis 1,0% Mn; 0,08 bis 0,30% P und max. 0,04% S eingesetzt. Das Roheisen wird häufig einer Nachentschwefelung unterworfen. Dies kann durch Zugabe eines Entschwefelungsmittels (besonders Soda, daneben Calciumcarbid oder Magnesium) während des Abstichs in die Hochofenrinne oder des Umfüllens von Roheisen geschehen oder durch Einblasen über Tauchlanzen, Einrühren mit einem Quirl aus feuerfesten Baustoffen oder Eintauchen mit einer Tauchglocke. Je nach Güteanforderung kann hierdurch der Schwefelgehalt bis etwa 0,002% abgesenkt werden.

Zur Umwandlung des Roheisens in Stahl sind die Begleitelemente C, Si, Mn, P und S weitgehend durch Oxidations- und Schlackenreaktionen zu entfernen. Dies geschieht bei den heute überwiegend angewendeten basischen Konverterverfahren mit Sauerstoff, der entweder über wassergekühlte Mehrlochdüsen auf das Metallbad aufgeblasen (LD-, LDAC-Verfahren) oder über (gasgekühlte) Bodendüsen durch das Metallbad geblasen werden kann. In geringem Maße kann zur Unterstützung der Reaktionen — insbesondere der Entkohlung — auch in Form von Eisenoxiden (Erz) gebundener Sauerstoff verwendet werden. Die bei der Oxidation der Elemente (Frischen) freiwerdende Wärme übersteigt den zur Aufheizung des Metallbades auf Abstichtemperaturen von rd. 1600 bis 1650°C erforderlichen Bedarf. Der Überschuß kann daher zum Aufschmelzen des für die Schlackenarbeit erforderlichen Kalkes und darüberhinaus zum gleichzeitigen Einschmelzen von Schrott oder anderen Eisenträgern (Kühlmittel) ausgenutzt werden.

In den LD-Konvertern lassen sich C-Gehalte von 0,04% und in den bodenblasenden Konvertern von 0,02% erreichen.

Bei den schrottintensiven Herdschmelzverfahren muß dem Prozeß im Gegensatz zu den Konverterverfahren Fremdenergie zugeführt werden. Wirtschaftlich haben sich hierbei die basischen Hochleistungselektrolichtbogenöfen durchgesetzt. Das nach dem Regenerativsystem arbeitende Siemens-Martin-Verfahren, in dem der Einsatz von oben oxidierend beheizt wird, hat u. a. auf Grund der schlechten Wärmeausnutzung und der geringen Ofenleistung zunehmend an Bedeutung verloren. Zudem liegen die C-Gehalte bei diesen Verfahren normalerweise bei 0,08 bis 0,10% C.

Zur Abbindung und Stabilisierung der beim Frischen des Siliciums und Phosphors entstehenden Oxide wird eine flüssige, kalkbasische Schlacke aufgebaut. In dieser wird auch der aus dem Metallbad entfernte Schwefel gebunden. Niedrige Phosphorgehalte ($\leq$ 0,020%) im Rohstahl können problemlos eingestellt werden. Der Entschwefelungsgrad liegt dagegen nur bei rd. 30 bis 50%. Tiefste Schwefelgehalte lassen sich neben der erwähnten Verminderung des Schwefeleintrages bei der Roheisenentschwefelung durch Einblasen spezifischer Entschwefelungsmittel, vor allem Calciumverbindungen, in die volldesoxidierte Schmelze nach dem Abstich erzielen. Normalerweise genügt ein Zusatz von Ferromangan im Schmelzgefäß oder während des Abstichs in der Gießpfanne zur Bindung des Schwefels als MnS; gleichzeitig wird die Festigkeit etwas erhöht.

Der Stahl wird nun unter der Schlacke in Gießpfannen abgelassen und auf Kokillen verteilt, dickwandige, rechteckige, nach oben etwas verjüngte Gußeisenzylinder, die nach dem Erstarren der Schmelze nach oben abgehoben werden. Während der Abkühlung kommt die Schmelze durch starke Gasentbindung ins Wallen: Wasserstoff entweicht, und durch Verminderung auch der Sauerstofflöslichkeit setzt eine Reaktion mit C unter Bildung von CO ein. Die Schmelze erstarrt *„unberuhigt"*.

An der Kokillenwand erstarrt der Stahl unter Abdrängung von Elementen, die zur Entmischung neigen (C, P, S), homogen und völlig blasenfrei. Die Dicke und Homogenität dieser „Speckschicht" hängt im wesentlichen vom Zeitpunkt des Kochbeginns nach Gießende und der Stärke des Kochens ab (Keimbildung). Im Kern des erstarrenden Blockes reichern sich die genannten Elemente in Form von Seigerungen an. Darüber hinaus ist er auch mit Gasbläschen durchsetzt, die bei der fortschreitenden Erstarrung nicht mehr entweichen konnten. Ferner treten Schwindungshohlräume auf, weshalb beim nachfolgenden Walzen mehr vom Blockkopf abgeschnitten werden muß. Wegen dieser Einschlüsse, die als „Wasserstoffallen" dienen, ist der unberuhigt vergossene Stahl emailtechnisch besonders vorteilhaft.

Den im Gleichgewicht mit C vorhandenen Sauerstoff kann man beseitigen und das Aufwallen vermeiden, indem man der Schmelze in der Kokille Desoxidationsmittel (Si, Al, Ti) zusetzt. Al vermindert zugleich den Gehalt an gelöstem Stickstoff durch AlN-Bildung merklich, Ti bindet C, O, N und S. Eine solche Stahlschmelze erstarrt *„beruhigt"*. Bleche aus diesen Stählen haben besonders gute Zieh- und Verformungseigenschaften und bessere Oberflächenbeschaffenheit. Beruhigte Stähle enthalten in der Regel über 0,005% Al und 0,02% Si. Emailtechnisch ist es günstig, wenn in der Kokille, und nicht schon in der Pfanne desoxidiert wird:

In der Pfanne haben die erzeugten oxidischen Einschlüsse Zeit, aufzusteigen, während sie in der Kokille im Stahl verbleiben und als Wasserstoffallen dienen. Ein solcher Stahl kommt hinsichtlich Fischschuppenresistenz dem unberuhigt vergossenen nahe.

Die nun erstarrten, noch hellrot glühenden Stahlblöcke (Brammen) werden warm gewalzt, dabei in mehreren hintereinander angeordneten Walzgerüsten auf die gewünschte Dicke von einigen Millimetern heruntergewalzt, etwa auf 6 mm für chemische Apparate oder auf 3 mm z. B. für Boiler u. dgl. Das erzielte Warmband hat dann noch eine Temperatur von etwa 880 °C. In einer Kühlstrecke wird es, meist mit Wasser, auf Temperaturen unter 700 °C, im Mittel 600 °C, abgekühlt und zum Bund (coil) aufgehaspelt. Das Gefüge eines Warmbandes weicher Ziehgüte zeigt Bild 4.1. Der C-Gehalt liegt im Mittel bei etwa 0,06%.

Je nach dem weiteren Verwendungszweck wird es entweder als *Warmband* mit seiner dünnen Zunderschicht so belassen oder aber zur Herstellung von *Kaltband* in weiteren Walzgerüsten unter Zulauf einer Wasser-Öl-Emulsion unter hohen Drücken zu Feinblech heruntergewalzt. Durch die starke Verformung von bis zu 70, ja 80% entsteht ein sehr walzhartes, sprödes Blech (Bild 4.2), das durch rekristallisierendes Glühen die ursprüngliche Duktilität zurückerhält. Will man dabei den C-Gehalt konstant belassen, wird der Bund festgewickelt in einem Hauben-ofen etwa einen Tag bei 600 bis 650 °C unter Schutzgas (N_2 + H_2) geglüht. Das Gefüge eines solchen Kaltbandes aus unberuhigtem Stahl zeigt Bild 4.3. Ein der-artiges Blech ist eine ideale, fischschuppensichere Unterlage für die übliche kon-ventionelle Emaillierung (mit Grund und Decke).

In neuerer Zeit wird in der Stahlindustrie zunehmend das *Stranggießverfahren* eingesetzt, das aber eine Volldesoxidation des Stahls mit Aluminium voraussetzt. Ferner ist zur Homogenisierung und Einhaltung eines genauen Temperatur-bereichs in der Pfanne das Halten unter einem inerten Spülgas (Argon) zweck-mäßig. Der Stahl gelangt beim Vergießen über einen Zwischentrichter (Tundish) in eine oszillierende, wassergekühlte Kupferkokille, die bereits Brammenquer-schnitt hat. Der aus der Kokille austretende, oberflächlich erstarrte Strang wird durch aufgedüstes Wasser weiter abgekühlt und mit Hilfe von Rollen in die Horizontale umgelenkt. Schließlich wird der Strang in Riegel geteilt, die wie die Brammen aus dem konventionellen Blockguß zu Blechen ausgewalzt werden. Durch die schnelle Abkühlung des Stranges hat der Stahl im Gegensatz zur beru-higten Erstarrung im Blockguß eine feinkörnige und sehr gleichmäßige Struktur. Der wirtschaftliche Vorteil des Stranggusses liegt einmal in einem höheren Aus-bringen an gutem Material, da von einer Schmelze nur einmal „Kopfschrott" abgeschnitten werden muß, zum anderen auch darin, daß es diese Gießart erlaubt, mehrere Schmelzen gleicher Güten hintereinander und ohne Unterbrechung zu vergießen.

Trotz des erzielten eisenhüttenmännisch beachtlichen Fortschritts hat der so hergestellte Stahl emailtechnisch den Nachteil, daß er zu einer Fehlererscheinung neigt, die man mit den bisherigen, unberuhigten Stahlblechen als überwunden angesehen hat: Den Fischschuppen (Abschn. 2.1.1.10). In dem voll beruhigten Stahl fehlen die inneren Störstellen, die Wasserstoffallen. Ob es gelingt, diese künstlich durch dosierte Zusätze zu erzeugen, bleibt abzuwarten. Maßnahmen von der Emailseite her werden in Abschn. 4.1.3.3 besprochen. Wahrscheinlich werden die Toleranzgrenzen in einzelnen Arbeitsgängen bei der Emaillierung merklich eingeschränkt werden müssen.

Auch die mikrolegierten Sondertiefziehstähle mit $< 0,015\%$ C, 0,15 bis 0,20% Ti oder 0,10% Nb bereiteten bei der konventionellen Emaillierung wegen mangelnder Haftung anfangs Schwierigkeiten. Nach Warnecke [691] ist daran ihre verminderte Oxidierbarkeit und Reaktionsfähigkeit mit den Haftoxiden schuld.

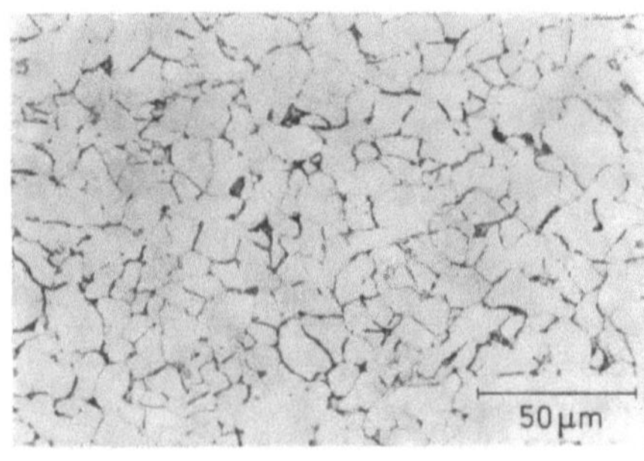

Bild 4.1. Gefüge eines Warmbandes einer mittleren Ziehgüte. Geätzt mit 4%igem HNO_3. V = 300×.
(Aufnahme: ThyssenAG, Duisburg)

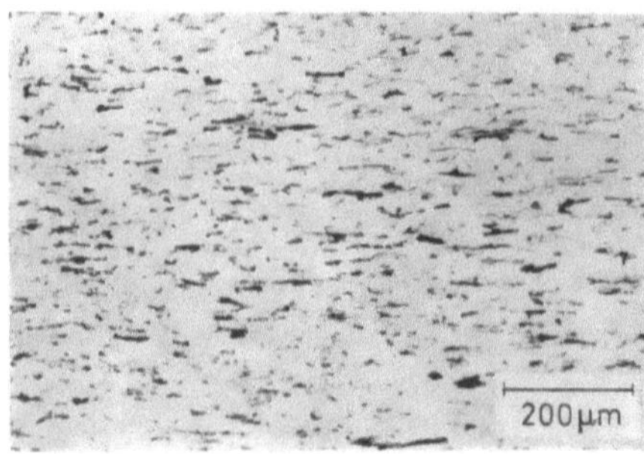

Bild 4.2. Gefüge eines walzharten, spröden Kaltbandes. Geätzt wie Bild 4.1. V = 60×.
(Aufnahme: Thyssen AG, Duisburg)

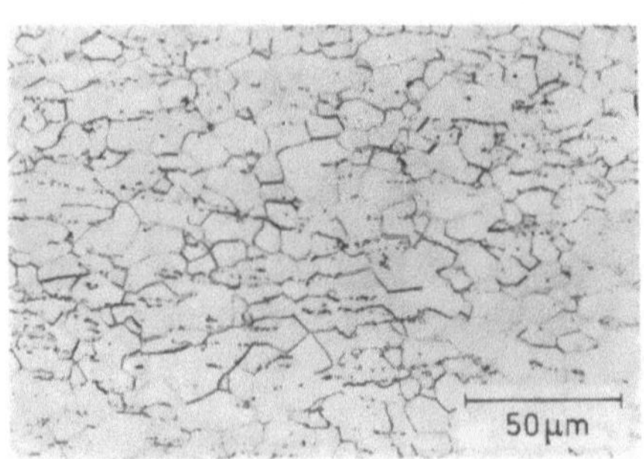

Bild 4.3. Gefüge eines unberuhigten Kaltbandes. Geätzt. V = 300×.
(Aufnahme: Thyssen AG, Duisburg)

Dies läßt sich beheben durch längeres Brennen, erhöhte Brenntemperatur, Erhöhung des Haftoxidzusatzes zum Email oder am sinnvollsten durch eine Vorvernickelung des Bleches wie bei der Direktemaillierung (s. Abschn. 4.2.1.2).

Von den nach einem der beschriebenen Verfahren hergestellten Stahlblechen kommen für die Emailindustrie in Betracht: Feinbleche, 0,5 bis etwa 1 mm dick für Geschirre u. dgl., 1 bis 2 mm für Schilder, Herd- und Küchenschrankteile, schweres Geschirr; Grobbleche und Kesselbleche ($> 4,75$ mm) für Lagertanks und Geräte für die chemische Industrie. Maßgebend für Feinblech unter 3 mm

Dicke ist DIN 1623 Blatt 1. Danach gibt es im Sinne steigender Tiefziehbarkeit drei Stahlsorten:

St 12 Werkstoffnummer 1.0330 unberuhigt mit höchstens 0,10% C, 0,007% N,
St 13 Werkstoffnummer 1.0337 unberuhigt mit höchstens 0,10% C, 0,007% N,
St 14 Werkstoffnummer 1.0338, besonders beruhigt mit höchstens 0,08% C,
N muß abgebunden sein.

Die Oberflächenarten sind: 03 mit Poren, kleinen Riefen, leichten Kratzern u. dgl., und 05 als beste Oberfläche. In der Oberflächenausführung gibt es: Glatt, matt und rauh.

Zwar sollen alle diese Blechsorten zum Emaillieren geeignet sein, doch soll bei Bestellung besonders angegeben werden, daß das Blech emailliert werden soll.

In einer Tabelle sind für die drei Blechsorten Werte für Zugfestigkeit, Streckgrenze, Bruchdehnung, Härte, und in einem Diagramm die Tiefung in Abhängigkeit von der Blechdicke aufgeführt.

DIN 1623 wird z. Z. überarbeitet, wobei die Eamillierstähle mehr berücksichtigt werden sollen.

Tabelle 4.1. *Chemische Analyse von Emaillierblech*

Höchst-gehalte an	Nach [152] %	Nach AVI %
C	0,10	{ unberuhigt 0,08 { beruhigt 0,06
Si	0,08	0,03—0,15 je nach Desoxidationsmitteln
Mn	0,50	0,20—0,45
P	0,08	0,04 } P + S 0,06
S	0,04	0,04 }
Cu	0,20	< 0,20
Cr	0,05	< 0,05
N	0,002	< 0,01

Außer DIN 1623 sind noch folgende DIN-Vorschriften emailtechnisch wichtig: DIN 1544 betrifft die Abmessungen für Feinblech als kaltgewalztes Band, DIN 1541 für Breitband und Blech, DIN 1542 für Mittelblech, und DIN 1543 für Grobblech. DIN 17007 enthält Werkstoffnummern, T 1 Rahmenplan, T 2 Systematik Stahl, T 3 Systematik Roheisen, Gußeisen, T 4 Nichteisenmetalle. DIN 17155 T 1 bis 3 enthält die Gütevorschriften für Kesselblech.

Hinsichtlich der chemischen Zusammensetzung von Emaillierblech haben Dietzel u. M. [152] und der Arbeitskreis der Eisen- und Metallverarbeitenden Industrie (AVI) die in Tab. 4.1 genannten Werte angegeben.

Die Höchstgrenze an Kohlenstoff ist keine starre Grenze, sondern hängt u. a. von Aufbrenntemperatur und Brennzeit ab, was mit der α—γ-Umwandlung des Eisens zusammenhängt [311]. Mit steigendem Kohlenstoffgehalt nimmt die Anfälligkeit für Emailfehler, wie Blasen, schwarze Punkte, Fischschuppen usw. zu. Außerdem nimmt die Neigung zum „Durchsacken" — Werfen im Brand — zu. Wo es auf hohe Festigkeit ankommt, man also Grobbleche verwendet — Warmwasserbehälter u. dgl. —, wählt man Stähle mit C-Gehalten bis 0,10%, ja sogar etwas darüber; durch das langsame Aufheizen findet eine oberflächliche Verringerung des C-Gehalts statt. Ein merklicher Chromgehalt verringert die Emailhaftung, ein höherer Gehalt an Cu, S und N ist für die Form- und Beizbarkeit ungünstig.

Die einer Blechlieferung von den Blechherstellern mitgegebenen Analysenwerte beziehen sich auf eine ganze Charge, sind also nicht unbedingt für eine bestimmte Lieferung verbindlich; kleine Abweichungen können vorkommen. Größere Abweichungen sind bei Lieferungen von Händlern möglich, sofern hier überhaupt eine Analyse mitgegeben wird.

Die chemische Analyse gibt zwar gewisse Anhaltspunkte über die Emaillierbarkeit, genügt aber allein nicht. Wichtig ist auch das Gefüge. Es ist vorwiegend ferritisch. Da kaltgewalztes Band bei 600 bis 700 °C rekristallisierend geglüht wird, kommt es dabei zur Ausscheidung von feinem, körnigem Zementit, wie in Abschn. 2.1.1.2 (metastabiles System Fe—C) besprochen, der wegen der starken Gefügestreckung beim Kaltwalzen häufig in Zeilen angeordnet ist. Bei warmgewalztem Blech kann daneben etwas Perlit auftreten. Das Gefüge muß aber frei sein von Fremdeinschlüssen (Schlacken), von Rissen oder Blasen. Für Bleche mit 2 mm Dicke dürfen die Ferritkörner nicht mehr als 0,05 mm $\varnothing$ haben, darüber nicht mehr als 0,07 mm $\varnothing$.

Die Oberfläche muß blank und frei von eingewalztem Zunder sein. Narben, Pocken, Poren, Walzstrukturen, Kratzer sind bis zu geringer Tiefe zulässig.

In bezug auf eine Zunderentfernung vor dem Emaillieren besteht ein Unterschied zwischen beruhigtem und unberuhigtem Stahl. Beim unberuhigten läßt sich der Zunder mit steigender Walzendtemperatur mechanisch leichter, durch Beizen schwerer entfernen. Beruhigter Stahl zeigt keine so deutliche Abhängigkeit. Engell u. M. [180] erklären dies damit, daß sich zwischen Wüstit und Stahl eine silicatische Zwischenschicht bildet, die den Zunder festhält.

Die Neigung der Bleche zum *Durchsacken* hängt unmittelbar damit zusammen, ob die Glüh- (Emaillier-) Temperatur über oder unterhalb der α—γ-Umwandlungstemperatur liegt; diese sinkt mit dem C-Gehalt entsprechend dem Fe—C-Diagramm (Abschn. 2.1.1.2). Mit dem Problem des Durchsackens verschiedener repräsentativer Stähle haben sich Birmes u. M. [40] eingehend befaßt. Die Ergebnisse lassen sich wie folgt zusammenfassen.

Untersucht wurden kaltgewalzte Bleche aus:

(A) unberuhigt vergossenem OC-Stahl, mit 0,002% C (s. Abschn. 4.2.1)
(B) Vakuum-entkohltem Stahl, desoxidiert, mit 0,005% C;
(C) desgl. mit Al desoxidiert, mit 0,014% C;
(D) desgl. mit 0,19% Nb bzw. 0,20% Ti, mikrolegiert, mit 0,014—0,016% C;
(E) mit Al in der Kokille beruhigtem Stahl, mit 0,034% Nb und 0,050 C;
(F) unberuhigtem, nichtentkohltem Stahl, mit 0,057% C.

In allen Fällen nimmt das Durchsacken mit der Blechdicke ab und mit steigender Glühtemperatur und -dauer zu. Mit steigendem C-Gehalt nimmt die Durchbiegung der unlegierten Stähle bei 800 °C bis 0,02% C etwas ab, bei 825 und 850° stetig zu (s. auch [258]), bei 900 °C hat sie bei 0,014% C ein scharfes Maximum bei

1 min Glühdauer; trotzdem ist auch hier die Durchbiegung von (A) wegen des niedrigeren C-Gehalts nur etwa halb so groß wie bei (E) mit Nb. Bei 10 min Glühdauer sind der entkohlte Stahl (A) und der stärker legierte (D) zwischen 800 und 900 °C am wenigsten durchgebogen, auch (B) und (C) bei 800 und 850 °C, versagen aber bei 900 °C. Hier wirken sich Nb, noch mehr Ti (D) sehr günstig aus. Bei dieser Untersuchung ergab sich auch ein Zusammenhang mit der Korngröße des Ferrits: Da die Korngrenzen wegen ihrer größeren Versetzungsdichte Schwachstellen im Gefüge sind, ist gröberes Korn günstiger als feines, wie es besonders bei (A) der Fall ist. Bei den legierten Stählen (D) und (E) ist die Durchbiegung wegen der feindispersen Carbide trotz geringer Korngröße klein. Die Streckgrenze steigt bei 800 bis 900 °C im Falle (A, B, C) mit steigendem C-Gehalt stark, danach nur noch wenig (F). Bei den mikrolegierten Stählen sinkt die Streckgrenze nach Durchlaufen eines schwachen Maximums bei etwa 0,05% Nb oder Ti stark ab.

Emailtechnisch besonders interessant ist, daß sich grundsätzlich alle Stähle emaillieren ließen, aber (A) und (B) für die Direkt-Weißemaillierung am geeignetsten waren, vor allem hinsichtlich Fischschuppenresistenz; letztere war bei (D) mit Nb und (C) nicht ganz so gut. (E) und (F) ließen sich konventionell emaillieren, (E) neigte etwas zur Fischschuppenbildung.

4.1.1.1 Emailgerechtes Konstruieren mit Stahlblech

Soll eine Emaillierung dauerhaft sein, erfordert sie eine gewisse Berücksichtigung der Emaileigenschaften schon bei der Gestaltung des zu emaillierenden Teils, um so mehr, je dicker der Emailauftrag werden soll. Wie man emailgerecht zu konstruieren hat, bespricht Oehler [494] an Hand von Merkblättern, die er in Zusammenarbeit mit dem Verein Deutscher Emailfachleute herausgegeben hat, und auf die besonders hingewiesen sei. Sie sind verkleinert in Bild 4.4 wiedergegeben und in Blid 4.5 durch Zeichnungen aus dem Merkblatt Stahl 414 der Beratungsstelle für Stahlverwendung, Düsseldorf, ergänzt. Dabei ist jeweils links (bzw. oben) die ungünstige, rechts (bzw. unten) die richtige Gestaltung wiedergegeben.

4.1.1.2 Formgebung

Der zu emaillierende Stahlblechgegenstand kann seine Form durch Stanzen, Pressen, Tiefziehen, Rollen (auf der Drehbank) oder Schweißen erhalten. Zu vermeiden sind dabei in jedem Fall scharfe Kanten oder Rundungen mit kleinem Radius, da dort das Email leicht „durchbrennt" oder zu große Spannungen bekommt und abplatzt. Der kleinste Krümmungsradius sollte wenigstens das 5 bis 10fache der Emaildicke ausmachen.

Emailtechnisch besonders störend ist der Stanzgrat, der vom Email in der Regel nicht genügend überdeckt wird. Das gleiche gilt für unsachgemäße Schnitt- oder Stoßkanten. In dem Spalt setzen sich Beizreste fest.

Oehler [495] zeigt, daß für die Emaillierung nicht die stark verformten Bereiche gefährdet sind, sondern die wenig verformten, beispielsweise bei Herdabdeckplatten, die größere Restelastizität haben. Die Rückfederung hängt im wesent-

	ungünstige Gestaltung	günstige Gestaltung
Aufnahme für Brennspitzen vorsehen	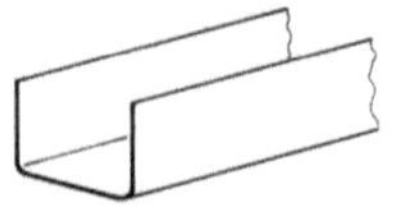	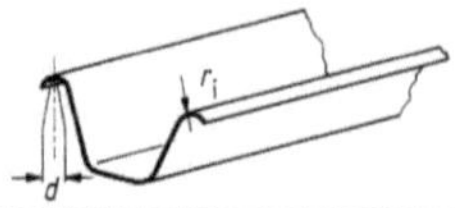
Schlitze anziehen	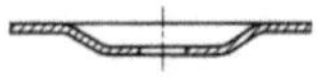	
bei Schraubverbindungen elastische Zwischenlagen verwenden!	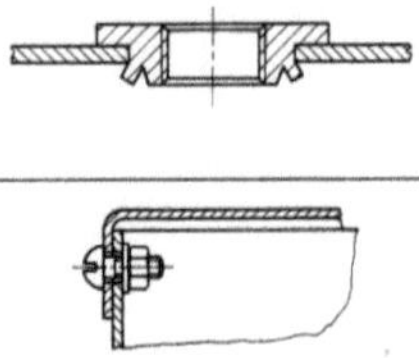	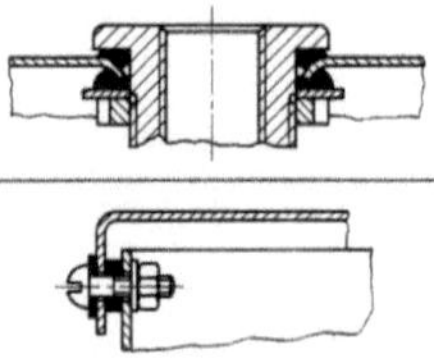
Punktschweißverbindungen sind ungünstig. Vermeide Blechverdickung!	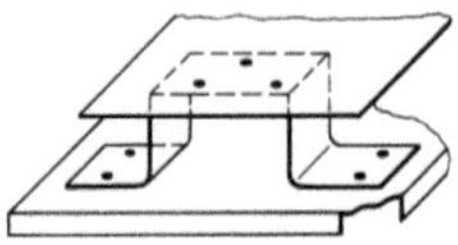	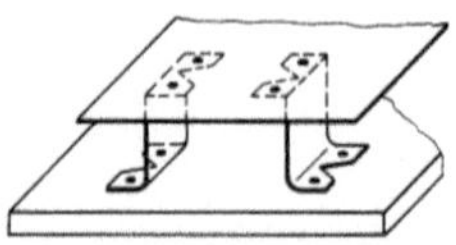
Lochausrundung		
absatzweises Heften mittels Mantelelektroden günstiger	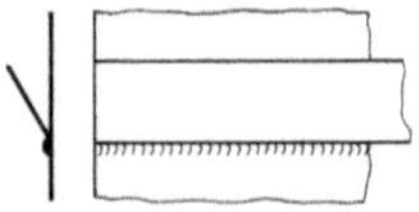	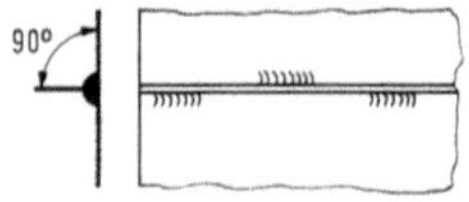
Ringschweißung vermeiden. Zwischengesetztes U-Profil ist nachgiebiger	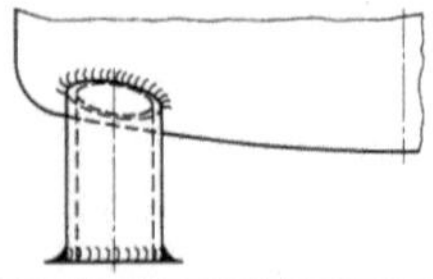	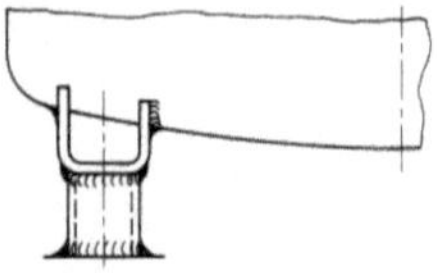
Abzug der in Schweißfugen eingeschlossenen Luft durch Löcher a oder durch Nahtunterbrechung b	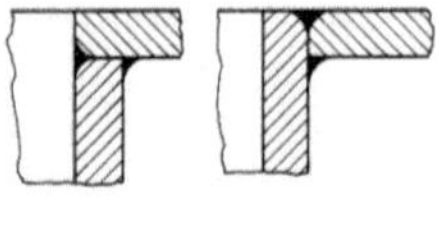	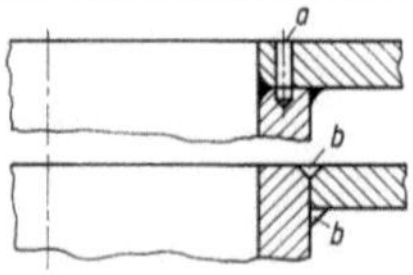
Abdickung der Schnittfläche durch Schweißung c		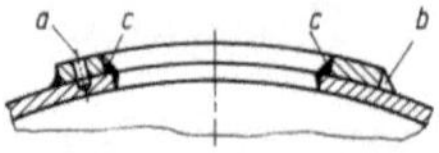
scharfe Kanten, geringe Lochabstände und Randhöhen. $r_i > 5\,\mathrm{mm}$ $\quad h > 10\,\mathrm{mm}$ $a > 4\,\mathrm{mm}$	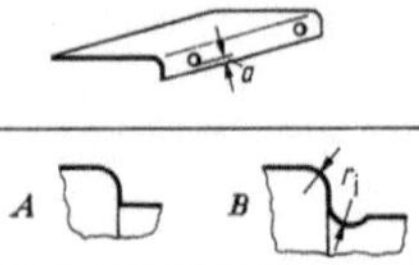	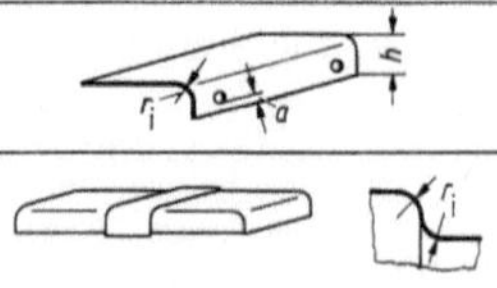
keine schroffen Querschnittsänderungen. Randversteifung anbringen.	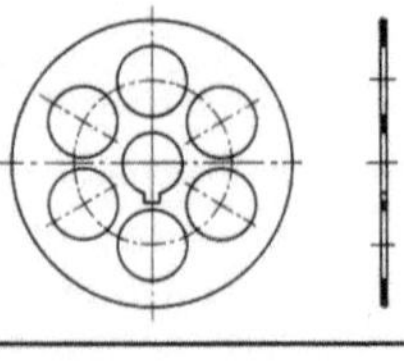	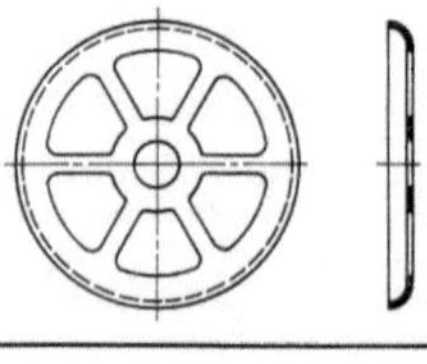

	ungünstige Gestaltung	günstige Gestaltung
Ausklinkungen und Lochränder nicht in Biegeachse.		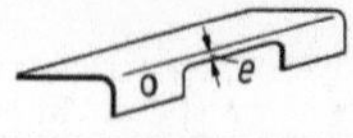
lange Winkelprofile sind an den Enden besonders gut zu versteifen!	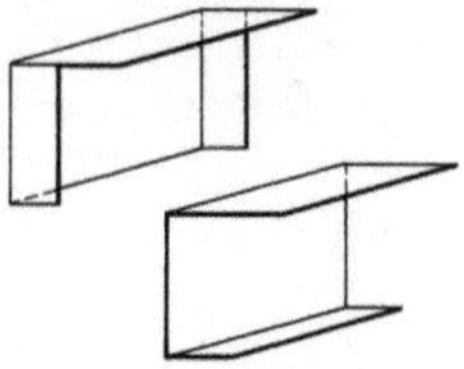	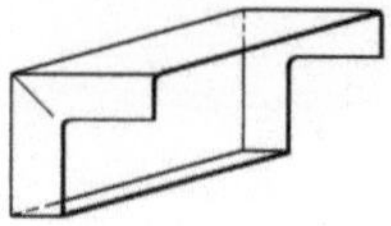
ebene Böden federn leicht durch	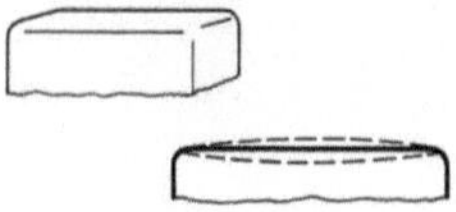	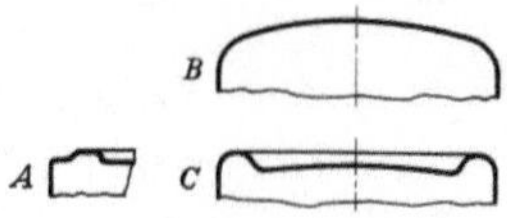
möglichst Symmetrie	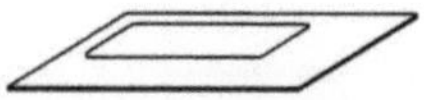	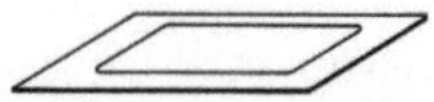
Sicken möglichst nicht bis zum Rand führen	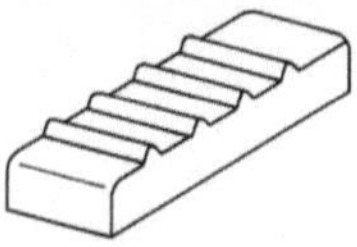	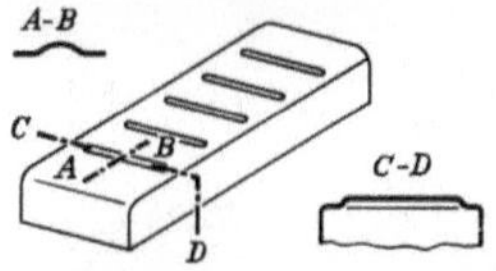
äußere Zargenwand versteifen, dabei möglichst Innenbördel vermeiden	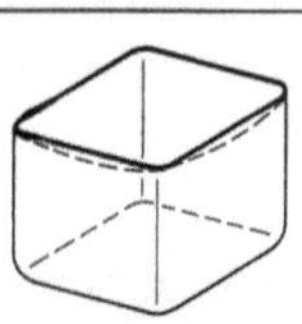	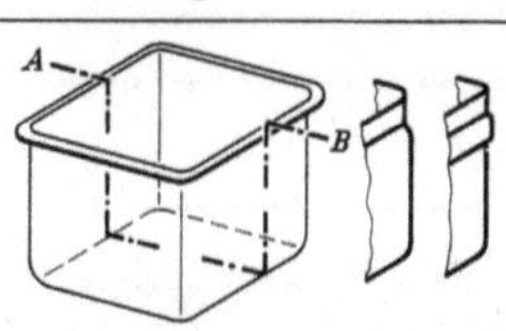

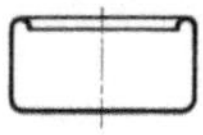

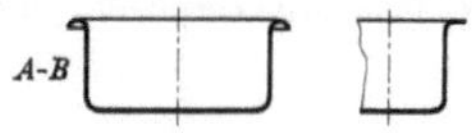

Bild 4.4. Beispiele für emailgerechtes Konstruieren mit Stahlblech. Die ungünstige Ausführung gibt leicht Emailfehler. Nach [494]

lichen von dem Verhältnis des Biegehalbmessers r_i zur Blechdicke d ab, wobei der größte zulässige Wert von r_i sich nach

$$r_{i(\max)} = \frac{d\mathrm{E}}{2\sigma_\mathrm{F}} \tag{4.1}$$

berechnet. E: Elastizitätskonstante, σ_F: Fließgrenze.

Große ebene Flachteile, sofern sie nicht aus Sonderstahl bestehen, sollen durch eingepreßte Profile am Werfen im Feuer gehindert werden. Gerade die in neuerer Zeit zu emaillierenden großen Flächenelemente für Architekturzwecke, die Panels, erfordern nicht nur besondere Blechbearbeitungsmaschinen, sondern auch doppelt dekapierte, weiche, kohlenstoffarme Bleche. Die durch den niedrigen C-Gehalt zu erwartende gute Ziehbarkeit kann jedoch ausbleiben — Rißbildung beim Ziehen —, wenn durch zu weit getriebene Entkohlung eine geringe innere Oxida-

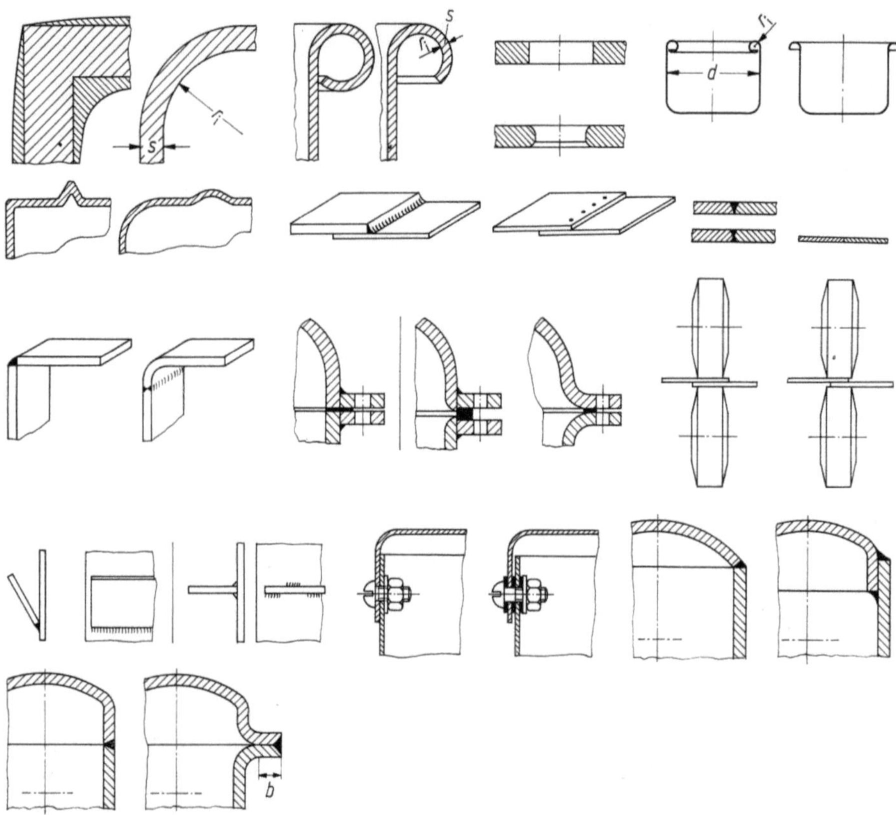

Bild 4.5. Weitere Beispiele für emailgerechtes Konstruieren für Stahlblech. Die links
stehenden Ausführungen geben leicht Emailfehler, die rechts stehenden dagegen nicht.
(Nach: Beratungsstelle für Stahlverwendung, Düsseldorf)

tion stattgefunden hat, die versprödend wirkt. Die Schwierigkeiten des Werfens
umgeht man am einfachsten durch die Verwendung von Tieftemperaturemails
(Abschn. 4.4.5).

Ausschließlich durch *Ziehen* werden Teller, flache Schüsseln, Reflektoren u. dgl.
geformt, während früher bei tiefen Töpfen, Wannen, Eimern usw. die tiefgezoge-
nen Böden durch Schweißen mit den übrigen Teilen verbunden wurden. Weiter-
entwicklungen im Werkzeugmaschinenbau und in der Stahlherstellung machten
es aber möglich, solche Teile, selbst Badewannen, in einem Zug ohne Zwischen-
glühen herzustellen. Dies wäre mit pfannenberuhigten Sondertiefziehstählen zwar
auch möglich, das Email würde aber Fischschuppen bekommen. Dieser Nachteil
ließ sich durch die Einführung des kokillenberuhigten Stahls mit seinen hohen
Wasserstoffdurchtrittszeiten beheben.

Schwere Stahlgeschirre werden auf der Drehbank *aufgerollt*.

Schon bei der Formgebung muß berücksichtigt werden, daß der Boden von
Kochgeschirren auf der Kochplatte eben aufsitzt, und damit ein guter Wärme-
kontakt hergestellt ist. In der Kälte plan abgedrehte Topfböden verziehen sich

beim Erhitzen nach außen, sie müssen also etwas nach innen durchgebogen sein. Es kommt dabei auf eine Reihe von Faktoren an, die von Messmer [459] besprochen wurden.

Das höchsterreichbare Ziehverhältnis Zuschnitts- zu Napfdurchmesser nimmt beim Flachkopfstempel mit steigender Ziehgeschwindigkeit zu, während es beim Rundkopfstempel abnimmt. Ziehriefen und ihre Ursachen sind: Schlechte Schmierung, verunreinigtes Schmiermittel, unrichtige Dimensionierung des Ziehwerkzeugs. Über verschiedene Verfahren zum Tiefziehen mit verschieden geformten Ziehring und auf- bzw. eingelegtem Zuschnitt ohne Blechhalter, über das Hydroform- und andere Verfahren berichtet Oehler [496].

Als Schmier- und Gleitmittel beim Ziehen werden Mineralöle, tierische und pflanzliche Öle, Seifen, Emulsionen usw. verwandt, die i. allg. zugleich Rostschutzmittel sind. Reste von MoS_2 geben Blasen und Durchschüsse im Email. Gute Schmiermittel sollen ungiftig, rostschützend, verseifbar oder anders leicht entfernbar sein und nach einer evtl. Glühprobe keinen Kohlenstoff und Zunder zurücklassen. Trockene, wasserlösliche Schmiermittel sind für Fließbandfertigung besonders geeignet. Die Gleitreibung nimmt bei Öl exponentiell mit steigender Viskosität ab.

Das Ziehfett bzw. die Schmiermittel müssen vor der Beize sorgfältig entfernt werden, da sonst schwere Emailfehler entstehen können.

Noch einige Hinweise: Wenn gezogene Töpfe aus dünnem Blech einen gewölbten Boden bekommen, liegt es meist daran, daß der Blechhalter an der Ziehpresse nicht richtig eingestellt ist. Wird ein Geschirrand nicht mit einer Chromleiste versehen, sondern zur Verstärkung des Rands gebördelt, so darf dabei kein ganz oder nahezu geschlossener Hohlraum entstehen, weil sonst Wasser bzw. Schlicker eindringt und Blasen im Email bilden kann.

Einzelne Teile eines Gegenstands werden ausschließlich durch *Schweißen* verbunden, bei Massenverarbeitung meist durch elektrisches Widerstandsschweißen. Stähle mit C-Gehalten bis 0,12% lassen sich einwandfrei schweißen; zu beachten ist der Gesamtwiderstand, der bei unterschiedlichen Blechen verschieden sein kann. Die Gasschweißung wird nur gelegentlich angewandt.

Beim Punktschweißen soll der Durchmesser der Elektrodenspitzen 4,5 bis 5mal $\sqrt{d}$ sein, wobei d die Blechdicke ist. Der Durchmesser des Schweißpunkts soll 70 bis 80% des Elektrodendurchmessers betragen, der Abstand der Schweißpunkte vom Blechrand das 1,5fache des Punktdurchmessers.

Unsachgemäßes Schweißen kann die Ursache für viele Emailfehler sein. Fehlerquellen bei der Punktschweißung behandeln McCulloch [439] und Karmaus [350]. Ist der Schweißstrom zu hoch, oxidiert sich das Eisen. Es bilden sich Lunker und Oxideinschlüsse, die sich später in der Aufzehrung des Grundemails und Blasenbildung bemerkbar machen. Abhilfe bringt eine Erhöhung der Schweißgeschwindigkeit. Das Verschweißen von Nähten ist manchmal schwierig, besonders wenn diese zu weit überlappt sind und von der Schweißrolle nicht in voller Breite erfaßt werden. Es bilden sich feine Nahtfugen, die sich in der Beize vollsaugen. Um solche Fehler zu verhindern, empfiehlt sich die Anwendung von Schweißschablonen. — Schweißnahtformen s. DIN 1912.

Beim ummantelten Schweißen dickerer Bleche muß man mit Schweißelektroden arbeiten. Dabei entstehen durch Reaktion zwischen flüssigem Schweißgut und flüssiger Schlacke Gase, die beim Emaillieren stören können: O_2, H_2 aus H_2O, N_2. Man verwendet deshalb hart getrocknete basische Elektroden. O_2 gibt leicht oxidische Einschlüsse. Man verwendet also Ummantelungen mit reduzierenden Metallpulvern; H_2 dürfte kaum gefährlich werden, N_2 ist wegen der Alterungserscheinungen gefürchtet. Emailabplatzungen an säurefest emaillierten Kesseln waren nach [135] ausschließlich auf oxidische Einschlüsse in den Schweißungen zurückzuführen. Spannungen, die durch die Formgebung oder das Schweißen bedingt sind, lassen sich durch Glühen bei ~ 700 bis $760\,°C$ verringern. Gefügespannungen an Großbehältern kann man durch Entlangführen eines Schweißbrenners zu beiden Seiten der Schweißnaht mildern [393]. Ultraschallbehandlung ist unwirksam.

Das Schweißen ist vielfach mit Gefügeänderungen verbunden, die durch das Emaillieren wieder rückgängig gemacht werden.

4.1.1.3 Reinigung der Oberfläche

Nach der Formgebung muß die Stahloberfläche gereinigt und für die Emaillierung vorbereitet werden.

Mechanische Reinigung. Gefalzte oder gekantete Bleche, etwa für Herdteile, wurden früher gescheuert, auch um die Haftung zu verbessern, dickere Bleche mit Stahlkies abgestrahlt. Besondere Bedeutung hat das Abstrahlen bei großen Behältern aus Kesselblech, worüber Thier [656] näher berichtet. Gearbeitet wird mit Körnungen von 1,2 bis 1,4 mm und einem Blasdruck von 3,8 bis 4 bar, mit zähem Stahlguß- und Stahlkies, der sich allmählich zu Schrot abrundet, da deren Härte wesentlich kleiner ist als von Hartguß oder Temperguß. Auch Drahtkorn rundet sich nach einigen hundert Durchgängen merklich ab. Thier verwendet ein dem Blech in seiner Zusammensetzung ähnliches Strahlmittel mit 0,07% C. Damit vermeidet er Emailfehler, die durch Splitter von Gußkorn entstehen, die in die Blechoberfläche eingeschlagen sind. Der beim Abstrahlen entstehende feine Staub wird mit Exhaustoren abgeführt.

Glühen. Geglüht wird aus zwei Gründen: Einmal soll Fett u. dgl. verbrannt, zum anderen sollen Spannungen gemildert werden, die bei stark verformten Blechen auftreten. In diesem Fall ist es immer notwendig. Während es dabei nur auf die Temperaturbehandlung ankommt, ist für die Entfettung der Blechoberfläche auch die Wahl der Atmosphäre von großer Bedeutung. Am gebräuchlichsten ist das Glühen in oxidierender Atmosphäre. Dabei kommt es darauf an, einen Zunder zu bilden, der möglichst leicht durch Beizen zu entfernen ist. Dies ist der Fall, wenn er vorwiegend aus Wüstit besteht. Er bildet sich beim Glühen in der Emailliermuffel — meist in wenigen Minuten bei 600 bis $700\,°C$ —, er muß aber durch rasche Abkühlung erhalten bleiben, sonst zerfällt er in $Fe + Fe_3O_4$; letzteres ist in der Beizsäure rund doppelt so langsam löslich.

Verschiedentlich wird auch in reduzierender oder neutraler Atmosphäre geglüht. Dabei werden die Spannungen und auch die organischen Verunreinigungen entfernt, und es entsteht kein Zunder, so daß ein anschließender Beizprozeß nicht nötig ist. Die Gaszusammensetzung hängt davon ab, ob die Oberfläche blank, verzundert usw. ist.

Durch Schutzgas gereinigte Ware soll sich hervorragend zum Emaillieren eignen. Die Kosten sollen unter Umständen niedriger sein als bei oxidierendem Glühen mit anschließendem Säurebeizen [370].

Chemische Entfettungen. In großen Zügen lassen sich drei Verfahren unterscheiden: Das Ablösen des Fetts mit heißen organischen Lösungsmitteln, die kolloidchemische Kaltentfettung und die Verseifung des Fetts mit Alkali. Bei der sog. Gasbeize oder *Gasentfettung* kommen die kalten Gegenstände in die 120 °C heißen Dämpfe von organischen Lösungsmitteln; diese kondensieren und entfernen Fette usw. beim Ablaufen. Die Gasentfettung — Dauer 60 bis 90 s — bewährt sich besonders für einfach geformte Stücke, die dann heiß in die Beize kommen. Der Nachteil ist, daß z. B. der Metallabrieb vom Ziehen nicht entfernt wird. Die Lösemittel sind meist gechlorte Kohlenwasserstoffe: Tri- und Perchloräthylen und Tetrachlorkohlenstoff (Vorsicht, giftige Dämpfe). Kleine Teile lassen sich in einem Korb in Trichloräthylen in 5 min mit Ultraschall entfetten.

Der andere Weg geht über *Verseifung und Emulgierung.* Als Verseifungsmittel dienen Ätznatron in etwa normaler Lösung (pH = 14), ferner Puffersalze wie Soda, Natriumphosphate, Wasserglas (Silicatreiniger) und ähnliche, die den pH-Wert des Reinigungsbades konstant halten sollen. Sie werden zusammen mit Tensiden eingesetzt, die das Fett vom Metall lösen. Als Emulgiermittel dienen hauptsächlich Kalium-, Natrium- oder Ammoniumseifen (zuviel Seife ist schädlich), Sulfonate des Naphthalins oder Saponine und Fettalkoholsulfonate. Der Emulgator verhindert, daß sich die Fetttröpfchen zusammenlagern und eine Fettschicht auf dem Entfettungsbad bilden, die schließlich beim Herausziehen des Blechs daran hängen bleibt. Über die Wirkungsweise s. Abschn. 2.1.7. Behandlung: mindestens 6 min bei 95 °C.

Schoenemann u. M. [604] weisen auf einen heimtückischen Fehler hin: Wenn Borsäure im Ziehmittel verwendet wurde, und die Teile anschließend nicht bald gereinigt werden, entstehen schwerlösliche Eisenverbindungen; in diesem Fall muß nach zwei- bis dreimaligem alkalischem Entfetten und Spülen auf alle Fälle sauer entrostet, gespült und nachentfettet werden.

Die verschiedenen Arten der Entfettung mit ihren Vor- und Nachteilen behandelt Schäfer [594]. Er befürwortet die Kaltentfettung durch Reinigungsmittel mit höherem Gehalt an aufeinander abgestimmten Netzmitteln und Emulgatoren und eine anschließende besondere Kaltbeize, die auch noch Reste von Fett oder Öl entfernt und außerdem drei Inhibitoren enthält.

Welches der zahlreichen Verfahren auch angewendet werden soll, das oder die Entfettungsmittel müssen auf die jeweiligen Ziehhilfsmittel abgestimmt sein [602]. Zwei getrennte Entfettungsbäder mit zwischengeschalteter warmer Spülung sind besonders empfehlenswert. Lohnemaillierbetriebe, die meist über die Art der verwendeten Ziehmittel bei der angelieferten Ware nicht unterrichtet sind, sollten für die beiden Entfettungsbäder zwei verschiedene Typen von Reinigungsmitteln verwenden.

Nach dem Entfetten muß gründlich mit weichem heißem Wasser gespült werden. Besonders überschüssige Seife haftet fest und wird leicht in das Beizbad verschleppt, wo sie zersetzt wird, Ölflecken auf dem Bad bildet und zu ernsten Störungen (Überbeizen) führt. Andere Entfettungsmittel können in der Beize wie Inhibitoren wirken.

Auch saure Alkaliphosphatreiniger wurden entwickelt. Schoenemann [603] und Schott [615] besprechen ihre Anwendung in besonderen Fällen; sie werden als Sicherheitsmaßnahme auch nach der Beize empfohlen.

Die ausgebrauchten Bäder von der alkalischen Entfettung werden am einfachsten mit Abfallbeize in richtiger Dosierung behandelt, wodurch Öl und Fett sich vom Wasser trennen. Doch nicht alle Emulsionen lassen sich so spalten; dann preßt man sie durch eine halbdurchlässige Membrane (Ultrafiltration): Wasser und gelöste Salze gehen hindurch, Öl und Fett bleiben zurück und können dann verbrannt werden. Ähnliches erreicht man durch Zentrifugieren.

Beizen. Es hat die Aufgabe, den auf dem Blech festhaftenden Zunder oder Rost zu entfernen. Das erfolgt ganz allgemein chemisch durch Behandlung mit Säure. Andere Verfahren wie Elektrolyse, Ultraschall usw. haben nur geringe Verbreitung, allenfalls zusätzlich zur chemischen Reinigung, obwohl viele Autoren eine Zeit- und Kostenersparnis beim elektrolytischen Entfetten und Beizen erblicken. Ein vorheriges Abstrahlen beschleunigt das Beizen.

Zur Säurebeizung wird in der Regel entweder 20 bis 25%ige Salzsäure bei Raumtemperatur, 6 bis 10%ige Schwefelsäure bei 65 bis 75 °C, Ferrisulfatbeize oder Phosphorsäure, gelegentlich auch Salpeter-, Zitronen- oder Sulfaminsäure angewandt. Die Beizverfahren selbst und ihre Eingliederung in den Arbeitsablauf sind je nach Art der zu emaillierenden Stücke, dem Modernisierungsstand der Werke u. ä. etwas verschieden; an dieser Stelle seien deshalb nur einige Gemeinsamkeiten behandelt, während die speziellen Fälle in den Abschn. 4.2.1.1 und 4.4 besprochen werden.

Bei *Salzsäure* nimmt die Beizgeschwindigkeit mit der Konzentration monoton zu, während sie bei *Schwefelsäure* bei 25% ein Maximum aufweist. Eine Anreicherung der gebildeten Eisensalze in der Beize setzt besonders bei Schwefelsäure die Beizgeschwindigkeit beträchtlich herab. Bei Salzsäure werden die gebeizten Oberflächen glatter, blanker, weniger angeätzt, die Gefahr der Beizsprödigkeit ist geringer; Schwefelsäure greift vor allem die Korngrenzen und Verunreinigungen an. Bei Salzsäure bilden sich nicht so leicht schwer abwaschbare Beizrückstände, $FeCl_2$ ist leichter löslich als $FeSO_4$. Die Vorteile von Schwefel- gegenüber Salzsäure sind: Niedriger Preis, Geruchlosigkeit, die Zunderschicht wird weniger durch die Säure aufgelöst als durch Wasserstoffentwicklung abgesprengt, dadurch Säureersparnis. Bei Salzsäure wird die Säure schlechter ausgenutzt. Bei offener Beize tritt außerdem starke Schleimhautreizung ein. Man kann das verhindern, wenn man mit verdünnter Säure bei höheren Temperaturen beizt. Schwefelsäure ist für halb- und vollkontinuierliche Beizen besonders geeignet. Durch Abkühlen auf 20 °C kann man der Beize $FeSO_4$ entziehen und sie so regenerieren.

Kupfer im Stahlblech verzögert, Phosphor beschleunigt das Beizen. Für das Tauchbeizen in Schwefelsäure gilt die Faustregel: Durch je 0,001% Cu Abnahme, durch je 0,001% P Zunahme des Beizabtrags um rd. 1 g/m².

Durch Zugabe von Netzmitteln zur Beizsäure lassen sich die Beizzeiten um 20 bis 30% verkürzen. Durch den Schaum auf dem Beizbad wird gleichzeitig die Abkühlung gehemmt, was bis zu 10 bis 20% Energie einsparen hilft.

Die Säuren müssen frei von Arsen sein, da sonst Arsenwasserstoff entsteht, der außerordentlich giftig ist.

Gelegentlich wird auch in *Salpeter-* oder in Schwefelsäure mit *Salpeterzusatz* gebeizt; solche Beizen greifen stark an und können die Beizzeiten wesentlich verkürzen. Nachteilig ist die Entwicklung nitroser Gase. Man braucht also eine gute Entlüftung.

Schwefelhaltige Beizen mit H_2S oder Thiosulfaten erzeugen tiefe Spalten und ergeben Lochfraß; sie werden z. B. zur Unterstützung der Zitronensäurebeize benutzt.

Beim Gebrauch nimmt die Konzentration an freier Säure in der Beize ab, die an Eisensalzen zu. Die Beizen müssen daher rechtzeitig „nachgeschärft" oder durch frische Beize ersetzt werden. Erschöpfte Beizbäder führen zur Ablagerung von Eisensalzen auf der Stahlblechoberfläche, die dann zum „Durchschießen" des Grundes führen. Eine Beize sollte niemals mehr als 130 g $FeCl_2$ bzw. 110 g $FeSO_4$ pro Liter enthalten.

Ein anderes, wirksames Verfahren ist die schwefelsaure *Ferrisulfatbeize*: 3,5 bis 5% Ferrisulfat, mit Schwefelsäure auf etwa pH = 1 eingestellt; 45 bis 60 s bei 65 °C; nach Wasserspülung 7% H_2SO_4-Bad bei 70 °C 3 min. Sie arbeitet ohne Wasserstoffentwicklung; das reduzierte Fe^{3+} wird durch H_2O_2 oder durch anodische Oxidation laufend regeneriert. Diese Beize greift das Eisen ziemlich gleichmäßig an.

Sehr gut brauchbar, aber teuer ist *Phosphorsäure* (10% bei 60 bis 80 °C, 3 bis 10 min). Die Vorteile sind: Fett, Öl und Zunder können unter Zugabe geeigneter Netzmittel gleichzeitig entfernt werden; die Beizrückstände stören beim Emaillieren nicht, weil sie sich ohne Gasbildung im Emailschmelzfluß lösen. Das Metall wird weniger stark angegriffen als bei anderen Beizsäuren.

Zur Verbesserung der Haftung des Grundemails wird der Beize gelegentlich Kupfersalz zugesetzt. Zur Regeneration der Beize wird das Eisen nach Oxidation mit H_2O_2 als Fe_3PO_4 ausgefällt, oder die Säure wird durch Ionenaustausch wiedergewonnen. In letzterem Fall soll die Phosphorsäurebeize sogar billiger arbeiten als diejenigen mit Salz- und Schwefelsäure.

Außer dem üblichen Beiztauchverfahren wurden auch Spitzverfahren beschrieben, bei denen mit einer 25%igen Phosphorsäurelösung gearbeitet, und eine hohe Beizgeschwindigkeit erreicht wird.

Das Beizverhalten von mit Stahl- bzw. Drahtkorn und SiC abgestrahlten Stahlblechen (0,002% C) untersuchten Albrecht u. M. [10]. Der Beizabtrag ist nur in den ersten Minuten erhöht, besonders stark bei SiC. Dies ist nicht nur durch die Vergrößerung der Oberfläche bedingt, sondern auch durch eine Änderung der chemischen Zusammensetzung der Blechoberfläche.

Die Anwendung von *Beizzusätzen* ist bei der konventionellen Emaillierung (Sparbeize, s. Abschn. 2.1.7.2) weit verbreitet. Neben der Ersparnis an Eisen und Beizsäure bringen die Zusätze den Vorteil, daß eine glattere Oberfläche erzeugt wird, an der Säure und Salzreste viel weniger stark haften als an der stark aufgerauhten Eisenfläche bei gewöhnlicher Beizung.

Während früher die Beizerei eine Art in sich abgeschlossener Nebenbetrieb war, wird sie heute mehr oder weniger vollkommen in die Fließfertigung einbezogen, zumindest mit den anderen Blechvorbehandlungsbädern zusammengeschaltet, wobei die Ware, in Beizkörben untergebracht oder an Hubbalken hängend, der Reihe nach in bestimmtem Takt eingetaucht wird. Dafür ein Beispiel: 1. und 2. kochende Entfettungsbäder; 3. Wasserspülung, kalt; 4. Wasserspülung, heiß; 5. und 6. zwei Schwefelsäurebäder, 65 °C, mit Sparbeize; 7. Spülung, schwach sauer; 8. Nickelbad, 30 °C; 9. Wasserspülung, kalt; 10. Neutralisationsbad mit Ätznatron und Natriumcyanid; 11. Neutralisationsbad mit Soda-Borax; 12. gasbeheizter Trockenbehälter. Die Bäder werden mit Dampf geheizt. Zum Heizen erhalten die Bäder bei H_2SO_4 Bleischlangen, bei HCl Schlangen aus Monelmetall oder einer Spezialbronze.

Als *Beizbehälter* verwendet man Kästen aus Monelmetall: 68,1% Ni, 29% Cu, 1,7% Fe, 1% Mn, oder aus Stahl mit Hartgummi-, Kunststoff- oder (für Schwefelsäurebäder) Bleiblechauskleidung oder aus Titanmetall. Als Kunststoffe kommen z. B. in Betracht: Polypropylen, Hart-PVC-Stoffe, glasfaserverstärkte Polyester mit PVC-Innenauskleidung, nicht aber Polyäthylen. Entsprechende Werkstoffe dienen als Beizkörbe, in die die Ware lose eingesetzt wird, sofern die Teile nicht einzeln an einem Hubbalken aufgehängt werden.

Die anfängliche Begeisterung für die an sich wirksamere *Spritzbeize* hat sich etwas gelegt; man beizt fast allgemein durch Tauchen. Die Spritzbeize erfordert höhere Investitionen, der Spritzraum muß vollkommen geschlossen, und Leitungen Auskleidungen, Pumpen usw. müssen säurefest sein; die Ware hängt an gummierten Drahtseilen. All das macht den geringeren Chemikalienverbrauch nicht wett.

Abfallbeize, Abwässer, Abgase. Die mit 40 bis allerhöchstens 60 g Fe/l ausgebrauchte Salz- und Schwefelsäurebeize stellt für die Emaillierwerke einen lästigen Abfallstoff dar. Für eine Aufarbeitung gibt es viele Verfahrensvorschläge: Bei Salzsäurebeizen chlorieren und $FeCl_3$ in Adsorptionsfilter entfernen, bei Schwefelsäurebeizen Sulfat durch Abkühlen auskristallisieren und abfiltrieren. Ferrisulfatbeize kann anodisch aufoxidiert werden. Fast jedes Emaillierwerk hat sein besonderes Verfahren zur schadlosen, ja nutzbringenden Beseitigung. Meist wird die Säure unter Zusatz von bereits neutralisiertem Altschlamm (beschleunigt das Ausflocken!) mit Kalk neutralisiert und durch Belüften das Fe^{2+} in Fe^{3+} übergeführt, wobei ein Eisenhydroxidschlamm anfällt, der durch eine Filterpresse gepumpt wird. Im Falle der Schwefelsäurebeize entsteht dabei auch Gips. Auch die Oxidation mit BaO_2 wurde empfohlen, bei der neben $Fe(OH)_3$ $BaSO_4$ entsteht. Die Filterkuchen kommen in ein benachbartes Eisenhüttenwerk oder eine Deponie. Es gibt auch Fälle, bei denen in einer anderen Branche der Restsäuregehalt noch verwendet werden kann, ohne daß der Eisengehalt stört. Es scheint mehr eine Sache der Findigkeit als ein technisches Problem zu sein, was mit der Abfallsäure geschieht. Lediglich die teure Phosphorsäure wird wiedergewonnen, in der Regel durch Ionenaustausch ohne vorherige Neutralisation.

Über eine Anlage zur automatisch geregelten Beseitigung aller anfallenden Abwässer hat Gesche [233] berichtet: Schwefelsäure mit Kalkmilch, Cyanide mit Hypochlorit, Eisen(II) durch Einblasen von Luft zu Fe(III) oxidiert und mit Kalkmilch gefällt, anschließend Absetzbecken. Als wirtschaftliche Form der Abwasserentgiftung wird eine Ionenaustauschanlage empfohlen [599]. Die bei Verwendung von HNO_3 entstehenden nitrosen Gase leitet man am besten zusammen mit der entsprechenden Menge NH_3 durch ein Aktivkohlefilter, in dem Ammonnitrat bzw. -nitrit gebildet wird. Die Salze werden von Zeit zu Zeit ausgewaschen.

Andere Entzunderungsverfahren. Bei den elektrolytischen alkalischen oder sauren Verfahren wird die Ware als Kathode oder als Anode oder alternierend geschaltet. Die Stromdichten liegen bei 5 bis 16 A/cm². Anodisches Beizen ergibt starke Aufrauhung.

Von der Möglichkeit, mit geschmolzenem NaOH oder Natriumhydrid durch Einleiten von H_2 oder NH_3 in die NaOH-Schmelze schnell zu entzundern und zu entfetten, wird aus Kostengründen kaum Gebrauch gemacht.

Mit dem wirkungsvollen *Ultraschall* werden zur Beschleunigung der verschiedenen Entfettungs- und Beizprozesse nur hochwertige Teile behandelt, weil ein piezoelektrischer Schallgeber so groß sein soll wie das Reinigungsgut, und deshalb die Anlage teuer ist. Nicht so sehr an die Größe des Guts gebunden ist der magnetostriktive Schwinger, dessen Reichweite aber nur einige cm beträgt. Am besten arbeitet man bei niederen Frequenzen — 22 kHz.

Nach der Säurebeize müssen die Beizprodukte (Eisensalze), die teilweise fest auf der Oberfläche haften, entfernt werden. Man spült deshalb die Ware zunächst mit saurem Wasser (pH = 3), um eine Hydrolyse zu verhindern, dann mit kaltem Wasser. Vielfach wird noch eine Waschung mit heißem Wasser vorgenommen. Das Spülwasser soll weich sein. Wenn kein Nickelbad angeschlossen wird, werden die letzten Spuren der Beize entfernt durch ein 70 bis 100 °C heißes Bad von verdünnter Sodalösung (1%), der in der Regel auch etwas Borax (0,1%) zugesetzt wird.

Bei der Neutralisation mit Soda scheidet sich ein feiner Niederschlag von basischen Eisensalzen aus. Er verunreinigt das Bad und setzt sich in den Poren der Blechoberfläche fest, was dann zu „Kupferköpfen" führt. Um dies zu vermeiden, schaltet man vor das Sodabad Bäder mit 0,8% NaOH und 0,2% NaCN, Temperatur 60 bis 70 °C. Dadurch bilden sich lösliche Eisenkomplexsalze.

Haftzwischenschichten. Um ganz sicher zu gehen, daß das Email auf der Blechoberfläche gut haftet, wird auch bei der konventionellen Emaillierung oft vor das Neutralisationsbad noch ein *Nickeltauchbad* (Nickel-Dip, s. Abschn. 4.2.1.2) geschaltet, um einen Nickelniederschlag zu erzeugen; er verringert auch die Fischschuppenbildung.

Rostschutzbad. Nach der Reinigung empfiehlt es sich, die nun blanke Blechoberfläche vor Rosten zu schützen. Zu dieser Passivierung werden vorwiegend 3 bis 5%ige Natriumnitritbäder verwendet. Eine andere Rostschutzmöglichkeit bietet die Phosphatierung.

Für alle diese Bäder sollte das verwendete Wasser eine Härte von 15 bis höchstens 20 °dH haben, am besten vollentsalzt sein.

Trocknen. Die so vorbehandelte Rohware wird im einfachsten Fall auf Regalen getrocknet, besser aber in besonderen Trockenöfen, die durch die Abhitze der Brennöfen oder eigene Feuerung beheizt werden. Bei der mechanischen Beize sind Reinigung, Beize, Spülen, (Nickeltauchbad), Neutralisation und meist auch die Trocknung zu einen einzigen Fließsystem vereinigt.

Nach dem Trocknen soll die Rohware nicht länger als unbedingt nötig liegen bleiben, weil sonst die Gefahr besteht, daß sie verschmutzt und anrostet, was wiederum Anlaß vieler Fehler sein kann.

Damit ist das Blech für den Emailauftrag vorbereitet.

4.1.2 Emails für die konventionelle Emaillierung von Stahlblech

4.1.2.1 Grundemails

Das Grundemail hat vor allem zwei Aufgaben: Es muß eine gute Haftung zum Metall herstellen und eine bestimmte Blasenstruktur mit Bläschen von 10 bis 40 μm haben zur Aufnahme etwa aus dem Stahlblech austretenden Wasserstoffs. Daher kommt es beim Grundemail nicht auf schönes Aussehen, gute chemische Widerstandsfähigkeit u. dgl. an; diese Forderungen hat das Deckemail zu erfüllen. Wohl aber muß das Grundemail „brennbeständig" sein, d. h. ein breites Brennintervall haben, da es mindestens zwei Brände durchzuhalten hat, wobei Ecken und Kanten besonders gefährdet sind. Zudem hat dabei der Wasserstoff Gelegenheit, frei zu entweichen, ehe sich das Email schließt. Ferner muß ein Grundemail die Unterlage gut benetzen und eine höhere Oberflächenspannung haben als das Deckemail, um nicht durch dieses „durchzuschließen".

Tabelle 4.2. Beispiel eines einfachen Grundemails für Stahlblech

Versatz		Oxidische Zusammensetzung (ohne Mühlenzusätze) in %	
Quarz	30	SiO_2	53
Natronfeldspat	16	B_2O_3	16
Soda	12	Al_2O_3	4
Borax	34	Na_2O	19
Flußspat	5	CaF_2	7
Salpeter	2	CoO	1
Kobaltoxid	1		
Zur Mühle: 5 bis 6% Ton, 0,5% Soda			

Brenn- und Fischschuppenbeständigkeit erreicht man dadurch, daß man die Rohstoffe nicht zu einem vollkommenen Glas verschmilzt, und/oder daß man mehrere Grundemails mit verschiedenen Erweichungsbereichen oder sogar mit Rohgrund mischt. Im gleichen Sinne wirkt auch eine gröbere Mahlung des Grundemails und ein Zusatz von 5 bis 10% Quarz zur Mühle. Auch dieser darf nicht zu fein gemahlen sein, sonst würde er sich im Grundemail zu schnell auflösen, damit seine Wirkung verfehlen und das Grundemail unnötig zäh machen.

Die Zusammensetzung einer Grundemailfritte kann in weiten Grenzen schwanken. Als Anhaltspunkt ist in Tab. 4.2 ein Versatz genannt. Er enthält die notwendige Menge an Haftoxid CoO; ferner sei auf den bei Grundemails fast stets vorhandenen Gehalt an CaF_2 hingewiesen: CaF_2 oder andere Fluoride setzen sich mit H_2O zu HF um und vermindern damit die Fischschuppengefahr.

Entgegen dem eingangs Gesagten kann ein Grundemail gelegentlich als Einschichtemail dienen. In diesem Fall muß auf chemische Widerstandsfähigkeit, glatte Oberfläche durch feinkörnige Mühlenzusätze und gefälliges Aussehen geachtet werden. Meist ist es durch CoO blau gefärbt, doch können auch Farbkörper wie Thenardsblau, grünstichiges Neublau, Braun- und Schwarzkörper zugesetzt werden. Chrom- und Cadmiumfarbkörper scheiden aus, da sie die Haftung beeinträchtigen.

Die Korngrößenverteilung üblicher Grundemails ist etwa folgende: 40%, 0,09 bis 0,16 mm, 25% 0,03 bis 0,09 mm und 35% < 0,03 mm. Die Einbrenntemperatur liegt um 800 bis 820 °C; hier beträgt die Viskosität 10^3 bis 10^4 dPa s. Der lineare Ausdehnungskoeffizient α (0 bis 100 °C) wird auf 80 bis $90 \cdot 10^{-6}$/K eingestellt, und die Oberflächenspannung soll etwa 290 mN/m betragen, jedenfalls größer sein als die des Deckemails.

Die Schichtdicke betägt 0,08 bis 0,12 mm. Für eine Dünnschichtemaillierung trägt man den fein gemahlenen Grund nur 0,05 mm dick auf und erzielt dadurch eine feine, gleichmäßige Blasenstruktur. Bei einer Gesamtemaildicke von 0,17 bis 0,19 mm hat der Überzug eine hohe Schlagfestigkeit und Temperaturwechselbeständigkeit.

Neuere Bestrebungen gehen dahin, Grund- und Deckemail nacheinander aufzutragen und zusammen aufzubrennen (s. Abschn. 4.3).

4.1.2.2 Weißemails

Die Trübung wurde früher durch Vortrübung der Fritte mit Fluoriden und Zugabe des Haupttrübungsmittels, z. B. Antimonverbindungen zur Mühle erreicht. Seit Einführung der Anlauftrübung werden die Trübungsmittel in die Fritte eingeschmolzen, die trübenden Teilchen scheiden sich dann während des Aufbrennprozesses aus — Anlauftrübung. Die derzeit wichtigsten Trübungsmittel sind TiO_2 und ZrO_2, z. T. neben Fluoriden und Antimonverbindungen. Als Vortrübungsmittel sind insbesondere Kryolith und Natriumsilicofluorid in Gebrauch. Die Mengen sind z. T. recht beträchtlich. Die Fluortrübung ist empfindlich gegen äußere Einflusse, vor allem Wasserdampf.

Titan- und Zirkonoxid haben sich als Trübungsmittel durchgesetzt, weil sie eine satte Trübung hoher Deckkraft ergeben, wodurch man mit sehr geringen Schichtdicken um 0,1 mm auskommt. Die Deckfähigkeit von Titanemails, nach Meyer [460] ausgedrückt als Reziprokwert der Auftragsmasse in g/cm² für 95% Endhelligkeit, liegt bei 0,5 gegenüber etwa 0,2 bei Zirkon- und 0,1 bei Antimonemails. Mit TiO_2 erhält man also die deckfähigsten Emails, s. auch Bild 2.37.

Titanweißemails. Die Schmelze wird in der Regel zwischen wassergekühlten Walzen abgeschreckt, die entstehenden klaren Schollen gehen durch einen Brecher und werden nach dem vollständigen Abkühlen fein gemahlen.

Es haben sich zwei Titanweißemail-Typen herausgebildet: Zink-Titan- und Bor-Titanemail. Das erstere ist borfrei, enthält relativ wenig SiO_2 (25 bis 30%), dafür mehr Alkali (12 bis 15%), außerdem einige Prozent Na_2SiF_6, und zur Ausfällung von TiO_2 (Gesamtmenge 16 bis 20%) etwa 15 bis 20% ZnO. Ein Bor-

Titanemail enthält bei gleichem TiO_2-Gehalt demgegenüber mehr SiO_2 (45 bis 50%), aber 10 bis 15% B_2O_3 als Flußmittel und zugleich treibende Kraft bei der Ausfällung von TiO_2; der Alkaligehalt kann niedrig gehalten werden (10 bis 12%). Da B^{3+} stärker wirkt als Zn^{2+}, laufen die Bor-Titanemails beim Aufbrennen rascher und vollständiger an als die Zink-Titanemails, die bei wiederholtem Brennen allerdings etwas an Trübung zunehmen. Aus der unterschiedlichen Zusammensetzung ergibt sich weiter, daß die Zink-Titanemails gegen Säuren nicht so beständig sind wie Bor-Titanemails. Zur bevorzugten Ausscheidung des TiO_2 als Anatas enthalten beide Typen einige Prozent P_2O_5.

Durch die intensive Trübung der modernen Emails kann die Auftragsmenge auf $300\ g/m^2$ gesenkt werden, entsprechend einer Gesamtdicke um 0,1 mm. Durch die starke Ausscheidung von TiO_2 beim Aufbrennen verliert das Email merklich an Dünnflüssigkeit, was ein Ausbessern erschwert.

Besondere Beachtung ist auch den Mühlenzusätzen und ihren Verunreinigungen zu schenken: Tongehalt nicht über 4%; 0,5% Natriumnitrit, Pottasche, Kaliumchlorid, Natriumaluminat und 0,15 bis 0,25% Bentonit, Tragant oder Harnstoff.

Zirkonweißemails. Gegenüber TiO_2 ist keine der ZrO_2-Modifikationen auf Verfärbung durch Verunreinigungen besonders anfällig. Deshalb ist die Verwendung von Abfallemails viel einfacher; beim Wiedereinschmelzen muß man nur den Fluorabbrand ausgleichen.

ZrO_2 macht das Email zäh, weshalb man viel Flußmittel zugibt: B_2O_3, ZnO, diese beiden zugleich zur Förderung der Ausscheidung, ferner etwas Erdalkali und viel Fluoride. Der SiO_2-Gehalt liegt um 30%. Zirkonemails sind nicht so säurebeständig, aber laugenbeständiger als Titanemails.

Antimonemails werden vorzugsweise für Gußpuder verwendet; s. Abschn. 4.5.2.2.

Emails mit anderen Trübungsmitteln. MoO_3 (5 bis 6%) ist ein gutes Trübungsmittel in Emails mit relativ wenig Alkali (darunter Lithiumcarbonat), Salpeter und Antimonoxid, dafür BaO. Solche Weißemails wurden besonders für direkten Auftrag auf Stahlblech, meist Titanstahlblech, empfohlen.

Zur Trübung von Email mit V_2O_5 kommen nur hochbleihaltige und damit niedrigschmelzende Versätze in Frage, z. B. mit einem Massengehalt von 35 bis 65% PbO, 15 bis 40% SiO_2, 1 bis 15% B_2O_3 und 10 bis 15% V_2O_5.

Wie man sieht, benötigt jedes Trübungsmittel einen individuellen Versatzaufbau. Wenn man verschiedene Trübungsmittel vergleichen will, darf man dies also nicht mit dem gleichen Grundversatz tun, sondern muß den Versatz anpassen.

Die Korngröße von Deckemails beträgt zu etwa 70% < 0,02 mm; sie werden also viel feiner gemahlen als Grundemails.

4.1.2.3 Farbemails

Zu den Emails mit *gelösten Farbstoffen* gehören vornehmlich die kobalthaltigen Emails, wie sie beispielsweise als Ränder- oder Innenemails bei der Geschirremaillierung verwendet werden. Sie unterscheiden sich vom gewöhnlichen Grundemail nur durch erhöhten Kobaltzusatz und feinere Mahlung. Sie können direkt auf Stahlblech aufgebrannt werden.

Für Farbemaills mit *Farbkörpern* verwendet man vielfach als Grundversätze die der weißen Deckemails. Dadurch wird das Erschmelzen besonderer Flüsse erspart. Sie erhalten den Farbzusatz zur Mühle; so erzielt man mehr oder weniger mit Weiß abgemischte Farbtöne. Für intensive Farben, wie sie beispielsweise für Reklameschilder verwendet werden, sind besondere Emails ohne Vor- und Haupttrübung notwendig, auch mit verringertem Tonzusatz. Ebenso wie die Trübungsmittel üben auch die Farbkörper beträchtlichen Einfluß auf die Eigenschaften von Emails aus. Dies ist besonders dann zu erwarten, wenn sich ein Teil des Farbkörpers im Email auflöst. Im allgemeinen erniedrigen alle, sich im Fluß lösenden Metalloxide die Zähigkeit, mit Ausnahme des Chromoxids.

In Tab. 4.3 sind Beispiele von einigen Farbemailversätzen angegeben.

Tabelle 4.3. Beispiele für Farbemails. Angaben in Massen-Teilen

	1	2	3
Borax	44,4	31,7	33,5
Feldspat	27,0	38,5	35,9
Quarz	35,1	30,6	23,9
Flußspat	6,8	—	6,0
Kalisalpeter	4,0	4,4	3,6
Soda	10,7	6,7	3,6
Marmormehl	—	4,2	—
Fe_2O_3	—	5,9	1,2
Farboxide (Co_2O_3, CuO, MnO_2, Cr_2O_3)	—	—	11,9
	128,0	122,0	119,6

1 Email für Feuerrot: Zur Mühle 4% Ton oder 0,5% Ultrasil, 3% Cadmiumrot
2 Email für Rotbraun: Zur Mühle 4 bis 5% Ton, 7 bis 10% Eisenrot
3 Email für Schwarz: Zur Mühle 2% Ton oder 0,3% Ultrasil, 2 bis 3% Schwarzkörper

Umgekehrt beeinflußen auch die Emailzusammensetzung und eine Reihe anderer Faktoren die Farbe und ihre Beständigkeit: Brenntemperatur und -zeit, Korngröße, Mühlenzusätze — z. B. Ton wegen Gastrübung — Auftragsdicke. Will man immer die gleiche Farbe erzielen, sollten diese Faktoren möglichst konstant gehalten werden.

Über Farbkörper für Titanemails s. Abschn. 3.2.1.7 und 2.2.5.10. Im übrigen gilt das in Abschn. 3.2.1.7 über Farbkörper Gesagte.

Zu den *leichtflüssigen Farbemails*, wie sie für Dekorzwecke verwendet werden, gehören einmal Bleiflüsse, die auf der Mühle mit Farboxid und Ton versetzt, direkt aufgebrannt werden, zum anderen Schmelzfarben. Sie sind feingemahlene Gemische von Flußmitteln und Farbkörpern, wobei die letzteren in so großer Menge beigemischt oder zugefrittet sind, daß sie zum größten Teil als solche im Email erhalten bleiben. Als Flüsse werden Blei-, Kali- und Natronborosilicate wechselnder Zusammensetzung verwendet. Mit sinkender Einbrenntemperatur fällt u. a. auch die chemische Widerstandsfähigkeit, doch lassen sich Dekore herstellen, die dem Angriff sogar 4%iger Essigsäure nach dem Bleigesetz von 1888, ja sogar 3%iger Salzsäure bei Raumtemperatur widerstehen.

Bei Titanemails mit niedriger Oberflächenspannung entstehen beim Dekorieren Schwierigkeiten, wenn die Dekorfarben oder -emails eine höhere Oberflächenspannung haben. Es kommt nach Abschn. 2.3.4 zu „Durchschüssen" des Titanemails.

Vergleich zwischen pinkfarbigen Emails: Die höchste Leuchtkraft haben Cr—Sn-Farben, gefolgt von Au-Pink. Mn-Rosa kann durch ZnO-BaO-haltige Fritten verbessert werden.

4.1.2.4 Säurefeste und hochsäurefeste Emails

Schwere Stücke, Tanks u. dgl., erfordern eine übernormal lange Brennzeit; deshalb muß das Brennintervall des Grundemails durch eine etwas höhere Quarz- oder Feldspatzugabe zur Mühle darauf eingestellt sein.

Säurefeste Deckemails enthalten gegenüber gewöhnlichen Stahlblechemails wenig oder keine Borsäure. Damit der Ausdehnungskoeffizient nicht zu stark ansteigt, erhöht man aus Gründen der chemischen Widerstandsfähigkeit den SiO_2-Gehalt und führt Li_2O ein. Teilweise macht man sich auch die Eigentümlichkeit des Chromoxids, als fast unlösliches Oxid die Säurefestigkeit stark zu erhöhen, zunutze.

Hochsäurefeste Emails lehnen sich in ihrem Aufbau an gewöhnliche Gläser an, stellen also Natrium-Calcium- (Magnesium-) Silicate mit 0 bis 4% B_2O_3, 3 bis 6% Al_2O_3 und meist auch geringen Gehalten an ZnO dar.

Emails, die gegen starke Basen beständig sein sollen, sind kaum herzustellen. Einen Schutz gegen einen mäßigen Basenangriff bietet ein erhöhter Gehalt an ZrO_2 bei einem mittleren SiO_2-Gehalt (57%), ferner mit 15% B_2O_3, bis 20% Alkali, Rest Al_2O_3, CaO und Fluoride.

4.1.2.5 Elektrotechnische Emails

Email ist zwar bei Raumtemperatur ein guter Isolator, doch reicht der spezifische Widerstand der üblichen Emails bei erhöhten Temperaturen, beispielsweise zur Herstellung von elektrischen Heizgeräten, nicht aus. Deshalb wurden Emails mit besonders hohem elektrischem Isoliervermögen entwickelt, die sich durch geringen Alkaligehalt bzw. Alkalifreiheit auszeichnen, dafür PbO, BaO, CaO und TiO_2 enthalten.

Es gelingt, keramische Stoffe elektrisch leitfähig zu machen, indem man eine Schicht von reduziertem, blauen TiO_2 aufbringt. Die niederen, blauen Titanoxide vermitteln eine gewisse Leitfähigkeit. Durch Aufbrennen einer Glasur läßt sich eine solche Schicht vor Oxidation schützen. Das Verfahren könnte auch auf Emails anwendbar sein.

4.1.2.6 Sonstige Emails

Emails für Sonnenkollektoren

Eine neue Anwendung von Emails ist die Herstellung von Sonnenkollektoren. Zwar absorbiert ein übliches Schwarzemail die Sonnenstrahlung im sichtbaren Gebiet und etwas im nahen Infrarot, reflektiert aber auch wieder einen großen

Teil. Intensiv gefärbtes oder mit 6 bis 8% Schwarzkörper versehenes Email zeigt nach [337] vielversprechende Eigenschaften zur Ausnutzung der Sonnenenergie. Wegen ihrer Unempfindlichkeit gegen Witterung, Temperaturwechsel und Luftverschmutzung sind Emails für diesen Zweck besonders geeignet. Nach de Jong u. M. [102] absorbieren Emails in einer dünnen Schicht mit dotiertem oder leicht anreduziertem Zinn- oder Indiumoxid die Strahlung von 0,3 bis 2,5 µm weitgehend, während ihr Reflexionsvermögen in diesem Gebiet gering ist, und erst oberhalb etwa 2 µm merklich wird.

Emails mit hohem Abstrahlungsvermögen

Diese Forderung wird an Überzüge für Überschallflugzeuge, Weltraumflugkapseln u. dgl. gestellt. Das beste Wärmeabstrahlungsvermögen zeigte nach [64] Fritte Nr. 332 des National Bureau of Standards (s. Abschn. 4.4.6) mit dem schwarzen Spinell $NiO \cdot Fe_2O_3$, auch bei erhöhten Temperaturen weit in das infrarote Gebiet. Unter den weißen Zusätzen zeigt ein solcher von 20% CeO_2 + 20% SnO_2 zu 60% obiger Fritte unterhalb 4 µm gute Ergebnisse. Diese Überzüge wurden auf Inconelstahl aufgebrannt.

Leuchtemails. Man hat zu unterscheiden zwischen phosphoreszierenden Emails, die nur nach vorangegangener Belichtung mit Tages- oder UV-Licht eine begrenzte Zeit leuchten, und den selbstleuchtenden (lumineszierenden) Emails. Die ersteren sind leichtschmelzende Weißemails mit Zusätzen von Erdalkalisulfiden oder Zinksulfid, die Spuren von Schwermetallen enthalten, ferner $CaWO_4$ (hellblau) und Zn_2SiO_4 (hellgrau). Selbstleuchtende Emails enthalten zusätzlich eine radioaktive Substanz, strahlen also ununterbrochen. Als zweckmäßig erwies sich, zunächst weiß zu emaillieren und darauf das Leuchtemail zu bringen.

Bei der Herstellung lumineszierenden Zinksulfids dürfen die Sulfidkristalle nicht zertrümmert werden, da sonst die Leuchtkraft sinkt oder gar verschwindet. Deshalb soll das Leuchtmittel mit dem Email (mit Li_2O und ZnO) nur vermischt, nicht vermahlen werden. Die Oxide schwerer Metalle wie Pb, Fe, Co, Ni usw. vermindern die Leuchtkraft wegen Absorption der radioaktiven bzw. Fluoreszenzstrahlung.

Die elektrolumineszierenden Emaillierungen tragen über dem Lumineszenzemail (mit Cu-aktiviertem ZnS) eine dünne, durchsichtige elektrisch leitende Schicht — erzeugt durch Aufsprühen von Zinnsalzlösung in heißem Zustand —, darüber ein Schutzemail. Wird an das Blech und die Metallschicht Spannung gelegt, so leuchtet das Lumineszenzemail.

Reflexionsemails leuchten selbst nicht, sondern reflektieren nur bei Bestrahlung stark. Sie bestehen aus einem möglichst bläulich-weißen Titanemail, auf das nach dem Brennen Glaskügelchen von hoher Lichtbrechung — mit viel TiO_2 —, evtl. auf ein Klebemittel aufgestreut und oberflächlich eingebrannt werden.

Mattemails, z. B. zum Beschreiben mit Bleistift oder Kreide. Zum Teil will man auch eine größere Fläche aus ästhetischen Gründen mit farbigen Halbmattemails versehen. Matte Oberflächen entstehen durch Zusatz von viel Ton, Feldspat, Magnesia, SiO_2, TiO_2 und ZrO_2 (15 bis 25%), Knochenasche u. dgl. zur Mühle. Auch läßt sich Borax weitgehend durch ZnO austauschen, wodurch eine Kristallisation von Zinkorthosilicat entsteht.

Granitemails sind grau gefleckte Emails. Sie entstehen auf angerostetem Blech, wenn dem Schlicker von Weißemail vor dem Auftragen „Fleckensalze": Co-, Ni- und Fe-Sulfate zugesetzt werden. Gesprenkelte Emails erhält man mit metallischem Si. (Vorsicht beim Mahlen wegen H_2-Entwicklung). Gesprenkeltes Email kombiniert mit halbmattem Email (zwei Spritzdüsen) erzeugt einen granitähnlichen, „starfire" Effekt.

Abriebfeste Emails. Email mit hoher Schlagfestigkeit, mechanischer Härte und Temperaturwechselbeständigkeit erhält man, wenn man 2 bis 35% Carbide, Boride, Nitride von Ti, Zr, Cr, V, Mo, W oder Borcarbid mit Emailpulver zusammensintert, mahlt und wie üblich aufträgt und einbrennt.

Nach einem ähnlichen Verfahren wird Korundpulver mit einer gesonderten Fritte bei 800 bis 1000 °C zusammengesintert, gemahlen und mit normalen Emails vermischt. Durch geeignete Wahl der Korngröße hat man es in der Hand, dem fertig aufgebrannten Email eine rauhe (rutschfeste), matte oder glänzende Oberfläche zu verleihen [43]. Die Abriebfestigkeit kann dadurch bis zum 2,5fachen Betrag des „Mutteremails" gesteigert werden. Das Verfahren kann bei allen Arten vom Emails angewandt werden.

Über *wärmeisolierendes Email* mit 25 bis 30% Vermikulit-Zusatz s. bei Conway [91].

Bezüglich *Tieftemperatur- und Schilder-Puderemails* siehe Abschn. 4.4.5 bzw. Abschn. 4.4.4.

4.1.3 Konventionelles Emaillieren von Stahlblech

Beim konventionellen Verfahren wird auf das Stahlblech zunächst ein Grundemail aufgebrannt (s. Abschn. 3.3.1 bis 3.3.3), darauf ein oder mehrere Deckemails. Besonders beanspruchte oder komplizierte Teile werden so hergestellt, ferner dickwandige, wie z. B. Boiler, Tanks, Badewannen usw.

4.1.3.1 Auftragen und Rändern

Bei Kochgeschirren, Schüsseln u. dgl. kommt nach dem in Abschn. 3.3.1 geschilderten Deckauftrag noch das *Rändern* hinzu. Ränder und Bördelungen sind wegen des kleinen Radius und der dadurch bedingten erhöhten Spannungen besonders gefährdet, zumal sie auch einer hohen Schlagbeanspruchung im Gebrauch ausgesetzt sind.

Zum Rändern wird nach dem Deckemailauftrag vor oder nach dem Trocknen dieser Auftrag am Rand entfernt, und an seiner Stelle ein blau oder schwarz gefärbtes Ränderemail aufgetragen, das durch einen erhöhten Gehalt an Kobaltoxid sehr fest haftet. Sauberes gleichmäßiges Rändern erlauben die radial angeordneten „Ränderrollen", deren untere Hälfte in den Schlicker taucht. Die Geschirre werden mit dem Rand auf die Rollen gelegt und um ihre Achse gedreht.

Häufig saugt das getrocknete Deckemail einen Teil des Schlickerwassers des Ränderemails auf, und es bildet sich ein „Wasserrand". Das kann vermieden werden, wenn man zur Mühle des Deckemails kleine Mengen — etwa 0,1 bis 0,5%

der Granalienmasse — eines wasserabweisenden Stoffes, z. B. unlösliche Salze der Fettsäuren, wie Mg- oder Al-Stearate oder Terpentinöl u. dgl. gibt.

Um dem schwierigen Emaillieren von Rändern an Kochgeschirren ganz aus dem Weg zu gehen, werden die Ränder verchromt oder eine verchromte Leiste aufgezogen.

Beträchtliche Kostenersparnis bieten auch bei Geschirren der maschinelle Grundauftrag (Eintauchen in den Schlicker, Auslaufenlassen, Abschleudern) und der automatische Deckauftrag mit allen geregelten Zwischenstufen, wie Säuberung des Topfrandes, Zwischentrocknen usw. [591]. So läßt sich die gesamte Kochgeschirrherstellung fast vollständig automatisieren, angefangen von der Rohwarenherstellung bis zum mehrfarbig innen und außen emaillierten, z. T. dekorierten Topf (Bild 4.6).

Bild 4.6. Auftragsmaschine für zweifarbige Deckemailbeschichtung einschließlich Trockner. Nach [591]. (Aufnahme: Dr. Schmitz und Apelt, Industrieofenbau GmbH., Wuppertal — Langerfeld)

4.1.3.2 Richten der emaillierten Gegenstände

Die aus dem Muffelofen ausgefahrenen Stücke, insbesondere größere Flachware, sind oft etwas deformiert, die Bleche haben sich „geworfen". Sie sind entweder infolge der Schwerkraft durchgesackt oder wurden in der Muffel ungleichmäßig erwärmt, etwa durch schlechte Wärmeverteilung oder Materialanhäufungen an einzelnen Stellen. Bei einseitiger Emaillierung kann das Werfen auch durch den Unterschied in der Ausdehnung von Email und Stahlblech bzw. Zunder bedingt sein. Die Formveränderung ist eine bleibende, wenn sie nicht durch „Richten" beseitigt wird. Dazu muß das Email sich eben noch verformen lassen, ohne Risse zu bekommen, also eine Temperatur etwas oberhalb seines Transformationsbereichs haben — etwa 500 °C.

Zum Richten verwendet man Richttische mit 5 cm dicker plangehobelter Richtplatte aus Stahl oder Gußeisen mit aufgelegter Asbestplatte oder einem anderen schlechten Wärmeleiter, ferner der jeweiligen Form der Gegenstände angepaßte Richtstempel, ebenfalls aus Stahl oder Gußeisen. Emailabplatzungen beim Richten rühren von zu schroffer Abkühlung her [192], s. auch Abschn. 2.3.6.3.

4.1.3.3 Wasserstoffehler

Zum Schluß dieses Kapitels seien aus emailtechnologischer Sicht die in Abschn. 2.1.1.10 von der Stahlseite her behandelten Wasserstoffehler besprochen, die sich in mannigfacher Form äußern, als Fischschuppen, Ausspritzer, Wiederaufkochen u. dgl. Zapffe u. M. [737, 738] haben diese Erscheinungen ausführlich behandelt. s. ferner Hoff u. M. [292].

Da die Diffusion des Wasserstoffs aus dem Blech bis an die Grenzfläche, und die Entstehung eines für die Abplatzung ausreichenden Drucks bei Raumtemperatur Zeit braucht, entstehen die Fischschuppen nicht immer sofort nach dem Abkühlen, sondern oft erst nach Tagen, Wochen oder sogar Monaten. Deshalb spielt auch die Zeit zwischen Grund- und Deckbrand eine Rolle; je größer sie ist, um so mehr H_2 reichert sich aus dem Stahl heraus in der Grenzzone an, um so größer die Fischschuppengefahr.

Es kann nun sein, daß der Gasdruck des molekularen Wasserstoffs nicht ausreicht, ein Grundemail bei Raumtemperatur abzusprengen. Wird das Grundemail dann mit einem Deckemail überzogen und die Ware in den Ofen geschoben, d. h. rasch erhitzt, so hat das gebildete H_2-Gas keine Zeit, in nennenswerter Menge sich wieder im Stahl atomar aufzulösen. Durch die Erwärmung dehnt sich das Gas aus und sprengt das noch nicht erweichte Grundemail samt Deckauftrag ab. Es entsteht hier eine emailfreie oxidierte Stelle, während der Emailsplitter wegfliegt, an anderer Stelle festschmilzt und eine zweite Fehlerstelle erzeugt.

Reicht auch dazu der Gasdruck nicht aus, kann es zur Blasenbildung kommen, sobald das Grundemail erweicht, meist etwas oberhalb 600 °C (Wiederaufkochen, reboiling) [523]. Nach Sweo [651], Benzel u. M. [31] tritt das Wiederaufkochen um so stärker auf, je höher der Feuchtigkeitsgehalt der Ofenatmosphäre war. Bei langsamem Erhitzen geht H_2 zurück ins Blech, es entsteht kein Wiederaufkochen.

Innerhalb des Emaillierwerkes steht also die Frage im Vordergrund, woher der Wasserdampf kommt, und was man dagegen tun kann. Er kann verschiedenen Ursprungs sein:

a) Zu hohe Luftfeuchtigkeit im Emaillierraum, in der Emailliermuffel bzw. in Tunnelofen. Sie kann klimatisch bedingt sein: Durch schwüle Sommertage, „Sommerfehler", oder durch Verspritzen von Wasser zur Raumabkühlung. Gefährlich ist auch der beim Granulieren entstehende Dampf, wenn im gleichen Raum emailliert wird. Durch eine undichte Dampfleitung in der Ofenhalle wurde schon einmal wochenlang Ausschuß fabriziert.

b) Ungenügende Trocknung oder längeres Stehenlassen des Auftrags.

c) Im Ton gebundenes Wasser. Der zum Stellen verwendete Ton enthält bis zu 13% H_2O chemisch gebunden; es wird bei der Zersetzung frei, praktisch um 600 bis 700 °C. Tone mit viel Hydratwasser (Glühverlust) und hohen Zersetzungstemperaturen geben leicht Fehler [78]. Viel Ton (über 5 bis 6%) im Schlicker kann eine Hauptfehlerquelle sein. Ein guter Emaillierton gibt in der Grenzschicht des Emails zum Stalblech eine „feine Blasenstruktur". So erklären Petzold u. M. [535] sogar die Abnahme der Fischschuppenanfälligkeit mit steigendem Tonzusatz zur Mühle, wenn man den „richtigen" Ton verwendet, d. h. er soll relativ wenig Wasser gebunden enthalten, und seine Zersetzungstemperatur so niedrig sein, daß der Emailauftrag noch nicht ganz zugeflossen ist. Das zuletzt entweichende Wasser erzeugt dann die „richtige" Blasenstruktur. Es kommt also auf die Abstimmung von Tonzersetzung und Emailfließverhalten an. Je geringer die Zähigkeit des Emails in diesem Bereich, um so größer werden aber die Blasen, platzen auf und ergeben hier oxidierte Stellen („schwarze Punkte").

d) Wasserdampfreiche Brennatmosphäre. Der unter üblichen Verhältnissen maximal zulässige Wasserdampfgehalt der Brennatmosphäre ist von Fall zu Fall verschieden, er dürfte sich zwischen 5 und 10 Vol.-% bewegen [68]. Nach [149] hängt die zulässige Grenze von mehreren Faktoren ab; zwei wichtige Einflüsse sind: Blechqualität und Abkühlungeschwindigkeit. Bei gutem Blech und langsamer Abkühlung (3 min von 900 auf 500 °C) schaden bis 20 Vol.-% H_2O nicht. Je rascher die Abkühlung, um so weniger Wasserdampf darf vorhanden sein.

Auf die schädliche Wasserdampfanreicherung im Innern von gestürzt gebrannter Hohlware machte Wegner [704] aufmerksam.

Während des Brandes ist die Dampfkonzentration nicht konstant, sie ist am höchsten, wenn die eingefahrene Ware etwa 600 bis 700 °C erreicht hat. Dabei spielt das Verhältnis von Chargengröße (m²) zu Brennvolumen und die Möglichkeit für den Wasserdampf, zu entweichen, eine Rolle. Ist letztere schlecht, beispielsweise bei dicht übereinanderliegenden Herdblechen, genügt schon eine vorgegebene Dampfkonzentration von 5% oder weniger, um während des Brandes die Grenzkonzentration zu überschreiten — unter Berücksichtigung der teilweisen Abdiffusion des entbundenen Wasserdampfs. Nach Bozsin [46] ist 1% H_2O in der Brennatmosphäre günstig, 2% erträglich, 3% können sogar schon Blasen im Email erzeugen. Chu [75] empfiehlt gar, den Taupunkt unter 8 °C ($< 1\%$ H_2O) zu halten. Nach McCook [438] sollen Nadelstiche bei Tieftemperaturemails — und nur bei diesen — entstehen, wenn der Taupunkt im Winter nachts unter etwa $-1\,°C$ liegt; sie verschwanden, wenn der Taupunkt auf 2 °C erhöht wurde ($\sim 0,8\%$ H_2O in der Muffelatmosphäre).

Im normalen Kammerofen bildet sich über dem Gut ein Dunstschleier. Er besteht aus verdampften Emailbestandteilen, aber auch aus Wasserdampf. Die Kenntnis des durchschnittlichen H_2O-Gehalts der Ofenatmosphäre besagt also noch nicht alles. Hermans [282] fand: Wenn man den Flammgasen eine hohe Geschwindigkeit (1 m/s) verleiht, kann man ohne Muffel, also mit direkter Beheizung arbeiten. Man bläst den Dunstschleier damit weg. Voraussetzung ist jedoch, daß die Flammengase selbst nicht zu viel Wasserdampf enthalten (s. Abschn. 3.3.3), deshalb Beheizung z. B. mit Propan.

Schließlich kann auch bei undichter Muffel der Wasserdampfgehalt durch eindringende Flammgase zu hoch werden. Im Tunnelofen kann eine zusätzliche leichte Entlüftung in der Brennzone helfen.

e) In der Emailfritte gelöstes Wasser [477]. Die üblichen technischen Gläser enthalten nach [606] einen Masengehalt von 0,02 bis 0,06% Wasser aus der Schmelzofenatmosphäre gelöst (rd. 1 cm³ Wasserdampf in 1 cm³ Glas bei 20 °C). In den

14*

vergleichsweise basischer zusammengesetzten Emails dürfte der Gehalt noch etwas größer sein. Da Boratgläser mehr Wasser lösen als analoge Silicatgläser, ist es verständlich, daß borfreie Emails weniger zur Fischschuppenbildung neigen als borhaltige. Mehrere Autoren (z. B. [78]) messen dieser H_2O- und damit H-Quelle besondere Bedeutung bei. Elektrisches Schmelzen bietet also entscheidende Vorteile.

f) Schmelzverhalten der Emails. Günstig sind Emails mit breitem Brennintervall. Fischschuppenempfindlich sind solche, die zu rasch glattfließen, sei es wegen zu hoher Brenntemperatur oder schmalen Brennintervalls wie bei Schwarzemails; der aus dem Emailauftrag stammende Wasserdampf bleibt dadurch länger als üblich mit dem Stahl in Kontakt. Auch eine zu rasche Auflösung der Zunderschicht durch das Email kann deshalb schädlich sein.

Als *Gegenmaßnahmen* gegen Fischschuppenbildung kommen außer der richtigen Auswahl der Stahlsorte, einer weitgehenden Ausschaltung von Wasserdampf, langsamer Abkühlung nach dem Einbrennen, noch in Frage: In erster Linie Verstärkung der Haftung durch Erhöhung der Zugabe an Haftoxiden; auch die Anwendung des Nickel-Dips (s. Abschn. 4.2.1.2) wird bei der konventionellen Emaillierung aus diesem Grund mehr und mehr empfohlen. Selbst ein FeO-Zwischenfilm (Vorglühen der Bleche mit aufgesprühter Suspension aus Bentonit und Metalloxiden, vor allem einem „katalytischen" NiO) soll Fischschuppen verhüten und die Haftung verbessern. Eine Aufrauhung der Stahloberfläche durch Abstrahlen kann die Fischschuppenanfälligkeit ebenfalls vermindern.

Besonders wirksam sind solche Stoffe im Email oder als Mühlenzusatz, die wasserstofffreie Gase beim Aufbrennen entwickeln oder den Wasserstoff des Wassers binden und wegführen. Hierzu gehört der seit alters her in Grundemails enthaltene Flußspat, ferner Nitrate, Nitrite, Carbonate, usw. In kritischen Fällen sollte, soweit möglich, eine zweiseitige Emaillierung vermieden und die Rückseite z. B. durch einen Rostschutzanstrich geschützt werden.

Abschließend sei der Emaillierer daran erinnert, daß er durch das Emaillieren Grobkorn im Stahlblech erzeugen kann, was die Fischschuppengefahr erhöht; s. Abschn. 2.1.1.10 vor „Einfluß von Begleitelementen", ferner Bild 2.16.

Eine tabellarische Zusammenstellung aller Einflüsse von seiten des Stahls, seiner Vorbehandlung, der Emails und des Emailliervorgangs auf die Fischschuppenbildung wurde von Hennicke u. M. [279] mit einschlägigen Literaturhinweisen gegeben.

4.2 Direkt-Stahlblechemaillierung

Die Direkt-Weiß- oder Direkt-Farbemaillierung auf Stahlblech brachte den wohl größten und sichtbarsten Fortschritt in der Technik des Emaillierens, vor allem bei Flachware und Kleinartikeln, die heute zu etwa 90% direkt-emailliert werden. Ohne Grundemail wird dabei eine sehr dünne und deshalb mechanisch wie thermisch erstaunlich widerstandsfähige Emailschicht guter chemischer Beständigkeit aufgebrannt. Um dies zu erreichen, waren drei Entwicklungen notwendig: 1. Weiß- oder Farbemails mit hoher Deckkraft (Titanemails) und mäßiger Einbrenntemperatur (820 bis 850 °C). 2. Sehr kohlenstoffarme Stahlbleche, die keine Emailfehler verursachen. 3. Ein Verfahren, das durch eine Vorbehandlung der Blechoberfläche gute Haftung des Emails gewährleistet, nämlich Tiefbeize und Vernickelung.

4.2.1 Stahlblech

Zur Herstellung C-armer Bleche gibt es zwei Möglichkeiten. Die eine ist die Vacuumentkohlung. Dabei wird die Stahlschmelze vor oder in der Gießpfanne bzw. in der Kokille, oder für kleinere Mengen in einem Zwischenbehälter (Abstichentgasung) evakuiert. Da in der Schmelze ein Gleichgewicht zwischen C und gelöstem O einerseits und CO andererseits besteht, bedingt das Absaugen des CO eine Reaktion von C mit O unter Nachlieferung von CO bis auf einen Rest von etwa 0,008 bis 0,01% C, je nachdem, wieweit evakuiert wird. Ein solcher „VAC"-Stahl zeigt keine Seigerungen.

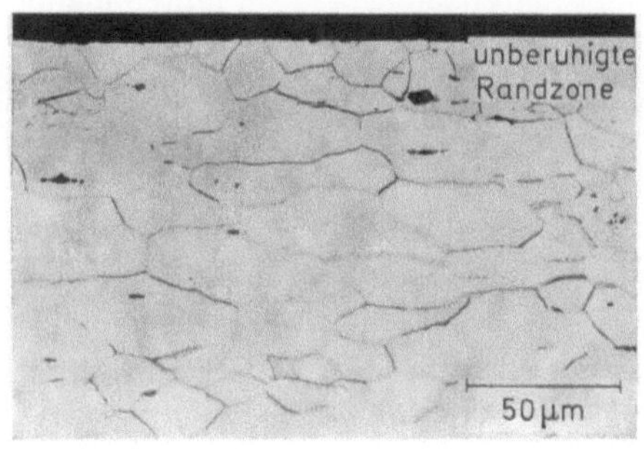

Bild 4.7. Gefüge eines kokillenberuhigten, entkohlten Kaltbandes. Geätzt usw. wie Bild 4.1
(Aufnahme: Thyssen AG., Duisburg)

Im anderen Fall wird das walzharte Kaltband mit Abstandshaltern (verdrillte Drähte) locker aufgewickelt und zunächst in feuchtem Schutzgas bei etwa 700 °C geglüht; dabei reagiert H_2O mit C unter Bildung von CO, und es entsteht ein Stahlblech mit wahlweise 0,001 bis 0,005% C. Zum Schluß wird die Feuchtigkeit mit trockenem $N_2 + H_2$ ausgetrieben. Nach diesem sog. open-coil- (kurz OC-) Verfahren hergestelltes Band wird zum Schluß nur noch eingeölt. Ein so entkohltes Kaltband eignet sich hervorragend für die Direktemaillierung, wenn es aus unberuhigtem Stahl hergestellt ist. Bild 4.7. zeigt das sehr reine, für Emaillierzwecke fast zu reine, ferritische Gefüge eines C-armen, kokillen*beruhigten* Kaltbandes.
Im Gegensatz zum VAC-Stahl bleibt das Gefüge (vom C-Gehalt abgesehen) beim OC-Stahl aus *unberuhigter* Schmelze in diesem Zustand erhalten, Einschlüsse und Seigerungen bleiben an Ort und Stelle; das bedeutet die Beibehaltung der inneren Störstellen als „Wasserstoffallen" und damit keine Fischschuppengefahr. Über die Vorzüge solcher C-armer Bleche, auch hinsichtlich eines geringeren Durchsackens und Verziehens beim Emailbrand s. bei [258]; eine zusammenfassende Darstellung der Entwicklung gibt Cooke [92].
Es gibt noch einen anderen Weg, den Kohlenstoff unschädlich zu machen: Die Bindung von C und zugleich anderen unerwünschten Begleitelementen, wie N und S, an Ti als Carbid bzw. Carbonitrid oder -sulfid. Auch solche Stahlbleche sind gut verformbar und fischschuppenbeständig.

Neben diesen sehr reinen Stählen wird aus Gründen der Vereinheitlichung in manchen Werken auch für die Direktemaillierung noch „normales" Stahlblech mit etwa 0,06% C verwendet. Man kann es evtl. schutzgasglühen und zur Haftung mit $LiNO_3$, LiF und $CuSO_4$ bzw. Sb-tartrat überziehen. In jedem Fall erfordert ein solches Blech eine genaue Anpassung der Verarbeitung (Beize, Vernickelung) an die jeweilige Lieferung an Hand von Versuchsemaillierungen. Die Toleranzgrenzen sind eng [421, 660]. Ferner dürfen bei der Formgebung keine Ziehriefen, Kratzer u. dgl. entstehen.

4.2.1.1 Entfetten und Beizen

Bei der Direktemaillierung ist dem *Entfetten* besondere Aufmerksamkeit zu widmen. Hat man es mit leicht entfernbaren Ziehmitteln zu tun, so läßt sich die Badfolge zwar vereinfachen, will man jedoch sicher gehen und berücksichtigt auch mögliche betriebliche Änderungen, so wendet man nach [274] zwei hintereinander geschaltete Entfettungsbäder aus Tensiden und einem alkalischen Silicat- (oder Phosphat-)Reiniger an, das erste 3 bis 4%ig, das zweite 2 bis 3%ig bei 70 bis 80°C; danach wird kalt gespült und nochmals entfettet (2 bis 3%ig). Anschließend Spülen bei 50 bis 60°C, dann kalt bei pH 8.

Üblicherweise beizt man nun zweimal: Zunächst mit einer *Entrostungsbeize* (6 bis 10% H_2SO_4 bei 60 bis 80°C), danach wird zweimal gut gespült, etwas nachentfettet (1 bis 2%ig bei 70 bis 80°C), wieder gespült und schließlich intensiv gebeizt (9 bis 10% H_2SO_4 bei 60 bis 80°C). Beizentfetter oder andere Substanzen, die inhibierend wirken, dürfen keinesfalls verwendet werden.

Bei der *Intensivbeize* (Tiefbeize), wozu die üblichen Säuren, wie Salz-, Phosphor-, Ferrisulfat-Schwefelsäure oder auch Zitronensäure verwendet werden können, strebt man einen hohen Eisenabtrag von 20 bis 30 g Fe/m² an. Wird der Schwefelsäure etwas Natriumnitrat zugesetzt, so läßt sich die Beizzeit auf $^1/_6$ reduzieren [636]; siehe Abschn. 2.1.7.2.

Beim Tiefbeizen entsteht entsprechend mehr sog. „Beizbast", der bei der konventionellen Emaillierung ein Übel ist, weil er wegen seines C-Gehalts Anlaß zu mancherlei Emailfehlern gibt. Früher wurde er notfalls sogar durch Scheuern entfernt (s. Abschn. 4.1.1.3). Bei C-armen Blechen wirkt sich sein Cu-Gehalt insofern günstig aus, als er bei der Vernickelung der gebeizten Stahloberfläche durch Bildung von Lokalelementen die Nickelabscheidung und damit die Haftung fördert [132]. Es wird sogar die Zugabe von $CuSO_4$ zur Beize empfohlen, bzw. eine Anreicherung von Cu und Mn in der Blechoberfläche für wichtig gehalten [510].

Verschiedene Stahlsorten können sich bei der Intensivbeize ganz verschieden verhalten: Stähle, die einen raschen Eisenabtrag haben, ergeben wegen der damit verbundenen starken Aufrauhung und guten Reaktionsfreudigkeit eine gute Haftung. Stähle, die sich nur langsam beizen lassen, geben eine schlechte Haftung. Rahn u. M. [556] fanden, daß man bei den in diesem Sinne guten Stählen mit einem geringeren Beizabtrag auskommt als durchschnittlich üblich.

Beim Überbeizen kann es nach Lang [411] zu Lochfraß kommen; die in den Poren sitzenden Eisensalze sind schwer zu entfernen und machen sich später bei der Emaillierung als schwarze Punkte bemerkbar.

Wird ein entkohlend geglühtes Kaltband zuerst abgestrahlt und dann mit Schwefelsäure gebeizt, ist die Beizgeschwindigkeit so lange größer als bei einer nichtgestrahlten Vergleichsprobe, bis die durch das Strahlmittel veränderte Oberflächenschicht abgebeizt ist. Die Veränderungen sind: Größere Rauhigkeit, Kaltverformung und chemische Zusammensetzung [10].

Als *Beizbehälter* können gummierte Stahltanks verwendet werden oder solche aus Reinblei. Hartblei eignet sich weniger, weil das darin enthaltene Antimon z. T. in Lösung geht, sich auf dem Beizgut niederschlägt und die Beizgeschwindigkeit merklich erniedrigt [402].

Zahlreiche Autoren sehen, wie schon oben erwähnt, in der elektrolytischen Entfettung und Beize eine wesentliche Zeit- und Kostenersparnis, zumal anschließend auch elektrolytisch vernickelt werden kann (s. hierzu den nächsten Abschnitt).

Nach der Beize werden die Bleche gewässert und anschließend vernickelt.

4.2.1.2 Vernickeln

Die gebeizten Bleche kommen in ein Nickelbad. Dabei wird das Ni entweder galvanisch niedergeschlagen, oder stromlos durch Zugabe von 4 g/l Natriumhypophosphit $NaH_2PO_2 \cdot H_2O$ als Reduktionsmittel zur höchstens 55 °C warmen Nickelsalzlösung, oder ganz einfach und am wirkungsvollsten durch Eintauchen der Bleche in eine gepufferte Nickelsulfatlösung, den Nickel-Dip. Eine mittlere Badzusammensetzung lautet etwa: 15 bis 20 g/l $Ni_2SO_4 \cdot 7H_2O$, 1,5 g/l H_3BO_3, H_2SO_4 bis etwa pH 3,2 bis 3,8, Badtemperatur 60 bis 80 °C, Dauer 5 min. Bei dieser Art der Vernickelung geht die äquivalente Menge Fe^{2+} in Lösung. Für eine gute Haftung sollen etwa 2 g Ni/m^2 niedergeschlagen werden.

Nach der Vernickelung wird die Ware gut gespült, evtl. in ein Neutralisations- und Rostschutzbad getaucht und getrocknet. Damit ist das Blech zur Emaillierung fertig vorbereitet.

Das Nickelbad wird in der Regel kontinuierlich gefiltert, um Schwebstoffe zu entfernen.

4.2.2 Direktemails für Stahlblech

Die höchste Deckkraft besitzen Bor-Titanemails, worauf bereits in Abschn. 4.1.2.2 eingegangen wurde. Sie kommen für die Direkt-Weißemaillierung fast ausschließlich in Betracht.

Zur Anfärbung werden die ebenfalls schon besprochenen Farbkörper verwendet (s. Abschn. 3.2.1.7 und 2.2.5.10).

Als Mühlenzusätze kommen $NaNO_3$, K_2CO_3, Natriumaluminat, evtl. etwas Bentonit in Frage, keinesfalls aber KCl und die üblichen Mengen Ton; sie ergeben Blasen. Zwar dient KCl zum Stellen von Titanemail auf Grundemail, es darf aber nicht unmittelbar mit dem Blech in Kontakt kommen [402, 410].

Bei der Elektrotauchemaillierung und besonders für den pulverelektrostatischen Auftrag werden noch die dort angegebenen organischen Verbindungen zugesetzt, sei es als Suspensionsmittel bei der Elektrophorese oder zur Erzeugung einer Isolierschicht.

4.2.3 Direktemaillieren von Stahlblech

4.2.3.1 Konventionelles Auftragen und Trocknen

Das in der Regel an einer Transportkette hängende Teil wird von Hand oder automatisch von Robotern gespritzt, gegebenenfalls an schwierig zugänglichen Stellen von Hand nachgespritzt. Nach Durchlaufen eines Trockenofens werden die Teile an die Brennkette umgehängt (s. Bild 4.8).

Neben dem einfachen Spritzen wird bei der Direktemaillierung bevorzugt das elektrostatische Auftragsverfahren angewandt (s. Abschn. 3.3.1).

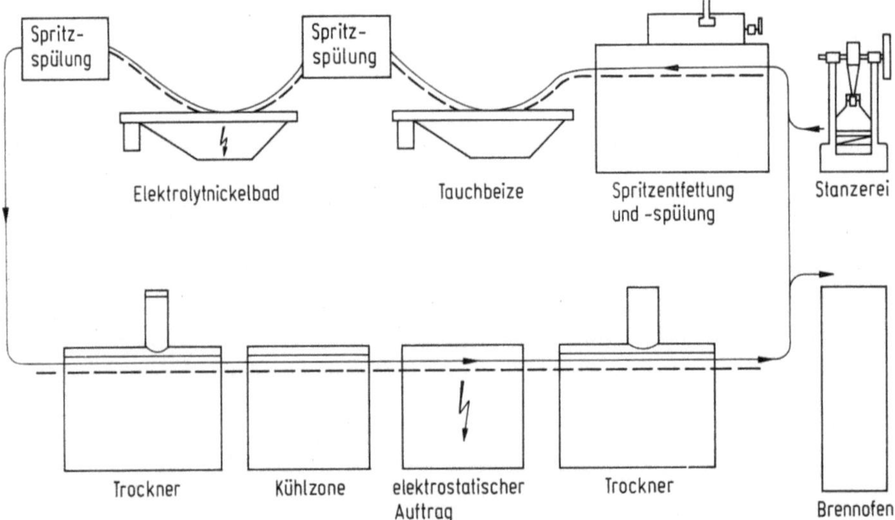

Bild 4.8. Schema einer Fließfertigung bei elektrostatischer Direktemaillierung. Nach H. Hoffmann

4.2.3.2 Elektrotauch-Auftragen

Ein Direktemaillierverfahren, das von den üblichen in zahlreichen Punkten abweicht und eine in sich geschlossene Einheit bildet, ist dasjenige von Miele (s. Warnke u. M. [694]). Es nennt sich Elektrotauchemaillierung, kurz ETE, weil die meisten Arbeitsprozesse wie Feinentfettung, Beize, Vernickelung, Verzinkung, Auftragen, Vortrocknung nach verschiedenen Prinzipien der Elektrochemie in Bädern durchgeführt werden. Dazu werden die Teile — Flachware — einzeln aufgehängt, wobei Spannvorrichtungen für einen guten elektrischen Kontakt sorgen.

Zunächst wird im Spritzverfahren normal alkalisch entfettet. Es folgt eine Feinentfettung in einem üblichen Bad mit 6 A/dm² bei 50 °C. Nach einer Zwischenspülung wird in einer Salzlösung, die etwa 7% H_2SO_4 enthält, bei 70 °C mit Stromdichten von 8 bis 10 A/dm² gebeizt, derart, daß der übliche Beizabtrag von im Mittel 30 g/m² erreicht wird. Die Salzlösung bezweckt, daß sich das in Lösung gehende Eisen nicht wie sonst üblich im Bad anreichert, sondern quantitativ kathodisch abgeschieden wird. Die Vernickelung wird ebenfalls elektrolytisch vorgenommen. Auch hier entstehen keine Abfallprodukte, weil nur soviel Ni anodisch in Lösung geht, als kathodisch niedergeschlagen wird. Die Badzusammensetzung bleibt also konstant. Stromdichte 0,65 A/dm² bei Raumtemperatur.

Nach dem Zwischenspülen wird das Blech zur elektrophoretischen Emailabscheidung als Anode geschaltet, weil die Emailteilchen negativ geladen sind. Dabei könnten Eisen und Nickel in Lösung gehen und bei dem sich abscheidenden Titanweiß Mißfärbungen hervorrufen. Dies umgeht man damit, daß das Blech zuvor galvanisch dünn verzinkt wird. Bei der nun folgenden elektrophoretischen Emailabscheidung geht dieses Zink in Lösung; dabei findet an der Anode auch keine Gasentbindung statt.

Dem Bad für die Elektrophorese gibt man noch emulgierte saure Harze bei, die als Makromoleküle eine endständige R—COOH-Gruppe besitzen und in wäßriger Lösung als Makroanion zusammen mit den Emailteilchen an die Anode wandern und einen glatten, gleichmäßigen Überzug bilden, denn nach ihrer Entladung sind sie gute Isolatoren. So empfiehlt Brewer [48] eine Badzusammensetzung von 20 Massen-Teilen alkaliemulgiertes Acrylharz, 280 Teilen Fritte und 700 Teilen Wasser. Die Annahme liegt nahe, daß das Harz hier die Rolle des sonst üblichen Tons als Suspensionsmittel spielt, jedoch den Vorteil hat, beim Emailbrand frühzeitig zu verbrennen.

Die Elektrophorese ließe sich theoretisch schon mit einer Gleichstromspannung von 5 V durchführen, doch liegen die Spannungen je nach Größe und Form der Werkstücke praktisch zwischen 50 und 200 V bei Stromdichten von 3 bis 6 A/dm². Bei Hohlware verwendet man Zusatzelektroden. Metallische Badbehälter müssen geerdet werden. Einzelheiten über Badfolge, Taktzeiten, Durchsatz je Schicht s. [296].

Bei der Elektrophorese wandern die Festkörperteilchen mit ihrer Hydrathülle. Nach ihrer Entladung wandert das nun freigewordene Wasser in den Kapillaren in entgegengesetzter Richtung (Elektroosmose). Das bedeutet, daß das abgeschiedene Email z. T. entwässert wird: Der Auftrag enthält nur etwa 22% H₂O und haftet fest, obwohl der Schlicker um 50% Wasser enthält, also relativ dünn ist. Dadurch ist es möglich, nach Zwischenspülung eine zweite, z. B. Farbemailschicht aufzubringen. Um die Dichte des Schlickers im Elektrophoresebad konstant zu halten, muß laufend Wasser abgezogen werden, was in einer besonderen Vorrichtung geschieht.

Durch die Beschichtung des Blechs mit Email nimmt der Widerstand zu, die Elektrophorese bremst sich also selbst, allerdings erst bei einer Schichtdicke, die ohnehin für die Dünnschichtemaillierung ausreichend und erwünscht ist. Der „Umgriff", d. h. die Beschichtung auf der Rückseite, ist bei diesem Verfahren weit größer als bei den anderen, auch dem elektrostatischen Spritzen. Nach der Beschichtung wird das Werkstück abgenommen und abgespült, das nicht fest haftende Email fließt ab und wird dem Bad wieder zugesetzt.

Vorzüge und Grenzen der ETE behandelt Hoffmann [297] an Hand von praktischen Beispielen.

Die Beschreibung des Verfahrens liest sich recht einfach, doch war viel ausgeklügelte Entwicklungsarbeit nötig, um eine Reihe von Schwierigkeiten zu überwinden, nicht nur hinsichtlich der Abstimmung und Optimierung der zahlreichen

Einflußgrößen. So gibt es z. B. nach van der Vliet [677] bei etlichen Farbkörpern, die der Mühle zugesetzt werden, Schwierigkeiten: Sie sind meist feiner als die Emailteilchen und haben nicht die gleiche Oberflächenladung wie diese; die Mehrzahl scheidet sich schneller ab als das Email, was durch dosierte Zugabe zum Bad ausgeglichen werden muß. Vorsicht ist auch geboten beim Abspülen der beschichteten Bleche, wobei es zu einer Trennung von Farbkörper und Email kommt.

4.2.3.3 Pulverelektrostatisches Auftragen

Während die bisherigen Auftragstechniken mit nassem Schlicker arbeiten, verwendet ein neueres Verfahren trockenes Emailpulver (~ 30 bis $70\,\mu m\ \varnothing$). Es wird durch eine Koronarentladung an Spitzen der Zerstäuberpistole durch Luft-

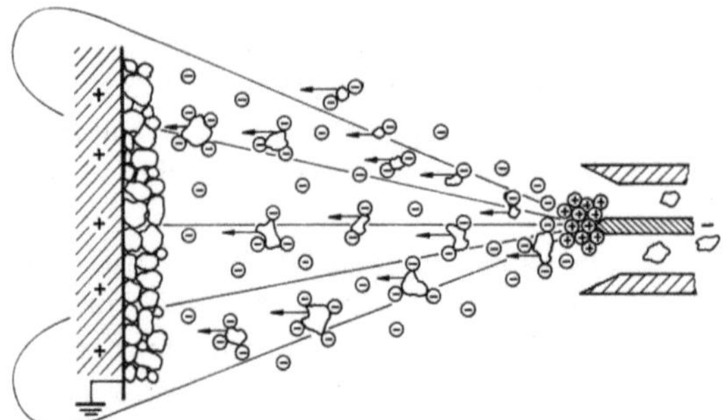

Bild 4.9. Prinzip des pulverelektrostatischen Emailauftrags. (Bayer Information Nr. 10)

ionisation mit etwa 70 bis 100 kV elektrisch aufgeladen und fliegt als „Wolke" auf das geerdete Werkstück zu (Bild 4.9). Damit die trockenen, abgeschiedenen Emailteilchen nicht frühzeitig ihre Aufladung verlieren und abfallen, müssen sie eine niedrige Oberflächenleitfähigkeit haben. Dabei stört aber die gerade bei feinem Pulver sich rasch bildende „Wasserhaut" (s. Abschn. 2.2.5.3). Um das zu verhindern, werden die Emailteilchen mit einer dünnen Isolierschicht überzogen. Man verwendet dazu solche organische Verbindungen, die mit den $\geqslant$Si—OH-Gruppen des Emails reagieren, z. B. Isocyanate O=C=N—R, Alkylsilanole OH—$(SiR_2)_x$—SiR_3, Silazone H_2N—SiR_3 und dgl. [333] oder Trichlormethylsilan [167]. Es entsteht so eine dichte, monomolekulare Isolierschicht der schematischen Art

$$-O-\underset{\underset{Si}{\overset{|}{\underset{|}{O}}}}{\overset{CH_3}{\overset{|}{Si}}}-O-\underset{\underset{Si}{\overset{|}{\underset{|}{O}}}}{\overset{CH_3}{\overset{|}{Si}}}-O--\quad Email$$

mit einem spez. elektrischen Widerstand von 10^{12} bis $10^{16}\ \Omega cm$, der auch über Tage, selbst unter Feuchtigkeitseinwirkung erhalten bleibt. Dazu genügen Mengen von 0,2%. Hinzu kommt, daß ein so beschichtetes Emailpulver gute Rieselfähigkeit besitzt, es backt nicht zusammen und klebt nicht an der Wand. Darüberhinaus fand Joseph [333], daß ein solcher Pulveremailauftrag merklich deckfähiger ist als ein Naßauftrag mit dem gleichen Email, m. a. W.: Man kommt für die gleiche Deckfähigkeit mit fast um $^1/_5$ geringerer Schichtdicke aus. Die Erklärung dafür ist folgende: Der beim Naßauftrag mitverwendete Ton erzeugt mehr und größere Blasen, als in dem völlig tonfreien Pulverauftrag entstehen, und die Zone mit dunklem Ilmenit ist breiter, offenbar begünstigt durch den aus dem Ton freiwerdenden Wasserdampf, sei es als Mineralisator oder als zusätzlicher FeO-Lieferant.

Für die Pulverzuführung dient ein Gerät, das in Bild 4.10 schematisch dargestellt ist.

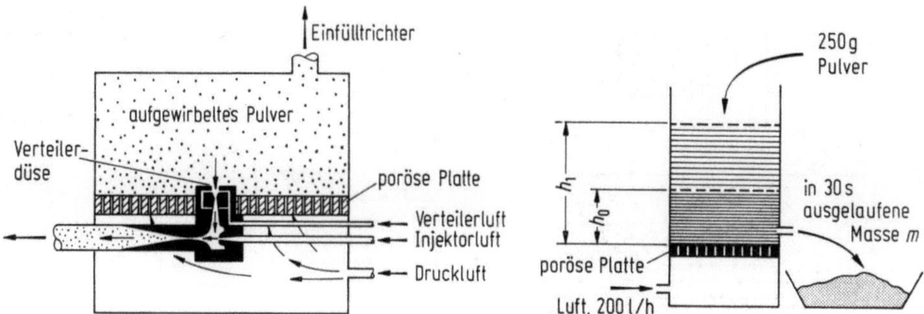

Bild 4.10. Gerät zur Aufwirbelung des Pulvers und Zuführung zu den Spritzpistolen

Bild 4.11. Sames-Fluidimeter zur Bestimmung der Rieselfähigkeit von Emailpulver für den pulverelektrostatischen Emailauftrag. Nach [269]

Der Rieselfähigkeit R wird mit Rücksicht auf einen gleichmäßigen Auftrag besondere Bedeutung beigemessen. Sie ist mit einem einfachen Gerät, dem Sames-Fluidimeter [269], zu überwachen (s. Bild 4.11). Sie ergibt sich nach

$$R = mh_1/h_0 \tag{4.2}$$

mit h_1: Höhe der aufgewirbelten Schicht, h_0: Höhe der Schicht nach dem Versuch, m: Masse des in 30 s ausgelaufenen Pulvers.

Die dünne organische Zwischenschicht brennt unmittelbar vor dem Erweichen des Emails aus. Es wurde auch vorgeschlagen [269], anstelle der Zerstäuberpistole eine Pulverschleuderscheibe zu verwenden, von der das Pulver mit Zentrifugalkraft — statt mit Preßluft — auf die Ware geschleudert wird. Die Ware wird dabei, an der Transportkette hängend, Ω-förmig um die Schleuder herumgeführt.

Auch bei diesem Verfahren regelt sich die Emailschichtdicke selbst: Mit zunehmender Beschichtung steigt die Isolierwirkung, neu ankommende Teilchen werden abgestoßen. So werden exponierte und z. B. tiefer liegende Stellen gleichmäßg bedeckt. Die Stücke kommen anschließend unmittelbar in den Brennofen. Für Teile, bei denen eine Grundemaillierung notwendig erscheint, ist eine Doppelbeschichtung möglich [270]. Bild 4.12 zeigt als Blockschema die Gesamtanlage für das pulverelektrostatische Auftragen. Man beachte, daß kein Trockenofen notwendig ist.

Als besonderer Vorteil des pulverelektrostatischen Auftrags ist hervorzuheben, daß selbst der relativ geringe Spritzabfall ohne Aufarbeitung wiederverwendet werden kann, was bei den anderen Spritzauftragsverfahren der Entmischungen wegen nicht der Fall ist. Das vorbeigeflogene Email wird abgesaugt, kommt in einen Pulverabscheider mit Ultrafilter, von hier über eine Pulverzwischenförderung mit Magnetabscheider und Siebmaschine zusammen mit Neupulver in ein Dosiergerät, das die an einem Hubgetriebe montierten Sprühpistolen versorgt. Allerdings ist eine Kontrolle der Korngrößenverteilung des „Altpulvers" zweckmäßig. Für die Beschichtung schwer zugänglicher Stellen baut man einzelne Pistolen fest ein.

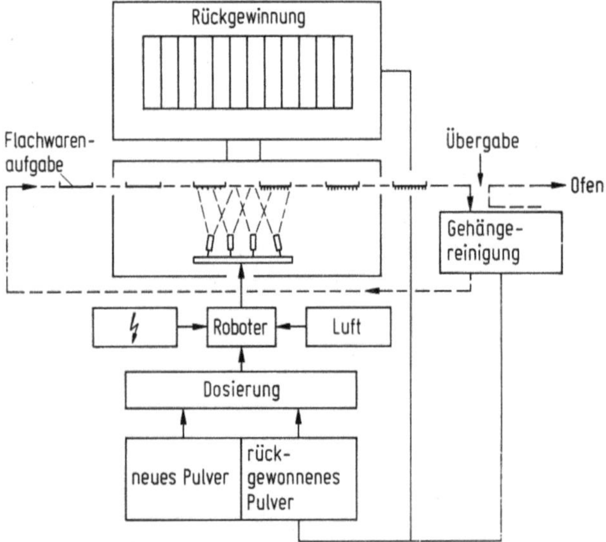

Bild 4.12. Blockschema der Gesamtanlage für den pulverelektrostatischen Emailauftrag. (Bayer Information Nr. 10)

Der Luftverbrauch ist gegenüber der nassen Spritztechnik um ein Vielfaches geringer. Angaben über die Arbeitsweise der Pulverelektrostatik bei verschiedenen Werken macht Heberlein [271].

Einen Kostenvergleich für die Verarbeitung von Normalstahl, OC- und VAC-Stahl innerhalb des Emaillierwerks, also ohne die Stahlkosten, stellte Lindmayr [421] an mit dem Ergebnis, daß durch die (nasse) Direktemaillierung rd. 20% gegenüber der konventionellen Emaillierung eingespart werden können, auch bei Verwendung von normalem Stahlblech. Im Vergleich dazu ist nach einer vorläufigen Kostenberechnung durch Hoffmann [294] die Pulverelektrostatik etwas teurer.

4.2.3.4 Direktemaillieren mit vorbehandelten Stahlblechen

Für mittlere und kleine Betriebe ist die umfangreiche Badfolge mit der bei der nassen Direkt-Weißemaillierung notwendigen laufenden Kontrolle oft zu aufwendig. Durch eine Blechvorbehandlung außerhalb des Emaillierwerks sucht man dem abzuhelfen. Nach Uher[670] wird das Blech bei etwa 620 bis 750 °C in feuchtem Stickstoff 10 bis 15 min so oxidiert, daß sich eine Oxidschicht von etwa 0,8 kp/m² bildet; anschließend wird in etwa 80 bis 92% N_2, Rest H_2 bei 720 bis 850 °C 10 bis 20 min lang reduziert, wobei das größere Volumen der Oxidschicht erhalten bleibt; sie wird dadurch besonders reaktionsfähig. Ein solches Blech braucht dann nur noch wie üblich vernickelt zu werden. Entfetten und Beizen entfällt also.

Einzelne Firmen liefern auch fertig vernickelte Bleche, die nach der Formgebung nur noch in einer Spritzanlage entfettet und emailliert zu werden brauchen [343, 344]. Intensivbeize und Vernickeln mit allen Zwischenspülungen entfallen. Das Blech ist OC- oder Vacuum-geglühter Stahl, das Band wird in 15 s zweimal elektrolytisch entfettet, spritzgespült und gebürstet, in 7 s werden etwa 15 g Eisen/m² abgebeizt; nach dem Spülen wird wiederum elektrolytisch in 20 s etwa 1 g Ni/m² niedergeschlagen, nicht als gleichmäßige Schicht, sondern, was wesentlich ist, porös. Zum Schutz gegen Verschmutzung wird es schließlich mit einem dünnen, wasserlöslichen Überzug oder einer dünnen Zinkschicht versehen, die im Emaillierwerk nach der Verformung nur abgelöst zu werden braucht, bzw. beim Emailbrand als ZnO in Lösung geht. Das so vorbehandelte Blech läßt sich auch schweißen.

Spiers [634] geht noch weiter: Eine Emailpulver-Harz-Mischung wird auf das frische, vorbehandelte Stahlband aufgetragen und zum Bund aufgewickelt. Im Emaillierwerk braucht es nur noch abgehaspelt, gestanzt oder tiefgezogen und gebrannt zu werden. Die Vorteile sind demnach: Das saubere Blech wird frisch vom Bund auf ebener Fläche, also völlig gleichmäßig, entfettet, gebeizt, vernickelt und beschichtet.

4.2.3.5 Aufbrennen des Emails

Die zu emaillierenden Teile werden durchweg in Umkehröfen gebrannt, die i. allg. elektrisch oder mit Strahlrohren beheizt und deshalb leicht regelbar sind. Je nach Dicke oder Größe der Ware lassen sich verschiedene Programme einstellen, wobei Temperatur und/oder Durchlaufgeschwindigkeit geändert werden können. Der Vorschub beträgt im Durchschnitt 4 m/s. Die Brenntemperatur soll nach zahlreichen Angaben etwa 20 bis 30 K über der liegen, bei der das Titanemail als Deckemail aufgebrannt wird, damit die Haftreaktionen ablaufen können. Das fertig gebrannte Stück wird kontrolliert, falls nötig ausgebessert und noch einmal gebrannt.

Vielfach werden die emaillierten Stücke noch mit Dekor oder Beschriftung versehen, beispielsweise bei Herdteilen u. dgl. Beides wird nach dem Prinzip des Abziehbilds aufgebracht und in einem anderen Durchlaufofen bei einer niedrigeren Temperatur eingebrannt.

4.3 Zwei-Schicht-Ein-Brand-Emaillierung

Da das Direktemaillieren hochwertige, d. h. teure Stahlbleche und eine aufwendige Vorbehandlung benötigt, geht die Entwicklung nun dahin, ähnlich wie beim konventionellen Verfahren billigere, normale Stahlbleche zu verwenden und mit Grund- und Deckemail zu arbeiten; aber mit Hilfe der neueren Verfahren werden die beiden

Emailschichten sehr dünn und ohne Grundbrand übereinander aufgetragen und zusammen aufgebrannt. Die Schwierigkeiten eines solchen Zwei-Schicht-Ein-Brand-Verfahrens liegen vor allem darin, eine Vermischung der beiden dünnen Schichten zu vermeiden, und zwar schon beim Auftragen und dann beim Brand.

Während das Naßauftragen durch Spritzen auf Schwierigkeiten stößt, erweist sich nach Joseph [342] der pulverelektrostatische Auftrag als geeigneter, wenn man zwei Dinge beachtet: Das haftoxidreiche Grundemailpulver muß einen um etwa 2×10^{10} Ω/cm geringeren spezifischen elektrischen Widerstand haben als das Deckemail, um ein Rücksprühen der (gleichsinnig geladenen) Deckemailteilchen zu verhindern; ferner muß die Oberflächenspannung des Grundemails um wenigstens 50 mN/m höher sein als beim Deckemail. Cillero [79] legt besonderen Wert auf eine gute Haftung und Schaffung einer Barriere zwischen Grund und Decke, um das Einwandern von gelösten Eisenoxiden in das Deckemail zu verhindern. Dazu wird auf ein normales kalt gewalztes Blech eine dünne Nickelschicht aufgebracht, darüber ein Grundemail mit $NiO + CoO$. So soll eine „halbmetallische" Phase entstehen, die das in Lösung gehende Eisenoxid hindert, in das Deckemail zu diffundieren. Die Haftreaktionen müssen abgeschlossen sein, bevor das Deckemail glattfließt, das zufließende Deckemail soll dann verhindern, daß das Grundemail überbrannt wird.

Man benützt für dieses Verfahren zwei getrennte Spritzstände, damit das Abfallemail gesondert gesammelt und weiterverwendet werden kann.

Auch die elektrophoretische Tauchemaillierung kommt für dieses Verfahren in Betracht, doch muß man hier nach dem Grundauftrag die außen nur lose anhaftenden Emailteilchen vor dem Deckauftrag abspülen.

Fast übereinstimmend hat sich für diese Verfahren ergeben, daß die günstigste Dicke des Grundemails etwa 30 µm, die des Deckemails etwa 100 µm beträgt.

4.4 Sonder-Stahlblechemaillierungen

4.4.1 Emaillierung von Apparaten für die chemische Industrie

Hierzu gehört die Herstellung von großen Druckkesseln, Behältern, Rührwerken Lagertanks, auch für die Getränkeindustrie. Die Behälter werden vorwiegend aus warmgewalztem Kesselblech der Qualität HI, Werkstoff Nr. 1.0345 nach DIN 17007 hergestellt, oder aus titanlegiertem Stahl, bei dem der Kohlenstoff (bis 0,10% wegen der Festigkeit) durch die vier bis fünffache Menge Ti abgebunden ist, daneben auch Gußeisen und Aluminium, beispielsweise für Bierfässer. Eine gute Zusammenfassung gibt Gräfen [244]. Hier sind auch die Eigenarten von emaillierten Stahl- und Gußapparaten einander gegenübergestellt (Tab. 4.4). Der zusammengeschweißte oder gegossene Behälter wird zunächst bei 600 bis 700 °C geglüht, um Spannungen abzubauen, im Falle der Schweißung evtl. an beiden Seiten der Schweißnaht ein Schweißbrenner entlang geführt, s. Abschn. 4.1.1.2 [393]. Der Behälter wird dann abgestrahlt und zweimal grundemailliert. Dazu dienen insbesondere Kammeröfen (Abschn. 3.3.3), in die die großen Stücke mit einem Chargierwagen eingefahren und abgesetzt werden (Bild 3.11). Liegende Tanks ruhen dabei auf besonderen Stützen, damit sie sich nicht unter ihrem eigenen

Tabelle 4.4. Eigenschaften von emaillierten Apparaten aus Stahl bzw. Gußeisen. Nach [244]

Gegenstand bzw. Eigenschaft	Emaill. Stahl	Emaill. Gußeisen	Auswirkung
Zugfestigkeit des Grundwerkstoffes	$350-450$ MN/m²	$270-320$ MN/m²	höhere Sicherheit bei emaill. Stahl
Festigkeitsabfall beim Emaileinbrand	geringfügig	oft sehr erheblich (bis zu 70%)	höhere Sicherheit bei emaill. Stahl
lin. Ausdehnungskoeff. $20-400\,°C$	$13,5 \cdot 10^{-6}$/K	10 bis $14 \cdot 10^{-6}$/K	Schwankungen erzeugen unterschiedliche Druckvorspannungen beim emaill. Guß
bleibende Volumenveränderung	keine	bereits bei $200\,°C$ Addition im Wiederholungsfalle	stetiger Verlust an Druckvorspannungen und damit Temperaturwechselbest. bei emaill. Guß
chemische Beständigkeit des Grundwerkstoffes		besser	emaill. Gußeisen im Vorteil
Behälterbau	jede Größe möglich	Größe begrenzt, nur geteilte Ausführung	emaill. Stahl anwendungstechnisch im Vorteil
Wanddicken	ausgeglichen	aus gießereitechn. Gründen nicht ausgeglichen	bessere Abkühlungsbedingungen bei emaill. Stahl
Emailhaftung	> 100 MN/m²	< 18 MN/m²	Einfluß auf fast alle physik. Eigenschaften des Verbundkörpers
Temperaturwechselbeständigkeit	$\Delta t \approx 150$ K	$\Delta t \approx 75$ K	emaill. Stahl im Vorteil
Porenprüfung	mit hoher Spannung möglich	nur mit vermindeter Spannung	größere Betriebssicherheit bei emaill. Stahl
Emailreparaturen (Stopfen)	gut geeignet	schlecht geeignet	leichteres Ausbrechen der Schrauben bei emaill. Gußeisen

Gewicht beim Brennen deformieren (Bild 4.13). Doerbecker [160] hat die elastischen Spannungen und Verformungen an einem solchen Zylinder zu berechnen versucht.

Das Grundemail, das noch mehrere Deckbrände auszuhalten hat, muß ein breites Brennintervall haben. Das Deckemail ähnelt in seiner Zusammensetzung den Laboratoriumsgerätegläsern; es ist deshalb schwerer schmelzbar als die üblichen Gebrauchsemails und erfordert Aufbrenntemperaturen bis etwa $950\,°C$.

Die Gesamtschichtdicke der Emails beträgt 1 bis 2 mm. Bild 4.14 zeigt ein Schema
für die Herstellung eines emaillierten Stahlapparates. Der mehrmalige Deckauftrag bezweckt einerseits Sicherheit vor vereinzelt auftretenden Poren, andererseits Verlängerung der Gebrauchstüchtigkeit dieser chemisch meist hoch beanspruchten Emaillierungen. Bild 4.15a bis c zeigt die gegenüber anderen Werkstoffen überlegene Widerstandsfähigkeit der Apparateemails.

Sollte nach Fertigstellung eines solchen Geräts trotz mehrfacher Deckemail-
lierung bei der Hochspannungsprüfung mit 3000 bis 20000 V Gleichstrom doch
noch eine Pore oder Emailschwachstelle gefunden werden, wird diese mit einem
Stopfen aus dem am nächsten kommenden Material, Tantal, eingesetzt (Bild 4.16).

Mit Rücksicht auf die relativ große Emaildicke und die Beanspruchungen im
Betrieb, vor allem Überdruck in den Kesseln und Temperaturwechsel, muß auf

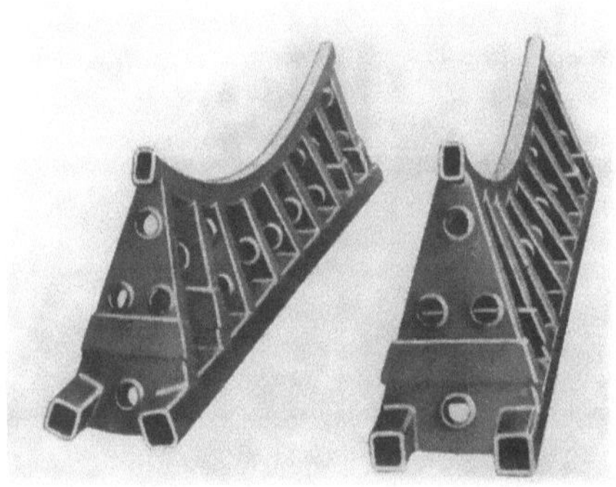

Bild 4.13. Stützen zum Brennen von Tanks.
(Aufnahme: Gebr. Thielmann AG, Haiger
2-Sechshelden)

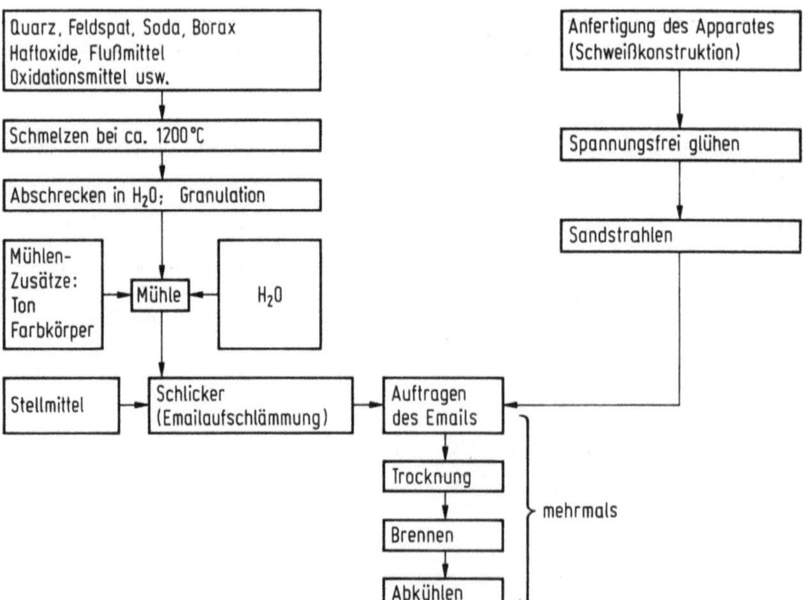

Bild 4.14. Herstellung eines emaillierten Stahlapparates. Nach [244]

die richtige Anpassung der Ausdehnungskoeffizienten zwischen Stahl und Email geachtet werden. Die Druckvorspannung, die man den Emails immer gibt, darf hier nicht so groß sein wie sonst üblich, sonst kommt es an konvexen Stellen mit relativ kleinem Krümmungsradius, wie sie bei Rührwerken gegeben sind, zu Abplatzungen, wenn das Email plötzlich erhitzt wird. Andererseits besteht bei plötzlicher Abkühlung die Gefahr, daß Haarrisse auftreten. Wegner [709] hat ein

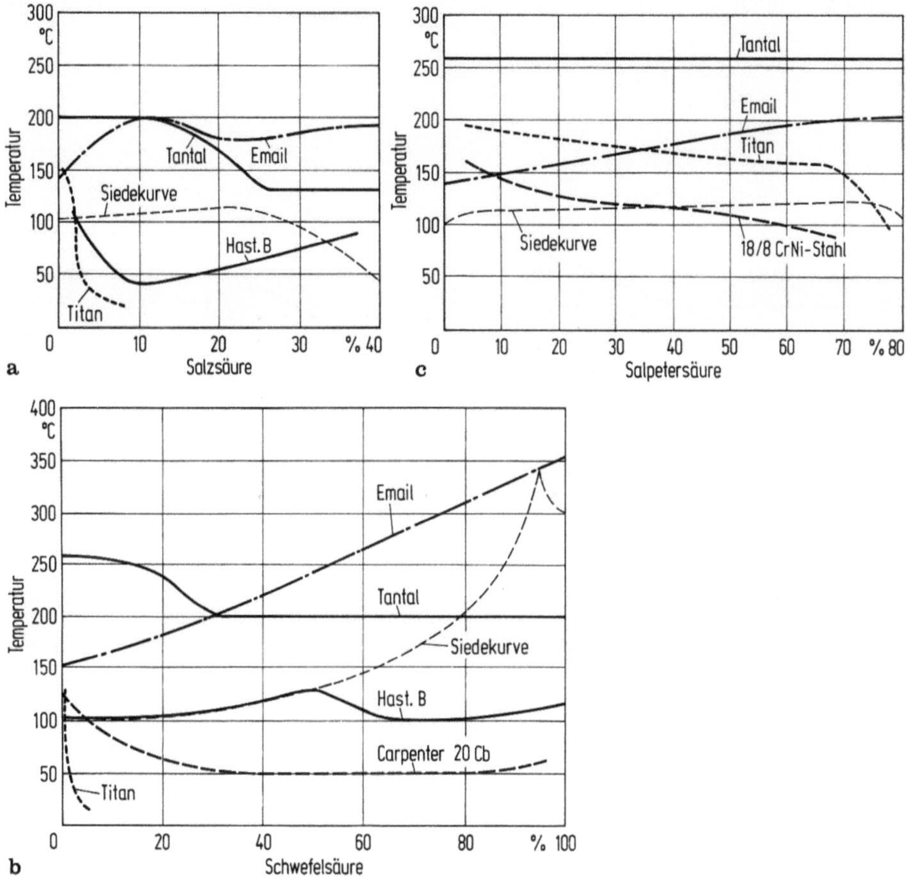

Bild 4.15. Vergleich verschiedener Werkstoffe für chemische Apparate hinsichtlich gleicher Korrosion (0,1 mm pro Jahr). Nach [244]

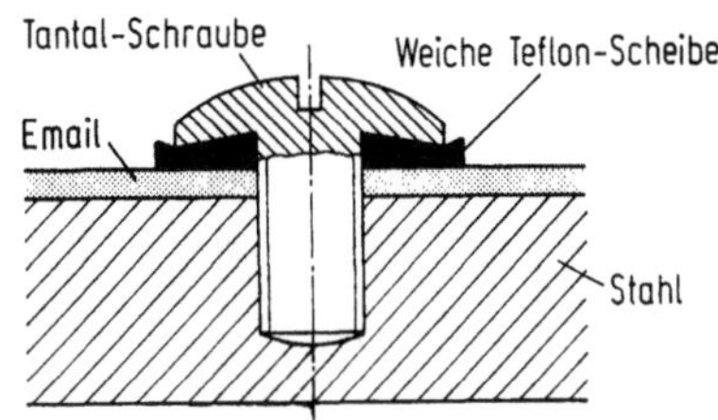

Bild 4.16. Tantal-Stopfen zum Ausbessern von Email

15   Dietzel, Emaillierung

Diagramm angegeben (Bild 4.17), aus dem abgelesen werden kann, welche plötzlichen Temperaturänderungen einer solchen Emaillierung an exponierten Stellen, z. B. bei einem Rührwerksapparat, zugemutet werden können, sowohl beim plötzlichen Aufheizen (Wärmeschock) als auch bei plötzlicher Abkühlung (Kälteschock). Eingezeichnet sind folgende Fälle: Wird ein Produkt mit 168 °C abgelassen, so soll das neu zu beschickende Gut nicht kälter als 24 °C sein, oder umgekehrt: Ist der Rührwerksapparat kalt (24 °C), darf der Dampfmantel zunächst höchstens auf 168 °C aufgeheizt werden (Linienzug a). In beiden Fällen ist die Temperatur-

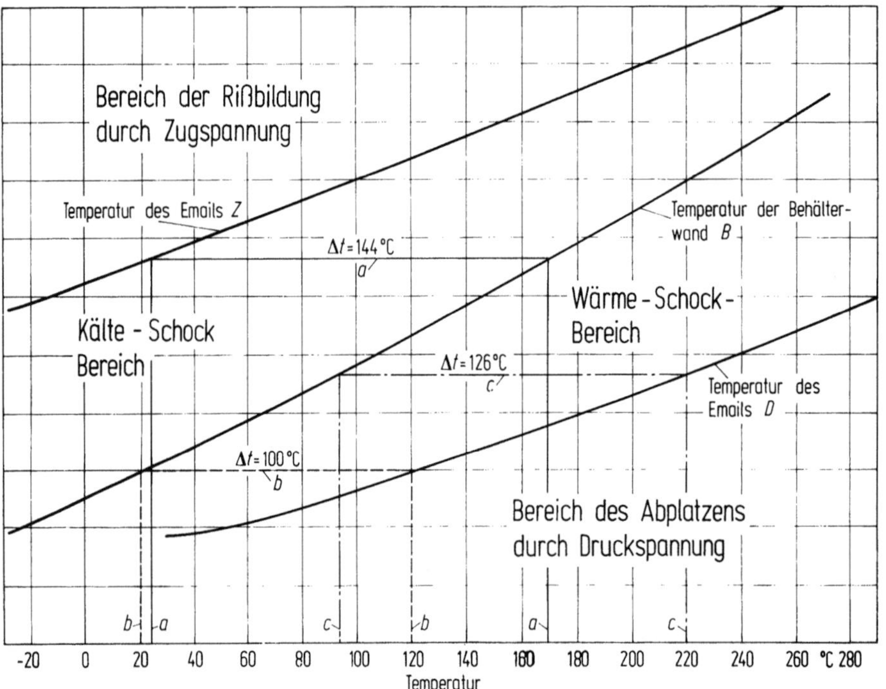

Bild 4.17. Diagramm zur Bestimmung der zulässigen Temperaturunterschiede beim Hoch- bzw. Abschrecken von 1,5 mm dickem Apparateemail. Nach [709]

differenz Emailoberfläche/Metall maßgebend; das Email tendiert in Richtung Zugspannung. Ist der Apparat kalt (20 °C), und es soll heißes Gut eingefüllt werden, darf dieses höchstens 120 °C heiß sein (Linienzug b). Das Email kommt unter zusätzliche Druckspannungen. Läuft das Rührwerk auf 220 °C, und das Gut soll möglichst rasch abgekühlt werden, darf das Kühlmittel nicht kälter als 94 °C sein (Linienzug c). Auch hier kommt das heiße Email durch das plötzlich abgekühlte Metall unter zusätzliche Druckspannungen.

In dieser Beziehung unempfindlicher sind Emails auf der Basis Glaskeramik (Abschn. 2.2.3.2): Auf ein Grundemail wird ein Email mit der Grundzusammensetzung $Li_2O-Al_2O_3-SiO_2$ und anderen Oxiden, die vor allem die chemische Beständigkeit noch verbessern, aufgebrannt und durch eine nachträgliche, gesteuerte Temperung zur Ausscheidung feinster Kristalle mit extrem niedrigem

Ausdehnungskoeffizienten gebracht. Der Kristallanteil beträgt bis zu 50%. Je nach Art und Menge der Zusätze läßt sich der Ausdehnungskoeffizient der Metallunterlage (einfacher Stahl, Cr-, CrNi- oder andere hochlegierte Stähle) weitgehend anpassen. Das Email wird in mehreren sehr dünnen Schichten aufgetragen und eingebrannt.

Zu dieser Emailgruppe gehören auch die von Carlson u. M. [67] beschriebenen abschreckfesten Emails auf der Basis $Li_2O—TiO_2—SiO_2$ mit Erdalkalien und anderen Alkalien. Auch hier kommt es darauf an, daß die ausgeschiedenen Kriställchen (Li—Ti-Silicate, $CaO \cdot TiO_2 \cdot SiO_2$) sehr zahlreich, aber möglichst klein sind, was durch Impfung mit kolloidem Platin erreicht wird.

Hochsäurefeste Emails haben meist eine relativ hohe Oberflächenspannung und neigen dazu, sich an Ecken und Kanten zurückzuziehen. Nelson u. M. [484] überziehen solche empfindlichen Stellen mit einem Pulvergemisch von 70% zunderfestem Stahl- oder Hastelloy B oder C und 30% Glas durch Flammspritzen. Der säurefeste Emailauftrag bleibt darauf besser haften.

Wegner [709] machte auf die schädliche Wirkung von angeklebten und angetrockneten Resten von Eiweiß- oder gelatinehaltigen Stoffen an angerauhten Emailoberflächen aufmerksam. Ähnlich wie bei der Herstellung von Eisblumenglas kann es dazu kommen, daß die schrumpfende organische Substanz Emailstückchen aus der Oberfläche herausreißt.

4.4.2 Emaillierung von Warmwasserspeichern

Emails für Warmwasserspeicher sind dem dauernden Angriff von kondensierendem und auch heißem Wasser ausgesetzt und dem Wechsel von Raumtemperatur bis zum Kochen bzw. umgekehrt. Daß der Angriff von kondensierendem Wasser, also im Dampfraum, viel stärker ist als der von heißem, wurde schon besprochen. Zudem stehen die Behälter in der Regel dauernd unter Leitungswasserdruck. Man verwendet deshalb relativ dicke, warmgewalzte Bleche aus unberuhigt vergossenem Stahl.

Für die Emaillierung der Behälter kommt erschwerend hinzu, daß diese — im Gegensatz zu den chemischen Apparatekesseln — zuerst zusammengeschweißt werden, also geschlossen sind bis auf die Zu- und Ablauföffnungen, und erst danach emailliert werden. Die zu emaillierende Innenseite muß also gründlich gesäubert, d. h. gebeizt und gespült werden.

Das Beschichten mit Grund- und später mit Deckemailschlicker geschieht gewöhnlich dadurch, daß man den Behälter unter Vacuum setzt und den Schlicker einsaugt, seltener durch Einpressen. Das Einsaugen hat den Vorteil, daß Bläschen im Schlicker entfernt werden. Man läßt dann den Schlicker auslaufen und sorgt durch Schrägstellen, Drehen und Rütteln des Behälters dafür, daß sich am Boden keine Schlickerreste ansammeln; Einzelheiten s. [340].

Um die Fischschuppengefahr so gering wie möglich zu halten, wird außen nur ganz dünn emailliert oder ein Rostschutzanstrich aufgebracht.

Da man nicht nachkontrollieren kann, ob die Emaillierung völlig porenfrei aufgebrannt ist, wird sicherheitshalber eine Magnesiumanode eingebaut.

4.4.3 Backofenemaillierung

Emails zur Innenauskleidung von Backeinsätzen sollen beim Erhitzen Öl und Fett verbrennen helfen. Man unterscheidet drei Prinzipien: Bei der *pyrolytischen* Verbrennung müssen die Backofenwände auf etwa 500 °C erhitzt werden, also bis nahe an die Erweichungstemperatur des Emails. Der Unterschied zu einem normalen Email liegt lediglich in einer durch seine poröse Struktur bedingten großen Oberfläche. Da kaum ein Haushaltsbackofen eine solche Temperatur erreicht, hat dieses Verfahren wenig praktische Bedeutung.

Die *katalytisch* wirkenden Emails enthalten Metalle wie Fe, Mn, Co, Ni, Cu, Cr und deren Oxide in hohen Konzentrationen, die für eine katalytische Oxidation der organischen Substanzen bei Temperaturen ab 250 °C sorgen. Solche Emails sind rauh. Öl und Fett verbrennt schon während des Backens, weshalb diese Emails als „kontinuierlich reinigend" oder „selbstreinigend" bezeichnet werden. Sie können zusätzlich durch Beimengung feuerfester Stoffe oder Aluminiumpulver porös gemacht werden; metallisches Al geht beim Einbrennen in poröses γ-Al_2O_3 über. Überschüssiges Al ist zu vermeiden, weil sonst der Abriebwiderstand leidet.

Ein besonderer Fall dieser Cermets (d. h. ceramics = Emailfritte, + metal) sind Emails mit Übergangsmetallen und ihren Oxiden mit Perowskitstruktur, z. B. ein $LaMn_{1-x}Cu_xO_{3-y}$, das mit Al_2O_3 vermischt wird. Solche Perowskite mit x zwischen 0,4 und 0,7 haben wegen ihrer Gitterleerstellen und der Möglichkeit des $Mn^{3+} \rightleftharpoons Mn^{4+}$-Übergangs die Eigenschaft, CO mit O_2 schon ab 150 bis 200 °C zu verbrennen [225]. Auch Joseph [335] befaßte sich mit solchen Cermets als Überzug auf Stahlblech für Backöfen, aber auch Küchengeschirr, wie Bratpfannen [341], ferner auf Gußeisen für die verschiedensten Zwecke des Korrosionsschutzes in Verbrennungsanlagen oder auf Aluminium, wobei die poröse Schicht mit Teflon-Suspension gefüllt werden kann.

Gibbon u. M. [235] studierten die Vorgänge beim Verbrennen von radioaktiv markierten Verunreinigungen an Hand der Radioaktivitätsänderung. Nach Herron [284] gehorcht der gewichtsmäßige Abbrand f bei nichtporösen Überzügen der Beziehung

$$\left(1 - \sqrt{1 - f}\right)^2 = k \sqrt{t} \tag{4.3}$$

mit der Geschwindigkeitskonstanten k; bei porösen Überzügen geht diese Beziehung für die dann noch in den Poren sitzende organische Substanz über in

$$f = k' \sqrt{t}. \tag{4.4}$$

Ist das Öl oder Fett schließlich so viskos, daß es nur noch oberflächlich mit Sauerstoff reagiert, soll gelten

$$f/(1 - f) = k''t. \tag{4.5}$$

Selbstreinigende Emails werden meist auf ein Grundemail aufgebrannt, doch können sie nach entsprechender Blechvorbehandlung auch wie ein Direktemail aufgebrannt werden. Dabei kommt es bei Al-haltigen Emails auf die richtige Dicke und Art der Zwischenschicht an: Es sollen sich an einzelnen Stellen „Zähne" von $FeAl_3$ und Fe_2Al_5 in die Eisenoberfläche hinein bilden, die die Haftung bedingen.

Da die Wirkung von Katalysatoren mehr oder weniger bald nachläßt, ist man
zu dem erstgenannten Prinzip zurückgekehrt, hat aber Emails mit besonders
großer innerer und äußerer Oberfläche geschaffen, die zwar rauh, zugleich aber
besonders kratzfest sind. Selbst Abwaschen mit scheuernden Reinigungsmitteln
soll diesen sogar als Direktemails aufzubrennenden *„kontinuierlich selbstreinigenden"* Überzügen nichts anhaben [399].

4.4.4 Puderemaillierung auf Stahlblech

Sofern es sich um Massenware handelt, werden emaillierte Schilder nach dem konventionellen Verfahren hergestellt. Bei kleineren Serien dagegen wird das Email
auf das kalte, evtl. schon grundierte Blech aufgepudert. In ihrer Zusammensetzung ähneln die Emails den üblichen Weiß- oder Farbemails. Mit Rücksicht
darauf, daß meistens mehrere Schichten aufgebracht werden — Weißemail,
darüber ein oder mehrere Farbemails —, ist auf den Ausdehnungskoeffizienten
zu achten, der etwas höher gewählt wird als bei üblichen Emails, und auch auf die
Erweichungstemperatur. Sie soll nach Sasse [592] nach außen hin abnehmen,
damit Rißbildung vermieden wird. Das bedeutet, daß das Außenemail am meisten
unter Druckspannung steht.

Im allgemeinen werden relativ dünne Bleche verwendet. Um Werfen beim
Brand oder Abkühlen zu vermeiden, werden die Ränder gebördelt, das Blech
bombiert und die Rückseite leicht grundiert. Bei größeren Blechen müssen die
Brennspitzen enger gesetzt werden. Beim Richten kann man anstelle der planen
Platte eine leicht gewölbte verwenden, die die Durchbiegung beim weiteren Ab-
kühlen eben aufhebt.

Einzelschilder werden durchweg durch Handmalerei hergestellt. Dabei werden
die Konturen vorgezeichnet und die Buchstaben mit verdickter Farbe oft stark
erhaben „eingefüllt". Bei der Herstellung von Massenartikeln, Reklameschildern
usw. wird die Schrift bzw. das Ornament durch Steindruck auf Seidenpapier übertragen und dieses abgezogen. Im allgemeinen erhalten die Druckfarben einen
Überzug aus wetterbeständigem Transparentemail. Auftrag durch Schablonen
und Abbürsten s. Abschn. 3.3.4.

4.4.5 Tieftemperaturemaillierung

Der Grundgedanke bei der Entwicklung leicht schmelzender Emails war weniger,
Schmelz- und Brennkosten zu sparen, als vielmehr der, Fehlern aus dem Wege
zu gehen, die beim Einbrennen der Emails in der Nähe des A_3-Punkts des Eisens,
bei etwa 800 °C und darüber, leicht auftreten. Die Brenntemperatur wurde zunächst auf 760 °C gesenkt, um die durch den Zementitzerfall bedingten Fehler zu
vermeiden, dann weiter auf 720 °C und darunter. Bei so tiefen Temperaturen
werfen sich die Bleche nicht und sacken nicht durch, so daß man auch zu dünneren
Blechen übergehen konnte. Wasserstoffehler, wie etwa Fischschuppen, sind kaum
zu befürchten, und die Farbstabilität der Emails ist besser. Die Anwendung liegt
daher hauptsächlich dort, wo Wert auf Ebenheit größerer Flächen gelegt wird, wie
beispielsweise bei Architekturemails, Schildern, Kühlschrankinnenteilen usw.

Weitere Vorteile kommen hinzu: Einsparung von etwa 25% Brennmaterial, längere Lebensdauer der Brennöfen, geringe Gefahr des Überbrennens von Emails, verminderte Kosten für Brennwerkzeuge, bessere Arbeitsbedingungen durch die geringere Hitze.

Die leichte Schmelzbarkeit wird meistens zu erreichen versucht durch Verwendung von PbO, B_2O_3 und P_2O_5 mit Zusätzen von kleinen Mengen Alkali, ZnO, Al_2O_3 bzw. Feldspat, ZrO_2, auch einer Kombination von Bi_2O_3 und MoO_3, die die Haftung, Trübung bzw. Verflüssigung fördern. Zur Verstärkung der Trübung können Antimon-, Zirkon- oder Ceroxid zugesetzt werden. Unter den Alkalien wird Lithiumoxid zur Verbesserung der chemischen Widerstandsfähigkeit und Verflüssigung verwendet. Versätze ohne PbO und P_2O_5, wie sie von Aldinger [12] ausgearbeitet wurden, enthalten 30 bis 35% SiO_2, 7 bis 9% B_2O_3, 14 bis 17% Na_2O oder 8% Na_2O + 2% Li_2O, 21 bis 24% BaO, 9% MoO_3, 10% CaF_2, z. T. noch 4% ZnO und 6% Sb_2O_3. Die Emails werden etwas feiner gemahlen als normale, sonst aber im wesentlichen gleich behandelt.

Den obengenannten Vorteilen stehen einige Nachteile gegenüber. Der Schlicker ist schwieriger zu stellen wegen der leichteren Löslichkeit der Emailteilchen, er nimmt leicht CO_2 aus der Luft auf, auch auf Bakterienbefall ist zu achten. Die Brennzeit ist um etwa 50% erhöht, was z. T. an der meist erhöhten Viskosität bei den optimalen Brennbedingungen liegt. Während ein normales Grundemail bei üblicher Einbrenntemperatur eine Zähigkeit von 3 bis $5 \cdot 10^3$ dPa s besitzt, beträgt sie bei Tieftemperaturgrundemails bis $25 \cdot 10^3$ dPa s. Das bedingt, daß die vom Auftrag her eingeschlossenen Gasbläschen schwer entweichen; die richtige Einbrenntemperatur müßte eigentlich um 100 K höher liegen als die tatsächliche.

Auch ist es bei den tiefen Brenntemperaturen schwierig, durch Strahlung allein eine gleichmäßige Temperaturverteilung zu erreichen; deshalb wird die Wärmeübertragung durch Luftzirkulation vergrößert und/oder an den Seitenwänden eine elektrische Zusatzheizung eingebaut.

Bei Tieftemperatur-Einschichtemaillierung ist der Haftung besondere Aufmerksamkeit zu widmen. Die Haftreaktionen verlaufen langsamer, weshalb die Nickelabscheidung verstärkt werden muß. Märker [434] empfiehlt den Zusatz starker Reduktionsmittel zum Nickeltauchbad. Auch saure Kupferbäder haben sich bewährt, ferner Beizen, die einen Lochfraß ergeben, wie HNO_3 oder Schwefelverbindungen. Günstig ist auch die Mischung mehrerer getrennt erschmolzener Emails, wobei das Haftoxid — CoO oder CuO — dem am leichtesten schmelzenden Email zugeschmolzen werden sollte. Zur Beize eignet sich Phosphorsäure besonders gut, weil die entstehende Eisenphosphatschicht eine zu starke Verzunderung verhindert, sich im Email leicht löst, und so das Haftoxid früher zur Wirkung kommt.

Eine überraschend gute Lösung fanden Heimsoeth u. M. [276] durch die Tauchantimonierung. Normales Blech, sogar Schwarzblech mit 0,15% C, konnte nach üblicher Vorbehandlung (Entfetten, Beize) durch Tauchen in ein Bad, das Antimon als Komplexsalz enthält, mit einem dichten Antimonüberzug versehen werden, der gute Haftung ergibt. Der Sb-Niederschlag soll mindestens 4 µm dick sein.

Die Eigenschaften von Tieftemperaturemails sind i. allg. befriedigend. Auch die Wetterbeständigkeit wird als gut angesehen. Allerdings ist die Alkalibeständigkeit gegenüber normalen Emails erheblich geringer. Auch eine Abnahme der Abrieb-

und Ritzfestigkeit ist zu beobachten. Durch Aufsprühen organometallischer Verbindungen von Sn, Ce, Zr, Al, V oder Co auf den Emailauftrag läßt sich die Beständigkeit gegen Chemikalien, die Härte und Schlagfestigkeit erhöhen [643].

4.4.6 Hochtemperaturemaillierung

Der technische Fortschritt, besonders in der Flugzeugindustrie, erfordert Konstruktionsteile, die hohen Temperaturen und z. T. auch aggressiven Gasen möglichst lange widerstehen können.

Zwar können *Hochtemperaturemails* auf Weicheisen mit bis zu 0,4% C und Ti-Namel aufgebrannt werden, doch ist es sinnvoll, zunderfeste nickel- und chromhaltige Edelstähle und Speziallegierungen zu verwenden, die nach dem Reinigen mit HNO_3-HF gebeizt werden. Auch Säureglühen bei höherer Temperatur wurde empfohlen. Anschließend wird abgestrahlt. Teilweise wird vor der Beize abgestrahlt und außerdem noch kurzzeitig bei etwa 1000°C vorgeglüht. Die Oberfläche muß vor dem Auftrag einwandfrei sauber sein.

Ein Problem ist die Benetzung des Stahls durch das schmelzende Email, um so mehr, je höher sein Cr-Gehalt ist.

Von den verschiedenen Versätzen sind besonders die des National Bureau of Standards bekanntgeworden, einige davon sind in Tab. 4.5 enthalten. Nr. 331 und A 417 haften gut auf Ni—Fe—Cr- und Co—Cr-Stählen. Mit der Zusammensetzung A 417 und A 418, jedoch ohne BeO und ZrO_2, aber mit Mühlenzusätzen von Cr_2O_3 haben Petzold u. M. [526] gute Erfahrungen gemacht (feine Mahlung, Auftragsdicke 0,03 mm, Brenntemperatur 1100 bis 1200°C).

Bei der Entwicklung solcher Emails muß man den Anteil an Flußmitteln — besonders Alkalien und Borsäure — verringern oder ganz vermeiden, dafür aber Oxide einführen, die den Erweichungspunkt des Emails und den Ausdehnungskoeffizienten erhöhen. Letzteres ist nötig, weil legierte und Spezialstähle Aus-

Tabelle 4.5. Hochtemperaturemails des National Bureau of Standards

	A 19	331	332	A 417	A 418	A 435	A 453
SiO_2	36,3	50,8	37,5	38,0	28,6	51,0	43,5
Al_2O_3	26,4	—	1,0	—	0,8	—	—
B_2O_3	14,1	7,49	6,5	6,5	4,9	—	—
BeO	—	8,02	—	2,5	—	10,2	10,2
CaO	4,5	5,72	3,5	4,0	2,7	6,1	6,1
BaO	—	23,04	44,0	44,0	33,7	25,5	25,5
ZnO	—	4,93	5,0	5,0	3,8	5,1	5,1
CoO	1,3	—	—	—	—	—	—
NiO	0,5	—	—	—	—	—	—
MnO	1,0	—	—	—	1,9	—	—
Na_2O	12,3	—	—	—	—	—	—
K_2O	3,6	—	—	—	—	—	—
Cr_2O_3	—	—	—	—	23,0	—	—
ZrO_2	—	—	2,5	—	—	—	—
TiO_2	—	—	—	—	—	—	7,5
P_2O_5	—	—	—	—	—	2,0	2,0

dehnungskoeffizienten bis über $16 \cdot 10^{-6}$/K haben. Waldhauer [686] gab deshalb zu einfachen Emails Cristobalit zu.

BeO verringert die Haftung, MoO_3 erhöht sie schwach, V_2O_5 stärker. Zur Mühle werden 5 bis 10% Ton zugesetzt; es muß sehr fein gemahlen werden. Aufgetragen wird durch Tauchen oder Spritzen mit einem Schlicker, dessen Dichte je nach Versatz bei 1,7 bis 1,9 g/cm³ liegt. Der meist große Unterschied in den Ausdehnungskoeffizienten von Metall und Email bedingt einen sehr dünnen Auftrag. Die Dicke des gebrannten Überzugs soll 0,025 bis 0,05 mm betragen. Die Brenntemperaturen liegen bei 850 bis 1100°C, die Brennzeiten bei 5 bis 30 min. Vereinzelt wird vorgeschlagen, in schwach reduzierender Atmosphäre zu brennen.

Das in Tab. 4.5 angeführte Email A 19 verträgt eine Betriebstemperatur von 650°C, Email A 418 auf zunderfestem Stahl 925°C. Solche Hochtemperaturemails haben in diesen dünnen Schichten eine sehr gute Temperaturwechselbeständigkeit, kurzzeitig lassen sie sich auf noch höhere Temperaturen erhitzen, bilden einen dichten Überzug und schützen das Metall vor Korrosion. Eine praktische Anwendung können sie auch im Emaillierbetrieb als Überzug für die Brennhilfsmittel finden, deren Lebensdauer sie wesentlich verlängern. Vor allem werden dadurch die Zunderstellen auf der Ware fast ganz vermieden.

Stähle mit 8 bis 14% Ni und 16 bis 19% Cr kann man ohne Grund mit einer zirkonhaltigen Fritte emaillieren. Während Chrom im Stahl schon in geringen Mengen bei der normalen Emaillierung wegen Verringerung der Oxidationsfreudigkeit die Haftung beeinträchtigt, ist es also in hochlegierten Stählen nützlich, weil es hier als Cr_2O_3 die Haftung selbst übernimmt (s. Abschn. 2.3.5.5).

Antonova u. M. [16] verwenden eine sehr feingemahlene Suspension von Chrom, Bentonit und bis zu 20% Glas (58% SiO_2, 5% Al_2O_3, 20% B_2O_3, 6% TiO_2, 3% ZnO, 3% BeO, 5% CoO), die bei 1200 bis 1350°C in Argon aufgebrannt wird. Der Überzug ist bei 900°C auf lange Zeit dicht und haftet gut.

Der Anwendungsbereich von Hochtemperaturemails läßt sich noch erweitern durch Zusatz von feuerfesten Stoffen mit hoher Ausdehnung zur Mühle: Oxide von Al, Ce, Cr, Ba, Be, Ti, Zr. Besonders erfolgreich für legierte Stähle erwies sich Cr_2O_3; z. B. 70 Teile Fritte A 417 (s. Tab. 4.5), 30 Teile Cr_2O_3, 5 Teile Ton und 48 Teile Wasser ergeben nach dem Brand bei 1000°C einen zuverlässigen Schutz für das Metall bis fast 900°C. Noch höhere Zusätze an feuerfesten Stoffen und Metallen verwendet Wratil [732]; ein typischer Versatz lautet: 30 bis 60 Teile Fritte, 5 bis 60 Al-Pulver, 0 bis 8 Si-Pulver, 0 bis 10 Chromoxid, 0 bis 10 Zirkonsilicat, 0 bis 3 CuO, 0,5 bis 10 Schwebemittel oder Ton; Wasser nach Bedarf. Als Unterlage kann ein gewöhnliches Stahlblech dienen, das nur entfettet zu werden braucht. Die Frittenzusammensetzung kann in weiten Grenzen schwanken. Ein solcher Überzug ist nur bedingt gasdicht; Fischschuppen können sich also nicht bilden. An Ecken und Kanten zieht sich der Auftrag nicht zurück, und das emaillierte Stück kann geschweißt werden. Die Oberfläche ist rauh. Anwendungsgebiete sind Außenemaillierung von Boilern, Innenemaillierung von Heizkesseln u. dgl.

Nicht nur Stahl oder legierte Stähle lassen sich so emaillieren, sondern auch hochschmelzende Metalle, wie Molybdän, Wolfram, Titan oder Tantal, wenn man das Email in reduzierender Atmosphäre einbrennt, etwa in Wasserstoff bei 1300°C. Emailliertes Molybdän ist bis 1000°C beständig, wenn es mit einem Email aus

15% CaO, 20% Al_2O_3, 60% SiO_2 und evtl. 5% B_2O_3 überzogen wird. Zur Mühle werden neben 100 Teilen dieser Fritte 60 Teile Wasser, 20 Teile Zirkon und 0,1 Teil Methylzellulose gegeben. Man kann auch ein Gemisch aus 80% ZrO_2 und 20% Borosilicatglas durch Flammspritzen aufbringen.

Das Emaillieren wird einfacher, wenn man das Metall vorher mit Silicium oder Aluminium überzieht. Auch Wolframdrähte kann man mit einem Überzug von etwa 82% Zirkonsilicat, 14% Al_2O_3, 4% CoO mit etwas MoO_3 versehen [310]. Der Erweichungspunkt liegt bei 1650 °C. Entsprechende Überzüge gibt es auch für Titan [541].

Solche Überzüge haben ein weites Anwendungsgebiet. Sie sind dort besonders wichtig, wo heiße Gase strömen, wie z. B. in den Düsenaggregaten der Flugzeuge. Auch in den Atomreaktoren kommen sie zur Anwendung [566], beispielsweise werden die Fritten A 435 und A 453 (s. Tab. 4.5) verwendet, die einen geringen Absorptionskoeffizienten für langsame Neutronen haben. Aufgebrannt wird z. B. ein Schlicker aus 65 Teilen Fritte A 435, 25 CeO_2, 10 Cr_2O_3, 5 Ton und 40 Wasser bei 1160 °C.

Eine feste Bindung des Überzugs erhält man auch, wenn man die feuerfesten Oxide oder den Schlicker mit einem (Cr—B—Ni-) Metallpulver vermischt oder abwechselnd ein Email mit feuerfesten Oxiden und elektrolytisch metallisches Chrom aufträgt. Gebrannt wird in Wasserstoff [475].

Emails für *Nickel-Chrom-Widerstandsdrähte* sind meist auf $PbO—B_2O_3$-Basis aufgebaut. Die verschiedenen Patente unterscheiden sich in der Zugabe von $SrCl_2$ oder $BaCl_2$ — zur Fritte oder Mühle — oder von Bi_2O_3.

Zirkonium läßt sich mit Emails auf $PbO—SiO_2$-Basis emaillieren. Um Rißbildung zu vermeiden, muß man das Metall aber vorher $^1/_2$ h bei 950 bis 1100 °C im Argon-Strom glühen, dann haftet das Email gut und schützt das Metall bis 600 °C vor Angriffen von Sauerstoff, flüssigem Blei und Wismut [619].

In ganz anderer Richtung liegt die Verwendung einer *Glaskeramik* (s. Abschn. 2.2.3.2 und 4.4.1). Solche Überzüge sind sehr hart, schlagfest, temperaturwechselbeständig, chemisch resistent. Sie halten wesentlich höhere Temperaturen aus als herkömmliche Emails oder selbst „feuerfeste", weil sie wegen ihres hohen Anteils an Kristallen nicht erweichen und fließen.

4.4.7 Flamm- und Plasma-gespritzte Überzüge

Siehe Abschn. 2.3.5.5.

4.5 Gußeisenemaillierung

Emaillierte Gußeisenteile werden da verwendet, wo es sich um besonders dickwandige Behälter, z. B. für die chemische Industrie handelt oder um kompakte, komplizierte Teile, die nur umständlich durch Zusammenschweißen aus Stahlblech hergestellt werden könnten, etwa Ansaug- und Abgasstutzen für Automotore u. dgl.

4.5.1 Gußeisen

Das Gußeisen wird aus siliciumreichem Roheisen (s. Abschn. 4.1) und Gußschrott zusammen mit Kalk in Schachtöfen — Kupolöfen nach DIN 6920 — erschmolzen. Der Abstich erfolgt in der Regel zunächst in Gießpfannen, wo das Gußeisen auf die richtige Temperatur abkühlt; für kleinere Stücke kommt es in Gießkellen. Meist werden mit einer Kellenfüllung mehrere Formen vollgegossen; die ersten erhalten heißes, die letzten relativ kaltes Gußeisen, was bereits zu unterschiedlicher Gefügeausbildung führt. Die Gießtemperatur liegt bei 1350 °C.

Während ein Stahlblechemaillierwerk das benötigte Blech von einem Lieferanten bezieht, sind die Gußemaillierwerke vielfach Teilbereich einer Gießereifirma, ein „Veredlungsbetrieb". Wegen des größeren Umsatzes besitzt die Gießerei eine Vorrangstellung im Gesamtwerk. Trotzdem muß der Emaillierer erwarten können, daß ihm der Gießer Gußeisenstücke liefert, die auf die Emaillierung abgestimmt und von einwandfreier Qualität sind, wie dies der Blechemaillierer von seinem Blechlieferanten erwartet. Beim Auftreten eines Fehlers ist es daher notwendig, daß Gießer und Emaillierer zusammenarbeiten, um ihn zu beheben.

4.5.1.1 Chemische Zusammensetzung und Gefüge

Als Werkstoff für die Emaillierung eignet sich perlitisch erstarrter Grauguß mit folgenden Gehalten an Fremdelementen [159]:
3,3 bis 3,6% C — gesamt; bis 0,6% C — gebunden; 2,5 bis 2,8% Si, 0,6 bis 0,7% P, 0,4 bis 0,6% Mn, bis 0,12% S. Zu berücksichtigen ist, daß dünnwandiger Guß mehr Si verlangt als dickwandiger. Zuviel C gibt Blasen im Email.

Für Naßemaillierung gibt Dinet [159] einen P-Gehalt um 1% an, die Grenzgehalte an selteneren Elementen sollen sein: 0,1% Cr, 0,01% Sb, 0,02% B, 0,02% Pb, 0,01% Al, Mn = 1,7 × %S + 0,30.

Das Gefüge des frischen Emaillierguß eisens sieht wie folgt aus: In der vorwiegend perlitischen Grundmasse liegen die ausgeschiedenen Graphitadern (Bild 4.18). Ferritische Gebiete sind bei üblicher Abkühlung selten. In den Kristallzwischenräumen liegt netzartig der Steadit (Phosphideutektikum) eingesprengt. Außerdem ist meist auch das mausgraue MnS, oder das weitaus gefährlichere, etwas dunklere FeS zu erkennen. Sehr langsam abgekühlter oder emaillierter Guß zeigt fast keinen Perlit mehr, dafür Ferrit und Graphitadern (Bild 4.19). Umgekehrt findet sich in abgeschrecktem Guß (z. B. örtlich durch nasse Stellen im Formsand, sog. Hartguß) die ledeburitische Ausbildung, d. h. das Eutektikum aus gesättigtem γ-Mischkristall und Zementit. Dieses weißerstarrte Gußeisen kann nicht emailliert werden; Zementit ist immer schädlich. Zu heiß vergossenes Gußeisen ergibt an der Oberfläche eine harte Abschreckschicht (mikrochill), die aus dem gleichen Grund Störungen ergibt.

Der Sättigungsgrad S_c (s. Abschn. 2.1.1.4) soll zwischen 1,0 bis 1,06 liegen. Ist S_c kleiner, zersetzt sich vorhandenes Carbid zu langsam, ist er größer, wird die Graphitausscheidung zu grob. Grober Graphit führt leichter zu Blasenbildung im Email als feiner.

Graphitbildende Zusätze wie Si und P sind innerhalb der angegebenen Grenzen günstig. Phosphor ist auch aus schmelz- und gießtechnischen Gründen erwünscht, da er das Eisen dünnflüssig macht. Stickstoff stabilisiert das Carbid, was für die Emaillierung unerwünscht ist. Gaskanäle jeder Art erzeugen Emailfehler, beispielsweise „Fischaugen". Die Ursache kann ein geringer Aluminiumgehalt sein. Schwefel ist metallurgisch und emailtechnisch äußerst unerwünscht, aber schwer zu vermeiden. Er ist die Hauptursache für Rostflecke — Oxidation von FeS zu $FeSO_4$ — und Aufkochen des Emails. Cu und Sn verzögern die Ferritisierung des Graugusses.

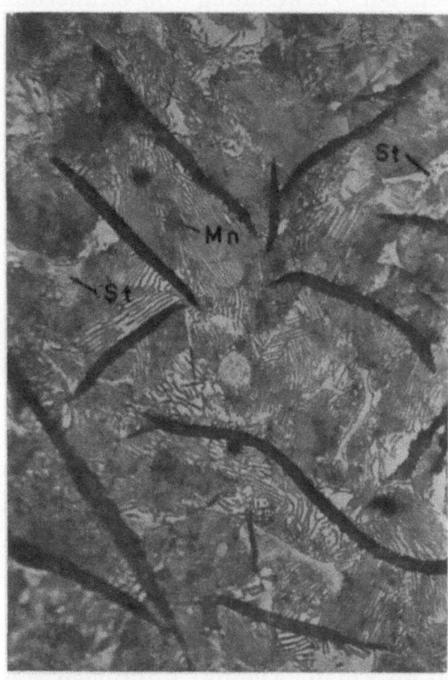

Bild 4.18. Gefüge von frischem Emailliergußeisen. Neben viel Perlit und Graphit erkennt man auch Steadit (St) und etwas MnS (Mn). $V = 500\times$ (Aufnahme: Eisenwerke F. W. Düker GmbH., Karlstadt)

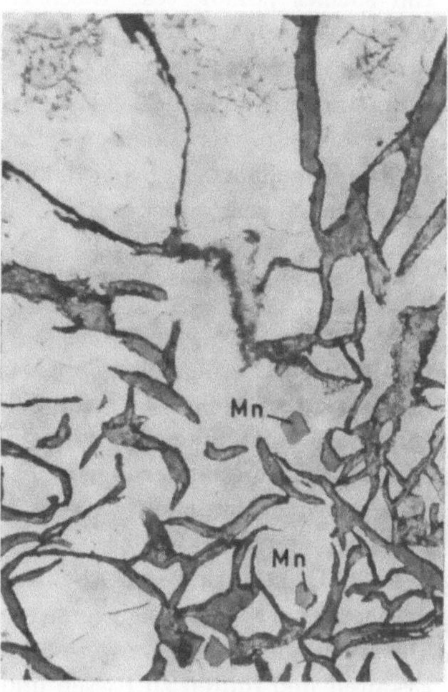

Bild 4.19. Gefüge von emailliertem Gußeisen. Perlit ist fast ganz verschwunden. (Aufnahme: Eisenwerke F. W. Düker GmbH., Karlstadt)

Aus flüssigem Gußeisen entweichen große Mengen von Gasen, vor allem N_2, H_2, CH_4 und CO. Auch während der Erstarrung erfolgt noch Gasabgabe, was zu porösem Guß führen kann, z. B. durch Reaktion des Fe mit dem Wasser im Formsand. Im Kupolofen erschmolzenes Gußeisen enthält nach Parlee [514] 0,0005 bis 0,003% O_2, 0,002 bis 0,012% N_2 und 0,00005 bis 0,0003% H_2 (wegen der hohen C- und Si-Gehalte ist O_2 weniger vertreten als im Stahl).

Die Ausdehnungskurve eines frischen Gußeisens zeigt Bild 2.4a. Die Anomalie bei etwa 600°C ist durch den Perlitzerfall bedingt (bis zu 6% Längenänderung). Nach dem ersten Grundbrand verläuft die Kurve nahezu stetig mit $\alpha = 13 \cdot 10^{-6}$/K zwischen 0 und 400°C (Bild 2.4, b). Doch soll es nach Dekker [109] vorkommen, daß eine Anomalie durch den A_0-Punkt des Zementits zurückbleibt, die sich in Spannungen und Rissen des Emails auswirkt.

Die Anforderungen an emaillierbares Gußeisen haben Dietzel u. M. [156] zusammengestellt. Poren und Gase im Guß müssen vermieden werden, da sonst Blasen und Durchschüsse im Email entstehen. Die Oberfläche muß wegen der Haftung rauh sein. Wird eine Stelle abgeschmirgelt, so muß sie durch Abstrahlen aufgerauht werden.

Wird ein Gußeisen als Schrott immer wieder eingeschmolzen und vergossen, so wird es immer anfälliger für Emaillierfehler; dies rührt von dem allmählich ansteigenden Sauerstoff- (Oxid-) Gehalt her, bzw. von verringertem C-Gehalt [345]. Ein solches „oxidiertes" Eisen entsteht auch bei Verwendung von oxidiertem Schrott, Überblasen des Kupolofens und zuviel Luft im Verhältnis zum Brennstoff, es ist blasig, porig und schlecht vergießbar.

Spannungen im Gußeisen lassen sich durch Langzeitlagerung nicht abbauen.

Der E-Modul von Gußeisen (rd. $8 \cdot 10^4 \, MN/m^2$) nimmt mit steigender Spannung ab. Die Brinellhärte liegt bei 150 HB für ferritischen Guß und steigt mit der Menge an gebundenem C stark an. Die Zugfestigkeit σ_z beträgt nur etwa 150 MN/m².

4.5.1.2 Emailgerechtes Konstruieren mit Gußeisen

Die Konstruktion von Gefäßen u. dgl. hat auf die Ausbildung von Fehlern großen Einfluß. Die Form soll möglichst keine vorspringenden Teile haben, schmale Formsandleisten sind zu vermeiden, die Kerne sollen massiv sein und keine vorspringenden Spitzen haben, ihre Zahl möglichst gering sein. Ferner sollen scharfe Richtungsänderungen der Schmelze beim Eingießen vermieden werden durch mehr Einlaufstellen, dieses auch zum Entweichen der Gase. Das vorzeitige Erstarren von freien Ecken kann durch Verstärkungen an diesen Stellen vermieden werden. Dem stark beanspruchten Eingußsystem ist besondere Aufmerksamkeit zu schenken. Es dürfen sich keine toten Räumen bilden, in denen sich Gase sammeln. Flache, dünne Gußstücke weisen oft starke Spannungen auf, sie werfen sich beim Erkalten und führen zu Rissen und Sprüngen im Email. Abhilfe: Anbringen von Rippen auf der Rückseite und „Richten" wie bei Gegenständen aus Stahlblech. Dekker gibt einige Beispiele [110], s. Bild 4.20.

4.5.1.3 Formgebung

Die Formen bestehen im einfachsten Fall aus Sand (alte DIN 52401), etwa 4% Kohlenstaub und etwa 6% Feuchtigkeit. Der Formsand soll einerseits feinkörnig sein, um eine glatte Gußoberfläche zu geben, andererseits muß er ausreichend gasdurchlässig sein, um Wasserdampf, CO usw. austreten zu lassen. Korngröße 0,1 bis 0,15 mm. Durch das plötzliche Erhitzen beim Eingießen des Metalls können die Quarzkörner zerplatzen und die Gasdurchlässigkeit verringern. Man verwendet deshalb aufbereitete Sande ohne Feinanteile oder gibt 5 bis 10% Neusand nach jedem Guß zu. Besser sind halb- oder ganzsynthetische Mischungen mit etwas Ton, Bentonit oder organischen Stoffen zur Erhöhung der Festigkeit. Ton im Formsand birgt die Gefahr in sich, daß bei seiner Zersetzung das Gefüge gelockert wird, es entsteht Wasserdampf. Der pH-Wert soll 7,8 bis 8,3 betragen (evtl. mit Soda einstellen). pH $<$ 6 ergibt bröckeligen Sand.

Ein anderes Verfahren ist die Zugabe von 5% Wasserglaslösung und Härtung mit CO_2 in 5 bis 10 s.

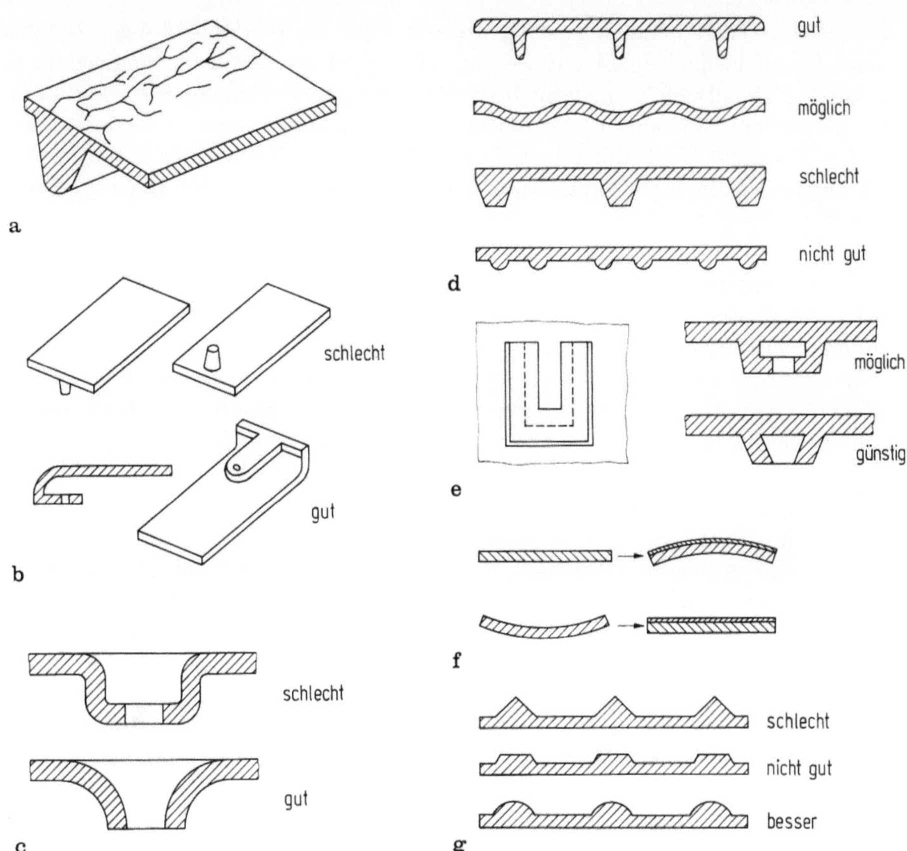

Bild 4.20. Beispiele für emailgerechtes Konstruieren mit Gußeisen. **a** Haarrisse in Gieß-
leisten, durch Werkstoffanhäufung verursacht; **b** Gestaltung der Aufnahme von Verschraubungen auf einer Fläche; **c** Gestaltung von Öffnungen; **d** Gestaltung von Versteifungen;
e Gestaltung der Aufnahme von Verschraubungen auf einer Fläche; **f** Werfen von emaillierten Flächen (oben). Vorwölbung zum Ausgleich des Werfens (unten); **g** Gestaltung von
Verzierungen. Nach [110]

Das Formsandgemisch wird im Normalfall in Kästen eingeschaufelt und ge-
stampft oder maschinell eingerüttelt bzw. eingeschleudert.

Die Herstellung dünnwandigen Gusses ist schwierig; es muß besonders auf
niedrigen Feuchtigkeitsgehalt des Formsands und gute Gasdurchlässigkeit geachtet werden. Hier führen Sand- und Formstoffeinschlüsse besonders leicht zu
porösem Guß [242]. Über jedem Einschluß oder Hohlraum entsteht zwangsläufig
ein Emailfehler: Blasen, Poren, eingezogene Blasen, also Dellen.

Von großer Bedeutung ist die Gleichmäßigkeit der Wanddicke. Schon die Eisen-
anhäufung beim Einguß in die Form, der „Eingußbatzen", führt vielfach zu Haar-
rissen im Email. An dünnwandigem Guß können schmale, langgezogene Vertiefungen in der Oberfläche vorkommen, die „Schlieren". Die Ursache ist unbekannt
(Sulfide oder Oxide?). Abhilfe bringen ein erniedrigter Wassergehalt im Formsand
und die Zugabe von Bentonit. Noch schlimmer sind dicke Stellen im Guß, wie

Flanschen, Verstärkungsringe, Tragepratzen. Diese Materialanhäufungen kommen beim Brand vielfach nicht mit, es entstehen Spannungen in der ungleichmäßig gekühlten Emailschicht. Konsole bedürfen einer gut durchdachten Konstruktion, um gefährliche Eisenansammlungen zu verhüten. Konvexe und konkave Rundungen, Wülste und Hohlkehlen dürfen keinen zu kleinen Halbmesser haben, weil an diesem das Email durch Außendruck abgedrängt wird bzw. durch Innendruck zerrieselt.

Für Emaillierguß ist das sonst übliche Einstäuben der Formen mit Graphit oder Kohlenstaub nicht möglich, statt dessen kann man Talkum oder einen Schlichteanstrich anwenden. Die Entwicklung des Kokillengusses (in eiserne, gekühlte Formen) s. bei Rexroth [561].

Es sei eindringlich darauf hingewiesen, daß für das Emaillieren die Form schwefelarm sein muß (zu achten ist auch auf den Sulfat- und Chloridgehalt des Wassers): Ein S-Gehalt über 0,029% führt zu Blasen im Email. Die Erscheinung ist um so schlimmer, je dünner der Guß ist und je länger die Gußstücke in der Form bleiben, es kondensiert sich Wasserdampf, der an Luft S^{2-} in SO_4^{2-} überführt. Die so entstandenen „Rostflecke" (Kastenrot) lassen sich nur durch evtl. mehrmaliges Glühen und Abblasen entfernen. Dabei ist mehrmaliges Glühen unter 850 °C günstiger als einmal Glühen bei höherer Temperatur, weil im letzten Fall Perlit zurückgebildet werden kann. Manchmal hilft auch dies nicht, dann verwendet man einen Fritte- und darüber einen Schmelzgrund, der den Zutritt der Brennatmosphäre zum Gußeisen verhindert.

Vor dem völligen Erkalten müssen die Gußstücke ausgeformt werden, weil Wasserdampf sich sonst auf der Gußoberfläche niederschlägt und Roststellen verursacht. Aus dem gleichen Grund sollte das Gußstück bald weiterverarbeitet werden. Übersicht über verschiedenartige Fehlerursachen bei der Herstellung von Emaillierguß bei Wegner [708].

4.5.1.4 Vorbereitung des Gußeisens zum Emaillieren

Vor dem Emaillieren wird das Gußeisen in schwierigen Fällen bei 750 bis 800 °C geglüht, um Öl u. dgl. zu entfernen und die harte Abschreckschicht zu beseitigen. Dadurch werden später Nadelstiche im Email vermieden. Fehler im Guß zeigen sich dabei meist durch Reißen an; so können die Stücke bereits vor dem Emaillieren ausgesondert werden. In jedem Fall aber müssen Zunder, oberflächliche Schlackeneinschlüsse, Formsand, Grate usw. beseitigt und eine metallisch reine Oberfläche hergestellt werden, entweder chemisch oder mechanisch.

Die Säurebeize ist kaum noch üblich, weil Säurereste in den Poren des Gußstücks zurückbleiben können. Mechanisch wird die Gußoberfläche durch Abstrahlen mit „Stahlkies" gereinigt. Dadurch wird die Oberfläche zugleich aufgerauht und die Haftung verbessert. Man wendet mehrere Arten der mechanischen Reinigung an:

— Die Putztrommel, sie ist besonders für kleine Gegenstände brauchbar, sehr einfach, wirtschaftlich und gewerbehygienisch vorteilhaft.

— Das Drehtischgebläse für große Leistung an flachen Gegenständen. Der Arbeiter steht außerhalb des Drehtischs und ist dadurch vor Staub gut geschützt.

Ein Nachteil ist, daß die Kanten auf besonderen Maschinen nachgearbeitet werden müssen.

— Die Freistrahlreinigung mit Sand und Preßluft bot den Vorteil, für jedes geformte Gußstück brauchbar zu sein, beanspruchte aber hohe Kosten, viel Platz und wirksame Entstaubungseinrichtungen. Wegen der Silikosegefahr ist dieses Verfahren nicht mehr üblich.

— Freistrahlreinigung mit Quarz und Wasserstrahl — Naßputzen. Hierbei besteht keine Silikosegefahr; außerdem kann der anhaftende Kernsand zurückgewonnen werden. Die Putzleistung ist sehr groß.

— Drehtisch mit darüber angeordneten Schleuderrädern, „Funker", für Stahlkies, kantigen Stahlkies, abgeschreckten Eisenschrott, Drahtkorn u. dgl. Angaben über Zusammensetzung, Gefüge und Härte s. bei Vielhaber [675]. Vor der Verwendung zu grober Körnung muß gewarnt werden, weil deren Wirkung zu tief geht, und überstehende Grate erzeugt werden, die im Email Blasen und Nadelstiche erzeugen. Am besten ist die Körnung mit hohem Anteil auf den Drahtsiebböden DIN 4188 −0,8 bis −0,4 nr. St. entsprechend etwa 0,8 bis 0,4 mm Korndurchmesser. Feinkorn ist nur bei Strahlen mit Preßluft angebracht.

Eine systematische Untersuchung von Christochowitz u. M. [74] zeigt, daß die Haftfestigkeit des Emails mit steigender Abstrahlungsdauer ein Maximum durchläuft — bei Sand und Stahlkies. Nach Ansicht der Autoren soll demnach scharfes Ausgangskorn nicht so günstig sein, wie wenn ein gewisser Anteil feines Korn mit vorhanden ist. Doch erscheint eine andere Erklärung naheliegender: Zu Beginn steigt die Haftung des Emails mit dem Strahlungsdurchsatz, fällt dann aber in dem Maß, wie das Strahlmittel sich abnützt und die erzielte Aufrauhung einebnet.

Beim Stahlfunker ist der Schaufelverschleiß bei Drahtkorn am kleinsten, bei Schrot größer als bei Kies. Der „Putzeffekt" ist aber bei Kies wesentlich größer als bei Schrot. Am besten nimmt man ein Korngemisch.

Außer metallischen Strahlmitteln werden teilweise auch oxidische verwendet: Tonerdegries, Abfallkorund der Schleifscheibenindustrie u. a.

Pöschmann u. M. [549] schlagen anstelle von Glühen und Abstrahlen eine Schutzgasglühung vor. Der Guß erhält eine etwas breitere ferritische Randzone und scheint dadurch etwas besser emaillierbar zu sein.

Die gereinigten Gußstücke zeigen eine grauweiße, metallisch blanke und deutlich aufgerauhte Oberfläche. Sie dürfen bis zu ihrer (möglichst baldigen) Weiterverarbeitung nur an einem sauberen und trockenen Ort aufbewahrt werden, damit sich kein Schwitzwasser an der Oberfläche absetzt. Um Schweißflecken zu vermeiden, sind sie nur mit Handschuhen anzufassen.

4.5.2 Emails für Gußeisen

4.5.2.1 Guß-Naßemails

Da Gußteile in der Regel viel länger im Ofen bleiben als Blechteile, muß ein Gußemail im Unterschied zum Stahlblechemail ein besonders breites Brennintervall haben.

Man unterscheidet im wesentlichen zwei Arten von Grundemails, den sog. Frittegrund und den Schmelzgrund, ebenso wie zwei Arten von Deckemails, die Naß- und die Puderemails.

Frittegrund

Der Frittegrund ist ein poröses Sinterprodukt und bleibt es auch beim Einbrennen. Man verwendet ihn da, wo größere mechanische oder thermische Beanspruchungen auftreten, oder an die Brennbeständigkeit hohe Anforderungen gestellt werden.

Frittegrund wird hergestellt durch Mischen von 70 bis 80 Teilen Quarz und 20 bis 30 Teilen Borax mit etwas Flußspat oder Ton und Erhitzen in Blechpfannen bei etwa 900 bis 1000 °C 2 h lang. Die erkaltete Fritte wird aus der Pfanne entfernt, auf Schrotkorngröße gekollert und dann erst in Trommelmühlen naß vermahlen, mit Zusätzen von etwa 30% Quarz oder gemahlenem Quarz und 10% Ton.

Gefügemäßig besteht der Frittegrund aus viel Quarz, Glasphase und etwas Cristobalit, der aus Quarz entstanden ist.

Bei Einwirkung einer äußeren Spannung entsteht kein glatter Bruch, sondern eine Vielzahl feiner Risse, was ihm die — physikalisch falsche — Bezeichnung „elastisch" einbrachte.

Schmelzgrund

Der Schmelzgrund ist im Prinzip ein schwer schmelzbarer Blechgrund oder auch ein Gemisch zweier oder mehrerer verschieden schmelzbarer Grundemails. Er wird sehr dünn aufgetragen, so daß er beim Einbrennen schnell an Eisenoxiden übersättigt ist. Auf die Vorteile eines hohen Borgehaltes zur Verbesserung der Benetzung und Haftung wies Gesche [232] hin. Haftoxide sind nicht notwendig, doch wird zur Sicherheit auch hier ein Ni-Dip empfohlen [206].

Die Haftung ist besser als bei Frittegrund. Deshalb wird er fast ausschließlich vor der Puderdeckemaillierung verwendet, z. B. bei Badewannen, wo wegen der größeren Schichtdicke des Deckemails die Haftung besonders wichtig ist; doch würde er die höhere Einbrenntemperatur und -zeit von Naßdeckemails nicht aushalten. Schmelzgrund, der zu leicht schmilzt, neigt bei der Puderemaillierung zum Aufkochen, schwer schmelzbarer haftet schlecht — kenntlich an den schwarzen oder blauen Oxidationslinien auf dem Gußeisen.

Zwischen Fritte- und Schmelzgrund gibt es Übergänge. Wie bei der Blechemaillierung kann man Schwarzemails auch direkt auf Guß aufbrennen.

Guß-Deckemails für Naßauftrag

In ihrem Aufbau ähneln sie den konventionellen Blechdeckemails. Die Schichtdicke ist bei den Gußemails größer und damit auch ihre Brennbeständigkeit. Als Trübungsmittel kommt neben Antimon- vor allem Zirkonoxid in Betracht, es wird eingeschmolzen. Als Alkaliträger ist K_2O wichtig [232], weil es ZrO_2 leichter löst als Na_2O (Ausscheidungstrübung beim Aufbrennen). Da die Wanddicke des Gußeisens durchschnittlich größer ist als die von Stahlblech, muß der Ausdehnungskoeffizient des Emails dem des Gußeisens besser angepaßt werden, d. h. er ist meist etwas höher. Als mittlere Zusammensetzung kann dienen: 27 bis 29% SiO_2, 25% B_2O_3 (der hohe Gehalt ist wichtig), 11% Na_2O, 16% BaO, 3 bis 5% ZnO, 4% CaO, 12% CaF_2, zusätzlich Farbstoffe. Dieses Email ist ein Kompromiß zwischen breitem Brennintervall — dafür B_2O_3, wenig Na_2O —, Glanz, und Höhe der Aufbrenntemperatur (740 bis 760 °C).

Da Naßemails meist auf den porösen Frittegrund aufgetragen werden, gibt man zur Mühle etwas $NaNO_2$ als Rostschutzmittel, um Rostflecken und Blasen zu vermeiden.

Auch säure- und hochsäurefeste Deckemails, beispielsweise für Behälter, Rührwerke usw. für die chemische Industrie oder Badewannen für medizinische Bäder, ähneln in ihrer Zusammensetzung den entsprechenden Deckemails für Stahlblech. Meist sind sie durch etwas Cr_2O_3 grün gefärbt. Da es sich bei solchen gußeisernen Gegenständen meist um schwere Stücke z. T. mit ungleichmäßiger Wanddicke oder örtlicher Materialanhäufung handelt, muß das Brennintervall dieser Deckemails größer sein als bei Blechdeckemails, was durch Zugabe von Quarz oder Feldspat zur Mühle oder durch Verwendung mehrerer Deckemails verschiedener Schmelzbarkeit erreicht wird.

Es sei erwähnt, daß man neuerdings wenig beanspruchte Gußteile, z. B. Küchengasbrenner, nach Viquesnel u. M. [676] lediglich mit feinem Stahlkies abstrahlt und mit einem Aluminiumemail überzieht (s. Abschn. 4.6.2).

4.5.2.2 Guß-Puderemails

Die Puderemails sollen der Gußemaillierung das gleiche glatte, spiegelnde Aussehen verleihen wie die Blechdeckemails. Auf dem rauhen Gußeisen ist das nur durch größere Schichtdicke und leichte Schmelzbarkeit des Deckemails zu erreichen. Diese wird durch einen geringeren Gehalt an Kieseläure und Tonerde, dafür erhöhten Anteil an Borsäure, BaO und ZnO erzielt. Andererseits darf das Schmelzen nicht zu schnell nach dem Erweichen eintreten, damit das Email an senkrechten Wänden nicht abläuft und wellig wird. Daher muß ein weites Erweichungsintervall angestrebt werden, was wiederum durch Mischemails zu erreichen ist. Die Trübungsmittel (Sb-Verbindungen, ZrO_2) werden miteingeschmolzen, Mühlenzusätze vermieden. Da ZrO_2 zähflüssig macht, ist bei Zirkon-Puderemails ein erhöhter Fluoridanteil angebracht [232]. Um unnötige Fluorverluste zu vermeiden, arbeitet man mit wasserfreien Rohstoffen. Unter den Fluoriden haben sich besonders Aluminiumfluorid, Kryolith und Kieselfluornatrium bewährt. Auch titangetrübte Puderemails wurden entwickelt [60], doch läßt sich die hohe Deckkraft und damit geringe Schichtdicke der Titanemails wegen der rauhen Gußeisenoberfläche nicht ausnützen.

Über 60% der Teilchen sind kleiner als 0,06 mm, der Rest bis 0,2 mm $\oslash$. Der Ausdehnungskoeffizient α (0 bis 100 °C) von Puderemails für Badewannen wird meist in der Größenordnung von 9 bis $10 \cdot 10^{-6}/K$ gehalten. Bei niedrigerer Ausdehnung des Emails nehmen die Druckkräfte an den oberen, gewölbten Rändern der Badewannen unzulässig hohe Werte an, so daß es zu Absplitterung kommt. Dies vermeidet man durch die Verwendung eines besonderen Ränderpuders mit etwas höherer Ausdehnung. Solch Randpuder kann auch für die Außenemaillierung der Wannen verwendet werden.

Hat ein Badewannenemail einen zu großen Ausdehnungskoeffizienten, oder ist es zu dick (> 2 mm), entstehen während der Abkühlung in der Zugspannungszone (wie im Bild 2.50 bei Stahlblech) Risse, die sich auf dem Gußeisen (nach Abschlagen des Emails) als schwarze Oxidationslinien abzeichnen. Aus der Breite und Stärke dieser Linien läßt sich mit etwas Erfahrung die Temperatur ihrer Entstehung abschätzen.

Bei Badewannen für medizinische Zwecke haben die Emails einen Kieselsäuregehalt bis 45%, während der Alkali- und Borsäureanteil erniedrigt ist. Um das Schmelzen zu erleichtern, verwendet man mehr Erdalkalien und Titandioxid.

Tauchpuderemails sind ähnlich aufgebaut wie die Badewannen-Puderemails. Das glühende Gußeisen wird in den Puder „getaucht", der sofort anschmilzt. Er ist meist noch leichter schmelzbar und nicht selten bleihaltig. Diese Arbeitsweise mit Bestimmung der Gewichtszunahme benützt Giussani [238] zur Beurteilung der Eignung eines Puderemails; sie ist besser und einfacher als physikalische Messungen.

4.5.2.3 Majolikaemails

Dies sind ungetrübte, gefärbte, leichtschmelzende Emails, die auf einen weißen Untergrund naß aufgespritzt oder trocken aufgepudert werden. Wegen der Unebenheit des Grundes erscheint das leichtflüssige und deshalb örtlich verschieden dicke Farbemail verschieden hell, was den „Majolikaeffekt" hervorruft.

Mit Rücksicht auf leichte Schmelzbarkeit und gute Verwitterungsbeständigkeit wählt man Zusammensetzungen mit $\sim$ 30 bis 40% SiO_2, 0 bis 3% Al_2O_3, 10 bis 15% B_2O_3, 15 bis 20% Na_2O, evtl. auch etwas Li_2O, 0 bis 5% CaF_2, 15 bis 30% BaO und ZnO, 0 bis 5% TiO_2. Als Farbzusätze dienen die in Abschn. 3.2.1.7 und Tab. 3.1 genannten Lösungsfarbstoffe und deren Mischungen.

Majolikaemails mit zu viel B_2O_3 und Alkalien neigen zum Verwittern, was sich durch „Ausblühen", besonders beim feuchten Lagern, oder beim Erwärmen zeigt [707].

Neben den „echten Majolikaemails" wird oft kein Transparentfluß, sondern ein farbiges Opakemail verwendet, das ohne Grundemail in ein- oder zweimaligem Auftrag auf das abgestrahlte Gußeisen eingebrannt wird. Brauchbar sind nur stark deckende dunkle Farben, wie Schwarz, Grün, Braun. Die Gegenstände erscheinen stumpfer und sind ohne das Feuer und Farbenspiel echter Majolikaemails.

4.5.2.4 Mahlen der Emails

Über den Mahlvorgang s. Abschn. 3.2.3.10. Beim Trockenmahlen kommen zu den Granalien i. allg. keine weiteren Zusätze zur Mühle, allenfalls Trübungsmittel oder Farbkörper, auch organische, um den einen Puder gegenüber dem anderen zu kennzeichnen. (Die Anfärbung ist auch bei Schlickern üblich.) 0,1% Feuchtigkeit im Mahlgut soll das Anbacken vermeiden.

4.5.3 Emaillieren von Gußeisen

4.5.3.1 Auftragen und Brennen

Während der Grund immer naß aufgetragen wird, kann das Deckemail nach dem Naß- oder Puderverfahren oder einem kombinierten Naß/Puder-Verfahren aufgetragen werden.

Der *Naßauftrag* von Grund- und Deckemail erfolgt in analoger Weise wie bei

Stahlblech. Der Grundauftrag muß rasch getrocknet werden, um Rostfleckenbildung hintanzuhalten. Rostschutzmittel — Alkaliphosphate und -nitrite — sind hier kaum zu entbehren. Eingebrannt wird im Muffelofen, bei Großfabrikation auch im Tunnelofen bei 850 bis 880 °C. Der Brand dauert je nach Größe der Charge bei vollgeladenem Rost etwa 10 bis 15 min. Über Brennöfen s. Abschn. 3.3.3.

Für das Einbrennen von Email auf Gußeisen ist es notwendig, Sauerstoff und Luftfeuchtigkeit weitgehend auszuschalten, was in Abschn. 2.1.1.4 näher begründet und durch eingehende Versuche von Le Guestre u. M. [414] bestätigt wurde. Dies kann auf verschiedene Weise geschehen: Es genügt z. B., daß man die Muffel voll beschickt; durch die Verzunderung der Gußteile wird der vorhandene Sauerstoff schnell verbraucht. Oder man leitet kurz nach dem Einfahren der Ware Leuchtgas oder ein anderes reduzierendes Gas in die Muffel. Auch hilft es, wenn man schwefelfreie(!) Kohle in einer Schale oder Pfanne in die Muffel stellt.

Steinkamp [641] beseitigte eine zu starke Oxidation und schlechte Haftung dadurch, daß er auf den noch nassen Frittegrund einen Schmelzgrund aufspritzte.

Schädlich ist naturgemäß auch der Sauerstoff in Form einer zu starken Verzunderung der Gußoberfläche, etwa durch vorangegangenes Glühen, um Fett, Öl u. dgl. zu entfernen. Die Oberfläche soll vor dem Emailauftrag blank sein; die Oxidschicht, die sich zu Beginn des Aufheizens durch die Reaktion mit dem in der Muffel anfangs vorhandenen Sauerstoff und dem Wasser im Emailauftrag bildet, genügt für die Haftung vollkommen.

Der gebrannte Frittegrund bildet eine grauweiße, oberflächlich verhältnismäßig glatte, gesinterte Schicht von stumpfem Aussehen. Ist die Brenntemperatur zu hoch, wird die auf dem Gußeisen gebildete Oxidschicht aufgelöst, die Haftung geht verloren. Zu niedrig gebrannter Grund hat ebenfalls keine Haftung auf dem Eisen und springt mit dem später aufgelegten Deckemail ab.

Vor dem Deckauftrag werden die grundierten Stücke meist durch Abblasen mit Druckluft vom Staub befreit. Das naßaufgetragene Deckemail schmiegt sich beim Trocknen den feinsten Unebenheiten der Grundlage an. Auch nach dem Brennen sind diese oft noch durch ein unruhiges Aussehen der Emailoberfläche erkennbar. Nach dem Trocknen in Trockenkammer oder -kanal erfolgt das Brennen im Muffel- oder Tunnelofen bei etwa 800 bis 850 °C.

Haben Gußstücke ungleichmäßige Wanddicken, so muß man durch „Ziehen", d. h. zwischenzeitiges Herausfahren und Drehen des Rostes, für gleichmäßiges Aufheizen der Stücke sorgen.

Das Trockenemaillier- oder *Puderverfahren* wird vorzugsweise bei Badewannen angewandt [232]. Aber auch schweres Sanitärgeschirr, ferner säurefest zu emaillierende Apparte werden manchmal gepudert, oft auch naßemailliert und dann überpudert. Die Arbeitsweisen auf diesem Gebiet sind vielfältig. Das Puderverfahren bedarf keines Trockenprozesses. Im Gegensatz zum Naßverfahren erzeugt es eine spiegelglatte Oberfläche. Auch erlaubt es mehrfachen Auftrag ohne dazwischenliegende Abkühlung und Trocknung.

Die Gußstücke werden meist mit einer an einem Schwenkkran aufgehängten Gabel ein- und ausgefahren, diese gestattet die höchste Beweglichkeit und Wendigkeit.

Das Pudern geschieht, beispielsweise bei einer Badewanne, auf einem seitlich vom Ofen in einer Grube stehenden Drehtisch, der es gestattet, alle Wände der

Wanne zeitweilig nahezu in die Horizontale zu bringen, so daß überall gleichmäßig gepudert werden kann. Dabei wird die Wanne durch eine Blechschablone gehalten, die ihrer Form entspricht. Der Pudertisch wird entweder von Hand oder durch einen Elektromotor bewegt. Der Drehtisch ist durch einen nach außen mündenden Puderfang zur Aufnahme des verstaubenden Puders überdacht.

Die gemahlenen Puderemails werden mit Vibrationssieben aus Stahl mit Bronzeewebe von etwa 400 Maschen/cm² auf die rotglühende Wanne aufgesiebt.

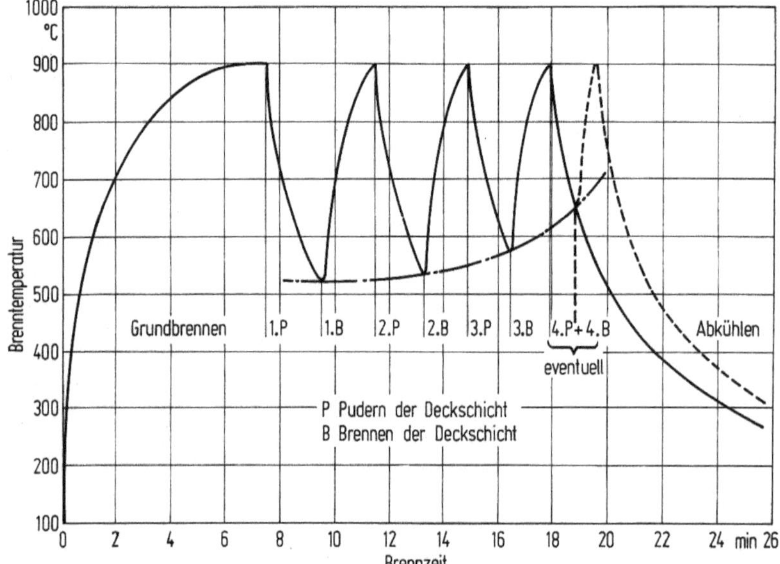

Bild 4.21. Schematische Darstellung des Temperaturverlaufs einer Badewanne beim Puderemaillieren. Nach [106]

Das mit **Preßluft** oder elektrisch mit Schallfrequenz (2000 Hz) betriebene Sieb sitzt am Ende eines langen Rohrs, das nach jeder Richtung beweglich aufgehängt ist. Entsprechend dem elektrostatischen Spritzen bzw. Pudern bei Stahlblech (Abschn. 4.2.3.1 und 4.2.3.3) wurde auch elektrostatisches Pudern vorgeschlagen.

Das während des Puderns stark ausgekühlte Stück wird durch erneutes Einfahren in den Muffelofen immer wieder auf die Fließtemperatur des Emails aufgeheizt. Durch dieses erneute Erwärmen wird das zuletzt nur noch lose klebende Email glattgeschmolzen, die Ware wieder zur Aufnahme einer neuen Puderschicht befähigt. Auf eine Badewanne kommen im Mittel 8 kp Email (zum Vergleich: Stahlbadewannen 2 kp). Den Temperaturverlauf einer Badewanne beim Puderemaillieren zeigt Bild 4.21 [106].

Auch für die Badewannenemaillierung wird z. T. der muffellose Ofen (s. Abschn. 3.3.3) benutzt [283], doch bietet er nach Dekker [106] praktisch keine Vorteile, weil die Muffel während des Puderns wiederaufgeheizt wird und so als Wärmespeicher dient. Ein Vergleich verschieden beheizter Ofentypen spricht nach Märker [436] eindeutig für den Elektroofen.

Das energische Rütteln des Emails auf dem Pudersieb bringt einen nicht unerheblichen Verlust an Puderemail mit sich; rd. 72% Puder verbleiben auf den Wannen, 18% oder etwas mehr sind rückgewinnbar, der Rest, 9%, geht verloren.

Das Verstäuben des Emails zwingt zu besonderen hygienischen Schutzmaßnahmen für die Puderer. Außerdem müssen sie gegen die Hitze durch Asbestschürzen und Gesichtsmasken geschützt werden.

Die Zeit für das Pudern einer Wanne mit zweimaligem Aufsieben beträgt einschließlich Grundbrand ungefähr 25 min, für dreimaliges Pudern rd. 30 min. Nach Hauttmann [266] gibt es ein Optimum in der Einbrennzeit und der Emailschichtdicke hinsichtlich der Schlag- bzw. Haftfestigkeit.

Gegenüber dem aufwendigen Puder- und Brennprozeß bei Badewannen beschreibt Gesche [234] eine vollautomatische Anlage. Die Rohwannen kommen auf einem Fließband von der Putzerei, werden mit Grundemail gespritzt, das im Tunnelofen bei 900 bis 950 °C eingebrannt wird. Anschließend werden die Wannen dreimal vollautomatisch nach Programm gepudert, dazwischen jeweils in einem gesonderten Kammerofen gebrannt und kühlen schlielich in einem Kühlkanal langsam ab. Die vier Öfen werden mit einem Flüssigkeitsgemisch aus 80% Butan und 20% Propan direkt beheizt. Die Taktzeit beträgt 1,7 min.

Der *Tauchpuderauftrag* ist für kleine und kleinste Gußstücke wie Konsolen, Seifenschalen, Griffe usw. anwendbar. Die mit Frittegrund überzogenen Gegenstände werden in der Muffel auf Rotglut erhitzt und mit einer Zange unter Drehen und Wenden in einen kleinen „Tauchpuderberg" eingewühlt. Die Puderteilchen kleben fest und schmelzen beim Herausziehen aus dem Puder durch die Restwärme glatt. Eventuellen Überschuß an Puder beseitigt man vor dem Festschmelzen durch schwaches Klopfen mit einem Holzhammer. Nach einer bestimmten Zeit muß der Pudervorrat durch Sieben von abgelösten Grundemailteilchen und Zunder befreit werden.

Der *Naßpuderauftrag* wird hauptsächlich für Sanitärgeschirr, aber auch für säurefeste Behälter u. dgl. angewendet. Auf die Gußgegenstände wird der übliche Fritte- bzw. Mischgrund aufgetragen und eingebrannt. Auf diesen folgt der Naßauftrag eines getrübten Deckemails, den man 2 bis 3 min antrocknen läßt, worauf sofort ein trockener Puder gleicher oder ähnlicher Zusammensetzung aufgesiebt wird; anschließend Trocknen und Brennen. Das so erhaltene Email ist viel glatter und glänzender als das einfache Naßemail, es bietet fast das Aussehen der nach dem reinen Puderverfahren emaillierten Ware.

Die *Brennroste* sind bei der Gußemaillierung fast durchweg Dauerroste aus nichtzunderndem Stahl, die im Ofen verbleiben. Nur zum Emaillieren von Kleinzeug benützt man Roste wie bei der Stahlblechemaillierung. Entsprechend den großen Massen, die bei der Gußemaillierung im allgemeinen, insbesondere bei der säurefesten Emaillierung, bewegt werden müssen, sind die Einsetzvorrichtungen schwer konstruiert und können meist nur maschinell betrieben werden.

4.5.3.2 Kühlen

Eine besondere Kühlung von Emaillierungen im glastechnischen Sinne ist i. allg. nicht notwendig, schon gar nicht, wenn sie im Tunnelofen gebrannt werden. Aber auch beim Brennen im Muffelofen und der anschließenden Abkühlung ist es nicht erforderlich. Lediglich bei schweren Stücken, insbesondere bei Behältern für die chemische Industrie, Lagertanks u. dgl., womöglich mit ungleichmäßiger Wanddicke — Flanschen u. dgl. — ist eine nachträgliche Kühlung bzw. langsame Abkühlung im Ofen nicht zu umgehen. Eine gemäßigte rasche Abkühlung sollten solche Gegenstände erfahren, die wie beispielsweise emaillierte Zimmeröfen im Gebrauch erwärmt werden: Das Email schrumpft sonst langsam und gibt Risse (s. Abschn. 2.2.4.3 [153]).

4.5.3.3 Säurefeste Emaillierung

Als Grundemail dient ein Frittegrund mit großem Einbrennintervall. Darauf wird im Naßauftrag das säurefeste, meist durch Cr_2O_3 getrübte Deckemail gelegt und nach dem Antrocknen überpudert. Dieses Übersieben mit dem im Korn etwas gröber gehaltenen Puder setzt große Erfahrung und Übung voraus, um einen völlig gleichmäßigen Überzug zu ergeben. Das Einbrennen des Emails wird im Muffelofen vorgenommen, bei großen und schweren Stücken im muffellosen Kammerofen. Die schwer schmelzbaren Emails verlangen eine hohe Einbrenntemperatur, die großen Eisenmassen ein schnelles Nachströmen der Wärme; deshalb besteht die Muffel aus gutleitendem Stoff, Siliciumcarbid oder Edelkorund.

Oft sind gerade bei gußeisernen emaillierten Gefäßen für die chemische Industrie Materialanhäufungen an einzelnen Stellen nicht zu vermeiden. Das Zurückbleiben beim Einbrennen kann man mildern, indem man den Brand unterbricht, sobald das Gefäß dunkle Rotglut erreicht hat, und es für 1 bis 2 min aus dem Ofen nimmt („Ziehen"). Dadurch wird die Wärmedifferenz zwischen dünnen und dicken Stellen ausgeglichen.

Über säurefeste Emaillierung s. auch Abschn. 4.4.1.

4.5.3.4 Majolikaemaillierung

Folgende Verfahren sind in Gebrauch: 1. Majolikaemail auf Frittegrund und Weißdecke, 2. Majolikaemail auf Schmelzgrund und Weißdecke, 3. Majolika auf weißem Schmelzgrund. Daneben bestehen noch einige Verfahren, die darauf hinauslaufen, einen Brand einzusparen.

Die Vor- und Nachteile von Puder- und Naßauftrag sind: Puder gibt glattere Oberflächen und ist billiger, weil weniger Brände erforderlich sind. Dafür neigt Puder mehr zu Haarrißbildung als Naßmajolika, und das Pudern erfordert qualifiziertere Arbeitskräfte als der Naßauftrag, bei dem auch der Muffelofen besser ausgenützt wird.

Beim forcierten Trocknen kann es zu Rissen und Blasen kommen. Abhilfe schafft Zusatz von bis zu 1,2% Aerosil, was den Auftrag poröser macht [277].

Majolikaemails erweichen bei niedrigerer Temperatur als Deckemails, müssen also auch bei relativ niedriger Muffeltemperatur eingebrannt werden. Beim Einbrennen ist es nötig, das Stück in gewissen Zwischenpausen aus dem Ofen zu nehmen und etwas abkühlen zu lassen, um zu verhindern, daß die Glasur zu rasch schmilzt und abläuft oder gar an den erhöhten Stellen durchbrennt.

Auf Schmelzgrund aufgebranntes Majolikaemail sitzt mechanisch fester als auf Frittegrund.

Bild 4.22 zeigt als aufschlußreiches Beispiel den Querschnitt durch die Schichten einer älteren Majolikaemaillierung nach obigem Verfahren 1: Unten ist die haftvermittelnde Eisenoxidschicht, darüber der Frittegrund mit den z. T. groben Quarzkörnern. Auf ihm sitzt ein mit Kryolith getrübtes Naßemail. An ihm ist bemerkenswert, wie wenig die Emailkörner unmittelbar miteinander verschmolzen, sondern von Mühlenzusätzen und Partialschmelzen eingehüllt sind. An der Oberfläche dieses Weißemails ist die Trübung durch Fluorverdampfung verschwunden; (statt der einfachen Fluortrübung verwendet man längst eine ZrO_2-Trübung mit entsprechend geringerer Schichtdicke). Die oberste (Majolika-) Schicht ist gefärbt und erscheint deshalb dunkel.

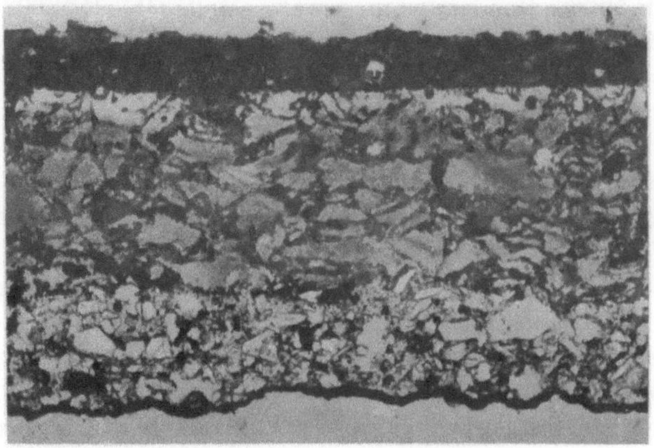

Bild 4.22. Querschnitt durch eine frühere Majolikaemaillierung. Von unten nach oben: Eisenoxidschicht, Frittegrund mit großen Quarzkörnern, kryolithgetrübtes Weißemail (an der oberen Grenze ist die Trübung ausgebrannt), gefärbtes dunkles Majolikaemail

4.5.3.5 Entemaillieren von Gußemaillierungen

Gußstücke kann man entemaillieren durch Abstrahlen, durch Behandeln mit kalter Flußsäure (24 h) oder geschmolzenem Alkali (15 min). Im letzten Fall entsteht Wasserstoff, der vom Gußeisen etwas aufgenommen wird und beim Wiederemaillieren Blasen gibt. Nach [550] läßt sich dies vermeiden, indem man das Gut anodisch mit etwa 5 V polarisiert.

4.6 Emaillierung von Aluminium und seinen Legierungen

Emailliertes Aluminium hat sich gegenüber dem Stahlblech eigene Märkte erobert. Es wird in der Architektur angewandt in Form von Platten und Fließen, als Folien für Schilder, elektrische Isolierung, Verkleidung elektrischer Öfen, bei Kühlschränken, Sanitärware, Zifferblättern u. dgl. Dementsprechend gibt es in den letzten Jahrzehnten zahlreiche Patente und Veröffentlichungen auf diesem Gebiet, von denen nur die wichtigsten bzw. leicht zugänglichen genannt seien. Aluminium eignet sich auch für Kunstemaillierungen, etwa von Tellern, Bechern, Schalen, Wandplatten u. dgl.

4.6.1 Aluminium und seine Legierungen

Emaillierbar sind nach Kyri [395] Reinaluminium mit mindestens 99% Al; Al—Mn-Legierung mit 1,2% Mg; Al—Mn—Si-Legierung mit 1% Mg und 0,6% Si; Al—Si 5 als Spritzgußlegierung mit 7,0% Si und 0,3% Mg. Eine häufig verwendete Legierung enthält nach [676]: Cu 0,1 bis 0,2%, Mn 1,0 bis 1,2%, Mg 0,005%, Si etwa 0,2% und Fe etwa 0,5%. Schmelzpunkt bei 650 °C.

Bänder und Bleche aus Al und Al-Knetlegierungen, > 0,35 mm dick, kaltgewalzt, s. DIN E 1783; ebenso 0,4 bis 3 mm, DIN 1784 T 1; ebenso, 0,021 bis 0,35 mm, DIN E 1784; ebenso 0,007 bis 0,020 mm, Maße DIN 1784 T 3; ebenso, warmgewalzt, Maße DIN E 59600. Ronden, warm gewalzt, Maße DIN E 59602; kaltgewalzt, Maße DIN E 59603. Weitere Einzelheiten s. Aluminium-Taschenbuch, 13. Aufl., Aluminium-Verlag Düsseldorf.

Für Haushaltsgeschirr ist die Festigkeit gegen Verbeulen wichtig. Der E-Modul von Aluminium liegt bei nur $7 \cdot 10^4$ MN/m², die Zugfestigkeit bei 50 bis 100 MN/m², und die Streckgrenze bei 20 bis 35 MN/m². Es gibt zwar selbstaushärtende Legierungen auf der Basis AlMgSi, AlZnMg und AlCuMg, aber der durch Abschrecken erzielte Zustand geht bei Temperaturen, wie sie in der Küche vorkommen können, größtenteils verloren. Doch gelang es, die emailtechnisch sehr günstige Legierung AlMn durch Erhöhung des Mn-Gehalts, Einbau von max. 0,1% Cu und rekristallisationshemmenden Zusätzen so zu verbessern, daß das festigkeitsmindernde Kornwachstum erst oberhalb der Emaileinbrenntemperaturen beginnt [427].

Darüber hinaus besteht die Möglichkeit, kaltgewalztes Stahlband verschiedener Qualitäten nach einer entsprechenden Vorbehandlung unter Luftabschluß durch das Bad einer AlSi-Legierung zu führen und nach dem Erstarren die Al-Schicht auf die gewünschte Dicke zu bringen [693]. Das Stahlblech, das nicht emaillierbar zu sein braucht, kann dabei sehr dünn sein (0,6 mm), es wirft sich nicht, weil Al als Spannungsausgleich wirkt. Die Zugfestigkeit entspricht derjenigen des Stahlblechkerns. Die Wärmeausdehnung ist etwas höher als die von Stahlblech, und zwar um so mehr, je dünner das Stahlblech ist [589]. Die Bleche lassen sich auch schweißen und dann emaillieren. Die Aluminiumschicht wird nur noch leicht abgestrahlt.

In einer neueren Arbeit von Hennicke u. M. [281, 620] wird für Reinaluminium mindestens 99,5% Al nach DIN 1712 gefordert, ferner ist geeignet eine Gußlegierung G Al—Si nach DIN 1725 mit 11 bis 13% Si und eine bestimmte aushärtbare Al—Mg—Si—Cu-Legierung. Andererseits sollen über 10% Si zu Blasen und Nadelstrichen im Email führen.

Poren im Aluminium können durch Wasserstoff verursacht werden, aber auch durch Carbide und Nitride, wenn diese die Oxidschicht, die sich an der Oberfläche bildet, beim Gießen durchdringen; es setzt eine Reaktion mit der Feuchtigkeit der Form ein [508]. Poren im Metall sind auch hier für die Emaillierung schädlich.

Der lineare Ausdehnungskoeffizient α von Al und seinen Legierungen liegt bei $23 \cdot 10^{-6}$/K für 20 bis 100 °C (zum Vergleich: Stahlblech $12 \cdot 10^{-6}$/K).

4.6.1.1 Formgebung

Die Formgebung von Aluminium durch Ziehen u. dgl. geht ähnlich wie bei anderen Metallen mit den für Al üblichen Ziehmitteln vor sich. Bleche über 0,5 mm Dicke kann man im Wechselstrom-Lichtbogen unter Wasserstoff mit Wolframelektroden schweißen.

4.6.1.2 Vorbereitung zum Emaillieren

Aluminium und seine Legierungen haben eine natürliche, dichte, aber dünne Deckschicht von Böhnit AlOOH (0,01 bis 0,1 μm). Ähnlich wie bei der Stahlblechemaillierung muß auch bei Aluminium die Oberfläche aufgerauht werden, um eine gute Haftung zu ergeben. Dazu muß diese Deckschicht aufgelöst werden, damit das Metall angegriffen werden kann. Nach Hennicke u. M. [281, 620] wird zunächst entfettet (Gas- oder NaOH-Entfettung) anschließend bei 70 °C gespült, mit 10%iger Salpetersäure gebeizt und wieder gespült. Schoenemann u. M. [604] dagegen empfehlen ausdrücklich nur eine schwach alkalische Reinigung. Reinaluminium sowie die Al—Mn-Legierungen können dann getrocknet und emailliert werden. Legierungen mit etwas Mg und/oder Si werden nach zweimaligem Spülen bei 70 °C zunächst sauer chromatiert in einem Bad mit einem Massengehalt von 5% CrO_3 und 15% konz. H_2SO_4 bei 75 °C, dann kurz alkalisch in einem Bad mit 0,2% $Cr_2(SO_4)_3$, 14,7% $K_2Cr_2O_7$, 8% NaOH, anschließend gespült und getrocknet. Zweckmäßig verwendet man dazu keine metallischen Beizkörbe, weil sich dadurch eine elektrische Potentialdifferenz im Chromatbad ausbilden und einen unterschiedlichen Chromatniederschlag bewirken würde. Die Chromatschicht darf nicht zu dick sein, weil sonst die Haftung schlecht wird. Wird Al phosphatiert, ist die Blasenbildung beim Emaillieren geringer. Besser als Chromatieren soll anodische Oxidation sein (2 bis 3%ige Na-Perboratlösung, 30 bis 50 °C, 0,5 bis 1 A/dm²).

4.6.2 Emails für Aluminium

4.6.2.1 Zusammensetzung der Emails

Die ersten Al-Emails waren reich an PbO und B_2O_3, enthielten Alkali, gelegentlich auch Al_2O_3 oder Phosphorsäure (letztere neigen zur Blasenbildung). Doch zeigte sich auch hier die nachteilige Wirkung von Borsäure und Fluoriden auf die chemische Beständigkeit [307].

King u. M. [360] gingen zu borfreien Emails über mit rd. 30% SiO_2, 47 bis 60% PbO, 9% Na_2O, 0 bis 1% Li_2O, 6% TiO_2, 3% ZrO_2 und 3% CaO, CuO, CoO oder NiO. Auch Kyri [395] hält die Emails auf Alkali-Bleisilicatbasis den borhaltigen in mehrfacher Hinsicht überlegen. Er hebt vor allem die gute chemische Beständigkeit und eine gewisse Sicherheit in der Verarbeitung hervor. Oya u. M. [512] studierten Emails auf der Basis PbO—SiO_2—V_2O_5; diese waren getrübt durch Ausscheidung von 5PbO·SiO_2·V_2O_5 neben einem Mischkristall Pb_2SiO_4 —Pb·Alk·VO_4. Auch Emails auf der Basis PbO·Sb_2O_3 mit Erdalkalien, V_2O_5 und Bi_2O_3 wurden versucht. Die Trübung wurde durch PbO·Sb_2O_5 und PbO·$3Sb_2O_5$ hervorgerufen. Ein großer Nachteil dieser Emails ist der hohe Bleigehalt, der aber notwendig erschien, da er einen günstigen Einfluß auf das Benetzungs- und Fließvermögen und die chemische Beständigkeit hat. Doch ist es möglich, dies auch auf andere Weise zu erreichen: Wesentliche Erhöhung des Alkali- und TiO_2-Gehaltes und mit solchen Oxiden, die die Oberflächenspannung stark erniedrigen (V_2O_5, nach [20] auch Halogenide) und damit die Benetzung fördern (s. Abschn. 2.2.5.4).

Ein borfreies Email nach Bezborodov u. M. [35] enthält (Stoffmengengehalt in %): 24 Alkali, 20 PbO, 41 SiO_2, 15 TiO_2. Der TiO_2-Zusatz kann zur Steigerung der Säurebeständigkeit auf 25 bis 32% erhöht werden. Zur Mühle kommen 2% Na_2SiO_3, 0,5 bis 1% TiO_2.

Aluminiumemails können ähnlich wie die anderen gefärbt werden.

4.6.2.2 Mahlen und Verschlickern

Die Anwendung eines Hilfsflußmittels aus Alkali, Bor- und Kieselsäure empfehlen Kautz u. M. [351]; sie erklären seine Wirkung zugleich als Puffer im Schlicker.

Die Al-Emails müssen feiner gemahlen werden als beispielsweise Stahlblechemails. Die Mühle darf nicht warmlaufen, da die feinen Körnchen sonst zu stark ausgelaugt würden. Das Wasser sollte entionisiert sein. Als Mühlenzusätze haben sich Na-Metasilicat und Borsäure (etwa 1:1 bis 1:4 + 1NaOH) bewährt [676]. Ferner gibt man 16 bis 18% TiO_2 auf 100 Email zu oder bis zu 10 TiO_2 und 5 Farbkörper, keinesfalls aber Ton, dessen Zersetzungstemperatur gerade im Aufbrennbereich liegt, und der die Zähigkeit erhöht. Der Schlicker soll ein pH von 11,0 ± 0,5 und eine Dichte von etwa 1,7 g/cm³ (bleifrei) bzw. 1,9 bis 2,0 g/cm³ (bleihaltig) haben.

Wegen der großen Mahlfeinheit altern die Schlicker schnell und werden unbrauchbar. Bei einer Temperatur von 18 °C ist dies schon in zwei bis drei Wochen der Fall [360].

4.6.3 Emaillieren von Aluminium

4.6.3.1 Auftragen

Mit Spritzpistole von Hand oder automatisch, oder elektrostatisch.

4.6.3.2 Aufbrennen

Reinaluminium, Al—Mn- und Al—Si-Legierungen können ohne Grundemail emailliert werden, sie sind aber bei wiederholtem Brand sehr spannungsanfällig. Al—Mg—Si-Legierungen benötigen einen Grund, sind aber weniger spannungsempfindlich.

Gebrannt wird meist um 560 °C. Die Brennzeit ist von der Blechdicke abhängig und beträgt bei 1 mm dicken Blechen etwa 5 bis 7 min. Da die Temperatur auf ±5 K eingehalten werden muß, empfiehlt sich ein elektrischer Ofen mit Luftumwälzung zur Verbesserung des Wärmeausgleichs. Während bei Temperaturen oberhalb 800 °C die Wärme hauptsächlich durch Strahlung übertragen wird, geschieht dies unterhalb 700 °C bevorzugt durch Konvektion. Die Wärmeübergangszahl, die bei 800 °C und üblichen Strömungsverhältnissen zwischen 100 und 350 W/(Km²) liegt, beträgt bei 500 bis 600 °C nur 12 bis 23 W/(Km²). Bei künstlicher Gasumwälzung mit einer Strömungsgeschwindigkeit von 15 m/s kann man mit etwa 23 W/(Km²) rechnen und selbst bei forcierter Umwälzung von 100 m/s nur mit etwa 47 W/(Km²). Dabei muß besonders auf staubfreie Atmosphäre geachtet werden. Unter den verschiedenen Ofentypen gibt es auch solche mit Infrarotstrahlern [511] und mit Gold überzogenen Reflektoren [509]. Emailliertes Aluminium ist gedehnt, hängend gebrannt mehr als liegend gebrannt.

Die tiefe Einbrenntemperatur macht größte Sauberkeit des Schlickers erforderlich, besonders in bezug auf organische Verunreinigungen, deren Ausbrenntemperatur nur knapp unter der Brenntemperatur liegt. Wegen des großen Unterschieds in den Ausdehnungskoeffizienten werfen sich die Bleche manchmal, doch ist es leicht, sie zu richten. Durch beidseitiges Emaillieren ist Werfen zu vermeiden.

4.6.3.3 Dekorieren

Besonders geeignet sind das Siebdruckverfahren und die Abziehbilder. Handmalen und das Schablonenverfahren sind dagegen schwierig. Hat das Blech durch anodische Behandlung eine hochreflektierende Oberfläche und wird es mit Transparentemail mit eingebetteten Kügelchen überzogen, so erhält man eine Reflexemaillierung für Schilder u. dgl. [519].

4.6.3.4 Sonstiges

Abfallemails und überalterte Schlicker können zum Emaillieren der Rückseiten verwendet werden. Es empfiehlt sich aber, sie noch einmal 1 bis 2 h unter Wasserzusatz zu mahlen. *Entemaillieren* bei massiven Gegenständen kann durch Sandstrahlen erfolgen, bei Blechen in kalter 20%iger Salpetersäure; bei nicht zu dicken Emailschichten reichen einige Minuten. Haben die Bleche vor dem Emaillieren ein Chromatbad durchlaufen, taucht man sie kurz in kalte 10%ige Natronlauge, bis das blanke Metall zu sehen ist. Allerdings ändern einige Aluminiumlegierungen beim Brennen ihre Struktur, so daß eine neue Emaillierung u. U. nicht mehr möglich ist. Hinweise auf die gesamte Al-Emaillierung s. bei Hüttig [316], Freitag [217], Ziesche [741].

4.7 Emaillierung von Magnesium und seinen Legierungen

Das leichte Magnesium und seine Legierungen, sofern deren Schmelzpunkte nicht zu tief liegen, können mit Al- oder Tieftemperaturemails überzogen und dadurch vor Korrosion geschützt werden. Voraussetzung ist nach De Long [111, 318] eine besondere Vorbehandlung: Reinigung mit 6% $NaOH$ + 1% Na_3PO_4 5 min bei 90 °C; spülen, beizen in 20%iger Essigsäure + 8% $NaNO_3$ 30 s, spülen, chromatieren in 5% Natriumbichromat + 3% Kaliumchromsulfat 2 min, spülen, alles kalt; dann warm spülen und 5 min bei 525 °C vorbrennen. Bei der gleichen Temperatur werden Grund- und Deckemail 5 bis 6 min aufgebrannt. Emaillierte Mg—Th-Legierungen können im Gebrauch bis 425 °C beansprucht werden.

4.8 Emaillierung von Halbedel- und Edelmetallen

4.8.1 Die Metalle und ihre Vorbereitung zum Emaillieren

Bei *Kupfer* soll der Gehalt an Begleitelementen niedrig sein: Pb 0,05 bis 0,07%, Fe 0,03 bis 0,05%, Ni 0,02%. Außer Sauerstoff ist auch Schwefel gefährlich; deshalb wird vor dem Guß Phosphorkupfer, etwa 0,5 bis 0,8%, als Desoxidationsmittel zugegeben. Doch soll zur Vermeidung einer Wasserstoffporosität das Kupfer leicht oxidierend geschmolzen werden [55].

Reines Kupfer bildet eine beliebte Grundlage für Kunst- und auch technische Emails. Allerdings beeinflußt der rote Kupferfarbton die Farbe transparenter Emails. Das sich bildende und in Lösung gehende CuO kann sogar getrübte Emails nach Grün verfärben. Dies kann durch eine farblose „Fondant"-Zwischenschicht verhindert werden.

Maße von Blechen aus Kupfer und Kupferlegierungen s. DIN 1751 und 1791; Festigkeitseigenschaften DIN 17670 T1.

Legierungen von Kupfer mit etwa 10% Zinkgehalt lassen sich noch emaillieren — *Emailliertombak* —, über 10 bis 12% wird das Email durch verdampfendes Zink blasig. Ein Abplatzen ist bei Tombak selten; wenn es vorkommt, sind Verunreinigungen im Metall, Gaseinschlüsse, Oberflächenoxide oder Beizrückstände daran schuld [655]. Messing muß entweder galvanisch verkupfert, oder die Oberfläche durch Herauslösen der Fremdmetalle durch Säuren (HCl oder H_2SO_4) an Kupfer angereichert werden. Dagegen läßt sich Alpaka: 18 bis 22% Ni, 50 bis 55% Cu, 25 bis 30% Zn, recht gut als Emailträger verwenden, für Transparentemails allerdings nur in beschränktem Umfang.

Reines, weiches Kupferblech wird, ähnlich wie Aluminium, beim Abkühlen und Erstarren des Emails durch dieses plastisch so gedehnt, daß keine gefährlichen Spannungen entstehen, während beispielsweise mit Sn legiertes oder oxidhaltiges, also hartes Kupfer, Abplatzungen ergibt [124].

Ein gut emaillierbares Lot enthält nach Hasenohr [260] 50% Ag, 25% Cu, 15% Zn und 10% Co, während ein Lot mit 50% Ag, 20% Cu, 15% Zn und 15% Co nicht emaillierbar ist.

Über die Verarbeitung von Kupfer und das Emaillieren s. [114].

Silber. Als Untergrund für Transparentemails ist 93 bis 95%iges Silber am besten, da es keinen ausgesprochenen Farbton besitzt. Sein niedriger Schmelzpunkt, 961°C, beschränkt aber seine Anwendung auf niedrigschmelzende Emails. Die Reaktion von Silber mit manchen Emails, sichtbar durch Gelbfärbung oder Opaleszenz, macht oft eine Zwischenlage von farblosem „Fondant"-Email notwendig, um das eigentliche Transparentemail vor Verfärbungen zu schützen. Dies ist um so notwendiger, je niedrigerkarätig das Silber ist, und je mehr Verunreinigungen es enthält.

Bei Silberlegierungen ist besonders auf deren niedrigen Schmelzpunkt zu achten: Das Eutektikum Ag/Cu liegt bei 778°C. Da die Edelmetalle einen wesentlich größeren Ausdehnungskoeffizienten als Email haben, muß man besonders silberne Gegenstände mit einem Rückseitenemail versehen [260], damit sich das beim Abkühlen stark schrumpfende Metall nicht nach der unbedeckten Seite hin krümmt und das Email absprengt.

Statt massiven Silbers verwendet man oft, weil es billiger ist, das sog. Silberdublée, ein auf Kupfer oder Tombak gewalztes Silberblech.

Feingold ist für feine Schmuckemails die beste Unterlage. Der gelbe Goldton beeinflußt allerdings die Farbe transparenter Emails, so daß diese, um voll zur Wirkung zu kommen, dick aufgetragen werden müssen. Der Schmelzpunkt von Gold liegt bei 1064 °C.

Goldlegierungen mit Silber oder Kupfer lassen sich bei hohem Feingehalt sehr gut emaillieren, bei niedrigem ist die Verwendung kupferhaltiger Legierungen auf opake Emails beschränkt. Auch bei solchen Legierungen ist die Erniedrigung des Schmelzpunkts zu beachten. Verunreinigungen durch Sb, Zn, Sn führen zu Mißerfolgen beim Emaillieren.

Chalmers [73] gibt eine interessante Übersicht: 16kar. Gold mit 25% Ag und 8,3% Cu eignet sich besonders für gelbe Emails, ein 16kar. mit 30% Ag und 3,3% Cu für blaue, andere besonders für rote und orangerote Emails.

Für billige Ware, besonders Broschen, verwendet man vielfach auch Stahl als Grundlage. Auf diese wird nach dem üblichen Verfahren ein leichtschmelzendes Grundemail aufgelegt, und darauf eine Edelmetallfolie als Grundlage für das Schmuckemail aufgebrannt. Oder der Stahl wird direkt mit Silber oder Kupfer elektroplattiert und emailliert.

Platin eignet sich als massives Metall nur für verhältnismäßig wenige Techniken. Dagegen ist es als Folie auf anderer Grundlage wegen seines hohen Schmelzpunkts und seiner chemischen Indifferenz gut verwendbar. Allerdings haftet nicht jedes Email auf Platin.

Vorbereitung zum Emaillieren. Kupfer- und Tombakwaren werden mit einer Gelb- oder Glanzbeize gebeizt: 1 Teil Schwefelsäure 66° Bé, 1 Teil konz. Salpetersäure, 0,01 Teil Kochsalz und 0,008 Teile Ruß. Die Metallgegenstände werden entweder in Steinzeugkörben oder an Kupferdrähten gebündelt in die Beize eingehängt — Abzug wegen nitroser Gase! — und darin so lange bewegt, bis sie blank und gelb geworden sind, dann gut abgespült und in Sägespänen trockengelegt.

Bei Silber bis 935 Feingehalt und bei Feingold wird die Oberfläche mechanisch durch Schaben und Kratzen gereinigt. Das Verfahren wendet man besonders dort an, wo ohnehin ein Ornament in die Grundfläche eingeprägt wird. Zur Entfernung des Fetts wird mit verdünnter Lauge abgebürstet, mit heißem Wasser abgespült und getrocknet. Die so vorbereiteten Oberflächen eignen sich vorzugsweise zum Auflegen von Transparentrot, einem Goldrubinemail. Besonders brillant erscheint es, wenn die Oberfläche des Metalls nicht glatt, sondern mit eingravierten Mustern versehen guillochiert ist. Stege für den Zellenschmelz werden entweder aufgelötet oder auf elektrolytischem Wege erzeugt. Metall mit geringem Feingehalt wird durch Beizen mit verdünnter Schwefelsäure gereinigt.

4.8.2 Emails für Halbedel- und Edelmetalle

Der niedrige Schmelzpunkt von Kupferlegierungen erfordert niedrigschmelzende Emails, vor allem Bleiborosilicate, die unter 500 °C aufgeschmolzen werden können, z. B. entsprechend der Zusammensetzung $PbO \cdot 0{,}238\, B_2O_3 \cdot 0{,}78\, SiO_2$. Der hohe Ausdehnungskoeffizient von Kupfer ($\alpha = 18{,}1 \cdot 10^{-6}/K$ bei 0 bis 500 °C), zwingt nur bei dicken Wandstärken, oder wenn das Kupfer legiert ist, zu erheblicher Erhöhung des Ausdehnungskoeffizienten des verwendeten Emails durch Einführung von Alkalien.

Gute Emails für kupferne Zifferblätter werden im Mittel aus 35 Masse-Teilen Quarz, 1 Feldspat, 63 Bleiweiß, 3 K-Salpeter, 2 Soda, 5 Arsentrioxid, 2 Pottasche, 3 Na-Salpeter hergestellt. Ähnliche Versätze, z. T. mit noch mehr PbO und weniger SiO_2 werden auch für Schmuckemaillierung verwendet. Systematische Untersuchungen über die Eignung von Na—Pb—B—Al-Silicatgläsern als Kupferemails für 800 °C Brenntemperatur, sowie Bestimmung der Schmelzbarkeit, Trübung und AK s. bei [483].

Als Farbzusätze sind geeignet: Uranoxid (gelb), Cr_2O_3 (grün; opak), CuO oder $CuCO_3$ (grün, transparent), CoO (blau), MnO_2 (violett). Weiß SnO_2.

Emails für Silber und Gold sind ähnlich zusammengesetzt.

Es gibt auch bleifreie Emails mit 40% SiO_2, 23% B_2O_3, 4% K_2O, 25% Na_2O und 8% Na_2SiF_6.

Das Email wird in der Regel als Platten oder grob zerkleinerte Stücke von den Emailschmelzwerken fertig bezogen. Sie werden im Stahlmörser zerstoßen und dann im Porzellanmörser unter Zusatz von etwas destilliertem Wasser und einigen Tropfen Salpetersäure bis zur Unfühlbarkeit zerrieben. Das trübwerdende Wasser wird weggegossen und durch frisches ersetzt. Das Email wird dann aufgespachtelt, oder bei Schmuckstücken mit komplizierten Formen mit der Pistole aufgebracht. Als Schwebemittel wird Aluminiumalginat oder Bentonit verwendet. Dünne Bleche müssen zweiseitig emailliert werden, da sie sich sonst verziehen. Elektrophoretischer Auftrag s. bei Cerulli [70].

4.8.3 Emaillieren von Halbedel- und Edelmetallen

Überblick über die verschiedenen Verfahren des *Kunstemaillierens* s. bei Berl [34], auf grund- und deckemailliertem Stahlblech bei Hook [308].

Eingebrannt wird im Muffelofen. Nach dem Abkühlen werden die Stücke naß mit einer Schmirgelfeile abgefeilt.

Auf den ersten Brand folgt meist ein zweiter, der dem Email Hochglanz geben soll. Manche Emails werden auch noch mit Schleifsteinen verschiedener Körnung, Holzkohlepulver und schließlich mit Hirschhornsalz und Rüböl poliert. Zum „Glanzpassieren" verlangen besonders transparente Rot- und Grünemails hohe Einbrenntemperaturen.

Beim Zellenschmelzverfahren, émail cloisonné, werden Stege aus Kupfer, Messing oder Feinsilber aufgelegt oder hart aufgelötet, die Zellen mit Email ausgefüllt und aufgeschmolzen. Beim Grubenschmelz, émail champlevé, werden durch Gravieren, Ziselieren oder Ätzen Vertiefungen in das Metall gebracht und diese mit Email ausgefüllt und eingebrannt. Eine Abart davon ist der Silberreliefschmelz, émail translucide, bei dem flache Reliefs mit farbigem transparentem Email überzogen werden.

Mit „A-jour-Emaillieren" bezeichnet man das Emaillieren von Zellen ohne Metallgrund, z. B. Schmetterlingsflügel, Blätter usw. Das Email haftet zwischen den Edelmetalleistchen — Filigranarbeit. Filigrangegenstände aus Gold- oder Platindrähten werden auf Silber- oder Kupferfolie gelegt, die Zellen mit Email ausgefüllt und gebrannt. Nach dem Brand wird die als Grundlage dienende Folie durch Auflösen mit HNO_3 entfernt. Nachdem es gut ausgewaschen wurde, kann man das Stück auf einer Unterlage aus „Marienglas", blättrigem Gips, noch einmal glattbrennen.

Verziert werden die Emailflächen durch Handmalerei auf meist einfarbigem Grund. Die zur Emailmalerei verwendeten Farben sind leichtschmelzende Bleiflüsse, die mit Sandelholzöl fein zerrieben werden. Die Auszeichnung mit den einzelnen Farben erfolgt stufenweise, dazwischen wird immer wieder eingebrannt.

Einige andere Techniken (Grisaille, Sgraffitto [727], oder mit Hilfe von Netzen [575]) werden auch in der Emailmalerei angewandt.

Zur besseren Erhaltung wird das fertige Bild oder Ornament mit einem transparenten Bleifluß, dem „Fondant" überzogen. Auch muß darauf geachtet werden, daß das als Bindemittel dienende Öl restlos entweichen kann.

Einzelne Zellen und Ornamente getriebener Kupfergegenstände werden ohne Muffel mit der Gebläseflamme emailliert.

Matte Oberflächen werden durch Schleifen oder Beizen mit Flußsäure erzielt, oder mit sog. Flimmeremail (schwer schmelzendes + leicht schmelzendes Email 1:3).

Ein technisches Verfahren ist das kontinuierliche Überziehen von Kupferdraht mit einem $K_2O-PbO-SiO_2$-Email zur elektrischen Isolation.

4.9 Umweltschutz

Wenn auch bereits mehrfach auf die Beseitigung von Schadstoffen hingewiesen wurde (Fluorabbrand beim Schmelzen S. 163, beim Einbrennen S. 179, Abfallbeize S. 200, Stickoxiddämpfe S. 199), sei im folgenden noch kurz auf die einschlägigen Gesetze eingegangen.

Man kann unterscheiden zwischen Schadstoffen, die bei der Herstellung eines Produkts anfallen und solchen beim Gebrauch. Zu den ersten gehören Abfälle (Müll, Schlamm u. dgl.), ferner Verunreinigung der Luft oder des Wassers. Hierzu gibt es zwei Gesetze (Näheres bei [334]): 1. Abfallbeseitigungsgesetz vom 7. 6. 1972 mit Durchführungsbestimmungen. 2. Bundesimmisionsschutzgesetz vom 15. 3. 1974, sowie die „Technische Anleitung zur Reinhaltung der Luft" vom 28. 8. 1974. Sie beziehen sich auf die Einhaltung von Grenzwerten für Rauch, Staub, Cl_2, HCl, HF, CO, SO_2, H_2S, NO_2, NO. Die Höchstgrenzen für inerte Stäube sind 8 mg/m³, für quarzhaltige Stäube 4 mg/m³.

Stickoxide können aus dem schmelzenden Gemenge, aus Erdgas- oder Heizölflammen stammen. In den beiden letzten Fällen läßt sich die NO_x-Bildung durch geeignete Konstruktion des Brenners beeinflussen [468].

Seit 1.1. 1978 besteht ein Abwasserabgabengesetz, wonach ab 1. 1. 1981 Gebühren erhoben werden, die aus der Art des Abwassers berechnet werden. (Gehalt an absetzbaren Stoffen, Sauerstoffbedarf, Giftigkeit.) Jeder Betrieb hat sich über die Beschaffenheit seines Abwassers Klarheit zu verschaffen und ist gegenüber den Behörden auskunftspflichtig. Der VDEfa-Arbeitsausschuß „Umweltschutz" weist besonders auf die Veröffentlichung „Deutsche Einheitsverfahren zur Wasser-, Abwasser- und Schlammuntersuchung", Verlag Chemie, Weinheim, hin (s. Mitt. Ver. Dtsch. Emailfachleute 25 (1977) 126—127). Mit den einschlägigen Problemen, Gesetzen, Rechtsfragen, Verfahren befassen sich eingehend die Beiträge von Köhler [373], Wilhelm [724] und in einer Kurzfassung George [231]. Die in Tab. 4.6 genannten Werte dürfen nicht überschritten werden. Säure und Schwermetalle sind mit Kalkmilch oder NaOH zu neutralisieren oder auszufällen und abzufiltrieren.

Tabelle 4.6. pH-Werte und höchstzulässige Mengen an Schadstoffen beim Einleiten

	in Gewässer	in Kanalisation
pH	6,5 bis 9,0	6,5 bis 9,5
Cr	2 mg/l	4 mg/l
Cu	1 mg/l	3 mg/l
Ni	3 mg/l	5 mg/l
Zn	3 mg/l	5 mg/l
Cd	3 mg/l	je nach Auflage
Fe	2 mg/l	des Klärwerks

Unklarheit herrscht über die Frage, oberhalb welcher Grenze Elemente gesundheitsschädlich sind, die beispielsweise aus Emails beim Gebrauch abgegeben werden. Die allgemein gestellte Frage, welche chemischen Stoffe schädlich sind, ist unsinnig, denn man müßte etwa die Hälfte aller Stoffe und eine Reihe „gesunder" Lebensmittel verbieten, weil selbst ausgesprochen giftige Stoffe allgegenwärtig sind, und der Organismus solche „Spurenelemente" sogar benötigt. Es kommt also auf die Grenzkonzentration an, oberhalb der ein Stoff bei einmaliger oder dauernder Einnahme sich schädlich auswirkt. Als brauchbarer Hinweis kann das Milchgesetz vom 15. 5. 1931 angesehen werden, wonach bei halbstündigem Kochen mit 4%iger Essigsäure höchstens

2 mg Blei/l Testflüssigkeit bei Gefäßen über 0,5 l Inhalt,
1 mg Blei/l Testflüssigkeit bei Gefäßen unter 0,5 l Inhalt

in Lösung gehen dürfen; s. ferner DIN 51031, T1 bis 3 und DIN 51032. Nach [218] greift 4%ige Essigsäure viel stärker an als Lebensmittel selbst mit pH 3,5 (Orangensaft). Für andere Elemente fehlen entsprechende sinnvolle Vorschriften.

Um allen Schwierigkeiten aus dem Weg zu gehen, verwendet die Emailindustrie seit einigen Jahren für Koch- und Bratgeschirr von sich aus nur noch blei- und cadmiumfreie Emails [332].

Im übrigen sollten schädliche Gase oder Dämpfe an Ort und Stelle abgesaugt und entsprechend unschädlich gemacht werden. Dies gilt nicht nur für die Beize, sondern auch z. B. für das Schweißen.

5 Emailtechnische Untersuchungen

Bei der Vielzahl der emailtechnisch wichtigen Eigenschaften und deren Untersuchung können im folgenden jeweils nur Hinweise auf Besonderheiten gegeben werden. Bei normalen Untersuchungen, wie etwa Analyse, Gefüge, Bestimmung mechanischer Eigenschaften, mikroskopische, elektronenmikroskopische, röntgenographische Untersuchungen u. dgl. muß auf die einschlägigen Handbücher, Geräteanweisungen und ähnliches verwiesen werden. Zweck dieses Kapitels soll lediglich sein, darauf aufmerksam zu machen, was alles prüfenswert sein könnte. Die näheren Angaben sind dem Schrifttum zu entnehmen.

5.1 Metalle

5.1.1 Stahlblech

5.1.1.1 Chemische Untersuchungen

Analyse. Normalerweise auf C, Si, P, Mn, S, Cu, N, in besonderen Fällen Al, T (Desoxidationsmittel), O, Ni, Cr, Mo. Analyse der jeweiligen Charge von Stahl- oder Walzwerken geben lassen. — Rohe Betriebsmethode zur Abschätzung des C-Gehalts: Funkenprobe an der Schmirgelscheibe. Tüpfelprobe für kurze Qualitätskontrolle zahlreicher Metalle. Baumann-Abdruck zeigt feine Sulfideinschlüsse ($< 0,1$ μm) nicht an. — Rückstandsbestimmung nichtmetallischer Einschlüsse [278, 372]. Suche nach deren Herkunft mit radioaktivem Ba oder La [565]. Bestimmung von Eisen und Eisenoxiden nebeneinander [347].

Beizverhalten. Bestimmung des Eisenabtrags pro Oberflächen- und Zeiteinheit unter definierten Beizbedingungen.

5.1.1.2 Optische Untersuchungen

Auf: Narbigkeit, Rauhigkeit, evtl. Vorhandensein eines Stanzgrades; Risse, Doppelungen, Kupferkörnchen an der Oberfläche.

Gefügeuntersuchungen. Schliffherstellung emaillierter Bleche. Ätzflüssigkeiten: 1 bis 4%ige alkoholische Salpetersäurelösung (Ferrit und Perlit), alkalische Natriumpikratlösung (Zementit). Kennzeichnung der Korngrößen DIN 50600, Gefügerichtreihen. — Da rekristallisierte Körner merklich geringere Mikrohärte haben als verformte, läßt sich der Rekristallisationsgrad $f = n_r/n$ aus der Zahl n_r der rekristallisierten, weicheren Kristalle und der Gesamtzahl n von geprüften

Körnern bestimmen. — Ätzung auf Suspensionen und Einschlüsse mit 0,15%iger alkoholischer Jodlösung. — Optische Kennzeichnung [194]. — Kontrolle der Gefügehomogenität (auch Doppelungen) durch Ultraschalluntersuchungen. Korngrößenbestimmung aus Ultraschallrückstreuung [204, 312].

5.1.1.3 Mechanische Untersuchungen

Dicke. Mikrometerschraube, Magnetfluß-, Magnetsonden-, Wirbelstrommeß-, Ultraschall-Verfahren. Übersicht über verschiedene Verfahren [441]. Kontinuierlich mit pneumatischem Verfahren oder mit Betastrahler und Absorptionsmessung.

Nachweis von Schichtungen. Bei kaltgewalztem Blech kann außer optischen Methoden auch der elektrische Widerstand und Ultraschalldurchlässigkeit bzw. -reflexion herangezogen werden, nicht aber für warmgewalzte Bleche [431].

Härte. Statisch: Rockwellhärteprüfung DIN 50103 T1 und T2. Dynamisch: Kugelfallhärte, Schlag- und Rücksprunghärte. Umwertungstabelle für Vickers-, Brinell-, Rockwellhärten und Zugfestigkeit DIN 50150.

Zugfestigkeit, Streckgrenze, Dehnung. Zugfestigkeit nach DIN 50114 unter 3 mm Blechdicke, sonst DIN 50145. — Langzeit-Warmfestigkeitswerte von Kesselblechen DIN 17155 T2.

Tiefziehbarkeit. Das Erichsen-Gerät ist am weitesten verbreitet und genormt: DIN 50101 T1 für 0,2 bis 2 mm Bleche, T2 für 2 bis 3 mm Bleche. Prüfung nach Swift [735]. Vergleiche zwischen den verschiedenen Verfahren [497]. — Prüfung von Schweißverbindungen DIN 54111.

Verwinde- oder Biegeprüfung. Nachweis feiner, sonst unsichtbarer Risse im Gefüge des Blechs (Fischschuppengefahr!) [150]. Hin- und Herbiegeversuch DIN 50153.

Elastizitätsmodul. Klassisches Verfahren: Messung der Durchbiegung eines waagerechten Blechstreifens bei Belastung. — Der E-Modul von Stahlblech nimmt beim Erhitzen von 18 bis $20 \cdot 10^4$ MN/m² (25 °C) auf $16 \cdot 10^4$ MN/m² (400 bis 500 °C) ab [96]. — Die Elastizitätsgrenze wird nach DIN 50143 bestimmt.

Oberflächenrauhigkeit. DIN 4760 und DIN 4761. Abtastung der Oberfläche, photographische Registrierung nach Forster (Leitz), elektrisch (Perthometer von Hummel), Lichtschnittverfahren nach Schmaltz (Zeiss). Interferometrische Verfahren erfassen 0,03 bis 2 μm. Stanzgrat: Bei seitlicher Beleuchtung wird die Schattenlänge mikroskopisch bestimmt.

Spannungsmessung an Stahlblechteilen mit Röntgenstrahlen [4].

Alterung. Im Erichsen-Gerät werden kleine Näpfchen hergestellt, diese vor dem Weiterziehen durch zweistündiges Erhitzen auf 250 °C künstlich gealtert und anschließend weitergezogen. Alterungsempfindliches Blech springt beim ersten Weiterziehen längs des Mantels. Zwei andere Verfahren bei [504]. Ähnliche Aussagen erhält man durch einen Abkantversuch.

5.1.1.4 Thermische Untersuchungen

Ausdehnungskoeffizient. DIN 51045 T2 (Keramik) oder DIN 52328 (Glas).

Während der Messung darf das Blech nicht zu stark oxidieren; Zunder hat einen anderen Ausdehnungskoeffizienten und verfälscht das Ergebnis [151], s. Bild 5.1.

Richtwerte für den linearen AK von Emaillierblech: $\alpha \cdot 10^6/K$

$0 - 100\,°C$ 11,7	$0 - 400\,°C$ 13,6	$0 - 700\,°C$ 14,4
$0 - 200\,°C$ 12,3	$0 - 500\,°C$ 14,0	$0 - 800\,°C$ 14,2
$0 - 300\,°C$ 13,0	$0 - 600\,°C$ 14,3	$0 - 900\,°C$ 12,0

Verziehen, Werfen, Durchsacken. Prüfung des Werfens oder Verziehens an senkrecht hängenden Blechstreifen. Messung des Durchsackens an entspannten und gerade gerichteten Streifen. Auflagestellen im Abstand von 25 cm. Durchbiegung ist nach 10 min bei 870 °C auf 0,1 mm genau zu messen: Absackwert [90]. Oder: Auflageabstand 20 cm, Prüfung bei verschiedenen Temperaturen [40].

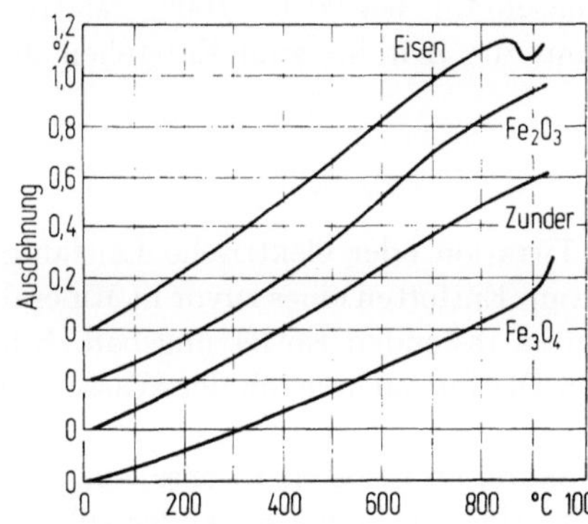

Bild 5.1. Ausdehnungskurven von Eisen, Hämatit (Fe_2O_3), Magnetit (Fe_3O_4) und Zunder. Nach [151]

Heißfestigkeit. Lagertanks u. dgl. können sich unter ihrem eigenen Gewicht beim Emaillieren verformen. Prüfung des Erweichungsverhaltens an Stäbchen von 5 mm $\varnothing$ durch Torsion; Belastung 1 MN/m². Heizgeschwindigkeit 10 K/min.

Oxidierbarkeit. Bestimmung der Gewichtszunahme eines Blechstücks bei 800 °C nach 15 min. Ein Wert von 4 bis 6 mg/cm² entspricht einem guten Durchschnitt [150]. Störungen treten auf, wenn der Wert bei 2 mg/cm² oder darunter liegt; s. a. [691].

Schweißbarkeit. Prüfung von Schweißverbindungen DIN 54111.

Heißextraktion von Gasen. Wasserstoffbestimmung in Stahl durch Auffangen in Pd [1], vereinfachte Heißextraktion [625].

5.1.1.5 Sonderuntersuchungen

Beizblasenanfälligkeit. Eine entfettete Blechprobe wird bei Raumtemperatur 4 h in 20%ige Salzsäure gelegt. Dabei treten Beizblasen und Doppelungen deutlich hervor. Nimmt man Schwefelsäure, so erscheint bei übermäßigem Kupfergehalt des Blechs zugleich ein kupferrötlicher Beschlag.

Wasserstoffdurchlässigkeit. Das Blech wird in 7%iger Schwefelsäurelösung unter Zusatz von 0,05% As_2O_3 kathodisch begast und die Zeit bis zum Erscheinen der ersten Wasserstoffbläschen bestimmt [289, 416]. Einfache Anordnung bei [112], dann [150, S. 137], verbesserte Ausführung nach [11]. Auf die Gleichmäßigkeit der Blasenbildung auf der Rückseite ist auch zu achten; lokales Durchperlen zeigt Fehler im Blech an.

17*

Spannungsnachweis. Röntgenographisch durch Rückstrahlaufnahmen. Spannungen im kaltgezogenen Stahl können nach [553] durch Spannungsrißkorrosion beim Kochen in 60%iger Calcium-Ammonium-Nitratlösung nachgewiesen werden.

Ziehmittel, Rostschutzmittel. Untersuchung von Ziehmitteln durch Verschiebung eines Probekörpers unter Belastung und Messung der Gleitreibung [30, 223]. — Wichtig ist, wie sich die Rückstände von Ziehmitteln beim Entfetten und Verbrennen verhalten. Hierzu wird über einem Bunsenbrenner eine bestimmte Menge auf dem Blech abgebrannt und der Rückstand beurteilt, oder eine Blechprobe wird wie betriebsmäßig üblich entfettet und emailliert. — Die Auftragsdicke von trockenen Ziehmitteln kann man direkt messen oder durch Titration mit N/100 HCl innerhalb eines auf das Blech aufgelegten Gummirings bestimmen [665]. — Rostschutzmittel: Man prüft in einem Klimaschrank bei 90 bis 100% relativer Luftfeuchtigkeit bei etwa 35 °C und bestimmt die Zeit bis zum Entstehen des ersten Rostflecks.

5.1.1.6 Bäderkontrolle

Entfettungsbad. Bestimmung der Alkalität (Titration oder elektrische Leitfähigkeit). Vergleichstest durch Messung der Zeit zum Entfetten eines zuvor in Mineralöl getauchten Blechs mit frischem bzw. dem zu testenden Entfettungsbad. Einfacher Wassertest ohne vorheriges Tauchen in Öl: Beobachten, ob der Wasserfilm nach dem Herausziehen reißt [713].

Beize. Bestimmung des Gehalts an freier Säure, an gelösten Eisensalzen, evtl. Wirksamkeit einer Sparbeize. Freie Säure: Titration mit Sodalösung oder volumetrisch aus entwickeltem CO_2; Eisengehalt: Titrimetrisch oder kolorimetrisch mit Permanganat oder durch Infrarotabsorption. Auch kann man ihn durch Spindeln mit Hilfe von Nomogrammen bestimmen, Bild 5.2; s. a. [150, S. 402]. — Prüfung der Säuren auf As erfolgt mit H_2S. — Wirksamkeit von Inhibitoren kann elektrochemisch bestimmt werden [448] oder durch Vergleich des Gewichtsverlusts mit und ohne Sparbeizzusatz [616]. Bestimmung der erzielten Rauhigkeit DIN 4768.

Nickeltauchbad. Nickel wird meist titrimetrisch bestimmt mit Kaliumcyanidlösung und Silbernitrat als Indikator in einer Ammoniumzitratlösung. Der pH-Wert wird mit Spezialindikatorpapier oder einem pH-Meßgerät festgestellt. Auch der Eisengehalt muß bestimmt werden. — Die auf dem Blech abgeschiedene Menge Nickel wird mit verdünnter Salpeter-, dann Salzsäure abgelöst, abgesaugt, mit Ammoniak in großem Überschuß und Ammonpersulfat versehen und mit Dimethylglyoxim kolorimetrisch bestimmt [506]. Eisen wird abfiltriert. Rasche röntgenographische Nickelbestimmung [584].

Spülbäder. Kontrolle durch pH-Messung.

Neutralisationsbad. Bestimmung des Alkaligehalts durch Titration.

5.1.2 Gußeisen

5.1.2.1 Formen-Untersuchungen

Roll [578] gibt eine Zusammenstellung der zweckmäßigsten Prüfverfahren für die Gießerei. Wissenswert ist: Sandsorte (Grubenherkunft, Bezeichnung). Sandbeschaffenheit bei Anlieferung (Wassergehalt, Kornform und -oberfläche) [300],

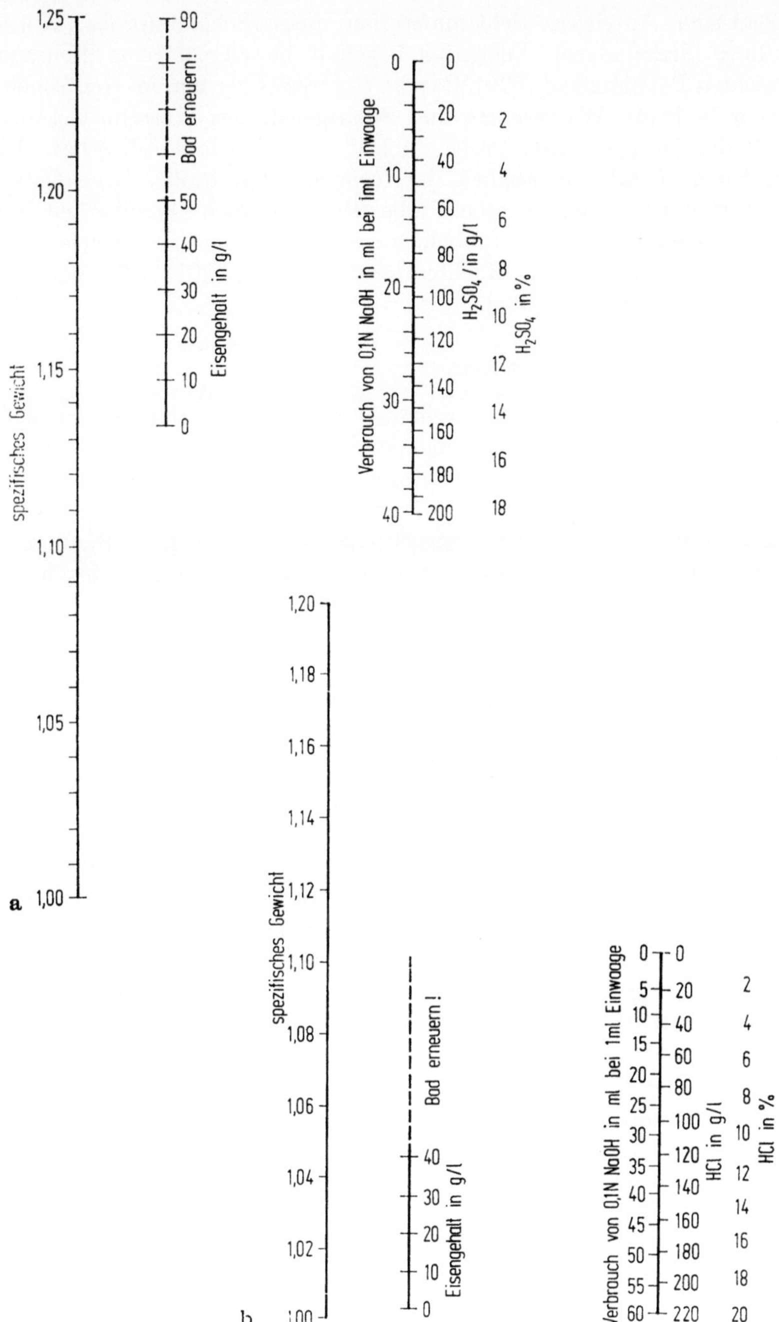

Bild 5.2. Nomogramm zum Ablesen des Eisengehalts in Beizbädern aus spezifischem Gewicht und Schwefelsäure- (**a**) bzw. Salzsäuregehalt (**b**)

Farbe. Prozentualer Anteil an Schlämmstoffen durch Schlämmprobe. Korngrößenverteilung (Siebanalyse). Feuchtigkeitsgehalt im angelieferten Neusand und formgerechten Betriebssand [579]. Rasche elektrische Verfahren, Neutronenabsorption u. a. s. [245]. Wasserhärte und Sulfatgehalt des Wassers. Gesamtschwefelgehalt der formgerechten Probe muß $< 0{,}029\%$ sein. Aschegehalt der verwendeten Kohle. Gasdurchlässigkeit der formgerechten Probe. Druckfestigkeit. Scherfestigkeit der formgerechten Probe. Biegefestigkeit. Fließbarkeit des Sandes — d. h. Höhenabnahme des Probekörpers beim Rammen, bei gleichmäßig aufgewandter Verdichtungsarbeit. Hochtemperaturprüfung [301, 417]. Beurteilung tongebundener Formsande [322].

5.1.2.2 Chemische Analyse des Gußeisens

Zur Probenahme wird die Oberfläche zweckmäßigerweise abgeschliffen. Aus den Bohrspänen darf kein Graphit herauskrümeln und verlorengehen. — Bestimmung der Hauptelemente s. unter „Stahlblech" Abschn. 5.1.1, von gebundenem C verbessert bei [253]. — Thermoelektrische Si-Bestimmung aus EMK eines Cu-Gußeisen-Elements [170]. — Nachweis von Schwefelanreicherungen: Baumann-Abdruck oder van Royen-Ammermann-Verfahren, ferner Nachweis mit feuchtem Bleiazetatpapier, bei Zugabe von etwas verdünnter Salzsäure.

Gasgehalt. Heißextraktion im Hochvakuum [241].

5.1.2.3 Metallographische Untersuchungen

Siehe Abschn. 5.1.1.2.

5.1.2.4 Mechanische und thermische Untersuchungen

Bestimmung ähnlich wie bei Stahlblech, jedoch Brinellhärteprüfung DIN 50351. Zugfestigkeit von Gußeisen mit Lamellengraphit DIN 50109. — Ultraschallprüfung [38]. — Klangprüfung zur Routineprüfung [224].

Den Ausdehnungskoeffizienten vom Emaillierguß kann man aus Faktoren berechnen [144] Tab. 6.2 im Anhang. Messung nach DIN 51045 T2 (Keramik). Der Ausdehnungskoeffizient für ein geglühtes (emailliertes) Gußeisen liegt bei $13{,}3 \cdot 10^{-6}/\mathrm{K}$ (0 bis 500 °C). Frischer Guß zeigt oberhalb 600 °C starkes Wachsen durch Perlitzerfall. Der A_3-Punkt liegt in der Regel bei 820 bis 840 °C.

Oberflächenbeschaffenheit. Verbrauchter Stahlkies kann carbidische Körnchen in die Oberfläche einhämmern; ist das Strahlmittel zu scharfkantig oder zu grob, entstehen Grate. Zur Prüfung überzieht man das Probestück mit einem Schmelzgrund. Solche Oberflächenfehler ergeben Blasen und Durchschüsse.

Poröses Gußeisen. Prüfung auf durchgehende Poren erfolgt im Vakuum mit Glycerin über der Gußplatte [138]. Austretende Gasblasen zeigen die Poren an.

5.1.2.5 Strahlmittel-Untersuchungen

Zu bestimmen sind Härte, Mikrogefüge, Form der Körner und Korngrößenverteilung [37, 656]. Beschreibung einer Strahlmittel-Prüfmaschine [366]. Prüfung der Abnützung durch Siebanalyse.

5.1.3 Andere Metalle

Bestimmung des Wasserstoffgehalts in Aluminiumlegierungen [542]. Bestimmung der Oxidation von Aluminium und seinen Legierungen mit Mikrowaage bis 500 °C. — Bestimmung des Chromniederschlags auf chromatisiertem Aluminium [13]. Mikroskopische Bestimmung der Dicke von anorganischen, nichtmetallischen Überzügen auf Aluminium(-legierungen) DIN 50943. — Festigkeitseigenschaften von Blechen und Bändern aus Al und Al-Knetlegierungen, 0,021 bis 0,35 mm dick DIN 1788. — Zugversuch an Folien und dünnen Bändern aus Aluminium DIN E 50154. — Untersuchungen von Einschlüssen in Magnesiumlegierungen [408].

5.2 Vom Rohstoff zum Email

Einleitend sei auf ein Schema zur Betriebsüberwachung hingewiesen [668], das zwar keine Prüfverfahren schildert, aber im Sinne dieses Kapitels den Praktiker darauf aufmerksam macht, worauf er im Emaillierwerk zu achten hat und was er schriftlich festhalten muß, um auftretende Fehlerursachen einkreisen und leichter finden zu können.

5.2.1 Rohstoffe

Sand. Chemische Analyse, Korngrößenverteilung, Siebanalyse. Zu achten ist auf färbende Verunreinigungen wie Eisen- und Chromoxid und den Tonerdegehalt. — Schnellmethode zur Bestimmung von Fe und Ti in Sand [173]. — Analyse von Glassanden: DIN E 52342 T1 Allgemeines; T2 Aufschlüsse; T3 Al_2O_3; T4 Fe_2O_3; T5 TiO_2; T6 CaO + MgO; T7 Na_2O + K_2O.

Ton, Kaolin, Bentonit. Will man Ton oder Kaolin einschmelzen, interessiert nur die chemische Analyse DIN 51070 T1—T9. Für Stelltone sind außerdem wichtig: Mineralische Zusammensetzung: Röntgenuntersuchung, Mikroskop, Dilatometrie, Differentialthermoanalyse, Thermowaage. — Kationenbelegung, Kationenaustauschvermögen: Die sorptiv gebundenen Basen wie Na^+, K^+, Ca^{2+} Mg^{2+} u. dgl. werden durch Auswaschen mit H_2O erfaßt, außerdem diese zusammen mit Al^{3+}, Fe^{3+} und H^+ durch Auswaschen mit NH_4Cl [176]. Einfaches Verfahren zur Betriebskontrolle: Methylenblau-Adsorption [305]. — Bestimmung der Menge organischer Substanz im Ton mit $KMnO_4$. Korngrößenverteilung nach DIN 51033 (Andreasen-Verfahren). Verhalten beim Brennen: Färbung. — Verhalten zusammen mit Email: Beurteilung der Schwebefähigkeit, Rißbildung beim Trocknen des Auftrags, Trübung beim Einbrennen, Blasenstruktur, Neigung zum Aufkochen, Mattwerden.

Quarzbestimmung im Feldspat. Schmelzen und Auszählen der Quarzkörner im Mikroskop [658].

Feuerfeste Stoffe. Schamotte, Stampfmassen zur Auskleidung von Trommelöfen, Schamotte für die Muffel: Chemische Zusammensetzung (Alkaligehalt unter 2,5%), Porosität, Gefüge im Bruch oder Anschliff; es soll möglichst gleichmäßig sein und keine Fremdeinschlüsse (Eisenverbindungen!) enthalten. Chemische

Analyse DIN 51070, Bestimmung des Nachschwindens oder Wachsens. Ausdehnungskoeffizient DIN 51045 T4 und T5. Gehalt an freiem Quarz soll bei Schamottesteinen < 5% betragen. — Siliciumcarbid für die Muffel: Gehalt an SiC (DIN 51075 T1) und evtl. dessen Korngröße. — Korundmassen für die Muffel: DIN 51077 T2 und T3; Anteil an Korund.

Übrige Rohstoffe. Bei synthetischen Rohstoffen genügt es, Wasser- und Eisengehalt festzustellen. Bei natürlichen Rohstoffen muß die chemische Analyse bekannt sein. Auf die Anwesenheit giftiger Stoffe ist je nach Verwendungszweck besonders zu achten.

Bestimmung der *spezifischen Oberfläche* pulverförmiger Stoffe; Grundlagen DIN 66126 T1; Verfahren nach Blaine DIN 66127; Stickstoffadsorption DIN 66132.

Wasseruntersuchung. Zu achten ist auf: Sulfate, Chloride (< 20 mg/l), Wasserhärte, Freiheit von Verunreinigungen wie Öl, z. B. bei Kondenswasser. Photometrische Sulfat- und Trübungsbestimmung [551].

5.2.2 Schmelzen

Verfolgung der Einschmelzvorgänge mit dem Erhitzungsmikroskop; einfacher Selbstbau [142].

Ofenatmosphäre beim Schmelzen. Die Ofenatmosphäre darf nicht zu viel SO_2 enthalten, der Sulfatbildung wegen. Schädlich ist auch ein zu hoher Wasserdampfgehalt.

Gasförmige *Brennstoffe.* Bestimmung des Gehalts an Schwefelverbindungen Cd-acetat-Verfahren DIN 51855 T4.

Wärmeleitfähigkeit von verschiedenen Glasgemengen während des Niederschmelzens [384]. Sie liegt zu Beginn um 0,23 W/(Km).

Schmelzgrad. Am einfachsten mit Fadenprobe. Siehe auch Abschn. 3.2.3.3.

Brennölprüfung. Beurteilung von Heizöl: Heizwert, spezifisches Gewicht, Viskosität, Stock- und Flammpunkt, Verkokungsneigung, Schwefelgehalt, Wassergehalt, der am einfachsten mikroskopisch erkannt werden kann.

5.2.3 Granalien

Chemische Untersuchungen. Bestimmung von SiO_2 in Gegenwart von F und B_2O_3 [226], titrimetrische Schnellbestimmung [49], mikroanalytische Bestimmung [228], B_2O_3 durch Atomabsorptionspektrophotometrie [15]. Mikroanalytische Bestimmung von SO_4, PO_4, Ca, Mg, Ti, Fe, Na, K [229]. Photometrische Bestimmung von Sb [80]. — Wasserbeständigkeit nach DIN 12111 oder Leitfähigkeit nach 15 min dauernder Auslaugung bei 25 °C. Auslaugung bei konstantem pH [501]. — Metallabrieb am Sieb bei der Griesherstellung kann Werte verfälschen [722].

Temperversuche für Trübungsuntersuchung. Die abgeschreckten, meist klaren Emailgranalien tempert man bei steigenden Temperaturen konstante Zeit. Oder man erhitzt einen reinen Emailpulverauftrag auf einem Blechstreifen im Temperaturgefälle eines Ofens. So ist schon visuell die Lage des Maximums der Trübung zu erkennen.

Für genaue Untersuchungen Mikroskop und Remissionsmessungen. Beurteilung der Trübung aus der Lichtabsorption der Suspension einer Kornfraktion in einer Immersionsflüssigkeit mit gleicher Lichtbrechung. — Bestimmung der Ausscheidungstemperaturen der Trübungsmittel durch Differentialthermoanalyse [664] und Untersuchung im Heizmikroskop. Für manche Fälle eignen sich auch Hochtemperaturröntgenographie und Verfolgung der elektrischen Leitfähigkeit mit der Temperatur.

Schmelzgrad. Bei Grundemail: Gasabgabe einer Probe im Vakuum bei der Aufbrenntemperatur bestimmen [21]. Je größer sie ist, um so geringer ist der Schmelzgrad. Die *Homogenität* eines Deckemails kann an einem Dünnschliff mikroskopisch beurteilt werden, oder durch Anpolieren einer Fläche, Anätzen, z. B. durch Auslaugen, und Untersuchung unter dem Mirkoskop auf einen differenzierten Angriff.

Neigung zu späterer Fischschuppenbildung. Inwieweit Wassergehalt der Granalien beim späteren Aufbrennen Wasserstoffehler geben kann, ist qualitativ zu prüfen, indem man die Fritte bzw. den getrockneten Schlicker mit Eisenpulver mischt und erhitzt. Dabei entsteht Wasserstoff, dessen Menge man als Maß verwenden kann [77]. Wasserbestimmung im Email [725].

Verunreinigungen. Vor Mahlen der Granalien achtet man darauf, ob Verunreinigungen sichtbar sind (Schamotteteilchen). Eisen wird besser erst im Schlicker entfernt.

5.2.4 Aus der Schmelze besonders hergestellte Proben

5.2.4.1 Chemische Untersuchungen

Diese werden i. allg. an Gries oder aufgebrannten Emails durchgeführt (s. Abschn. 5.2.3 bzw. 5.3.1).

5.2.4.2 Mechanische Untersuchungen

Alle mechanischen Eigenschaften hängen auch von Homogenität, Blasengehalt u. dgl. ab. Deshalb haben die im folgenden angegebenen Werte nur orientierenden Sinn.

Dichte. Dichtebestimmung an Stückchen nach dem Auftriebsverfahren, an Pulver im Pyknometer nach DIN 51057. Sie liegt bei üblichen Emails um 2,4, bei Bleiemails je nach Bleigehalt höher.

Druck-, Zug- und Biegefestigkeit. Messungen s. [103].

Elastizitätsmodul. Bestimmung nach üblichen Verfahren; neuartige Probekörper s. [169]. E- und Torsionsmodul bei erhöhten Temperaturen dynamisch nach [635].

Elastische Dehnung, Bruchdehnung. Dehnungsmessungen an Emailfäden [461].

Härte. DIN E 5233 nach Knoop.

5.2.4.3 Thermische Untersuchungen

Zähigkeit. Es ist nicht möglich mit einem Verfahren den Bereich von 10^2 bis 10^{13} dPa s zu erfassen. Schwingviskosimeter [275] für etwa 10^1 dPa s, Rotationsviskosimeter DIN 52312 T1 und T2 [83], Kugelziehviskosimeter [275] 10^1 bis 10^7

dPa s, Parallelplattenviskosimeter [213] 10^5 bis 10^9 dPa s, Fadenziehviskosimeter DIN E 52312 T3, automatisiert [58] 10^7 bis 10^{15} dPa s. Vergleich verschiedener Verfahren [83]. Berechnung der Zähigkeitskurve aus drei Fixpunkten mit dPa $\times$ s $= 10^{4,22}$, $10^{7,6}$ bzw. 10^{13} [137]. Littleton-Punkt [424]. Werte für Borsäure als Eichsubstanz und Absolutviskosimeter [136]. Vereinfachtes Einsinkverfahren zur Bestimmung der Zähigkeit im Einbrennbereich [451, 698]. Automatische Bestimmung des Erweichungspunktes [58].

Ausdehnungskoeffizient. DIN 52328. Bestimmung aus der Spannung an der Verschmelzstelle mit einem Standardglas [62] bzw. aus dem Krümmungsradius von zwei verschmolzenen Fäden [462, 546]. Nomogramm zur Auswertung [649]. Berechnung von Ausdehnungskoeffizienten (s. Tab. 6.2 im Anhang) ist unzuverlässig.

Transformationstemperatur. In DIN 52324 sind ein Ausdehnungsverfahren A und ein elektrisches Widerstandsverfahren W beschrieben.

Fließverfalten. Bestimmung der Fließlänge bei einer bestimmten Temperatur DIN 51161. Beziehungen zwischen Ablauflänge, -zeit, Temperatur und Zähigkeitsverlauf [105]. Charakteristische Formen der erweichenden Proben im Erhitzungsmikroskop lassen sich bestimmten Zähigkeiten zuordnen [83, 609]. Beobachtung des Fließverhaltens im Gradientofen [291]. Beziehung zwischen Quotient von Zähigkeit/Oberflächenspannung und Fließvermögen [451].

Oberflächenspannung. Messung bei Temperaturen um 900 °C nach der Fadenmethode [127], automatisch nach der Methode des abfallenden Tropfens [58] (zu achten ist dabei auf trockene Luft wegen Feuchtigkeitseinfluß), bei höheren Temperaturen nach dem Blasendruck- [354] oder Tauchzylinder- [659] verfahren. Gleichzeitige Bestimmung von Zähigkeit und Oberflächenspannung bei niederen Temperaturen [729]. Berechnung aus Faktoren [120, 432] und Tab. 6.2 im Anhang. Oberflächenglättungstendenz [451].

Benetzungvermögen. Man kann den Benetzungwinkel ϑ im Erhitzungsmikroskop messen, nach [568] zuverlässiger am Querschliff. Versuche zur Be- und Entnetzung [498]; nur so ist festzustellen, ob ein Gleichgewichtszustand erreicht ist.

Spezifische Wärme. Bestimmung nach den klassischen Verfahren oder Kalorimetrie z. B. [623]. Werte der mittleren spezifischen Wärme für Gläser um 0,84 mJ/(kgK) für Raumtemperatur, 1,1 mJ/(kgK) für 900 °C.

Erhitzungsverhalten. Mit der Differentialthermoanalyse läßt sich die Ausscheidung von Anatas und Rutil verfolgen [7, 664].

Wärmeleitfähigkeit. Einfache Anordnung bei [100]. Werte um 0,84 bis 1,26 W/(Km).

Temperaturwechselbeständigkeit. Bestimmung ähnlich wie bei Gläsern nach DIN 52313. Haase [254] definiert die thermische Widerstandsfähigkeit ΔT als Quotienten Bruchdehnung ε_{max}/Ausdehnungskoeffizient α.

5.2.4.4 Elektrische Untersuchungen

Spezifischer elektrischer Durchgangswiderstand nach DIN 52326. Bestimmung der Dielektrizitätskonstante bis 600 °C [32].

5.2.4.5 Optische Untersuchungen

Lichtbrechung. Messung mit einem Refraktometer oder mikroskopisch nach der Einbettungsmethode. Die Lichtbrechung kann annähernd aus der Zusammensetzung berechnet werden. Faktoren s. Tab. 6.2 im Anhang.

Spannungsoptische Konstante. DIN 52314. Spannungsdoppelbrechung DIN E 52318.

Deckkraft. Farbkörper kann man mit einer Leinöl-Al_2O_3-Paste anrühren und so ihre Deckkraft prüfen. Kontrolle von Farbkörpern an Standardemailfritten.

5.2.5 Schlicker

Chemische Eigenschaften. Gehalt an Chloriden (weniger als 20 mg/l) und pH-Wert (9 bis 10). — Härte von Wasser DIN 19640, DIN E 19641.

pH-Wert. Messung mit Indikatorstreifen, exakter mit einer Glaselektrode nach DIN 19261 bis 19266, evtl. mit angesetzter KCl-Agar-Paste [574].

Eisenverunreinigungen. Der Schlicker läuft durch ein Gitter aus Messingrohren, in denen Permanentmagnete angebracht sind, was wirksamer als der einfache Magnetabscheider sein soll [507].

Dichte. Auswiegen von 100 cm³ Schlicker [662].

Korngrößen. Für Teilchen > 0,06 mm ⌀ Siebanalyse oder -probe: Pemco- oder Bayer-Verfahren [662]. Für feinere Teilchen: Sedimentationsanalyse, Spindeln oder wenigstens Drahtsiebboden DIN 4188 — 0,063 nr. St. [569]. Darstellung von Korngrößenverteilungen DIN 66143 bis 66145.

Rheologische Untersuchungen. Viskosität nach DIN 53211. Kontinuierliche, automatische Regelung im Betrieb [540]. Konsistenz und Anlaßwert: Verwendung eines Rotationsviskosimeters [84], sehr empfindliche Anordnung [628]. Messung der Ausflußmenge aus einem graduierten Rohr, Pipette oder dgl. pro Zeiteinheit. Schlickerlehre [662]. Erfasseung von Fließgrenze, Thixotropie und „Viskosität" mit geeichter Pipette [682]. Irwin-Slumptest [662].

Thixotropie. Messen im Rotationsviskosimeter nach verschiedenen Standzeiten des Schlickers in der Apparatur.

Auftragsfähigkeit. Tauchzylinder nach Vielhaber [674], Bestimmung des Gewichts des nassen Auftrags. Schlickerlehre nach Bayer [662].

5.2.6 Puder, Pulver

Beim Puder interessieren die Korngröße (Siebverfahren; Sedimentation DIN 51033) und mögliche Verunreinigungen durch Zunder u. dgl. — Prüfung der Rieselfähigkeit von Pulver für die Pulverelektrostatik mit dem Sames-Fluidimeter, s. Bild 4.11.

5.2.7 Emailauftrag

Dicke. Wägung oder Messung mit Fühlhebel am getrockneten Auftrag vor und nach dem Abkratzen. Elektrische Meßgeräte s. Abschn. 5.3.2.

Auftragsgewicht. Tauchzylinder nach Vielhaber [674], Tauchen und Herausziehen mechanisiert [593].

Griffestigkeit. Scheuerversuch mit Borstenpinsel [148], Messung der Haftfestigkeit des getrockneten Auftrags [409].

Neigung zum Reißen. Überzieht man Zelluloid mit Emailschlicker und läßt ihn trocknen, so krümmt sich das Ganze, wenn der Auftrag zum Reißen neigt. — Messung der Bruchdehnung eines Emailschlickerauftrags auf einem Gummiband beim Strecken [596].

5.2.8 Brennen

Brennroste, Brenngehänge. Proben 16 min auf Betriebstemperatur halten, abkühlen. Wiederholung des Zyklus einige tausendmal [742]. Freilich fehlt dabei die Einwirkung der speziellen Brennatmosphäre.

Standardemail. Für Vergleichzwecke der verschiedensten Art sollte man eine Standardemailfritte, die praktisch erprobt und bewährt ist, in verschlossenem Behälter bereithalten.

Temperaturmessung. Thermoelemente oder optische Pyrometer, die im Betrieb eingesetzt sind, müssen von Zeit zu Zeit mit Eichinstrumenten überprüft werden. — Genaue Kenntnis der Temperaturverhältnisse im Ofen verschafft ein Meßkasten nach Bozsin [47] oder Clemens [85]. Oberflächentemperaturen, z. B. zu Beginn der Abkühlung eines emaillierten Teils, können durch Strahlungspyrometer, Infrarotaufnahmen oder Infrarotwandler bestimmt werden. Auch auf Thermochromfarben sei hingewiesen.

Brennintervall. Lewerth u. M. [419] bestimmen bei normaler Einbrenntemperatur die Zeit bis zum „Verbrennen" und dann die niedrigste Temperatur bei der das Email innerhalb dieser Zeit eben noch glatt fließt; Maßzahl ist die Temperaturdifferenz. Pöschmann [544] zieht bei konstant gehaltener Einbrenntemperatur von Zeit zu Zeit Proben aus dem Ofen und bestimmt die Zeitdifferenz zwischen Erweichen und „Verbrennen" des Emails.

Gasdurchlässigkeit des Auftrags. Diese für Grundemails wichtige Eigenschaft wurde von [419] gemessen. Verfolgung der Eisenoxidation mit der Thermowaage gibt wegen Tonzersetzung keine brauchbaren Werte.

Atmosphäre. Kohlensäure, Kohlenoxid und Sauerstoff bestimmt man mit dem Orsat-Apparat, die Feuchtigkeit durch Absaugen über Phosphorpentoxid oder einen kühlbaren Spiegel, den Schwefel durch Ansaugen durch eine Kaliumjodid-Stärkelösung.

Kontaktwinkel, Benetzung. Siehe Abschn. 5.2.4.3.

Gewichtsverlust beim Aufbrennen. Die Thermowaage kann für mannigfache Aussagen verwendet werden. Ein Vergleich der Gewichts-Temperatur-Kurve beim Auftrag auf Platin- oder Nickelblech und Stahlblech ist besonders interessant.

Gase im Email. Aufkochen. Siehe Abschn. 5.2.3, Schmelzgrad. — Heimtückisch ist eine Verunreinigung der Granalien oder des Schlickers durch metallisches Zink [18, 129].

Bestimmung der Restquarzmenge. Durch DTA [387] oder mikroskopisch.

5.3 Emaillierte Versuchsstücke oder Gebrauchsgegenstände

Richtlinien für die Auswahl der Prüfverfahren DIN E 51170. — Herstellung von Proben; Stahlblechemails: Herstellung von Proben E ISO 2723 = DIN 51164. Gußeisenemails: Herstellung von Proben E ISO 2724 = DIN 51164.

5.3.1 Chemische Untersuchungen

Beständigkeit gegen kochendes Wasser und Wasserdampf DIN 51165; neu: DIN ISO 2744. Beständigkeit gegen kalte Citronensäure DIN 51150; neu: DIN ISO 2722; erlaubt auch Beurteilung der Wetterbeständigkeit [435]. Teigeler [654] schlägt zur besseren Abgrenzung der Klasse B vor, die feuchte Prüfung mit Bleistift zuzulassen, auch wenn die Glanzprüfung nicht ganz bestanden wurde; erst die feuchte Bleistiftprüfung entscheidet zwischen den Klassen B und C.

Beständigkeit gegen kochende *Citronensäure* DIN 51151 (neu: DIN ISO 2742).

Beständigkeit gegen kochende *Salzsäure* DIN 51157 T1 (T2 neu: DIN ISO 2743); (neu: Gerät für die Prüfung mit sauren und neutralen Flüssigkeiten und ihren Dämpfen DIN ISO 2733). — Bei der Prüfung nach DIN 51157 greift im Dampfraum immer reine Salzsäure an, der Verschleiß geht weiter, in der Lösung dagegen inhibiert die gelöste Kieselsäure den weiteren Angriff. Man könnte deshalb die Versuchszeit auf 14 h abkürzen [285].

Um besonders bei *hochsäurebeständigen Emails* die Auslaugung abzukürzen, prüft Pöschmann [547] die Emailproben als Boden und Deckel eines Druckgefäßes bei erhöhten Temperaturen und findet einen linearen Zusammenhang zwischen log des Emailabtrags und der Temperatur. Die Prüfoberfläche wird zuvor mit HF abgeätzt. — Prüfung von Emails gegen H_3PO_4 im Autoklaven [521]. ZrO_2-reiche sind am besten.

Für vergleichende Kurzprüfungen an *Heißwassertanks* ist am geeignetsten der Patch-Test (Anordnung ähnlich der „Laterne"), bei dem der Prüfling unter häufigem Wasserwechsel 90 Tage bei 93 °C beansprucht wird. Nach jeweils 30 Tagen wird der Gewichtsverlust bestimmt [630].

Beständigkeit gegen heiße *Natronlauge* DIN 51156 (neu: Gerät für die Prüfung mit alkalischen Flüssigkeiten DIN ISO 2734). — Glasgefäße beeinflussen durch ihre Eigenkorrosion diejenige der Prüflinge beim Laugenangriff nach DIN 51156 merklich; deshalb nur solche aus Cr—Ni-Stählen verwenden [597].

Beständigkeit gegen heiße *Waschmittellösung* DIN 51154.

Gerät für die Prüfung mit sauren und neutralen Flüssigkeiten und ihren Dämpfen DIN 51157 T 2 (neu: DIN ISO 2733).

Nach Messmer [458] genügen die genormten Verfahren zur Prüfung der chemischen Beständigkeit von *Kochgeschirremails* nicht. Er empfiehlt das Prüfgerät nach DIN 51151, aber gefüllt mit 100 ml Leitungswasser, 40 g geschälten, feingeschnitzelten Kartoffeln und 1 g Kochsalz.

Zur chemischen Beurteilung der *Badewannenemails* gab eine 0,01 %ige Eisen(II)-sulfat- oder Eisen(II)ammoniumsulfatlösung, die im Abstand von 2 s aus 40 cm Fallhöhe auf die schwach geneigten Proben tropfte, gute Beurteilungsmöglichkeiten [437]. Anderer Vorschlag [59]: 1 %ige Essigsäure und 1 %ige Lösung des synthetischen Waschmittels A6 der Zusammensetzung: 20% Natriumpoly-phosphat, 40% Natriumpyrophosphat, 6% Natriumperborat, 4% Wasserglas, 20% Soda wasserfrei, 10% Mersolat. Prüftemperatur bis höchstens 60 °C, Prüf-zeit 15 h, Bestimmung des Gewichtsverlusts.

Für Badewannen aus Grauguß (DIN 4475) und aus Stahlblech (DIN 4470) wird gefordert:

Säurebeständigkeit nach DIN 51150 — mindestens Klasse A

Alkalibeständigkeit mit Prüflösung nach
DIN 51154 im Gerät nach DIN 51157 T2
und einer Prüfdauer von $2^1/_2$ h — maximal 10 g/m²

Beständigkeit gegen kochendes Wasser
in der Wasserphase nach DIN 51165 — maximal 10 g/(m² d) Massenverlust

Schlagfestigkeit nach DIN 51155 am
Wannenboden, Federspannung 20 N — nach 24 h keine sichtbare Be-schädigung über 1 mm $\varnothing$

Ritzhärte — mindestens 6 (Feldspat) nach der Härteskala von Mohs

Für die Bestimmung der Beständigkeit von emaillierten Haushaltsgeräten in *Geschirrspülmaschinen* eignet sich am ehesten die Glanzmessung bei abwechselnder Beanspruchung durch alkalische Spülmittel und sauren Klarspüler [339] bzw. kochende 10%ige $Na_2P_4O_7$-Lösung 5 h, dann Gewichts- und vor allem Glanz-verlustmessung [711].

Die chemische Angreifbarkeit verschiedener Emails wurde vergleichsweise durch Reflexionsmessung (I), Gewichtsverlust (II) und mit einem Oberflächen-testgerät (III) untersucht. (I) ist beim Beginn der Korrosion empfindlich, (II) für stärkere Korrosion, (III) gibt nur qualitative Aussagen [490], könnte aber über die Homogenität eines Emails Auskunft geben.

Verwitterungsbeständigkeit von Emails in feuchter Luft [502], Beständigkeit gegen kondensierenden Wasserdampf [478]. Prüfung des Selbstreinigungsvermö-gens kontinuierlich *selbstreinigender Emaillierungen in Backöfen* DIN E 51171 [335, 726].

Die Prüfung von *Al-Emaillierungen* mit NH_4Cl-Lösung ist unzuverlässig, besser ist 1% $SbCl_3$ 20 h [572]. Hinsichtlich Farbe und Glanz stimmt ein Kupfer-chlorid-Test mit der praktischen Bewährung gut überein [24]. Prüfung für das Bauwesen nach ISO DIS 2742: 6%ige kochende Citronensäure, 2,5 h. Der Massen-verlust darf nicht größer als 3,5 mg/cm² sein.

Bestimmung der Abgabe *physiologisch bedenklicher Bestandteile* im Kochver-such DIN 51166 und DIN E 51166. Bestimmung von Sb, As, Ba, Pb, Zn, Cr, Cu [576]. Bestimmung der Abgabe physiologisch bedenklicher Bestandteile, Kalt-extraktion aus Bedarfsgegenständen DIN 51031 T1. Grenzwerte für die Ab-gabe gesundheitlich bedenklicher Stoffe aus Bedarfsgegenständen; Kaltextraktion DIN 51032. Bestimmung der Bleiabgabe durch atomabsorptionsspektroskopische Analyse DIN 51031 T2 [256], Bestimmung des Cadmiums DIN 51031 T3. — Übersicht über gesetzliche Bestimmung und Einfluß von Fritte, Mühlenzusätzen usw. [331].

Ob an sich gesundheitsschädliche Elemente in Emails bedenklich sind, kann nur durch Auslaugversuche festgestellt werden, da Email- und Farbkörperzusammensetzung, Einbrennbedingungen u. a. für deren Löslichkeit entscheidend sind [295]. — Bestimmung der Resistenz von eingebrannten Aufglasurfarben und Dekoren gegenüber alkalischen Reinigungsmitteln DIN 51035.

Die *Reaktion zwischen Metall und Email* beobachtet Asarow [19] an einem als Widerstand geschalteten Matallstreifen mit einem Loch von 1 mm $\oslash$, in dem das zu untersuchende Email zum Einschmelzen gebracht wird. Blasenbildung u. dgl. läßt sich mikroskopisch leicht verfolgen.

Prüfung auf *Fischschuppenanfälligkeit* einer Emaillierung mit Elektrolysegerät, z. B. [289], Blech auf der Elektrolytseite vorsichtig abstrahlen. Ferner: Probe 15 h bei −20 °C, dann 9 h bei 250 °C halten. Verschiedene Verfahren zur Prüfung auf Fischschuppenanfälligkeit [207].

5.3.2 Mechanische Untersuchungen

Schichtdicke. Magnetisch-induktives Verfahren DIN 51168; magnetische Verfahren DIN E 50981; kapazitives Verfahren DIN 50985. — Nicht zerstörungsfrei mißt man die Schichtdicke an Schräg- oder Flachschliffen unter dem Mikroskop. Die Gleichmäßigkeit des Emailüberzugs kann man mit Thermochromfarben bei gleichmäßiger Erwärmung von der Rückseite erkennen. Siehe ferner [459] in Abschn. 5.3.3.

Elastizitätsmodul. Bestimmung an der fertigen Emaillierung aus der Schalldämpfung s. [95].

Haftfestigkeit. DIN 51162. — Relative Verfahren: Beanspruchung einer Emaillierung in einer Zerreißmaschine, durch Kugeldruck mit Ausbeulung in einer Presse, z. B. mit dem Erichsen-Tiefungsgerät und Abtasten der freigelegten Fläche mit 169 Nadeln (PEI-Standardverfahren) [517]. Bei Gußeisenplättchen in einer Biegemaschine, Hin- und Herverdrillen mit bestimmter Frequenz, bei draht- oder streifenförmigen Proben bis zum Abblättern des Emails. Messung der Helligkeit des durch Biegen von Email befreiten Eisens mit dem Lange-Gerät [157]. Gute Erfahrungen bei Grundemails, bei Direkt-Weißemaillierung verfälscht der Weißgehalt die Ergebnisse. — Zur qualitativen Beurteilung der Haftung wird auch die Schlag- und Scherfestigkeit benützt. — Absolutverfahren: Bestimmung der Zugfestigkeit nach [433] an zusammenemaillierten Rundstahlabschnitten, an Doppel-T-Proben von Gußeisen nach [264]. Bestimmung der Scherfestigkeit an überlappend zusammenemaillierten Blechstreifen.

Chemische Prüfung von Al-Emaillierungen auf „Haftung“ s. Abschn. 5.3.1.

Festigkeiten, Dehnung, Steifheit. Bestimmung wie bei Metallen. Alle Festigkeitswerte hängen nicht nur von den Metall- und Emaileigenschaften ab, sondern auch von Abkühlbedingungen, besonders bei weichen Metallen, und der Alterung. Für emailliertes Aluminium s. [633]. — Bestimmung der Durchbiegung bis zum Reißen durch Aufspannen eines Streifens auf eine Spirale [86], bei außenemaillierten Apparaten Druckprüfung. Rodmann u. M. [573] machen u. a. auf den Einfluß der Feuchtigkeit während der Messung aufmerksam. — Bei Dünnschichtemaillierung können die Biegewinkel sehr groß werden. Westinghouse Electric Comp. verwendet daher ein Torsions-Prüfgerät, das nach einigen Verbesserungen vom U. S. Porcelain Enamel Institute standardisiert wurde [518]. Bei gleicher Blechdicke nimmt der Winkel hyperbolisch mit zunehmender Emaildicke ab, bei gleicher Emaildicke steigt er mit der Blechdicke [525].

Schlagfestigkeit. In zahlreichen Arbeiten werden Pendelschlagversuche, Kugelfall- und Fallbäranordnungen beschrieben. Schlagprüfgerät DIN 51155 nach Wegner, s. auch Fachausschußbericht Nr. 4 des Vereins Deutscher Emailfachleute. Um eine Maßzahl für die beschädigte Stelle zu erhalten, fertigen Koleva u. M. [375] durch Aufkleben einer Hülse eine elektrolytische Zelle und messen den Stromdurchgang. Brückner u. M. [54] begründen, warum das größere Schlagprüfgerät des gleichen Prinzips in seiner Schlagwirkung an das genormte nicht anschließt. Ferner Vergleiche unterschiedlicher Versuchbedingungen (Unterlage) und verschiedenerer Emails.

Transportfestigkeit. Fertig verpackte Waren läßt man auf Wagen schräge Gleise hinunter gegen einen Prellbock laufen, oder sie kommen einige Zeit auf einen Schüttelstand. Zur Betriebskontrolle kann auch die Schlagfestigkeit dienen.

Härte, Abrieb. Die wichtigsten Verfahren wurden von mehreren Autoren beschrieben und verglichen [108, 280, 489]. Bestimmung der Vickershärte DIN 50133 T 1 und T 2 [536]; Knoophärte DIN E 5233 [377]; Ritzhärte und verschiedene Abriebverfahren. Die Bestimmung der Ritzhärte ist nicht genügend definiert.

Gut reproduzierbar sind die Abriebverfahren, bei denen der allererste Verschleiß mit dem Interferenzmikroskop [303] erfaßt werden kann, der weitere mit dem Glanzverlust (Lange-Gerät) [108] oder der Lichtstreuung [161, 162], und schließlich mit dem Gewichtsverlust oder durch Rauhigkeitsmessung durch Abtasten. Glanz- und Gewichtsverlust müssen nicht immer parallelgehen.

Bei den Abriebverfahren arbeitet man mit Stahlkugeln, einem Scheuermittel (Feldspat, Sand, Korund) und Wasser, die auf dem Prüfling in kreisender Bewegung gehalten werden (PEI-Verfahren) oder durch Hin- und Herschieben [486] oder in einer Trommel scheuern [29]. Der Verschleißversuch nach DIN 51152 lehnt sich an das PEI-Verfahren an. Whismann u. M. [723] fanden, daß Mikro- und Schleifhärte gegenläufig sind. — Da aufgebrannte Emails an der Oberfläche eine etwas andere Zusammensetzung haben als im Innern, scheint der Abriebwert zunächst anzusteigen und erst später konstant zu werden. Kyri [396] zeigt jedoch, daß dieser Effekt auf Vermahlung des Scheuermittels und zunehmender Aufrauhung der Emailoberfläche beruht. Nach [27] soll der Verschleiß (Massenverlust p) nach

$$p = at + bt^2 \tag{5.1}$$

von der Zeit abhängen. — Emailschichten halten nach [524] gegen Kavitation mit dem Tropfenschlaggerät nach v. Schwarz nicht lange stand.

Beim Gebrauch findet häufig eine *kombinierte Beanspruchung* durch Abrieb und chemischen Angriff statt, so beispielsweise in Waschmaschinen, Kochgeschirren, Ausgußbecken, Rührwerken in der chemischen Industrie usw. Wenn schwer abzuschätzen ist, welcher Vorgang die Hauptrolle spielt, empfiehlt es sich, bei der Prüfung die jeweilige Beanspruchung so gut wie möglich nachzuahmen.

Welligkeit. Messung und Registrierung mit Abtastgerät [131, 464].

Spannung. Relative Verfahren: Blechstreifen beidseitig grundiert, einseitig deckemailliert; die Durchbiegung kann auf verschiedene Weise ausgewertet werden: Durchbiegung (Biegepfeil) in Millimeter gemessen (Warptest) [56]; Streifen senkrecht hängend, Auslenkung messen oder automatisch registrieren [381, 412]. Streifen auf zwei Schneiden; Gewicht auflegen, bis gleich hohe Schneide in der Mitte eben berührt wird [45]. Ringprobe (Split-Ring-Test): Blechstreifen zu Ring geformt, beidseitig grundiert, außen deckemailliert; ein Ende ist befestigt, die Bewegung des anderen wird während der Abkühlung durch den Ausschlag eines daran befestigten Zeigers gemessen [690]. Auflegen von Dehnungsmeßstreifen auf das Email, Ablösen des Metalls, Messen der Längenänderung [273]. — Vollautomatische Anordnung mit U-förmigen Blechstreifen als Widerstandsheizung [548]. Absolute Messung: Durchbiegung einer emaillierten Ronde nach Bild 2.55. Spannungsoptische Messung [101]. — Bei einseitiger Emaillierung ist auf den Einfluß des sich bildenden Zunders zu achten (Abschn. 5.1.1.4.) [151]. — Aus der Durchbiegung eines einseitig emaillierten Blechstreifens bei kontrollierter Abkühlung leiten Stirling u. M. [645] den Ausdehnungskoeffizienten und E-Modul ab. — Für Gußeisen: Steger-Probe [638], Umrechnung auf Bezugskörper [639] nicht üblich. Streifen hochkant, im Mittelstück einseitig emailliert, Auslenkung des freien Endes messen [101]. Mit induktivem Weggeber automatische Registrierung möglich [545, 733].

Feine Risse, Bläschen. Nachweis von solchen z. T. unsichtbaren Schwachstellen durch Abtasten mit einer Bürste unter Hochspannung DIN 51163 (neu: DIN ISO 2746), mit Niederspannung DIN E 51169. — Feine Risse lassen sich auch mit Öl/Ruß-Mischungen durch Einreiben oder mit einer Farbstoff- oder Fluoreszenzmittellösung nachweisen — Statiflux-Verfahren.

5.3.3 Thermische Untersuchungen

Bestimmung der *Temperaturwechselbeständigkeit* von Kochgeschirren ISO 2747.

Temperaturmessung während des Warendurchlaufs durch einen Tunnelofen mit der Bozsin-Box [47] oder besser mit durch Thermoelemente gesteuertem Sender in einer Box [85]. — Schnellanzeigendes Pyrometer für 300 bis 900 °C [485].

Prüfung selbstreinigender *Backofenemails* s. Abschn. 5.3.1.

Bestimmung der *Wärmeleitfähigkeit* von Schamottesteinen in verschiedenen Richtungen [168]. Werte: Senkrecht zur Kopf- und Läuferfläche um 1,0 W/(Km) bei 1200 bis 1300 °C, 1,3 bis 1,4 senkrecht zur Lagerfläche. — Bestimmung der Wärmeleitfähigkeit WLF von emaillierten Bechern mit U-förmigem Querschnitt, mit Paraffin gefüllt und beheizt, außen thermostatisiertes Wasser. Werte um 1,0 W/(Km) [100]. WLF von emailliertem Draht: Emaillierten bzw. blanken Draht in fließendem Wasser elektrisch erhitzen; Temperatur des Drahtes aus elektrischem Widerstand bestimmen. Daraus WLF des Emails berechnen [290].

Berechnung der optimalen *Einbrenntemperatur* aus der Zusammensetzung [320] mit Hilfe von Faktoren (s. Tab. 6.5. im Anhang).

Prüfung der *Temperaturverteilung* an Kochgeschirren: Boden leicht einfetten, Mehl aufstreuen und auf Heizplatte erhitzen [459].

5.3.4 Elektrische Untersuchungen

DK, tan δ und elektrischer Widerstand in Abhängigkeit von der Temperatur sind viel besser als bei Kunststoffen. — Elektrische Prüfung von Alkali-Borosilicat-Überzügen auf Kupferblech und -draht [33]. — Bestimmung der Ionenleitfähigkeit mit Wechselstrom aus der Abhängigkeit der Impedanz von der Frequenz [368].

5.3.5 Optische Untersuchungen

Bestimmung des *Weißgehalts* betriebsmäßig mit dem Leukometer von Lange [465].

Glanzmessung durch Aufnahme und Auswertung der Indikatrix im Goniometer [161, 163]. Verfeinerung durch Verwendung polarisierten Lichtes [162]. Einfache Geräte: Für visuelle Betrachtungen [401, 463]; Glanzmeßgerät nach Lange [108].

Kurztest auf die *Farbbeständigkeit* von Emails im Freiland mit Kupfersulfatlösung und intensiver Bestrahlung [364].

Bestimmung der *Rauhtiefe* nach Verschleißvorgang mit dem Interferenzmikroskop [303].

Farbmessung DIN 5033; Farbenkarten DIN 6164 Beibl. 1 bis 25. — Farbabstimmung aufgrund des C. I. E.-Diagramms, Einfluß der Brenndauer s. [107]. Farbdifferenzformeln DIN E 6174 zur Erfassung von Farbtoleranzen. — Überprüfung der Farbstabilität mit DTA und durch Anfertigung von Proben, bei denen Brenntemperaturen und -zeit variiert wurden [9].

Bestimmung der spannungsoptischen Konstanten [101], der Spannungsdoppelbrechung an Glas DIN E 52318, der Spannungen an Verschmelzungen DIN 52327 T 1 und T 2.

5.3.6 Röntgenographische Untersuchungen

Nach Debye-Scherrer- oder Guinier-Verfahren. Bestimmung der ausgeschiedenen Kristallphasen (z. B. Anatas, Rutil, ZrO_2, $ZrSiO_4$ usw.), auch quantitativ. — Spannungsmessung aus der Änderung der Gitterkonstanten des Metalls [39].

5.3.7 Akustische Untersuchungen

Bestimmung des E-Moduls aus der Schalldämpfung [95].

5.3.8 Güte- und Prüfbestimmungen für emaillierte Verkehrszeichen

Verkehrszeichen Gütesicherung RAL—RG 628 (1974). Deutsches Institut für Gütesicherung und Kennzeichnung, Bonn 1.

6 Anhang: Tabellen

Tabelle 6.1. Kubischer Ausdehnungskoeffizient
3α von Gußeisen für 0 bis 500 °C in 10^6/K
für je 1%. Nach [144]

Graphit	0,3
Carbid-Kohlenstoff	−1,5
Silicium	−0,4
Mangan	0,4
Phosphor	0,6
Schwefel	0,4
Eisen	42,6

Tabelle 6.3. Formel zur Abschätzung der Bleilässigkeit von Glasuren. Nach [186]

Man rechnet die Zusammensetzung auf die Seger-Formel um (Summe der Basen = 1,0), addiert die Resistenzmittel R nach $R = 2 \times Al_2O_3 + SiO_2 + ZrO_2 + TiO_2 + SnO_2$, und die Flußmittel Fl nach

$$Fl = 2(Li_2O + Na_2O + K_2O + B_2O_3 + P_2O_5) + MgO + CaO + SrO + BaO$$
$$+ ZnO + CdO + PbO + F^-,$$

und bildet den Quotienten $R/\sqrt{Fl}$. Liegt dieser Wert über 2,05, ist die Glasur hinsichtlich Bleiabgabe annehmbar, ist er unter 1,80, ist sie unbrauchbar.

Tabelle 6.4. Formel zur groben Abschätzung der Säurebeständigkeit S von Emails.
Nach Vielhaber (1955)

$$S = \frac{\% \, RO_2 + \% \, R_2O_3 \, (\text{ohne } B_2O_3)}{\% \, R_2O + \% \, RO + \% \, B_2O_3}$$

Bei einem guten Titanemail liegt der Wert von S bei 1,5, bei einem gewöhnlichen Grundemail bei 0,8.

Tabelle 6.5 Optimale Einbrenntemperatur T_B für Emails (entsprechend einer Viskosität von 4000 dPa s). Nach [320]

$$T_B = 909 - 40,3\,(Li - 2) - 14,7\,(Na - 12) - 10,3\,(K - 2) - 3,4\,(Mg - 2)$$
$$- 8,2\,(Ca - 2) - 3,5\,(Ba - 2) - 3,7\,(Zn - 2) - 8,2\,(Pb - 4) - 6,3\,(Ti - 4)$$
$$+ 1,6\,(Al - 4) - 11\,(B - 6)$$

Die angegebenen Elemente sind als Massengehalt ihrer Oxide in % einzusetzen.

Tabelle 6.2. Berechnung einiger Emaileigenschaften

	Kub. AK 0 bis $100\,°C$ in $10^6/K$, für je 1% Massengehalt	Oberflächenspannung in mN/m für $900\,°C$ und je 1%. Nach [120]	Zähigkeit als $\log \eta$ in dPa s nach der VFT-Gleichung*			Lichtbrechung n_D für je 1%
			a	b	t	
SiO_2	0,015	3,40				0,0147
B_2O_3	−0,2	0,8	+15,88	+7272,1	+521,4	0,0146
P_2O_5	0,2					
Li_2O	0,2	4,6				
Na_2O	1,29	1,5	−1,4788	−6039,7	− 25,07	0,0159
K_2O	1,17	0,1	−0,8350	−1439,6	−321,0	0,0155
Rb_2O		−0,8				
NaF	0,7	1,3				
BeO	0,4					
MgO	0,13	6,6	+5,4936	+6285,3	−384,0	
CaO	0,49	4,8	+1,6030	−3919,3	+544,3	0,0177
BaO	0,42	3,7				0,0169
ZnO	0,2	4,7				0,0168
PbO	0,32	1,2	−1,3058	−5880,0	−275,5	0,0179
MnO	0,2	4,5				
CuO	0,2					
CoO $\Big\}$	0,4	4,5				
NiO						
CaF_2	0,3					
Al_2O_3	0,042	6,2	−1,5183	+2253,4	+294,4	0,015
Fe_2O_3	0,42	4,5				
Cr_2O_3	0,5					
CrO_3		−5,9				
Sb_2O_3	0,3					
CeO_2	0,24					
TiO_2	0,13	3,0				
ZrO_2	0,07	4,1				
SnO_2	0,1					
V_2O_5		−6,1				

* Vogel-Fulcher-Tammann-Gleichung: $\log \eta = -A + B/(T - T_0)$. Alle Oxide werden auf 1 Mol SiO_2 umgerechnet (p_1, p_2, usw.); dann ist

$A = 1,4550 +$ Summe der $a \cdot p$
$B = 5736,4 +$ Summe der $b \cdot p$
$T_0 = 198,1 +$ Summe der $t \cdot p$

Aus [611, S. 137ff.]. Hier auch Faktoren für andere Eigenschaften, deren Berechnung aber umständlicher ist.

Tabelle 6.6. Analysensiebe aus nichtrostendem Stahl nach DIN 4188 T1

Lichte Maschenweite mm	Drahtdurchmesser mm	Entsprechende alte Bezeichnung
0,063	0,04	10 000 — Maschen-Sieb
0,08	0,056	etwa 6 400
	0,063	4 900
0,1	0,071	3 600
0,125	0,08	2 500
0,16	0,112	etwa 1 600
0,2	0,14	900
0,25	0,16	576
0,315	0,2	400
0,4	0,25	256
0,5	0,32	etwa 144
0,63	0,4	100
10,8	0,45	etwa 64
	0,56	36
1,25	0,71	etwa 20

Tabelle 6.7. Umrechnung der SI-Einheiten in früher übliche Einheiten (Fettdruck = gebräuchlich)

	SI	= alt
Kraft	Newton N	0,1 kp 1 kg m/s² 10^5 dyn
Arbeit, Energie: thermisch elektrisch mechanisch	Joule J W s N m	0,24 cal 0,10 kp m 10^7 erg
Länge	10^{-10} m	1 Å
Leistung	Watt W	0,0014 PS 0,86 kcal/h
Festigkeit, E-Modul	Pascal Pa N/m² 10^6 N/m² = 1 **MN/m²**	0,10 kp/m² $10 \cdot 10^4$ kp/m² = 10 kp/cm²
Druck	10^5 Pa = **1 bar**	1 at = 760 Torr = 100 m WS
Oberflächenspannung	N/m 10^{-3} N/m = **mN/m**	10^3 dyn/cm dyn/cm² = erg/cm
Zähigkeit	Pa s 0,1 Pa s = **dPa s**	10 Poise 1 P
Temperatur, absolut und	°C	°C, grd
Temp.-differenz	K	°C, grd
Wärmekapazität	J/K	0,24 kcal/°C
Wärmeleitfähigkeit	W/(Km)	0,0024 cal/(cm s °C)
%-Gehalte	Massengehalt in % Stoffmengengehalt in %	Gew.-% Mol-%, Atom-%

Literaturverzeichnis

Zur Beachtung: Veröffentlichungen, die in den Mitt. Ver. Dtsch. Emailfachleute referiert sind, haben am Schluß einen Hinweis in Klammern. Es bedeutet die 1. Ziffer den Jahrgang, die 2. die Referat-Nr., also z. B. bei 1. Abresch u. M. ... (R 61−40): Ref. in den „Mitt." 1961, Ref.-Nr. 40.

1. Abresch, Kr.; Dobner, W.; Lemm, H.: Die Bestimmung von Wasserstoff nach dem Trägergasverfahren. Arch. Eisenhüttenwes. 31 (1960) 351−354 (R 61−40)
2. Adams, L. H.,; Waxler, R. M.: Temperature-induced stresses in solids of elementary shape. Nat. Bur. Standards Monograph 2, Juni 1960, 27 p. (R 62−99)
3. Adams, R. B.; Pask, J. A.; Fundamentals of glass-to-metal bonding. VII: Wettability of iron by molten sodium silicate containing iron oxide. J. Am. Ceram. Soc. 44 (1961) 430−436.
4. Adler, G.: Spannungsmessungen an Stahlblechteilen mittels Röntgenstrahlen. Ind. Anzeiger 77 (1955) Nr. 39, 543−545 (R 56−210)
5. Ainsworth, L.: The diamond pyramid hardness of glass in relation to the strength and structure of glass. I. An investigation of the diamond pyramid hardness test applied to glass. II. Silicate glasses. III. The structure of borosilicate glasses. J. Soc. Glass Technology 38 (1954) 479−500, 501−547
6. Aksay, I. A.; Pask, J. A.: Stable and metastable equilibria in the system $SiO_2-Al_2O_3$. J. Am. Ceram. Soc. 58 (1975) 507−512
7. Albert, P.: Bestimmung der Stabilität von Anatas in Titanweißemails. Sprechsaal Keram. Glas Email 102 (1969) 97−100 (R 69−241)
8. −: Die Bestimmung der kritischen Temperatur und Klassifizierung von Titanemails mit dem Derivatograph. Sprechsaal Keram. Glas Email 104 (1971) 267−270 (R 71−31)
9. −; Polyàk, M.: Beitrag zur Farbstabilität von Emails. Mitt. Ver. Dtsch. Emailfachleute 24 (1976) 41−44
10. Albrecht. J.; Birmes, W.: Beizverhalten von abgestrahlten Blechen. Mitt. Ver. Dtsch. Emailfachleute 22 (1974) 1−12
11. −; −; Büchel, E.; Meyer, L.: Die Wasserstoffdurchlässigkeit von Stahlblech als Merkmal der Fischschuppenneigung beim Emaillieren. Mitt. Ver. Dtsch. Emailfachleute 19 (1971) 21−25
12. Aldinger, R.: Niedrig schmelzende Emails. Glashütte 25 (1949) 193−195
13. Allenbaugh, F. G.: The determination of chromium deposition when applied to aluminum. Proc. Porcelain Enamel Inst. Tech. Forum 21 (1959) 101−103
14. Amrhein, E. M.: Das dielektrische Verhalten binärer Oxydgläser im Mikrowellengebiet zwischen −100 und 900 °C. Glastech. Ber. 36 (1963) 425−444
15. Andrew, B. E.: Determination of boron in glass by atomic absorption spectrophotometry. Am. Ceram. Soc. Bull. 55 (1976) 583−584
16. Antonova, E. A.; Appen, A. A.: Protecting of steel from gaseous corrosion by glass-metal coating. Zhur. Priklad. Khim. 32 (1959) 2468−2473 (R 60−211). Nach Chem. Abstr. Am. Chem. Soc. 54 (1960) 9238 b
17. Appen, A. A.: Versuch zur Klassifizierung von Komponenten nach ihrem Einfluß auf die Oberflächenspannung von Silikatschmelzen. Silikattechnik 5 (1954) 11−12
18. Arnold, K. H.; Metallisches Zink als Fehlerursache in einem Zirkonpuderemail. Mitt. Ver. Dtsch. Emailfachleute 9 (1961) 40−42

19. Azarov, K. P.: Einflußfaktoren bei der Bildung von Emailüberzügen. II. Eine Analyse des Aufkochens und der primären Blasenbildung. Mitt. Ver. Dtsch Emailfachleute 9 (1961) 89—94

20. —; Grechanova, S. B.: Die physikochemischen Vorgänge bei der Emaillierung von Aluminium. Steklo i Keramika 16 (1959) 10—14 (R 60—197)

21. —; Zorin, V. G.: Determination of gases in enamels. Trudy Nowotscherkask Polytech. Inst. 47/61 (1958) 229, Ref. Chem. Abstr. Am. Chem. Soc. (1961) 4911 d.

22. Bair, G. J.: The constitution of lead oxide-silica glasses: I. Atomic arrangement. J. Am. Ceram. Soc. 19 (1936) 339—347.

23. Baker, M. A.: Study of the adherence of porcelain enamel to aluminum — Use of the electron microscope and electron microprobe. Proc. Porcelain Enamel Inst. Tech. Forum 32 (1970) 48—51 (R 72—46)

24. Baker, M. A.: 1964 exposure test of porcelain enamels on aluminum — three year inspection. Nat. Bur. Stand (U.S.) Bldg. Sci. Ser. (1970) No. 29 (R 71—79)

25. Bardenheuer, P.; Thanheiser, G.: Untersuchung über das Beizen von kohlenstoffarmen Flußstahlblechen. Stahl Eisen 49 (1927) II, 1185—1192.

26. —; —: Untersuchungen über das Beizen von kohlenstoffarmen Flußstahlblechen. Mitt. KWI Eisenforschung 10 (1928) 323—342

27. Barinow, Yu. D.; Livshits, B. Kh.: Frictional wear of glass enamels. Glass and Ceramics 28 (1971) 100—101; Übers. aus Steklo i Keramika (1971) 29—30 (R 72—63)

28. Baum. W.: Entwicklung einer Eukryptit-Glaskeramik großer mechanischer und thermischer Festigkeit und Untersuchung der mechanischen, thermischen und elektrischen Eigenschaften in Abhängigkeit von der Entglasungszeit und Entglasungstemperatur. Glastech. Ber. 36 (1963) Teil I: 444—453, Teil II: 468—481

29. Beljajev, G. I.; Ponomarcuk, S. M.: Die Verschleißfestigkeit von Emailschutzschichten. Chimiceskoje masinostroenije 1964, 30—32 (Original russ.) (R 65—154)

30. Benoliel, B. J.: Laboratory control of drawing compounds on porcelain enamel metals. Am. Ceram. Soc. Bull. 19 (1940) 259—262. Ref. Emailwaren Ind. (1943) 25

31. Benzel, J. F.; Uher, J. F.; Allenbaugh, F. G.; Sweo, B. J.: Effect of moisture in furnace atmosphere during ground-coat firing. J. Am. Ceram. Soc. 44 (1961) 1—6 (R 61—200).

32. Bergeron, C. G.: Electrical properties of porcelain enamels. Proc. Porcelain Enamel Inst. Forum 20 (1958) 105—113. Ref. Ceram. Abstr. Am. Ceram. Soc. 44 (1961) 29 d

33. —; Friedberg, A. L.: High-temperature electrical insulating inorganic coatings on wire. PB Report 131 811, p. 79. US Govt. Res. Repts. 30 (1958), 59 Ref. Ceram. Abstr. Am. Ceram. Soc. 44 (1961) 205—206.

34. Berl, K.: Enameling without mystery. Am. Ceram. Soc. Bull. 32 (1953) 385—388 (R 54—174)

35. Bezborodov, M. A.; Mazo, E. E.; Kaminskaja, V. S.: Verbesserung der chemischen Beständigkeit von Aluminiumemails (russ.). Sammlung wissenschaftlicher Arbeiten, Akad. Wiss. BSSR 1, Minsk (1960) 59—71 (R 64—177).

36. Bhat, V. K.; Manning, Ch. R.: Systems of Na—Fe—SiO$_2$ glasses and steel: I. Wetting and adherence. J. Am. Ceram. Soc. 56 (1973) 455—458

37. Bickel, E.: Metallische Strahlmittel und ihre Prüfung. Stahl Eisen 76 (1956) 1116 bis 1128 (R 56—532).

38. Bierwirth, G.: Zerstörungsfreie Qualitätskontrolle von Gußwerkstücken durch Bestimmung der Ultraschalldämpfung. Gießerei 47 (1960) 94—98 (R 60—131)

39. —: Die industrielle Anwendung der röntgenographischen Spannungsmessung. Maschinenmarkt 67 (1961) Nr. 4, 29—32 (R 61—143)

40. Birmes, W.; Meyer, L.; Warnecke, W.: Einfluß der Brennbehandlung auf den Durchbiegungswiderstand u. andere Eigenschaften verschiedener Feinblechgüten zum Emaillieren. Mitt. Ver. Dtsch. Emailfachleute 22 (1974) 41—48

41. Blanchard, M. K.; Deringer, W. A.: Islanding, a surface characteristic of some porcelain enamels. Int. Enamelist 1 (1951) 24—25 (R 56—3). J. Am. Ceram. Soc. 65 (1952) 12—15

42. Böhmer, H. H.; Hennicke, H. W.: Über Beziehungen zwischen Gefüge und einigen Eigenschaften von Apparateemails. Mitt. Ver. Dtsch. Emailfachleute 23 (1975) 42—46, 47—62

43. Böttcher, G. O.: Abriebfeste Emaillierungen. Mitt. Ver. Dtsch. Emailfachleute 26 (1978) 85—90

44. Boivie, J. E.: Elastische Auskleidungen verringern Verschleiß in Schwerkraftmühlen. Maschinenmarkt 80 (1974) 1998—2000 (R 75—16)

45. Bowman, D. C.: Loaded beam stress measurement. Int. Enamelist 9 (1959) No. 2, 12—14 (R 60—107)

46. Bozsin, M.: Avoiding enamel difficulties through proper operation of furnaces. Proc. Porcelain Enamel Inst. Tech. Forum 11 (1949) 28—35 (R 57—46)

47. —: New type Bozsin box. Int. Enamelist 9 (1959) No. 2, 19, 20, 30 (R 60—135)

48. Brewer, G. E. F.: Electrodeposition of ceramic coatings. Am. Ceram. Soc. Bull. 51 (1972) 216—217.

49. Brezny, B.: Rapid determination of silica. Silikáty 7 (1963) 238—241 (R 64—331)

50. Brindley, G. W.; Mac Even, D.M.C.: Structural aspects of the mineralogy of clays and related silicates. Ceramics, a Symposium. Brit. Ceram. Soc. Stoke-on-Trent (1953) 15—59

51. Brüche, E.; Peter, K.; Poppa, H.: Das Polieren von Glas. V. Kompression und Plastizität von Glas. Glastech. Ber. 31 (1958) 341—348

52. Brückner, R.: Zur Kinetik des Stoffaustausches an den Grenzflächen zwischen Silikatglas- und Salzschmelzen und des Stofftransports in Silikatglasschmelzen unter besonderer Berücksichtigung des Verhaltens von Na_2SO_4 und seinen Zersetzungsprodukten
Teil I: Grenzflächenenergetische Ausgleichsprozesse bei Stoffaustauschvorgängen. Glastech. Ber. 34 (1961) 438—456
Teil II: Der Substanz-Austausch zwischen Silikatglas und Salzschmelzen. Ebenda 515—528

53. —: Zur Oberflächenspannung und Kohäsion im System Kaolin-Elektrolyt-Wasser. Glas-Email-Keramo-Tech. 22 (1971) 9—14 (R 71—29)

54. —; Haas, B.: Zur Physik des Schlagprüfvorganges bei Emaillierungen. I. Wirkungsweise des Schlagprüfgerätes. Mitt. Ver. Dtsch. Emailfachleute 19 (1971) 33—39. II. Vorgänge beim Schlagversuch. Ebenda 20 (1972) 1—11

55. Brunhuber, E.: Die Herstellung druckdichter Gußstücke aus Kupferlegierungen. Mitt. Ver. Dtsch. Emailfachleute 7 (1959) 99

56. Bryant, E. E.; Ammon, M. G.: Determination of compressive stress present in porcelain enamel on sheet-iron. J. Am. Ceram. Soc. 31 (1948) 28—30

57. Bühler, H. E.; Baumgartl, S.; Warnecke, W.: Elektronenstrahl-mikroanalytische Untersuchungen zur Oberflächenanreicherung von Stahlbegleitelementen bei der Beizbehandlung von Stählen. Arch. Eisenhüttenwes. 46 (1975) 811—816

58. Bünzen, K.: Ein Beitrag zur Messung von Erweichungspunkt und Oberflächenspannung von Emails. Mitt. Ver. Dtsch. Emailfachleute 11 (1963) 72—76

59. —: Vergleichende Untersuchungen über die chemische Beständigkeit von Badewannenemails. Mitt. Ver. Dtsch. Emailfachleite 12 (1964) 51—58

60. —: Untersuchungen über die verschiedenen Trübungssysteme in weißen Gußpuderemails. Mitt. Ver. Dtsch. Emailfachleute 13 (1965) 85—89

61. Buldini, P. L.: Influence of coloring oxides on heavy metals release from ceramic glazes. Am. Ceram. Soc. Bull. 56 (1977) 1012—1014

62. Buren, van H. J.: The stress-optical test in the enamel industry. Inst. Vitreous Enamellers Bull. 8 (1958) 36—37 (R 58—158)

63. Burger, W.: Abendländische Schmelzarbeiten, Bd. 33 der Bibliothek für Kunst- u. Antiquitätensammler, Berlin: Richard Carl Schmidt u. Co. 1930. Hier zahlreiche Literaturstellen.

64. Burgess, D. G.; Jasperse, J. R.; Flint, E. P.: Ceramic coatings with controlled reflective and emissive properties. J. Am. Ceram. Soc. 44 (1961) 446—450

65. Buxton, L. H. D.; Casson, St.; Myres, F. L.: A cloisonné staff-head from Cyprus. MAN, A Monthly Record of Anthropolocical Science, XXXII (1932) 1—3

66. Camara, B.: Einbau von Eisen in Glas. Glastech. Ber. 51 (1978) 87—95

67. Carlson, W. A.; Sanford, E. A.; Crandall, W. B.: Study of crystallization of glass coatings on metal by electron microscopy. J. Am. Ceram. Soc. 46 (1963) 249—253

68. Carter, H. D.: Control of heat und air contamination in porcelain enameling plants. Int. Enamelist 1 (1951) No. 2, 5—8 (R 52—18)

69. Casson, S.: Ancient Cyprus. Westport, Conn. USA: Grennwood Press Publishers. Reprinting 1970. Original: Methuen and Co. Ltd. London 1937

70. Cerulli, N. F.: Electrophoresis in jewelry enameling. Am. Ceram. Soc. Bull. 33 (1954) 373—377 (R 55—265)

71. Chaille, Ch. E.; King, B. W.: Effect of water vapor in the furnace atmosphere on a one-coat white porcelain enamel. Am. Ceram. Soc. Bull. 48 (1969) 627—634

72. Chakraborty, A. K.; Ghosh, D. K.: Comment on ,,Interpretation of the kaolinite-mullite reaction sequence from infrared absorption spectra". J. Am. Ceram. Soc. 61 (1978) 90—91

73. Chalmers, L.: Enamel coating in the ornamental ware industry. Synthetic and Appl. Finishes, London 3 (1933) 153—155.

74. Christochowitz, H.: Gesell, W.: Einfluß der Strahlmittel auf die Haftfähigkeit von Emaillierungen. Mitt. Ver. Dtsch. Emailfachleute 2 (1954) 74—76

75. Chu, G. P. K.: Influences of hydrogen in vitreous enameling of steel. Inst. Vitreous Enamellers Bull. Silver Jubilee Conf. Edition Sep. 1959 Paper 1, Session A 1—18 (R 59—402)

76. —; Davis, H. M.: Verbesserung des Emaillierprozesses durch das Verständnis des Verhaltens von Wasserstoff im System Glas-Metall. Mitt. Ver. Dtsch. Emailfachleute 14 (1966) 83—91

77. —; Keeler, J. H.; Davis, H. M.: Study of gases in porcelain enameling. J. Am. Ceram. Soc. 36 (1953) 48—59 (R 53—118). — Distribution of hydrogen in the system steel-enamel. Better Enameling 21 (1950) 6—7

78. —; —; —: Die Verteilung des Wasserstoffs im System Stahl-Email. Mitt. Ver. Dtsch. Emailfachleute 6 (1958) 29—34

79. Cillero, H.: Industrielle Verwirklichung des Pulveremails. Elektrostatisches 2-Schicht-1-Brand-Verfahren. Vortrag XI. Intern. Emailkongreß Okt. 1979, Paris. Erscheint in émail métal.

80. Ciuhandu, Ch.; Roscin, M.: Eine neue photometrische Methode zur Antimonbestimmung Z. anal. Chem. 174 (1960) 118—121 (R 60—236).

81. Claussen, N.: Fracture toughness of Al_2O_3 with unstabilized ZrO_2 dispersed phase. J. Am. Ceram. Soc. 59 (1976) 49—51

82. —; Steeb, J.: Ausnutzung mechanischer Unverträglichkeit bei keramischen Verbundwerkstoffen. Z. Werkstofftech. 7 (1976) 350—351

83. Clemens, K. H.: Viskositätsmessungen an Emails. Mitt. Ver. Dtsch. Emailfachleute 9 (1961) 97—106

84. —: Über die Messung der Eigenschaften von Emailschlickern mit dem Rotationsviskosimeter. Sprechsaal Keram. Glas Email 95 (1962) Beilage am + r 2 (1962) a 101 bis a 103 (R 62—230)

85. —: Über ein neues Temperatur-Meßverfahren in Durchlauföfen. Mitt. Ver. Dtsch. Emailfachleute 10 (1962) 119—121

86. —: Bestimmung des Bruchradius von Stahlblechemaillierungen mit Hilfe einer logarithmischen Spirale. Mitt. Ver. Dtsch. Emailfachleute 18 (1970) 1—4

87. Cline, R. W.; Fulrath, R. M.; Pask, J. A.: Fundmentals of glass-to-metal bonding: V, Wettability of iron by molten sodium disilicate. J. Am. Ceram. Soc. 44 (1961) 423—428 (R 62—93)

88. Coenen, M.: Dichtemessungen an Boratgläsern. Glastech. Ber. 35 (1965) 14—21 (R 62—209). — Z. Elektrochem. 65 (1961) 903—908

89. —: Sprung im Ausdehnungskoeffizienten und Leerstellenkonzentration bei T_g von glasigen Systemen. Glastech. Ber. 50 (1977) 74—78

90. Conaway, H. L.: A new method of determinig the sag resistance of steels for porcelain enameling. Proc. Porcelain Enamel Inst. Tech. Forum 14 (1952) 25—31 (R 57—279)

91. Conway, M. I.: The development of an insulating enamel. Am. Ceram. Soc. Bull. 35 (1956) 6—10 (R 56—280)

92. Cooke, F.: The development and manufacture of a single-coat enameling steel. Inst. Vitreous Enamellers Bull. 13 (1962) No. 8, 57—63 (R 63—89)

93. Cornelissen, J.; Zijlstra, A. L.: Symposium sur la résistance méchanique du verre, Florenz 1961, S. 337, der Union Scientifique Continentale du Verre, Charleroi

94. Coupland, H. T.: Fundamental knowledge relating to processes for deep drawing and pressing. Sheet Met. Ind. 37 (1960) 831—836 (R 61—26)

95. Cowan, R. E.: Sonic method for measuring Young's modulus of elasticity of porcelain enamel-metal composites. Int. Enamelist 5 (1955) No. 2, 2—4 (R 56—259)

96. —; Allen, A. W.; Friedberg, A. L.: Effect of temperature on modulus of elasticity of porcelain enameled steel. J. Am. Ceram. Soc. 39 (1956) 293—300 (R 57—150)

97. Csaki, P.; Dietzel, A.: Elektrochemische Messung des Sauerstoffpartialdruckes in Glasschmelzen. Untersuchungen von Oxydationsgleichgewichten. Teil II. Glastech. Ber. 18 (1940) 65—69

98. Dahl, W.; Lueg, W.: Aufbau und Beizbarkeit von Zunder beim Warmband. Stahl Eisen 77 (1957) 845—853 (R 57—305)

99. Danielson, P. R.; Gordon. D. V. van: Thermal expansion of commercial dry process enamels and cast iron. Am. Ceram. Soc. Bull. 35 (1956) 347—350 (R 57—50)

100. Dawihl, W.: Die Bestimmung der Wärmeleitfähigkeit von Emails. Chem. Fabrik (1935), 327—329. Ref. Emailwaren Ind. 12 (1935) 305—306

101. Deichelmann, H.: Experimentelle Untersuchungen über die elastischen Spannungen in Stahlgrobblechemails. Mitt. Ver. Dtsch. Emailfachleute 16 (1968) 69—77

102. De Jong, J.; Hoens, M. F. A.: Emaillierte Sonnenkollektoren. Mitt. Ver. Dtsch. Emailfachleute 26 (1978) 1—6

103. Dekker, P.: Messung der mechanischen Eigenschaften von Emails. Mitt. Ver. Dtsch. Emailfachleute 7 (1959) 49—60

104. —: Über die Zusammenhänge zwischen Spannungen, Rissen und Abplatzungen in Puderemailschichten. Mit. Ver. Dtsch. Emailfachleute 8 (1960) 71—80

105. —: Über das Fließverhalten der Emails und seine Messung. Mitt. Ver. Dtsch. Emailfachleute 10 (1962) 1—9, 79—90; 11 (1963) 25—35

106. —: Der betriebliche Nutzeffekt von Emaillier-Kammeröfen unter besonderer Berücksichtigung des muffellosen Ofens. Mitt. Ver. Dtsch. Emailfachleute 13 (1965) 51—57

107. —: Einschränkung, Abstimmung und Messung der Farbpaletten für emaillierte Erzeugnisse. Mitt. Ver. Dtsch. Emailfachleute 19 (1971) 1—11

108. —: Zur Bestimmung der Härte von Emails. Mitt. Ver. Dtsch. Emailfachleute 21 (1973) 13—24

109. —: Die Bedeutung des Zementits u. dessen A_0-Punkt für die Spannungen in dünnwandigen Gußstücken, sowie als Fehlerquelle bei deren Emaillierung. Glas Email Keramo Tech. 24 (1973) 37—44; 110—116 (R 73—34; R 74—13)

110. —: Emailliergerechtes Konstruieren in Gußeisen. Geißerei 25 (1965) 247—251

111. De Long, H. K.: How to porcelain enamel magnesium. Int. Enamelist 11 (1961) No. 3, 12—13 (R 63—186)

112. Deringer, W. A.: Porcelain enameling characteristics of some common ferrous metals. J. Am. Ceram. Soc. 29 (1946) 332—340

113. —: Investigation of tensile properties of various steels after enameling. Proc. Porcelain Enamel Inst. Tech. Forum 12 (1950) 68—74 (R 57—246)

114. Deutsches Kupfer-Institut: Treiben von Kupfer und Kupferlegierungen — Schmuckemail, 2. Aufl. 1963, 55 S., Berlin 12 (R 64—250)

115. Dietzel, A.: Die Aufklärung des Haftproblems bei Eisenblechemails. Emailwaren Ind. 11 (1934) 161—166

116. —: Das Haften von Eisenblechemails. Glashütte 64 (1934) 546—548

117. —: Die Aufklärung des Haftproblems bei der Eisenblechemaillierung. Sprechsaal Kerm. Glas Email 68 (1935) 3—6, 20—23, 34—36, 53—56, 67—69, 84—85

118. —: Was ist Email? Sprechsaal Keram. Glas Email 73 (1940) 63—64

119. —: Zusammenhang zwischen Ausdehnungskoeffizient und Struktur von Gläsern Glastech. Ber. 19 (1941) 319—325

120. —: Praktische Bedeutung und Berechnung der Oberflächenspannung von Gläsern, Glasuren und Emails. Sprechsaal Keram. Glas Email 75 (1942) 82—85

121. Dietzel, A.: Die Kationenfeldstärken und ihre Beziehungen zu Entglasungsvorgängen, zur Verbindungsbildung und zu den Schmelzpunkten von Silikaten. Z. Elektrochem. 48 (1942) 9—23

122. —: Zusammenhänge zwischen Oberflächenspannung und Struktur von Glasschmelzen Kolloid Z. 100 (1942) 368—380

123. —: Über das Anlaufen der durch Metallkolloide gefärbten Gläser. Z. Elektrochem. 51 (1945) 32—37

124. —: Fehlererscheinungen beim Emaillieren von Kupferblech. Sprechsaal Keram. Glas Email 78 (1945) 8—9

125. —: Theorie des Haftens von Email an Eisen. Sprechsaal Keram. Glas Email 78 (1945), 19—20, 34—36

126. —: Glasstruktur und Glaseigenschaften. Glastech. Ber. 22 (1948) 41—50, 81—86, 212—224

127. —: Beobachtungen an chromroten Glasuren. Mitt. u. Ber. Dtsch. Keram. Ges. u. Ver. Dtsch. Emailfachleute 26 (1949) 12—21

128. —: Reaktionen und Haftung zwischen Glas und Metall beim Verschmelzen. Glastech. Ber. 24 (1951) 263—268

129. —: Metallisches Zink als Blasenursache. Mitt. Ver. Dtsch. Emailfachleute 9 (1961) 42

130. —: Zum Problem der Emailspannungen und ihrer Berechnung. Mitt. Ver. Dtsch. Emailfachleute 10 (1962) 35—42

131. —: Alte Versuche zur Messung der Welligkeit von Emailoberflächen. Mitt. Ver. Dtsch. Emailfachleute 11 (1963) 14—15

132. —: Der Haftmechanismus bei der Einschicht-Direktemaillierung. Mitt. Ver. Dtsch. Emailfachleute 16 (1968) 27—31

133. —: Über die Wirksamkeit von Kobalt und Nickel im Grundemail bzw. im Direkt-Weißemail. Mitt. Ver. Dtsch. Emailfachleute 16 (1968) 55—57

134. —: Theorie der Haftung von Grundemail an Stahlblech. Mitt. Ver. Dtsch. Email-fachleute 27 (1979) 6—10

135. —; Arnold, L.; Bamessel, E.: Untersuchungen an emaillierten Kesselblechen. Sprech-saal Keram. Glas Email 77 (1944) 1—6, 28—31

136. —: Brückner, R.: Aufbau eines Absolutviskosimeters für hohe Temperaturen und Messung der Zähigkeit geschmolzener Borsäure für Eichzwecke. Glastech. Ber. 28 (1955) 455—467

137. —; —: Ein Fixpunkt der Zähigkeit im Verarbeitungsbereich der Gläser. Schnell-bestimmung des Viskositäts-Temperatur-Verlaufes. Glastech. Ber. 30 (1957) 73—79

138. —; Buck, M.: Fehler an emaillierten Apparateteilen u. ihre Verhütung Mitt. Ver. Dtsch. Emailfachleute 12 (1964) 9—12

139. —; Coenen, M.: Zusammenhang zwischen Benetzbarkeit durch Glasschmelzen und elektrochemischen Eigenschaften bei Edelmetallen. Glastech. Ber. 32 (1959) 357—361

140. —; Deeg, E.: Ein dynamisches Modell der Glasstruktur. Glastech. Ber. 30 (1957) 282—287

141. —; Flörke, O. W.: Ursache und Vermeidung von Verfärbungen beim Nachbrennen von Titanemails. Mitt. Ver. Dtsch. Emailfachleute 5 (1957) 99—104.

142. —; —; Saalfeld, H.: Ein einfaches Hochtemperaturheizmikroskop. Ber. Dtsch. Keram. Ges. 31 (1954) 80—81

143. —; Hinz, J.: Schmelzversuche an Aluminiumorthophosphat. Ber. Dtsch. Keram. Ges. 39 (1962) 569—572

144. —; Lemme, H.: Über das Ausdehnungsverhalten von Emaillierguß. Sprechsaal Keram. Glas Email 83 (1950) 1—7, 23—25

145. —; Merker, L.; Haas, B.: Hochsäure- und laugenfeste Emails mit nicht-edelgas-ähnlichen Kationen. Sprechsaal Keram. Glas Email 95 (1962) 414—415 (R 63—294)

146. —; Meures, K.: Die Ausdehnungsverhältnisse bei Eisenblechemails. Sprechsaal Keram. Glas Email 66 (1933) 746—752. Verbessert in Mitt. Ver. Dtsch. Emailfachleute 10 (1962) 35—42

147. —; —: Über die Ursache des Haftens von haftoxydfreien Grundemails an Eisenblech. Sprechsaal Keram. Glas Email 66 (1933) 647—652

148. Dietzel, A.: Meures, K.: Beobachtungen beim Trocknen und Brennen von Grund-
emailaufträgen. Emailwaren Ind. 16 (1939) 57—61

149. —; Mulfinger, H. O.; Buck, M.: Über die zulässige Wasserdampfkonzentration in der
Ofenatmosphäre bei der Stahlblechemaillierung. Mitt. Ver. Dtsch. Emailfachleute
13 (1965) 1—7

150. —; Stegmaier, W.: Vorschläge für emailtechnische Prüfverfahren. Ber. Dtsch. Keram.
Ges. u. Ver. Dtsch. Emailfachleute 29 (1952) 56—58, 88—92, 132—137, 178—180,
352—356, 399—405

151. —; Wegner, E.: Eine Ursache des Werfens von Blechen beim Emaillieren. Ber. Dtsch.
Keram. Ges. u. Ver. Dtsch. Emailfachleute 28 (1951) 642—649

152. —; —: Über „Emaillierblech" und „Emaillierfähigkeit" von Stahlblech. Mitt. Ver.
Dtsch. Emailfachleute 2 (1954) 25—27

153. —; —: Entstehen von Rissen in Emails beim Wiedererwärmen. Mitt. Ver. Dtsch.
Emailfachleute 3 (1955) 23—30

154. —; —: Abnutzung von Emails trotz guter chemischer Widerstandsfähigkeit und guter
Ritzhärte. Mitt. Ver. Dtsch. Emailfachleute 4 (1956) 61—63

155. —; —: Über die Bildung von Fischschuppen, „Kriställchen", Ausspritzern und über
das Wiederaufkochen von Emails. Mitt. Ver. Dtsch. Emailfachleute 5 (1957) 5—10,
11—17

156. —; —: Emaillierfähiges Gußeisen. Mitt. Ver. Dtsch. Emailfachleute 6 (1958) 11—13

157. —; —; Bauer, R.: Messung des Haftvermögens von Email und Stahlblech. Mitt. Ver.
Dtsch. Emailfachleute 2 (1954) 33—34

158. Diez, F.: Etymologisches Wörterbuch der romanischen Sprache, 5. Aufl. Bern:
Marcus 1887, S. 296

159. Dinet, R.: Die Naßemaillierung des Gußeisens. Int. Emailkongreß 1963, Paris
(R 64, S. 4)

160. Doerbecker, K.: Berechnung der elastischen Spannungen und Verformungen, die in
einem Kesselblechzylinder entstehen. Mitt. Ver. Dtsch. Emailfachleute 18 (1970)
67—72

161. —; Oel, H. J.: Optische Eigenschaften keramischer Glasuren. Ber. Dtsch. Keram.
Ges. 48 (1968) 116—121

162. —; —: Optische Eigenschaften keramischer Glasuren. II. Untersuchungen mit polari-
siertem Licht. Ber. Dtsch. Keram. Ges. 45 (1968) 478—482 (R 69—80)

163. —; —: Kann man Glanz messen? Mitt. Ver. Dtsch. Emailfachleute 18 (1970) 81—82

164. Dorst, M.: Gummi als Trommelmühlenfutter. Sprechsaal Keram. Glas Email 58 (1925) 838

165. Douglas, G. S.; Zander, J. M.: X-ray diffraction study of the oxidation characteristics
of nickel-pickled sheed iron as related to enamel adherence. J. Am. Ceram. Soc.
34 (1951) 52—59. — X-ray study of the reactions at the steel surface when titania enamel
is applied directly. Ebenda 35 (1952) 5—11

166. Drescher, F.; Schütz, W.: Die Aluminiumorthophosphatgläser. Glastech. Ber. 24
(1951) 172—176

167. Dunning, L. M.; Faust, W. D.: Rationalisierung in der Emailindustrie durch elektrostatische Trockenpulververfahren. Mitt. Ver. Dtsch. Emailfachleute 24 (1976) 30—33

168. Eckhoff, P.; Schwiete, H. E.: Untersuchungen über den Einfluß der Textur und der
Ofenatmosphäre auf die Wärmeleitfähigkeit von Schamottesteinen bei hohen Tempe-
raturen. Sprechsaal Keram. Glas Email 93 (1960) 506—512, 539—542, 557—561
(R 61—192)

169. Effenberg, A.; Pöschmann, H.: Elastizitätsmessungen an Emails. Glas Email Keramo
Tech. 18 (1967) 11—17

170. Egen, H. W.: Untersuchungen zur betrieblichen Anwendung der thermoelektrischen
Siliziumbestimmung im Gußeisen. Gießerei 49 (1962) 849—855 (R 63—170)

171. Eichenauer, W.; Künzig, H.; Pebler, A.: Diffusion von Wasserstoff in α-Eisen und
Silber. Z. Metallkunde 49 (1958) 220—225 (R 58—249)

172. —; Pebler, A.: Messung der Diffusions-Koeffizienten und der Löslichkeit von Wasserstoff in Aluminium und Kupfer. Z. Metallkunde 48 (1957) 373—378 (R 58—32)

173. Eiduks, J.; Rikards, F.: Schnellmethoden bei der Prüfung und Bewertung des
weißen Sandes. Ber. Dtsch. Keram. Ges. 23 (1942) 307—325

174. Endell, K.; Hellbrügge, H.: Über den Einfluß des Ionenradius und der Wertigkeit der Kationen auf den Flüssigkeitsgrad von Silikatschmelzen. Beih. Nr. 38, Z. Ver. Dtsch. Chem. (1940). Ref. Glastech. Ber. 18 (1940) 364. Angew. Chem. 53 (1940) 271—275. Ref. Glastech. Ber. 18 (1940) 322

175. —; —: Über den Einfluß des Ionenradius und der Wertigkeit der Kationen auf die elektrische Leitfähigkeit von Silikatschmelzen zwischen 1 250 und 1 450 °C. Glastech. Ber. 20 (1942) 277—287

176. —; Vageler, P.: Der Kationen- und Wasserhaushalt keramischer Tone im rohen Zustand. Ber. Dtsch. Keram. Ges. 13 (1932) 377—411, bes. 382—385

177. Engel, J. R.; Tomozawa, M.: Nernst-Einstein relation in sodium silicate glasses. J. Amer. Ceram. Soc. 58 (1975) 183—185

178. Engelhart, W. v.: Theorie der Thixotropie. Kolloid-Z. 102 (1943) 217—232

179. Engell, H. J.: Untersuchungen über Thermodynamik und Zusammensetzung des Wüstits. Arch. Eisenhüttenwes. 28 (1957) 109—115

180. —; Peters, F. K.: Untersuchungen über den Aufbau und die Haftfestigkeit von Zunderschichten auf Grobblechen aus unlegiertem Stahl. Arch. Eisenhüttenwes. 28 (1957) 567—574

181. Engler, P. H.: Über die Entwicklung und den Betrieb von Emaillier-Umkehröfen. Mitt. Ver. Dtsch. Emailfachleute 15 (1967) 15—20, 25—33

182. —: Über die Entwicklung und den Betrieb von Emaillierkammeröfen. Mitt. Ver. Dtsch. Emailfachleute 15 (1967) 81—86

183. Eppler, R. A.: Reflectance of titania opacified porcelain enamels. Am. Ceram. Soc. Bull. 48 (1969) 549—554

184. —: Use of scattering theory to interpret optical data for enamels. J. Am. Ceram. Soc. 54 (1971) 116—120

185. —: Microstructure of titania-opacified porcelain enamels. J. Am. Ceram. Soc. 54 (1971) 595—600

186. —: Formulation of glazes for low Pb release. Am. Ceram. Soc. Bull. 54 (1975) 496—499

187. —: Zirconia-based colors for ceramic glazes. Am. Ceram. Soc. Bull. 56 (1977) 213—215, 218

188. —; Schweikert, W. F.: Interaction of dilute acetic acid with lead-containing vitreous surfaces. Am. Ceram. Soc. Bull. 55 (1976) 277—280

189. Erdmann-Jesnitzer, F.; Petzold, A.: Untersuchungen zum Einfluß der Kaltverformung und Wasserstoff-Vorbehandlung von Stahlblech auf die Fischschuppenbildung. Mitt. Ver. Dtsch. Emailfachleute 7 (1959) 9—13. Hier weitere Literatur.

190. —; —: Einfluß des Siliziumgehaltes des Stahlblechs auf die Fischschuppenbildung von Emails. Arch. Eisenhüttenwes. 31 (1960) 479—484 Vortragsref. Mitt. Ver. Dtsch. Emailfachleute 8 (1960) 53

191. —; Sabath, H.: Einfluß der chemischen Zusammensetzung und des Gefügebaus auf das Wasserstoffverhalten von Eisen und Stahl. Arch. Eisenhüttenwesen 28 (1957) 345—353 (R 57—294)

192. Ergang, R.; Messmer, E.: Zur Entstehung einer charakteristischen Emailausplatzung durch Spannungen bei schwerem Kochgeschirr. Ber. Dtsch. Keram. Ges. u. Ver. Dtsch. Emailfachleute 29 (1952) 288—292

193. Ernsberger, F. M.: Attack of glass by chelating agents. J. Am. Ceram. Soc. 42 (1959) 373—375 (R 61—50)

194. Ernst, Th., König, G.: Eine neue optische Methode zur Untersuchung nichtmetallischer Stahleinschlüsse. Mitt. Ver. Dtsch. Emailfachleute 7 (1959) 93—96

195. Eubanks, A. G.; Crandall, J. R.; Richmond, J. C.: Flexibility of thin porcelain enameled sheet steel. Am. Ceram. Soc. Bull. 36 (1957) 59—63 (R 57—335)

196. —; Moore, D. G.; Pennington, W. A.: Effekt of surface roughness on the oxidation rate of iron. J. Electrochem. Soc. 109 (1962) 382—389. Ref. Ceram. Abstr. Am. Ceram. Soc. (1964) 52 h

197. Evans, U. R.: Die Oxydation von Metallen, eine vereinfachte quantitative Diskussion. Rev. Pure and Appl. Chemistry 5 (1955) 1—21. Nach Chem. Zentralbl. (1956) 5393

198. —: Linzer, M.: Failure prediction in structural ceramics using acoustic emission. J. Am. Ceram. Soc. 56 (1973) 575—581

199. Everstejn, F. C.; Stevels, J. M. Watermann, H. I.: The diamond hardness of sodium borate glasses as a function of their composition and heat treatment. Phys. Chem. Glasses 1 (1960) 134—136

200. Faccenda, V.; Memmi, M.; Vantini, N.; Assandri, F.; Coppi, C.: Untersuchung über die Fischschuppenbildung in Abhängigkeit zum Speichervermögen von Wasserstoff im Stahl und der Haftung Stahl/Email. Mitt. Ver. Dtsch. Emailfachleute 22 (1974) 64—72

201. Fachausschuß-Ber. Nr. 51, Dtsch. Glastech. Ges. 1954, s. auch Glastech. Ber. 27 (1954) 65

202. Fackert, W.: Aufbau der technischen Zunderschicht an warm gewalzten Bändern und Blechen. Stahl Eisen 75 (1955) 1705—1710 (R 56—235)

203. Fahn, R.; Weiss, A.; Hofmann, U.: Über die Thixotropie bei Tonen. Ber. Dtsch. Keram. Ges. 30 (1953) 21—25

204. Fay, B. W.: Ermittlung der Korngröße von Stahl mit dem Verfahren der Ultraschallrückstreuung. Arch. Eisenhüttenwes. 47 (1976) 119—126

205. Feldmann, U.: Einfluß der Anisotropie von kaltgewalztem Stahlfeinblech auf die Tiefziehbarkeit. Stahl Eisen 82 (1962) 431—437

206. Ferrari, R.: Elektrochemischer und elektrolytischer Auftrag von Nickel, Kobalt und Kupfer auf Emailliergußteilen und ihr Einfluß auf die Emailhaftung. Mitt. Ver. Dtsch. Emailfachleute 23 (1975) 25—36

207. —: Letzte Entwicklungen der Prüfgeräte zur Bestimmung der Fischschuppenanfälligkeit von Emaillierfeinblechen. Mitt. Ver. Dtsch. Emailfachleute 26 (1978) 57—69

208. Fischer, W. A.; Hoffmann, A.: Der Wüstitzerfall in der Zunderschicht von Eisenproben. Arch. Eisenhüttenwes. 30 (1959) 15—22 (R 59—325)

209. Fitzgerald, J. V.: Anelasticity of glass. I. Introduktion. J. Am. Ceram. Soc. 34 (1951) 314—319. — II. Internal friction and sodium ion diffusion in tank plate glass. A typical soda lime silica glass. Ebenda 339—342. — III. Effect of heat treatment on internal friction of tank plate glasses. Ebenda 388—390. — IV. Correlation of electrical strain with mechanical strain in glass. Ebenda 390—391

210. Flörke, O. W.: Strukturanomalien bei Tridymit und Cristobalit. Ber. Dtsch. Keram. Ges. 32 (1955) 369—381; Naturwiss. 43 (1956) 419—420

211. —: Über die Trübungsmittel Titandioxyd und Antimon-(III)-Oxyd. Mitt. Ver. Dtsch. Emailfachleute 6 (1958) 49—52

212. —: Untersuchungen an feingemahlenem Quarz. Schweiz. Mineral. u. Petrogr. Mitt. 41 (1961) 311—324

213. Fontana, E. H.: A versatile parallel-plate viscosimeter for glass viscosity measurements to 1000°C. Am. Ceram. Soc. Bull. 49 (1970) 594—597

214. Franz, H.: Untersuchungen über die Aciditäts-Basizitätsverhältnisse in oxydischen Schmelzen. Glastech. Ber. 38 (1965) 54—59

215. —: Solubility of water vapor in alkali borate melts. J. Am. Ceram. Soc. 49 (1966) 473—477

216. —; Scholze, H.: Die Löslichkeit von H_2O-Dampf in Glasschmelzen verschiedener Basizität. Glastech. Ber. 36 (1963) 347—355

217. Freitag, R.: Aluminiumoberflächen durch Emaillierung veredelt. Sprechsaal Keram. Glas Email 96 (1963) 171 (R 64—30)

218. Frey, E.; Scholze, H.: Blei- und Cadmiumlässigkeit von Schmelzfarben, Glasuren und Emails in Kontakt mit Essigsäure und Lebensmitteln und unter Lichteinwirkung. Ber. Dtsch. Keram. Ges. 56 (1979) 293—297

219. Frischat, G. H.: Kationenselbstdiffusion in Silicatgläsern. Glastech. Ber. 44 (1971) 93—98

220. —; Oel, H. J.: Betimmung des Diffusionskoeffizienten von Helium in Glasschmelzen aus der Abnahme einer Blase. Glastech. Ber. 38 (1965) 156—166

221. —; —: Diffusion of neon in a glass melt. Phys. Chem. Glasses 8 (1967) 92—95

222. —; —: Über die Stickstoffdiffusion in Glasschmelzen. Glastech. Ber. 40 (1967) 311

223. Fucinari, A.; Wojtowiez, W. J.: Properties and control of drawing compounds for deep drawing. Proc. Porcelain Enamel Inst. Tech. Forum 22 (1960) 26—33 (R 63—5)

224. Fuller, A. G.; Emerson, P. J.; Rew, R.: Sonic testing: A simple non-destructive test for verifying casting quality. Brit. Cast Iron Res. Assoc. J. 11 (1963) 358—375 (R 64—140)

225. Gallagher, P. K.; Johnson, D. W.; Vogel, E. M.: Preparation, structure, and selected catalytic properties of the system $LaMn_{1-x}Cu_xO_{3-y}$. J. Am. Ceram. Soc. 60 (1977) 28—31

226. Gebhardt, F.; Kimmel, S.: Beiträge zur Kieselsäurebestimmung in Gläsern. Vergleich verschiedener Methoden bei fluor- und/oder borhaltigen Gläsern. Glastech. Ber. 36 (1963) 212—217 (R 64—192)

227. Geilmann, W.: Beiträge zur Kenntnis alter Gläser. IV. Die Zersetzung der Gläser im Boden. Glastech. Ber. 29 (1956) 145—168

228. —; Tölg, G.: Beiträge zur Mikroanalyse. Der Aufschluß und die Kieselsäurebestimmung. Glastech. Ber. 33 (1960) 245—249 (R 61—94)

229. —; —: Beiträge zur Mikroanalyse. Die Bestimmung des Sulfatgehaltes. Glastech. Ber. 33 (1960) 332—338 (R 61—108). — Die Bestimmung des Phosphatgehaltes. Ebenda 376—380 (R 61—109). — Die Bestimmung des Kalzium- und Magnesiumoxydgehaltes. Ebenda 34 (1961) 253—258 (R 61—307). — Die Bestimmung geringer Titan- und Eisenoxydgehalte in Gläsern nach dem Tironverfahren. Ebenda 35 (1962) 138—145. — Bestimmung des Natrium- und Kaliumgehaltes. Ebenda 85—92 (R 62—205)

230. Geller, W.; Tak-Ho Sun: Einfluß der Legierungszusätze auf die Wasserstoffdiffusion im Eisen und Beitrag zum System Eisen-Wasserstoff, Arch. Eisenhüttenwes. 21 (1950) 423—430

231. George, H.: Umweltfreundliche und kostensparende Verfahrenstechnik in der Vorbehandlung. Mitt. Ver. Dtsch. Emailfachleute 26 (1978) 142—143

232. Gesche, G.: Ein Beitrag zur Emaillierung gußeiserner Badewannen. Mitt. Ver. Dtsch. Emailfachleute 3 (1955) 65—69

233. —: Ein Beitrag zur Neutralisation von Beizereiabwässern. Mitt. Ver. Dtsch. Emailfachleute 10 (1962) 127—131

234. —: Automatische Anlage zum Emaillieren von gußeisernen Badewannen. Mitt. Ver. Dtsch. Emailfachleute 19 (1971) 93—99

235. Gibbon, D. L.; Hughes, E. W.: What really happens in an continous-cleaning oven. Int. Enamelist 22 (1972) No. 2, 2—5

236. Giddings, R. A.; Gordon, R. S.: Review of oxygen activities and phase boundaries in wustite as determined by elektromotive-force and gravimetric methods. J. Am. Ceram. Soc. 56 (1973) 111—116

237. Giegerl, E.: Labormessungen zur Untersuchung des Angriffes reduzierender Säuren beim Beizen von Blechoberflächen. Mitt. Ver. Dtsch. Emailfachleute 23 (1975) 87—91; 24 (1976) 106

238. Giussani, E.: Ein Beitrag zum Problem der Emaillierung von Gußeisen. Mitt. Ver. Dtsch. Emailfachleute 22 (1974) 37—40

239. Glasser, F. P.; Marr, J.: Phase relations in the system $Na_2O\text{-}TiO_2\text{-}SiO_2$. J. Am. Ceram. Soc. 62 (1979) 42—47

240. Gmelins Handbuch: Kupfer, Teil B, Lief. 1, 1958, S. 1 ff.

241. Göbbels, P.: Fehler im emaillierfähigen Gußeisen. Mitt. Ver. Dtsch. Emailfachleute 3 (1955) 57—61

242. —: Sand- und Formstoffeinschlüsse in dünnwandigem Gußeisen, ihre Ursachen und die Folgen bei der Emaillierung. Mitt. Ver. Dtsch. Emailfachleute 6 (1958) 37 bis 40

243. Grabke, H. J.; Tauber, G.: Kinetik der Entkohlung von α- und γ-Eisen in $H_2O—H_2$-Gemischen und der Aufkohlung in $CO—H_2$-Gemischen. Arch. Eisenhüttenwes. 46 (1975) 215—222

244. Gräfen, H.: Einsatz von Email in der chemischen Industrie. Mitt. Ver. Dtsch. Emailfachleute 15 (1967) 1—8

235. Granitzky, K. E.: Verfahren zur Bestimmung der Feuchtigkeit von Formsanden. Gießerei 50 (1963) 289—298 (R 64—77)

246. Griffith, A. A.: Phenomena of rupture and flow in solids. Trans. Roy. Soc. London A 221 (1920) 163—198

247. Grim, G.; Peters, H.: Praktische Erfahrungen mit der elektrostatischen Emaillierung. Mitt. Ver. Dtsch. Emailfachleute 20 (1972) 25—28

248. Grimm, R.: Fischschuppen als Auswirkungen des Gasumsatzes zwischen Stahl und Email. Mitt. Ver. Dtsch. Emailfachleute 11 (1963) 93—98

249. Gugeler, A. L.: A study of the adherence of porcelain enamel to aluminum. Proc. Porcelain Enamel Inst. Tech. Forum 31 (1969) 37—45 (R 72—45)

250. —: Ballard, D. B.: The aluminum-procelain enamel interface es observed by electron microscopy. Am. Ceram. Soc. Bull. 48 (1969) 842—845

251. —; Biccum, R. T.: Observations on set changes. Proc. Porcelain Enamel Inst. Tech. Forum 24 (1962) 20—23. (R 64—201)

252. Gulati, S. T.; Hagy, H. E.: Theorie of the narrow sandwich seal. J. Am. Ceram. Soc. 61 (1978) 260—263. — Finite Element analysis and experimental verification of the shape factor for narrow sandwich seals. Ebenda 263—267

253. Guyer, H.; Stocker, F.: Beitrag zur direkten Bestimmung des gebundenen Kohlenstoffs in Gußeisen und Temperguß. Gießerei 50 (1963) 549—552 (R 64—229)

254. Haase, Th.: Die Temperaturwechselfestigkeit spröder Körper. Silikattechnik 1 (1950) 5—7 (R 51—723)

255. Hänlein, H.: Elektrisches Schmelzen von Emails. Mitt. Ver. Dtsch. Emailfachleute 4 (1956) 1—5

256. Hahn, Chr.: Bestimmung der Blei-, Cadmium- und Zinklässigkeit von eingebrannten Glasuren und Aufglasurdekoren mit Hilfe der Atomabsorptionsspektrometrie. Silikat-J. 12 (1973) 38—40 (R 73—65)

257. Hakim, R. M.; Uhlmann, D. R.: On the mixed alkali effect in glasses. Phys. Chem. Glasses 8 (1967) 174—177

258. Hans, G.; Leontaritis, L.: Entwicklungsstand kaltgewalzter kohlenstoffarmer Feinbleche für die Direkt-Weißemaillierung. Mitt. Ver. Dtsch. Emailfachleute 15 (1967) 87—91

259. Harrison, W. N.; Shelton, S. M.; Wadleigh, W. H.: Strength and Young's modulus of some ground-coat enamels for sheet-iron. J. Am. Ceram. Soc. 18 (1935) 100—106

260. Hasenohr, C.: Email Dresden: VEB Verlag der Kunst 1955, 72 S.

261. Hauck, H.; Lommel, H.: Untersuchungen zur korrosiven Unterwanderung von Emailschichten auf Leichtmetall in Antimon(III)-chloridlösung. Mitt. Ver. Dtsch. Emailfachleute 22 (1974) 114—122

262. Hauffe, K.: Oxydation von Metallen und Metallegierungen. Berlin, Göttingen, Heidelberg: Springer 1956. — Theorie der Zundervorgänge an Metall-Legierungen. Arch. Eisenhüttenwes. 24 (1953) 161—171

263. —; Pfeiffer, H.: Über die Wirkung von Phasengrenzreaktionen bei der Oxydation von Metallen und Legierungen bei hohen Temperaturen. Z. Elektrochemie 56 (1952) 390—398

264. Hauttmann, A.: Emailhaftung und Gefügeumwandlungsverhalten von Grauguß. Mitt. Ver. Dtsch. Emailfachleute 5 (1957) 63—71, 73—77

265. —: Emailhaftung und chemische Zusammensetzung des Gußeisens. Gießerei 45 (1958) 301—304 (R 58—348)

266. —: Vergleichsversuche mit dem Schlagprüfgerät und nach dem Doppel-T-Verfahren zur Beurteilung der Emailhaftung auf Gußeisen. Mitt. Ver. Dtsch. Emailfachleute 11 (1963) 55—62

267. Healy, J. H.; Sullivan, J. D.: Hydrogen treating process for steel. J. Am. Ceram. Soc. 41 (1958) 141—145 (R 58—313)

268. Heberlein, K.: Neue Düsen für den elektrostatischen Emailauftrag. — Neue Verfahrenstechnik für den elektrostatischen Emailauftrag. Mitt. Ver. Dtsch. Emailfachleute 21 (1973) 89—92

269. —: Verfahren der Pulverelektrostatik. Mitt. Ver. Dtsch. Emailfachleute 23 (1975) 127—131

270. —: Erste elektrostatische Auftragslinie für Emailpulver — Ergebnisse nach mehrmonatigem industriellem Einsatz. Mitt. Ver. Dtsch. Emailfachleute 25 (1977) 41—44

271. —: Elektrostatischer Emailauftrag. Mitt. Ver. Dtsch. Emailfachleute 26 (1978) 113—117

272. Hedvall, J. A.: Über einige neue Ergebnisse von glastechnischem Interesse. Glastech. Ber. 22 (1949) 201—205

273. Heeley, E. J.: The determination of the residual strain in some vitreous coatings. Inst. Vitreous Enamellers Bull. 18 (1967) 37—40 (R 68—83)

274. Heidenbluth, H. D.; Germscheid, H. G.; Göhausen, H. J.: Metallreinigung und Vorbehandlung bei der Emaillierung. Mitt. Ver. Dtsch. Emailfachleute 26 (1978) 159—167

275. Heidtkamp, G.; Endell, K.: Über die Abhängigkeit der Dichte und der Zähigkeit von der Temperatur im System Na_2O-SiO_2. Glastech. Ber. 14 (1936) 89—103

276. Heimsoeth, H.; Lang, J.: Die Emaillierung von Stahlblech bei tiefen Temperaturen. Mitt. Ver. Dtsch. Emailfachleute 10 (1962) 69—73

277. Heller, W.: Schwierigkeiten beim Emaillieren von Gußmajolikaemails im Durchlaufverfahren. Sprechsaal Kerm. Glas Email 97 (1964) 214 (R 64—241)

278. Henkel, H.: Beitrag zur Bestimmung oxidischer Einschlüsse im Stahl Z. Analyt. Chem. 128 (1947) 26—41

279. Hennicke, H. W.; Meyer, L.; Mansour-Gadalla, L.; Schüler, R.: Zur Bildung von Fischschuppen auf emailliertem Stahlblech. Mitt. Ver. Dtsch. Emailfachleute 22 (1974) 19—24

280. —; Sarlak, A.-R.: Der mechanische Verschleiß emaillierter Oberflächen. Mitt. Ver. Dtsch. Emailfachleute 21 (1973) 105—114

281. —; Schulze, R.: Die Haftfestigkeit von Email auf legiertem Aluminium. Mitt. Forschungsges. Blechver. (Oberflächenbehandl.) 7 (1974) 123—131

282. Hermans, F.: Über das Emaillieren in offener Flamme. Mitt. Ver. Dtsch. Emailfachleute 8 (1960) 26—28

283. —: Ein neues Einbrennverfahren für gußeiserne Badewannen. Mitt. Ver. Dtsch. Emailfachleute 10 (1962) 54

284. Herron, L. W.; Bergeron, C. G.: Kinetics of oxidation of organic soils by catalytic ceramic coatings. Am. Ceram. Soc. Bull. 55 (1976) 576—578

285. Herschelmann, W.: Die Prüfung von hochsäurefesten Emails. Silikattechnik 16 (1965) Sonderh. 439—441 (R 66—135)

286. Hesse, Th.: Einige Probleme beim Einsatz von hitzebeständigen Stählen besonders in der Emailindustrie. Mitt. Ver. Dtsch. Emailfachleute I. 13 (1965) 39—46. II. 16 (1968) 1—5

287. Hierl, G.; Hanke, K.-P.; Scholze, H.: Untersuchungen zur Korrosion von Molybdänelektroden in Kalk-Natronglasschmelzen. Glastech. Ber. 52 (1979) 55—62

288. Higgins, R. A.: Greek and Roman jewellery. Methuen and Co. Ltd. London. 1961, pp. 23

289. Hildebrand, H.; Schwenk, W.: Untersuchungen über die Fischschuppenanfälligkeit emaillierter Feinbleche und ihre Prüfmöglichkeiten. Mitt. Ver. Dtsch. Emailfachleute 19 (1971) 13—20

290. Hodgetts, G. B.: Method of measuring the thermal conductivity of wire coatings. Brit. J. Appl. Phys. 13 (1962) 310—313

291. Hoens, M. F. A.: Vereinfachte Methode zur Bestimmung des Fließ- und Benetzungsverhaltens von Emails mit einem Temperaturgradientofen. Mitt. Ver. Dtsch. Emailfachleute 11 (1963) 17—22

292. Hoff, H.; Klärding, J.: Zusammenhang zwischen Gas- und Fischschuppenbildung beim Emaillieren. Stahl Eisen 58 (1938) 914—916

293. Hoffmann, H.: Einsatz der Elektronenstrahlmikrosonde zur Untersuchung von Emailproblemen. Mitt. Ver. Dtsch. Emailfachleute 15 (1967) 61—65

294. —: Neue Verfahren als Möglichkeit zur Rationalisierung des Emaillierprozesses. Mitt. Ver. Dtsch. Emailfachleute 23 (1975) 131—136

295. —: Über die Auslösung von Substanzen aus Emaillierungen. Mitt. Ver. Dtsch. Emailfachleute 23 (1975) 145—147

296. —: Die Elektrotauchemaillierung als Wegweiser in neue Bereiche. Mitt. Ver. Dtsch. Emailfachleute 24 (1976) 13—18

297. —: Realisierung der Elektrotauchemaillierung (ETE) in mehreren Bereichen. Mitt. Ver. Dtsch. Emailfachleute 26 (1978) 91—97

298. —; Immel, W.: Die Problematik des elektrophoretischen Emailauftrags. Mitt. Dtsch. Emailfachleute 16 (1968) 61—65

299. Hoffmann, H.; Leontaritis, L.: Mikroskopische Untersuchung der Emailschicht beim Direktweißemaillieren. Mitt. Ver. Dtsch. Emailfachleute 18 (1970) 53—58

300. Hofmann F.: Prüfverfahren zur Bestimmung der spezifischen Oberfläche, der Kornform und der Kornstruktur von Gießereisanden. Gießerei 47 (1960) 49—56 (R 60—134)

301. —: Neue Möglichkeiten der Hochtemperaturprüfung von Formsanden. Gießerei 50 (1963) 621—628 (R 64—212)

302. Hofmann, U.: Neue Erkenntnisse auf dem Gebiet der Thioxotropie, insbesondere bei tonhaltigen Gelen, Kolloid Z. 125 (1952) 86—99

303. —: Die Bestimmung der Verschleißbeständigkeit glasierter Oberflächen. Ber. Dtsch. Keram. Ges. 41 (1964) 240—246 (R 65—59)

304. —; Giese, K.: Kationenaustausch durch Tonminerale. Kolloid-Z. 87 (1939) 21—26

305. —; Schaller, D.; Kottenhahn, H.; Dammler, I.; Morcos, S.: Die Adsorption von Methylenblau an Kaolin, Ton und Bentonit. Gießerei 54 (1967) 97—101. (R 68—80)

306. Holmquist, G. A.; Pask, J. A.: Effect of carbon and water on wetting and reaction of B_2O_3 containing glasses on platinum. J. Am. Ceram. Soc. 59 (1976) 384—386.

307. Holz, J.: Über das Emaillieren von Aluminium. Diss. TH Aachen, 1942, 58 S.

308. Hook, T. W.: New techniques bring art to porcelain enameling. Ceram. Ind. Chicago 68 (1957) 114—115 (R 57—330)

309. Horn, J. M. jr.; Onoda, G. Y. jr.: Surface charge of vitreous silica and silicate glasses in aqueous electrolyte solution. J. Am. Ceram. Soc. 61 (1978) 523—527

310. Horsfall, J. C.: A high temperature porcelain enamel for tungsten. Am. Ceram. Soc. Bull. 29 (1950) 314—315

311. Horstmann, D.: Wechselwirkungen zwischen Kohlenstoff im Stahlblech, Email und Einbrenntemperatur beim Emaillieren. Mitt. Ver. Dtsch. Emailfachleute 9 (1961) 77—86

312. Hougardy, H. P.: Vergleich der metallographisch und durch Ultraschallrückstreuung ermittelten Korngröße von Stahl. Arch. Eisenhüttenwes. 47 (1976) 127—130

313. Howarth, J. T.; Sykes, R. F.; Turner, W. E. S.: A study of the fundamental reactions in the formation of soda-lime-silica glasses. J. Soc. Glass Tech. 18 (1934) 290—306

314. Hudson, R. M.; Kotyk, M.; Stragand, G. L.: Influence of coldreduction practice on hydrogen behavior in enameling steels. J. Am. Ceram. Soc. 43 (1960) 564—570 (R 61—100)

315. —; Riedy, K. J.: Influence of cold reduction on hydrogen behavior in high-purity iron. J. Am. Ceram. Soc. 44 (1961) 467—471 (R 62—100)

316. Hüttig, W.: Verfahrenstechnische Hinweise zur Emaillierung von Aluminium und Aluminiumlegierungen. Glas Email Keramo Tech. 14 (1963) 9—11 (R 63—286)

317. Hund, F.: Mischphasenpigmente mit Rutil-Struktur. Z. Angew. Chem. 74 (1962) 23—27 (64—86).

318. De Long, H. K.: How to porcelain enamel magnesium metal. Metal Prod. Manuf. 18 (1961) 60—61, 100

319. Hurst, T. L.; Andrews, A. I.: Study of the effect of soluble salts in enamel liquors. J. Am. Ceram. Soc. 24 (1941) 171—178

320. Imoto, F.; Hirao, K.: Application of orthogonal array on the calculation of the refractory index in multi-component glasses. J. Ceram. Assoc. Japan 68 (1960) 1—6 (R 61—236)

321. Janke, D.; Fischer, W. A.: Desoxidationsgleichgewichte von Titan, Aluminium und Zirconium in Eisenschmelzen bei 1600°C. Arch. Eisenhüttenwes. 47 (1976) 195—198

322. Jasson, P.: Zur Beurteilung tongebundener Formsande. Fonderie (1960), 267—278, Ref. Gießerei 49 (1962) 90—91 (R 63—55)

323. Jebsen-Marwedel, H.: Ableitung der Homogenität des Glases aus der „Zelle". Sprechsaal Keram. Glas Email 61 (1928) 666—669

324. —: Grenzflächenkräfte als Prinzip des Schlierenschwundes in flüssigen Gläsern. Glastech. Ber. 21 (1943) 57—66

325. —: Einblick in den Mechanismus des Einschmelzens von Gläsern. Glastech. Ber. 22 (1948) 4—11

326. —; Brückner, R.; Zusammenfassung in: Glastechnische Fabrikationsfehler, 3. Aufl. Berlin, Heidelberg New York: Springer 1980, S. 315

327. —; Buss, W.: Das Erschmelzen von Glas aus üblichen Gemengebestandteilen nach

Beobachtungen im Hochtemperatur-Mikroskop. Sprechsaal Keram. Glas Email 95 (1962) 199—212 (R 62—232)

328. John, V. B.; Evans, T.: Solubility of hydrogen in iron/carbon/silicon alloys. Foundry Trade J. 101 (1956) No. 2080, 189—196 (R 57—1)

329. Johnsen, A. M.; Canfield, J. J.: Effect of iron oxide on tensile strength of porcelain enamel. J. Am. Ceram. Soc. 25 (1942) 29—32

330. Jones, R. A.; Andrews, A. I.: Residual stresses in enameled sheet iron specimens. J. Am. Ceram. Soc. 31 (1948) 274—279

331. Joseph, W.: Stand der Gesetzgebung über die Auslösung physiologisch bedenklicher Schwermetalle aus Emaillierungen. Mitt. Ver. Dtsch. Emailfachleute 22 (1974) 52—58

332. —: Klarheit über Cadmium. Mitt. Ver. Dtsch. Emailfachleute 22 (1974), Dezemberheft-Beilage „Email Nachrichten"

333. —: Eigenschaften der Emails für den elektrostatischen Pulverauftrag. Mitt. Ver. Dtsch. Emailfachleute 23 (1975) 111—114

334. —: Die neuen Umweltschutzgesetze der Bundesregierung. — Ihre Konsequenzen für die Emailindustrie. Mitt. Ver. Dtsch. Emailfachleute 23 (1975) 140—145

335. —: Über kontinuierlich selbstreinigende Systeme und ihre Reinigungswirkung. Mitt. Ver. Dtsch. Emailfachleute 24 (1976) 59—65

336. —: Metamere Farben. — Ihre Erklärung durch die Farbmetrik. Mitt. Ver. Dtsch. Emailfachleute 24 (1976) 80—82

337. —: Sonnenkollektoren, ein neues Einsatzgebiet für Email? Mitt. Ver. Dtsch. Emailfachleute 25 (1977) 53—59

338. —: Über die Herstellung von Emailfritten im Elektroofen — Eine neue, umweltfreundliche Technologie. Mitt. Ver. Dtsch. Emailfachleute 26 (1978) 7—11

339. —: Über den Angriff von Wasser und Spülmitteln auf Emaillierungen. Mitt. Ver. Dtsch. Emailfachleute 26 (1978) 105—112

340. —: Innenemaillierung von Warmwasserbereitern. Mitt. Ver. Dtsch. Emailfachleute 27 (1979) 37—41

341. —: Cermets in der Emailindustrie — neue Wege der Beschichtung. Mitt. Ver. Dtsch. Emailfachleute 27 (1979) 49—55

342. —: Techniken u. Verfahren zur Zweischicht-Emaillierung in einem Brand. Vortrag XI. Int. Emailkongreß, Okt. 1979, Paris. Erscheint in émail-métal

343. Jürging, K.: Die Entwicklung des vorvernickelten Feinbleches für die Direktweißemaillierung. Mitt. Ver. Dtsch. Emailfachleute 22 (1974) 104—107

344. —; Zwach, J.; Tenhaven, U.: Vorbehandeltes Blech für die Einschichtemaillierung. Mitt. Ver. Dtsch. Emailfachleute 20 (1972) 77—82

345. Kamran, D.: Untersuchungen über Vorgänge bei der Gußemaillierung. Gießerei 44 (1957) 705—713 (R 58—311)

346. —: Über das Haften von Fritte- und Schmelzgrund an Gußeisen. Mitt. Ver. Dtsch. Emailfachleute 6 (1958) 85—91, 99

347. Kangro, W.; Wiebke, G.: Präzisionsbestimmung von Eisen und Eisenoxiden nebeneinander. Arch. Eisenhüttenwes. 25 (1941) 327—331

348. Karagounis, G.; Reis, H.: Zur Wirkungsweise von Korrosionsinhibitoren. Die Durchlässigkeit von molekularen Schichten für Wasserstoffionen. Z. Elektrochemie 62 (1958) 865—870 (R 60—1)

349. Karmaus, H. J.: Mechanisch arbeitende Emailtrockenvorrichtungen. Ber. Dtsch. Keram. Ges. Ver. Dtsch. Emailfachleute 28 (1951) 68—80

350. —: Durch die Formgebung der Rohware bedingte Emailfehler. Metalloberfläche A 3 (1949) 186—191

351. Kautz, K.; Michelotti, J. E.; Housley, W. Z.: Physical effects of auxiliary fluxes in aluminum enamels. J. Am. Ceram. Soc. 40 (1957) 24—30 (R 57—196)

352. Kazinczy, de, F.: Effect of stresses on hydrogen diffusion in steel. Jernkont. Ann. 139 (1955) 885—892 (R 56—481)

353. Kemp jr., H. T.; Stalter, T. L.; Mueller, E. E.: Inhibitoren mikrobischen Wachstums in Emailschlickern. Mitt. Ver. Dtsch. Emailfachleute 14 (1966) 45—50

354. Keppeler, G.; Albrecht, A.: Zur Kenntnis der Oberflächenspannung von Gläsern. Glastech. Ber. 18 (1940) 201—210, 236—245, 275—280

355. Kerkhof, F.: Maximale Bruchgeschwindigkeit u. spezifische Oberflächenenergie. Naturwiss. 50 (1963) 565—566

356. Kerner, W.: Opalglas — Wirtschaftliche Bedeutung u. Schmelze in einer Elektrowanne. Glastech. Ber. 52 (1979) 237—242

357. Kim, K. H.; Hummel, F. A.: Studies in lithium oxide systems: VI, Progress report on the system $Li_2O-SiO_2-TiO_2$. J. Am. Ceram. Soc. 42 (1959) 286—291 (R 59—326)

358. Kimpel, R. F.; Cook, R. L.: Factors influencing oxidation of iron. J. Am. Ceram. Soc. 33 (1950) 57—62

359. King, B. W.; Bowers, D. J.: Thin porcelain enamel coatings. Am. Ceram. Soc. Bull. 43 (1964) 390—391

360. —; Duckworth, H. W.; Schultz, J.; Tripp, H. P.: These aluminum enamels resist corrosion by boiling alkaline water. Ceram. Ind. Chicago 69 (1957) 82—84 (R 58—41)

361. —; Tripp, H. P.; Duckworth, W. H.: Nature of adherence of porcelain enamels to metals. J. Am. Ceram. Soc. 42 (1959) 504—525

362. King, R. M.: Thermogravimetric study of the high-temperature oxidation of Cu and Fe with and without vitreous coatings. J. Am. Ceram. Soc. 54 (1971) 21—23

363. Kingery, W. D.: Role of surface energies and wetting in metal-ceramic sealing. Am. Ceram. Soc. Bull. 35 (1956) 108—112 (R 56—328)

364. Kirby, C. K.: Quick test for weathering of porcelain enamel finishes. Prod. Eng. (1965) 2 (R 66—46)

365. Kirsch, M.; Kudrjavzeva, G.; Zuavlev, G.; Usakov, D.: Einfluß der gesteuerten Kristallisation auf die Wärmespannungen und die Temperaturwechselbeständigkeit von Vitrokeramüberzügen. Silikattechnik 22 (1971) 292—293, 313 (R 72—64)

366. Kistler, J.: Die Prüfung metallischer Strahlmittel. Gießerei 47 (1960) 265—272 (R 60—231)

367. Klár, H.: Maschinen zur Feinmahlung. Ber. Dtsch. Keram. Ges. 10 (1929) 285—313

368. Klein, R. M.; Ploof, D. A.: Technique to measure ionic conductivity of glass. Am. Ceram. Soc. Bull. 57 (1978) 582—586

369. Klemm, W.: Über die Bildung von Diamanteindrücken in Glasoberflächen. Glastech. Ber. 19 (1941) 386—390

370. Kluge, G.: Schutzgasglühen. Metalloberfläche 15 (1961) 325—335 (R 62—72)

371. Knoll, H.; Kühnhold, W.: Über die Stabilität des Anatas. Naturwiss. 44 (1957) 394

372. Koch, W.: Das Auftreten und die Untersuchung oxydischer Einschlüsse im Stahl. Ber. Dtsch. Keram. Ges. 27 (1950) 293—310

373. Köhler, H.: Gesetzliche Bestimmungen zum Umweltschutz. — Rechtsfragen und Verantwortlichkeiten. Mitt. Ver. Dtsch. Emailfachleute 26 (1978) 125—133

374. König, H. J.; Lange, K. W.: Diffusionskoeffizient des Wasserstoffs in binären Eisenlegierungen zwischen 25 und 300 °C. Arch. Eisenhüttenwes. 46 (1975) 669—675

375. Koleva, D.; Schulz, W. D.; Pöschmann, H.: Methode zur Prüfung der Schlagfestigkeit von Emaillierungen. Mitt. Ver. Dtsch. Emailfachleute 23 (1975) 37—38

376. Kostron, H.: Aluminium und Gas. Z. Metallkunde 43 (1952) I, 269—284, II, 373—387 (R 53—51, 60)

377. Kranich, J. F.; Scholze, H.: Einfluß verschiedener Meßbedingungen auf die Knoop-Mikrohärte von Gläsern. Glastech. Ber. 49 (1976) 135—143

378. Krause, O.; Thiel, W.: Über keramische Farbkörper. Ber. Dtsch. Keram. Ges. 15 (1934) 101—110, 111—127, 170—178

379. Krauth, A.; Meyer, H.: Theoretische und technologische Gesichtspunkte an neuen, glasigen, plasmagespritzten Überzügen. Mitt. Ver. Dtsch. Emailfachleute 14 (1966) 1—4

380. Krebs, H.: Über den strukturellen Aufbau von Gläsern. Z. Angew. Chem. 78 (1966) 577—587

381. Kreuter, J. C.; Hoens, M. F. A.: Spannungsmessungen und ihre Bedeutung für die Emaillierung. Mitt. Ver. Dtsch. Emailfachleute 12 (1964) 81—88

382. Kröger, C.: Die ternären und quaternären Systeme $Alkalioxyd-CaO-SiO_2-CO_2$. Teil I: Gleichgewichte, Reaktionsgeschwindigkeiten und ihre Beziehungen zum Glasschmelzprozeß. Glastech. Ber. 15 (1937) 335—346, 371—379, 403—416. Nachtrag 22 (1948) 86—93. — Teil II: Gemengereaktionen und Glasschmelze 22 (1949) 248—261, 331—338; 25 (1952) 307—324

383. Kröger, C.: Theoretischer Wärmebedarf der Glasschmelzprozesse. Glastech. Ber. 26 (1953) 202—214
384. —; Eligehausen, H.: Über das Wärmeleitvermögen des einschmelzenden Glasgemenges. Glastech. Ber. 32 (1959) 362—373 (R 59—373)
385. —; Janetzko, W.; Kreitlow, G.: Der Wärmebedarf der Silikatglasbildung. Glastech. Ber. 31 (1958) 221—228 (R 58—364)
386. —; Kreitlow, G.: Die Lösungs- und Bildungswärmen der Natron-Kalk-Silikate. Glastech. Ber. 29 (1956) 393—400
387. —; Stratmann, J.: Die differential-thermoanalytische Bestimmung von Restquarzmengen in abreagierten Silikatgemengen. Glastech. Ber. 33 (1960) 250—252 (R 61 —110)
388. Krogh-Moe, J.: The structure of vitreous and liquid boron oxide. J. Non-Cryst. Solids 1 (1969) 269—284
389. Krohn, D. A.; Hasselmann, D. P. H.: Effect of abrasion on strength and thermal-stress resistance of a soda-lime-silica glass. J. Am. Ceram. Soc. 56 (1973) 337—338
390. Kubaschewski, O.; Goldbeck, v., O.: Über das Zundern von Legierungen. Metalloberfläche 7 (1953) A 113—118
391. Kubelka, P.; Munk, F.: Ein Beitrag zur Optik der Farbanstriche. Z. Tech. Phys. 12 (1931) 593—601
392. Kuhn, W.: Beziehungen zwischen Viskosität und elastischen Eigenschaften amorpher Stoffe. Z. Phys. Chem. B 42 (1939) 1—38
393. Kunz, H. G.: Geschweißte Großbehälter und deren Nachbehandlung durch Entspannen. Mitt. Forschungsges. Blechver. (Oberflächenbehandl.) 1963, Nr. 3, 38—48 (R 64—28)
394. Kyri, H.: Die Optik der modernen Weißemails. Mitt. Ver. Dtsch. Emailfachleute 3 (1955) 77—85
395. —: Die Emaillierung von Aluminium. Mitt. Ver. Dtsch. Emailfachleute 5 (1957) 91—93
396. —: Ein Beitrag zum Problem der Abriebfestigkeit von Emails. Mitt. Ver. Dtsch. Emailfachleute 7 (1959) 69—72
397. —: Die Rekristallisationstrübung, dargestellt am Beispiel der Bortitanweißemails. Mitt. Ver. Dtsch. Emailfachleute 10 (1962) 22—26
398. —: Das Wasser im Emaillierwerk. Mitt. Ver. Dtsch. Emailfachleute 11 (1963) 1—4
399. —: Kritische Betrachtung zum Problem der „selbstreinigenden Backrohre". Mitt. Ver. Dtsch. Emailfachleute 19 (1971) 47—49
400. —: Die Alterung des Emailschlickers. Mitt. Ver. Dtsch. Emailfachleute 20 (1972) 65—69
401. —: Einfaches Gerät zur Glanzbeurteilung und zum Glanzvergleich. Mitt. Ver. Dtsch. Emailfachleute 13 (1965) 27—28
402. —; Großkopff, W.: Ein Beitrag zum Problem der Direktemaillierung von entkohltem Stahl. I. Teil Mitt. Ver. Dtsch. Emailfachleute 13 (1965) 25—27. II. Teil ebenda 69—71
403. —; Meyer, F. R.: Vergleichende Versuche über die Widerstandsfähigkeit verschiedener Emailtypen. Mitt. Ver. Dtsch. Emailfachleute 9 (1961) 9—14
404. —; Weber, H.: Ein Beitrag zum Problem der Farbgebung von Bortitanemails. Mitt. Ver. Dtsch. Emailfachleute 9 (1961) 109—112
405. Lacy, A. M.; Pask, J. A.: Electrochemical studies in glass: II. The system $Fe_{0,95}O$—$Na_2Si_2O_5$. J. Am. Ceram. Soc. 53 (1970) 676—679
406. Ladr, I.; Süsser, V.: Four de fusion électrique discontinu avec système de passivation des électrodes en molybdène. Verres et Réfractaires 33 (1979) 523—526
407. Lagasse, P. E.; Lilet, L.: Application d'une méthode prâtique pour la mesure de la diffusion d'hydrogène au travers de tôles minces en acier doux. Memoires Scientif. Rev. Metallurg. 57 (1960) 729—740. Nach Grimm, s. [248]
408. Lagowski, B.; Pollard, W. A.: Identifizierung von Einschlüssen in Gußstücken aus Magnesiumlegierungen. Mod. Cast. 37 (1960) Nr. 1, 7—12 (R 61—115)
409. Laithwaite, H.: Some results of the experimental work on the suspension and bisquit strength of vitreous enamels. Sheet Met. Ind. 28 (1951) 186—188 (R 51—583)

410. Lang, K.: Die Direktemaillierung auf entkohltem Stahlblech. Mitt. Ver. Dtsch. Emailfachleute 10 (1962) 101—108
411. —: Ein Beitrag zum Problem der Direktemaillierung. Mitt. Ver. Dtsch. Emailfachleute 12 (1964) 15—22
412. Lauchner, J. H.; Cook, R. L.; Andrews, A. I.: A new technique for simultaneous recording of strains and temperature in enamel-metal-systems. Am. Ceram. Soc. Bull. 34 (1955) 105—108 (R 56—45). — Fundamental thermal deflection analysis of enamel-metal-systems. J. Am. Ceram. Soc. 39 (1956) 288—292 (R 56—476)
413. —; —; —: Effect of firing schedules on stress. J. Am. Ceram. Soc. 40 (1957) 410—415 (R 58—101)
414. Le Guestre, J.; Tyvaert, P.: Betrachtungen zur Gußemaillierung in muffellosem Ofen. Mitt. Ver. Dtsch. Emailfachleute 14 (1966) 15—30
415. Lengyel, B.: Beiträge zur Elektrochemie des Glases. Silikattechnik 7 (1956) 391—394
416. Leontaritis, L.; Büchel, E.: Wasserstoffdurchlässigkeit als Merkmal der Fischschuppenneigung von emaillierten Feinblechen aus Stahl. Thyssen Forschung 1 (1969) 65—69 (R 69—257)
417. Levelink, H. G.: Das Verhalten von Formstoffen während einer plötzlichen Erhitzung und das Entstehen von Schülpen. Gießerei 47 (1960) 339—346 (R 60—184)
418. Levin, E. M.; Robbins, C. R.; Mc Murdie, H. F.: Phase diagrams for ceramists. Am. Ceram. Soc. Inc. 1. Ausgabe 1964, 2. Ausgabe 1969. Suppl. 1969 und 1975
419. Lewerth, J.; Dietzel, A.: Der Einfluß der Mahlfeinheit eines Grundemails auf seine Eigenschaften. Sprechsaal Keram. Glas Email 74 (1941) 4—6, 11—13, 19—21
420. Lim, Ch.; Day, D. E.: Sodium diffusion in glass: I. Single-alkali silicate. J. Am. Ceram. Soc. 60 (1977) 198—203. II. Mixed Na—K silicate glasses. Ebenda 473—477
421. Lindmayr, F.: Direktemaillierung auf Norm- und entkohlten Feinblechen. Mitt. Ver. Dtsch. Emailfachleute 23 (1975) 78—83
422. Listhuber, F.; Ecker, K.; Mayrhofer, M.; Giegerl, E.: Wasserstoffdiffusion in weichen Stählen unter besonderer Berücksichtigung des Verhaltens dieser Stähle beim Emaillieren. Berg- und Hüttenmännische Monatshefte 116 (1971) 452—458
423. Little, J. R.; De Clerck, D. H.: Untersuchungen der Eigenschaften u. des Kristallisationsgrades kristallisierter Gläser zum Auftragen auf metallische Träger. Mitt. Ver. Dtsch. Emailfachleute 14 (1966) 93—97
424. Littleton, J. T.: A method for measurement the softening temperature of glasses. J. Am. Ceram. Soc. 10 (1927) 259—263. Ref. Glastech. Ber. 6 (1928/29) 148
425. Löffler, J.: Diffusionsvorgänge um das Sandkorn. Teil I. Glastech. Ber. 30 (1957) 129—131. Teil II: 31 (1958) 268—269. Teil III: Diffusionsvorgänge zwischen Quarz und Glasschmelze 36 (1963) 356—370 (R 64—231)
426. Loewenstein, K. L.: Studies in the composition and structure of glasses possessing high Young's moduli. I: The composition of high Young's modulus glasses and the function of individual ions in the glass structure. Phys. Chem. Glasses 2 (1961) 69—82 (R 62—3)
427. Lommel, H.: Werkstoff-Fragen beim Emaillieren von Leichtmetall. Mitt. Ver. Dtsch. Emailfachleute 24 (1976) 83—90
428. Lucas, A.: Ancient egyptian materials and industries, 3rd edn. London: Arnold, 1948
429. Ludwig, M.: Gründe für die Wahl zwischen Kammeremaillieröfen und Durchlaufemaillieröfen. Mitt. Ver. Dtsch. Emailfachleute 11 (1963) 109—110
430. Lüttringhaus, A.; Goetze, H.: Über die Sparbeizwirkung der Trithione. Z. Angew. Chem. 64 (1952) 661—670 (R 53—30)
431. Lumb, R. F.: Survey of methods used for the inspection of sheet metal. Sheet Met. Ind. 38 (1961) 743—748, 760 (R 62—38)
432. Lyon, K. C.: Calculation of surface tensions of glasses. J. Am. Ceram. Soc. 27 (1944) 186—189
433. Märker, R.: Haftfestigkeit von Emails. Silikattechnik 4 (1953) 489—492 (R 54—124)
434. —: Möglichkeiten zur Verbesserung der Haftfestigkeit von Grundemails mit niedrigen Brenntemperaturen. Sprechsaal Keram. Glas Email 94 (1961) 107—108 (R 62—73), 208—211 (R 62—75), 462—465 (R 62—119)
435. —: Email im Bauwesen. III. Wetterbeständigkeit von Emails und ihre Prüfung. Glas Email Keramo Tech. 12 (1961) 233—238, 273—279 (R 62—37)

436. Märker, R.: Elektrisch beheizte Kammeröfen zum Emaillieren gußeiserner Badewannen. Mitt. Ver. Dtsch. Emailfachleute 14 (1966) 111—115

437. — : Die Beurteilung von Puderemails für Gußbadewannen mittels Tropfprobe. Mitt. Ver. Dtsch. Emailfachleute 14 (1966) 63—71

438. McCook, R. P.: Addition of water to furnace atmosphere. Proc. Porcelain Enamel Inst. Tech. Forum 16 (1954) 15—17 (R 56—26)

439. McCulloch, F. J.: Successful re-design of joints to eliminate enamel defects in sheet metal cooker ovens. Sheet Met. Ind. 28 (1951) 267—268, 271 (R 51—420)

440. McFadden, G. H.: A late Cypriote III tomb from Courion Kaloriziki No. 40. Am. J. Archeol. 58 (1954) 131—142

441. Makiola, C.: Blechdickenmeßverfahren. Mitt. Forschungsges. Blechver. (Oberflächenbehandl.) (1963) Nr. 20/21, 291—297 (R 64—277)

442. Mallener, H.: Gasreaktionen beim Emaillieren von Grobblech. Mitt. Ver. Dtsch. Emailfachleute 17 (1969) 39—43

443. Marboe, E. C.; Weyl, W. A.: Atomistic interpretation of the effect of the composition on the viscosity of glass. J. Soc. Glass Tech. 39 (1955) 16—36

444. Martin, W. G.; Lauck, F. W.: Observations indicating absence of plastic flow in glass coating on steel. J. Am. Ceram. Soc. 27 (1944) 352—354

445. Matz, G.; Gayer, P.: Berechnung von gußeisernen emaillierten Druckbehältern. Berlin, Göttingen, Heidelberg: Springer 1959.

446. Mecholsky, J. J. jr.; Freiman, S. W.; Rice, R. W.: Effect of grinding on flaw geometry and fracture of glass. J. Am. Ceram. Soc. 60 (1977), 114—117

447. Melik-Akhnazarian, A. F.; Tatevosyan, K. M.; Kostanyan, K. A.: Electric melting of enamels. Steklo i Keramika 25 (1968) 27—29. Ref. Ceram. Abstr. Am. Ceram. Soc. 51 (1968) 229f.

448. Mennenöh, S.; Engell, H. J.: Verfahren zur Messung der Wirksamkeit von Inhibitoren in Beizbädern. Stahl Eisen 82 (1962) 1796—1801 (R 69—20)

449. Merker, L.: Über die Untersuchung von Emailfehlern. Mitt. Ver. Dtsch. Emailfachleute 8 (1960) 34—36

450. — : Kann man flußsäurefest emaillieren? Mitt. Ver. Dtsch. Emailfachleute 10 (1962) 29—33

451. — : Viskosität u. Oberflächenspannung der Emails im Einbrennbereich, ihre einfache Messung und ihre Bedeutung für das Glattfließen. Mitt. Ver. Dtsch. Emailfachleute 10 (1962) 57—62

452. — : Zum Verhalten von Halogeniden in Bleigläsern. Vortragsref. Glastech. Ber. 36 (1963) 206.

453. — ; Scholze, H.: Der Einfluß des Wassergehaltes von Silikatgläsern auf ihr Transformations- und Erweichungsverhalten. Glastech. Ber. 35 (1962) 37—43 (R 62—144)

454. — ; Wondratschek, H.: Die Ausscheidungen in bleiphosphat- und bleiarsenathaltigen Trübgläsern und Emails. Mitt. Ver. Dtsch. Emailfachleute 6 (1958) 13—15

455. — ; — : Zur Kenntnis der kristallinen Phasen in phosphat- oder arsenathaltigen Bleigläsern und -emails. Silikattechnik 8 (1957) 373—378 (R 58—363)

456. — ; — : Einige physikalische Eigenschaften von Bleisilikat-Gläsern mit hohem Sulfatgehalt. Glastech. Ber. 32 (1959) 54—58

457. — ; — : Der Oxypyromorphit $Pb_{10}(PO_4)_6O$ und der Ausschnitt $Pb_4P_2O_9$—$Pb_3(PO_4)_2$ des Systems PbO—P_2O_5. Z. Anorg. Allg. Chem. 306 (1960) 25—29

458. Messmer, E.: Die Eigenschaften von emaillierten Kochgeschirren. Glas Email Keramo Tech. 15 (1964) 113—115 (R 64—337)

459. — : Einfluß der Topfbodengestaltung auf die Gebrauchseigenschaften von emaillierten Kochgeschirren. Glas Email Keramo Tech. 20 (1969) 122—130, 193—198

460. Meyer, F. R.: Die praktische Bedeutung ausgewählter Emailprüfverfahren unter besonderer Berücksichtigung neuer amerikanischer Standard-Tests. Ber. Dtsch. Keram. Ges. u. Ver. Dtsch. Emailfachleute 28 (1951) 205—215

461. — : Dehnungsmessungen an Emailfäden. Mitt. Ver. Dtsch. Emailfachleute 2 (1954) 59—60

462. — : Einfache Prüf- und Meßmethoden für die Emailliertechnik. Mitt. Ver. Dtsch. Emailfachleute 7 (1959) 87—91

463. Meyer, F. R.: Vergleichende Untersuchung über Glanzmessungen an emaillierten Oberflächen. Mitt. Ver. Dtsch. Emailfachleute 11 (1963) 77—81

464. —: Messung und Registrierung der Welligkeit von Emaillierungen. Mitt. Ver. Dtsch. Emailfachleute 11 (1963) 12—14

465. —; Weber, H.: „Weiß"-Messung an emaillierten Gegenständen. Mitt. Ver. Dtsch. Emailfachleute 8 (1960) 32—33

466. Meyer, H.; Dietzel, A.: Das Flammspritzen von keramischen Überzügen. Ber. Dtsch. Keram. Ges. 37 (1960) 136—141

467. Meyer, L.; Bühler, H.-E.; Heisterkamp, F.: Metallkundliche und technische Grundlagen für die Entwicklung und Erzeugung perlitischer Baustähle. Thyssen Forschung 3 (1971) 6—43

468. Michelfelder, S.: Prozeßtechnische Maßnahmen zur Minderung der Stickstoffoxidemission von Feuerungen. Glastech. Ber. 51 (1978) 167—175

469. Mildner, H.: Die Löslichkeit von Wasserstoff in Eisen-Kohlenstoff-Silizium-Legierungen. Gießerei 45 (1958) 124—125 (R 58—247)

470. Millar, N. S. C.: Factors affecting the color of titanium enamels. Inst. Vitreous Enamellers Bull. 2 (1949) 8. Ceram. Abstr. Am. Ceram. Soc. (1950) 217

471. Milnes, G. C.; Isard, J. W.: The mechanism of electrical conduction in lead silicate glasses and its dependence on "water" content. Phys. Chem. Glasses 3 (1962) 157—162 (R 64—88)

472. Moehring, H.: Die verschiedenen Beheizungsarten von Emaillieröfen. Mitt. Ver. Dtsch. Emailfachleute 11 (1963) 105—108

473. Möttig, H.; Weyl, W.: Das Verhalten glasbildender Oxyde unter hohen Sauerstoffdrucken. Glastech. Ber. 11 (1933) 67—70

474. Moneta, F.: Hollow-ware enamelling. Inst. Vitreous Enamellers Bull. 14 (1963) No. 8, 66—71 (R 64—162)

475. Moore, D. G.; Cuthill, J. R.: Protection of low-strategic alloys with a chromium-boron-nickel cermet coating. Am. Ceram. Soc. Bull. 34 (1955) No. 11, 375—382 (R 56—275)

476. —; —: Investigations of gases evolved during firing of porcelain enamels. J. Am. Ceram. Soc. 36 (1953) 241—249 (R 54—246)

477. —; Mason, M. A.; Harrison, W. N.: Relative importance of various sources of defect producing hydrogen, introduced into steel during the application of porcelain enamels. J. Am. Ceram. Soc. 35 (1952) 33—41 (R 53—74)

478. Moss, L. L.; Miller, G. E.: Test to determine resistance of porcelain enamel to condensing H_2O vapor. J. Canad. Ceram. Soc. 28 (1959) 31—34 (R 62—49)

479. Müschenborn, W.; Blümerl, K.: Die Formänderungsanalyse — ein Hilfsmittel bei der Kaltumformung von Feinblechen. Mitt. Ver. Dtsch. Emailfachleute 26 (1978) 73—81

480. Mulfinger, H. O.; Franz, H.: Über den Einbau von chemisch gelöstem Stickstoff in oxydischen Glasschmelzen. Glastech. Ber. 38 (1965) 235—242

481. —; Meyer, H.: Über die physikalische und chemische Löslichkeit von Stickstoff in Glasschmelzen. Glastech. Ber. 36 (1963) 481—483. (R 64—147)

482. —; Scholze, H.: Löslichkeit und Diffusion von Helium in Glasschmelzen. I. Löslichkeit. Glastech. Ber. 35 (1962) 466—478, II. Diffusion. Ebenda 495—500 (R 63—245)

483. Nagamaska, K.; Ishida, S.: Copper enamels. I. Low melting soda lead borosilicate system. Bull. Osaka, Ind. Res. Inst. 2 (1951) H. 1, 32—36. Ref. Ceram. Abstr. Am. Ceram. Soc. (1951) 173

484. Nelson, F. W.; Bacher, J. F.: Corrosion protection process for edges of enameled products. Am. Ceram. Soc. Bull. 47 (1968) 167—169

485. Neuroth, N.: Schnell anzeigendes Strahlungspyrometer für Temperaturmessung zwischen 300 und 900 °C. Glastech. Ber. 34 (1961) 197—200 (R 61—248)

486. Niklewski, B. K.; Benton, W. E.; Charles, W. E.; Millar, N. S. C.: A method of measuring the abrasion resistance of vitreous enamels. Inst. Vitreous Enamellers Bull. 11 (1961) No. 5, 45—51 (R 61—247)

487. Noll, W.: Synthese des Kaolinites. Naturwiss. 20 (1932) 366

488. —: Synthese des Montmorillonites. Ebenda 23 (1935) 197

489. Nowak, A. E.; Brückner, R.; Hennicke, H. W.: Vergleichende Untersuchungen über die Bestimmung des mechanischen Oberflächenangriffs von Emails. Mitt. Ver. Dtsch. Emailfachleute 18 (1970) 19—26

490. —; —; —: Vergleichende Untersuchungen über die Bestimmung des chemischen Oberflächenangriffs von Emails. Mitt. Ver. Dtsch. Emailfachleute 18 (1970) 30—35

491. Oberlies, F.: Elektronenoptische Untersuchungen an verwitterten Glasoberflächen. Glastech. Ber. 29 (1956) 109—120

492. —: Über „Phasentrennung" im Glas. Naturwiss. 43 (1956) 224

493. —; Pohlmann, G.: Einwirkung von Mikroorganismen auf Glas. Naturwiss. 45 (1958) 487

494. Oehler, G.: Emailgerechtes Konstruieren. Mitt. Forschungsges. Blechver. (Oberflächenbehandl.) (1959) 331—335 (R 60—43)

495. —: Die das Emaillieren beeinflussenden Spannungen und Formänderungen. Mitt. Ver. Dtsch. Emailfachleute 2 (1954) 41—46

496. —: Neuere Verfahren des Tiefziehens von Stahlblechen. Mitt. Ver. Dtsch. Emailfachleute 12 (1964) 35—40

497. —: Der heutige Stand der Tiefziehprüfung. Mitt. Ver. Dtsch. Emailfachleute 17 (1969) 1—5

498. Oel, H. J.: Die Benetzung von Glas- und Metallschmelzen an festen metallischen und keramischen Hochtemperaturwerkstoffen. Ber. Dtsch. Keram. Ges. 38 (1961) 258—266

499. —: Das Verhalten der Zähigkeit von technischen Gläsern zwischen 10^9 und 10^{14} Poise. Glastech. Ber. 35 (1962) 56—60

500. —: Berechnung der inneren Spannungen von Schichtwerkstoffen. VDI Z 108 (1966) 1727—1729

501. —: Untersuchung über die Auslaugung von Glasuren u. Emails. Ber. Dtsch. Keram. Ges. 45 (1968) 305—309 (R 69—79)

502. —; Dietzel, A.: Grundsätzliche Untersuchungen über die Verwitterung bzw. Auslaugung von Emails und Gläsern. Mitt. Ver. Dtsch. Emailfachleute 12 (1964) 27—34

503. —; —: Die Berechnung von Spannungen an aufgebrannten Emails. Mitt. Ver. Dtsch. Emailfachleute 13 (1965) 31—35

504. Oliver, E. M.; Willison, R. M.: Aging of enameling steels. Proc. Porcelain Enamel Inst. Tech. Forum 29 (1967) 192—201 (R 70—33)

505. Ongsiek, K.: Der abschaltbare Emaillierofen. Mitt. Ver. Dtsch. Emailfachleute 27 (1979) 13—19

506. O. V.: Test for determination of nickel. A tentative standard test of the Porcelain Enamel Inst. Porcelain Enamel Inst. Bull. T-16 1951 (R 58—156)

507. O. V.: Two minute ideas. Ceram. Ind. Chicago 62 (1954) No. 4, 71—125 (R 54—291)

508. O. V.: Karbide, Nitride und die Porigkeit von Aluminium. Gießerei 45 (1958) 337 (R 58—282)

509. O. V.: Furnace lined with gold for porcelain enameling. Ceram. News 9 (1960) No. 7, 16—17 (R 61—187)

510. O. V.: Thirty-one papers presented and advances in materials and processes discussed at 22nd Porcelain Enamel Inst. Forum. Int. Enamelist 11 (1961) No. 1, 7—9 (R 62—188)

511. O. V.: Evolution of an infra-red enameling furnace. Int. Enamelist 10 (1962) No. 4, 21—22, 27 (R 62—194)

512. Oya, A.; Shirohira, T.: Aluminum porcelain enamel of the system $PbO—SiO_2—V_2O_5$. Yogyo Kyokai Shi 75 (1967) 18—25. Ref. Ceram. Abstr. Am. Ceram. Soc. 51 (1968) 332 d

513. Paetsch, H. H.; Dietzel, A.: Untersuchungen über das System $PbO—SiO_2—P_2O_5$. Glastech. Ber. 29 (1956) 345—356

514. Parlee, N. A.: Gases in iron and steel. Foundry Trade J. 84 (1956) No. 8, 80—87 (R 57—71)

515. Pask, J. A.; Fulrath, R. M.: Fundamentals of glass to metal bonding. VIII.: Nature of wetting and adherence. J. Am. Ceram. Soc. 45 (1962) 592—596

516. Pauling, L.: The Nature of the Chemical Bond, 2nd edn. Ithaca, N. Y.: Cornell University Press 1948, p. 64 and 70

517. PEI (Porcelain Enamel Inst.): Test for adherence of porcelain enamel to sheet metal. A standard test of the Porcelain Enamel Inst. Proc. Enamel Inst. Bull. T-17, 1953 (R 58—293)

518. PEI (Porcelain Enamel Inst.): Torsion test for porcelain enameled iron and steel. Porcelain Enamel Inst. Bull. T-5 (1954) 8 p. (R 57—141)

519. Penton, H. V.; Kates, P. G.: Reflex reflecting article for use as a sign or the like. US Pat. 3 279 316, 1966 Ref. Ceram. Abstr. Am. Ceram. Soc. 50 (1967) 3 c

520. Percival, H. J.: Reply, zu [72]. J. Am. Ceram. Soc. 61 (1978) 91—92

521. Petrenko, Yu. M.; Savina, L. A.; Sukhotinsky, V. L.: Beständigkeit von Emails auf Metallen gegen Orthophosphorsäure. Steklo i Keramika (1974) H 5, 21—22 (R 76—53)

522. Petzold, A.: Die Fischschuppenbildung und ihre Beziehung zum Werkstoffzustand des Emaillierstahlblechs. Mitt. Ver. Dtsch. Emailfachleute 3 (1955) 71—75

523. —: Das Wiederaufkochen von Grundemails. Glas Email Keramo Tech. 11 (1960) 109—113 (R 60—121)

524. —; Betzer, H.: Über das Verhalten von emailliertem Stahlblech mit Kavitation. Silikattechnik 7 (1956) 466 (R 57—205)

525. —; —: Einige Untersuchungen zur Torsionsfestigkeit von Grundemaillierungen. Glas Email Keramo Tech. 9 (1958) 116—118 (R 58—294)

526. —; —: Spezialemails für hohe Temperaturen, II. Sprechsaal Keram. Glas Email 93 (1960) 252—255 (R 60—158)

527. —; Cüppers, St.; Wandlowski, H.: Die Abhängigkeit der Fischschuppenbildung von der Emailschichtdicke. Sprechsaal Keram. Glas Email 94 (1961) 445—447 (R 62—81)

528. —; Erdmann-Jesnitzer, F.: Die Fischschuppenbildung in Abhängigkeit von einigen Eigenschaften und Vorbehandlungen des Stahlblechs. Vortragsref. Mitt. Ver. Dtsch. Emailfachleute 11 (1963), 54

529. —; —: Beitrag zur Kenntnis wasserstoffbedingter Emaillierschäden. Vortragsref. Mitt. Ver. Dtsch. Emailfachleute 12 (1964) 49

530. —; Haase, Th.: Zur Frage der Abstimmung der Schmelzintervalle von Grund- u. Deckemail bei der Blechemaillierung. Silikattechnik 5 (1954) 426—428 (R 55—81)

531. —; Herdt, K.: Zur Rheologie von Emailschlickern. Sprechsaal Keram. Glas Email 91 (1958) 200—203 (R 59—36)

532. —; Jacobs, H.: Der Einfluß von Tonen verschiedenen Mineralbestandes auf den Einbrennvorgang bei Blechgrundemails. Glas Email Keramo Tech. 12 (1961) 109—113 (R 61—204)

533. —; Lange, J.; Betzer, H.: Über die Haftung von Grundemails auf sandgestrahltem Stahlblech. Mitt. Ver. Dtsch. Emailfachleute 3 (1955) 87—94

534. —; Uschakow, D.: Über den Einfluß von Eisenoxyden auf die Mikrohärte von Emails. Mitt. Ver. Dtsch. Emailfachleute 10 (1962) 17—21

535. —; Wandlowski, H.; Cüppers, St.: Emaillierton und Fischschuppen Mitt. Ver. Dtsch. Emailfachleute 9 (1961) 53—58

536. —; Wihsmann, F. G.; Kamptz, v. H.: Die Mikroeindruckhärte einiger Silikatgläser und ihre atomistische Deutung. Glastech. Ber. 34 (1961) 56—71 (R 61—237)

537. Pfeiffer, H.: Die Einwirkung von Ferngas, Erdgas und Öl auf die Bau- und Betriebsweise von Emaillieröfen. Mitt. Ver. Dtsch. Emailfachleute 11 (1963) 101—105

538. —; Laubmeyer, C.: Über die Sauerstoffdruckabhängigkeit der Eisenoxydation bei 1 000 °C und das Problem des Materialtransports in Eisenoxyd. Z. Elektrochemie 59 (1955) 579—583

539. Pitsch, W.: Der kristallographische Verlauf von Eisennitrid-Ausscheidungen im Ferrit. Arch. Eisenhüttenwes. 32 (1961) 573—579 (R 63—87)

540. Plankenhorn, W. J.: The continous control of porcelain enamel slips. Proc. Porcelain Enamel Inst. Tech. Forum 24 (1962) 39—44 (R 64—318)

541. —; Ohnysty, B.; Bennett, D. G.: Effect of ceramic coatings on the oxidation and the impact strength of variously heat treated titanium specimens. US Air Force, Air Res. and Dev. Command, WADC Tech. Rep. No. 53—84 (1953) 185. Ref. Ceram. Abstr. Am. Ceram. Soc. (1953) 157

542. Plate, H.: Die Bestimmung des Wasserstoffgehaltes in Aluminiumlegierungen mit dem Telegasgerät. Gießerei 47 (1960) 208—210 (R 60—124)

543. Poch, W.: Dauerverhalten von vorgespanntem Glas, insbesondere im Hinblick auf Glasisolatoren. Glas Email Keramo Tech. 32 (1970) 37—40

544. Pöschmann, H.: Prüfmethode zur Bestimmung des Brennintervalles von Schmelzgrundemail. Sprechsaal Keram. Glas Email 91 (1958) 89—91 (R 58—295)

545. —: Spannungsmessungen an Gußemaillierungen. Sprechsaal Keram. Glas Email 102 (1969) 521—527 (R 70—80)

546. —: Über die Doppelfadenmethode zur AK-Bestimmung. Silikattechnik 22 (1971) 274—276 (R 72—77)

547. —: Neues über die Bestimmung der chemischen Widerstandsfähigkeit von Emails. Mitt. Ver. Dtsch. Emailfachleute 21 (1973) 95—98

548. —: Schnellprüfmethode für Email. Mitt. Ver. Dtsch. Emailfachleute 26 (1978) 13—18

549. —; Petzold, A.: Schutzglasglühen von Emaillierguß. Mitt. Ver. Dtsch. Emailfachleute 8 (1960) 39—44

550. —; Schneider, H.: Chemische Entemaillierung von Grauguß. Glas Email Keramo Tech. 19 (1968) 357—363 (R 69—158)

551. Polsky, J. W.: Application of photometry to water analysis. Am. Ceram. Soc. Bull. 35 (1956) 433—435 (R 57—172)

552. Pyliankovich, A. N.; Fligelman, F. M.: Electron diffraction study of phase composition of the intermediate layer in the enamel-metal-system. Ceram. Abstr. Am. Ceram. Soc. (1971) 4e (R 71—34)

553. Rädeker, W.: Über den Einfluß von Zeit und Temperatur beim Spannungsfreiglühen von Stählen. Maschinenmarkt 65 (1959) Nr. 23, 7—9 (R 59—260)

554. Rahmel, A.: Oxydation hitzebeständiger Stähle: Einfluß von Alkalisulfat-Ablagerungen bei gleichzeitiger Anwesenheit von Schwefel (VI)-oxydspuren in den Ofengasen. Arch. Eisenhüttenwes. 31 (1960) 59—65 (R 60—110)

555. —; Engell, H. J.: Über den Einfluß des Sauerstoffdruckes auf die Oxydationsgeschwindigkeit von reinem Eisen. Arch. Eisenhüttenwes. 30 (1959) 743—746 (R 60—113)

556. Rahn, H. N.; Mayer, E. H.; Frame, J. W.: Relation between base metal composition, surface composition, pickling rate, and direct-on adherence. J. Am. Ceram. Soc. 45 (1962) 581—585

557. Range, K. J.; Willgallis, A.: Über Reaktionen in Schmelzen des Systems $NaF—Na_2O—SiO_2—(H_2O)$. Radex-Rdsch. (1964) 75—84 (R 65—1)

558. Rasch, R.: Mechanochemische Reaktionen bei der Zerkleinerung. Ber. Dtsch. Keram. Ges. 40 (1963) 635—638

559. Rehbinder, P. A.; Chodakov, G. S.: Feinmahlung von Quarz. Silikattechnik 13 (1962) 200—208 (R 63—260)

560. Reiff, K.; Lücke, K.: Beitrag zur Untersuchung des Sprödbruchs in niedrig legiertem Stahl mit 0,09% C. Arch. Eisenhüttenwes. 46 (1975) 741—746

561. Rexroth, A.: Entwicklung der Gießverfahren. 1. Kokillenguß. a) Gußeisen. Gießerei 46 (1959) 684—687 (R 60—6)

562. Rhee, van der, A. K.: Fluorverluste beim Einbrennen von Emails. Mitt. Ver. Dtsch. Emailfachleute 26 (1978) 46—55

563. Rhodes, J. F.; King, B. W.: Leveling of vitreous surfaces. J. Am. Ceram. Soc. 53 (1970) 134—135 (R 70—225)

564. Richard, G. M.; Demard, S.: Ein Beitrag zur Kenntnis des Haftungsmechanismus zwischen entkohltem Stahl und Direktweißemail. Mitt. Ver. Dtsch. Emailfachleute 23 (1975) 39—41

565. Richardson, H. M.: The use of radioisotopes to trace the origin of oxide inclusions in steel. Silic. Ind. 30 (1965) 557—566 (R 66—91)

566. Richmond, J. C.; Lefort, H. G.; Williams, Ch. N.; Harrison, W. N.: Ceramic coatings for nuclear reactors. Progress report. J. Am. Ceram. Soc. 38 (1955) 72—80 (R 57—327)

567. Rickmann, F.: Farbbeständigkeit von Emails. Mitt. Ver. Dtsch. Emailfachleute 5 (1957) 51—56

568. —: Über Grenzflächenerscheinungen an Emails. Mitt. Ver. Dtsch. Emailfachleute 6 (1958) 55—64

569. —: Bestimmung der Mahlfeinheit von Emails. Glas Email Keramo Tech. 10 (1959) 129—131 (R 59—360)

570. Rickmann, F.: Blasenstruktur und Haftung von Einschichtemails. Mitt. Ver. Dtsch. Emailfachleute 15 (1967) 35—39

571. Riecke, E.: Wasserstoff in Eisen und Stahl. Arch. Eisenhüttenwes. 49 (1978) 509—520

572. Rion, R. G.; Miller, G. E.: A new test for spall resistance of porcelain enameled aluminum. Proc. Porcelain Enamel Inst. Tech. Forum 27 (1965) 13—17 (R 67—95)

573. Rodmann, C. J.; Shollenberger, F. J.: Flexure and fracture of vitreous enameled steel strips. Am. Ceram. Soc. Bull. 33 (1954) 105—106 (R 55—170)

574. Roeder, G.: Ein praktischer Kunstgriff bei der pH-Bestimmung. Chem. f. Lab. u. Betr. 4 (1953) 473—475 (R 54—32)

575. Rogalski, W.: The enamel artist — effects with netting and veiling. Ceram. Age 67 (1956) 48—49 (R 56—421)

576. Rohm, A.: Analytische Bestimmungen giftiger Bestandteile in Email — Auskochungen nach dem Norm-Entwurf DIN 51166. Mitt. Ver. Dtsch. Emailfachleute 15 (1967) 43—48

577. —: Die Technik der mehrfarbigen Emaillierung. Mitt. Ver. Dtsch. Emailfachleute 27 (1979) 25—29

578. Roll, F.: Vorschläge für die Prüfung von Kernsanden, Kernbindern und Kernen. Gießerei 39 (1952) 203—207. Kurzref. bei [154]

579. —; Beitrag zur Messung des „formgerechten Bereiches" von Formsanden. Gießerei 46 (1959) 54—60 (R 59—250)

580. Rosenberg, M.: Zellenschmelz. Frankfurt: 1921. Smaltum im Sinne von Email, besonders Zellenschmelz, kommt anscheinend zuerst in der zeitgenössischen Lebensbeschreibung des Papstes Leo IV (847 bis 855) vor: "Fecit denique tabulam de smalto".

581. —: Geschichte der Goldschmiedekunst auf technischer Grundlage. Neudruck der 1. u. 2. Aufl. (1910 bzw. 1925), Osnabrück: Zeller 1972

582. Rosin, P.; Rammler, R.: Die Kornzusammensetzung des Mahlgutes im Lichte der Wahrscheinlichkeitslehre. Koll. Z. 67 (1934) 16—26

583. —; —; Sperling, K.: Korngrößenprobleme des Kohlenstaubes und ihre Bedeutung für die Vermahlung. Ber. C 52 des Reichskohlenrates, Berlin 1933. Berlin: VDI-Verlag

584. Rupp, A. M.: Determination of nickel deposits by X-ray fluorescence. Proc. Porcelain Enamel Inst. Tech. Forum 24 (1962) 155—159 (R 64—211)

585. Saalfeld, H.: Persönliche Mitteilung

586. Sachs, K.; Jay, G. T. F.: A magnetic seam at the scale/metal interface on mild steel. J. Iron Steel Inst. 195 (1960) 180—189 (R 60—245)

587. —; Pitt, T.: Removal of scale from steel rod by stretching. J. Iron Steel Inst. 197 (1961) 1—8 (R 61—146)

588. Salge, H.: Auflösungsverhalten mineralischer Anteile des Mühlenversatzes beim Emaileinbrand. Mitt. Ver. Dtsch. Emailfachleute 22 (1974) 76—82

589. Sams, J. E.: Enameling of aluminum coated steel. Int. Enamelist 7 (1957) No. 1, 18—19 (R 58—44)

590. Sarres, H. W.; Klotz, H.: Das vollautomatische Emaillierwerk zur Herstellung von Stahlgeschirren. Mitt. Ver. Dtsch. Emailfachleute 25 (1977) 147—149

591. —; Ongsiek, K.: Rationelle Auftragsverfahren bei der Herstellung von Emailgeschirr. Mitt. Ver. Dtsch. Emailfachleute 25 (1977) 45—48

592. Sasse, H.: Aus der Praxis der Schilderfabrikation. Emailwaren Ind. 13 (1936) 177—182, 185—186

593. Saunders, H. S.: Mechanical method for obtaining enamel pick-up. Ceram. Age 64 (1954) No. 4, 54 (R 55—271)

594. Schäfer, W.: Die Vorbehandlung metallischer Oberflächen mit chemischen Mitteln. Mitt. Ver. Dtsch. Emailfachleute 9 (1961) 25—34

595. Schaeffer, H. A.; Oel, H. J.: Sauerstoff-18-Diffusion in Bleigläsern. Glastech. Ber. 42 (1969) 493—498

596. Scharbach, H.: Gerät zur Bestimmung der Bruchdehnung eines Emailschlickerauftrages. Mitt. Ver. Dtsch. Emailfachleute 9 (1961) 37—39

597. —: Allgemeine Richtlinien zur Bestimmung der chemischen Beständigkeit von Email. Mitt. Ver. Dtsch. Emailfachleute 12 (1964) 41—43

598. Schenck, H.; Taxhet, H.: Diffusion und Durchgang von Wasserstoff bei reinem Eisen und bei Stahl im Bereich höherer Temperaturen. Arch. Eisenhüttenwes. 30 (1959) 661—671 (R 60—109)

599. Schlegel, H.; Weidner, W.: Ionen-Austausch-Kreislaufanlage — eine wirtschaftliche Form der Abwasser-Entgiftung. Mitt. Forschungsges. Blechver. (Oberflächenbehandl.) (1965) 111—121 (R 65—170)

600. Schmahl, N. G.; Baumann, H.; Schenk, H.: Die Temperaturabhängigkeit der Verzunderung von reinem Eisen in Sauerstoff. Arch. Eisenhüttenwes. 29 (1958) 83—88 (R 58—243)

601. Schmidt, G.: Über die Säurebeständigkeit des Emails (Eine neue Methode zu deren Bestimmung). Chem. Fabrikation 13 (1940) 49—54

602. Schoenemann, R.: Praktisch angewandte Entfettungsmethoden. Mitt. Ver. Dtsch. Emailfachleute 11 (1963) 9—11

603. —: Moderne Verfahren zur Oberflächenvorbereitung von Stahlblechen vor dem Emaillieren. Mitt. Ver. Dtsch. Emailfachleute 12 (1964) 23—25

604. —; Groschopp, H.; Germscheid, H.-G.: Oberflächenuntersuchungen zur Klärung von Entfettungs- und Beizproblemen. Mitt. Ver. Dtsch. Emailfachleute 19 (1971) 41—45

605. Scholz, B. M.: Emaillier-Ton. Glashütte 71 (1941) 558—560.

606. Scholze, H.: Der Einbau des Wassers in Gläsern. Glastech. Ber. 32 (1959) I. 81—88, II. 142—152, III 278—281, IV. 314—320, V. 381—386, VI. 421—426

607. —: Versuche zum Ionenaustausch bei der Auslaugung von Natron-Kalk-Gläsern mit verdünnter Salzsäure. Glastech. Ber. 35 (1962) 105—106

608. —: Das Verhalten von Gasblasen, insbesondere von Wasserdampfblasen in Glasuren Ber. Dtsch. Keram. Ges. 39 (1962) 162—167.

609. —: Der Einfluß von Voskosität und Oberflächenspannung auf erhitzungsmikroskopische Messungen an Gläsern. Ber. Dtsch. Keram. Ges. 39 (1962) 63—68 (R 62—109)

610. —: Evidence of control of dissolution rates of glasses by H^+ mobility. J. Am. Ceram. Soc. 60 (1977) 186

611. —: Glas. Natur, Struktur und Eigenschaften, 2. Aufl. Berlin, Heidelberg, New York: Springer 1977

612. —; Helmreich, D.; Bakardjiev, I.: Untersuchungen über das Verhalten von Kali-Natrongläsern in verdünnten Säuren. Glastech. Ber. 48 (1975) 237—247

613. —; Mulfinger, H. O.: Der Einbau des Wassers in Gläsern. V. Die Diffusion des Wassers in Gläsern bei hohen Temperaturen. Glastech. Ber. 32 (1959) 381—385

614. —; —: Löslichkeit von He in Lithiumsilikatschmelzen. Z. Angew. Chem. 74 (1962) 75—76

615. Schott. M.: Entfettung und Reinigung von Emailliergut, insbesondere mit Hilfe von sauren Lösungen. Mitt. Ver. Dtsch. Emailfachleute 12 (1964) 61—64

616. Schreiber, D.; Niermann, A.: Zur Bestimmung der Wirksamkeit von Inhibitoren in Beizlösungen. Stahl Eisen 85 (1965) 262—266 (R 69—12)

617. Schröder, H.: Physikalisch-chemische Eigenschaften von Glasoberflächen. Glas Email Keramo Tech. 14 (1963) 161—168 (R 64—19)

618. Schultes, B.; Trögel, G.: Oberflächenstrukturen von Emaillierungen. Mitt. Ver. Dtsch. Emailfachleute 24 (1976) 111—117

619. Schultz, J.; Tripp, H. P.; King, B. W.; Duckworth, W. H.: Enameling of zirkonium. Chem. Eng. Progr. Symp. Ser. 52 (1956) No. 19, 99—104 (R 58—118)

620. Schulze, R.: Zur Haftung silikatischer Emails auf Aluminiumlegierungen. Diss. TU Clausthal 1973

621. Schumann, H.; Erdmann-Jesnitzer, F.: Einfluß des Werkstoffzustandes auf die Wasserstoffdiffusion in unlegiertem Stahl. Arch. Eisenhüttenwes. 24 (1953) 353—360 (R 53—162)

622. Schweifer, E.: Erfahrungen mit einem elektrisch beheizten Emaillierofen mit Mattenauskleidung und einem rechnergesteuerten, großen Kammerofen. Mitt. Ver. Dtsch. Emailfachleute 27 (1979) 88—95

623. Schwiete, H. E.; Wagner, H.: Spezifische Wärme von Flaschengläsern. Glastech. Ber. 10 (1932) 26—30

624. Sendt, A.: Advances in glass technology. Tech. Papers VI. Int. Congress on Glass 1962, p. 307

625. Shanahan, C. E.; Cooke, F.: A simplified hot-extraction apparatus for the determination of hydrogen in steel. J. Iron Steel Inst. 198 (1961) 257—262 (R 62—14)

626. Shand, E. B.: Correlation of strength of glass with fracture flaws of measured size. J. Am. Ceram. Soc. 44 (1961) 451—455 (R 62—98)

627. Shimohira, T.: A study on the various factors in the adherence of ceramic coating to stainless steel. J. Ceram. Assoc. Japan 67 (1959) 95—102 (R 60—139)

628. Sikra, J. C.; Smyth, H. T.; Phelps, G. W.: A coaxial cylinder rheometer for gel structure characterization. Am. Ceram. Soc. Bull. 50 (1971) 723—725

629. Simmler, W.: Organo- und siliciumfunktionelle Siloxane als Mittler zwischen Glas und Kunststoff. Mitt. Ver. Dtsch. Emailfachleute 13 (1965) 77—80

630. Smalley, H. F.: Comparison of accelerated test methods for hot water tank enamels. Proc. Porcelain Enamel Inst. Forum 24 (1962) 147—155 (R 64—341)

631. Smekal, A.: Kohäsion der Festkörper, in: Handbuch der physikalischen und technischen Mechanik, Bd. IV, 2, 1931, Ziff 8

632. —: Über die Natur der mechanischen Festigkeitseigenschaften der Gläser, Glastech. Ber. 15 (1937) 259—270

633. Sopp, A. L.: The mechanical properties of porcelain enameled aluminum. Proc. Porcelain Enamel Inst. Tech. Forum 21 (1959) 69—77 (R 60—253)

634. Spiers, H. R.: Porcelain enameling by coil coating — a status report. Proc. Porcelain Enamel Inst. Tech. Forum 30 (1958) 47—54. Ref. Ceram Abstr. Am. Ceram. Soc. 52 (1969) 246f.

635. Spinner, S.: Elastic moduli of glasses at elevated temperatures by a dynamic method. J. Am. Ceram. Soc. 39 (1956) 113—118 (R 56—331)

636. Stalter, T. L.; McKulla, jr., G. W.: A nitrate accelerated sulfuric acid pickling process for direct-to-steel-enameling. Proc. Porcelain Enamel Inst. Tech. Forum 24 (1962) 131—145 (R 64—154)

637. Standards Association of Australia, Australian Stand. No. K. 96 (1956) (R 61—96)

638. Steger, W.: Messung von Spannungszuständen in gebrannten keramischen Massen Ber. Dtsch. Keram. Ges. 11 (1930) 124—148

639. —: Ein Rechenverfahren zum unmittelbaren Vergleich der Biegewerte von verschiedenen Meßstäben beim keramischen Spannungsmesser. Ber. Dtsch. Keram. Ges. 16 (1935) 287—296

640. Stegmaier, W.; Dietzel, A.: Die Bedeutung der Basizität von Glasschmelzen und Versuche zu deren Messung. Glastech. Ber. 18 (1940) 297—308, 353—362

641. Steinkamp, Th.: Beobachtungen über Kastenrost. Mitt. Ver. Dtsch. Emailfachleute 12 (1964) 1—4

642. Stevels, J. M.: Dielektrische Verluste des Glases. Glastech. Ber. 26 (1953) 227—231

643. Stevens, R. L.; Ross, N. C.; Stanyer, J.: Oberflächenbehandlung zur Vervollkommnung von Emailüberzügen. Mitt. Ver. Dtsch. Emailfachleute 24 (1976) 56—58

644. Stiedl, H.: Die Technik der mehrfarbigen Emaillierung bei Kochgeschirren. Mitt. Ver. Dtsch. Emailfachleute 27 (1979) 29—31

645. Stirling, J. F.; Hardy, L. E.: A method for the simultaneous measurement of thermal expansion, setting temperature and Young's modulus of a vitreous enamel in the form of a thin layer. Trans. Brit. Ceram. Soc. 68 (1969) 119—124 (R 70—81)

646. Stookey, S. D.; Olcott, J. S.; Garfinkel, H. M.; Rothermel, D. L.: Ultra high-strength glasses by ion exchange and surface crystallization. In: Advances in glass technology. New York: Plenum Press 1962, p. 397—411

647. Strauch, A.: Vor- u. Nachteile der verschiedenen Chrom-Nickel-Qualitäten als Brenngehänge bzw. als Brenngeräte im Emaillierwerk. Mitt. Ver. Dtsch. Emailfachleute 23 (1975) 105—109

648. —: Erfahrungen mit Chromnickelstählen und Nickellegierungen bei Gehängen im Durchlaufofen. Mitt. Ver. Dtsch. Emailfachleute 27 (1979) 97—104

649. Strobel, G.: Über eine einfache Methode zur Bestimmung des Ausdehnungskoeffizienten von Emails. Sprechsaal Keram. Glas Email 94 (1961) 452—454 (R 62—51)

650. Sturm, R.: Behandlung von Walzmaterial vor dem Emaillieren. Mitt. Ver. Dtsch. Emailfachleute 5 (1957) 35—38

651. Sweo, B.: Gases in enameled steel from moisture in the furnace atmosphere. Proc. Porcelein Enamel Inst. Tech. Forum 21 (1959) 99—101 (R 60—251)

652. Tashiro, M.; Sakka, S.; Teranish, H.: Effects of vanadium oxide on the adherence of heat resisting enamel applied on nickel-chrome steel. J. Ceram. Assoc. Japan 61 (1953) 537—540

653. Tammann, G.: Kristallisieren und Schmelzen. Leipzig: Barth 1903, S. 131 u. 148

654. Teigeler, A.: Einige Erfahrungen mit den kalten Säurebeständigkeitsprüfungen nach DIN 51150. Mitt. Ver. Dtsch. Emailfachleute 23 (1975) 8—12

655. Thews, E. R.; Draghincescu, G.: Fehler bei der Herstellung von Gußmessing für Spezial-Emaillierungen. Metalloberfläche A 5 (1951) 76—79

656. Thier, H.: Probleme beim Putzen mit metallischen Strahlmitteln. Mitt. Ver. Dtsch. Emailfachleute 7 (1959) 61—66

657. Thiessen, P. A.: Wechselseitige Adsorption von Kolloiden. Z. Elektrochemie 48 (1942) 675—681

658. Thompson, C. L.: Quantitative microscopic determination of the quartz content of commercial ground feldspars. J. Am. Ceram. Soc. 17 (1934) 257—258

659. Tiede, R. L.: Modification of the dipping cylinder method of measuring surface tension. Am. Ceram. Soc. Bull. 51 (1972) 539—541

660. Tiefenböck, J.: Die Direktweißemaillierung auf entkohltem und Norm-Stahl. Mitt. Ver. Dtsch. Emailfachleute 23 (1975) 75—77

661. Timoschenko, S.: Strength of materials, Part I, 2nd edn. New York: von Nostrand 1940. — I. Opt. Soc. Amer. 11 (1925) 233

662. Titzmann, K.: Einige neue Geräte zur betrieblichen Schlickerkontrolle. Mitt. Ver. Dtsch. Emailfachleute 1 (1953) 41—43

663. —; Kühnert, H.: Ein Beitrag zum Problem der Naßmahlung von Emails. Mitt. Ver. Dtsch. Emailfachleute 4 (1956) 76—78

664. Tkalčec, E.: Röntgenographische und thermische Untersuchungen an Titan-Weiß-emails. Mitt. Ver. Dtsch. Emailfachleute 20 (1972) 85—90

665. Tolly, D. B.; Schiefferle, J. A.: Test for dry drawing film application. Proc. Porcelain Enamel Inst. Tech. Forum 20 (1958) 32—34 (R 61—89)

666. Tomandl, G.; Schaeffer, H. A.: Relation between the mixed-alkali effect and the electrical conductivity of ion-exchanged glasses. Non-Crystalline Solids, Trans. Tech. Public. (1977) 480—485

667. Trap, H. J. L.; Stevels, J. M.: Physical properties of invert glasses. Glastech. Ber. 32K (1959) H. VI, 31—52

668. Trögel, G.: Wirtschaftliches Emaillieren durch kontinuierliche Betriebsüberwachung. Mitt. Ver. Dtsch. Emailfachleute 24 (1976) 76—80

669. Tso, St.; Pask, J. A.: Wetting and adherence of a Na borate glass on gold. J. Am. Ceram. Soc. 62 (1979) 543—544

670. Uher, J. F.: A new process for treating steel for enameling. Proc. Porcelain Enamel Inst. Tech, Forum 37 (1975) 164—167

671. Upadhyaya, V. G.; Mulfinger, H. O.; Dietzel, A.: Über den Einfluß von Gasen auf die Emaillierung von Gußeisen sowie die Untersuchung der beim Emaillieren entstehenden Gase. Mitt. Ver. Dtsch. Emailfachleute 15 (1967) 49—59

672. Vargin, V. V.; Zasukhina, L. Z.: Säurewiderstandsfähigkeit handelsüblicher Emails bei hohen Temperaturen und Drucken (Orig. russ,) Steklo i Keramika (1972) 22—23 (R 73—36)

673. Vielhaber, L.: Fluorabbrand bei Kieselfluornatrium. Emailwaren Ind. 15 (1938) 247—249

674. —: Emailtechnik. Düsseldorf: VDI Verlag, 1953

675. —: Reinigung und Entrostung mit Sand oder Stahlkies. Mitt. Ver. Dtsch. Emailfachleute 3 (1955) 4—5

676. Viquesnel, A.; Krist, G.: Neue Anwendungsgebiete für Aluminiumemails. Mitt. Ver. Dtsch. Emailfachleute 26 (1978) 41—45

677. Vliet, van der, W. E.: Verhalten farbiger Emails bei elektrophoretischer Abscheidung. Mitt. Ver. Dtsch. Emailfachleute 25 (1977) 49—52

678. Vogel, O.: Die Anfänge der Emaille-Industrie. Emailwaren Ind. 8 (1931) 342—343, 357—358, 365—366, 373—374

679. Vogel, R.; Pocher, W.: Über das System Kupfer-Sauerstoff. Z. Metallkunde 21 (1929) 333—337. Gmelins Handbuch. Kupfer, Teil B 1, Lief. 1, S. 24

680. Vogel, W.: Entmischungserscheinungen, Keimbildung und Kristallisation im Glase. Silikattechnik 16 (1965) 152—158 (R 65—159)

681. —; Byhan, H. G.: Zur Struktur binärer Lithiumsilikatgläser. Silikattechnik 15 (1964) 212—218 (R 65—107)

682. Vytasil, V.: Ein Beitrag zum Problem der rheologischen Eigenschaften von Emailschlickern. Mitt. Ver. Dtsch. Emailfachleute 14 (1966) 31—36

683. Wagener, W.: Untersuchungen über das Ansetzen fester Stoffe beim Zerkleinern und seine Beeinflussung durch dampfförmige Zusatzmittel und radioaktive Bestrahlung. Ein Beitrag zur Zerkleinerungsphysik. Diss. TH Aachen 1961

684. Wagner, C.: Beitrag zur Theorie des Anlaufvorganges. Z. Phys. Chem. B 21 (1933) 25—41

685. Wagner, G.: Grenzflächenspannung von Emaillierungen. Mitt. Ver. Dtsch. Emailfachleute 25 (1977) 100—105

686. Waldhauer, W. O.: Continuation of an investigation of low temperature strain reduction in a cristobalite bearing porcelain enamel. Am. Ceram. Soc. Bull. 35 (1956) 476—479 (R 60—158)

687. Wallace, P. F.; Wagner, K. H.: New clad aluminum sheet for porcelain enamel finishes. Met. Prod. Manuf. 22 (1965) 70, 113 (R 65—160)

688. Walter, J. L.: Observations on the cause of exaggerated grain growth in extra-low-carbon enameling iron. Trans. AIME 227 (1963) 1321—1327. Ref. Ceram. Age (1964) 115

689. Walton jr., J. D.: Apparatus for automatically recording strains between enamel and metal. J. Am. Ceram. Soc. 38 (1955) 114—118

690. —; Sweo, B. J.: Determination of strains between enamel and iron by means of split rings. J. Am. Ceram. Soc. 36 (1953) 335—341 (R 54—317)

691. Warnecke, W.: Über das Emaillierverhalten von kaltgewalzten Feinblechen aus mikrolegierten Sondertiefziehstählen. Diss. TU Clausthal 1979

692. —; Baumgartl, S.; Birmes, H.-W.; Bühler, H.-E.; Meyer, L.; Morck, G.: Die Vernickelung — ein wichtiger Schritt bei der Vorbehandlung von Stahlblech für die Direktemaillierung. Mitt. Ver. Dtsch. Emailfachleute 25 (1977) 112—125

693. —; Birmes, H.-W.: Emaillierbarkeit feueraluminierter Feinbleche. Mitt. Ver. Dtsch. Emailfachleute 24 (1976) 99—102

694. Warnke, H.; Kaup, F.: Elektrophoretische Weißemaillierung — ein Schritt zur Rationalisierung. Mitt. Ver. Dtsch. Emailfachleute 22 (1974) 49—52

695. Warren, B. E.: Summary of work on atomic arrangement in glass. J. Am. Ceram. Soc. 24 (1941) 256—261

696. —; Biscoe, J.: X-ray diffraction study of soda-boric oxide glass. J. Am. Ceram. Soc. 31 (1938) 287—293

697. —; Loring A. D.: X-ray diffraction study of the structure of soda silica glass. J. Am. Ceram. Soc. 18 (1935) 269—276

698. Watanabe, A.: Empirical equation for penetration viscosimetry. Am. Ceram. Soc. Bull. 53 (1974) 259

699. Watanabe, N.; Moriya, T.: The relation of viscoelasticity of glasses to the internal structure. J. Ceram. Assoc. Japan 69 (1961) 1—11

700. Webb. H. W.: Ball clays — some aspects of their use in the suspensions of enamel slip. Inst. Vitreous Enamellers Bull. 2 (1950) 6 (R 54—341)

701. Weber, H. H.: Über das optische Verhalten von kugeligen, isotropen Teilchen in verschiendenen Medien. Kolloid Z. 174 (1961) 66—72

702. —: Die Absorptions- u. Remissionskonstanten farbiger Emaillierungen. Sprechsaal Keram. Glas Email 104 (1971) 391—396 (R 71—60)

703. Wegner, E.: Wirkung von chloridhaltigem Wasser auf das Brennverhalten von Email Ber. Dtsch. Keram. Ges. u. Ver. Dtsch. Emailfachleute 29 (1952) 423—425

704. Wegner, E.: Hohlware möglichst nicht gestürzt brennen! Mitt. Ver. Dtsch. Email-fachleute 4 (1956) 6
705. —: Über die schädliche Wirkung des Kupfers im Emaillierblech. Mitt. Ver. Dtsch. Emailfachleute 4 (1956) 81
706. —: Das Schmelzen von Emails und einige Ursachen für Verschmutzung, insbesondere der Puderemails. Mitt. Ver. Dtsch. Emailfachleute 10 (1962) 62—67
707. —: Verwitterung und „Ausblühen" von Majolikaöfen. Mitt. Ver. Dtsch. Emailfach-leute 10 (1962) 73—75
708. —: Einige Fehler beim Emaillieren von Gußeisen. Mitt. Ver. Dtsch. Emailfachleute 11 (1963) 37—42
709. —: Der heutige Stand der Entwicklung hochsäurefester u. laugenbeständiger Emails für Apparate der chemischen Industrie. Mitt. Ver. Dtsch. Emailfachleute 15 (1967) 73—78
710. Weirauch, D. F.: Mechanical adhesion between a vitreous coating and an iron-nickel alloy. Am. Ceram. Soc. Bull. 57 (1978) 420—423
711. Weisenhaus, W.: Ein Beitrag über das Verhalten verschiedener Emails in der Geschirr-spülmaschine. Mitt. Ver. Dtsch. Emailfachleute 26 (1978) 101—105
712. Weiss, W.: Benetzungseigenschaften und mechanische Festigkeit bei Glas-Metall-Verschmelzungen. Glastech. Ber. 29 (1956) 386—392 (R 57—67)
713. West, W. T.: Cleaner evaluation. Proc. Porcelain Enamel Inst. Tech. Forum 21 (1959) 78—79 (R 61—41)
714. Westbrock, J. H.: Hardness-temperature characteristics of simple glasses. Phys. Chem. Glasses 1 (1960) 32—36
715. Wever, F.; Fischer, W. A.; Engelbrecht, H.: Versuche zum Erschmelzen von reinem Eisen im Hochvakuum. Stahl Eisen 74 (1954) II 1515—1521
716. Weyl, W. A.: The significance of the coordination requirements of the cations in the constitution of glass. I. Basic concepts and the constitutions of alkali-silicate glasses. J. Soc. Glass Tech. 35 (1951) 421—447. Ref. Glastech. Ber. 27 (1954) 294
717. —: Kristallchemische Betrachtungen über die Oberflächenchemie von Kieselsäure Research 3 (1950) 230—235
718. —: The role of polarization in determining some thermal and mechanical properties of non-metallic solids. Office of Naval Res. Tech. Rep. Pennsylvania State Univer-sity. June 1955, No. 64, 65, 66, 69—97. Ref. Glastech. Ber. 29 (1956) 327—328
719. —: Keimbildung, Kristallisation und Glasbildung. Sprechsaal Keram. Glas Email 93 (1960) 518—521, 544—545, 561—563, 588—590
720. —; Marboe, E. Ch.: Conditions of glass forming among simple compounds. Glass Ind. 41 (1960) 429—433, 463—464, 487—491, 526—527, 549—553, 590, 620—627, 658—659, 687—695, 712; 42 (1961) 23—25, 28, 49, 76—81, 106, 123—128, 168, 194—200, 221
721. Wiederhorn, S. M.: Strength degradation of glass impacted with sharp particles: I. Annealed surfaces. J. Am. Ceram. Soc. 62 (1979) 66—70
722. Wiegel, R.: Über die Beeinflussung der Heißauslaugung von Silikatgläsern durch Metallspuren. Glastech. Ber. 34 (1961) 259—268 (R 61—305). — Über die Heiß-auslaugung von Silikatgläsern durch Neutralsalzlösungen. Glastech. Ber. 37 (1964) 141—147 (R 64—336)
723. Wihsmann, F. G.; Petzold, A.: Mikrohärte und Schleifbarkeit von Gläsern. Silikat-technik 11 (1960) 151—153 (R 60—230)
724. Wilhelm, F.: Abwasser im Emaillierwerk. Abwasserbehandlung — Verfahren und damit erreichbare Grenzwerte. Mitt. Ver. Dtsch. Emailfachleute 26 (1978) 133—142
725. Williams, J. P.; Su, Y.-S.; Strzegowski, W. R.; Butler, B. L.; Hoover, H. L.; Alte-mose, V. O.: Direct determination of water in glass. Am. Ceram. Soc. Bull 55 (1976) 524—527
726. Wilson, H. H.; Lefort, H. G.: Quantitative studies of enamels for continuous cleaning ovens. Am. Ceram. Soc. Bull. 52 (1973) 610—611, 620
727. Winter, E.: Sgraffitto enameling. Ceram. Age 65 (1955) 44—45 (R 56—150)
728. Wolfe, K. J. B.; Newell, F. W.: Compt. rend. Coll. sur la nature des surfaces vitreuses polies. Paris: Union Scient. Continentale du Verre, Charleroi 1959, p. 65

729. Wondratschek, H.: Ein Verfahren zur gleichzeitigen Bestimmung von Zähigkeit und Oberflächenspannung an Gläsern bei relativ niedrigen Temperaturen. Glastech. Ber. 32 (1959) 276—278 (R 59—376)

730. —; Merker, L.: Eine Reihe von neuartigen Verbindungen mit apatitartiger Struktur. Naturwiss. 43 (1956) 494 (R 57—179)

731. Wratil, J.: Die Nickelvorbehandlung von Blechen. Mitt. Ver. Dtsch. Emailfachleute 16 (1968) 7—10

732. —: Hochtemperaturemail mit ungewöhnlichen Eigenschaften. Mitt. Ver. Dtsch. Email-fachleute 28 (1980) 13—17

733. Wuellner, J. F.; Sweo, B. J.: Determination of strains in enameled cast iron. J. Am. Ceram. Soc. 38 (1955) 404—407 (R 56—289)

734. Yee, T. B.; Andrews, A. I.: The relation of viscosity, nuclei formation and crystal growth in titania-opacified enamel. J. Am. Ceram. Soc. 39 (1956) 188—195 (R 56—473)

735. Zaat, J. H.: Swift cupping test. Sheet Met. Ind. 38 (1961) 787—803 (R 62—57)

736. Zachariasen, W. H.: The atomic arrangement in glass. J. Am. Chem. Soc. 54 (1932) 3841—3851. Die Struktur der Gläser. Glastech. Ber. 11 (1933) 120—123

737. Zapffe, C. A.; Sims, C. E.: The relation of defects in enamel coatings to hydrogen in steel. J. Am. Ceram. Soc. 23 (1940) 187—219

738. —; —: Further considerations of hydrogen as a cause of enamel defects. J. Am. Ceram. Soc. 25 (1942) 205—215

739. Zarzycki, J.: High temperature X-ray diffraction methods applied to the study of non-crystalline media. Structure of molten fluorides and chlorides. In: Non-crystalline solids; ed. Fréchette, V. D. New York London: Wiley 1960 p. 117—139

740. Zielasko, G.: Tiefziehen von Bändern und Blechen aus Kupfer und Messing. Bänder Bleche Rohre 13 (1972) 331—337. (Hrsg. Deutsches Kupfer-Institut, Berlin)

741. Ziesche, D.: Erfahrungen mit der industriellen Emaillierung von Aluminium. Glas Email Keramo Tech. 14 (1963) 1—9 (R 63—287)

742. Zwickl, F.: Gesichtspunkte zur Auswahl hitzebeständiger Stähle und Legierungen für die Emailindustrie. Mitt. Ver. Dtsch. Emailfachleute 23 (1975) 103—105

Sachverzeichnis

Besonders wichtige Seitenzahlen sind *kursiv* gedruckt.

Glastechnische Fabrikationsfehler

„Pathologische" Ausnahmezustände des Werkstoffes Glas und ihre Behebung. Eine Brücke zwischen Wissenschaft, Technologie und Praxis.

Herausgeber: H. Jebsen-Marwedel, R. Brückner

3., völlig neubearbeitete Auflage. 1980. 597 Abbildungen, 34 Tabellen. XVIII, 623 Seiten
Gebunden DM 258,–
ISBN 3-540-09495-4

Die 3. Auflage der „Glastechnischen Fabrikationsfehler" berücksichtigt gründlich und konsequent die Fortschritte auf dem Gebiet der Glasforschung und Glastechnologie, die in den 20 Jahren seit dem Erscheinen der 2. Auflage gemacht worden sind. Die allen Regeln glastechnischen Handelns zum Trotz immer wieder auftretenden Fehler und Schäden – im Untertitel als „pathologische" Ausnahmezustände bezeichnet – werden offengelegt, und dem Praktiker durch die Vermittlung wissenschaftlicher Erkenntnisse einerseits die Schwachstellen dieses Werkstoffes und seiner Technologie, andererseits aber auch die Möglichkeiten zur Behebung dieser Mängel aufgezeigt. Dem Glasfachmann wird damit eine ganze Palette moderner experimenteller Methoden zur Erkennung und/oder Vermeidung der Fehler in die Hand gegeben. Alle Kapitel sind nicht nur auf den neuesten Stand gebracht, sondern auch von heute nicht mehr relevanten Problematiken befreit worden. Besonders drastische Änderungen und Neuerungen haben in dieser Hinsicht die Kapitel 4–11 erfahren; außerdem wurden zwei völlig neue Kapitel hinzugefügt. Die Darstellung wurde wie bisher möglichst umfassend, anschaulich und bildhaft gehalten unter weitgehender Berücksichtigung der internationalen Nomenklatur der Glasfehler nach der Terminologie der Internationalen Commission on Glass und gestützt auf das internationale Fachschrifttum.

Springer-Verlag
Berlin
Heidelberg
New York

H. Scholze

Glas

Natur, Struktur und Eigenschaften

2., neubearbeitete Auflage 1977. 161 Abbildungen, 39 Tabellen. IX, 342 Seiten
Gebunden DM 108,–
ISBN 3-540-08403-7

Aus den Besprechungen:
„Seine Lektüre ist – wohl wegen der vielen darin dargebotenen Aspekte – ungemein interessant, nie lehrbuchhaft trocken; ein Umstand, der insbesondere angehende Glasfachleute sowie Wissenschaftler und Techniker aus angrenzenden Gebieten erfreuen wird. Darüber hinaus blieb H. Scholzes Werk in seiner Gesamtheit solid, wurde gegenüber der ersten Auflage, wo es ging, sicher noch verbessert und kann somit als Standardwerk zum Thema Glas bestens empfohlen werden." *Acta Physica Austriaca*

Salmang, Scholze

Die physikalischen und chemischen Grundlagen der Keramik

5. Auflage von H. Scholze. 1968. 197 Abbildungen, 56 Tabellen. VIII, 450 Seiten
Gebunden DM 88,–
ISBN 3-540-04320-9

E. Hornbogen

Werkstoffe

Aufbau und Eigenschaften von Keramik, Metallen, Kunststoffen und Verbundwerkstoffen

2., neubearbeitete und erweiterte Auflage 1979. 260 Abbildungen, 96 Tabellen. IX, 355 Seiten
Gebunden DM 78,–
ISBN 3-540-08815-6

„Aus den Besprechungen:
. . . Die rasche Entwicklung der Werkstoffwissenschaften machten eine entsprechende Erweiterung mit der Aufnahme verschiedener neuer Erkenntnisse notwendig, sodaß zur Zeit in der zweiten Auflage ein modernes Buch vorliegt, das keine Wünsche offen läßt. Das Buch kann nicht nur jedem Studierenden der Werkstoffwissenschaften bestens empfohlen werden, sondern es wird auch bei den Praktikern in der Industrie, die sich mit dem ihrer Spezialdisziplin angrenzenden Randgebieten z. B. den Keramikwerkstoffen, Kunststoffen und Verbundwerkstoffen beschäftigen wollen, eine wertvolle Hilfe sein." *Berg- u. Hüttenmänn. Monatshefte*

J. Krautkrämer, H. Krautkrämer

Werkstoffprüfung mit Ultraschall

Unter Mitarbeit von W. Grabendörfer, L. Niklas, R. Frielinghaus, M. Gregor, W. Kaule, H. Schlemm, U. Schlengermann, H. Seiger

4., verbesserte Auflage 1980. 514 Abbildungen, 10 Tafeln, 9 Tabellen. XV, 669 Seiten
Gebunden DM 168,–
ISBN 3-540-10106-3

Inhaltsübersicht:
Physikalische Grundlagen der Ultraschallwerkstoffprüfung. – Verfahren und Geräte der Ultraschallwerkstoffprüfung. – Allgemeine Prüftechnik. – Spezielle Prüfaufgaben. – Anhang. – Literaturverzeichnis. – Sachverzeichnis.
Grundlagen der Ultraschallprüfung. – Erläuterung der Geräte. – Anwendung der Verfahren.

Umfassend dargestellt in verständlicher Form für Ingenieure, Wissenschaftler und Techniker in Ausbildung und Praxis, an Qualitätsstellen von Herstellerfirmen der Metallindustrie, an Hochschulen und Instituten der Metall- und Eisenforschung, in Materialprüfungsanstalten.
Neben dem bekannten piezoelektrischen Verfahren zur Erzeugung und zum Empfang von Ultraschall-Signalen werden auch andere Verfahren, die zum Teil schon Eingang in die Praxis gefunden haben, behandelt. Die Probleme bei speziellen Prüfungsaufgaben werden aufgezeigt.
Die Verbesserung gegenüber der Vorauflage liegen bei der Aktualisierung einiger Verfahren und deren Wertung sowie in der Beseitigung von Fehlern.

Aus den Besprechungen:
„Die übersichtliche Aufmachung, die auch für den Nichtfachmann verständliche Darstellung und die Vereinigung von Theorie und Anwendung in einem Band machen das Werk für jeden, der sich mit der zerstörungsfreien Werkstoffprüfung beschäftigt: Studierende an Hoch- und Fachschulen ebenso wie Werkstoffprüfer in Industrie- und Hochschulinstituten sowie in Überwachungsvereinen. Für sie alle dürfte „der Krautkrämer" auch weiterhin **das** Standardwerk bleiben.
3R international

Springer-Verlag
Berlin
Heidelberg
New York

Berichtigungen

S. 46:   Im System Na_2O-FeO-SiO_2 muß es heißen:

$Na_2O \cdot FeO \cdot 2\,SiO_2$ (statt $Na_2O_2 \ldots$)

S. 108, 13. Zeile von unten. **Lies:** Die Scherkraft *pro Flächeneinheit*, die zur Bewegung der einen Platte gegen die andere notwendig ist, wird üblicherweise als Scher- oder Schubspannung τ bezeichnet.

Dietzel, Emaillierung, © Springer-Verlag, Berlin/Heidelberg 1981

MIX
Papier aus verantwortungsvollen Quellen
Paper from responsible sources
FSC® C105338

If you have any concerns about our products,
you can contact us on
ProductSafety@springernature.com

In case Publisher is established outside the EU,
the EU authorized representative is:
Springer Nature Customer Service Center GmbH
Europaplatz 3, 69115 Heidelberg, Germany

Printed by Libri Plureos GmbH
in Hamburg, Germany